AF567676

Praxishandbuch Arbeitszeugnisse

Peter Rambach/Stephan Wilcken/Anne Backer

Praxishandbuch Arbeitszeugnisse

Rechtssichere Grundlagen und Musterzeugnisse

2. Auflage

Haufe Group
Freiburg · München · Stuttgart

Bibliografische Information der Deutschen Nationalbibliothek

Die Deutsche Nationalbibliothek verzeichnet diese Publikation in der Deutschen Nationalbibliografie; detaillierte bibliografische Daten sind im Internet über http://dnb.dnb.de/ abrufbar.

Print:	ISBN 978-3-648-15008-5	Bestell-Nr. 14047-0002
ePub:	ISBN 978-3-648-15009-2	Bestell-Nr. 14047-0101
ePDF:	ISBN 978-3-648-15010-8	Bestell-Nr. 14047-0151

Peter Rambach/Stephan Wilcken/Anne Backer
Praxishandbuch Arbeitszeugnisse
2. Auflage, November 2021

www.haufe.de
info@haufe.de

Bildnachweis (Cover): © Denis Lightman, shutterstock

Produktmanagement: Dr. Bernhard Landkammer

Vorwort

Rechtssichere Arbeitszeugnisse im Handumdrehen erstellen – dazu bietet Ihnen das Praxishandbuch Arbeitszeugnisse in vier Teilen das wichtige Grundlagenwissen, das spezifische rechtliche Know-how, praxiserprobte Arbeitsmittel sowie rund 260 juristisch geprüfte Musterzeugnisse und Textbausteine.

In Teil 1 des Buches finden Sie die rechtlichen Grundlagen:

- Welche Zeugnisarten es gibt und was für Besonderheiten sie jeweils haben.
- Wie ein Zeugnis strukturiert ist und welche Inhalte notwendig aufgeführt werden müssen.
- Wie Sie Leistung und Verhalten richtig beurteilen und anhand welcher Kriterien Sie dabei vorgehen (und was mit den einzelnen Kriterien genau gemeint ist).

In Teil 2 gehen wir auf die komplizierteren Fälle ein, mit denen alle Zeugnisaussteller immer wieder zu tun haben:

- Wie Sie z. B. mit Elternzeit, Pflegezeit, Krankheit, Betriebsratstätigkeit oder Vertragsbruch umgehen.
- Wer einen rechtlichen Anspruch auf ein Zeugnis hat und wer dazu verpflichtet ist, eines auszustellen.
- Wann ein Zeugnis geändert werden muss bzw. wann es widerrufen werden kann.
- Wer bei einem fehlerhaften Zeugnis haftet.

In Teil 3 stellen wir Ihnen die wichtigsten Arbeitsmittel zur Verfügung.

- Mit dem Workflow haben Sie die Zeugniserstellung immer im Blick.
- Die Bewertungsbogen unterstützen Sie bei der korrekten Einschätzung von Leistung und Verhalten.
- Mit der Checkliste prüfen Sie das fertige Arbeitszeugnis auf Herz und Nieren.

Und mit Teil 4 haben Sie topaktuelle und juristisch geprüfte Musterzeugnisse und Textbausteine zur Hand:

- Für jeden Mitarbeiter finden Sie hier das passende Arbeitszeugnis – von A wie Account-Manager bis Z wie Zweiradmechaniker – insgesamt rund 260 Musterzeugnisse stehen Ihnen zur Verfügung.
- Mit den Textbausteinen in den Notenstufen sehr gut, gut, befriedigend und ausreichend stellen Sie ein Arbeitszeugnis ganz individuell zusammen.
- Umgekehrt sind die Textbausteine das Analysetool, um die Bewertung eines Zeugnisses im Detail zu prüfen.
- Darüber hinaus bieten wir Ihnen für besondere Erfolge, Kenntnisse und Fähigkeiten stilsichere Formulierungsvorschläge.

Inhaltsverzeichnis

Teil 1: Die rechtlichen Grundlagen

In diesem Teil Ihres Praxishandbuch Arbeitszeugnisse finden Sie alle grundlegenden Informationen rund um das Thema Arbeitszeugnis.

- Sie erfahren, welche Arten von Zeugnissen es gibt und was für Besonderheiten diese jeweils haben;
- Sie erhalten Informationen über den üblichen Aufbau eines Zeugnisses und wir erläutern, was mit den einzelnen Leistungskriterien – wie Leistungsbereitschaft oder Arbeitsergebnis – gemeint ist;
- Wir geben Ihnen Hilfestellung bei der Bewertungsfindung und zeigen Ihnen, welchen äußerlichen Anforderungen ein Arbeitszeugnis genügen muss.

Weitergehende arbeitsrechtliche Fragen behandeln wir in Teil 2 des Praxishandbuch Arbeitszeugnisse.

1 Zeugnisarten

Zusammenfassung
Die nachfolgenden Ausführungen beseitigen die in der Praxis häufig herrschende Unklarheit über die verschiedenen Zeugnisarten und die daran geknüpften Ansprüche des Arbeitnehmers. Die verschiedenen Bezeichnungen wie qualifiziertes Zeugnis und Endzeugnis rühren daher, dass entweder aus der *inhaltlichen* Perspektive oder aus der *zeitlichen* Perspektive gedacht wird:

- Aus der inhaltlichen Perspektive wird das einfache Zeugnis vom qualifizierten Zeugnis unterschieden.
- Bei der zeitlichen Perspektive kommt es auf den Zeitpunkt im Arbeitsverhältnis oder nach dessen Ende an, zu dem das Zeugnis ausgestellt wurde oder wird. Man spricht vom Endzeugnis, dem vorläufigen Zeugnis oder dem Zwischenzeugnis.

Wie sich diese Zeugnisarten voneinander unterscheiden, beschreiben wir im Folgenden. Zunächst gehen wir auf die beiden Zeugnistypen in der inhaltlichen Differenzierung ein, dann auf die Zeugnistypen in der zeitlichen Differenzierung.

Da sich die gesetzlichen Regelungen in den einzelnen Bestimmungen im Wesentlichen entsprechen, wird von einem einheitlichen Zeugnisrecht für alle Arbeitnehmer ausgegangen.

1.1 Einfaches Zeugnis

Beim einfachen Zeugnis werden lediglich die Art des Dienst- oder Arbeitsverhältnisses, einzelne regelmäßig durchgeführte Aufgabenbereiche und dessen Dauer bestätigt. Aussagen über die Leistungen des Arbeitnehmers bzw. der Arbeitnehmerin, über Führung und Verhalten werden im einfachen Zeugnis nicht getroffen.

Einfaches Zeugnis !

Frau Dipl.-Kffr. Lisa Lange arbeitete vom 1. August 2012 bis zum 31. Oktober 2021 als Personalabteilungsleiterin in unserem Unternehmen.
Ihre Zuständigkeit im Personalwesen erstreckte sich auf die folgenden Bereiche:

- Durchführung verschiedener Maßnahmen zur Organisationsentwicklung,
- Durchführung der Betriebsratsarbeit aufseiten der Geschäftsführung,
- Eigenverantwortliche Durchführung von HR-Projekten,
- Erstellung und Aktualisierung des internationalen Arbeitsrechtsvergleichs,
- Optimierungsbedarfe erkennen und umsetzen,
- Verantwortung der Bereiche Personalrekrutierung, -verwaltung, -entlohnung, -entwicklung.

Frankfurt am Main, den 31. Oktober 2021
Unterschrift Geschäftsführung

1.2 Qualifiziertes Zeugnis

Das qualifizierte Zeugnis enthält zu den Angaben über Art, Inhalt und Dauer des Beschäftigungsverhältnisses ergänzend Ausführungen über die Führung und Leistung der Arbeitnehmerin bzw. des Arbeitnehmers. Dabei ist es wichtig, dass Führung und Leistungen gemeinsam und für die gesamte Dauer des Beschäftigungsverhältnisses beurteilt werden.

!

Qualifiziertes Zeugnis

Arbeitszeugnis

Frau Dipl.-Ing. Annika Klar war vom 01.03.2019 bis zum 28.02.2021 in unserem Betrieb als Ingenieurin für Bildverarbeitung beschäftigt.

Frau Klar war zuständig für folgende Aufgaben:

- Vorbereitung von Experimenten zum Sichtbarmachen von Fehlern,
- Ableiten optimaler Lösungskonzepte und Kurzberichte,
- Erstellung von Angeboten und Realisierung von Projekten,
- Entwurf der Optik und Beleuchtungstechnik,
- Konstruktion des Aufbaus der Prüfgeräte entsprechend den spezifischen industriellen Anforderungen.

Frau Klar verfügt über ein auch in Nebenbereichen hervorragendes Fachwissen, das sie in der täglichen Praxis stets sehr gewinnbringend einsetzte. Besonders hervorzuheben ist ihre disziplinierte Arbeitsweise. Sie nahm regelmäßig erfolgreich an den unterschiedlichsten fachbezogenen internen und externen Weiterbildungsseminaren teil und bereicherte dadurch immer wieder mit neuen Impulsen die Arbeit in unserem Unternehmen.

Ihre äußerst schnelle Auffassungsgabe ermöglichte es ihr, auch schwierigste Situationen sofort zu überblicken und dabei stets das Wesentliche zu erkennen. Frau Klar zeigte jederzeit hohe Eigeninitiative und identifizierte sich immer voll mit ihren Aufgaben und unserem Unternehmen, wobei sie auch durch ihre sehr große Einsatzfreude überzeugte. Auch unter schwierigsten Arbeitsbedingungen und größtem Zeitdruck bewältigte sie alle Aufgaben in hervorragender Weise.

Ihre Aufgaben führte sie mit größter Umsicht und hohem Verantwortungsbewusstsein aus. Sie war äußerst belastbar, sehr gewissenhaft und arbeitete stets zügig, ohne dass dies zulasten der Präzision ging. Frau Klar war in ganz besonders hohem Maße zuverlässig.

Sie hat sich in ihre Aufgabengebiete ausgesprochen schnell eingearbeitet; innerhalb kürzester Zeit erzielte sie sehr gute Ergebnisse. Hervorzuheben ist außerdem ihre hervorragende soziale Kompetenz. Wir waren mit den Leistungen von Frau Klar stets und in jeder Hinsicht sehr zufrieden.

Sie wurde wegen ihres stets freundlichen und ausgeglichenen Wesens allseits sehr geschätzt. Sie war immer hilfsbereit, zuvorkommend und stellte, falls erforderlich, auch persönliche Interessen zurück. Ihr Verhalten zu Vorgesetzten, Kolleginnen und Kollegen sowie Kundinnen und Kunden war jederzeit vorbildlich.

Aufgrund der Befristung endet das Arbeitsverhältnis am 28.02.2021, was wir sehr bedauern. Wir bedanken uns für die stets guten Leistungen und wünschen Frau Klar für die Zukunft beruflich und privat weiterhin viel Erfolg und alles Gute.

Köln, 28.02.2021

Unterschrift Geschäftsführung

1.3 Endzeugnis

Ein Endzeugnis ist das Zeugnis, das dem Arbeitnehmer mit Beendigung des Arbeitsverhältnisses auszustellen ist. Es bescheinigt die berufliche Tätigkeit des Arbeitnehmers von Beginn bis zum Ende des Arbeitsverhältnisses.

Ein Endzeugnis kann als *einfaches Zeugnis*, in dem lediglich die Art des Dienst- und Arbeitsverhältnisses und dessen Dauer bestätigt wird, oder als *qualifiziertes Zeugnis*, in dem auch Aussagen über die Leistung und die Führung des Arbeitnehmers enthalten sind, ausgestellt werden.

Das Endzeugnis ist im Übrigen die einzige Zeugnisart, die gesetzlich geregelt ist (siehe Kapitel 6.1.1).

1.4 Vorläufiges Zeugnis

Ist das Arbeitsverhältnis zwar noch nicht beendet, das Ende aber absehbar, entweder weil das Arbeitsverhältnis befristet ist oder weil ein Aufhebungsvertrag schon geschlossen oder die Kündigung ausgesprochen wurde, entsteht der Anspruch auf ein vorläufiges Zeugnis. Dieses bescheinigt den Verlauf des fast beendeten Arbeitsverhältnisses und soll dazu dienen, dass der Arbeitnehmer sich anderweitig bewerben kann.

Das vorläufige Zeugnis wird in der Praxis vor allem dann erteilt, wenn der Arbeitnehmer nach Abschluss eines Aufhebungsvertrags oder direkt nach Ausspruch einer Kündigung unter Fortzahlung der Vergütung von der Erbringung der Arbeitsleistung freigestellt ist.

Der Inhalt des vorläufigen Zeugnisses ist dann bei der rechtlichen Beendigung des Arbeitsverhältnisses in das Endzeugnis ohne Änderung zu übernehmen, wenn sich keine wesentlichen neuen Tatsachen ergeben haben, die eine Änderung rechtfertigen. Dies wäre beispielsweise dann der Fall, wenn dem Arbeitnehmer im vorläufigen Zeugnis tadellose Arbeit bescheinigt worden wäre, der Arbeitgeber aber während der Freistellungsphase feststellt, dass erhebliche Arbeiten grundlos liegen geblieben sind und damit die Arbeitsleistung eben nicht mehr als tadellos bezeichnet werden kann.

Vorläufiges Zeugnis !

Frau Maren Andersen, geboren am 23. Januar 1978, wurde nach Abschluss ihrer kaufmännischen Ausbildung in unserem Werk in Darmstadt mit Wirkung vom 1. August 2012 als Sachbearbeiterin übernommen.

Bereits nach kurzer Einarbeitungszeit konnten wir sie im Sachbereich »Kreditwesen, Mieten und Teilzahlungen« einsetzen. Schwerpunkte ihrer Tätigkeit sind:

- Mitwirkung bei der Überwachung unseres maschinellen Mahnverfahrens und den damit verbundenen Kundenreklamationskontakten,
- Entscheidungsvorbereitung für die Festsetzung von Kundenkreditlimits einschließlich Kontaktpflege mit Auskunfteien,
- Führung der Miet- und Teilzahlungsakten und Kontrolle der Mietwertveränderung.

Frau Andersen bewältigt diesen Aufgabenbereich mit sicherem Urteilsvermögen immer sachgerecht und zuverlässig. Sie vertritt die Interessen unserer Gesellschaft jederzeit loyal und erfüllt ihre Aufgaben mit großem Engagement stets zu unserer vollen Zufriedenheit.
Aufgrund ihres ruhigen und freundlichen Wesens, ihrer ausgeglichenen Charakterstruktur und ihrer positiven Einstellung zur Arbeit erfreut sich Frau Andersen bei Vorgesetzten und Kollegen einer gleichermaßen hohen Wertschätzung. Dies gilt auch für externe Gesprächspartner, die ihr verbindliches Auftreten sowie ihre guten Umgangsformen schätzen. Ihr persönliches Verhalten ist stets einwandfrei.
Das vorläufige Zeugnis wird Frau Andersen erteilt, weil das Arbeitsverhältnis zum 31. Dezember 2021 enden wird. Der Sachbereich wird nach Buxtehude verlagert; Frau Andersen wird uns leider nicht dorthin folgen können.
Darmstadt, den 12. September 2021
Unterschrift Geschäftsführung

1.5 Zwischenzeugnis

Das Zwischenzeugnis entspricht inhaltlich dem vorläufigen Zeugnis mit dem Unterschied, dass das Beschäftigungsverhältnis nicht endet, sondern fortgesetzt wird. Es findet aber eine Zäsur im Arbeitsverhältnis statt. An der Erteilung eines Zwischenzeugnisses kann der Arbeitnehmer beispielsweise bei Versetzung oder bei Wechsel des Vorgesetzten ein besonderes berechtigtes Interesse haben.

Das Zwischenzeugnis ist ein Zeugnis, das während des Bestands des Arbeitsverhältnisses ausgestellt wird. Es kann sich als einfaches Zwischenzeugnis auf Art, Aufgabenbereich und Dauer der Beschäftigung beschränken. In aller Regel werden jedoch Angaben über die Führung und Leistung des Arbeitnehmers erforderlich; es handelt sich dann um ein qualifiziertes Zwischenzeugnis.

Das Zwischenzeugnis unterscheidet sich vom Endzeugnis durch folgende Punkte:

- Als Überschrift wird der Begriff »Zwischenzeugnis« angeführt, um es von dem mit »Zeugnis« oder »Arbeitszeugnis« betitelten Endzeugnis deutlich abzugrenzen.
- Das Zwischenzeugnis wird im Präsens verfasst, weil die bewertete Tätigkeit andauert und die bescheinigten Leistungen auch im Zeitpunkt der Zeugnisausstellung erbracht werden. (Das Imperfekt benutzen Sie, wenn ein bereits abgeschlossener

Vorgang beschrieben wird, z. B. die frühere Tätigkeit bei wechselndem Aufgabenbereich.)

- Statt der für Endzeugnisse typischen Schlussformulierung findet sich im letzten Absatz des Zwischenzeugnisses ein Passus, in dem der Anlass für seine Erteilung dargelegt wird.
- Außerdem kann im letzten Absatz ein besonderer Hinweis auf die besondere Qualifikation oder Wertschätzung des beurteilten Arbeitnehmers aufgenommen werden.

Zwischenzeugnis

!

Frau Dipl.-Ing. Julia Brill arbeitet seit dem 15.03.2017 als Ingenieurin für Biotechnologie in unserem Unternehmen.

Frau Brill ist mit folgenden Aufgaben betraut:

- Vorbereitung und Vermaßung der Instrumente,
- Einholen der erforderlichen behördlichen Genehmigungen,
- Zeitplanung der Experimente mit internen und externen Fachleuten,
- Vorbereitung der zu untersuchenden Materialien,
- Erfassung von Datenmaterial,
- Durchführung der Experimente,
- Dokumentation der Ergebnisse für Auftraggeber und Förderinstitute.

Frau Brill verfügt über ein besonders fundiertes Fachwissen, welches sie stets in gewinnbringender Weise einsetzt. Sie ist jederzeit in der Lage, sich neuen Situationen und Verhaltensweisen gut anzupassen und ihr Arbeitsverhalten gegebenenfalls zu verändern. Zum Nutzen unseres Unternehmens erweitert und aktualisiert sie mit gutem Erfolg ihre umfassenden Fachkenntnisse durch regelmäßige Teilnahme an Weiterbildungsveranstaltungen.

Besonders hervorzuheben sind ihr gutes analytisches Denkvermögen und ihre rasche Auffassungsgabe. Frau Brill engagiert sich sehr für unser Unternehmen, häufig auch über die übliche Arbeitszeit hinaus und zeigt dabei großen persönlichen Einsatz. Auch unter schwierigen Arbeitsbedingungen und großem Zeitdruck bewältigt sie alle Aufgaben immer in guter Weise.

Sie arbeitet stets zügig, umsichtig, sorgfältig und genau. Frau Brill ist äußerst zuverlässig und genießt unser volles Vertrauen.

Die ihr obliegenden Aufgaben erledigt Frau Brill stets zu unserer vollen Zufriedenheit.

Ihr Verhalten gegenüber Vorgesetzten, Kollegen und Kunden ist stets einwandfrei.

Frau Brill hat uns um die Erteilung dieses Zwischenzeugnisses gebeten. Diesem Wunsch kommen wir gerne nach, verbunden mit dem Dank für die bisherigen stets guten Leistungen und der Hoffnung auf eine weiterhin positive Fortsetzung der Zusammenarbeit.

Berlin, 30.06.2021

Unterschrift Geschäftsführung

2 Aufbau und Inhalt eines Arbeitszeugnisses

Zusammenfassung
Wir stellen hier im Folgenden den Aufbau und Inhalt eines qualifizierten Zeugnisses vor. Dabei spielt es keine Rolle, ob es sich um ein Zwischenzeugnis, ein vorläufiges Zeugnis oder ein Endzeugnis handelt. Sie alle folgen dem gleichen Grundraster – mit nur kleinen Unterschieden, auf die wir an den entsprechenden Stellen hinweisen.

Allen Arten von Arbeitszeugnissen ist es gemein, dem Arbeitnehmer beim Arbeitsplatzwechsel für sein weiteres berufliches Fortkommen einen Nachweis über sein fachliches Können und seine bisherige Tätigkeit zu geben.

2.1 Grundsätze der Zeugniserstellung

Erster Grundsatz: Einheitlichkeit
Die Rechtsprechung geht von dem sogenannten Einheitlichkeitsgrundsatz aus, dass das Zeugnis das gesamte Arbeitsverhältnis beschreiben muss und nicht nur Teile davon. Dies bezieht sich zum einen auf die Tätigkeiten des Arbeitnehmers. Hat er unterschiedliche Tätigkeiten erbracht, sind diese nicht in getrennten Arbeitszeugnissen zu beschreiben, sondern in einem einheitlichen Zeugnis[1], selbst wenn der Mitarbeiter getrennte Zeugnisse verlangt.[2] Zum anderen gilt die Pflicht zum einheitlichen Zeugnis auch für die Verhaltens- und Leistungsbewertung. Eine Beschreibung nur der Leistung oder nur des Verhaltens ist unzulässig.[3]

Zweiter Grundsatz: Klarheit des Zeugnisses
Die in § 109 Abs. 2 GewO enthaltene Bestimmung, wonach ein Zeugnis keine Merkmale oder Formulierungen enthalten darf, die den Zweck haben, eine andere als aus der äußeren Form oder aus dem Wortlaut ersichtlichen Aussage über den Arbeitnehmer zu treffen, kann als allgemeiner Grundsatz angesehen werden, der bei jedem Zeugnis zu berücksichtigen ist. Bei den Formulierungen ist also darauf zu achten, dass keine verschlüsselten, widersprüchlichen oder doppeldeutigen Aussagen gemacht werden; solche Passagen sind ersatzlos zu streichen.[4]

1 Hessisches LAG, Urteil v. 14.9.1984, 13 Sa 64/84.
2 Hessisches LAG, Urteil v. 23.1.1968, 5 Sa 373/67.
3 LAG Köln, Urteil v. 30.3.2001, 4 Sa 1485/00.
4 BAG, Urteil v. 15.11.2011, 9 AZR 386/10.

2.2 Die zentralen Inhalte des Arbeitszeugnisses

2.2.1 Überschrift

Als Überschrift des Arbeitszeugnisses können Sie wahlweise den Begriff »Zeugnis« oder »Arbeitszeugnis« verwenden. Sie können das Zeugnis aber auch konkreter benennen, wenn es sich beispielsweise um ein Zwischenzeugnis oder ein Ausbildungszeugnis handelt, und genau diese jeweilige Bezeichnung als Überschrift nutzen. Die Bezeichnung »Einfaches Zeugnis« als Überschrift zu verwenden, ist nicht üblich.

2.2.2 Einleitung, Dauer der Beschäftigung, Zeitpunkt der Beendigung

In der Einleitung nennen Sie die Person des Arbeitnehmers mit Vornamen und Namen. Anschrift und Geburtsdatum sind nur mit Einverständnis des Arbeitnehmers aufzunehmen.

Es folgt meist eine Beschreibung des Arbeitgebers, dessen Unternehmenszweck, gegebenenfalls mit Angaben über Größe, Umsatz, Anzahl der Betriebsstätten.

Die Art der Beschäftigung ist so vollständig und genau anzugeben, dass sich ein Dritter hierüber ein Bild machen kann.[5] Allgemeine Angaben zur Tätigkeit sind insbesondere dann nicht ausreichend, wenn entweder der Begriff nicht aussagekräftig ist oder der Arbeitnehmer mit Sonderaufgaben befasst war.[6] Wenn der Mitarbeiter an mehreren Arbeitsplätzen im Betrieb oder Unternehmen tätig war, ist dies in einem einheitlichen Zeugnis und chronologisch zusammenzufassen.[7]

Es ist nicht zu beanstanden, wenn die Tätigkeitsbeschreibung als Aufzählung vorgenommen wird; auch eine stichwortartige Aufzählung erfüllt die Anforderungen an ein qualifiziertes Zeugnis.[8]

Dauer der Beschäftigung

Als Dauer der Beschäftigung ist die rechtliche Dauer des Arbeitsverhältnisses anzugeben, d. h. bis zu dem Zeitpunkt, zu dem die Kündigung wirksam wird, das Arbeitsverhältnis aufgrund einer Befristung endet oder aufgrund eines Aufhebungsvertrags aufgelöst wird. Es kommt nicht auf die tatsächliche Beschäftigungszeit an. Kürzere Unterbrechungen wie Urlaub, Krankheit usw. sind nicht anzugeben.[9] Gleiches gilt für

5 BAG, Urteil v. 12.8.1976, 3 AZR 720/75.
6 Münchener Kommentar – Henssler, 8. Auflage 2020 § 630 Rdn. 26.
7 LAG Frankfurt, Urteil v. 23.1.1968, 5 Sa 373/67.
8 LAG Mecklenburg-Vorpommern, Urteil v. 2.4.2019, 2 Sa 187/18.
9 Schaub/Linck, Arbeitsrechts-Handbuch, 18. Auflage 2019, § 147 III, Rz. 21.

Fehlzeiten aufgrund eines längeren Streiks oder einer Aussperrung. Ungewöhnliche und länger andauernde tatsächliche Unterbrechungen des Arbeitsverhältnisses können allerdings vermerkt werden, wenn sie zum Zeitpunkt der Zeugniserteilung für die Beurteilung des Arbeitsverhältnisses prägend waren, wenn sie etwa die Hälfte der Dauer des Arbeitsverhältnisses ausmachen. In diesem Falle wird der Arbeitgeber darauf hinweisen dürfen und wohl auch hinweisen müssen.

Zeitpunkt der Beendigung des Arbeitsverhältnisses
Der Zeitpunkt der Beendigung des Arbeitsverhältnisses ist in einem vorläufigen Zeugnis oder einem Endzeugnis anzugeben (falls sich die Beendigung nicht aus der Schlussformel ergibt).[10]

Eine sogenannte »Prozessbeschäftigung« ist dabei nicht zu berücksichtigen, denn wenn der Arbeitgeber im Prozess obsiegt, zählt die Prozessbeschäftigung nicht als Arbeitsverhältnis.[11] Unter Prozessbeschäftigung versteht man den Zeitraum nach Ablauf der Kündigungsfrist, wenn der Arbeitgeber den Beschäftigten während der Dauer des Kündigungsrechtsstreits bis zu dessen Beendigung weiter beschäftigt.

Grund für die Beendigung
Der Grund für die Beendigung des Arbeitsverhältnisses wird nicht in das Zeugnis aufgenommen. Dies ergibt sich aus § 109 GewO, der ausführt, dass das Zeugnis Angaben zur Art und Dauer des Arbeitsverhältnisses machen soll. Daraus ist umgekehrt zu schließen, dass Angaben zum Beendigungsgrund nur dann enthalten sein dürfen, wenn der Arbeitnehmer dies wünscht. Verlangt der Arbeitnehmer genau dies, dass der Grund des Ausscheidens in das Zeugnis aufgenommen wird, muss der Arbeitgeber dem nachkommen.[12] Allerdings ist es in der Praxis üblich, Angaben über den Grund der Beendigung des Arbeitsverhältnisses zu machen, jedenfalls dann, wenn dies nicht zu einer nachteiligen Beurteilung der Beschäftigten führt.

2.2.3 Tätigkeitsbeschreibung

Als Grundsatz kann festgehalten werden, dass alle wesentlichen Arbeiten und Tätigkeiten konkret beschrieben werden müssen einschließlich des beruflichen Werdegangs des Arbeitnehmers. Der Umfang der Tätigkeit und die Qualifikation des Beschäftigten müssen daraus erkennbar sein. Daher reicht die Angabe der Berufsbezeichnung oder der internen Funktionen nicht aus.

10 LAG Düsseldorf, Urteil v. 22.1.1988, 2 Sa 1654/87.
11 BAG, Urteil v. 14.6.2016, 9 AZR 8/15.
12 LAG Baden-Württemberg, Urteile v. 9.5.1968, 4 Sa 22, 23/68.

Je länger das Arbeitsverhältnis gedauert hat und je qualifizierter die Tätigkeit war, desto länger wird logischerweise die Darstellung der Tätigkeit sein müssen.

Wenn der Mitarbeiter an verschiedenen Arbeitsplätzen tätig war, sind diese einzelnen Tätigkeiten in chronologischer Reihenfolge aufzuführen. Nur so lässt sich für den Leser des Zeugnisses die fachliche und berufliche Entwicklung des Arbeitnehmers anschaulich und nachvollziehbar darstellen.

Das Arbeitszeugnis belegt alleine den beruflichen Werdegang eines Arbeitnehmers, weshalb Tätigkeiten außerhalb der beruflichen Aufgaben nicht aufzuführen sind. Dies gilt zum einen für Aktivitäten außerhalb des Unternehmens (Ehrenämter, Gewerkschaftszugehörigkeit und -tätigkeit), aber auch für »innerbetriebliche« Ehrenämter (Betriebsratstätigkeit).

2.2.4 Leistungsbeurteilung

Die Leistungsbeurteilung wird anhand von verschiedenen Kriterien beschrieben. Hierunter fallen Fachkenntnisse, Arbeitsqualität, Initiative des Arbeitnehmers, Leistungsbereitschaft, Verantwortungsbereitschaft und Durchsetzungsfähigkeit, Verhandlungsgeschick und Ausdrucksfähigkeit. Weitere Informationen zu den in Arbeitszeugnissen verwendeten Beurteilungskriterien finden Sie in Kapitel 3.2.

Bei der Beurteilung orientiert man sich – natürlich – an der Tätigkeit des Mitarbeiters. Selbstverständlichkeiten sind hier aber nicht zu erwähnen, beispielsweise dass der Mitarbeiter pünktlich war. Die gebotene Individualisierung und Hervorhebung der für das Arbeitsverhältnis prägenden Merkmale lässt sich in der Regel nur durch einen auf den einzelnen Arbeitnehmer bezogenen Fließtext erreichen. Ein Zeugnis, das in tabellarischer Form eine Vielzahl von Bewertungskriterien gleichrangig nebeneinander auflistet und nach Schulnoten bewertet, genügt nicht den gesetzlichen Anforderungen an ein qualifiziertes Arbeitszeugnis[13].

Die Leistungsbeurteilung schließt mit einer zusammenfassenden Beschreibung ab.

2.2.5 Führungsleistung

Die Führungsleistung wird nur bei Führungskräften beurteilt und darunter die Qualität der Mitarbeiterführung eines Vorgesetzten verstanden. In Betracht kommen dabei

13 BAG, Urteil v. 27.4.2021, 9 AZR 262/20.

verschiedene Kriterien, wie die Auswirkung der Führung auf die Motivation der Mitarbeiter (Betriebsklima), auf die Mitarbeiterleistung (Abteilungsergebnis) sowie das Durchsetzungsvermögen der Führungskraft[14].

2.2.6 Soziales Verhalten

In diesem Abschnitt des Zeugnisses gilt es das persönliche Verhalten zu gewichten einschließlich einer zusammenfassenden Führungsbeurteilung. Hierunter wird das Sozialverhalten des Arbeitnehmers verstanden und nicht etwa die sozialethische Führung[15]. Kriterien können hierfür z. B. die Kooperations- und Kompromissbereitschaft des Arbeitnehmers sein[16].

Konkret wird darunter das persönliche Verhalten im Umgang mit Vorgesetzten, Kollegen und Mitarbeitern[17], ggf. mit Dritten (z. B. Lieferanten, Kunden) und die Beachtung der betrieblichen Ordnung verstanden.

Dabei kommt es alleine auf das Verhalten während der Arbeitspflicht an, denn es wird nur das Arbeitsverhältnis beschrieben. Außerbetriebliches Verhalten muss grundsätzlich unerwähnt bleiben, es sei denn, dieses Verhalten wirkt sich unmittelbar auf das Arbeitsverhältnis oder die Arbeitsleistung aus. Dies gilt selbstverständlich dann, wenn etwa der Arbeitnehmer während des bestehenden Arbeitsverhältnisses in seiner Freizeit Wettbewerb zu seinem Arbeitgeber macht, sich ehrverletzend über seinen Arbeitgeber, Kunden oder Lieferanten äußert oder unerlaubt ein Firmenfahrzeug in fahruntüchtigem Zustand zu einer Privatfahrt nutzt und strafgerichtlich verurteilt wird.[18]

2.2.7 Schlussformulierung

Die Schlussformulierung nennt – bei entsprechendem Wunsch des Beschäftigten – die Gründe für die Beendigung des Arbeitsverhältnisses, auf wessen Initiative das Arbeitsverhältnis beendet wurde. Es folgen häufig eine Dankesformel – ggf. verbunden mit einer Bedauernsformel – sowie Zukunftswünsche. Hierauf hat der Arbeitnehmer allerdings keinen Anspruch.[19]Führt allerdings das Weglassen einer solchen

14 LAG Hamm, Urteil v. 27.4.2000, 4 Sa 1018/99.
15 LAG Hamm, Urteil v. 27.2.1997, 4 Sa 1691/96
16 LAG Hamm, Urteil v. 27.2.1997, 4 Sa 1691/96
17 Nach dem ArbG Saarbrücken, Urteil v. 2.11.2001, 6c Ca 38/01 kommt es auf die Wortreihenfolge an: Wird der Vorgesetzte nicht an erster Stelle genannt, kann dies auf ein getrübtes Verhältnis zu ihm hindeuten.
18 BAG, Urteil v. 29.1.1986, 4 AZR 479/84.
19 BAG, Urteil v. 20.2.2001, 9 AZR 44/00.

Schlussformulierung dazu, dass dadurch die Formulierungen zur Leistungs- und Verhaltensbewertung relativiert werden, ist sie aufzunehmen.[20] Wir empfehlen eine einheitliche, der Personalpraxis gerecht werdende Handhabung in der Weise, dass Sie ein »sehr gutes« Zeugnis (Schulnote 1) mit einer Bedauerns-, Dankes- und Gute-Wünsche-Formel abschließen, ein »gutes« Zeugnis (Schulnote 2) mit einer Dankes- und Gute-Wünsche-Formel. »Befriedigende« (Schulnote 3) und »ausreichende« Zeugnisse (Schulnote 4) sollten mit einer Gute-Wünsche-Formel abgeschlossen werden (vgl. im Einzelnen 14.1.14). Diese Empfehlungen sind in den Musterzeugnissen in Teil 4 umgesetzt.

2.2.8 Datum der Zeugnisausstellung, Unterschrift des Zeugnisausstellers

Zum Abschluss des Zeugnisses unterschreibt der Zeugnisaussteller, zusätzlich wird der Name des Zeugnisausstellers maschinenschriftlich aufgeführt mit dem Hinweis auf dessen Funktion. Unterschreibt ein Vertreter des Arbeitgebers erfolgt ebenfalls ein Hinweis auf die Rechtsstellung des Ausstellers. Aus diesem Hinweis muss zudem deutlich werden, dass der Vertreter dem Arbeitnehmer gegenüber weisungsbefugt war.[21]

Als Ausstellungsdatum ist das Datum der rechtlichen Beendigung des Arbeitsverhältnisses anzugeben, es sei denn, dass der – ehemalige – Arbeitnehmer den Zeugnisanspruch nicht zeitnah geltend gemacht hat. Jedenfalls fünf Wochen nach Beendigung des Arbeitsverhältnisses gelten noch als zeitnah.[22]

2.3 Übersicht: Aufbau eines qualifizierten Zeugnisses

Überschrift	Zeugnis
Einleitung	Herr Martin Hoffmann, geboren am 11. Dezember 1977, war vom 1. Januar 2016 bis zum 31. Dezember 2021 als Vertriebsbeauftragter in unserem Unternehmen tätig.
Unternehmensbeschreibung (optional)	Wir sind ein Unternehmen der Zulieferindustrie zum Maschinenbau mit fünf Standorten in Deutschland. Wir fertigen elektronische Steuerungen für Fertigungslinien. Unser Hauptsitz ist in München.

20 LAG Mecklenburg-Vorpommern, Urteil v. 2.4.2019, 2 Sa 187/18.
21 BAG, Urteil v. 26.6.2001, 9 AZR 392/00.
22 LAG Köln, Beschluss v. 27.3.2020, 7 Ta 200/19.

Überschrift	Zeugnis	
Tätigkeitsbeschreibung	Herrn Hoffmann oblagen die Entwicklung und die Umsetzung von Marketingkonzepten einschließlich des gesamten Bereichs der Verkaufsverhandlungen mit Interessenten. Hierzu gehörten das Herstellen erster Kontakte, die Angebotserstellung und das Führen von Verkaufsgesprächen bis zum Vertragsabschluss. (...)	
Leistungsbeurteilung	Herr Hoffmann zeigte Einsatzbereitschaft und Eigeninitiative, hatte oft gute Ideen und arbeitete zielstrebig, sorgfältig und erfolgreich. (...)	
Besondere Erfolge, Kenntnisse oder Fähigkeiten (optional)	Besonders hervorzuheben ist die erfolgreiche Begleitung und verantwortliche Leitung der Zertifizierung unseres Betriebes nach DIN (...)	
Zusammenfassende Leistungsbeurteilung	Die übertragenen Aufgaben hat er stets zu unserer vollen Zufriedenheit bewältigt.	
Soziales Verhalten	Herr Hoffmann ist bei Vorgesetzten, Kollegen und Geschäftspartnern geschätzt. Er unterstützt die Zusammenarbeit, ist stets hilfsbereit und in der Lage, sachliche Kritik zu üben und zu akzeptieren. Sein persönliches Verhalten war stets einwandfrei.	
Schlussformulierung	Herr Hoffmann verlässt unser Unternehmen mit dem heutigen Tag auf eigenen Wunsch. Wir bedauern diese Entscheidung, danken ihm für seine Mitarbeit und wünschen ihm weiterhin Erfolg und persönlich alles Gute.	
Ort und Datum	München, den 31. Dezember 2021	
Unterschrift	Brigitte Maier	Klaus Müller
Maschinenschriftlicher Name und Hinweis auf Prokura und Funktion	ppa. Maier Vertriebsleiterin	ppa. Müller Personalleiter

3 Leistung und Verhalten richtig beurteilen

3.1 Grundsätze der Beurteilung

Das Bundesarbeitsgericht hat entschieden, dass im Arbeitszeugnis alle wesentlichen Tatsachen und Bewertungen angegeben werden müssen, die für die Gesamtbeurteilung des Beschäftigten von Bedeutung und für Dritte von Interesse sind.[23] Einmalige Vorfälle oder Umstände, die für den Arbeitnehmer und seine Führung und Leistungen nicht charakteristisch sind, dürfen in das Zeugnis nicht aufgenommen werden. Das außerdienstliche Verhalten des Beschäftigten darf im Zeugnis nur dann erwähnt werden, wenn es sich dienstlich auswirkt (z. B. Trunk- oder Drogensucht). Die Formulierung des Arbeitszeugnisses steht im pflichtgemäßen Ermessen des Arbeitgebers. In diesem Rahmen ist der Arbeitgeber in der Wortwahl und der Satzstellung frei. Ihm steht bei der Abfassung des Zeugnisses auch ein Beurteilungsspielraum zu.[24]

Erster Grundsatz: Wahrheit der Beurteilung
Oberster Grundsatz für die Zeugniserteilung stellt die Wahrheit der Beurteilung dar. Das Zeugnis darf deshalb nur Tatsachen, dagegen keine Behauptungen, Annahmen oder Verdachtsmomente enthalten.[25]

Zweiter Grundsatz: Wohlwollender Maßstab
Dieser zweite Grundsatz verpflichtet den Arbeitgeber, bei der Beurteilung der Leistungen den wohlwollenden Maßstab eines verständigen Arbeitgebers zugrunde zu legen und dem Arbeitnehmer das Fortkommen nicht unnötig zu erschweren.[26]

Die Anforderungen an ein Arbeitszeugnis ergeben sich aus der zweiseitigen Zielsetzung:

- Es soll einerseits dem Arbeitnehmer als Unterlage für eine neue Bewerbung dienen. Seine Belange sind gefährdet, wenn er unterbewertet wird.
- Andererseits soll das Zeugnis der Unterrichtung eines Dritten dienen, der die Einstellung des Arbeitnehmers in Erwägung zieht; dessen Belange sind gefährdet, wenn der Arbeitnehmer überbewertet wird.

Aus dem notwendigen Ausgleich dieser widerstreitenden Interessen ergibt sich als oberster Grundsatz der Zeugniserteilung der Grundsatz der Zeugniswahrheit. Das Zeugnis muss deshalb alle wesentlichen Tatsachen und Bewertungen enthalten, die für die Gesamtbeurteilung des Arbeitnehmers von Bedeutung sind. Dies schließt

23 BAG, Urteil v. 12.8.1976, 3 AZR 720/75.
24 LAG Düsseldorf, Urteil v. 12.3.1986, 15 Sa 13/86.
25 Schaub, Arbeitsrechts-Handbuch, 18. Auflage 2019, § 147 III, Rz. 20.
26 BAG, Urteil v. 25.10.1967, 3 AZR 456/66.

jedoch gleichzeitig aus, dass einmalige Vorfälle oder Umstände, die für den Arbeitnehmer, seine Führung und Leistung nicht charakteristisch sind – seien sie vorteilhaft oder nachteilig –, aufgenommen oder verallgemeinert werden dürfen. Weiterhin ist zu berücksichtigen, dass die zweite Zielsetzung des Zeugnisses, die Unterrichtung eines Dritten, nur so weit zu berücksichtigen ist, wie es das Interesse des Dritten erfordert. Der Arbeitgeber darf und muss deshalb wahre Tatsachen und Beurteilungen nur insoweit in dem Zeugnis angeben, als ein künftiger Arbeitgeber hieran ein berechtigtes Interesse haben kann.

Da das Zeugnis als Mitteilung an Dritte bestimmt ist, darf es weder durch Wortwahl und Satzstellung noch durch Auslassungen zu Irrtümern oder Mehrdeutigkeiten bei Dritten führen.[27] Solche Irrtümer und Mehrdeutigkeiten können dann entstehen, wenn nach der Verkehrssitte aufzunehmende Formulierungen ausgelassen werden. In solchen Fällen führt die Auslassung bei Dritten regelmäßig zu unberechtigten, unwahren und für den Arbeitnehmer negativen Schlussfolgerungen.[28]

Insgesamt wird ein Werturteil abgegeben, wobei es regelmäßig nicht auf isolierte Wortpassagen ankommt, sondern es wird auf das Gesamtbild des Zeugnisses geachtet. So kann die Aussage, ein Mitarbeiter sei anspruchsvoll und kritisch, im Zusammenhang mit der Beurteilung, dass er anerkannt und beliebt war und sein Verhalten stets einwandfrei gewesen sei, als positiv bewertet werden.[29]

3.2 Die einzelnen Kriterien der Beurteilung

Die hier aufgeführten Kriterien basieren auf einer Übersicht, die das Landesarbeitsgericht Hamm in einem Urteil veröffentlichte[30]. Wir geben hier nicht direkt die Begrifflichkeiten des Gerichts wieder, sondern bieten die Begriffe, wie sie in der Auseinandersetzung von Experten, Praktikern und Juristen bis heute weiterentwickelt wurden. An diesen Kriterien orientieren sich auch die Musterzeugnisse und Textbausteine in Teil 4 des Praxishandbuch Arbeitszeugnisse.

3.2.1 Fachwissen

Das Fachwissen ist das Spezialwissen, aufgrund dessen es dem Arbeitnehmer möglich ist, seine Arbeit durchzuführen. Das kann im Einzelnen sehr unterschiedlich ausfal-

27 BAG, Urteil v. 15.11.2011, 9 AZR 386/10.
28 BAG, Urteil v. 23.6.1960, 5 AZR 560/58.
29 LAG Düsseldorf, Urteil v. 23.7.2003, 12 Sa 232/03.
30 LAG Hamm, Urteil v. 1.12.1994, 4 Sa 1631/94

len. Einer hoch spezialisierten Molekularbiologin muss hier im Detail ihr Wissen und Können testiert werden, bei einem Sachbearbeiter ist das nicht unbedingt notwendig.

Unterstützende Fragen

- Besitzt der Mitarbeiter neben dem reinen Fachwissen auch die praktischen Fähigkeiten, die das jeweilige Berufsbild mit sich bringt?
- Hat der Mitarbeiter Berufserfahrung gesammelt?
- Verfügt der Mitarbeiter für seine Aufgaben über ein überdurchschnittlich hohes Fachwissen?

3.2.2 Weiterbildung

Die Bewertung der Weiterbildung ist zwar optional, sie ist jedoch in den vergangenen Jahren immer wichtiger geworden. Zudem zeigt sich an diesem Kriterium auch viel über die Motivation des Arbeitnehmers. Wenn Sie dieses Kriterium in das Zeugnis aufnehmen wollen, ist das schon an sich eine Aussage. Mit der Bewertung zeigen Sie zudem, ob Ihr Mitarbeiter seine Fachkenntnisse stetig und proaktiv erweitert bzw. ergänzt hat.

Unterstützende Fragen

- Ist der Mitarbeiter bereit, sich fehlende Erfahrungen bzw. Qualifikationen aus eigenem Antrieb anzueignen?
- Schafft er sich Freiräume, um Weiterbildungsangebote zu nutzen und das Gelernte in seinem beruflichen Alltag gewinnbringend einzusetzen?
- Hat die Investition in Weiterbildungsmaßnahmen sowohl dem Arbeitnehmer als auch dem Unternehmen etwas gebracht?

3.2.3 Auffassungsgabe und Denkvermögen

Auffassungsgabe und Denkvermögen haben mit Flexibilität und Lernfähigkeit zu tun. Hier geht es um eigenständiges Denken und das Finden von konstruktiven Lösungen. Bewerten Sie daher vor allem die Fähigkeit, komplexe Zusammenhänge zu erkennen, die Herausforderung dabei zu begreifen und praktikable Lösungen zu finden.

Unterstützende Fragen

- Wie schnell begreift der Arbeitnehmer Änderungen im Arbeitsablauf?
- Wie gut kann er den Arbeitsablauf analysieren?
- Zeigt er Kreativität beim Entwickeln einer Lösung?

3.2.4 Leistungsbereitschaft

Bei der Leistungsbereitschaft geht es um Einsatzwillen und Eigeninitiative. Bewerten Sie an dieser Stelle den Grad des Pflichtbewusstseins Ihres Mitarbeiters, mit dem er sein Arbeitsaufkommen und auch darüber hinausgehende Aufgaben bewältigt.

Unterstützende Fragen

- Ist der Mitarbeiter bereit, zusätzliche Verantwortung zu übernehmen, oder besteht er strikt auf sein abgestecktes Aufgabengebiet?
- Achtet der Mitarbeiter übermäßig auf die vorgeschriebenen Arbeitszeiten oder gibt es eine Bereitschaft, Überstunden zu machen, wenn viel Arbeit anfällt?
- Hat der Arbeitnehmer einen hohen Anspruch an seine Arbeitsqualität?

3.2.5 Belastbarkeit

Die Belastbarkeit bezeichnet den Einsatzwillen des Arbeitnehmers auch unter stärkstem Arbeitsanfall. Belastend können nicht nur die Arbeitsmenge, sondern auch die Arbeitsumstände (z. B. Temperatur, Lärm, Geruch) und die psychischen Anforderungen (z. B. große Verantwortung, hoher Erfolgsdruck, Nacht- und Schichtdienst) sein. Lassen Sie auch solche Umstände entsprechend in Ihre Bewertung einfließen.

Unterstützende Fragen

- Wie reagiert der Arbeitnehmer auf außergewöhnliche Belastungen in seinem Arbeitsumfeld?
- Ist der Mitarbeiter in der Lage, auch unter hohem Zeitdruck seine Leistung abzurufen?
- Zeigt er Ausdauer oder sind nur kurzzeitig höhere Leistungen zu erwarten?

3.2.6 Arbeitsweise

Menschen arbeiten sehr unterschiedlich: Die einen gehen planvoll vor, die anderen fangen sofort mit der Arbeit an, wieder andere warten auf Anweisungen. Dies ist keine Wertung, denn für die verschiedenen Arbeitsplätze gibt es unterschiedliche Anforderungen. Lassen Sie an dieser Stelle durchaus auch Teamfähigkeit und kommunikative Fähigkeiten in die Bewertung mit einfließen. Zur Arbeitsweise gehört nämlich nicht nur die Vorgehensweise, sondern auch die Interaktion mit den Kollegen.

Unterstützende Fragen

Können Sie die Arbeitsweise Ihres Mitarbeiters je nach Tätigkeit mit den folgenden Eigenschaften beschreiben:

- sorgfältig und präzise?
- ergebnisorientiert?
- verantwortungsbewusst?

3.2.7 Zuverlässigkeit

Je höher und verantwortungsvoller eine Stelle angesiedelt ist, desto selbstverständlicher wird man davon ausgehen, dass die Person »zuverlässig« ist. Bei einem Geschäftsführer wird daher die Erwähnung der Zuverlässigkeit eher als eine negative Aussage wahrgenommen werden. Bei einem Auszubildenden kann es aber eine wichtige Aussage sein.

Unterstützende Fragen

- Hält der Arbeitnehmer sich an vereinbarte Termine und Absprachen?
- Ist er gegenüber dem Unternehmen loyal?
- Kann der Arbeitnehmer ihm anvertraute Informationen für sich behalten?

3.2.8 Arbeitsergebnis

Jeder Arbeitgeber beschäftigt seine Mitarbeiter nicht zuletzt, um ein gutes Arbeitsergebnis im Unternehmen zu erzielen. Deshalb nimmt die Beurteilung des Arbeitsergebnisses, neben der zusammenfassenden Leistungsbeurteilung, eine Schlüsselrolle im Arbeitszeugnis ein. Hier wird Bilanz gezogen über die erbrachten Leistungen des Arbeitnehmers. Die Bewertung des Arbeitsergebnisses sollte sich an der Position des zu Beurteilenden orientieren.

Unterstützende Fragen

- Wie konnte der Arbeitnehmer seine Aufgaben in der Praxis umsetzen?
- Welchen Nutzen hatte das Unternehmen durch die erbrachten Arbeitsergebnisse?
- Konnten die vereinbarten Ziele regelmäßig erreicht oder auch übertroffen werden?

3.2.9 Führungsleistung

Die Führungsleistung ist bei Führungskräften mit Sicherheit eine sehr wichtige Kompetenz. Hier geht es in erster Linie um die Bewertung der Eigenschaften wie Mitarbeiterführung, Teamsteuerung, Motivation, Integrationsfähigkeit, Konfliktfähigkeit, Überzeugungskraft und Verhandlungsgeschick. Berücksichtigen Sie bei der Beurteilung, dass es neben der fachlichen Expertise und dem methodischen Wissen oft die Soft Skills sind, die über Erfolg oder Misserfolg einer Führungskraft entscheiden.

Unterstützende Fragen

- Können Sie Einfühlungsvermögen, Achtung vor dem Gesprächspartner, aber auch Durchsetzungsstärke in der Sache bestätigen?
- Ist die Führungskraft in der Lage, ihre Aufgaben zu planen, zu übertragen und die Durchführung sachlich zu kontrollieren?
- Kommuniziert die Führungskraft deutlich und respektvoll ihre Erwartungshaltung?
- Schafft die Führungskraft die entsprechenden Rahmenbedingungen für eine gute Teamleistung – auch in Konfliktsituationen?

3.2.10 Zusammenfassende Leistungsbeurteilung

Die zusammenfassende Leistungsbeurteilung ist die zentrale Aussage des Zeugnisses. Auf sie schauen Personalprofis als Erstes. Sofort kann man daran erkennen, wie viel Potenzial der Arbeitgeber im Arbeitnehmer sieht, welche persönlichen Fähigkeiten aufgefallen sind und welches Wissen offenbar wurde.

Achten Sie darauf, dass die Durchschnittsnote aller zuvor bewerteten Kriterien der Note der zusammenfassenden Leistungsbeurteilung entspricht.

Unterstützende Fragen

- Hat der Mitarbeiter die Erwartungen erfüllt?
- Waren Sie mit den Leistungen des Mitarbeiters zufrieden?
- Unter Berücksichtigung aller Kriterien: Welche Note hat der Mitarbeiter verdient?

3.2.11 Soziales Verhalten

Das soziale Verhalten am Arbeitsplatz hat in Zeiten der flachen Hierarchien an Bedeutung gewonnen. Konnte man früher noch von klaren Stellenbeschreibungen und Kompetenzzuweisungen ausgehen, müssen Mitarbeiter heute in Projekten und Teams unterschiedliche Rollen einnehmen können. Die kommunikativen Fähigkeiten sind dadurch stärker gefordert. Grundsätzlich wird hier das persönliche Verhalten gegenüber Vorgesetzten, Kollegen, Mitarbeitern, Kunden und Geschäftspartnern beurteilt.

Unterstützende Fragen

- Kann der Arbeitnehmer mit den Vorgesetzten, Kollegen, Kunden und Geschäftspartnern erfolgreich kommunizieren?
- Verhält sich der Mitarbeiter in den jeweiligen Situationen angemessen?
- Zeigt er sich selbstkritisch und zudem auch respektvoll gegenüber den anderen – auch gerade in Stresssituationen?

4 Die äußere Form des Zeugnisses

Als allgemeiner Zeugnisgrundsatz muss die in § 630 BGB und § 109 Abs. 1 GewO ausdrücklich enthaltene Schriftformregelung angesehen werden. Ein mündliches Zeugnis würde dem Zweck, als Unterlage für die Bewerbung zu dienen, nicht gerecht werden. Die Vorlage von Zeugnissen in elektronischer Form ist gegenwärtig noch nicht üblich und auch – noch – nicht zulässig, § 109 Abs. 3 GewO.

Nach der Verkehrssitte ist es aber üblich, dass das Arbeitszeugnis maschinenschriftlich bzw. mit dem Computer erstellt und ausgedruckt wird. Ein unsauber geschriebenes Zeugnis (Flecken, Durchstreichung, Radierung usw.) kann vom Arbeitnehmer zurückgewiesen werden.

Das Zeugnis muss auf Geschäftspapier (Firmenbogen) ausgestellt werden, wenn der Arbeitgeber Geschäftspapier besitzt und im Geschäftsverkehr verwendet.[31] Dabei darf das Anschriftenfeld nicht ausgefüllt sein.

Das Zeugnis ist vom Arbeitgeber oder seinem Vertreter im Original zu unterzeichnen. Dabei darf die Unterschrift nicht »verstellt« sein, sie muss so aussehen wie alle anderen Unterschriften des Unterzeichnenden, damit aus dieser selbst erkennbar ist, wer das Zeugnis unterschrieben hat.[32]

Das BAG hat bezüglich der Frage, ob ein Zeugnis gefaltet werden darf, nach vielen Verfahren vor Landesarbeitsgerichten entschieden: Ein Zeugnis darf gefaltet werden, um es in einem Briefumschlag kleineren Formats unterzubringen. Allerdings ist darauf zu achten, dass dies beim Kopieren des Originals nicht auffällt. Zuvor hatte das LAG Hamburg die Auffassung vertreten, dass der Arbeitnehmer einen Anspruch auf ein ungeknicktes Zeugnis hat, weil sich aus den »Knickfalten« ergebe, dass das Zeugnis per Post übersandt wurde. Der Leser eines solchen genickten Zeugnisses könnte dann daraus den Schluss ziehen, dass das Arbeitsverhältnis derart belastet gewesen sei, dass der Arbeitnehmer das Firmengelände nicht mehr habe betreten dürfen und ihm deshalb das Zeugnis übersandt worden wäre. Das LAG Schleswig-Holstein hatte hingegen den Anspruch auf ein ungeknicktes Zeugnis bereits verneint. Das BAG bekräftigte schließlich diese Auffassung.

Dass das Zeugnis frei von Rechtschreibfehlern sein sollte, ist zwar selbstverständlich, führt aber auch gelegentlich zu Auseinandersetzungen vor den Arbeitsgerichten.

31 BAG, Urteil v. 3.3.1993, 5 AZR 182/92.

32 LAG Hamm, Beschluss v. 27.7.2016, 4 Ta 118/16.

Rechtschreibfehler geben Anlass zu der Vermutung, dass der Zeugnisersteller sich von dem Inhalt des Arbeitszeugnisses distanziere, also etwas anderes ausdrücken will, als er formuliert hat.[33] Im Übrigen werfen Schreibfehler kein besonders gutes Licht auf den Aussteller, sodass schon aus diesem Grund auf ein ordentliches Schriftbild und eine fehlerfreie Formulierung geachtet werden sollte. Äußere Mängel wie Flecken, Streichungen, Textverbesserungen oder Ähnliches sind ebenso zu vermeiden.

Bisher noch nicht entschieden ist die Frage, in welcher Landessprache ein Zeugnis zu erstellen ist. Jedenfalls soweit ein Zeugnis für eine Tätigkeit in Deutschland ausgestellt werden soll, besteht auch grundsätzlich lediglich ein Anspruch auf ein deutschsprachiges Zeugnis, denn hierzulande ist die Gerichtssprache Deutsch.

Im angloamerikanischen Bereich – und auch beispielsweise in Frankreich – arbeitet man mit »letters of reference« oder Empfehlungsschreiben, die mit Zeugnissen in der in Deutschland bekannten Form nicht vergleichbar sind.

Nur wenn die offizielle und tatsächliche Unternehmenssprache nicht Deutsch, sondern beispielsweise Englisch ist, könnte man der Auffassung sein, dass ein Anspruch auf ein Zeugnis in englischer Sprache besteht.

Das Zeugnis wirft auch ein Licht auf den Aussteller

Das Arbeitszeugnis wird im Rahmen von Bewerbungsunterlagen Dritten vorgelegt. Die Leser des Zeugnisses werden über die Äußerlichkeiten nicht nur auf den Arbeitnehmer, sondern auch auf den Aussteller des Zeugnisses schließen, weshalb man schon deshalb darauf achten sollte, dass auch die äußere Form einwandfrei ist.

33 LAG Mecklenburg-Vorpommern, Urteil v. 2.4.2019, 2 Sa 187/18

Teil 2: Konkrete rechtliche Fragen und Antworten

Dieser Teil bietet Ihnen Antworten auf konkrete Fragen zum Zeugnisrecht:

- Wir zeigen Ihnen, wie Sie mit individuellen Fällen im Arbeitszeugnis umgehen können (Elternzeit, Pflegezeit, fristlose Kündigung ...);
- Sie erfahren, wer einen rechtlichen Anspruch auf ein Zeugnis hat und wer dazu verpflichtet ist, eines auszustellen,
- wann ein Zeugnis geändert werden muss bzw. wie es widerrufen werden kann
- und wer bei einem fehlerhaften Zeugnis haftet.

5 Konkrete Fälle beim Zeugnisinhalt

5.1 Beschäftigter schreibt das Zeugnis selbst

Hat der Arbeitgeber seinen zu beurteilenden Beschäftigten gebeten, selbst ein Zeugnis zu erstellen und unterzeichnet der Arbeitgeber dies dann auch, kann er sich im Nachhinein nicht darauf berufen, dass der Arbeitnehmer die Formulierungen und Beurteilungen selbst vorgenommen hat. Durch die Unterzeichnung des vom Arbeitnehmer selbst gefertigten Zeugnisses macht der Arbeitgeber sich dessen Inhalt zu eigen. Er macht auf diese Weise deutlich, dass der Entwurf des Arbeitnehmers auch seiner eigenen Beurteilung entsprach.[34]

5.2 Betriebsratstätigkeit, gewerkschaftliches Engagement

War ein Mitarbeiter gewerkschaftlich oder im Betriebsrat tätig, so ist die Erwähnung dieser Tätigkeit im Arbeitszeugnis unzulässig. Auch mittelbare Aussagen, die ein solches Engagement vermuten lassen, haben zu unterbleiben.[35] Es wird - nur - das Arbeitsverhältnis dokumentiert, es geht also um die rein betriebliche Tätigkeit, die Ausführung der übertragenen Arbeitsaufgaben.

Nur auf ausdrücklichen Wunsch des Arbeitnehmers darf ein entsprechender Hinweis in ein qualifiziertes Zeugnis aufgenommen werden.[36]

War der zu beurteilende Arbeitnehmer allerdings über viele Jahre ausschließlich als freigestelltes Betriebsratsmitglied tätig, kann dies im Zeugnis erwähnt werden, da ansonsten eine ordnungsgemäße und vollständige Beurteilung nicht möglich ist.[37]

5.3 Bezug auf ein Zwischenzeugnis

In einem Endzeugnis darf nicht auf ein bereits erteiltes Zwischenzeugnis Bezug genommen werden. Das Endzeugnis muss das Arbeitsverhältnis von Beginn bis Ende abbilden.

34 BAG, Urteil v. 16.10.2007, 9 AZR 248/07.
35 ArbG Ludwigshafen, Urteil v. 18.03.1987, 2 Ca 281/87
36 ArbG Ludwigshafen, Urteil v. 18.03.1987, 2 Ca 281/87
37 LAG Frankfurt, Urteil v. 10.3.1977, 6 Sa 779/76.

Hat der Arbeitgeber ein Zwischenzeugnis erteilt, ist er aber grundsätzlich an dessen Aussagen und Formulierungen gebunden. Das gilt selbst dann, wenn der Arbeitgeber dafür nicht verantwortlich war, weil er beispielsweise erst später in das Arbeitsverhältnis eingetreten ist, etwa durch einen Betriebsübergang. Der neue Arbeitgeber müsste bei einem Abweichen von dem erteilten Zwischenzeugnis dann beweisen, warum das zuvor erteilte Zeugnis nicht korrekt war.[38]

5.4 Elternzeit

Ein neuer Arbeitgeber kann ein berechtigtes Interesse daran haben, zu erfahren, ob der Arbeitnehmer während der Dauer des Arbeitsverhältnisses tatsächlich gearbeitet und damit praktische Erfahrungen gewonnen hat oder über einen längeren Zeitraum von der Arbeitspflicht befreit war. Dieses Interesse rechtfertigt die Angabe der Unterbrechung der Beschäftigung durch eine Elternzeit, wenn die Unterbrechung bezogen auf die Dauer des Arbeitsverhältnisses wesentlich ist. Als Faustregel kann gelten, dass die Unterbrechung anzugeben ist, wenn sie mindestens 70 % der Dauer des Arbeitsverhältnisses ausmacht.[39] Dabei sollte die Elternzeit als Grund für die Unterbrechung der Beschäftigung angegeben werden, um anderweitige Mutmaßungen über den Grund der Unterbrechung zu vermeiden.

5.5 Pflegezeit

Auch Zeiten, in denen Beschäftigte zur Pflege naher Angehöriger nach dem PflegezeitG keine Arbeitsleistung erbracht haben, sind dann in das Zeugnis aufzunehmen, wenn sie einen erheblichen Zeitraum des Arbeitsverhältnisses betreffen, ähnlich den Zeiträumen der Elternzeit.

5.6 Krankheit

Ein Hinweis auf eine Erkrankung darf im Zeugnis grundsätzlich nicht enthalten sein, da solche Hinweise den Arbeitnehmer – unabhängig von etwaigen Heilerfolgen – während des ganzen Berufslebens belasten würden. Es ist Sache eines potenziellen Arbeitgebers, bei der Bewerberauswahl im Rahmen des rechtlich zulässigen Fragerechts Krankheiten zu ermitteln und gegebenenfalls eine Einstellungsuntersuchung zu verlangen. Außerdem besteht für Arbeitnehmer eine Offenbarungspflicht, wenn

38 BAG, Urteil v. 16.10.2007, 9 AZR 248/07.

39 BAG, Urteil v. 10.5.2005, 9 AZR 261/04, für 70 %.

aufgrund der Erkrankung die vorgesehene Tätigkeit nicht ordnungsgemäß ausgeübt werden kann. Etwas anderes gilt dann, wenn die Krankheit prägend für das Arbeitsverhältnis war, etwa bei einem krankheitsbedingten Ausfall von 50 % der Arbeitszeit. In diesem Fall kann ausnahmsweise der Grund für die Ausfallzeit angegeben werden.[40]

5.7 Schwerbehinderung

Ebenso wenig wie eine Erkrankung ist eine Schwerbehinderung im Zeugnis anzugeben. Etwas anderes kann allenfalls bei erkennbaren Behinderungen gelten oder wenn der Behinderte den Hinweis auf die Behinderung wünscht, beispielsweise verbunden mit dem Hinweis, dass er seinen Aufgaben trotz der Behinderung in vollem Umfang nachgekommen ist.[41]

5.8 Vertragsbruch

Es darf im Zeugnis nicht erwähnt werden, dass ein Arbeitnehmer unter Vertragsbruch ausscheidet, wenn das vertragsbrüchige Verhalten für den Arbeitnehmer nicht charakteristisch oder typisch ist.[42] Die Erwähnung des Vertragsbruchs berücksichtige bei der Abwägung zwischen Wahrheitspflicht und Wohlwollen nicht ausreichend, wie entscheidend ein Zeugnis für den Arbeitnehmer, insbesondere für seine berufliche Entwicklung und die freie Wahl seines Arbeitsplatzes sein könne. Mit der Begründung, der Hinweis auf den Vertragsbruch könne dem Arbeitnehmer im weiteren Verlauf seines Berufslebens zum Verhängnis werden, jedenfalls sein künftiges Fortkommen in konjunkturschwächeren Zeiten erheblich erschweren, halten auch Vertreter der Literatur die Erwähnung des Vertragsbruchs für nicht rechtmäßig.[43]

Gegen diese Rechtsauffassung bestehen jedoch Bedenken. Wenn ein Vertragsbruch vorliegt, wird teilweise vertreten, dass er auch im Zeugnis vermerkt werden kann. Es bestehe für einen potenziellen Arbeitgeber ein berechtigtes Interesse an der Information, ob ein Bewerber bei einem früheren Arbeitgeber vertragsbrüchig war. Diese zutreffende Information benachteiligt einen Arbeitnehmer auch nicht unangemessen. Nicht selten reagieren Arbeitgeber auf eine Arbeitnehmerkündigung mit der Freistellung des Arbeitnehmers. Eine besondere Loyalität des Arbeitnehmers nach Ausspruch einer Kündigung wird deshalb in der Regel nicht erwartet. Insofern belastet ein zutreffender Hinweis auf einen früheren Vertragsbruch einen Arbeitnehmer nicht übermäßig. Auch

40 LAG Sachsen, Urteil v. 30.1.1996, 5 Sa 996/95.
41 Ähnlich Weuster/Scheer, »Arbeitszeugnisse in Textbausteinen«, 13. Auflage 2015, S. 44.
42 LAG Köln, Urteil v. 8.11.1989, 5 Sa 799/89.
43 Schleßmann, »Das Arbeitszeugnis«, 20. Auflage 2012, S. 52, 109.

die Begründung im Urteil des Landesarbeitsgerichts Köln belegt, dass im Zeugnis ein Hinweis auf den Arbeitsvertragsbruch enthalten sein kann. Im Urteil wird ausgeführt, durch die Entfernung des beanstandeten Satzes (mit dem Hinweis auf den Vertragsbruch) verliere das Zeugnis seine Warnfunktion für einen potenziellen neuen Arbeitgeber nicht, der vor einer vorschnellen Einstellungsentscheidung geschützt werden soll. Der Warnfunktion werde bereits dadurch Rechnung getragen, dass im Zeugnis die Beendigung des Arbeitsverhältnisses zu einem auffallenden Termin erwähnt werde. Ein ungewöhnlicher Beendungstermin werde einem neuen Arbeitgeber regelmäßig Anlass geben, sich beim früheren Arbeitgeber durch eine Auskunftserteilung über den Beendigungstatbestand rückzuversichern. Damit entfällt jedoch nicht der Hinweis auf den Vertragsbruch. Der konkrete Hinweis wird lediglich durch einen allgemein gehaltenen ersetzt, der geeignet ist, vertragstreue Arbeitnehmer, die ebenfalls zu einem ungewöhnlichen Beendigungszeitpunkt ausscheiden, beispielsweise durch einvernehmliche Vertragsauflösung auf Wunsch des Arbeitnehmers, als Vertragsbrüchige abzustempeln. Darüber hinaus muss auch berücksichtigt werden, dass die durch den ungewöhnlichen Beendigungszeitpunkt ohne konkreten Hinweis nahegelegte Nachfrage beim früheren Arbeitgeber für den Arbeitnehmer keinesfalls wohlwollend ist. Es ist zu befürchten, dass bei dieser nicht kontrollierbaren Nachfrage der Wohlwollensgrundsatz nicht beachtet wird und etwaige wahrheitswidrige Angaben kaum richtiggestellt werden können.

5.9 Fristlose Kündigung

Die Aufnahme des Beendigungsgrundes »fristlose arbeitgeberseitige Kündigung« in ein qualifiziertes Zeugnis ist nach dem Urteil des Landesarbeitsgerichts Düsseldorf vom 22.1.1988 unzulässig, wenn das Datum der Beendigung des Arbeitsverhältnisses im Zeugnis enthalten ist.[44] Begründet wird dies damit, es entspreche zwar objektiv den Tatsachen, dass das Arbeitsverhältnis fristlos gekündigt wurde und diese Kündigung vom Arbeitsgericht rechtskräftig bestätigt wurde. Diese rechtskräftig bestätigte fristlose Kündigung könne jedoch allein durch den ungewöhnlichen Zeitpunkt der Beendigung des Arbeitsverhältnisses zum Ausdruck gebracht werden. Der Warnfunktion werde deshalb auch durch das Weglassen des Beendigungstatbestands Rechnung getragen. Regelmäßig werde nämlich ein an der Einstellung des Arbeitnehmers interessierter Arbeitgeber an dem ungewöhnlichen Beendigungsdatum des Arbeitsverhältnisses Anstoß nehmen und sich beim früheren Arbeitgeber durch eine Auskunft rückversichern.

Diesem Urteil folgend vertreten auch Weuster/Scheer[45] den Standpunkt, eine fristlose Kündigung durch den Arbeitnehmer dürfte nicht ausdrücklich erwähnt werden. Es

44 LAG Düsseldorf, Urteil v. 22.1.1988, 2 Sa 1654/87.

45 Weuster/Scheer, »Arbeitszeugnisse in Textbausteinen«, 13. Auflage 2015, S. 109.

genüge, wenn der Sachverhalt indirekt aus dem ungewöhnlichen Beendigungsdatum hervorgehe. Auch andere Vertreter der arbeitsrechtlichen Literatur sind der Auffassung, der Grund der Beendigung des Arbeitsverhältnisses sei grundsätzlich nicht zu erwähnen, er habe weder mit der Art noch mit der Dauer des Arbeitsverhältnisses etwas zu tun. Das Zeugnis sei kein Datenträger für die Übermittlung sonstiger Informationen, die über den gesetzlich vorgeschriebenen Inhalt hinausgehen. Ein Hinweis auf eine fristlose Arbeitgeberkündigung sei unzulässig, bei einer außerordentlichen Kündigung werde der meist ungewöhnliche Zeitpunkt der Beendigung zu Fragen nach dem Grund Anlass geben.[46]

Diesen Auffassungen stehen die oben angeführten Bedenken bei der Parallelproblematik des Vertragsbruchs entgegen. Es ist nicht einzusehen, weshalb ein ordnungsgemäß zu einem ungewöhnlichen Beendigungszeitpunkt ausscheidender Arbeitnehmer bei wahrheitsgemäßer Angabe dieses Zeitpunkts im Zeugnis mit dem Stigma behaftet werden soll, er sei vertragsbrüchig gewesen oder habe sich derart verhalten, dass ihn sein früherer Arbeitgeber fristlos kündigen musste. Unter Berücksichtigung des Wahrheitsgrundsatzes und des Wohlwollensgrundsatzes darf der Entlassungsgrund vielmehr als solcher im Zeugnis angeführt werden, falls keine nur geringfügige dienstliche Verfehlung vorlag.[47] Dabei ist unter dem Beendigungsgrund eine Tatsache zu verstehen, aufgrund deren ein Arbeitsverhältnis aufgelöst wird. Ob die Auflösung des Arbeitsverhältnisses mit oder ohne Einhaltung der Kündigungsfrist erfolgt, ist demgegenüber kein Beendigungsgrund, der in ein qualifiziertes Zeugnis aufzunehmen ist.

Angegeben werden kann danach der Grund, der zur fristlosen Kündigung geführt hatte. Nicht zu erwähnen und wegen des angegebenen Kündigungsgrunds auch überflüssig ist der zusätzliche Hinweis, dass eine fristlose oder außerordentliche Kündigung erfolgte.

5.10 Straftat und Strafverfahren

Straftaten und Strafverfahren sind für ein Zeugnis nur von Belang, wenn sie mit dem Arbeitsverhältnis in Verbindung stehen. In diesem Fall (z. B. Untreue, Unterschlagung oder Diebstahl zum Nachteil des Arbeitgebers oder der Kollegen, bei Trunkenheitsfahrt mit einem Dienstfahrzeug oder bei einer sittlichen Verfehlung eines Heimleiters) muss im Arbeitszeugnis ein Hinweis aufgenommen werden, andernfalls kann sich der Arbeitgeber, falls der Arbeitnehmer beim neuen Arbeitgeber wiederum straffällig werden sollte, sogar schadensersatzpflichtig machen.[48] Allerdings darf der Hinweis grund-

46 Schleßmann, »Das Arbeitszeugnis«, 20. Auflage 2012, S. 63.
47 Münchener Kommentar – Henssler, 8. Auflage 2020, § 630 Rdn. 45.
48 Schleßmann, »Das Arbeitszeugnis«, 20. Auflage 2020, S. 104.

sätzlich nur erfolgen, wenn die Straftat nachgewiesen ist, entweder durch gerichtliche Entscheidung bestätigt oder durch eindeutige Fakten oder durch ein Geständnis. Ein laufendes Ermittlungsverfahren darf in das Arbeitszeugnis nicht aufgenommen werden; im Strafrecht gilt der Grundsatz »Im Zweifel für den Angeklagten«, auch im Zeugnisrecht gilt, dass nur nachgewiesenes Fehlverhalten und eine nachgewiesene Straftat erwähnt werden dürfen.[49]

Allerdings kann die Erwähnung einer Straftat im Arbeitszeugnis mit dem Amnestiegedanken, der insbesondere im Bundeszentralregistergesetz zum Ausdruck kommt, kollidieren.[50] Im Bundeszentralregister (Vorstrafenregister) werden alle rechtskräftigen Verurteilungen der Strafgerichte vermerkt, allerdings werden diese Eintragungen nach Ablauf bestimmter Fristen, die von der Höhe der gerichtlich verhängten Strafe abhängen, wieder getilgt. Dabei ist in § 51 des Bundeszentralregistergesetzes geregelt, dass Taten und Verurteilungen dem Betroffenen im Rechtsverkehr nicht mehr vorgehalten und nicht zu seinem Nachteil verwertet werden dürfen, wenn die Eintragung im Register getilgt wurde. Mit diesem Rechtsgedanken ist es schwer vereinbar, entgegen einer Tilgung im Bundeszentralregister einen Arbeitnehmer durch Hinweis im Arbeitszeugnis lebenslang zu brandmarken.

5.11 Verdacht einer strafbaren Handlung

Der Verdacht einer strafbaren Handlung darf im Zeugnis nicht aufgenommen werden, auch wenn er nach den Grundsätzen der Verdachtskündigung zur Entlassung geführt hat. Dies gilt auch für Fälle begründeten Verdachts.[51]

5.12 Wettbewerbsverbot

Unterliegt der ausscheidende Mitarbeiter einem nachvertraglichen Wettbewerbsverbot, ist dies, obwohl für den potenziellen neuen Arbeitgeber ggf. wichtig, nicht in ein Arbeitszeugnis aufzunehmen.[52]

49 LAG Düsseldorf, Urteil v. 3.5.2005, 3 Sa 359/05.
50 Vgl. Schleßmann, »Das Arbeitszeugnis«, 20. Auflage, S. 103.
51 Vgl. Schleßmann, »Das Arbeitszeugnis«, 20. Auflage, S. 103.
52 LAG Hamm, Urteil v. 10.5.1962, 6 Sa 70/62.

6 Zeugnisausstellung: Rechtsanspruch und Zeitpunkt

6.1 Anspruch auf Erteilung eines Zeugnisses

6.1.1 Rechtsgrundlagen

Die Rechtsgrundlage für die Erteilung des Arbeitszeugnisses stellen § 630 BGB, § 109 GewO und § 16 BBiG dar. Nach § 630 des Bürgerlichen Gesetzbuchs (BGB) können unter Umständen auch freie Mitarbeiter, die nicht als Arbeitnehmer tätig sind oder waren, bei der Beendigung eines dauernden Dienstverhältnisses ein schriftliches Zeugnis über das Dienstverhältnis und dessen Dauer fordern. Ein genereller Anspruch ergibt sich für sie aus § 630 BGB aber nicht. § 630 BGB betrifft in erster Linie Organmitglieder wie Vorstände und Geschäftsführer. Entscheidend für § 630 BGB ist, dass ein »dauerndes Dienstverhältnis« vorliegt. Das Zeugnis ist auf Verlangen auch auf Leistungen und Führung zu erstrecken.

§ 630 Bürgerliches Gesetzbuch: Pflicht zur Zeugniserteilung !

[1] Bei der Beendigung eines dauernden Dienstverhältnisses kann der Verpflichtete von dem anderen Teil ein schriftliches Zeugnis über das Dienstverhältnis und dessen Dauer fordern. [2] Das Zeugnis ist auf Verlangen auf die Leistungen und die Führung im Dienst zu erstrecken. [3] Die Erteilung des Zeugnisses in elektronischer Form ist ausgeschlossen. [4] Wenn der Verpflichtete ein Arbeitnehmer ist, findet § 109 der Gewerbeordnung Anwendung. § 109 GewO gilt für (echte) freie Mitarbeiter mangels Arbeitnehmerstatus nicht.

Für Arbeitnehmer gilt nach § 6 Abs. 2 der Gewerbeordnung (GewO) die Regelung in § 109 GewO. Aufgrund dieser Bestimmung hat der Arbeitnehmer bei Beendigung des Arbeitsverhältnisses Anspruch auf ein schriftliches Zeugnis, die Erteilung des Zeugnisses in elektronischer Form ist ausgeschlossen. In Absatz 2 dieser Bestimmung findet sich zusätzlich das Gebot, Zeugnisse klar und verständlich zu formulieren und die Regelung, dass ein Zeugnis keine Merkmale oder Formulierungen enthalten darf, die den Zweck haben, eine andere als aus der äußeren Form oder aus dem Wortlaut ersichtliche Aussage über den Arbeitnehmer zu treffen.

§ 109 Gewerbeordnung: Zeugnis !

(1) [1] Der Arbeitnehmer hat bei Beendigung eines Arbeitsverhältnisses Anspruch auf ein schriftliches Zeugnis. [2] Das Zeugnis muss mindestens Angaben zu Art und Dauer der Tätigkeit (einfaches Zeugnis) enthalten. [3] Der Arbeitnehmer kann verlangen, dass sich die Angaben darüber hinaus auf Leistung und Verhalten im Arbeitsverhältnis (qualifiziertes Zeugnis) erstrecken.

(2) [1] Das Zeugnis muss klar und verständlich formuliert sein. [2] Es darf keine Merkmale oder Formulierungen enthalten, die den Zweck haben, eine andere als aus der äußeren Form oder aus dem Wortlaut ersichtliche Aussage über den Arbeitnehmer zu treffen.
(3) Die Erteilung des Zeugnisses in elektronischer Form ist ausgeschlossen.

Bei Auszubildenden stellt die Regelung in §16 des Berufsbildungsgesetzes (BBiG) die Rechtsgrundlage dar. Danach hat der Ausbildende dem Auszubildenden bei Beendigung des Berufsausbildungsverhältnisses ein Zeugnis auszustellen. Hat der Ausbildende die Berufsausbildung nicht selbst durchgeführt, soll auch der tatsächliche Ausbilder das Zeugnis unterschreiben. Das Zeugnis muss Angaben enthalten über Art, Dauer und Ziel der Berufsausbildung sowie über die erworbenen Fertigkeiten und Kenntnisse des Auszubildenden. Auf Verlangen des Auszubildenden sind auch Angaben über Führung, Leistung und besondere fachliche Fähigkeiten aufzunehmen.

!

§16 Berufsbildungsgesetz: Zeugnis

(1) [1] Ausbildende haben den Auszubildenden bei Beendigung des Berufsausbildungsverhältnisses ein schriftliches Zeugnis auszustellen. [2] Die elektronische Form ist ausgeschlossen. [3] Haben Ausbildende die Berufsausbildung nicht selbst durchgeführt, so soll auch der Ausbilder oder die Ausbilderin das Zeugnis unterschreiben.
(2) [1] Das Zeugnis muss Angaben enthalten über Art, Dauer und Ziel der Berufsausbildung sowie über die erworbenen beruflichen Fertigkeiten, Kenntnisse und Fähigkeiten der Auszubildenden. [2] Auf Verlangen Auszubildender sind auch Angaben über Verhalten und Leistung aufzunehmen.

6.1.2 Anspruchsberechtigter Personenkreis

Zunächst muss selbstverständlich der Anspruchsberechtigte – der Arbeitnehmer bzw. der Auszubildende – die Erteilung des Zeugnisses beim Arbeitgeber geltend machen. Dabei darf der Arbeitgeber bzw. der Ausbilder keine zu hohen Anforderungen an die Wortwahl des Begehrens stellen. Wünscht der Arbeitnehmer ein »Zeugnis«, dann wird der Arbeitgeber aufgrund des Sprachgebrauchs davon ausgehen müssen, dass er ein qualifiziertes Zeugnis haben möchte; das einfache Zeugnis wird üblicherweise nur als »Bescheinigung« bezeichnet, während mit dem Begriff des Zeugnisses auch eine Leistungs- und Verhaltensbeurteilung verbunden wird.

Arbeitsverhältnis

Voraussetzung für den Anspruch gegen den Arbeitgeber, dass dieser ein Zeugnis erstellt, ist zunächst, dass ein entsprechendes Arbeits-, Anstellungs- oder Berufsausbildungsverhältnis besteht oder bestanden hat.

Auf die Dauer des Arbeitsverhältnisses kommt es dabei nicht an; auch nach einer nur wenige Tage dauernden Beschäftigung hat der Mitarbeiter einen Anspruch auf ein Arbeitszeugnis. Die Dauer kann aber dafür entscheidend sein, welche Art des Zeugnisses der Mitarbeiter zu beanspruchen hat.

Ebenso wenig kommt es für die Verpflichtung zur Erteilung des Arbeitszeugnisses darauf an, in welchem zeitlichen Umfang der Arbeitnehmer gearbeitet hat. Auch Teilzeitkräfte, nebenberuflich Tätige oder geringfügig Beschäftigte, die nicht sozialversicherungspflichtig sind, können ein Arbeitszeugnis verlangen. Da § 109 Abs. 1 GewO und § 16 BBiG kein dauerndes Dienstverhältnis voraussetzen, könnte Arbeitnehmern auch bei einem kurzen Aushilfsarbeitsverhältnis ein Anspruch auf Erteilung eines Zeugnisses zustehen.

Ein qualifiziertes Zeugnis mit einer Bewertung der Leistungen und der Führung des Arbeitnehmers kann jedoch nur sachgerecht ausgestellt werden, wenn das Beschäftigungsverhältnis eine gewisse Zeit bestanden hat. Bei einem sehr kurzen Arbeitsverhältnis können Leistung und Verhalten noch nicht wirklich beurteilt werden. Deshalb wird üblicherweise ein Anspruch auf Erteilung eines qualifizierten Zeugnisses von einer gewissen Dauer des Beschäftigungsverhältnisses abhängig zu machen sein. Das LAG Köln geht allerdings bereits nach einer Beschäftigungszeit von 6 Wochen von einem Anspruch auf ein qualifiziertes Zeugnis aus.[53]

Demgegenüber kann das einfache Zeugnis auch bei Beschäftigungsverhältnissen von sehr kurzer Dauer ausgestellt werden. Es gibt dem Beschäftigten die Möglichkeit, seine Beschäftigungszeiten lückenlos zu belegen. Der Anspruch auf Erteilung eines einfachen Zeugnisses entsteht deshalb auch bei einem kurzfristigen Beschäftigungsverhältnis.[54]

Weitere Personengruppen

Leitende Angestellte gelten insoweit auch als Arbeitnehmer im Sinne von § 109 GewO und haben deswegen ebenfalls einen Zeugnisanspruch.

Auch arbeitnehmerähnlichen Personen, Heimarbeitern und freien Mitarbeitern sowie den freien Handelsvertretern steht der Zeugnisanspruch gem. § 630 BGB zu.

Ob auch den gesetzlichen Vertretern juristischer Personen, beispielsweise den Vorstandsmitgliedern von Aktiengesellschaften, ein Zeugnisanspruch zusteht, ist um-

53 LAG Köln, Urteil v. 30.3.2001, 4 Sa 1485/00.

54 Vgl. Münchener Kommentar – Henssler, 8. Aufl. 2020, § 630 Rdn. 10.

stritten. Dem GmbH-Geschäftsführer, der nicht gleichzeitig Gesellschafter ist, wurde von der Rechtsprechung ein Zeugnisanspruch zuerkannt.[55]

Auszubildende haben auch dann einen Anspruch auf Erteilung eines Zeugnisses, wenn sie die Abschlussprüfung nicht absolvieren oder nicht bestehen. Einen Zeugnisanspruch haben auch Volontäre, Praktikanten und sogenannte Anlernlinge (vgl. § 26 i.V.m. § 16 BBiG). Umschüler haben ebenfalls einen Zeugnisanspruch: Das Umschulungsverhältnis ist zwar kein Ausbildungs-, aber ein Dienstverhältnis, sodass sich der Zeugnisanspruch aus § 630 BGB ergibt.[56]

Leih- bzw. Zeitarbeitnehmer haben einen Zeugnisanspruch gegenüber ihrem Arbeitgeber, also dem Verleihunternehmen. Dieses wiederum wird sich entsprechende Informationen vom Entleiherbetrieb geben lassen müssen, da dieser die erforderlichen Kenntnisse besitzt.

Faktisches Arbeitsverhältnis

Bei einem sogenannten faktischen Arbeitsverhältnis wird nur dann ein Zeugnisanspruch bestehen, wenn der »Arbeitnehmer« auch tatsächlich gearbeitet hat. Ein faktisches Arbeitsverhältnis liegt dann vor, wenn im Nachhinein festgestellt wird, dass eigentlich ein Arbeitsverhältnis rechtlich gar nicht bestand, aber Arbeitsleistung erbracht wurde und Entgeltzahlung erfolgt ist. Etwas anderes gilt bei der sogenannten Prozessbeschäftigung.[57]

> BEISPIEL: PROZESSBESCHÄFTIGUNG GIBT KEINEN ZEUGNISANSPRUCH
>
> Dem Mitarbeiter ist zum 31.12.2020 gekündigt worden. In erster Instanz hat er mit seiner Kündigungsschutzklage obsiegt und wird über den 31.12.2020 weiter beschäftigt, bis das Urteil am 12.4.2021 durch die Berufung aufgehoben und die Kündigungsschutzklage abwiesen wurde. Beendigungszeitpunkt für das Arbeitsverhältnis ist der 31.12.2020. Die nachträgliche Beschäftigung ist kein Arbeitsverhältnis, das im Zeugnis zu erwähnen ist.

Für den Zeugnisanspruch eines Arbeitnehmers kommt es nicht darauf an, ob und in welcher Weise das Arbeitsverhältnis beendet wurde. Es kommt allein darauf an, ob etwas dokumentiert werden kann und ob es eine Arbeitsleistung gegeben hat, die beurteilt werden kann.

Der Anspruch auf Erteilung eines Arbeitszeugnisses hängt davon ab, ob der Mitarbeiter hieran ein berechtigtes Interesse hat. Dies ist dann der Fall, wenn das Arbeitsver-

55 BGH, Urteil v. 9.11.1967, II ZR 64/67.
56 BAG, Urteil v. 12.2.2013, 3 AZR 120/11.
57 BAG, Urteil v. 14.6.2016, 9 AZR 8/15.

hältnis beendet ist (= Endzeugnis), demnächst enden wird (= vorläufiges Zeugnis) oder wesentliche Änderungen im weiter bestehenden Arbeitsverhältnis eingetreten sind oder eintreten werden (= Zwischenzeugnis) (siehe Kapitel 1.5).

6.1.3 Anspruchsverpflichteter Personenkreis

Zur Zeugniserteilung verpflichtet ist der Arbeitgeber, also der gesetzliche Vertreter des Unternehmens. Dieser kann sich allerdings vertreten lassen. Jedenfalls muss derjenige, der das Zeugnis ausstellt und erteilt, ranghöher sein als der zu beurteilende Arbeitnehmer.[58] Dies muss auch aus dem Zeugnis erkennbar sein.[59]

Ist das Unternehmen insolvent geworden, ist zu unterscheiden, für welchen Zeitraum das Zeugnis erteilt werden soll. Ist das Arbeitsverhältnis vor Eröffnung der Insolvenz beendet worden, bleibt der Arbeitgeber selbst Schuldner des Zeugnisanspruchs, der vorläufige Insolvenzverwalter ist – noch – nicht verpflichtet, das Zeugnis zu erteilen. Erlangt allerdings der vorläufige Insolvenzverwalter die volle Verfügungsbefugnis, wird er verpflichtet, das Zeugnis zu erteilen. Gleiches gilt, wenn das Arbeitsverhältnis erst nach der Insolvenzeröffnung endet.

In diesem Falle hat der Insolvenzverwalter, da er den zu beurteilenden Mitarbeiter wahrscheinlich nicht oder nicht ausreichend kennt und ihn deshalb auch nicht einschätzen oder beurteilen kann, gegen den Gemeinschuldner nach § 97 InsO einen Auskunftsanspruch über die Tätigkeit und die Beurteilung des Arbeitnehmers.[60]

6.1.4 Zeitpunkt der Zeugniserteilung

Der Anspruch auf Zeugniserteilung entsteht nach den gesetzlichen Bestimmungen bei Beendigung des Beschäftigungs- oder Berufsausbildungsverhältnisses (§§ 109 Abs. 1 GewO, 16 BBiG).

Vom Bundesarbeitsgericht wird ein Anspruch auf ein Endzeugnis spätestens nach Ablauf der Kündigungsfrist zuerkannt, und zwar auch dann, wenn Kündigungsschutzklage erhoben wurde und die Beendigung des Beschäftigungsverhältnisses rechtlich noch nicht geklärt ist[61]. Der Arbeitgeber, der die Kündigung ausgesprochen hat, geht ja von der Beendigung des Arbeitsverhältnisses zu dem Zeitpunkt aus, zu dem er die

58 BAG, Urteil v. 4.10.2005, 9 AZR 507/04.
59 BAG, Urteil v. 26.6.2001, 9 AZR 392/00.
60 BAG, Urteil v. 23.6.2004, 10 AZR 495/03.
61 BAG, Urteil v. 27.2.1987, 5 AZR 710/85.

Kündigung erklärt hat. Der Arbeitgeber darf nicht bis zur Beendigung eines Kündigungsrechtsstreits warten, bis er das Zeugnis erteilt[62], selbst wenn der Arbeitnehmer zur Vermeidung von wirtschaftlichen Nachteilen (Verzugslohn) während der Dauer des Kündigungsschutzprozesses vorläufig weiterbeschäftigt wird.

In der Literatur wird dem Arbeitnehmer bereits vor Beendigung des Arbeitsverhältnisses ein Zeugnisanspruch zuerkannt. Das dann vorläufige Zeugnis soll ihm die Möglichkeit geben, sich rechtzeitig bewerben zu können. Allerdings kann das Zeugnis erst nach Ausspruch der Kündigung verlangt werden. Endet das Arbeitsverhältnis, ohne dass es einer Kündigung bedarf – beispielsweise bei befristeten Beschäftigungsverhältnissen –, entsteht der Anspruch auf Erteilung eines vorläufigen Zeugnisses ab dem Zeitpunkt, der der gesetzlichen Kündigungsfrist entspricht.[63] Da das Beschäftigungsverhältnis zu diesem Zeitpunkt noch nicht beendet ist und sich die für die Beurteilung im Zeugnis maßgeblichen Umstände bis zum Ablauf der Kündigungsfrist noch ändern können, kann das Zeugnis nur als Zwischenzeugnis oder vorläufiges Zeugnis beansprucht werden.[64]

In Ausnahmefällen steht dem Arbeitnehmer auch vor Ausspruch der Kündigung ein Anspruch auf Erteilung eines Zwischenzeugnisses zu, z. B.:

- wenn der Arbeitgeber dem Arbeitnehmer demnächst eine Kündigung in Aussicht stellt,
- wenn das Zwischenzeugnis für Fortbildungskurse bedeutsam ist,
- zur Vorlage bei Behörden, Gerichten oder zur Kreditgewährung bei einer Bank,
- wenn eine Versetzung in einen anderen Arbeitsbereich oder an einen anderen Arbeitsort vorgesehen oder erfolgt ist,
- wenn der Vorgesetzte wechselt oder gewechselt hat[65],
- bei organisatorischen Änderungen des Unternehmens,
- bei Bewerbung um eine neue Stelle, auch bei einem anderen Unternehmen,
- bei längeren Arbeitsunterbrechungen (Elternzeit, Ruhen des Arbeitsverhältnisses wegen einer längeren beruflichen Fortbildungsmaßnahme, Beginn der Freistellungsphase in der Altersteilzeit o. Ä.),
- im Falle der drohenden Insolvenz des Arbeitgebers, damit der noch zuständige Vorgesetzte das Zeugnis erteilen kann,
- im Falle der Betriebsnachfolge oder des Betriebsübergangs nach § 613a BGB.

Kein triftiger Grund für das Beanspruchen eines Zwischenzeugnisses ist gegeben, wenn der Arbeitnehmer es nur deshalb haben will, um mit dessen Hilfe den Anspruch auf eine Höhergruppierung durchsetzen und beweisen zu können.[66]

62 BAG, Urteil v. 27.2.1987, 5 AZR 710/85.
63 Vgl. Schaub, Arbeitsrechtshandbuch, 18. Aufl. 2019, § 147, Rz. 7.
64 Vgl. Münchener Kommentar – Henssler, 8. Aufl. 2020, § 630 Rdn. 14.
65 BAG, Urteil v. 1.10.1998, 6 AZR 176/97.
66 BAG, Urteil v. 21.1.1993, 6 AZR 171/92.

Ein Recht, das Zeugnis wegen etwaiger Gegenansprüche aus dem Arbeitsverhältnis zurückzubehalten – z. B. Rückforderung des Weihnachtsgeldes –, steht dem Arbeitgeber nicht zu. Dies wäre nicht vereinbar mit der Fürsorgepflicht des Arbeitgebers. Der durch die Zurückbehaltung des Zeugnisses möglicherweise verursachte Schaden für den Arbeitnehmer stünde außer Verhältnis zu den Belangen des Arbeitgebers.

6.1.5 Erfüllung des Zeugnisanspruchs

Der Anspruch auf Zeugniserteilung ist erfüllt, wenn der Arbeitgeber das Zeugnis ausgefertigt, unterschrieben und zur Abholung bereitgelegt hat. Der Arbeitnehmer ist rechtlich verpflichtet, das Arbeitszeugnis bei seinem Arbeitgeber abzuholen.[67] Das Arbeitszeugnis hat seine Grundlage im Arbeitsverhältnis, Erfüllungsort für alle Ansprüche des Arbeitsverhältnisses ist regelmäßig der Betrieb des Arbeitgebers.

Übersendung des Zeugnisses

Eine Verpflichtung des Arbeitgebers, dem Arbeitnehmer das Zeugnis zuzusenden, besteht also grundsätzlich nicht.

Aus Gründen der nachwirkenden Fürsorgepflicht kann der Arbeitgeber nach Treu und Glauben jedoch ausnahmsweise zur Übersendung des Zeugnisses an den Arbeitnehmer verpflichtet sein, wenn die Abholung des Zeugnisses für den Arbeitnehmer mit unverhältnismäßig hohen Kosten oder besonderen Mühen verbunden ist.[68]

Derartige Umstände können angenommen werden, wenn der Arbeitnehmer seinen Wohnsitz zwischenzeitlich an einen weit entfernten Ort verlegt hat.[69]

Eine Verpflichtung des Arbeitgebers zur Übersendung des Zeugnisses wird auch angenommen, wenn ein Arbeitnehmer die Erteilung des Zeugnisses rechtzeitig vor Beendigung des Arbeitsverhältnisses verlangt hat und es bis zur Beendigung des Arbeitsverhältnisses aus Gründen, die in der Sphäre des Arbeitgebers liegen, nicht zur Abholung durch den Arbeitnehmer bereitliegt.[70]

67 BAG, Urteil v. 8.3.1995, 5 AZR 848/93.
68 Hessisches LAG, Urteil v. 1.3.1984, 10 Sa 858/83; BAG, Urteil v. 8.3.1995, 5 AZR 848/93.
69 ArbG Wetzlar, Urteil v. 21.7.1971, Ga 3/71.
70 Hessisches LAG, Urteil v. 1.3.1984, 10 Sa 858/83.

6.2 Verlust des Rechtsanspruchs

Auch auf die Erteilung eines Zeugnisses besteht kein Anspruch auf Dauer. Er ist begrenzt durch Verjährungs- und Ausschlussfristen, er kann durch das Verhalten des Mitarbeiters auch verwirkt sein.

Daneben sind Konstellationen denkbar, dass ein Zeugnisanspruch deshalb nicht mehr besteht, weil es dem Arbeitgeber objektiv nicht mehr möglich ist, ein Zeugnis auszustellen, etwa weil die Person, die Leistung und Verhalten beurteilen kann, nicht mehr erreichbar und eine entsprechende schriftliche Dokumentation nicht vorhanden ist oder weil entsprechende Unterlagen verloren gegangen sind.

Wenn aber diese Fälle nicht gegeben sind, kann der Arbeitgeber sich nur noch auf die Verjährungs- oder Ausschlussfrist sowie auf die Verwirkung des Anspruchs durch das Verhalten des Arbeitnehmers berufen.

Die Ausstellung des einfachen Zeugnisses, das lediglich Art und Dauer der Tätigkeit angibt, ist wegen der geringeren Anforderungen in aller Regel auch noch lange Zeit nach Beendigung des Beschäftigungsverhältnisses möglich, sofern die Personalunterlagen noch vorhanden und keine Umstände ersichtlich sind, dass diese unzutreffende Angaben enthalten.

Das qualifizierte Zeugnis, das auch Angaben zu den Leistungen und dem Verhalten enthalten muss, kann dann nicht mehr ausgestellt werden, wenn der Arbeitgeber und seine mit der Zeugniserteilung befassten Vertreter kein hinreichendes Erinnerungsvermögen über die Führung und Leistung des Arbeitnehmers mehr haben und auch keine verlässlichen schriftlichen Personalunterlagen vorhanden sind, in denen Führung und Leistung des Mitarbeiters festgehalten wurden.

6.2.1 Verjährung

Nach § 195 BGB verjährt der Zeugnisanspruch nach drei Jahren. Dabei ist zu berücksichtigen, dass nach § 199 Abs. 1 BGB die Verjährungsfrist mit dem Schluss des Jahres zu laufen beginnt, in dem der Anspruch entstanden ist und der Anspruchsberechtigte von den den Anspruch begründenden Umständen und der Person des Schuldners Kenntnis erlangt oder ohne grobe Fahrlässigkeit erlangen müsste. Der Anspruch auf Erteilung eines Arbeitszeugnisses verjährt danach mit Ablauf des dritten vollen Kalenderjahres nach Beendigung eines Arbeitsverhältnisses, wenn sich nicht ausnahmsweise mangels Kenntnis der anspruchsbegründenden Umstände oder des Arbeitgebers der Eintritt der Verjährung verzögert.

Der Zeugnisanspruch erlischt unabhängig von der Verjährung, wenn es dem zur Zeugnisausstellung Verpflichteten nicht mehr möglich ist, das Zeugnis auszustellen. Im Hinblick auf den Grundsatz der Zeugniswahrheit ist dies bereits der Fall, wenn der Arbeitgeber nicht mehr in der Lage ist, ein wahrheitsgemäßes Zeugnis auszustellen.

6.2.2 Verwirkung

Auch wenn die Erfüllung des Anspruchs auf Zeugniserteilung noch möglich ist, kann der Anspruch bereits vor Verjährungseintritt bei Verwirkung rechtlich nicht mehr durchgesetzt werden. Zur Verwirkung des Zeugnisanspruchs müssen allerdings mehrere Voraussetzungen erfüllt sein. Der anspruchsberechtigte Arbeitnehmer muss seinen Zeugnisanspruch längere Zeit nicht ausgeübt und dadurch beim Arbeitgeber die Überzeugung hervorgerufen haben, er werde sein Recht nicht mehr geltend machen. Hierauf muss sich der Arbeitgeber dann eingerichtet haben, außerdem muss ihm die Zeugnisausstellung nach Treu und Glauben unter Berücksichtigung der Umstände des Falls nicht mehr zumutbar sein.[71] Trotz dieser dargelegten hohen Anforderung hat die Rechtsprechung in einem konkreten Fall einen Zeugnisberichtigungsanspruch auch zehn Monate nach Erteilung des Zeugnisses bereits als verwirkt angesehen mit der Begründung, der Kläger sei vor der Zeugniserteilung insgesamt dreimal an die Beklagte herangetreten und habe die Ausstellung des Zeugnisses verlangt.[72] Nachdem diesem Verlangen entsprochen wurde, habe der Arbeitgeber davon ausgehen können, die Sache sei erledigt. Jedenfalls sei diese Überzeugung gerechtfertigt, weil der Arbeitnehmer nach der ersten Beanstandung nach zehn Monaten weitere zwei Jahre verstreichen ließ, nachdem der Arbeitgeber auf seine weitere Mahnung nicht geantwortet hatte. Wer sich innerhalb eines Zeitraums von weniger als einem Jahr dreimal um die Ausstellung eines Zeugnisses mit einem bestimmten Inhalt bemühe, von dem könne man nicht annehmen, dass er mit dem Inhalt des ihm übersandten Zeugnisses nicht einverstanden sei, obwohl er zwei Jahre lang untätig geblieben sei.[73] Verwirkung kann demnach – je nach den besonderen Umständen des Einzelfalls – zu einem relativ frühen Zeitpunkt eintreten, insbesondere wenn der Arbeitnehmer zu erkennen gegeben hat, dass er der Zeugniserteilung keine besondere Bedeutung beimisst. So hat die Rechtsprechung der Landesarbeitsgerichte bisher Verwirkung bei einem Untätigkeitszeitraum von 10 bis 15 Monaten angenommen.[74]

71 BAG, Urteil v. 17.2.1988, 5 AZR 638/86.

72 BAG, Urteil v. 8.2.1972, 1 AZR 189/71; BAG, Urteil v. 17.10.1972, 1 AZR 86/72; BAG, Urteil v. 17.2.1988, 5 AZR 638/86.

73 BAG, Urteil v. 17.2.1988, 5 AZR 638/86.

74 LAG Hamm, Urteil v. 12.12.1998, 4 Sa 1337/98, LAG Köln, Urteil v. 8.2.2000, 13 Sa 1050/99.

Keine Verwirkung kann angenommen werden, wenn einem Arbeitnehmer durch die scheinbar günstig klingenden Formulierungen im Zeugnis der falsche Eindruck vermittelt wird, ihm sei ein gutes Zeugnis ausgestellt worden, während ihm tatsächlich für einen Zeugniskundigen ersichtlich schlechte Leistungen attestiert werden. In diesem Fall hat der Zeugnisaussteller die späte Geltendmachung des Berichtigungsanspruchs verursacht und ist nach dem Grundsatz von Treu und Glauben verpflichtet, die Berichtigung des Zeugnisses auch dann vorzunehmen, wenn dies mit besonderen Schwierigkeiten verbunden ist.[75] Erst wenn eine verantwortliche Beurteilung nicht mehr möglich ist, beispielsweise weil keine für die Zeugnisformulierung aussagekräftigen Personalunterlagen vorhanden und die Vorgesetzten ausgeschieden sind oder sich nicht mehr mit hinreichender Deutlichkeit an den Arbeitnehmer erinnern, kann Verwirkung eintreten.[76]

Eine feste zeitliche Grenze für den Zeitpunkt der Verwirkung gibt es nicht. Nach den zitierten Entscheidungen des Bundesarbeitsgerichts sind vielmehr die jeweiligen Umstände des Einzelfalls entscheidend. Dabei kann es eine Rolle spielen, ob der Arbeitnehmer eine untergeordnete Tätigkeit ausübte oder eine viel beachtete Führungsposition innehatte. Daneben ist besonders die Länge der Betriebszugehörigkeit bedeutsam. Entscheidend ist auch, ob der unmittelbare Vorgesetzte des Arbeitnehmers noch dem Betrieb angehört und ob der Betrieb eine starke Fluktuation aufweist. Im letzteren Fall ist anzunehmen, dass die wahrheitsgemäße Beurteilung des Arbeitnehmers schneller unmöglich wird und deshalb der Zeugnisanspruch für ein qualifiziertes Zeugnis schneller verwirkt.

In der Praxis ist jedoch festzustellen, dass gelegentlich auch Arbeitszeugnisse, die vor fünf oder noch mehr Jahren erstellt wurden, auf Bitten des Arbeitnehmers berichtigt werden. Dies zeigt, dass die Unmöglichkeit oder die Unzumutbarkeit der Zeugnisberichtigung nicht ausschließlich aus der langen Zeitdauer seit der Beendigung des Arbeitsverhältnisses abgeleitet werden kann. Häufig besteht aus der Sicht des Arbeitnehmers auch erst längere Zeit nach der Beendigung des Arbeitsverhältnisses und der Zeugnisausstellung ein konkretes Bedürfnis, die Richtigkeit des erteilten Zeugnisses zu überprüfen. In der Regel spielt das Arbeitszeugnis des jeweils letzten Arbeitgebers für die Bewerbung bei einem neuen Arbeitgeber keine Rolle, da die Bewerbung vor Beendigung des alten Arbeitsverhältnisses erfolgt. Erst wenn sich der Arbeitnehmer mit dem Gedanken trägt, dieses neue Arbeitsverhältnis zu beenden, um ein nächstes Arbeitsverhältnis aufzunehmen, wird das Zeugnis seines früheren Arbeitgebers bedeutsam. Mancher in der Zeugnissprache unkundige Arbeitnehmer erkennt den Berichtigungsbedarf erst durch kritische Fragen oder Hinweise in späteren Vorstel-

75 Vgl. Weuster/Scheer, »Arbeitszeugnisse in Textbausteinen«, 13. Aufl. 2015, S. 23.

76 LAG Hamm, Urteil v. 21.12.1993, 4 Sa 1077/93.

lungsgesprächen.[77] Es ist deshalb nicht ungewöhnlich und rechtfertigt nicht die Folgerung, das (etwaige) Berichtigungsrecht werde nicht geltend gemacht, wenn ein Arbeitnehmer das ihm ausgestellte Arbeitszeugnis über längere Zeit hinweg nicht beanstandet, zumal die zutreffende Beurteilung eines Zeugnisses für einen Arbeitnehmer nicht immer leicht ist.

Wegen der für das berufliche Fortkommen eines Arbeitnehmers nachteiligen Folgen geht das Landesarbeitsgericht Hamm davon aus, dass der Anspruch auf Erteilung oder Berichtigung eines Arbeitszeugnisses in aller Regel nicht verwirkt, zumal wirtschaftliche Belange des Arbeitgebers nicht berührt werden, für den Arbeitnehmer jedoch erhebliche finanzielle Belange auf dem Spiel stehen.[78] Der Entscheidung des Landesarbeitsgerichts Hamm ist zuzustimmen. Es wäre auch mit der Fürsorgepflicht des Arbeitgebers nicht vereinbar, die noch mögliche Berichtigung eines fehlerhaften Arbeitszeugnisses als verwirkt zu verweigern und dadurch eine wesentliche Ursache aufrechtzuerhalten, die (vielleicht) zu langandauernder Arbeitslosigkeit führt.

In der Praxis spielt die Verwirkung bei dem Korrekturanspruch des Mitarbeiters eine erheblich größere Rolle als bei der Frage, ob das Zeugnis noch zu erteilen ist oder nicht.

6.2.3 Ausschlussfristen

Der Zeugnisanspruch kann außer wegen Verjährung, Verwirkung oder Unmöglichkeit auch aufgrund einer tariflichen oder vertraglichen Ausschlussfrist erlöschen.

- Ausschlussklauseln in Tarifverträgen, die nicht auf bestimmte Ansprüche beschränkt sind, umfassen in der Regel auch Zeugnisansprüche.[79]
- Gleiches gilt auch für Ausschlussklauseln in Arbeitsverträgen, die allgemein gehalten und nicht auf finanzielle Ansprüche beschränkt sind. Sie können ebenfalls Zeugnisansprüche umfassen.[80]

Regelungen in Tarifverträgen oder Arbeitsverträgen sehen oft sehr kurze Fristen vor, innerhalb derer ein Anspruch außergerichtlich oder gerichtlich geltend gemacht werden muss. Nach Ablauf dieser Frist verfällt ein Anspruch auf Erteilung oder Berichtigung eines Arbeitszeugnisses, es sei denn, die Frist ist unangemessen kurz und mit den guten Sitten nicht zu vereinbaren.[81]

77 Vgl. Weuster/Scheer, Arbeitszeugnisse in Textbausteinen, 13. Aufl. 2015, S. 23.
78 LAG Hamm, Urteil v. 21.12.1993, 4 Sa 1077/93.
79 BAG, Urteil v. 30.1.1991, 5 AZR 32/90; BAG, Urteil v. 23. 2.1983, 5 AZR 515/80.
80 BAG, Urteil v. 16.9.1974, 5 AZR 255/74.
81 BAG, Urteil v. 24.3.1998, 2 AZR 630/97.

6.2.4 Verzicht

Der Arbeitnehmer kann vor der Beendigung des Arbeitsverhältnisses auf den Anspruch der Zeugniserteilung nicht verzichten. Ob nach der Beendigung des Arbeitsverhältnisses ein Verzicht rechtlich möglich ist, bedarf noch der abschließenden Klärung. Vom Bundesarbeitsgericht wurde diese Frage bisher offengelassen.[82] Auch die Instanzrechtsprechung hat sich damit noch nicht intensiv befasst.

Zumindest aber wenn der Arbeitnehmer sich über die Bedeutung des Verzichts bewusst ist und dem Zeugnis auch keine besondere Bedeutung für den künftigen Berufsweg zukommt, dürfte ein Verzicht jedoch wirksam sein.[83]

6.2.5 Erlöschen

Unabhängig von der Verjährung, Verwirkung und dem Verzicht kann der Anspruch auch erlöschen, wenn es dem Arbeitgeber nicht mehr möglich ist, das Arbeitszeugnis zu erteilen.

Dies ist bei einem einfachen Zeugnis grundsätzlich nicht vorstellbar, allenfalls dann, wenn die Personalunterlagen des Mitarbeiters nicht mehr existieren und keine Person im Betrieb mehr beschäftigt ist, die entsprechende Kenntnisse hat, um dieses einfache Arbeitszeugnis zu erstellen oder aber wenn es den Arbeitgeber nicht mehr gibt.

Beim qualifizierten Zeugnis, das auch Angaben zu Verhalten und Leistung des ausgeschiedenen Beschäftigten enthält, kann das Erlöschen des Anspruches aber auftreten, wenn im Betrieb keine Person mehr greifbar ist, die Verhalten und Leistung beurteilen kann. In einem solchen Falle ist die Ausstellung eines qualifizierten Zeugnisses schlichtweg nicht mehr möglich, der Anspruch auf Ausstellung des Zeugnisses durch tatsächliche Umstände erloschen.

82 BAG, Urteil v. 16.9.1974, 5 AZR 255/74.
83 LAG Köln, Urteil v. 17.6.1994, 4 Sa 185/94.

7 Gerichtliche Durchsetzung des Anspruchs auf Zeugniserteilung

Zusammenfassung
Erfüllt der Arbeitgeber den Anspruch auf Zeugniserteilung nicht oder aus Sicht des Arbeitnehmers nicht ordnungsgemäß, kann der Arbeitnehmer auf Ausstellung oder Berichtigung des Zeugnisses vor dem Arbeitsgericht klagen. Die nachfolgende Darstellung zeigt die Verteilung der Beweislast bei einer angestrebten Zeugniskorrektur und welche Kosten auf den Arbeitgeber in einem solchen Fall zukommen.

7.1 Die Beweislast

Zunächst muss der Arbeitnehmer seinen Anspruch auf Erteilung des Zeugnisses geltend machen. Dieses Verlangen ist regelmäßig gegenüber dem Arbeitgeber abzugeben bzw. gegenüber demjenigen, der die Arbeitgeberfunktion, ggf. auch nur in bestimmten Bereichen (z. B. Personalleiter), wahrnimmt.

Ist gar kein Arbeitszeugnis erteilt, muss der Arbeitnehmer auf Erteilung des Zeugnisses klagen. Der Arbeitgeber ist beweispflichtig dafür, dass er das Zeugnis bereits erteilt hat und dieses dem Mitarbeiter zugegangen ist bzw. ihm zur Abholung bereitgelegt war und ist.[84]

Ist das Zeugnis aus Sicht des Arbeitnehmers inhaltlich oder formal falsch, kann der Arbeitnehmer den Arbeitgeber zur Korrektur auffordern. Kommt der Arbeitgeber dem nicht nach, kann beim Arbeitsgericht Klage erhoben werden. Auch bei Endzeugnissen ist das Arbeitsgericht sachlich zuständig, da die Auseinandersetzung noch aus dem Arbeitsverhältnis herrührt, § 2 Abs. 1 Ziff. 3 ArbGG, wenngleich das Arbeitsverhältnis beendet ist. Dabei muss der Arbeitnehmer eine genaue Formulierung verlangen. Er muss begründen, warum er diese Formulierung wünscht und warum er mit der Formulierung des Arbeitgebers nicht einverstanden ist.

Der Arbeitnehmer muss im Zeugniskorrekturprozess schlüssig den Anspruch auf die Korrektur des Zeugnisses behaupten, er muss also darlegen, welcher Abschnitt des Zeugnisses falsch und für ihn nachteilig ist.[85] Dies gilt insbesondere für die Bewertung. Der Arbeitnehmer muss auch hier schlüssig darlegen, welche Bewertung er für nachteilig und vor allem für falsch hält.[86]

84 BAG, Urteil v. 23.6.1960, 5 AZR 560/58.
85 LAG Düsseldorf, Urteil v. 26.2.1985, 8 Sa 1873/84.
86 BAG, Urteil v. 17.2.1988, 5 AZR 638/86.

Die Frage der Beweislast im Zeugnisberichtigungsstreit war lange unterschiedlich durch die Arbeitsgerichte beantwortet worden. Mittlerweile ist aber eine etwas klarere Linie in der Rechtsprechung erkennbar.

Bei der Beschreibung der Tätigkeit muss der Arbeitnehmer zunächst beweisen, dass er den entsprechenden Anspruch auf Korrektur des Zeugnisses hat. Er muss also darlegen und auch beweisen, dass er die im Zeugnis nicht aufgeführten Tätigkeiten tatsächlich erbracht hat und dass diese nicht nur nebensächlich waren.

Hinsichtlich der Beurteilung von Leistung und Führung geht das BAG davon aus, dass der Arbeitgeber einen Beurteilungsspielraum hat, der gerichtlich nur eingeschränkt überprüft werden kann. Vollständig überprüfbar sind aber die Tatsachen, die der Arbeitgeber seiner Beurteilung zugrunde gelegt hat. Das BAG hat folgerichtig entschieden, dass:

- der Arbeitnehmer darlegen und beweisen müsse, dass er überdurchschnittlich war,
- der Arbeitgeber darlegen und beweisen müsse, dass der Arbeitnehmer unterdurchschnittlich beurteilt werden muss.[87]

Dabei gilt eine befriedigende Leistung, der Schulnote 3 entsprechend, als durchschnittlich. Dies gilt selbst unter Berücksichtigung von Studien, nach denen fast 90 % der untersuchten Arbeitszeugnisse in ihrer Bewertung den Schulnoten »gut« oder »sehr gut« entsprechen.[88]

Der Arbeitgeber ist allerdings an den Inhalt eines zuvor ausgestellten Zwischenzeugnisses gebunden. Dies gilt auch dann, wenn der Arbeitgeber das Zeugnis nicht selbst erteilt hat, sondern ein (Rechts-)Vorgänger, etwa bei einem Betriebsübergang. Dabei kann der – neue – Arbeitgeber nicht einwenden, er könne wegen der Kürze der Zeit den Beschäftigten selbst nicht beurteilen. Hier muss er sich auf die Beurteilung seines Vorgängers verlassen.[89]

Hat der Arbeitnehmer sich den – unzutreffenden – Inhalt des Zeugnisses erschlichen, indem er sich beispielsweise an eine andere Person mit seinem Zeugniswunsch gewandt hat, als den zuständigen richtigen Weg einzuhalten, ist der Arbeitgeber berechtigt, das Zeugnis zu widerrufen, es wurde ja auf unredliche Art erlangt. Wenn aber der Arbeitgeber es widerrufen kann, muss der Beschäftigte es auch zurückgeben.[90]

87 BAG, Urteil v. 18.11.2014, 9 AZR 584/13.
88 BAG, Urteil v. 18.11.2014, 9 AZR 584/13.
89 BAG, Urteil v. 16.10.2007, 9 AZR 248/07.
90 LAG Schleswig-Holstein, Urteil v. 17.10.2017, 1 Sa 228/17.

Kann allerdings der Arbeitgeber beweisen, dass sich seit der Erteilung eines Zwischenzeugnisses Leistung und/oder Verhalten geändert haben oder dass das zuvor erteilte Zeugnis falsch war, kann er selbstverständlich eine Änderung vornehmen.

Da das Zeugnis eine einheitliche Darstellung sein soll und einzelne Teile nicht ohne die Gefahr der Sinnentstellung auseinandergerissen werden können, sind die Gerichte befugt, das gesamte Zeugnis zu überprüfen und unter Umständen selbst neu zu formulieren.[91]

Ein entsprechendes das Zeugnis abänderndes oder ergänzendes Urteil zulasten des Arbeitgebers kann natürlich auch vollstreckt werden. Da die Erteilung bzw. Änderung des Zeugnisses nur durch den Arbeitgeber, nicht aber durch jemand anderen erfolgen kann, kann der Arbeitnehmer für den Fall, dass der Arbeitgeber dem Urteil nicht nachkommt, beim Arbeitsgericht ein Zwangsgeld gegen den Arbeitgeber beantragen, das bis zu 25.000 EUR betragen kann.

HINWEIS: ZWANGSVOLLSTRECKUNG NUR BEI KONKRETEM ÄNDERUNGSTITEL

Wenn ein arbeitsgerichtliches Urteil oder ein entsprechender Vergleich nur allgemeine Vorgaben für das Arbeitszeugnis macht, etwa dass es mit einer sehr guten Führungs- und Leistungsbeurteilung und einer Bedauerns-, Dankes- und Gute-Wünsche-Formulierung im Schlusssatz zu erteilen ist, kann eine Zwangsvollstreckung nicht erfolgen, da kein eindeutig bestimmbarer Inhalt »erzwungen« werden kann.[92]

Ein Hinweis im dann erteilten Zeugnis, dass dessen Form und/oder Inhalt beim Arbeitsgericht erstritten wurde, ist unzulässig.

7.2 Die Kosten des gerichtlichen Verfahrens

Die Kosten im arbeitsgerichtlichen Verfahren hängen vom sogenannten Gegenstandswert bzw. Streitwert ab.

Regelstreitwert beträgt ein Bruttomonatsentgelt !

Der Streitwert einer Klage auf Erteilung eines qualifizierten Zeugnisses beträgt üblicherweise ein Bruttomonatsentgelt des Anstellungsverhältnisses, aus dem das Zeugnis eingeklagt wird. Dies gilt auch bei einer Klage auf Berichtigung eines bereits erteilten Zeugnisses.[93]

91 BAG, Urteil v. 23.6.1960, 5 AZR 560/58.
92 BAG, Urteil v. 14.2.2017, 9 AZB 49/16.
93 LAG Köln, Beschluss v. 29.12.2000, 8 Ta 299/00.

Wird ein Rechtsanwalt mit der Vertretung im Prozess beauftragt, entstehen für jede Instanz zumindest zwei Rechtsanwaltsgebühren nach dem Rechtsanwaltsvergütungsgesetz (RVG), die sich aus einer Verfahrensgebühr und einer Terminsgebühr nach unterschiedlichen Gebührensätzen auf Basis eines gesetzlichen Vergütungsverzeichnisses zusammensetzen. Wird ein Vergleich geschlossen, kommt eine Einigungsgebühr dazu. Zusätzlich kann der Rechtsanwalt eine Auslagenpauschale von 20 EUR beanspruchen. Zu diesen Gebühren ist die gesetzliche Umsatzsteuer hinzuzurechnen, gegebenenfalls auch Reisekosten und Abwesenheitsgeld.

In der ersten Instanz vor dem Arbeitsgericht müssen die eigenen Anwaltsgebühren von jeder Partei selbst getragen werden. Dies gilt auch für den Fall des Obsiegens; die erstinstanzlichen Anwaltsgebühren im Arbeitsgerichtsverfahren werden nicht von der unterlegenen Partei ersetzt.

7.2.1 Anwaltsgebühren nach dem Rechtsanwaltsvergütungsgesetz (RVG)

Bruttomonatsentgelt in EURO		1,3 Verfahrensgebühr (§§ 2, 13 RVG i. V. m. Nr. 3100 RVG) (ohne MwSt.)	1,2 Terminsgebühr (§§ 2, 13 RVG i. V. m. Nr. 3104 RVG) (ohne MwSt.)	1,0 Einigungsgebühr (§§ 2, 13 RVG i. V. m. Nr. 1003 RVG) (ohne MwSt.)
bis	1.500,00	165,10	152,40	127,00
bis	2.000,00	215,80	199,20	166,00
bis	3.000,00	288,60	266,40	222,00
bis	4.000,00	361,40	333,60	278,00
bis	5.000,00	434,20	400,80	334,00
bis	6.000,00	507,00	468,00	390,00
bis	7.000,00	579,80	535,20	446,00
bis	8.000,00	652,60	602,40	502,00
bis	9.000,00	725,40	669,60	558,00
bis	10.000,00	798,20	736,80	614,00
bis	13.000,00	865,80	799,20	666,00
bis	16.000,00	933,40	861,60	718,00

7.2.2 Gerichtsgebühren für das arbeitsgerichtliche Verfahren

Bruttomonatsentgelt in EURO	Gerichtsgebühr in EURO
bis 1.500,00	156,00
bis 2.000,00	196,00
bis 3.000,00	238,00
bis 4.000,00	280,00
bis 5.000,00	322,00
bis 6.000,00	364,00
bis 7.000,00	406,00
bis 8.000,00	448,00
bis 9.000,00	490,00
bis 10.000,00	532,00
bis 13.000,00	590,00
bis 16.000,00	648,00

8 Änderung und Widerruf eines Arbeitszeugnisses

Zusammenfassung
Wird ein Arbeitszeugnis erstellt und dem Beschäftigten ausgehändigt, kann es vorkommen, dass der Arbeitgeber im Nachhinein feststellen muss, dass das Arbeitszeugnis falsch war. Weiter kann auch der Beschäftigte feststellen, dass bestimmte wesentliche Ausführungen nicht vollständig oder korrekt sind. Die nachfolgende Aufstellung gibt einen Überblick über die Möglichkeiten der Zeugnisänderung und des Widerrufs.

8.1 Änderung des Arbeitszeugnisses

Es gibt zwei Gründe für eine Änderung des Zeugnisses.

Zum einen kann es darum gehen, dass der Mitarbeiter die Art des Zeugnisses wechseln möchte. Umstritten ist dabei, ob der Arbeitnehmer, der zunächst ein einfaches Zeugnis verlangt hat, zu einem späteren Zeitpunkt ein qualifiziertes Zeugnis beanspruchen kann oder umgekehrt, der Mitarbeiter ein einfaches Zeugnis begehren kann, nachdem ihm zunächst ein qualifiziertes Zeugnis erteilt wurde. Manche Gerichte neigen dazu, einen entsprechenden Anspruch des Arbeitnehmers aufgrund der Fürsorgepflicht des Arbeitgebers anzuerkennen, allerdings nur Zug um Zug gegen Herausgabe des zuvor erteilten Zeugnisses. Oft enden solche Prozesse durch Vergleich.

Ist zum anderen ein Arbeitszeugnis nicht ordnungsgemäß, beispielsweise weil wesentliche Aufgaben, die der Arbeitnehmer bearbeitet hat, nicht enthalten sind oder weil die Leistungs- oder Verhaltensbeurteilung nicht zutreffend ist, kann und muss der Arbeitgeber das bereits ausgestellte Arbeitszeugnis berichtigen.

Schreibfehler sind zu korrigieren, ebenso unrichtige Daten oder Bezeichnungen. Ändert ein transsexueller Beschäftigter seinen Vornamen und sein Geschlecht, hat er einen Anspruch auf entsprechende Korrektur des Zeugnisses. Dies gilt selbst dann, wenn die Änderung erst nach Beendigung des Arbeitsverhältnisses und damit auch nach Erteilung des Zeugnisses erfolgt.[94] Dies folgt aus einer nachvertraglichen Fürsorgepflicht des Arbeitgebers.

Fehlen wesentliche Angaben, so sind diese nachzuholen. Dabei ist nicht alleine auf die Angaben des Arbeitnehmers abzustellen, sondern der Arbeitgeber muss auch die

94 LAG Hamm, Urteil v. 17.12.1998, 4 Sa 1337/98.

Möglichkeit haben, sich beispielsweise bei ehemaligen Vorgesetzten des Mitarbeiters kundig zu machen.

!

Achtung: Mängel im Zwischenzeugnis

Auch wenn der Arbeitnehmer ein aus seiner Sicht mangelhaftes Zwischenzeugnis widerspruchslos hingenommen hat, kann er das die gleichen Mängel beinhaltende Endzeugnis beanstanden.[95]

Dem Arbeitnehmer steht ein Anspruch auf Berichtigung des Zeugnisses zu, wenn das ihm ausgestellte Zeugnis nicht ordnungsgemäß ist und damit die Möglichkeit besteht, dass hierdurch sein berufliches Fortkommen beeinträchtigt wird.

Die Berichtigung erfolgt allerdings nicht durch Korrekturen auf dem ursprünglichen Zeugnis. Hierdurch würde der Pflicht zur formgerechten Zeugniserteilung nicht entsprochen. Auszustellen ist vielmehr ein formgerechtes und inhaltlich berichtigtes neues Zeugnis mit dem Datum des früher ausgestellten nicht ordnungsgemäßen Zeugnisses, wobei der Arbeitgeber das früher ausgestellte fehlerhafte Zeugnis Zug um Zug gegen Aushändigung des berichtigten Zeugnisses zurückverlangen kann. Bei Änderungen ist darauf zu achten, dass dadurch die Bewertung nicht schlechter wird als in dem ursprünglichen Zeugnistext. Der Arbeitgeber ist an den bisherigen Text, die bisherige Beurteilung vor den Korrekturwünschen des Arbeitnehmers gebunden.[96]

8.2 Widerruf des Arbeitszeugnisses

Das Zeugnis ist keine Willenserklärung, sondern eine Schilderung der Leistung des Arbeitnehmers. Deshalb kann das Zeugnis im Gegensatz zur Willenserklärung nicht angefochten werden.

Ist ein Zeugnis objektiv falsch erteilt worden, kann es vom Aussteller widerrufen werden. Voraussetzung ist in erster Linie, dass es sich um eine erhebliche Unrichtigkeit handelt. Dies kann dann der Fall sein, wenn der Arbeitgeber erst nach Erteilung des Zeugnisses von Umständen erfährt, die das erteilte Zeugnis objektiv als falsch erscheinen lassen.

BEISPIEL: IRRTUM ÜBER BEURTEILUNGSRELEVANTE UMSTÄNDE

Dem ausgeschiedenen Mitarbeiter wird uneingeschränkte Loyalität bescheinigt. Im Nachhinein aber entdeckt der Arbeitgeber, dass er vom Arbeitnehmer bestohlen oder betrogen wurde.

95 BAG, Urteil v. 26.6.2001, 9 AZR 392/00.

96 BAG, Urteil v. 21.6.2005, 9 AZR 352/04.

Oder: Der Arbeitgeber hat den Arbeitnehmer als ehrlich beschrieben und eine vertrauensvolle Zusammenarbeit bescheinigt. Nach dem Ausscheiden des Arbeitnehmers muss der Arbeitgeber feststellen, dass es zu erheblichen Unregelmäßigkeiten im Arbeitsverhältnis gekommen ist.

Weiterhin muss der Arbeitgeber das Zeugnis versehentlich falsch ausgestellt haben.

In solchen Fällen kann und muss der Arbeitgeber das erteilte und objektiv falsche Zeugnis korrigieren.

Hat der Arbeitnehmer sich den – unzutreffenden – Inhalt des Zeugnisses erschlichen, ist der Arbeitgeber, wenn er dies feststellt, natürlich auch berechtigt, das Zeugnis zu widerrufen.[97]

Der Arbeitgeber kann vom Arbeitnehmer verlangen, dass dieser ihm das unrichtige Zeugnis Zug um Zug gegen die Übergabe des neuen und jetzt richtigen Zeugnisses herausgibt.

Achtung: Kein Widerrufsrecht bei bewusst falschem Zeugnis !

Hat der Arbeitgeber das Zeugnis bewusst falsch ausgestellt, hat er kein Widerrufsrecht: Er war ja nicht im Irrtum über die Angaben im Zeugnis.[98]

Eine Widerrufsfrist gibt es nicht, es kann jedoch eine Verwirkung durch Zeitablauf eintreten, wenn es entweder auf den Inhalt des Zeugnisses nicht mehr ankommt oder wenn der ehemalige Arbeitgeber schon längere Zeit weiß, dass das Zeugnis objektiv falsch ist, er es aber bisher nicht als notwendig erachtet hat, dieses zu korrigieren.

97 LAG Schleswig-Holstein, Urteil v. 17.10.2017, 1 Sa 228/17.

98 BAG, Urteil v. 8.2.1972, 1 AZR 189/71.

9 Haftung des Arbeitgebers bei fehlerhaftem Zeugnis

Zusammenfassung
Ist ein Zeugnis im Hinblick auf Tatsachenbeschreibungen oder Bewertung von Leistung und Verhalten fehlerhaft, droht die Verpflichtung zur Leistung von Schadensersatz.

9.1 Ansprüche des Arbeitnehmers gegen den Arbeitgeber

Der Arbeitnehmer kann einen Schadensersatzanspruch gegen den Arbeitgeber herleiten:

- aus Verzug, wegen Nichterfüllung, Nichterteilung oder verspäteter Erteilung des Zeugnisses,
- aus der Verletzung arbeitsvertraglicher Nebenpflichten wegen unvollständiger oder unrichtiger Zeugniserteilung.

Verletzt der Arbeitgeber schuldhaft seine Pflicht, dem Arbeitnehmer rechtzeitig ein ordnungsgemäßes Zeugnis zu erteilen, haftet er dem Arbeitnehmer für den Minderverdienst, der diesem dadurch entsteht, dass er bei Bewerbungen kein ordnungsgemäßes Zeugnis nachweisen kann.[99]

Der Arbeitnehmer hat die Voraussetzungen des Schadensersatzanspruchs zu beweisen. Insbesondere muss er nachweisen, dass ihm gerade wegen der verspäteten oder nicht ordnungsgemäßen Erteilung des Zeugnisses ein Schaden entstanden ist. Vom Bundesarbeitsgericht wurde hierzu bereits 1967 aber entschieden, es gebe auch bei leitenden Angestellten keinen Erfahrungsgrundsatz, wonach das Fehlen des Zeugnisses die Ursache für den Misserfolg von Bewerbungen um einen Arbeitsplatz gewesen sei. Der Arbeitnehmer müsse deshalb in einem solchen Fall darlegen und im Streitfall beweisen, dass ein bestimmter Arbeitgeber bereit gewesen sei, ihn einzustellen, sich aber dann wegen des fehlenden Zeugnisses davon habe abhalten lassen.[100] Diese Schadensersatzvoraussetzungen werden allerdings nur in seltenen Fällen nachweisbar sein.

Demgegenüber stellte sich das Bundesarbeitsgericht im Jahre 1977 auf den Standpunkt, wenn der Arbeitnehmer in der Lage gewesen wäre, bei seinen Bewerbungen

99 BAG, Urteil v. 26.2.1976, 3 AZR 215/75.
100 BAG, Urteil v. 25.10.1967, 3 AZR 456/66.

ein anderes Zeugnis vorzulegen, wären seine Aussichten auf einen neuen Arbeitsplatz sicherlich größer gewesen. Fehle es für eine gewisse Zeit an einem durch Zeugnis zu erbringenden Nachweis über die bisherigen Beschäftigungen, müsse der Arbeitnehmer mit Nachteilen bei Bewerbungen rechnen.[101]

Bereits 1976 war von demselben Senat des Bundesarbeitsgerichts festgestellt worden, für den Nachweis, dass ein Minderverdienst auf die Verletzung der Pflicht zur ordnungsgemäßen Zeugniserteilung zurückzuführen sei, komme dem Arbeitnehmer die Darlegungs- und Beweiserleichterung nach § 252 Satz 2 BGB zugute. Danach gilt der Verdienst als entgangen, der nach dem gewöhnlichen Lauf der Dinge oder nach den besonderen Umständen mit Wahrscheinlichkeit erwartet werden kann. Außerdem könne das Gericht nach § 287 Abs. 1 ZPO beurteilen, ob die Voraussetzungen von § 252 Satz 2 BGB vorliegen.[102] Nach § 287 Abs. 1 ZPO kann ein Gericht unter Würdigung aller Umstände nach freier Überzeugung entscheiden, ob und in welcher Höhe ein Schaden entstanden ist.

Dementsprechend braucht ein Arbeitnehmer nur die Umstände darzulegen und im Rahmen von § 287 Abs. 1 ZPO zu beweisen, aus denen sich nach dem gewöhnlichen Verlauf der Dinge oder den besonderen Umständen des Falls die Wahrscheinlichkeit des entgangenen Verdienstes ergibt. Dabei dürfen keine zu strengen Anforderungen gestellt werden.[103] Dargelegt werden müssen die tatsächlichen Grundlagen für die vom Gericht vorzunehmende Schätzung. Ausreichend kann sein, dass ein bestimmter Arbeitgeber ernsthaft an der Einstellung des Arbeitnehmers interessiert war und die Zeugnisfrage zur Sprache gebracht wurde.[104]

Daneben kann ein Schmerzensgeldanspruch entstehen, wenn der Arbeitnehmer durch das Verschulden des Arbeitgebers bei der Zeugniserteilung längere Zeit arbeitslos war und es hierdurch zu einer schwerwiegenden Gesundheitsschädigung gekommen ist.[105]

9.2 Ansprüche des neuen Arbeitgebers gegen den alten Arbeitgeber

Gegenüber dem neuen Arbeitgeber kann der alte Arbeitgeber wegen unrichtiger Zeugniserteilung nach § 826 BGB (sittenwidrige vorsätzliche Schädigung) schadensersatzpflichtig werden. § 826 BGB setzt jedoch zumindest bedingten Vorsatz voraus;

101 BAG, Urteil v. 24.3.1977, 3 AZR 232/76.
102 BAG, Urteil v. 26.2.1976, 3 AZR 215/75.
103 BAG, Urteil v. 27.1.1972, 2 AZR 172/71.
104 BAG, Urteil v. 16.11.1995, 8 AZR 983/94.
105 BAG, Urteil v. 12.8.1976, 3 AZR 720/75.

Fahrlässigkeit allein genügt nicht. Ein derartiger Schädigungsvorsatz dürfte selten vorliegen und vor allem kaum zu beweisen sein.

Vom Bundesgerichtshof wurde daneben angenommen, dass ein Dienstzeugnis für denjenigen, den es später angeht, eine nach Treu und Glauben unerlässliche Mindestgewähr für die Richtigkeit des Zeugnisses beinhalte. Die Wahrheits- und, bei ursprünglich unzutreffender Zeugnisausstellung, die Berichtigungspflicht beschränke sich allerdings auf die Punkte, die die Verlässlichkeit des Zeugnisses in ihrem Kern berühren. Darüber hinaus bestehe keine Gewährübernahme, wenn dem Aussteller die Unrichtigkeit des ausgestellten Zeugnisses durch bloße Nachlässigkeit nicht bewusst geworden sei und von ihm auch nachträglich nicht erkannt werde.

Erkennt ein Zeugnisaussteller jedoch, dass das zunächst in gutem Glauben ausgestellte Zeugnis grob unrichtig ist, und wird ihm zusätzlich bekannt, dass ein Dritter auf das Zeugnis vertraut hat und dadurch schweren Schaden zu nehmen droht, ist der Zeugnisaussteller auch nachträglich noch verpflichtet, den Adressaten des Zeugnisses über die Unrichtigkeit zu unterrichten, wenn keine tatsächlichen Schwierigkeiten oder billigenswerten Rücksichten der umgehenden Warnung des Dritten entgegenstehen.[106] Allerdings muss der ehemalige Arbeitgeber den neuen Arbeitgeber nur dann informieren, wenn er ihn überhaupt kennt. Man wird ihm keine Pflicht zur Erforschung des neuen Arbeitgebers auferlegen können. Die Möglichkeiten hierzu gehen fast ausschließlich über den ehemaligen Arbeitnehmer, dieser wird aber entsprechende Auskünfte nicht geben wollen, wenn er erfährt, dass sein ehemaliger Arbeitgeber das Zeugnis verändern, im Regelfall verschlechtern, will.

Der Zeugnisaussteller kann gegenüber dem neuen Arbeitgeber schadensersatzpflichtig werden, wenn er schuldhaft gegen die Mindestgewähr des Zeugnisses verstößt. Die Mindestgewähr beschränkt sich auf Vorkommnisse, die für die Gesamtbeurteilung wesentlich sind, wie z. B. eine Unterschlagung.

Allgemein bekannt ist, dass die Zeugnisformulierungen nur bruchstückhaft verwertbar sind, um einen Bewerber zu beurteilen. Das von den Arbeitsgerichten geforderte Wohlwollen beim Verfassen eines Zeugnisses verwässert die objektiven Beurteilungsmöglichkeiten bei den Formulierungen.

106 BGH, Urteil v. 15.5.1979, VI ZR 230/76.

Teil 3: Das Zeugnis in wenigen Schritten erstellen – Checklisten und Musterschreiben

In diesem Teil stellen wir Ihnen die wichtigen Arbeitsmittel zur Verfügung.

- Mit dem Workflow haben Sie die Zeugniserstellung immer im Blick.
- Die Bewertungsbogen unterstützen Sie bei der korrekten Einschätzung von Leistung und Verhalten.
- Mit der Checkliste prüfen Sie das fertige Arbeitszeugnis auf Herz und Nieren.

10 Workflow zur Erstellung eines Arbeitszeugnisses

Mit dem Workflow stehen Ihnen die wesentlichen vier Schritte für die Erstellung eines Arbeitszeugnisses zur Verfügung. Sie können das Formular als Checkliste und Laufzettel verwenden oder einfach mit den Daten für das Zeugnis zusammen speichern bzw. in der Personalakte ablegen.

Workflow: Arbeitszeugnis		
• Was ist zu tun?	Wer?	Bis wann?
Schritt 1: Bewertungsbogen anlegen		
• In den Bewertungsbogen (s. u.) tragen Sie die Personaldaten ein.		
• Leiten Sie den Bewertungsbogen weiter an denjenigen, der die Bewertung vornimmt, wahrscheinlich den Fachvorgesetzten.		
Schritt 2: Bewertungsbogen ausfüllen		
• Bewertungen in den Bewertungsbogen eintragen.		
• Optionale Hinweise (besondere Fähigkeiten, Erfolge) aufnehmen.		
Schritt 3: Arbeitszeugnis erstellen		
• Mittels der Bewertungen und der Textbausteine (siehe Teil 4) wird das Arbeitszeugnis erstellt.		
• Arbeitszeugnis ausdrucken und vom Fachvorgesetzten prüfen lassen. (Dieser kann das Zeugnis auch mit dem betreffenden Mitarbeiter durchsprechen.)		
Schritt 4: Arbeitszeugnis unterschreiben lassen und aushändigen		
• Geben Sie das Zeugnis zur Unterschrift an den zuständigen Vorgesetzten.		
• Überreichen Sie dem betreffenden Mitarbeiter das Arbeitszeugnis.		
• Legen Sie eine Kopie des Zeugnisses (evtl. mit einer Empfangsbestätigung vom betreffenden Arbeitnehmer) in der Personalakte ab.		

11 Bewertungsbogen für unterschiedliche Positionen

Zusammenfassung
Mit den Bewertungsbogen werden die Beurteilungskriterien für das Arbeitszeugnis eines Auszubildenden, eines Arbeitnehmers bzw. einer Führungskraft abgefragt. Leiten Sie den entsprechenden Bewertungsbogen an den jeweiligen Vorgesetzten zur Beurteilung der Leistungen und des Verhaltens weiter.

11.1 Bewertungsbogen 1: Bewertung von Auszubildenden (Volontären, Praktikanten, Diplomanden)

<table>
<tr><td colspan="3">Name, Vorname
Personalnummer
Organisation
Abteilung
Ausbildung
Beurteiler/Vorgesetzter
Ausstellungsgrund
Beginn der Ausbildung/des Praktikums</td><td colspan="2"></td></tr>
<tr><td colspan="3">Abschluss der Ausbildung/des Praktikums</td><td colspan="2"></td></tr>
<tr><td colspan="5">Durchlaufene Fachabteilungen (bitte stichwortartig ausfüllen)</td></tr>
<tr><td colspan="2">Zeitraum</td><td colspan="2">Abteilungen/Stationen</td><td>Tätigkeiten</td></tr>
<tr><td>von</td><td>bis</td><td colspan="2"></td><td></td></tr>
<tr><td>von</td><td>bis</td><td colspan="2"></td><td></td></tr>
<tr><td>von</td><td>bis</td><td colspan="2"></td><td></td></tr>
<tr><td colspan="5">Fachwissen</td></tr>
<tr><td>sehr gut</td><td>gut</td><td>befriedigend</td><td>ausreichend</td><td>Kommentar</td></tr>
<tr><td></td><td></td><td></td><td></td><td></td></tr>
<tr><td colspan="5">Besondere Fähigkeiten bzw. Kompetenzen
(optional – bitte stichwortartig angeben)</td></tr>
<tr><td colspan="5"></td></tr>
<tr><td colspan="5"></td></tr>
</table>

Weiterbildung (optional)				
sehr gut	gut	befriedigend	ausreichend	Kommentar
Auffassungsgabe/Denkvermögen				
sehr gut	gut	befriedigend	ausreichend	Kommentar
Leistungsbereitschaft				
sehr gut	gut	befriedigend	ausreichend	Kommentar
Lernbereitschaft				
sehr gut	gut	befriedigend	ausreichend	Kommentar
Belastbarkeit				
sehr gut	gut	befriedigend	ausreichend	Kommentar
Arbeitsweise				
sehr gut	gut	befriedigend	ausreichend	Kommentar
Zuverlässigkeit/Ehrlichkeit				
sehr gut	gut	befriedigend	ausreichend	Kommentar
Arbeitsergebnis				
sehr gut	gut	befriedigend	ausreichend	Kommentar
Besondere Arbeitserfolge (optional – bitte stichwortartig angeben)				
Zusammenfassende Leistungsbeurteilung				
sehr gut	gut	befriedigend	ausreichend	Kommentar

Verhalten				
sehr gut	gut	befriedigend	ausreichend	Kommentar
Schlussformulierung				
sehr gut	gut	befriedigend	ausreichend	Kommentar
Unterschrift des Bewertenden				
Datum und Ort				
Unterschrift				

11.2 Bewertungsbogen 2: Bewertung von Arbeitnehmern

Name, Vorname	
Personalnummer Organisation/Tätigkeitsbezeichnung Abteilung Beurteiler/Vorgesetzter Ausstellungsgrund Eintrittsdatum Austrittsdatum	
Tätigkeitsbeschreibung	

Fachwissen				
sehr gut	gut	befriedigend	ausreichend	Kommentar
Besondere Fähigkeiten bzw. Kompetenzen (optional – bitte stichwortartig angeben)				

Weiterbildung (optional)				
sehr gut	gut	befriedigend	ausreichend	Kommentar
Auffassungsgabe/Denkvermögen				
sehr gut	gut	befriedigend	ausreichend	Kommentar
Leistungsbereitschaft				
sehr gut	gut	befriedigend	ausreichend	Kommentar
Belastbarkeit				
sehr gut	gut	befriedigend	ausreichend	Kommentar
Arbeitsweise				
sehr gut	gut	befriedigend	ausreichend	Kommentar
Zuverlässigkeit/Ehrlichkeit				
sehr gut	gut	befriedigend	ausreichend	Kommentar
Arbeitsergebnis				
sehr gut	gut	befriedigend	ausreichend	Kommentar
Besondere Arbeitserfolge (optional – bitte stichwortartig angeben)				
Zusammenfassende Leistungsbeurteilung				
sehr gut	gut	befriedigend	ausreichend	Kommentar
Verhalten				
sehr gut	gut	befriedigend	ausreichend	Kommentar

Schlussformulierung				
sehr gut	gut	befriedigend	ausreichend	Kommentar
Unterschrift des Bewertenden				
Datum und Ort				
Unterschrift				

11.3 Bewertungsbogen 3: Bewertung von Führungskräften

Name, Vorname	
Personalnummer Organisation/Tätigkeitsbezeichnung Abteilung Beurteiler/Vorgesetzter Ausstellungsgrund Eintrittsdatum Austrittsdatum	

Tätigkeitsbeschreibung				
Fachwissen				
sehr gut	gut	befriedigend	ausreichend	Kommentar
Besondere Fähigkeiten bzw. Kompetenzen (optional – bitte stichwortartig angeben)				
Weiterbildung (optional)				
sehr gut	gut	befriedigend	ausreichend	Kommentar

Auffassungsgabe/Denkvermögen				
sehr gut	gut	befriedigend	ausreichend	Kommentar
Leistungsbereitschaft				
sehr gut	gut	befriedigend	ausreichend	Kommentar
Belastbarkeit				
sehr gut	gut	befriedigend	ausreichend	Kommentar
Arbeitsweise				
sehr gut	gut	befriedigend	ausreichend	Kommentar
Zuverlässigkeit/Ehrlichkeit				
sehr gut	gut	befriedigend	ausreichend	Kommentar
Arbeitsergebnis				
sehr gut	gut	befriedigend	ausreichend	Kommentar
Besondere Arbeitserfolge (optional – bitte stichwortartig angeben)				
Führungsleistung (nur bei Führungskräften)				
sehr gut	gut	befriedigend	ausreichend	Kommentar
Zusammenfassende Leistungsbeurteilung				
sehr gut	gut	befriedigend	ausreichend	Kommentar

<table>
<tr><td colspan="5">Verhalten</td></tr>
<tr><td>sehr gut</td><td>gut</td><td>befriedigend</td><td>ausreichend</td><td>Kommentar</td></tr>
<tr><td></td><td></td><td></td><td></td><td></td></tr>
<tr><td colspan="5"></td></tr>
<tr><td colspan="5">Schlussformulierung</td></tr>
<tr><td>sehr gut</td><td>gut</td><td>befriedigend</td><td>ausreichend</td><td>Kommentar</td></tr>
<tr><td></td><td></td><td></td><td></td><td></td></tr>
<tr><td colspan="5">Unterschrift des Bewertenden</td></tr>
<tr><td colspan="5">Datum und Ort</td></tr>
<tr><td colspan="5">Unterschrift</td></tr>
</table>

12 Checkliste: Die wesentlichen Punkte

Diese Checkliste zeigt auf, welche wesentlichen Punkte bei der Erstellung eines Arbeitszeugnisses beachtet werden sollten.

		ok?
1.	Klären Sie, ob ein einfaches, ein qualifiziertes oder ein Zwischenzeugnis verlangt wird.	
2.	Kennzeichnen Sie im Betreff die Zeugnisart. Mit Ausnahme des Endzeugnisses, das als Zeugnis bezeichnet wird, sind alle anderen Zeugnisarten schon in der Überschrift entsprechend zu bezeichnen, auch das Ausbildungszeugnis.	
3.	In der Einleitung geben Sie den Namen des Mitarbeiters, seine Tätigkeit sowie das Eintritts- und Austrittsdatum an.	
4.	Anschrift und Geburtsdatum des Mitarbeiters sind nur mit Einverständnis des Mitarbeiters aufzunehmen.	
5.	Es folgt die Tätigkeitsbeschreibung. Je genauer und ausführlicher die Aufgaben beschrieben werden, umso positiver ist dies für den Gesamteindruck.	
6.	In der Leistungsbeurteilung bewerten Sie den Mitarbeiter. Nutzen Sie dazu die typischen Zeugnisformulierungen. Damit ist gewährleistet, dass die Beurteilung auch genau so verstanden wird, wie sie gemeint ist.	
7.	Die Gesamtbeurteilung fasst die Einzelbeurteilungen abschließend zusammen und ist für den Wert eines Zeugnisses von besonderer Bedeutung.	
8.	Der Beendigungsgrund wird floskelhaft umschrieben.	
9.	Die persönliche Schlussformulierung rundet das Zeugnis ab, der Arbeitnehmer hat allerdings rechtlich keinen Anspruch darauf. Fehlt sie, wird dies in der Praxis regelmäßig negativ beurteilt.	
10.	Die Originalunterschrift eines Bevollmächtigten muss auf dem Schriftstück stehen. Zusätzlich der Name des Zeugnisausstellers maschinenschriftlich, der Hinweis auf die Rechtsstellung des Ausstellers bei Vertreter des Arbeitgebers und der Hinweis auf die Funktion des Ausstellers sowie Ort und Datum.	
11.	Nach einem Urteil des Bundesarbeitsgerichtes muss das Zeugnis bestimmte formale Kriterien erfüllen: Es muss sauber geschrieben sein und darf keine Flecken, Radierungen oder Änderungen enthalten. Für das Zeugnis muss ein offizieller Firmenbriefbogen verwendet werden. Das Zeugnis darf durch die Form oder den Inhalt nicht den Eindruck erwecken, dass sich der Arbeitgeber vom Inhalt distanziert.	

Teil 4: Musterzeugnisse und Textbausteine

Mit diesem Teil haben Sie topaktuelle und juristisch geprüfte Musterzeugnisse und Textbausteine zur Hand:

- Für jeden Mitarbeiter finden Sie hier das passende Arbeitszeugnis – von A wie Account-Manager bis Z wie Zweiradmechaniker – insgesamt 260 Musterzeugnisse stehen Ihnen zur Verfügung.
- Mit den Textbausteinen in den Notenstufen sehr gut, gut, befriedigend und ausreichend stellen Sie ein Arbeitszeugnis ganz individuell zusammen.

13 Musterzeugnisse

Zusammenfassung

Sie finden in diesem Kapitel das passende Arbeitszeugnis für jede Berufsgruppe – von A wie Account-Manager bis Z wie Zweiradmechaniker. Und so gehen Sie vor: Zeugnis auswählen, die richtigen Tätigkeitsbeschreibungen aussuchen und Bewertung anpassen – fertig! Die Zeugnisse sind überwiegend mit einer guten bis sehr guten , einige wenige auch mit einer befriedigenden Bewertung angelegt, die Sie einfach übernehmen oder individuell verändern können. Wie Sie die Bewertung anpassen, können Sie anhand der Textbausteine in Kapitel 14 ganz einfach nachvollziehen.

13.1 Account-Manager

Zeugnis

Herr Max Mustermann war vom 01.06.2015 bis zum 30.09.2021 in der Abteilung Vertrieb als Account-Manager in unserem Unternehmen tätig.

[Unternehmensbeschreibung]

Zu seinen Hauptaufgaben gehörten:

- Akquirierung von Neukunden im jeweiligen Direktvertriebsgebiet,
- strategische Weiterentwicklung der bestehenden Kundenbeziehungen,
- Führen von Verkaufsverhandlungen und Präsentationen, inkl. Angebotserstellung im Tagesgeschäft,
- Steuerung des Vertriebsprozesses von der Ansprache bis zum Abschluss,
- Moderation von Kunden-/Interessenten-Workshops sowie Präsentationen auf Messen und Veranstaltungen,
- Schulung, Briefing, Coaching der regionalen Account-Manager,
- nachgelagertes Cross-/Upselling und Kundenbetreuung,
- stetiges Relationship-Management/Networking,
- intensive Marktbeobachtung.

Er arbeitete eng mit der Vertriebsleitung, der Marketingabteilung, dem Sales-Management und unserer Entwicklungsabteilung zusammen.

Herr Mustermann verfügt über ein hervorragendes und auch in Randbereichen sehr tiefgehendes Fachwissen, welches er in unser Unternehmen stets in höchst gewinnbringender Weise einbrachte. Dies gilt gleichermaßen für den Bereich der Marktbeobachtung über das Kundenkontaktmanagement bis hin zum strategischen Account-Management. Besonders hervorzuheben sind dabei seine ausgezeichneten analytischen Fähigkeiten. Dabei kommen ihm seine ausgezeichnete betriebswirtschaftliche Ausbildung und seine Fähigkeit zugute, theoretische Grundlagen in hervorragender Weise auf die Praxis zu übertragen und anzuwenden. Zum Nutzen unseres Unternehmens erweiterte und aktualisierte Herr Mustermann immer mit sehr gutem Erfolg seine umfassenden Fachkenntnisse durch regelmäßige Teilnahme an Weiterbildungsveranstaltungen.

Aufgrund seiner sehr guten Auffassungsgabe war er jederzeit in der Lage, auch schwierige Situationen sofort zutreffend zu erfassen und schnell sehr gute Lösungen zu finden. Herr Mustermann zeigte jederzeit hohe Eigeninitiative und identifizierte sich immer voll mit seinen Aufgaben und unserem Unternehmen, wobei er auch durch seine sehr große Einsatzfreude überzeugte. Auch in Situationen mit größtem Arbeitsaufkommen erwies er sich immer als in höchstem Maße belastbar.

Alle Aufgaben führte er jederzeit vollkommen selbstständig, äußerst sorgfältig und planvoll durchdacht aus. Er agierte immer ruhig, überlegt und zielorientiert und in höchstem Maße präzise. Dabei überzeugte er stets in besonderer Weise sowohl in qualitativer als auch in quantitativer Hinsicht. Herr Mustermann war in ganz besonders hohem Maße zuverlässig.

Für alle auftretenden Probleme fand er ausnahmslos ausgezeichnete Lösungen. Als besonderen Erfolg seiner Tätigkeit möchten wir die Neugewinnung eines für uns sehr wichtigen Großkunden hervorheben, der uns ein Jahresumsatzwachstum von über 10 Prozent ermöglichte. Die Leistungen von Herrn Mustermann haben jederzeit und in jeder Hinsicht unsere vollste Anerkennung gefunden.

Er wurde wegen seines stets freundlichen und ausgeglichenen Wesens allseits sehr geschätzt. Er war immer hilfsbereit, zuvorkommend und stellte, falls erforderlich, auch persönliche Interessen zurück. Sein Verhalten zu Vorgesetzten, Kolleginnen und Kollegen sowie Kundinnen und Kunden war jederzeit vorbildlich.

Herr Mustermann verlässt unser Unternehmen mit dem 30.09.2021 auf eigenen Wunsch. Wir bedauern dies sehr, weil wir mit ihm einen sehr guten Mitarbeiter verlieren. Wir bedanken uns für die stets sehr guten Leistungen und wünschen ihm für die Zukunft beruflich und privat weiterhin viel Erfolg und alles Gute.

Musterstadt, 30.09.2021

1. Unterzeichner/in	2. Unterzeichner/in
[Position]	[Position]

13.2 Administrator IT

Zeugnis

Herr Dipl.-Ing. Max Mustermann war vom 01.11.2018 bis zum 31.10.2021 in der IT-Abteilung in unserem Hause als Netzwerkadministrator tätig.

[Unternehmensbeschreibung]

Zu seinen Hauptaufgaben gehörten:

- Administration sämtlicher IT-Netzwerklandschaften innerhalb der internen IT-Infrastruktur sowie die Betreuung externer Netzwerkinfrastrukturen im firmeneigenen Rechenzentrum,
- Konzeption, Installation, Administration sowie die Weiterentwicklung von VPN-Verbindungen,
- regelmäßige Wartung, Performanceoptimierung und Troubleshooting,
- Entwicklung von Strategien für Rollout neuer Programme, Skalierung, Backup und Failover,
- kontinuierliche Weiterentwicklung und Ausbau der internen und externen IT-Netzwerklandschaften.

Neben der Analyse und Behebung von Störungen und Problemen im Netzwerkbereich war er ebenfalls zuständig für die Schulung unserer gesamten Belegschaft bei Änderungen in den jeweiligen Programmen.

Herr Mustermann überzeugte uns mit seinen umfassenden, vielseitigen und sehr guten Fachkenntnissen, die er jederzeit sicher und zielgerichtet in der Praxis einsetzte. Besonders hervorzuheben sind seine außerordentlichen rhetorischen Fähigkeiten, die maßgeblich zu den sehr guten Erfolgen der von ihm durchgeführten Schulungen beitrugen. Die Rückmeldung unserer Mitarbeiterinnen und Mitarbeiter war ausnahmslos ausgezeichnet. Er besuchte regelmäßig und sehr erfolgreich Weiterbildungsveranstaltungen, um seine Stärken weiter auszubauen und seine hervorragenden Fachkenntnisse zu erweitern.

Durch sein besonders ausgeprägtes konzeptionelles, kreatives und logisches Denken fand er für alle auftretenden Probleme jederzeit ausgezeichnete Lösungen. Herr Mustermann war ein äußerst engagierter Mitarbeiter, der besonders durch seine außergewöhnliche Leistungsbereitschaft und außerordentliche Einsatzbereitschaft überzeugen konnte. Auch in Situationen mit größtem Arbeitsaufkommen erwies er sich immer als in höchstem Maße belastbar.

Er arbeitete stets äußerst zügig, sehr umsichtig, überaus sorgfältig und genau. Herr Mustermann war in ganz besonders hohem Maße zuverlässig.

Für alle auftretenden Probleme fand er ausnahmslos ausgezeichnete Lösungen. Wir waren mit den Leistungen von Herrn Mustermann stets und in jeder Hinsicht sehr zufrieden.

Aufgrund seines immer ausgesprochen freundlichen, hilfsbereiten und ausgeglichenen Wesens war er sowohl innerhalb des Unternehmens als auch bei unseren Kunden gleichermaßen besonders geschätzt und beliebt. Sein Verhalten gegenüber der Geschäftsleitung, Kollegen sowie Kunden und sonstigen Geschäftspartnern war jederzeit vorbildlich.

Herr Mustermann hat uns gebeten, das Arbeitsverhältnis zum 31.10.2021 aufzulösen, was wir sehr bedauern. Wir bedanken uns für die stets sehr guten Leistungen und wünschen ihm für die Zukunft beruflich und privat weiterhin viel Erfolg und alles Gute.

Musterstadt, 31.10.2021

1. Unterzeichner/in	2. Unterzeichner/in
[Position]	[Position]

13.3 Altenpflegehelfer

Zeugnis
Herr Max Mustermann war vom 01.10.2016 bis zum 31.01.2021 in unserem Krankenhaus im Bereich Altenpflege und -betreuung als Altenpflegehelfer tätig.

[Unternehmensbeschreibung]

Der Aufgabenbereich von Herrn Mustermann umfasste im Wesentlichen:
- Unterstützung der Fachkräfte bei Pflegetätigkeiten,
- Übernahme aller grundpflegerischen Tätigkeiten,
- Hilfestellung bei der Nahrungsaufnahme, beim Ankleiden sowie bei der Körperpflege,
- konsequente und detaillierte Durchführung der Pflegedokumentation,
- Gewährleistung der allgemeinen Hygiene- und Sauberkeitsstandards.

Herr Mustermann überzeugte uns mit seinen umfassenden, vielseitigen und sehr guten Fachkenntnissen in der Altenbetreuung, die er jederzeit sicher und zielgerichtet in der Praxis einsetzte. Er bildete sich stets in eigener Initiative durch den Besuch interner und externer Seminare beruflich weiter und war dabei immer sehr erfolgreich.

Aufgrund seiner sehr guten Auffassungsgabe war er jederzeit in der Lage, auch schwierige Situationen sofort zutreffend zu erfassen und schnell sehr gute Lösungen zu finden. Herr Mustermann war ein äußerst engagierter Mitarbeiter, der besonders durch seine außergewöhnliche Leistungsbereitschaft und außerordentliche Einsatzbereitschaft überzeugen konnte. Auch bei schweren psychischen und körperlichen Belastungen behielt er jederzeit die Übersicht, handelte immer überlegt und bewältigte alle Aufgaben stets in hervorragender Weise.

Besonders hervorzuheben war seine stets außerordentlich präzise, gewissenhafte und effiziente Arbeitsweise. Herr Mustermann war in ganz besonders hohem Maße zuverlässig.

Für alle auftretenden Probleme fand er ausnahmslos ausgezeichnete Lösungen. Herr Mustermann hat die ihm übertragenen Aufgaben stets zu unserer vollsten Zufriedenheit erfüllt.

Er wurde wegen seines immer freundlichen und ausgeglichenen Wesens allseits sehr geschätzt. Er war stets hilfsbereit, zuvorkommend und stellte, falls erforderlich, auch persönliche Interessen zurück. Sein Verhalten zu Vorgesetzten, Kollegen, Patienten sowie deren Angehörigen war jederzeit vorbildlich.

Das Arbeitsverhältnis endet auf Initiative von Herrn Mustermann zum 31.01.2021. Wir bedauern dies sehr, weil wir mit Herrn Mustermann einen sehr guten Mitarbeiter verlieren. Wir bedanken uns für die stets sehr guten Leistungen und wünschen ihm für die Zukunft beruflich und privat weiterhin viel Erfolg und alles Gute.

Musterstadt, 31.01.2021

1. Unterzeichner/in	2. Unterzeichner/in
[Position]	[Position]

13.4 Altenpflegerin

Zeugnis
Frau Mara Muster war vom 01.01.2019 bis zum 31.12.2020 in unserem Hause als Altenpflegerin tätig.

[Unternehmensbeschreibung]

Im Rahmen dieser Tätigkeit war Frau Muster für folgende Aufgaben verantwortlich:
- Praktizierung ganzheitlicher aktivierender Pflege nach den aktuellen medizinisch-pflegerischen Erkenntnissen,
- enge Zusammenarbeit mit dem Pflegeteam des Wohnbereichs, medizinischen Einrichtungen und externen Dienstleistern,
- Berücksichtigung von Wünschen der Bewohner und pflegerische Umsetzung,
- Unterstützung in der Bezugspflege, fordern und fördern der Lebensqualität der Bewohner,

- Hilfe bei qualitätssichernden Maßnahmen und Pflegeprozessdokumentationen,
- Wundversorgung und medizinische Versorgung,
- Verabreichung von Injektionen und Infusionen,
- Verfassung von Pflegeberichten und Begleitung bei der Arztvisite.

Darüber hinaus gehörte es zu ihrem Aufgabenbereich, Familienangehörige von älteren Menschen in Pflegetechniken einzuführen und ihnen zu zeigen, wie man Patienten fachgerecht umbettet oder Hilfsmittel wie z. B. Gehhilfen richtig einsetzt. Sie war überwiegend in der Betreuung von und für hilfsbedürftige Senioren in unseren Wohneinheiten tätig und unterstützte diese bei der Bewältigung des Alltags.

Frau Muster verfügt über umfassende und vielseitige Fachkenntnisse, die sie immer sicher und gekonnt in der Praxis einsetzte. Erfolgreich hielt sie durch den selbst initiierten und regelmäßigen Besuch von Weiterbildungsveranstaltungen ihre guten Kenntnisse auf dem neuesten Stand.

Ihre schnelle Auffassungsgabe ermöglichte es ihr, auch schwierige Situationen sofort zu überblicken und dabei stets das Wesentliche zu erkennen. Frau Muster erledigte ihre Aufgaben mit großem Engagement und persönlichem Einsatz während ihrer gesamten Beschäftigungszeit in unserer Einrichtung. Auch in Situationen mit großem Arbeitsaufkommen erwies sie sich immer als in hohem Maße belastbar.

Die Planung und Steuerung ihrer Aufgaben erfüllte sie stets mit gutem Erfolg, nicht zuletzt wegen ihres guten Organisationstalentes. Dabei arbeitete sie stets selbstständig, zügig und dennoch mit großer Sorgfalt, Konzentration und Flexibilität. Frau Muster war in hohem Maße zuverlässig.

Sie hat sich in ihre Aufgabengebiete schnell eingearbeitet; innerhalb kurzer Zeit erzielte sie gute Ergebnisse. Wir waren mit den Leistungen von Frau Muster stets sehr zufrieden.

Sie wurde wegen ihres freundlichen und ausgeglichenen Wesens allseits sehr geschätzt. Sie war immer hilfsbereit, zuvorkommend und stellte, falls erforderlich, auch persönliche Interessen zurück. Ihr Verhalten zu Vorgesetzten, Kollegen, Patienten sowie deren Angehörigen war jederzeit einwandfrei.

Das Arbeitsverhältnis endet mit Befristungsende am 31.12.2020. Wir bedanken uns für die stets guten Leistungen und wünschen ihr für die Zukunft beruflich und privat weiterhin viel Erfolg und alles Gute.

Musterstadt, 31.12.2020

1. Unterzeichner/in	2. Unterzeichner/in
[Position]	[Position]

13.5 Apotheker

Zeugnis

Herr Max Mustermann war vom 01.06.2012 bis zum 31.08.2021 in unserer Apotheke als Apotheker tätig.

[Unternehmensbeschreibung]

Herr Mustermann war mit allen Aufgaben eines Apothekers in einer Apotheke unserer Größenordnung betraut. Dazu gehörten insbesondere:

- die Abgabe verschreibungspflichtiger und freiverkäuflicher Arzneimittel sowie anderer Produkte des Apothekensortiments,
- die Information und Beratung unserer Kundinnen und Kunden über die Zusammensetzung, Wirkungsweise, sachgerechte Anwendung und Aufbewahrung sowie über Risiken von Arzneimitteln,
- die Beratung unserer Kundinnen und Kunden in Gesundheits- und Ernährungsfragen, z. B. hinsichtlich des Gebrauchs von Diätetika,
- die Herstellung von Arzneimitteln, und zwar sowohl Rezeptur- als auch Defekturarzneimittel, einschließlich Qualitätskontrolle,
- die Pflege des Sortiments und Bestands.

Außerdem wurde er regelmäßig mit der Herstellung von medizinischen Salben und Lösungen beauftragt. Er nahm während der gesamten Dauer des Arbeitsverhältnisses sowohl am Nachtdienst als auch am Bereitschaftsdienst teil.

Herr Mustermann überzeugte uns mit seinen umfassenden, vielseitigen und sehr guten Fachkenntnissen, die er jederzeit sicher und zielgerichtet in der Praxis einsetzte. Besonders hervorzuheben sind seine ausgezeichneten Kenntnisse der Galenik, Pharmakologie, Physiologie, Biochemie, Analytik und der Qualitätssicherung. Darüber hinaus ist er sehr kommunikationsstark. Dank seiner ausgezeichneten Sozialkompetenz gelang es ihm immer sehr schnell, zu den Kundinnen und Kunden ein Vertrauensverhältnis aufzubauen. Dabei war er stets sehr gut in der Lage, diesen auch komplexe chemische und pharmazeutische Zusammenhänge in einfachen Worten darzulegen und zu erläutern. Er bildete sich immer in eigener Initiative durch den Besuch interner und externer Seminare beruflich weiter und war dabei stets sehr erfolgreich.

Besonders hervorzuheben sind sein ausgesprochen analytisches Denkvermögen und seine sehr rasche Auffassungsgabe. Herr Mustermann war ein äußerst engagierter Mitarbeiter, der vor allem durch seine außergewöhnliche Leistungsbereitschaft und außerordentliche Einsatzbereitschaft überzeugen konnte. Auch unter schwierigsten Arbeitsbedingungen und stärkster Belastung bewältigte er alle Aufgaben in hervorragender Weise.

Herr Mustermann arbeitete jederzeit sehr zielstrebig, äußerst sorgfältig und mit größter Effizienz; dabei agierte er außerordentlich qualitäts- und verantwortungsbewusst. Herr Mustermann zeichnete sich stets in besonderer Weise durch eine außerordentliche Verlässlichkeit aus.

Auch für schwierigste Problemstellungen fand er sehr effektive Lösungen, die er jederzeit erfolgreich in die Praxis umsetzte und damit immer ausgezeichnete Arbeitsergebnisse erzielte. Herr Mustermann hat die ihm übertragenen Aufgaben stets zu unserer vollsten Zufriedenheit erfüllt.

Aufgrund seines immer ausgesprochen freundlichen, hilfsbereiten und ausgeglichenen Wesens war er sowohl innerhalb der Apotheke als auch bei unseren Kunden gleichermaßen besonders geschätzt und beliebt. Sein Verhalten gegenüber mir als Inhaber, den Kolleginnen und Kollegen sowie Kundinnen und Kunden und gegenüber unseren Geschäftspartnern war jederzeit vorbildlich.

Das Arbeitsverhältnis endet aufgrund der Eigenkündigung von Herrn Mustermann zum 31.08.2021. Wir bedauern dies sehr, weil wir mit ihm einen sehr guten Mitarbeiter verlieren. Wir bedanken uns für die stets sehr guten Leistungen und wünschen ihm für die Zukunft beruflich und privat weiterhin viel Erfolg und alles Gute.

Musterstadt, 31.08.2021

1. Unterzeichner/in	2. Unterzeichner/in
[Position]	[Position]

13.6 Architekt

Zeugnis

Herr Max Mustermann war vom 01.04.2017 bis zum 30.09.2021 in unserem Architekturbüro als Architekt tätig.

[Unternehmensbeschreibung]

Sein Aufgabengebiet umfasste folgende Architektenleistungen der HOAI

- Einholen behördlicher Genehmigungen,
- Detailplanung für Neubau-, Umbaumaßnahmen, Innenausbauten,
- Entwurfsplanung bis zur Ausführungsreife,
- Koordination externer Planer und Fachingenieure,
- Kostenschätzungen und Terminplanungen.

Herr Mustermann verfügt über eine sehr große Berufserfahrung und äußerst umfassende und vielseitige Fachkenntnisse, auch in Randbereichen, die er immer sehr sicher und gekonnt in der Praxis einsetzte. Hervorzuheben ist seine besondere Präsentationskompetenz, d. h. seine ausgezeichnete Fähigkeit, die Informationen für die Empfänger so aufzubereiten und darzustellen, dass sie immer den gewünschten bleibenden Gesamteindruck hervorrufen. Zum Nutzen unseres Architekturbüros erweiterte und aktualisierte er stets mit sehr gutem Erfolg seine umfassenden Fachkenntnisse durch regelmäßige Teilnahme an Weiterbildungsveranstaltungen.

Aufgrund seiner sehr raschen Auffassungsgabe war er jederzeit in der Lage, auch schwierige Situationen sofort zutreffend zu erfassen und schnell sehr gute Lösungen zu finden. Herr Mustermann zeigte jederzeit hohe Eigeninitiative und identifizierte sich immer voll mit seinen Aufgaben und unserem Unternehmen, wobei er auch durch seine sehr große Einsatzfreude überzeugte. Auf seine absolut zuverlässige, sehr umsichtige und äußerst gewissenhafte Arbeitsweise war auch in schwierigsten Situationen jederzeit Verlass.

Er arbeitete stets äußerst zügig, sehr umsichtig, überaus sorgfältig und genau. Herr Mustermann zeichnete sich stets in besonderer Weise durch eine außerordentliche Verlässlichkeit aus.

Für alle auftretenden Probleme fand er ausnahmslos ausgezeichnete Lösungen. In enger Zusammenarbeit mit unterschiedlichsten Fachdisziplinen trug er maßgeblich dazu bei, ein größeres Objekt mit neuen Nutzungsstrukturen auf dem Immobilienmarkt zu positionieren und dessen Mehrwert erheblich zu steigern. Wir waren mit den Leistungen von Herrn Mustermann stets und in jeder Hinsicht sehr zufrieden.

Wegen seines immer sehr freundlichen, kontaktfreudigen und ausgeglichenen Wesens wurde er in hohem Maße geschätzt und erfreute sich größter Beliebtheit; er förderte durchgehend aktiv die gute Zusammenarbeit und Teamatmosphäre. Sein Verhalten gegenüber der Büroleitung, den Kolleginnen und Kollegen sowie Kundinnen und Kunden war stets und in jeder Hinsicht vorbildlich.

Herr Mustermann verlässt unser Unternehmen mit dem 30.09.2021 auf eigenen Wunsch. Wir bedauern dies sehr, weil wir mit ihm einen sehr guten Mitarbeiter und Architekten verlieren. Wir bedanken uns für die stets sehr guten Leistungen und wünschen ihm für die Zukunft beruflich und privat weiterhin viel Erfolg und alles Gute.

Musterstadt, 30.09.2021

1. Unterzeichner/in	2. Unterzeichner/in
[Position]	[Position]

13.7 Art Director

Zeugnis

Herr M.A. Max Mustermann arbeitete vom 01.07.2018 bis zum 31.07.2021 in der Abteilung Marketing als Art Director in unserem Unternehmen.

[Unternehmensbeschreibung]

In dieser Funktion war Herr Mustermann für folgende Tätigkeiten zuständig:

- Entwicklung von grafischen Konzepten und dazugehöriger visueller Umsetzung von komplexen RWD-Webportalen, Shopsystemen und mobilen Anwendungen,
- Definition und Erstellung unserer Design Styleguides,
- Ausbau unserer visuellen Identitäten und Designrichtlinien,
- Zusammenarbeit und übergreifende Kommunikation im Team (UX, Frontend etc.) und mit unseren Kunden,
- Vorbereitung und Durchführung von Kunden- und Pitch-Präsentationen,
- Qualitätssicherung unter Einhaltung des Corporate Designs.

Herr Mustermann überzeugte uns mit seinen umfassenden, vielseitigen und sehr guten Fachkenntnissen, die er jederzeit sicher und zielgerichtet in der Praxis einsetzte. Hervorzuheben sind seine hervorragenden Englischkenntnisse, die er in der Kommunikation mit unseren internationalen Kunden stets zu unserem Vorteil einsetzte. Er besuchte regelmäßig und sehr erfolgreich Weiterbildungsveranstaltungen, um seine Stärken weiter auszubauen und seine ausgezeichneten Fachkenntnisse zu erweitern.

Durch sein besonders ausgeprägtes konzeptionelles, kreatives und logisches Denken fand er für alle auftretenden Probleme jederzeit exzellente Lösungen. Herr Mustermann zeigte kontinuierlich hohe Eigeninitiative und identifizierte sich immer voll mit seinen Aufgaben und unserem Unternehmen, wobei er auch durch seine sehr große Einsatzfreude überzeugte. Auf seine absolut zuverlässige, sehr umsichtige und äußerst gewissenhafte Arbeitsweise war auch in schwierigsten Situationen jederzeit Verlass.

Die Planung und Steuerung seiner Aufgaben erfüllte er nicht zuletzt wegen seines beeindruckenden Organisationstalentes stets äußerst zügig und in bemerkenswerter Weise. Dabei arbeitete er stets selbstständig, mit äußerster Sorgfalt, allergrößter Konzentration und Flexibilität. Herr Mustermann zeichnete sich stets in besonderer Weise durch eine außerordentliche Verlässlichkeit aus.

Auch für schwierigste Problemstellungen fand er sehr effektive Lösungen, die er jederzeit erfolgreich in die Praxis umsetzte und damit immer ausgezeichnete Arbeitsergebnisse erzielte. Besonders hervorzuheben ist die erfolgreiche Entwicklung einer ganzheitlichen Markenstrategie für unseren namhaften internationalen Großkunden und deren Begleitung bis zum Livegang. Herr Mustermann hat unsere sehr hohen Erwartungen stets in allerbester Weise erfüllt.

Aufgrund seines immer ausgesprochen freundlichen, hilfsbereiten und ausgeglichenen Wesens war er sowohl innerhalb des Unternehmens als auch bei unseren Kunden gleichermaßen besonders geschätzt und beliebt. Sein Verhalten gegenüber der Geschäftsleitung, Kollegen sowie Kunden und sonstigen Geschäftspartnern war jederzeit vorbildlich.

Das Arbeitsverhältnis endet aufgrund der Eigenkündigung von Herrn Mustermann zum 31.07.2021. Wir bedauern dies sehr, weil wir mit ihm einen sehr guten Mitarbeiter verlieren. Wir bedanken uns für die stets sehr guten Leistungen und wünschen ihm für die Zukunft beruflich und privat weiterhin viel Erfolg und alles Gute.

Musterstadt, 31.07.2021

1. Unterzeichner/in	2. Unterzeichner/in
[Position]	[Position]

13.8 Ärztin

Zeugnis

Frau Dr. Mara Muster war vom 01.09.2019 bis zum 31.08.2021 in unserer Klinik Abteilung Innere Medizin als Fachärztin für Allgemeinmedizin tätig.

[Unternehmensbeschreibung]

Hierbei hatte Frau Dr. Muster folgende Aufgaben:

- Durchführung der Sprechstunden in der Praxis,
- Befundung von Sonografien (insbesondere Schilddrüsen), Ruhe-EKG, Ergometrie, Lungenfunktion, LZ-EKG und LZ-RR,
- Durchführung von DMP-Programmen, Gesundheits-/Krebsvorsorge, Indikationsstellung und Durchführung bzw. Verordnung entsprechender diagnostischer Maßnahmen und Therapien und Anforderung von medizinisch-technischen Untersuchungen,
- Betreuung von Patienten im Rahmen der Operationsvorbereitung und -nachsorge, einschließlich medikamentöser Einstellung,
- Kommunikation mit internen und externen Partnern,
- Dokumentation, Qualitätsmessung und -management.

Besonders hervorzuheben ist das hervorragende, profunde Fachwissen, welches Frau Dr. Muster jederzeit mit großem Erfolg im Tagesgeschäft ein- und umsetzte. Hier sind vor allem ihre ausgezeichneten Erfahrungen im Bereich der Endokrinologie und Diabetologie erwähnenswert. Ihre außerordentliche Stärke liegt in dem stets empathischen und sensitiven Umgang mit Menschen und der Fähigkeit, dabei gleichzeitig das professionelle Verhältnis zwischen Nähe und Distanz zu wahren. Sehr erfolgreich hielt sie durch den selbst initiierten und regelmäßigen Besuch von Weiterbildungsveranstaltungen ihre ausgezeichneten Kenntnisse auf dem neuesten Stand.

Ihre äußerst schnelle Auffassungsgabe und ihr Denkvermögen ließen sie selbst schwierigste Situationen sofort überblicken und stets das Wesentliche erkennen, was ihr besonders während der Sprechstunden sehr zugutekam. Frau Dr. Muster zeigte jederzeit hohe Eigeninitiative und identifizierte sich immer voll mit ihren Aufgaben und unserer Klinik, wobei sie auch durch ihre sehr große Einsatzfreude überzeugte. Auch in Situationen mit größtem Arbeitsaufkommen erwies sie sich immer als in höchstem Maße belastbar.

Ihre Aufgaben führte sie mit größter Umsicht und hohem Verantwortungsbewusstsein aus. Sie war äußerst belastbar, sehr gewissenhaft und arbeitete stets zügig, ohne dass dies zulasten der Patienten ginge. Frau Dr. Muster war in ganz besonders hohem Maße zuverlässig.

Für alle auftretenden Probleme fand sie ausnahmslos ausgezeichnete Lösungen. Wir waren mit den Leistungen von Frau Dr. Muster stets und in jeder Hinsicht sehr zufrieden.

Sie wurde wegen ihres jederzeit freundlichen und ausgeglichenen Wesens allseits sehr geschätzt. Sie war immer hilfsbereit, zuvorkommend und stellte, falls erforderlich, auch persönliche Interessen zurück. Ihr Verhalten zu Vorgesetzten, Kolleginnen und Kollegen sowie Patientinnen und Patienten war jederzeit vorbildlich.

Das Arbeitsverhältnis endet mit Ablauf des befristeten Arbeitsvertrags am 31.08.2021. Wir bedauern dies sehr, weil wir mit Frau Dr. Muster eine sehr gute Ärztin und Mitarbeiterin verlieren. Für die stets sehr guten Leistungen bedanken wir uns und wünschen ihr für die Zukunft beruflich und privat weiterhin viel Erfolg und alles Gute.

Musterstadt, 31.08.2021

1. Unterzeichner/in	2. Unterzeichner/in
[Position]	[Position]

13.9 Assistentin der Geschäftsführung

Zeugnis

Frau Dipl.-Kffr. Mara Muster war vom 01.01.2016 bis zum 30.09.2021 als Assistentin des Geschäftsführers in unserem Unternehmen tätig.

[Unternehmensbeschreibung]

Zu ihren Hauptaufgaben gehörten:

- Unterstützung der Geschäftsleitung in allen organisatorischen und administrativen Aufgaben,
- Terminkoordination, Sichtung der Post/E-Mails und Erledigung der anfallenden Korrespondenz,
- eigenverantwortliche und effiziente Büroorganisation,
- Schnittstelle zu anderen Geschäftsbereichen und internen Projektpartnern,
- Organisation und Nachbereitung von Veranstaltungen und Meetings,
- Erstellung von Präsentationen,
- selbstständige Bearbeitung von kleineren Projekten.

Frau Muster überzeugte uns mit ihren vielseitigen und guten Fachkenntnissen, die sie jederzeit sicher und zielgerichtet in der Praxis einsetzte. Sie bildete sich stets in eigener Initiative durch den Besuch interner und externer Seminare beruflich weiter und war dabei sehr erfolgreich.

Aufgrund ihrer sehr schnellen Auffassungsgabe arbeitete sie sich rasch in neue Aufgabengebiete ein und durchdrang auch komplexe Sachverhalte vollständig. Frau Muster zeigte jederzeit große Eigeninitiative und identifizierte sich immer voll mit ihren Aufgaben und unserem Unternehmen, wobei sie auch durch ihre große Einsatzfreude überzeugte. Auch in Situationen mit großem Arbeitsaufkommen erwies sie sich immer als in hohem Maße belastbar.

Alle Aufgaben führte sie vollkommen selbstständig, sehr sorgfältig und planvoll durchdacht aus. Sie agierte immer ruhig, überlegt und zielorientiert und in hohem Maße präzise. Dabei überzeugte sie stets in guter Weise sowohl in qualitativer als auch in quantitativer Hinsicht. Vertrauenswürdigkeit und große Zuverlässigkeit zeichneten den Arbeitsstil von Frau Muster aus.

Für alle auftretenden Probleme fand sie ausnahmslos gute Lösungen. Die Leistungen von Frau Muster haben jederzeit und in jeder Hinsicht unsere volle Anerkennung gefunden.

Ihr Verhalten gegenüber Vorgesetzten, Kollegen und Geschäftspartnern war stets einwandfrei.

Frau Muster verlässt unser Unternehmen mit dem 30.09.2021 auf eigenen Wunsch. Wir bedanken uns für die stets guten Leistungen und wünschen ihr für die Zukunft beruflich und privat weiterhin viel Erfolg und alles Gute.

Musterstadt, 30.09.2021

1. Unterzeichner/in	2. Unterzeichner/in
[Position]	[Position]

13.10 Assistenzarzt

Zeugnis
Herr Max Mustermann war vom 01.09.20120 bis zum 31.08.2021 im Fachbereich Kardiologie in unserem Hause als Assistenzarzt tätig.

[Unternehmensbeschreibung]

Die Zuständigkeit von Herrn Mustermann erstreckte sich auf folgende Bereiche:
- Versorgung der ambulanten und stationären Patienten,
- Betreuung und Führung der Patienten in der Rehabilitation inkl. ihrer sozialmedizinischen Beurteilung,
- Durchführung der kardiologischen Basisversorgung (Echokardiografie etc.),
- Teilnahme am Bereitschaftsdienst.

Herr Mustermann überzeugte uns mit seinen umfassenden, vielseitigen und sehr guten Fachkenntnissen, die er jederzeit sicher und zielgerichtet in der Praxis einsetzte. Darüber hinaus ist er sehr kommunikationsstark. Dank seiner ausgezeichneten Sozialkompetenz gelang es ihm immer sehr schnell, zu den Patientinnen und Patienten ein Vertrauensverhältnis aufzubauen. Dabei war er stets sehr gut in der Lage, diesen auch komplexe medizinische Zusammenhänge in einfachen Worten darzulegen und zu erläutern. Er bildete sich regelmäßig in eigener Initiative durch den Besuch interner und externer Seminare beruflich weiter und war dabei immer sehr erfolgreich.

Seine äußerst schnelle Auffassungsgabe ermöglichte es ihm, auch schwierigste Situationen sofort zu überblicken und dabei stets das Wesentliche zu erkennen. Herr Mustermann engagierte sich beispielhaft für unser Krankenhaus, häufig auch über die übliche Arbeitszeit hinaus und zeigte dabei sehr großen persönlichen Einsatz. Auch unter stärkster Belastung behielt er die Übersicht, handelte überlegt und bewältigte alle Aufgaben in hervorragender Weise.

Besonders hervorzuheben war seine stets außerordentlich präzise, gewissenhafte und effiziente Arbeitsweise. Vertrauenswürdigkeit und absolute Zuverlässigkeit zeichneten den Arbeitsstil von Herrn Mustermann jederzeit aus.

Er hat sich in seine Aufgabengebiete ausgesprochen schnell eingearbeitet; innerhalb kürzester Zeit erzielte er sehr gute Ergebnisse. Die Leistungen von Herrn Mustermann haben jederzeit und in jeder Hinsicht unsere vollste Anerkennung gefunden.

Er wurde wegen seines stets freundlichen und ausgeglichenen Wesens allseits sehr geschätzt. Er war immer hilfsbereit, zuvorkommend und stellte, falls erforderlich, auch persönliche Interessen zurück. Sein Verhalten zu Vorgesetzten, Kolleginnen und Kollegen, Patientinnen und Patienten sowie deren Angehörigen war jederzeit vorbildlich.

Herr Mustermann verlässt uns zum 31.08.2021 aufgrund des Auslaufens des befristeten Arbeitsvertrages. Wir bedauern dies sehr, weil wir mit ihm einen sehr guten Mitarbeiter verlieren. Wir bedanken uns für die stets sehr guten Leistungen und wünschen ihm für die Zukunft beruflich und privat weiterhin viel Erfolg und alles Gute.

Musterstadt, 31.08.2018

1. Unterzeichner/in	2. Unterzeichner/in
[Position]	[Position]

13.11 Augenoptiker

Zeugnis

Herr Max Mustermann war vom 01.09.2020 bis zum 31.12.2021 in unserem Unternehmen als Augenoptiker tätig.

[Unternehmensbeschreibung]

Der Aufgabenbereich von Herrn Mustermann umfasste im Wesentlichen:

- fachkundige Beratung und Verkauf von Sehhilfen,
- Augenprüfung,
- optometrische Untersuchungen,
- Anpassung von vergrößernden Sehhilfen,
- Kontaktlinsenanpassungen in unserer eigenen Kontaktlinsenabteilung.

Herr Mustermann überzeugte uns mit seinen umfassenden, vielseitigen und sehr guten Fachkenntnissen, die er jederzeit sicher und zielgerichtet in der Praxis einsetzte. Seine sehr guten Fähigkeiten im Kundenmanagement ermöglichten unseren guten Erfolg in der anspruchsvollen Pflege unserer Kundenbeziehungen. Zum Nutzen unseres Unternehmens erweiterte und aktualisierte er immer sehr erfolgreich seine umfassenden Fachkenntnisse durch regelmäßige Teilnahme an Weiterbildungsveranstaltungen.

Sein Denkvermögen und seine außergewöhnlich schnelle Auffassungsgabe ließen ihn auch für schwierige Probleme stets optimale Lösungen finden. Herr Mustermann zeigte jederzeit hohe Eigeninitiative und identifizierte sich immer voll mit seinen Aufgaben und unserem Unternehmen, wobei er auch durch seine sehr große Einsatzfreude überzeugte. Auch unter stärkster Belastung behielt er die Übersicht, handelte überlegt und bewältigte alle Aufgaben in hervorragender Weise.

Er arbeitete stets äußerst zügig, sehr umsichtig, überaus sorgfältig und genau. Vertrauenswürdigkeit und absolute Zuverlässigkeit zeichneten den Arbeitsstil von Herrn Mustermann jederzeit aus.

Sowohl in qualitativer als auch in quantitativer Hinsicht erzielte er immer herausragende Arbeitsergebnisse. Herr Mustermann hat unsere sehr hohen Erwartungen stets in allerbester Weise erfüllt.

Aufgrund seines immer ausgesprochen freundlichen, hilfsbereiten und ausgeglichenen Wesens war er sowohl innerhalb des Unternehmens als auch bei unseren Kunden gleichermaßen besonders geschätzt und beliebt. Sein Verhalten gegenüber der Geschäftsleitung, Kolleginnen und Kollegen sowie Kundinnen und Kunden und sonstigen Geschäftspartnern war jederzeit vorbildlich.

Eine Restrukturierung hat leider die betriebsbedingte Kündigung des Arbeitsverhältnisses erforderlich gemacht. Es endet mit Ablauf des 31.12.2021. Wir bedauern dies sehr, weil wir mit Herrn Mustermann einen sehr guten Mitarbeiter verlieren. Wir bedanken uns für die stets sehr guten Leistungen und wünschen ihm für die Zukunft beruflich und privat weiterhin viel Erfolg und alles Gute.

Musterstadt, 31.12.2021

1. Unterzeichner/in	2. Unterzeichner/in
[Position]	[Position]

13.12 Ausbildung zur Bankkauffrau

Ausbildungszeugnis
Frau Mara Muster absolvierte in unserer Bank vom 01.09.2019 bis zum 31.08.2021 erfolgreich eine Ausbildung zur Bankkauffrau.

[Unternehmensbeschreibung]

Während ihrer Ausbildung lernte Frau Muster verschiedene Bereiche in unserem Kreditinstitut kennen. Im ersten Ausbildungsjahr beschäftigte sie sich vor allem mit der Markt- und Kundenorientierung, mit der Kontoführung und dem Zahlungsverkehr, der Geld- und Vermögensanlage sowie dem Rechnungswesen und der Steuerung. Im zweiten Ausbildungsjahr durchlief sie hauptsächlich den Bereich Kreditgeschäft, der in Privat- und Firmenkredite gegliedert ist. Hier lernte Frau Muster die besonderen Finanzinstrumente kennen, um den Kunden bei seiner Finanzierung optimal beraten zu können.

Somit hatte sie im Rahmen ihrer Ausbildung in den unterschiedlichen Bereichen folgende Aufgabenschwerpunkte:

- bedarfsgerechte Kundenberatung und Verkauf von Finanzdienstleistungen,
- kundenorientierte Kommunikation,
- Kontoführung und Zahlungsverkehr (national/international),
- Vermögens- und Geldanlagen,
- Privat- und Firmenkredite,
- Baufinanzierungen,
- Rechnungswesen, Controlling und Steuerung.

Frau Muster hat sich in den jeweiligen Abteilungen immer innerhalb von kürzester Zeit ein sehr gutes Fachwissen angeeignet. Besonders hervorzuheben sind ihre ausgezeichneten Englischkenntnisse in Wort und Schrift. Diese ermöglichten einen gewinnbringenden Einsatz im Geschäftsverkehr mit unseren internationalen Kunden. Neben der Ausbildung in der Berufsschule nahm sie stets mit sehr großem Erfolg an den innerbetrieblich angebotenen Weiterbildungsmaßnahmen teil.

Ihre Auffassungsgabe ist ausgezeichnet; daher erfasste sie selbst schwierigste Ausbildungsinhalte stets sehr schnell. Frau Muster zeigte jederzeit hohe Eigeninitiative und identifizierte sich immer voll mit ihren Aufgaben und unserem Unternehmen, wobei sie auch durch ihre sehr große Einsatzfreude überzeugte. Die gesamte Ausbildungszeit war besonders geprägt von ihrer ausgezeichneten Lernbereitschaft. Auch in Situationen mit größtem Arbeitsaufkommen erwies sie sich immer als in höchstem Maße belastbar.

Sie arbeitete jederzeit mit sehr großer Umsicht und einem ausgezeichneten Verantwortungsbewusstsein. Frau Muster war in ganz besonders hohem Maße zuverlässig und ehrlich.

Auch für schwierigste Problemstellungen fand sie bereits nach kurzer Ausbildungszeit sehr gute Lösungen und erzielte immer ausgezeichnete Arbeitsergebnisse. Frau Muster hat unsere sehr hohen Erwartungen stets in allerbester Weise erfüllt.

Wegen ihres immer sehr freundlichen, kontaktfreudigen und ausgeglichenen Wesens wurde sie in hohem Maße geschätzt und erfreute sich größter Beliebtheit. Ihr Verhalten gegenüber der Leitung, den Ausbildern, Kolleginnen und Kollegen sowie Kundinnen und Kunden war stets und in jeder Hinsicht vorbildlich.

Wir bedanken uns bei Frau Muster für die sehr gute und angenehme Mit- und Zusammenarbeit. Wir halten sie für den gewählten Beruf als Bankkauffrau in hohem Maße für geeignet. Aus diesem Grund haben wir ihr auch einen Arbeitsplatz angeboten. Wir hoffen deshalb, dass wir die Zusammenarbeit nach der Ausbildung fortsetzen können. Für die Zukunft wünschen wir Frau Muster beruflich und privat weiterhin viel Erfolg und alles Gute.

Musterstadt, 31.08.2021

1. Unterzeichner/in	2. Unterzeichner/in
[Position]	[Position]

13.13 Ausbildung zum Industriekaufmann

Ausbildungszeugnis
Herr Max Mustermann hat vom 01.08.2018 bis zum 31.07.2021 in unserem Unternehmen eine Ausbildung zum Industriekaufmann absolviert.

[Unternehmensbeschreibung]

Während seiner Ausbildung durchlief er alle typischen Abteilungen und Aufgabengebiete eines Industriebetriebs. Hierzu zählten insbesondere die Abteilungen Materialwirtschaft, Einkauf, Versand, Personalwesen, Controlling, Rechnungswesen und Vertrieb.

Die Hauptaufgaben in diesen Abteilungen umfassten u. a.:

- Kontrolle von Beständen sowie die Warenein- und -ausgangsbuchungen,
- Durchführung von Bestellungen und die Nachverfolgung von Lieferterminen,

- Planung und Steuerung des Produktionsablaufes,
- Personalbeschaffung und -betreuung sowie Vorbereitung der monatlichen Entgeltabrechnung.

Außerdem erhielt er einen guten Einblick in die gesamte Kostenplanung des Werkes und in den Vertrieb unserer Produkte. Während seiner Station im Rechnungswesen gehörten die Rechnungsprüfung sowie das Mahnwesen zu seinen Tätigkeiten. Im Rahmen seiner Ausbildung durchlief er die verschiedenen Abteilungen an unseren unterschiedlichen Standorten.

In jedem Ausbildungsabschnitt erwarb Herr Mustermann stets in beeindruckend kurzer Zeit ausgezeichnete Fachkenntnisse und konnte diese immer mit sehr gutem Erfolg in die tägliche Arbeit einbringen und umsetzen. Besonderer Erwähnung bedürfen seine außergewöhnliche soziale Kompetenz und Teamfähigkeit. Diese erlaubten es uns, ihn bereits in einem frühen Ausbildungsstadium mit sehr gutem Erfolg in für unser Unternehmen bedeutende Projekte zu integrieren. Sein ausgezeichnetes Fachwissen erweiterte er zusätzlich durch die sehr erfolgreiche Teilnahme an unserem betriebsinternen Schulungs- und Weiterbildungsprogramm.

Herr Mustermann hat eine ausgezeichnete Auffassungsgabe, die es ihm jederzeit ermöglichte, auch sehr komplexe Ausbildungsinhalte innerhalb kürzester Zeit sehr gut zu erfassen. Er zeigte dauerhaft hohe Eigeninitiative und identifizierte sich immer voll mit seinen Aufgaben und unserem Unternehmen, wobei er auch durch seine sehr große Einsatzfreude überzeugte. Herr Mustermann zeichnete sich während der gesamten Ausbildung durch eine ausgesprochen hohe, sehr gute Lernbereitschaft aus. Auch unter stärkster Belastung behielt er die Übersicht, handelte überlegt und bewältigte alle Aufgaben in hervorragender Weise.

Wegen seiner stets sehr umsichtigen und jederzeit in besonders hohem Maße verantwortungsbewussten Arbeitsweise war er von uns immer besonders geschätzt. Herr Mustermann überzeugte stets durch seine außerordentliche Verlässlichkeit.

Sowohl in qualitativer als auch in quantitativer Hinsicht erzielte er immer herausragende Ausbildungs- und Arbeitsergebnisse. Herr Mustermann hat die ihm während der Ausbildung übertragenen Aufgaben stets zu unserer vollsten Zufriedenheit erfüllt.

Er war ein überaus loyaler Auszubildender, der sich sehr gut in die jeweiligen Teams integrierte. Sein Verhalten gegenüber Vorgesetzten, Ausbildern, Kolleginnen und Kollegen und Geschäftspartnern war stets vorbildlich.

Die Ausbildung von Herrn Mustermann war sehr erfreulich und angenehm. Wir halten ihn für den gewählten Beruf als Industriekaufmann für sehr gut geeignet, bedanken uns für die stets sehr guten Leistungen und wünschen ihm für die Zukunft beruflich und privat weiterhin viel Erfolg und alles Gute.

Musterstadt, 31.07.2021

1. Unterzeichner/in	2. Unterzeichner/in
[Position]	[Position]

13.14 Ausbildung zum Industriemechaniker

Ausbildungszeugnis

Herr Max Mustermann absolvierte in unserem Unternehmen vom 01.09.2017 bis zum 28.02.2021 erfolgreich eine Ausbildung zum Industriemechaniker.

[Unternehmensbeschreibung]

Im Rahmen seiner 3,5 – jährigen Ausbildung erlangte Herr Mustermann unter Anleitung unserer erfahrenen Ausbilder sämtliches Fachwissen eines Industriemechanikers und wurde an die Herstellung und Montage von Bauteilen und Baugruppen sukzessive herangeführt. Seine Aufgaben während der unterschiedlichen Ausbildungsabschnitte umfassten folgende Tätigkeiten:

- Fertigen von Bauelementen mit handgeführten Werkzeugen und mit Maschinen,
- Herstellen von einfachen Baugruppen,
- Warten technischer Systeme,
- Fertigen von Einzelteilen mit Werkzeugmaschinen,
- Installieren und Inbetriebnehmen steuerungstechnischer Systeme,
- Montieren von technischen Teilsystemen,
- Herstellen und Inbetriebnehmen von technischen Systemen,
- Überwachen der Produkt- und Prozessqualität,
- Instandhalten von technischen Systemen,
- Sicherstellen der Betriebsfähigkeit automatisierter Systeme.

In jedem Ausbildungsabschnitt erwarb Herr Mustermann stets in beeindruckend kurzer Zeit ausgezeichnete Fachkenntnisse und konnte diese immer mit sehr gutem Erfolg in die tägliche Arbeit einbringen und umsetzen. Besonders hervorzuheben ist sein hervorragendes technisches Verständnis; dieses bildete die Grundlage dafür, dass er sich in allen Abteilungen stets sehr schnell und gut zurechtfand und jeweils binnen kurzer Zeit erfolgreich und gewinnbringend in die Arbeitsabläufe integriert werden konnte. Sein ausgezeichnetes Fachwissen erweiterte er zusätzlich durch die sehr erfolgreiche Teilnahme an unserem betriebsinternen Schulungs- und Weiterbildungsprogramm.

Aufgrund seiner sehr guten Auffassungsgabe konnte er auch schwierigste und sehr komplexe Ausbildungsinhalte immer sehr schnell erfassen. Herr Mustermann war ein äußerst engagierter Auszubildender, der besonders durch seine außergewöhnliche Leistungsbereitschaft und außerordentliche Einsatzbereitschaft überzeugen konnte. Herr Mustermann zeichnete sich während der gesamten Ausbildung durch eine ausgesprochen hohe, sehr gute Lernbereitschaft aus. Auch in Situationen mit größtem Arbeitsaufkommen erwies er sich immer als in höchstem Maße belastbar.

Er arbeitete jederzeit mit sehr großer Umsicht und einem ausgezeichneten Verantwortungsbewusstsein. Herr Mustermann war in ganz besonders hohem Maße zuverlässig.

Auch für schwierigste Problemstellungen fand er bereits nach kurzer Ausbildungszeit sehr gute Lösungen und erzielte immer ausgezeichnete Arbeitsergebnisse. Besonders hervorzuheben ist seine erfolgreiche Teilnahme an unserem betrieblichen Vorschlagswesen. Während seiner Ausbildung wurde er für zwei eingereichte Verbesserungsvorschläge ausgezeichnet. Herr Mustermann hat unsere sehr hohen Erwartungen stets in allerbester Weise erfüllt.

Wegen seines stets sehr freundlichen, kontaktfreudigen und ausgeglichenen Wesens wurde er in hohem Maße geschätzt und erfreute sich größter Beliebtheit. Sein Verhalten gegenüber der Leitung, den Ausbildern, Kolleginnen und Kollegen sowie Kundinnen und Kunden war stets und in jeder Hinsicht vorbildlich.

Wir bedanken uns bei Herrn Mustermann für die sehr gute und angenehme Mit- und Zusammenarbeit. Wir halten ihn für den gewählten Beruf als Industriemechaniker in hohem Maße für geeignet. Aus diesem Grund haben wir ihm auch einen Arbeitsplatz angeboten. Wir hoffen deshalb, dass wir die Zusammenarbeit nach der Ausbildung fortsetzen können. Für die Zukunft wünschen wir Herrn Mustermann beruflich und privat weiterhin viel Erfolg und alles Gute.

Musterstadt, 28.02.2021

1. Unterzeichner/in	2. Unterzeichner/in
[Position]	[Position]

13.15 Ausbildung zur Kauffrau für Büromanagement

Ausbildungszeugnis
Frau Mara Muster hat vom 01.10.2019 bis zum 30.09.2021 in unserem Unternehmen eine Ausbildung zur Kauffrau für Büromanagement absolviert.

[Unternehmensbeschreibung]

Während ihrer Ausbildung lernte Frau Muster die unterschiedlichen Facetten der kaufmännischen Bereiche eines modernen Dienstleistungsunternehmens kennen. Sie durchlief die Abteilungen Finanzbuchhaltung, Controlling, Sekretariat, Einkauf, IT sowie die Personalabteilung.

Die Schwerpunkte ihrer Ausbildung lagen im Bereich der kaufmännischen Kontrolle und Steuerung sowie Assistenz und Sekretariat. Hierbei hatte sie folgende Aufgaben:
- Rechnungen erstellen und kontrollieren,
- Büromaterial bestellen,
- Reisen/Veranstaltungen organisieren,
- Termine koordinieren,
- Briefe sowie Protokolle schreiben,
- Präsentationen vorbereiten.

Frau Muster verfügt über gute Fachkenntnisse, sodass sie bereits nach kurzer Zeit innerhalb der einzelnen Abteilungen gewinnbringend eingesetzt werden konnte. Durch ihre rege Teilnahme an unseren internen Schulungen und durch den Besuch externer Seminare konnte sie ihr breit gefächertes Fachwissen noch mit gutem Erfolg erweitern.

Besonders bemerkenswert sind ihre schnelle Auffassungsgabe und ihr analytisches Denkvermögen. Frau Muster erledigte ihre Aufgaben mit großem Engagement und persönlichem Einsatz während ihrer gesamten Ausbildungszeit in unserem Unternehmen. Frau Muster war in hohem Maße lernbereit. Auch unter schwierigen Arbeitsbedingungen und starker Belastung bewältigte sie alle Aufgaben in guter Weise.

Ihre Arbeitsweise war jederzeit geprägt von hoher Umsicht und außergewöhnlichem Verantwortungsbewusstsein. Vertrauenswürdigkeit und große Zuverlässigkeit zeichneten den Arbeitsstil von Frau Muster aus.

Für alle auftretenden Probleme fand sie ausnahmslos gute Lösungen. Die während der Ausbildung gezeigten Leistungen von Frau Muster haben jederzeit und in jeder Hinsicht unsere volle Anerkennung gefunden.

Sie wurde wegen ihres freundlichen und ausgeglichenen Wesens allseits sehr geschätzt. Sie war immer hilfsbereit, zuvorkommend und stellte, falls erforderlich, auch persönliche Interessen zurück. Ihr Verhalten zu Vorgesetzten, Ausbildern, Kolleginnen und Kollegen sowie Kundinnen und Kunden war jederzeit einwandfrei. Gegenüber den anderen Auszubildenden verhielt sie sich jederzeit hilfsbereit.

Wir danken Frau Muster für die gute Mitarbeit während der Ausbildung. Leider können wir ihr derzeit keinen Arbeitsplatz anbieten. Wir bedauern dies, weil wir von ihrer guten Eignung und ihren Fähigkeiten überzeugt sind. Für die berufliche und private Zukunft wünschen wir ihr weiterhin viel Erfolg und alles Gute.

Musterstadt, 30.09.2021

1. Unterzeichner/in	2. Unterzeichner/in
[Position]	[Position]

13.16 Ausbildung zum Mechatroniker

Ausbildungszeugnis
Herr Max Mustermann wurde vom 01.09.2017 bis zum 28.02.2021 in unserem Betrieb als Mechatroniker ausgebildet.

[Unternehmensbeschreibung]

Herr Mustermann lernte alle zum Berufsbild eines Mechatronikers gehörenden Aufgabengebiete aus den Bereichen Mechanik, Elektronik und Informationstechnik kennen.

Im Rahmen seiner Ausbildung wurde er mit folgenden Aufgaben betraut:
- Analysieren der Funktion von Automatisierungssystemen und deren Zusammenhänge,
- Ändern und Erweitern von Systemen,
- Programmieren und Testen von Automatisierungssystemen,
- Installieren, Anpassen und Einstellen von Komponenten und Geräten, sowie Sensorsystemen,
- Erfassen, Übertragen und Verarbeiten von Messdaten mithilfe von Anwendungsprogrammen,
- Verbinden einzelner Komponenten zu Automatisierungseinrichtungen und Integrieren in übergeordnete Systeme.

Die Ausbildung erfolgte hauptsächlich durch die Niederlassung Hamburg und bei den von uns gewarteten Anlagen im Kundendienst.

In jedem Ausbildungsabschnitt erwarb Herr Mustermann stets in sehr kurzer Zeit gute Fachkenntnisse und konnte diese immer mit gutem Erfolg in die tägliche Arbeit einbringen und umsetzen. Neben seinem stark ausgeprägten handwerklichen Geschick bilden seine guten Kenntnisse in Mathematik und Physik die Basis für seine äußerst präzise durchgeführten Fehleranalysen elektronischer Bauteile. Neben seiner Ausbildung bildete er sich in Eigeninitiative regelmäßig durch den immer erfolgreichen Besuch von Seminaren und Vorträgen weiter.

Sein Denkvermögen und seine schnelle Auffassungsgabe ermöglichten es ihm, sich auch in neuen Situationen stets gut zurechtzufinden. Herr Mustermann zeigte jederzeit große Eigeninitiative und identifizierte sich immer voll mit seinen Aufgaben und unserem Unternehmen, wobei er auch durch seine große Einsatzfreude überzeugte. Er war in hohem Maße lernbereit. Auch unter schwierigen Arbeitsbedingungen und großem Zeitdruck bewältigte er alle Aufgaben in guter Weise.

Seine Arbeitsweise war jederzeit geprägt von hoher Umsicht und außergewöhnlichem Verantwortungsbewusstsein. Vertrauenswürdigkeit und große Zuverlässigkeit zeichneten den Arbeitsstil von Herrn Mustermann aus.

Für alle auftretenden Probleme fand er ausnahmslos gute Lösungen. Die während der Ausbildung gezeigten Leistungen von Herrn Mustermann haben jederzeit und in jeder Hinsicht unsere volle Anerkennung gefunden.

Er war ein überaus loyaler Auszubildender, der sich gut in das Team integrierte. Sein Verhalten gegenüber Vorgesetzten, Ausbildern, Kollegen und Kunden war stets einwandfrei.

Herr Mustermann verlässt unser Unternehmen mit dem Ende der Ausbildung am 28.02.2021. Wir bedanken uns für die stets guten Leistungen und die jederzeit angenehme Zusammenarbeit. Für die Zukunft wünschen wir ihm beruflich und privat weiterhin viel Erfolg und alles Gute.

Musterstadt, 28.02.2021

1. Unterzeichner/in	2. Unterzeichner/in
[Position]	[Position]

13.17 Aushilfe Service (m)

Zeugnis

Herr Max Mustermann war vom 01.02.2021 bis zum 31.01.2022 in unserem Hotel als Aushilfe tätig.

[Unternehmensbeschreibung]

Seine Aufgaben umfassten folgende Tätigkeiten:

- Bereitstellung des erforderlichen Mise en Place,
- Eindecken von Tischen und Tafeln,
- Durchführen von Getränke- und Speiseservice,
- fachgerechte Pflege und Reinigung der verwendeten Geräte und Materialien,
- Sicherstellung der Ordnung und Sauberkeit im Restaurantbereich,
- gastorientierte Behandlung von Reklamationen.

Herr Mustermann verfügt über solide Fachkenntnisse und konnte deshalb innerhalb des Services gewinnbringend eingesetzt werden. Seine Auffassungsgabe und sein Denkvermögen ließen ihn alle Situationen sofort überblicken und das Wesentliche erkennen. Auch bei körperlich sehr anstrengenden Arbeiten war Herr Mustermann leistungs- und einsatzbereit. Auch starkem Arbeitsanfall war er gewachsen.

Seine Arbeitsweise war geprägt von hoher Umsicht und Verantwortungsbewusstsein. Herr Mustermann zeichnete sich durch Verlässlichkeit aus.

Für alle auftretenden Probleme fand er gute Lösungen. Die ihm übertragenen Aufgaben erledigte Herr Mustermann stets zu unserer Zufriedenheit.

Er wurde wegen seines freundlichen und ausgeglichenen Wesens allseits geschätzt. Sein Verhalten zu Vorgesetzten, Kolleginnen und Kollegen und Gästen war einwandfrei.

Das Aushilfsarbeitsverhältnis endet aufgrund der Rückkehr der vertretenen Stammkraft. Wir wünschen Herrn Mustermann für die Zukunft beruflich und privat weiterhin viel Erfolg und alles Gute.

Musterstadt, 31.01.2022

1. Unterzeichner/in	2. Unterzeichner/in
[Position]	[Position]

13.18 Aushilfe Verkauf (w)

Zeugnis

Frau Mara Muster war vom 01.02.2021 bis zum 31.01.2022 in unserem Modehaus als Aushilfe im Verkauf tätig.

[Unternehmensbeschreibung]

Zu ihren Hauptaufgaben gehörten:

- Betreuung unserer Kunden im Bereich Young Fashion,
- Ansprechpartnerin für Kundenanfragen,
- Sicherstellung von Ordnung und Sauberkeit an den Umkleidekabinen und an den Kassen,
- Verräumen der abgelegten Kleidungsstücke,
- Warenannahme und Preisauszeichnungen.

Frau Muster verfügt über gute Fachkenntnisse, sodass sie bereits nach kurzer Zeit innerhalb der Young-Fashion-Abteilung gewinnbringend eingesetzt werden konnte. Aufgrund ihrer sehr schnellen Auffassungsgabe arbeitete sie sich rasch in neue Aufgabengebiete ein und durchdrang auch komplexe Sachverhalte vollständig. Frau Muster erledigte ihre Aufgaben mit großem Engagement und persönlichem Einsatz während ihrer gesamten Beschäftigungszeit in unserem Unternehmen. Auch in Situationen mit großem Arbeitsaufkommen erwies sie sich immer als in hohem Maße belastbar.

Sie arbeitete jederzeit mit großer Umsicht und einem guten Verantwortungsbewusstsein. Frau Muster war äußerst zuverlässig und genoss unser volles Vertrauen.

Sie hat von Beginn an immer gute Arbeitsergebnisse erzielt. Die Leistungen von Frau Muster haben jederzeit und in jeder Hinsicht unsere volle Anerkennung gefunden.

Frau Muster trat jederzeit höflich und freundlich auf. Ihr Verhalten gegenüber Vorgesetzten, Kolleginnen und Kollegen sowie Kundinnen und Kunden war stets einwandfrei.

Frau Muster hat das Arbeitsverhältnis zum 31.01.2022 gekündigt. Wir bedanken uns für die stets guten Leistungen und wünschen ihr für die Zukunft beruflich und privat weiterhin viel Erfolg und alles Gute.

Musterstadt, 31.01.2022

1. Unterzeichner/in	2. Unterzeichner/in
[Position]	[Position]

13.19 Aushilfe Warenausgang (w)

Zeugnis

Frau Mara Muster war vom 01.03.2020 bis zum 28.02.2021 in unserem Unternehmen tätig, zuletzt in der Abteilung Warenausgang als Aushilfe.

[Unternehmensbeschreibung]

Frau Muster wurde zu Beginn ihrer Tätigkeit im Lager eingesetzt. Danach wechselte sie entsprechend des betrieblichen Bedarfs in die Auftragsbearbeitung. Bis zu ihrem Austritt wurde Frau Muster im Warenausgang eingesetzt. Dabei oblagen ihr insbesondere folgende Aufgaben:

- Lager- und Versandtätigkeiten,
- Warenpflege und -sortierung,
- Preisauszeichnungen und -pflege,
- Erledigung von Datenabfragen und Administration am PC,
- Zählen und Erfassen des Warenbestands,
- Überprüfen der eingehenden Materiallieferungen.

Aufgrund ihres im Laufe der Aushilfstätigkeit erworbenen sehr guten Fachwissens wurde Frau Muster von unseren Facharbeitern bereits sehr früh in die täglichen Abläufe integriert. Besonderer Erwähnung bedürfen ihre sehr guten IT-Kenntnisse im gesamten Officebereich und in unserer internen Auftragsdatenbank. Aufgrund ihrer sehr guten Auffassungsgabe war sie jederzeit in der Lage, auch schwierige Situationen sofort zutreffend zu erfassen und schnell sehr gute Lösungen zu finden. Frau Muster war eine äußerst engagierte Mitarbeiterin, die besonders durch ihre außergewöhnliche Leistungsbereitschaft und außerordentliche Einsatzbereitschaft überzeugen konnte. Auch in Situationen mit größtem Arbeitsaufkommen erwies sie sich immer als in höchstem Maße belastbar.

Sie arbeitete jederzeit mit sehr großer Umsicht und einem ausgezeichneten Verantwortungsbewusstsein. Frau Muster war in ganz besonders hohem Maße zuverlässig.

Für alle auftretenden Probleme fand sie ausnahmslos ausgezeichnete Lösungen. Die Leistungen von Frau Muster haben jederzeit und in jeder Hinsicht unsere vollste Anerkennung gefunden.

Wegen ihrer stets verbindlichen und äußerst hilfsbereiten Art wurde Frau Muster von ihren Vorgesetzten sowie den Kolleginnen und Kollegen besonders geschätzt. Ihr Verhalten war jederzeit vorbildlich.

Frau Muster verlässt unser Unternehmen mit dem Wegfall des Aushilfsbedarfs am 28.02.2021. Wir bedanken uns für die stets sehr guten Leistungen und die jederzeit sehr angenehme Zusammenarbeit. Für die Zukunft wünschen wir ihr beruflich und privat weiterhin viel Erfolg und alles Gute.

Musterstadt, 28.02.2021

1. Unterzeichner/in	2. Unterzeichner/in
[Position]	[Position]

13.20 Aushilfsfahrer

Zeugnis

Herr Max Mustermann war vom 01.09.2020 bis zum 31.12.2021 in unserem Unternehmen als Aushilfsfahrer tätig.

[Unternehmensbeschreibung]

Zu seinen Aufgaben zählten:

- Belieferung unserer Kunden im Umkreis von 100 km,
- Be- und Entladung,
- Sicherung der Waren auf der Ladefläche,
- Fahrzeugpflege und Fahrzeuginstandhaltung,
- regelmäßige Prüfung des verkehrssicheren Zustandes des Fahrzeuges,
- Warenbereitstellung für Speditionsunternehmen.

Herr Mustermann hat ein gutes Fachwissen, welches er mit guten Resultaten sehr praxisnah für unser Unternehmen einsetzte. Seine schnelle Auffassungsgabe ermöglichte es ihm, auch schwierige Situationen sofort zu überblicken und dabei stets das Wesentliche zu erkennen. Herr Mustermann engagierte sich sehr für unser Unternehmen, häufig auch über seine übliche Arbeitszeit hinaus und zeigte dabei großen persönlichen Einsatz. Seine Belastbarkeit war auch bei sehr schweren körperlichen Tätigkeiten, wie z. B. beim Be- und Entladen des Fahrzeuges, stets gut.

Wegen seiner sehr umsichtigen und jederzeit in hohem Maße verantwortungsbewussten Arbeitsweise war er von uns sehr geschätzt. Herr Mustermann war in hohem Maße zuverlässig.

Er hat von Beginn an immer gute Arbeitsergebnisse erzielt. Die Leistungen von Herrn Mustermann haben jederzeit und in jeder Hinsicht unsere volle Anerkennung gefunden.

Sein Verhalten gegenüber Vorgesetzten, Kollegen sowie Kundinnen und Kunden war stets einwandfrei.

Herr Mustermann verlässt unser Unternehmen mit dem 31.12.2021 auf eigenen Wunsch. Wir bedanken uns für die stets guten Leistungen und wünschen ihm für die Zukunft beruflich und privat weiterhin viel Erfolg und alles Gute.

Musterstadt, 31.12.2021

1. Unterzeichner/in	2. Unterzeichner/in
[Position]	[Position]

13.21 Außendienstleiter

Zeugnis

Herr Max Mustermann war vom 01.08.2018 bis zum 30.11.2021 in der Abteilung Vertrieb in unserem Hause als Außendienstleiter tätig.

[Unternehmensbeschreibung]

Im Rahmen der Tätigkeit als Gebietsleiter Osteuropa war Herr Mustermann für neun ihm direkt unterstellte Vertriebsmitarbeiter verantwortlich und hatte folgende Aufgabenschwerpunkte:

- Identifikation neuer Potenziale sowie Auf- und Ausbau weiterer internationaler Märkte in Osteuropa,
- Auswahl, Betreuung und Entwicklung langfristiger Beziehungen zu bestehenden und neuen internationalen Kunden und strategischen Handelspartnern,
- Identifizierung neuer Partner und gemeinsames zielgerichtetes Entwickeln von Neugeschäft,
- Aufbau, Führung und Entwicklung eines internationalen Vertriebsteams vor Ort in unseren osteuropäischen Standorten,
- gezielte Analysen des Marktes sowie der internationalen Bestandskunden,
- Entwickeln von Verkaufsstrategien und von Konzepten für den Markteinstieg,
- Umsatz- und Absatzplanung, Preis- und Konditionsgestaltung,
- regelmäßige Schulung der Vertriebsmitarbeiter.

Herr Mustermann verfügt über ein hervorragendes und auch in Randbereichen sehr tiefgehendes Fachwissen, welches er in unser Unternehmen stets in höchst gewinnbringender Weise einbrachte. Sein besonderes Wissen im Bereich von Verhandlungs- und Abschlusstechniken ermöglicht ihm, auch in schwierigen Verhandlungssituationen stets die firmeneigenen Interessen zielgerichtet durchzusetzen. Von unschätzbarem Wert für die von ihm mit außergewöhnlichem Erfolg erstellten Analysen sind seine ausgezeichneten Markt- und Branchenkenntnisse in Osteuropa. Er besuchte regelmäßig und sehr erfolgreich Weiterbildungsveranstaltungen, um seine Stärken weiter auszubauen und seine hervorragenden Fachkenntnisse zu erweitern.

Besonders hervorzuheben sind sein ausgesprochen analytisches Denkvermögen und seine sehr rasche Auffassungsgabe. Herr Mustermann zeigte jederzeit hohe Eigeninitiative und identifizierte sich immer voll mit seinen Aufgaben und unserem Unternehmen, wobei er auch durch seine sehr große Einsatzfreude überzeugte. Auch in Situationen mit größtem Arbeitsaufkommen erwies er sich immer als in höchstem Maße belastbar.

Die Planung und Steuerung seiner Aufgaben erfüllte er nicht zuletzt wegen seines beeindruckenden Organisationstalentes jederzeit äußerst zügig und in exzellenter Weise. Dabei arbeitete er stets teamorientiert, mit äußerster Sorgfalt, allergrößter Konzentration und Flexibilität. Vertrauenswürdigkeit und absolute Zuverlässigkeit zeichneten den Arbeitsstil von Herrn Mustermann jederzeit aus.

Die Qualität seiner Arbeitsergebnisse lag, auch bei schwierigen Projekten, bei objektiven Problemhäufungen und Termindruck, stets sehr weit über unseren Anforderungen. Hervorzuheben ist die Steigerung seiner Abschlüsse auf dem neu akquirierten slowenischen Markt, was uns ein Umsatzwachstum um fünf Prozent in diesem Bereich einbrachte. Hervorzuheben ist außerdem seine hervorragende soziale Kompetenz; er konnte alle Beteiligten durch seinen Teamgeist und seine Begeisterungsfähigkeit stets zu vollem Einsatz und sehr guten Leistungen motivieren, wobei er selbst als Vorbild agierte. Herr Mustermann hat unsere sehr hohen Erwartungen immer in allerbester Weise erfüllt.

Wegen seines jederzeit freundlichen und ausgeglichenen Wesens wurde er allseits sehr geschätzt. Er genoss das volle Vertrauen aller Vorgesetzten, Kollegen, Mitarbeiter und Kunden. Sein Verhalten war immer vorbildlich.

Herr Mustermann verlässt unser Unternehmen mit dem 30.11.2021 auf eigenen Wunsch. Wir bedauern dies sehr, weil wir mit ihm einen sehr guten Mitarbeiter verlieren. Wir bedanken uns für die stets sehr guten Leistungen und wünschen ihm für die Zukunft beruflich und privat weiterhin viel Erfolg und alles Gute.

Musterstadt, 30.11.2021

1. Unterzeichner/in	2. Unterzeichner/in
[Position]	[Position]

13.22 Außendienstmitarbeiterin

Zeugnis
Frau Mara Muster war vom 01.10.2019 bis zum 31.10.2021 in der Abteilung Vertrieb als Außendienstmitarbeiterin in unserem Unternehmen tätig.

[Unternehmensbeschreibung]

Zu ihren Hauptaufgaben zählten:
- technische Beratung und Vertrieb unserer gesamten Produktpalette im B2B-Bereich,
- Präsentation des Unternehmens auf Messen,
- Umsetzung der Vertriebsstrategie und systematischer Ausbau des Verkaufsgebietes,
- Gewinnung von Neukunden sowie Intensivierung von bestehenden Kundenbeziehungen,
- Durchführung von Produktschulungen für neue Vertriebsmitarbeiter.

In ihrer Tätigkeit berichtete Frau Muster direkt an den Vertriebsleiter International.

Frau Muster verfügt über ein ausgezeichnetes und auch in Randbereichen sehr tiefgehendes Fachwissen, welches sie stets gekonnt zum Wohle unseres Unternehmens einsetzte. Besonders hervorzuheben sind ihre sehr stark ausgeprägte Service- und Kundenorientierung, ihre Überzeugungskraft und ihr Verhandlungsgeschick. Aufgrund ihrer ausgezeichneten sozialen Kompetenz und ihrer sehr guten Kommunikationsfähigkeiten gelang es ihr immer, die Bedürfnisse und Wünsche der Kunden herauszufinden, was eine unverzichtbare Voraussetzung für eine erfolgreiche Tätigkeit im Außendienst ist. Sie besuchte regelmäßig und sehr erfolgreich Weiterbildungsveranstaltungen, um ihre Stärken weiter auszubauen und ihre hervorragenden Fachkenntnisse zu erweitern.

Aufgrund ihrer sehr guten Auffassungsgabe war sie jederzeit in der Lage, auch schwierige Situationen sofort zutreffend zu erfassen und schnell sehr gute Lösungen zu finden. Frau Muster engagierte sich beispielhaft für unser Unternehmen, häufig auch über die übliche Arbeitszeit hinaus und zeigte dabei sehr großen persönlichen Einsatz. Auch in Situationen mit größtem Arbeitsaufkommen erwies sie sich immer als in höchstem Maße belastbar.

Alle Aufgaben führte sie jederzeit vollkommen selbstständig, äußerst sorgfältig und planvoll durchdacht aus. Sie agierte immer ruhig, überlegt und zielorientiert und in höchstem Maße präzise. Dabei überzeugte sie stets in besonderer Weise sowohl in qualitativer als auch in quantitativer Hinsicht. Vertrauenswürdigkeit und absolute Zuverlässigkeit zeichneten den Arbeitsstil von Frau Muster jederzeit aus.

Frau Muster überzeugte in besonderem Maße durch die jederzeit sehr gute Qualität ihrer Arbeitsergebnisse. Als besonderen Erfolg ihrer Tätigkeit möchten wir die Neugewinnung eines Großkunden hervorheben, der uns ein Jahresumsatzwachstum von über 10 Prozent ermöglichte. Die Leistungen von Frau Muster haben jederzeit und in jeder Hinsicht unsere vollste Anerkennung gefunden.

Sie wurde wegen ihres stets freundlichen und ausgeglichenen Wesens allseits sehr geschätzt. Sie war immer hilfsbereit, zuvorkommend und stellte, falls erforderlich, auch persönliche Interessen zurück. Ihr Verhalten zu Vorgesetzten, Kolleginnen und Kollegen sowie Kundinnen und Kunden war jederzeit vorbildlich.

Das Arbeitsverhältnis endet im gegenseitigen Einvernehmen zum 31.10.2021. Wir bedauern dies sehr, weil wir mit Frau Muster eine sehr gute Mitarbeiterin verlieren. Wir bedanken uns für die stets sehr guten Leistungen und wünschen ihr für die Zukunft beruflich und privat weiterhin viel Erfolg und alles Gute.

Musterstadt, 31.10.2021

1. Unterzeichner/in
[Position]

2. Unterzeichner/in
[Position]

13.23 Automobilkaufmann

Zeugnis

Herr Max Mustermann war vom 01.03.2019 bis zum 31.01.2022 in unserem Betrieb als Automobilkaufmann beschäftigt.

[Unternehmensbeschreibung]

Zu seinen Hauptaufgaben gehörten:

- eigenverantwortlicher Einkauf von Gebrauchtfahrzeugen,
- Verhandlungsgespräche bis zum Abschluss von Ankaufsverträgen,
- technische und optische Fahrzeugbewertung mithilfe unseres eigens entwickelten Tools,
- Begutachtung von Gebrauchtfahrzeugen,
- Bearbeitung von Fahrer- und Kundenanfragen,
- Rechnungsstellung und -prüfung sowie die dazugehörige Bearbeitung der Mahnungen,
- Erstellung von Angeboten und Leasingverträgen inkl. deren Nachbearbeitung,
- Durchführung von Vertragsaktivierungen und -änderungen (inkl. Stammdatenpflege),
- Entgegennahme, Bearbeitung und Weiterleitung von eingehenden Telefonaten und E-Mails.

Herr Mustermann verfügt über ein sehr fundiertes, gutes Fachwissen, welches er unserem Unternehmen stets in gewinnbringender Weise zur Verfügung stellte. Er nahm regelmäßig erfolgreich an unterschiedlichen fachbezogenen internen und externen Weiterbildungsseminaren teil.

Seine schnelle Auffassungsgabe ermöglichte es ihm, auch schwierige Situationen sofort zu überblicken und dabei stets das Wesentliche zu erkennen. Herr Mustermann zeigte jederzeit große Eigeninitiative und identifizierte sich immer voll mit seinen Aufgaben und unserem Unternehmen, wobei er auch durch seine große Einsatzfreude überzeugte. Auch in Situationen mit großem Arbeitsaufkommen erwies er sich jederzeit als in hohem Maße belastbar.

Die Planung und Steuerung seiner Aufgaben erfüllte er stets mit gutem Erfolg, nicht zuletzt wegen seines guten Organisationstalentes. Dabei arbeitete er jederzeit selbstständig, zügig und dennoch mit großer Sorgfalt, Konzentration und Flexibilität. Herr Mustermann war in hohem Maße zuverlässig.

Sowohl in qualitativer als auch in quantitativer Hinsicht erzielte er immer gute Arbeitsergebnisse. Die ihm obliegenden Aufgaben erledigte Herr Mustermann stets zu unserer vollen Zufriedenheit.

Er war ein überaus loyaler Mitarbeiter, der sich gut in das Team integrierte. Sein Verhalten gegenüber Vorgesetzten, Kolleginnen und Kollegen sowie Kundinnen und Kunden war stets einwandfrei.

Herr Mustermann verlässt unser Unternehmen mit dem 31.01.2022 auf eigenen Wunsch. Wir bedanken uns für die stets guten Leistungen und wünschen ihm für die Zukunft beruflich und privat weiterhin viel Erfolg und alles Gute.

Musterstadt, 31.01.2022

1. Unterzeichner/in	2. Unterzeichner/in
[Position]	[Position]

13.24 Bachelorand Produktion

Zeugnis
Herr Max Mustermann war vom 01.08.2020 bis zum 31.03.2021 in unserem Unternehmen als Bachelorand beschäftigt.

[Unternehmensbeschreibung]

Während seiner Praxisphase übernahm Herr Mustermann verschiedene Projektarbeiten als Bachelorand und wirkte aktiv an den im Tagesgeschäft anfallenden Arbeiten mit. Im Laufe der Erstellung seiner Bachelorarbeit durchlief er mehrere Funktionsbereiche – von der Anwendungstechnik über Forschung und Entwicklung bis hin zu den einzelnen Produktionsbereichen – und lernte dabei den kompletten Produktherstellungsprozess und die damit verbundenen Aufgaben kennen.

Herr Mustermann verfügt über umfassende und vielseitige Fachkenntnisse, die er immer sicher und gekonnt in der Praxis einsetzte. Neben den Einführungs- und Netzwerkveranstaltungen nahm er stets mit gutem Erfolg an den innerbetrieblich angebotenen Weiterbildungsmaßnahmen teil.

Aufgrund seiner guten Auffassungsgabe konnte er auch sehr schwierige und komplexe Projektinhalte immer sehr schnell erfassen. Herr Mustermann zeigte jederzeit große Eigeninitiative und identifizierte sich immer voll mit seinen Aufgaben als Bachelorand und unserem Unternehmen, wobei er auch durch seine große Einsatzfreude überzeugte. Herr Mustermann war in hohem Maße lernbereit. Auch unter schwierigen Arbeitsbedingungen und großem Zeitdruck bewältigte er alle Aufgaben in guter Weise.

Seine Arbeitsweise war jederzeit geprägt von hoher Umsicht und außergewöhnlichem Verantwortungsbewusstsein. Herr Mustermann war in besonderem Maße zuverlässig.

Hervorzuheben waren seine beständig guten Arbeitsergebnisse. Herr Mustermann hat die ihm übertragenen Aufgaben stets zu unserer vollen Zufriedenheit erfüllt.

Herr Mustermann trat jederzeit höflich und freundlich auf. Sein Verhalten gegenüber Vorgesetzten, Kolleginnen und Kollegen sowie Geschäftspartnern war immer einwandfrei.

Das Vertragsverhältnis endet mit Abgabe der Bachelorarbeit. Wir bedanken uns bei Herrn Mustermann für die sehr gute und angenehme Mit- und Zusammenarbeit. Wir halten ihn für die gewählte Fachrichtung für gut geeignet. Aus diesem Grund haben wir ihm auch einen festen Arbeitsplatz angeboten. Wir hoffen deshalb, dass wir die Zusammenarbeit nach dem erfolgreichen Bachelorabschluss fortsetzen können. Für die Zukunft wünschen wir Herrn Mustermann beruflich und privat weiterhin viel Erfolg und alles Gute.

Musterstadt, 31.03.2021

1. Unterzeichner/in	2. Unterzeichner/in
[Position]	[Position]

13.25 Bachelorand Strategische Produktentwicklung

Zeugnis

Herr Max Mustermann fertigte vom 01.08.2021 bis zum 31.01.2022 in unserem Hause in der Abteilung Forschung und Entwicklung seine Bachelorarbeit an.

[Unternehmensbeschreibung]

Während der 6-monatigen Praxisphase zur Erstellung seiner Bachelorarbeit wirkte Herr Mustermann an verschiedenen Projekten in unserer Forschungs- und Entwicklungsabteilung mit. Seine Recherchen hatten direkten Praxisbezug und konnten somit in unsere Produktentwicklung mit einfließen. Die Schwerpunkte seiner Tätigkeiten gestalteten sich wie folgt:

- Durchführung technischer System- und Funktionsanalysen sowie Klärung elektrotechnischer Detailfragen,
- Suchen, Ausarbeiten und Bewerten von Verbesserungspotenzialen,
- Erstellung von Kostenstruktur- und Mengengerüstanalysen für Baugruppen des Steuerungssystems,
- Bewertung unterschiedlicher Produktideen hinsichtlich Markt-, Wettbewerbs-, und Ertragschancen,
- Analyse der Wettbewerbsaktivitäten im Hinblick auf neue Technologien.

Seine Bachelorarbeit war Teil einer Entscheidungsvorlage für den Vorstand zur Priorisierung von Entwicklungsaktivitäten.

Herr Mustermann überzeugte uns mit seinen umfassenden, vielseitigen und sehr guten Fachkenntnissen, die er jederzeit sicher und zielgerichtet in der Praxis einsetzte. Besonders hervorzuheben sind seine ausgezeichneten Kenntnisse im Fach Elektrotechnik, was Grundlage für seine erfolgreiche Durchführung der technischen Systemanalysen war. Neben der Anfertigung seiner Bachelorarbeit nahm er aus eigenem Antrieb mit sehr gutem Erfolg an unseren innerbetrieblichen Schulungen teil.

Aufgrund seiner sehr guten Auffassungsgabe konnte er auch schwierigste und sehr komplexe Projektinhalte immer sehr schnell erfassen. Herr Mustermann zeigte jederzeit hohe Eigeninitiative und identifizierte sich immer voll mit seinen Aufgaben sowie unserem Unternehmen. Besonders hervorzuheben ist seine große Einsatzfreude. Herr Mustermann war in besonders hohem Maße lernbereit. Auch unter schwierigsten Arbeitsbedingungen und größtem Zeitdruck bewältigte er alle Aufgaben in hervorragender Weise.

Herr Mustermann arbeitete jederzeit sehr zielstrebig, äußerst sorgfältig und mit größter Effizienz; dabei agierte er außerordentlich qualitäts- und verantwortungsbewusst.

Vertrauenswürdigkeit und absolute Zuverlässigkeit zeichneten den Arbeitsstil von Herrn Mustermann jederzeit aus.

Auch für schwierigste Problemstellungen fand er von Beginn an sehr gute Lösungen und erzielte immer ausgezeichnete Arbeitsergebnisse. Herr Mustermann war in jeder Hinsicht ein ausgezeichneter Bachelorand, mit dessen Leistungen wir stets außerordentlich zufrieden waren.

Wegen seines gewinnenden Auftretens war er in unserem Unternehmen als Gesprächspartner ausgesprochen geschätzt. Sein persönliches Verhalten war stets vorbildlich.

Herr Mustermann verlässt unser Unternehmen mit der Abgabe der Bachelorarbeit am 31.01.2022. Wir bedanken uns für die stets sehr guten Leistungen und die jederzeit sehr angenehme Zusammenarbeit. Für die Zukunft wünschen wir ihm beruflich und privat weiterhin viel Erfolg und alles Gute.

Musterstadt, 31.01.2022

1. Unterzeichner/in	2. Unterzeichner/in
[Position]	[Position]

13.26 Bachelorandin HR

Zeugnis
Frau Mara Muster war vom 01.09.2021 bis zum 28.02.2022 in unserem Unternehmen in der HR-Abteilung als Bachelorandin beschäftigt.

[Unternehmensbeschreibung]

Während der Praxisphasen im Rahmen ihres dualen Studiums und der Erstellung ihrer Bachelorarbeit erhielt Frau Muster einen fundierten Einblick in alle Prozesse unseres HR-Bereiches. Sie war von Beginn an in unterschiedliche Projekte eingebunden und wirkte eigenständig bei der Implementierung eines neuen Bewerbermanagementsystems mit. Darüber hinaus lernte sie den professionellen Umgang mit unseren relevanten Personalwirtschaftssystemen. Neben der Erstellung ihrer Bachelorarbeit hat sie unser Recruitingteam mit folgenden Aufgaben unterstützt:

- Anzeigenschaltung in unterschiedlichen Kanälen,
- Bewerberadministration, -kommunikation und Terminkoordination,
- Vorbereitung von Vertragsunterlagen/Vertragsergänzungen.

Frau Muster verfügt über ein hervorragendes und auch in Randbereichen sehr tiefgehendes Fachwissen im Bereich der Organisationslehre und des Personalmanagements, welches sie in unser Unternehmen stets in höchst gewinnbringender Weise einbrachte. Besonderer Erwähnung bedürfen ihre außergewöhnliche soziale Kompetenz und ihre Teamfähigkeit. Diese erlaubten es uns, sie bereits in einem frühen Stadium ihrer Bachelorandentätigkeit mit sehr gutem Erfolg in bedeutende HR-Projekte wie die Einführung einer neuen Bewerbermanagementsoftware zu integrieren. Durch ihre regelmäßige Teilnahme an unseren unternehmensinternen Schulungen hat sie ihre Kenntnisse mit sehr gutem Erfolg zusätzlich erweitert.

Sie hat eine ausgezeichnete Auffassungsgabe, die es ihr jederzeit ermöglichte, auch sehr komplexe Arbeitsinhalte innerhalb kürzester Zeit sehr gut zu erfassen. Frau Muster war eine äußerst engagierte Bachelorandin, die besonders durch ihre außergewöhnliche Leistungsbereitschaft und außerordentliche Einsatzbereitschaft überzeugen konnte. Frau Muster war in besonders hohem Maße lernbereit. Auch unter schwierigsten Arbeitsbedingungen und stärkster Belastung bewältigte sie alle Aufgaben in hervorragender Weise.

Sie arbeitete jederzeit mit sehr großer Umsicht und einem ausgezeichneten Verantwortungsbewusstsein. Frau Muster zeichnete sich stets in besonderer Weise durch eine außerordentliche Verlässlichkeit aus.

Sie hat von Beginn der Beschäftigung als Bachelorandin an immer sehr gute Arbeitsergebnisse erzielt. Frau Muster hat die ihr übertragenen Aufgaben stets zu unserer vollsten Zufriedenheit erfüllt.

Sie wurde wegen ihres immer freundlichen und ausgeglichenen Wesens allseits sehr geschätzt. Sie war jederzeit hilfsbereit, zuvorkommend und stellte, falls erforderlich, auch persönliche Interessen zurück. Ihr Verhalten zu Vorgesetzten, Mentoren sowie Kolleginnen und Kollegen war jederzeit vorbildlich.

Das Vertragsverhältnis endet mit Abgabe der Bachelorarbeit. Wir bedanken uns bei Frau Muster für die sehr gute und angenehme Mit- und Zusammenarbeit. Wir halten sie für eine Tätigkeit im HR-Umfeld in hohem Maße für geeignet. Aus diesem Grund haben wir ihr auch einen festen Arbeitsplatz angeboten. Wir hoffen deshalb, dass wir die Zusammenarbeit nach dem erfolgreichen Bachelorabschluss fortsetzen können. Für die Zukunft wünschen wir Frau Muster beruflich und privat weiterhin viel Erfolg und alles Gute.

Musterstadt, 28.02.2022

1. Unterzeichner/in	2. Unterzeichner/in
[Position]	[Position]

13.27 Bachelorandin Logistik

Zeugnis
Frau Mara Muster fertigte vom 01.06.2021 bis zum 30.11.2021 in unserem Hause ihre Bachelorarbeit an.

[Unternehmensbeschreibung]

Ziel ihrer Bachelor-Thesis war es, die technischen Möglichkeiten und prozessualen Bedingungen für den Einsatz mobiler Datenerfassung bei Wareneingangsbuchungen zu beschreiben. Im Detail hatte sie folgende Aufgaben:

- Ermittlung der Anbieter von Hardware zur mobilen Erfassung von Daten,
- Gegenüberstellung Ist- und Sollprozess im Wareneingang,
- Beschreibung Sollprozess zur Erfassung der Wareneingänge per MDE-Gerät,
- Erstellung eines Lastenheftes zur Beschaffung der Hardware,
- erste Einbindung von Lieferanten.

Frau Muster verfügt über ein hervorragendes und auch in Randbereichen sehr tiefgehendes Fachwissen, welches sie in unser Unternehmen stets in höchst gewinnbringender Weise einbrachte. Besonders hervorzuheben ist ihre Präsentationskompetenz; sie ging jederzeit völlig sicher mit traditionellen und neuen Medien um, setzte diese stets zielorientiert ein und erstellte immer verständliche Visualisierungen von den Teilabschnitten ihrer Bachelorarbeit. Neben den Einführungs- und Netzwerkveranstaltungen nahm sie stets mit sehr großem Erfolg an den innerbetrieblich angebotenen Weiterbildungsmaßnahmen teil.

Sie hat eine ausgezeichnete Auffassungsgabe, die es ihr jederzeit ermöglichte, auch sehr komplexe Arbeitsinhalte innerhalb kürzester Zeit sehr gut zu erfassen. Frau Muster zeigte dauerhaft hohe Eigeninitiative und identifizierte sich immer voll mit ihren Aufgaben sowie unserem Unternehmen. Besonders hervorzuheben ist ihre große Einsatzfreude. Frau Muster war Neuem gegenüber jederzeit in hohem Maße aufgeschlossen; sie war stets bereit, Neues zu lernen. Auch unter schwierigsten Arbeitsbedingungen und größtem Zeitdruck bewältigte sie alle Aufgaben in hervorragender Weise.

Sie arbeitete jederzeit mit sehr großer Umsicht und einem ausgezeichneten Verantwortungsbewusstsein. Frau Muster überzeugte stets durch ihre außerordentliche Verlässlichkeit.

Sowohl in qualitativer als auch in quantitativer Hinsicht erzielte sie immer herausragende Studien- und Arbeitsergebnisse. Wir waren mit den Leistungen von Frau Muster stets und in jeder Hinsicht außerordentlich zufrieden.

Wegen ihres immer sehr freundlichen, kontaktfreudigen und ausgeglichenen Wesens wurde sie in hohem Maße geschätzt und erfreute sich größter Beliebtheit. Ihr Verhalten gegenüber ihrem Mentor, Kolleginnen und Kollegen sowie Geschäftspartnern war stets und in jeder Hinsicht vorbildlich.

Wir danken Frau Muster für die ausgezeichnete Mitarbeit als Bachelorandin. Leider können wir ihr mangels Vakanz derzeit keinen festen Arbeitsplatz anbieten. Wir bedauern dies sehr, weil wir von ihrer besonderen Eignung und ihren hervorragenden Fähigkeiten überzeugt sind. Für die berufliche und private Zukunft wünschen wir ihr weiterhin viel Erfolg und alles Gute.

Musterstadt, 30.11.2021

1. Unterzeichner/in	2. Unterzeichner/in
[Position]	[Position]

13.28 Bäcker

Zeugnis

Herr Max Mustermann war vom 01.03.2019 bis zum 31.12.2021 in unserem Unternehmen als Bäcker tätig.

[Unternehmensbeschreibung]

Zu den Aufgaben von Herrn Mustermann gehörten insbesondere:

- Herstellung verschiedener Brotsorten,
- Herstellung von Kleingebäck (Brötchen, Hörnchen),
- Herstellung spezieller Massen für Bienenstich, Baisers etc.,
- Herstellung von Torten nach unseren Spezialrezepten,
- Überwachung des gesamten Backprozesses,
- Heizen, Bedienen und Warten der Backöfen und Backgeräte.

Für unseren integrierten Auslieferungsservice war er zusätzlich für die Zubereitung von Partykleingebäck und Backwarensnacks zuständig.

Herr Mustermann verfügt über eine große Berufserfahrung und solide Fachkenntnisse, die er sicher in der Praxis einsetzte. Seine Auffassungsgabe und sein Denkvermögen ließen ihn alle Situationen sofort überblicken und das Wesentliche erkennen. Herr Mustermann erledigte seine Aufgaben mit Engagement und persönlichem Einsatz während seiner gesamten Beschäftigungszeit in unserem Unternehmen. Auch unter Zeitdruck bewältigte er alle Aufgaben in zufriedenstellender Weise.

Er handelte umsichtig, gewissenhaft und genau und hielt Zeitvorgaben stets ein. Herr Mustermann war verlässlich.

Sowohl in qualitativer als auch in quantitativer Hinsicht erzielte er zufriedenstellende Arbeitsergebnisse. Die ihm übertragenen Aufgaben erledigte Herr Mustermann stets zu unserer Zufriedenheit.

Sein Verhalten gegenüber Vorgesetzten, Kollegen und Kunden war einwandfrei.

Herr Mustermann verlässt unser Unternehmen mit dem 31.12.2021 aus betriebsbedingten Gründen. Wir wünschen ihm für die Zukunft weiterhin Erfolg und alles Gute.

Musterstadt, 31.12.2021

1. Unterzeichner/in	2. Unterzeichner/in
[Position]	[Position]

13.29 Badewärterin

Zeugnis
Frau Mara Muster war vom 01.05.2020 bis zum 30.09.2021 in unserem Bäderbetrieb als Badewärterin beschäftigt.

[Unternehmensbeschreibung]

In dieser Position war sie für folgende Tätigkeiten zuständig:
- Beaufsichtigung des Badebetriebes,
- Betreuung der Badegäste,
- Durchführung von Erste-Hilfe-Maßnahmen,
- Überwachung der technischen Anlagen (Bädertechnik, Wasseraufbereitung),
- Desinfektion der Schwimmbecken,
- Reinigungsarbeiten.

Frau Muster verfügt über umfassende und vielseitige Fachkenntnisse, die sie immer sicher und gekonnt in der Praxis einsetzte. Zum Nutzen unseres Unternehmens erweiterte und aktualisierte sie kontinuierlich mit gutem Erfolg ihre umfassenden Fachkenntnisse durch regelmäßige Teilnahme an Weiterbildungsveranstaltungen.

Aufgrund ihrer genauen Analysefähigkeit und ihrer schnellen Auffassungsgabe war sie jederzeit in der Lage, auch schwierige Situationen sofort zutreffend zu erfassen und schnell gute Lösungen zu finden. Frau Muster zeigte jederzeit große Eigeninitiative und identifizierte sich immer voll mit ihren Aufgaben und unserem Unternehmen, wobei sie auch durch ihre große Einsatzfreude überzeugte. Auch unter schwierigen Arbeitsbedingungen und starker Belastung bewältigte sie alle Aufgaben in guter Weise.

Ihre Aufgaben führte sie mit großer Umsicht und großem Verantwortungsbewusstsein aus. Sie war sehr gewissenhaft und arbeitete stets zügig, ohne dass dies zulasten der Präzision ginge. Frau Muster war in hohem Maße zuverlässig.

Für alle auftretenden Probleme fand sie ausnahmslos gute Lösungen. Die Leistungen von Frau Muster haben jederzeit und in jeder Hinsicht unsere volle Anerkennung gefunden.

Sie wurde wegen ihres freundlichen und ausgeglichenen Wesens allseits sehr geschätzt. Sie war immer hilfsbereit, zuvorkommend und stellte, falls erforderlich, auch persönliche Interessen zurück. Ihr Verhalten zu Vorgesetzten, Kollegen sowie Badegästen war jederzeit einwandfrei.

Frau Muster verlässt unser Unternehmen mit dem 30.09.2021 auf eigenen Wunsch. Wir bedanken uns für die stets guten Leistungen und wünschen ihr für die Zukunft beruflich und privat weiterhin viel Erfolg und alles Gute.

Musterstadt, 30.09.2021

1. Unterzeichner/in	2. Unterzeichner/in
[Position]	[Position]

13.30 Baggerführer

Zeugnis

Herr Max Mustermann war vom 01.07.2019 bis zum 31.01.2022 in unserem Betrieb als Baggerführer beschäftigt.

[Unternehmensbeschreibung]

In dieser Position war er für folgende Aufgaben verantwortlich:

- Führen unserer Mobil- und Kettenbagger,
- Erstellen und Schließen von Rohrgräben unter Berücksichtigung der bauseitigen Vorgaben, Gelände- und Bodenbeschaffenheiten sowie der maschinenseitigen Einsatzmöglichkeiten,
- sonstige anfallende Tätigkeiten auf den Tief- und Rohrleitungsbaustellen,
- Pflege, Vor-Ort-Wartung und Instandsetzungsmaßnahmen der Baumaschinen.

Zudem sorgte er in Abstimmung mit unserem Werkstattbereich für einen reibungslosen Maschineneinsatz.

Herr Mustermann verfügt über eine sehr große Berufserfahrung und äußerst umfassende und vielseitige Fachkenntnisse, auch in Randbereichen, wie z. B. über die verschiedenen Bodenbeschaffenheiten, die er immer sehr sicher und gekonnt in der Praxis einsetzte. Er überzeugte in hohem Maße durch sein ausgeprägtes technisches Verständnis, das es ihm jederzeit ermöglichte, auch für schwierige Konstellationen auf der Baustelle hervorragende Lösungen zu finden. Zum Nutzen unseres Unternehmens erweiterte und aktualisierte er immer mit sehr gutem Erfolg seine umfassenden Fachkenntnisse durch regelmäßige Teilnahme an Weiterbildungsveranstaltungen.

Aufgrund seiner sehr guten Auffassungsgabe war er jederzeit in der Lage, auch schwierige Situationen sofort zutreffend zu erfassen und schnell sehr gute Lösungen zu finden. Herr Mustermann engagierte sich beispielhaft für unser Unternehmen, häufig auch über die übliche Arbeitszeit hinaus und zeigte dabei sehr großen persönlichen Einsatz. Auch unter schwierigsten Arbeitsbedingungen und größtem Zeitdruck bewältigte er alle Aufgaben in hervorragender Weise.

Alle Aufgaben führte er jederzeit vollkommen selbstständig, äußerst sorgfältig und planvoll durchdacht aus. Er agierte immer ruhig, überlegt und zielorientiert und in höchstem Maße präzise. Dabei überzeugte er stets in besonderer Weise sowohl in qualitativer als auch in quantitativer Hinsicht. Herr Mustermann zeichnete sich jederzeit in besonderer Weise durch eine außerordentliche Verlässlichkeit aus.

Für alle auftretenden Probleme fand er ausnahmslos ausgezeichnete Lösungen. Die Leistungen von Herrn Mustermann haben jederzeit und in jeder Hinsicht unsere vollste Anerkennung gefunden.

Aufgrund seines immer ausgesprochen freundlichen, hilfsbereiten und ausgeglichenen Wesens war er sowohl innerhalb des Unternehmens als auch bei unseren Kunden gleichermaßen besonders geschätzt und beliebt. Sein Verhalten gegenüber der Geschäftsleitung, Kollegen sowie Kunden und sonstigen Geschäftspartnern war jederzeit vorbildlich.

Herr Mustermann verlässt unser Unternehmen mit dem 31.01.2022 aus betriebsbedingten Gründen. Wir bedauern dies sehr, weil wir mit ihm einen sehr guten Mitarbeiter verlieren. Wir bedanken uns für die stets sehr guten Leistungen und wünschen ihm für die Zukunft beruflich und privat weiterhin viel Erfolg und alles Gute.

Musterstadt, 31.01.2022

1. Unterzeichner/in	2. Unterzeichner/in
[Position]	[Position]

13.31 Bankkauffrau

Zeugnis

Frau Mara Muster war vom 01.03.2016 bis zum 28.02.2022 in unserem Kreditinstitut als Bankkauffrau tätig.

[Unternehmensbeschreibung]

Frau Muster wurde als Serviceberaterin für Privatkunden in unserer Zweigstelle eingesetzt. Zu ihren Aufgaben gehörten insbesondere die umfassende Beratung und Betreuung der Kunden:

- bei der Wahl der Kontoart und über die Nutzungsmöglichkeiten von Konten,
- über die verschiedenen Produkte des Zahlungsverkehrs einschließlich Onlinebanking,
- in Fragen der Geld- und Kapitalanlage, z. B. Spar- und Termineinlagen, Sparbriefe, festverzinsliche Wertpapiere und Aktien,
- im Bereich der Immobilienfinanzierung.

Außerdem wurde sie mit dem aktiven Vertrieb unserer segmentspezifischen Produktpalette betraut, insbesondere aus den Bereichen Bausparverträge und Lebensversicherungen, teilweise in Zusammenarbeit mit den anbietenden Bausparkassen und Versicherungen. Darüber hinaus war sie für das Einarbeiten und Betreuen von Kolleginnen und Kollegen in der Vorbereitung eines Einsatzes als Springer zuständig. Als spezielle Aufgabe oblag ihr das Beschwerdemanagement für die Zweigstelle. Schließlich vertrat sie in organisatorischen Fragen den Zweigstellenleiter bei dessen Abwesenheit. Zur Erledigung ihrer Aufgaben wurde Frau Muster Handlungsvollmacht erteilt.

Frau Muster verfügt über ein sehr gutes und auch in Randbereichen sehr tiefgehendes Fachwissen, welches sie in unsere Bank stets in höchst gewinnbringender Weise einbrachte. Im Kundenkontakt überzeugte sie durch ihre hervorragende soziale Kompetenz. Besonders hervorheben möchten wir ihre Fähigkeit, den Mitarbeitern die bankspezifischen Zusammenhänge klar und verständlich zu vermitteln. Zum Nutzen unserer Bank und der Kundinnen und Kunden erweiterte und aktualisierte sie immer mit sehr gutem Erfolg ihre umfassenden Fachkenntnisse durch regelmäßige Teilnahme an Weiterbildungsveranstaltungen.

Ihre äußerst schnelle Auffassungsgabe ermöglichte es ihr, auch schwierigste Situationen sofort zu überblicken und dabei stets das Wesentliche zu erkennen. Frau Muster zeigte jederzeit hohe Eigeninitiative und identifizierte sich immer voll mit ihren Aufgaben und unserer Bank, wobei sie auch durch ihre sehr große Einsatzfreude überzeugte. Auch in Situationen mit größtem Arbeitsaufkommen erwies sie sich immer als in höchstem Maße belastbar.

Ihre Aufgaben führte sie mit größter Umsicht und hohem Verantwortungsbewusstsein aus. Sie war äußerst belastbar, sehr gewissenhaft und arbeitete stets zügig, ohne dass dies zulasten der Präzision ginge. Frau Muster war in ganz besonders hohem Maße zuverlässig und ehrlich.

Auch für schwierigste Problemstellungen fand sie sehr effektive Lösungen, die sie jederzeit erfolgreich in die Praxis umsetzte und damit immer ausgezeichnete Arbeitsergebnisse erzielte. Die Leistungen von Frau Muster haben jederzeit und in jeder Hinsicht unsere vollste Anerkennung gefunden.

Sie wurde wegen ihres stets freundlichen und ausgeglichenen Wesens allseits sehr geschätzt. Sie war immer hilfsbereit, zuvorkommend und stellte, falls erforderlich, auch persönliche Interessen zurück. Ihr Verhalten zu Vorgesetzten, Kolleginnen und Kollegen sowie Kundinnen und Kunden war jederzeit vorbildlich.

Frau Muster verlässt unser Unternehmen mit dem 28.02.2022 auf eigenen Wunsch. Wir bedauern dies sehr, weil wir mit ihr eine sehr gute Mitarbeiterin verlieren. Wir bedanken uns für die stets ausgezeichneten Leistungen und wünschen ihr für die Zukunft beruflich und privat weiterhin viel Erfolg und alles Gute.

Musterstadt, 28.02.2022

1. Unterzeichner/in	2. Unterzeichner/in
[Position]	[Position]

13.32 Barkeeper

Zeugnis

Herr Max Mustermann war vom 01.09.2020 bis zum 31.01.2022 in der Bar unseres Hotels als Barkeeper tätig.

[Unternehmensbeschreibung]

Er war für folgende Aufgaben verantwortlich:

- Organisation und Durchführung aller anfallenden Arbeiten an der Bar,
- Zubereitung von Longdrinks sowie Cocktails nach standardisierten Rezepten,
- Weiterentwicklung der Barkarte sowie Entwicklung von Cocktailspecials für besondere Anlässe und Veranstaltungen,
- Gästebetreuung und -beratung im Barbereich,

- Einhaltung der Hygienestandards,
- Vorratshaltung und Bestellung der benötigten Getränke und Zutaten,
- Inventurbetreuung.

Herr Mustermann verfügt über eine sehr große Berufserfahrung und äußerst umfassende und vielseitige Fachkenntnisse, auch in Randbereichen, die er immer sehr sicher und gekonnt zum Wohle unserer Gäste einsetzte. Er ist außergewöhnlich kreativ bei der Zusammensetzung seiner Rezepturen. Dies stellte sicher, dass er regelmäßig neue Cocktailkreationen erfand, die bei unseren Gästen immer außerordentlich großen Anklang fanden. Er besuchte kontinuierlich und sehr erfolgreich Weiterbildungsveranstaltungen, um seine Stärken weiter auszubauen und seine hervorragenden Fachkenntnisse zu erweitern.

Durch sein besonders ausgeprägtes konzeptionelles, kreatives und logisches Denken fand er für alle auftretenden Probleme jederzeit ausgezeichnete Lösungen. Herr Mustermann engagierte sich beispielhaft für unser Hotel, häufig auch über die übliche Arbeitszeit hinaus und zeigte dabei sehr großen persönlichen Einsatz. Auch unter stärkster Belastung behielt er die Übersicht, handelte überlegt und bewältigte alle Aufgaben in hervorragender Weise.

Alle Aufgaben führte er jederzeit vollkommen selbstständig, äußerst sorgfältig und planvoll durchdacht aus. Er agierte immer ruhig, überlegt und zielorientiert und in höchstem Maße präzise. Dabei überzeugte er stets in besonderer Weise sowohl in qualitativer als auch in quantitativer Hinsicht. Besonders hervorzuheben waren seine absolute und uneingeschränkte Zuverlässigkeit und Ehrlichkeit.

Sowohl in qualitativer als auch in quantitativer Hinsicht erzielte er immer herausragende Arbeitsergebnisse. Ausdrücklich erwähnen möchten wir seinen selbst kreierten Hauscocktail, welcher zum großen Teil mitverantwortlich für die positive Umsatzsteigerung im öffentlich zugänglichen Barbereich unseres Hotels war. Die Leistungen von Herrn Mustermann haben jederzeit und in jeder Hinsicht unsere vollste Anerkennung gefunden.

Wegen seines stets sehr freundlichen, kontaktfreudigen und ausgeglichenen Wesens wurde er in hohem Maße geschätzt und erfreute sich größter Beliebtheit. Er förderte durchgehend aktiv die gute Zusammenarbeit und Teamatmosphäre. Sein Verhalten gegenüber der Hotelleitung, den Kolleginnen und Kollegen sowie Gästen war stets und in jeder Hinsicht vorbildlich.

Herr Mustermann verlässt unser Unternehmen mit dem 31.01.2022 auf eigenen Wunsch. Wir bedauern dies sehr, weil wir mit ihm einen sehr guten Mitarbeiter ver-

lieren. Wir bedanken uns für die stets sehr guten Leistungen und wünschen ihm für die Zukunft beruflich und privat weiterhin viel Erfolg und alles Gute.

Musterstadt, 31.01.2022

1. Unterzeichner/in	2. Unterzeichner/in
[Position]	[Position]

13.33 Bauingenieur

Zeugnis
Herr Max Mustermann war vom 01.05.2021 bis zum 31.01.2022 in unserem Unternehmen als Bauingenieur tätig.

[Unternehmensbeschreibung]

In dieser Position war Herr Mustermann für folgende Aufgaben verantwortlich:
- Verantwortung des Umbaus eines unserer Großkundenprojekte,
- Vor- und Aufbereitung von Ablaufplänen,
- Überwachung der Termin-, Kosten- und Qualitätseinhaltung,
- Klärung des Leistungsumfangs in Bezug auf Kosten und Termine,
- Abstimmung mit Baufirmen, vertriebsnahen Dienstleistern und Gewerken sowie Behörden und Sachverständigen,
- Ansprechpartner für interne Fachbereiche.

Herr Mustermann besitzt solide Fachkenntnisse, die er jederzeit sicher und zielgerichtet in der Praxis einsetzte. Durch sein logisches und analytisches Denkvermögen fand er auch für schwierige Probleme eigenständige, abgewogene und zutreffende Lösungen. Herr Mustermann zeigte Eigeninitiative und identifizierte sich immer voll mit seinen Aufgaben und unserem Unternehmen, wobei er auch durch seine Einsatzfreude überzeugte. Auch in Situationen mit hohem Arbeitsaufkommen erwies er sich als belastbar.

Seine Aufgaben führte er mit Umsicht und Verantwortungsbewusstsein aus. Er war gewissenhaft und arbeitete zügig. Herr Mustermann zeichnete sich durch Verlässlichkeit aus.

Für alle auftretenden Probleme fand er gute Lösungen. Die ihm übertragenen Aufgaben erledigte Herr Mustermann stets zu unserer Zufriedenheit.

Er wurde wegen seines freundlichen und ausgeglichenen Wesens allseits geschätzt. Sein Verhalten zu Vorgesetzten, Kollegen sowie Geschäftspartnern war einwandfrei.

Das Arbeitsverhältnis endet im gegenseitigen Einvernehmen zum 31.01.2022. Wir wünschen Herrn Mustermann für die Zukunft weiterhin Erfolg und alles Gute.

Musterstadt, 31.01.2022

1. Unterzeichner/in	2. Unterzeichner/in
[Position]	[Position]

13.34 Bauleiterin

Zeugnis
Frau Mara Muster war vom 01.10.2019 bis zum 31.10.2021 in unserem Unternehmen als Bauleiterin tätig.

[Unternehmensbeschreibung]

Sie war für folgende Aufgaben zuständig:

- Durchführung von Planprüfungen,
- Mitwirkung bei der Erstellung von Leistungsverzeichnissen und Vergaben an Nachunternehmer,
- Koordination und Überwachung der Bauablaufphasen, der Termine und der Baustellenergebnisse,
- Dokumentation des Baustellenfortschritts und Teilnahme an relevanten Besprechungen,
- Prüfen von Aufmaßen und Rechnungen, Nachträgen und Zusatzleistungen,
- erfolgreiche Abnahme der Bauprojekte nach Bewertung der wirtschaftlichen und technischen Zielsetzungen.

Frau Muster verfügt über ein hervorragendes und auch in Randbereichen sehr tiefgehendes Fachwissen, welches sie in unser Unternehmen stets in höchst gewinnbringender Weise einbrachte. Besonders hervorzuheben sind ihre sehr stark ausgeprägte Service- und Kundenorientierung, ihre Überzeugungskraft und ihr Verhandlungsgeschick. Aufgrund ihrer ausgezeichneten sozialen Kompetenz und ihrer sehr guten Kommunikationsfähigkeiten gelang es ihr immer, die unterschiedlichen Vorstellungen und Interessen der am Bau Beteiligten zu erfassen und in Einklang zu bringen, was eine unverzichtbare Voraussetzung für eine erfolgreiche Tätigkeit als Bauleiterin ist. Zum Nutzen unseres Unternehmens erweiterte und aktualisierte sie immer mit sehr gutem Erfolg ihre umfassenden Fachkenntnisse durch regelmäßige Teilnahme an Weiterbildungsveranstaltungen.

Aufgrund ihrer äußerst schnellen Auffassungsgabe arbeitete sie sich sehr rasch in neue Aufgabengebiete ein, war vielseitig einsetzbar und überblickte dabei auch schwierigste Zusammenhänge vollständig. Frau Muster zeigte permanent hohe Eigeninitiative und identifizierte sich immer voll mit ihren Aufgaben und unserem Unternehmen, wobei sie auch durch ihre sehr große Einsatzfreude überzeugte. Auf ihre absolut zuverlässige, sehr umsichtige und äußerst gewissenhafte Arbeitsweise war auch in schwierigsten Situationen jederzeit Verlass.

Die Planung und Steuerung ihrer Aufgaben erfüllte sie nicht zuletzt wegen ihres beeindruckenden Organisationstalentes stets äußerst zügig und in exzellenter Weise. Dabei arbeitete sie immer selbstständig, mit äußerster Sorgfalt, allergrößter Konzentration und Flexibilität. Frau Muster war in ganz besonders hohem Maße zuverlässig.

Auch für schwierigste Problemstellungen fand sie sehr effektive Lösungen, die sie jederzeit erfolgreich in die Praxis umsetzte und damit immer ausgezeichnete Arbeitsergebnisse erzielte. Die Leistungen von Frau Muster haben konstant und in jeder Hinsicht unsere vollste Anerkennung gefunden.

Aufgrund ihres immer ausgesprochen freundlichen, hilfsbereiten und ausgeglichenen Wesens war sie sowohl innerhalb des Unternehmens als auch bei unseren Kunden gleichermaßen besonders geschätzt und beliebt. Ihr Verhalten gegenüber der Geschäftsleitung, Kollegen sowie Kunden und sonstigen Geschäftspartnern war jederzeit vorbildlich.

Aufgrund der Kündigung von Frau Muster endet das Arbeitsverhältnis mit Ablauf des 31.10.2021. Wir bedauern dies sehr, weil wir mit ihr eine sehr gute Mitarbeiterin verlieren. Wir bedanken uns für die stets sehr guten Leistungen und wünschen ihr für die Zukunft beruflich und privat weiterhin viel Erfolg und alles Gute.

Musterstadt, 31.10.2021

1. Unterzeichner/in	2. Unterzeichner/in
[Position]	[Position]

13.35 Bauzeichner

Zeugnis

Herr Max Mustermann war vom 01.07.2014 bis zum 31.10.2021 in unserem Betrieb als Bauzeichner beschäftigt.

[Unternehmensbeschreibung]

In dieser Position war Herr Mustermann für folgende Aufgaben zuständig:

- Erstellung und Zeichnung von Bauwerksplänen – vom Vorentwurf bis zur Ausführungsplanung,
- Entwicklung ziel- und lösungsorientierter Konstruktionsdetails in Abstimmung mit den planenden Ingenieuren,
- Anfertigung von Wettbewerbsunterlagen mit 2-D- und 3-D-Visualisierungen,
- Bearbeitung von BIM-Planungsmodellen in 3-D für Projektmitglieder,
- Ansprechpartner für Kunden, Projektleiter und Mitarbeiter.

Herr Mustermann verfügt über ein sehr fundiertes, gutes Fachwissen, welches er unserem Unternehmen stets in gewinnbringender Weise zur Verfügung stellte. Er besuchte regelmäßig und erfolgreich Weiterbildungsveranstaltungen, um seine Stärken weiter auszubauen und seine guten Fachkenntnisse zu erweitern.

Aufgrund seiner genauen Analysefähigkeit und seiner schnellen Auffassungsgabe war er jederzeit in der Lage, auch schwierige Situationen sofort zutreffend zu erfassen und schnell gute Lösungen zu finden. Herr Mustermann engagierte sich sehr für unser Unternehmen, häufig auch über die übliche Arbeitszeit hinaus und zeigte dabei großen persönlichen Einsatz. Auch unter schwierigen Arbeitsbedingungen und großem Zeitdruck bewältigte er alle Aufgaben in guter Weise.

Er arbeitete stets zügig, umsichtig, sorgfältig und genau. Vertrauenswürdigkeit und große Zuverlässigkeit zeichneten den Arbeitsstil von Herrn Mustermann aus.

Auch für schwierige Problemstellungen fand er sehr effektive Lösungen, die er erfolgreich in die Praxis umsetzte und damit immer gute Arbeitsergebnisse erzielte. Zusammenfassend waren wir mit seinen Leistungen in jeder Hinsicht jederzeit voll zufrieden.

Er war ein überaus loyaler Mitarbeiter, der sich gut in das Team integrierte. Sein Verhalten gegenüber Vorgesetzten, Kollegen und Kunden war stets einwandfrei.

Herr Mustermann verlässt unser Unternehmen mit dem 31.10.2021 auf eigenen Wunsch. Wir bedanken uns für die stets guten Leistungen und wünschen ihm für die Zukunft beruflich und privat weiterhin viel Erfolg und alles Gute.

Musterstadt, 31.10.2021

1. Unterzeichner/in	2. Unterzeichner/in
[Position]	[Position]

13.36 Bereichsleiter Finanzen

Zeugnis

Herr Dr. Max Mustermann war vom 01.04.2018 bis zum 28.02.2022 in unserem Unternehmen im Geschäftsbereich Finanzen als Bereichsleiter tätig.

[Unternehmensbeschreibung]

Im Rahmen seines verantwortungsvollen und vielseitigen Tätigkeitsgebietes als Bereichsleiter Finanzen war Herr Dr. Max Mustermann für folgende Aufgaben zuständig:

- fachliche, organisatorische und disziplinarische Leitung des Bereiches,
- Sicherstellung des monatlichen und quartalsweisen internen sowie externen Berichtswesens,
- Verantwortung für die Erstellung von Einzel- und Konzernabschlüssen nach HGB und IFRS,
- Verantwortung für die Finanz-, Liquiditäts-, Investitions- und Budgetplanung,
- Sicherstellung des komplexen Zahlungsverkehrs,
- Absicherung der Unternehmensfinanzierung und Ansprechpartner für Banken, Versicherungen, Wirtschaftsprüfer und Steuerberater,
- aktive Unterstützung der Geschäftsführung bei M & A-Projekten sowie Transaktionen.

Außerdem war er noch für die kaufmännische Seite des Einkaufs- und Lieferantenmanagements zuständig. Sämtliche Aktivitäten erstreckten sich auch auf unsere ausländischen Niederlassungen. Er trug die Personalverantwortung für insgesamt 25 Mitarbeiter an verschiedenen Standorten.

Herr Dr. Mustermann verfügt über ein hervorragendes und auch in Randbereichen sehr tiefgehendes Fachwissen, welches er in unser Unternehmen stets in höchst gewinnbringender Weise einbrachte. Besonders hervorzuheben ist seine außergewöhnliche Fähigkeit zum systemischen und ganzheitlichen Denken, da er dadurch in seinen Entscheidungen stets auch langfristige Konsequenzen und Auswirkungen auf andere Unternehmensbereiche berücksichtigten konnte. Er nahm regelmäßig erfolgreich an den unterschiedlichsten fachbezogenen internen und externen Weiterbildungsseminaren teil und bereicherte dadurch immer wieder mit neuen Impulsen die Arbeit in unserem Unternehmen.

Besonders bemerkenswert sind sein ausgesprochen analytisches Denkvermögen und seine sehr rasche Auffassungsgabe. Herr Dr. Mustermann engagierte sich beispielhaft für unser Unternehmen, häufig auch über die übliche Arbeitszeit hinaus und zeigte dabei permanent großen persönlichen Einsatz. Auf seine absolut zuverlässige, sehr umsichtige und äußerst gewissenhafte Arbeitsweise war auch in schwierigsten Situationen jederzeit Verlass.

Seine Aufgaben führte er mit größter Umsicht und hohem Verantwortungsbewusstsein aus. Er war dauerhaft belastbar, sehr gewissenhaft und arbeitete stets zügig, ohne dass dies zulasten der Präzision ginge. Vertrauenswürdigkeit und absolute Zuverlässigkeit zeichneten den Arbeitsstil von Herrn Dr. Mustermann jederzeit aus.

Er hat sich in seine Aufgabengebiete ausgesprochen schnell eingearbeitet; innerhalb kürzester Zeit erzielte er sehr gute Ergebnisse. Er war aufgrund seiner ausgezeichneten Führungsqualitäten als Vorgesetzter in hohem Maße anerkannt und beliebt. Er verhielt sich seinen Mitarbeitern gegenüber stets offen und kollegial, verstand es aber dennoch, sich in schwierigen Situationen durchzusetzen und die Mitarbeiter zu optimalem Einsatz zu bewegen selbst über die verschiedenen Standorte hinweg. Herr Dr. Mustermann führte die ihm übertragenen Aufgaben immer zu unserer vollsten Zufriedenheit aus.

Er wurde wegen seines stets freundlichen und ausgeglichenen Wesens allseits sehr geschätzt. Er war außerordentlich hilfsbereit, zuvorkommend und stellte, falls erforderlich, auch persönliche Interessen zurück. Sein Verhalten zu Vorgesetzten, Kollegen, Mitarbeitern sowie Kunden war jederzeit vorbildlich.

Herr Dr. Mustermann verlässt unser Unternehmen mit dem 28.02.2022 auf eigenen Wunsch. Wir bedauern dies sehr, weil wir mit ihm einen sehr guten Mitarbeiter verlieren. Wir bedanken uns für die stets sehr guten Leistungen und wünschen ihm für die Zukunft beruflich und privat weiterhin viel Erfolg und alles Gute.

Musterstadt, 28.02.2022

1. Unterzeichner/in	2. Unterzeichner/in
[Position]	[Position]

13.37 Bereichsleiterin Einkauf

Zeugnis

Frau Dipl.-Kffr. Mara Muster war vom 01.08.2010 bis zum 31.10.2021 als Bereichsleiterin Einkauf in unserem Unternehmen tätig.

[Unternehmensbeschreibung]

In ihrer Funktion als Bereichsleiterin Einkauf verantwortete Frau Muster die folgenden Aufgaben:

- Lagerlogistik und strategische Konzeption und Steuerung des Handelsportfolios,
- Führung und Organisation der Abteilungen mit Teamleitern,
- Analyse der strategischen und operativen Prozesse,

- Entwicklung/Umsetzung innovativer Konzeptionen zur Effizienzsteigerung, Erhöhung des Lieferservices bei gleichzeitiger Optimierung der Lagerbestände/-portfolios,
- Sicherstellung der strategischen/operativen Materialplanung/-disposition,
- Sicherstellen des Bestandsmanagements sowie des damit einhergehenden Risikomanagements,
- Unterstützung bei Konzeptentwicklung bzgl. Kundenanbindung, interdisziplinären Zusammenarbeiten mit anderen Abteilungen und IT-Prozessen,
- Verantwortung der Lagerkosten (inkl. Reporting, Controlling).

Dem von Frau Muster geleiteten Bereich Einkauf waren die Abteilungen Disposition und Lagerlogistik untergeordnet. Sie führte sechs Abteilungsleiter und war insgesamt für 40 Mitarbeiter verantwortlich.

Frau Muster verfügt über ein hervorragendes und auch in Randbereichen sehr tiefgehendes Fachwissen, welches sie in unser Unternehmen stets in höchst gewinnbringender Weise einbrachte. Von unschätzbarem Wert für die von ihr mit außergewöhnlichem Erfolg erstellten Analysen sind ihre ausgezeichneten Markt- und Branchenkenntnisse. Sie bildete sich stets in eigener Initiative durch den Besuch interner und externer Seminare beruflich weiter und war dabei immer sehr erfolgreich.

Aufgrund ihrer sehr guten Auffassungsgabe war sie jederzeit in der Lage, auch schwierige Situationen sofort zutreffend zu erfassen und schnell sehr gute Lösungen zu finden. Frau Muster zeigte jederzeit hohe Eigeninitiative und identifizierte sich immer voll mit ihren Aufgaben und unserem Unternehmen, wobei sie auch durch ihre permanent große Einsatzfreude überzeugte. Auch unter schwierigsten Arbeitsbedingungen und größtem Zeitdruck bewältigte sie alle Aufgaben in hervorragender Weise.

Die Planung und Steuerung ihrer Aufgaben erfüllte sie nicht zuletzt wegen ihres beeindruckenden Organisationstalentes stets äußerst zügig und in exzellenter Weise. Dabei arbeitete sie immer selbstständig, mit äußerster Sorgfalt, allergrößter Konzentration und Flexibilität. Frau Muster überzeugte stets durch ihre außerordentliche Verlässlichkeit.

Auch für schwierigste Problemstellungen fand sie sehr effektive Lösungen, die sie jederzeit erfolgreich in die Praxis umsetzte und damit immer ausgezeichnete Arbeitsergebnisse erzielte. Dabei bewies sie ein sicheres Gespür für die Rohstoffentwicklungen im amerikanischen Markt und erzielte trotz der schwierigen Wettbewerbssituation einen weit über unseren Erwartungen liegenden Preisvorteil. Ihre Mitarbeiter führte sie durch ihr Vorbild an Tatkraft und durch einen kollegialen Führungsstil zu gleichbleibend sehr guten Leistungen. Dabei zeigte sie neben einem äußerst effektiven Motivationsverhalten auch das richtige Maß an Durchsetzungsvermögen. Routineaufgaben delegierte sie dauerhaft sehr effektiv; sie setzte ihre Mitarbeiter immer entsprechend ihren Fähigkeiten und Neigungen ein. Frau Muster führte die ihr übertragenen Aufgaben stets zu unserer vollsten Zufriedenheit aus.

Sie wurde wegen ihres unentwegt freundlichen und ausgeglichenen Wesens allseits sehr geschätzt. Sie war immer hilfsbereit, zuvorkommend und stellte, falls erforderlich, auch persönliche Interessen zurück. Ihr Verhalten zu Vorgesetzten, Kolleginnen und Kollegen, Mitarbeiterinnen und Mitarbeitern sowie Geschäftspartnern war jederzeit vorbildlich.

Das Arbeitsverhältnis endet auf Initiative von Frau Muster zum 31.10.2021. Wir bedauern dies sehr, weil wir mit Frau Muster eine sehr gute Führungskraft verlieren. Wir bedanken uns für die stets sehr guten Leistungen und wünschen ihr für die Zukunft beruflich und privat weiterhin viel Erfolg und alles Gute.

Musterstadt, 31.10.2021

1. Unterzeichner/in	2. Unterzeichner/in
[Position]	[Position]

13.38 Bereichsleiter Vertrieb

Zeugnis

Herr Max Mustermann arbeitete vom 01.08.2018 bis zum 28.02.2022 als Bereichsleiter Vertrieb in unserem Unternehmen.

[Unternehmensbeschreibung]

Die Position von Herrn Mustermann beinhaltete die folgenden Tätigkeiten und Verantwortlichkeiten:

- Bereichs- und Divisionsleitung der Vertriebssparte Bau,
- Personalverantwortung für 65 Vertriebsmitarbeiter im Außendienst,
- Steuerung und Weiterentwicklung der ergebnis- und umsatzorientierten Wachstumsstrategie gemäß den Zielsetzungen des Unternehmens,
- Vertriebsentwicklung durch Weiterentwicklung der Organisations- und Prozessstrukturen der Division,
- Konzeption von Schulungsmaßnahmen, Sortiments- und Aktionsgestaltung in Verbindung mit der jeweiligen Fachabteilung,
- Vermarktung relevanter Produktgruppen über die passenden Vertriebsansätze,
- Umsetzung Wachstum erzeugender Vertriebskonzeptionen,
- Durchführung von Inhouse-Coaching- und Trainingsmaßnahmen insbesondere im Bereich Verkauf.

Herr Mustermann überzeugte uns mit seinen umfassenden, vielseitigen und sehr guten Fachkenntnissen, die er jederzeit sicher und zielgerichtet in der Praxis einsetzte. Besonders hervorzuheben sind seine bemerkenswert stark ausgeprägte Service- und Kundenorientierung, seine Überzeugungskraft und sein Verhandlungsgeschick. Aufgrund seiner ausgezeichneten sozialen Kompetenz und seiner ausgesprochen guten Kommunikationsfähigkeiten gelang es ihm immer, die Stärken seiner Vertriebsmitarbeiter weiter auszubauen, was eine unverzichtbare Voraussetzung für einen erfolgreichen Vertriebsleiter ist. Zum Nutzen unseres Unternehmens erweiterte und aktualisierte er immer mit sehr gutem Erfolg seine umfassenden Fachkenntnisse durch regelmäßige Teilnahme an Weiterbildungsveranstaltungen.

Besonders hervorzuheben sind sein ausgesprochen analytisches Denkvermögen und seine sehr rasche Auffassungsgabe. Herr Mustermann war ein äußerst engagierter Mitarbeiter, der besonders durch seine außergewöhnliche Leistungsbereitschaft und außerordentliche Einsatzbereitschaft überzeugen konnte. Auch unter stärkster Belastung behielt er die Übersicht, handelte überlegt und bewältigte alle Aufgaben in ausgezeichneter Weise.

Die Planung und Steuerung seiner Aufgaben erfüllte er nicht zuletzt wegen seines beeindruckenden Organisationstalentes stets äußerst zügig und in exzellenter Weise. Dabei arbeitete er immer selbstständig, mit überragender Sorgfalt, allergrößter Konzentration und Flexibilität. Vertrauenswürdigkeit und absolute Zuverlässigkeit zeichneten den Arbeitsstil von Herrn Mustermann jederzeit aus.

Die Qualität seiner Arbeitsergebnisse lag, auch bei schwierigen Arbeiten, bei objektiven Problemhäufungen und Termindruck, stets sehr weit über unseren Anforderungen. Als besonderen Erfolg seiner Tätigkeit möchten wir die Neugewinnung eines für uns sehr wichtigen Großkunden hervorheben, der uns ein Jahresumsatzwachstum von über 10 Prozent ermöglichte. Herr Mustermann war eine besonders hervorragende Führungskraft. Durch seinen in vorbildlicher Weise gepflegten kooperativen Führungsstil erzielte er mit seinen Mitarbeiterinnen und Mitarbeitern immer optimale Ergebnisse. Herr Mustermann hat die ihm übertragenen Aufgaben stets zu unserer vollsten Zufriedenheit erfüllt.

Wegen seines gewinnenden Auftretens war er in unserem Unternehmen als Gesprächspartner ausgesprochen geschätzt. Sein persönliches Verhalten war stets vorbildlich.

Herr Mustermann hat uns gebeten, das Arbeitsverhältnis zum 28.02.2022 aufzulösen, was wir sehr bedauern. Wir bedanken uns für die jederzeit sehr guten Leistungen und wünschen ihm für die Zukunft beruflich und privat weiterhin viel Erfolg und alles Gute.

Musterstadt, 28.02.2022

1. Unterzeichner/in	2. Unterzeichner/in
[Position]	[Position]

13.39 Berufsfeuerwehrmann

Zeugnis

Herr Max Mustermann war vom 01.01.2013 bis zum 31.10.2021 in unserem Betrieb als Werkfeuerwehrmann beschäftigt.

[Unternehmensbeschreibung]

Sein Aufgabengebiet umfasste folgende Tätigkeiten:

- Mitwirkung bei Einsätzen in der Brandbekämpfung, Menschenrettung und technischen Hilfeleistung,
- Mitwirkung im präventiven Brandschutz,
- Einsatz als Sicherheitsposten bei Schweiß- und Brennarbeiten in unseren Produktionshallen,
- Überprüfung und Wartung von brandschutztechnischen Anlagen auf dem Firmengelände.

Herr Mustermann verfügt über ein hervorragendes und auch in Randbereichen sehr tiefgehendes Fachwissen, welches er in unser Unternehmen stets in höchst gewinnbringender Weise einbrachte. Sehr erfolgreich hielt er durch den selbst initiierten und regelmäßigen Besuch von Weiterbildungsveranstaltungen seine ausgezeichneten Kenntnisse auf dem neuesten Stand.

Seine äußerst schnelle Auffassungsgabe ermöglichte es ihm, auch schwierigste Situationen sofort zu überblicken und dabei stets das Wesentliche zu erkennen. Herr Mustermann zeigte jederzeit hohe Eigeninitiative und identifizierte sich immer voll mit seinen Aufgaben und unserem Unternehmen, wobei er auch durch seine dauerhaft große Einsatzfreude überzeugte. Seine Belastbarkeit war auch bei sehr schweren körperlichen Tätigkeiten jederzeit hervorragend.

Seine Aufgaben führte er mit größter Umsicht und hohem Verantwortungsbewusstsein aus. Er war äußerst belastbar, sehr gewissenhaft und arbeitete stets zügig, ohne dass dies zulasten der Präzision ginge. Seine Verlässlichkeit und Zuverlässigkeit waren jederzeit vorbildlich.

Für alle auftretenden Probleme fand er ausnahmslos ausgezeichnete Lösungen. Die Leistungen von Herrn Mustermann haben immer und in jeder Hinsicht unsere vollste Anerkennung gefunden.

Er war ein überaus loyaler Mitarbeiter, der sich sehr gut in das Team integrierte. Sein Verhalten gegenüber Vorgesetzten und Kollegen war stets vorbildlich.

Das Arbeitsverhältnis endet auf Initiative von Herrn Mustermann zum 31.10.2021. Wir bedauern dies sehr, weil wir mit Herrn Mustermann einen sehr guten Mitarbeiter verlieren. Wir bedanken uns für die stets sehr guten Leistungen und wünschen ihm für die Zukunft beruflich und privat weiterhin viel Erfolg und alles Gute.

Musterstadt, 31.10.2021

1. Unterzeichner/in	2. Unterzeichner/in
[Position]	[Position]

13.40 Berufskraftfahrer

Zeugnis

Herr Max Mustermann war vom 01.06.2001 bis zum 31.12.2021 in unserem Unternehmen als Berufskraftfahrer beschäftigt.

[Unternehmensbeschreibung]

Im Rahmen dieser Tätigkeit war er für folgende Aufgaben verantwortlich:

- Transport von Gütern,
- fristgerechte Auslieferung an die Kunden,
- Be- und Entladung an unterschiedlichen Verladestellen mittels Stapler,
- Ladungssicherung,
- Waren im Lager ein- und auslagern,
- Wartung der Fahrzeuge im firmeneigenen Fuhrpark.

Herr Mustermann überzeugte uns mit seinen vielseitigen und guten Fachkenntnissen, die er jederzeit sicher und zielgerichtet in der Praxis einsetzte. Seine schnelle Auffassungsgabe ermöglichte es ihm, auch schwierige Situationen sofort zu überblicken und dabei stets das Wesentliche zu erkennen. Herr Mustermann bewies immer große Einsatzfreude und eine große Loyalität dem Unternehmen gegenüber und war jederzeit bereit, auch zusätzliche Verantwortung zu übernehmen. Auch unter schwierigen Arbeitsbedingungen und starker Belastung bewältigte er alle Aufgaben in guter Weise.

Seine Arbeitsweise war sowohl hinsichtlich Kunden- als auch Zielorientierung stets in hohem Maße dienstleistungsorientiert und in jeder Hinsicht gut. Vertrauenswürdigkeit und große Zuverlässigkeit zeichneten den Arbeitsstil von Herrn Mustermann aus.

Für alle auftretenden Probleme fand er ausnahmslos gute Lösungen. Die Leistungen von Herrn Mustermann haben jederzeit und in jeder Hinsicht unsere volle Anerkennung gefunden.

Sein Verhalten gegenüber Vorgesetzten, Kollegen und Kunden war stets einwandfrei.

Das Arbeitsverhältnis mit Herrn Mustermann endet am 31.12.2021, da er in den wohlverdienten Ruhestand tritt. Wir verlieren mit ihm einen guten Mitarbeiter, der sich in der Vergangenheit dauerhaft mit großem Erfolg für unser Unternehmen eingesetzt hat. Wir bedanken uns für die stets guten Leistungen und wünschen ihm für die Zeit des Ruhestands alles Gute.

Musterstadt, 31.12.2021

1. Unterzeichner/in	2. Unterzeichner/in
[Position]	[Position]

13.41 Bestatterin

Zeugnis

Frau Mara Muster war vom 01.03.2018 bis zum 31.12.2021 in unserem Unternehmen als Bestatterin tätig.

[Unternehmensbeschreibung]

Zu ihren Hauptaufgaben gehörten:

- kundenorientierte und individuelle Beratung und Betreuung der Angehörigen bei Bestattungen,
- professionelle und empathische Begleitung unserer Kunden,
- Umsetzung individueller Kundenwünsche in Koordination mit unseren Partnern,
- hygienische Versorgung von Verstorbenen,
- Sicherstellung der reibungslosen Abläufe während Bestattungen,
- Pflege von Kunden- und Partnerdaten im Kundenmanagementsystem.

Frau Muster verfügt über eine sehr große Berufserfahrung und äußerst umfassende und vielseitige Fachkenntnisse, auch in Randbereichen, die sie immer sehr sicher und gekonnt in der Praxis einsetzte. Ihre besondere Stärke liegt in dem stets empathischen und sensitiven Umgang mit trauernden Angehörigen und der Fähigkeit, dabei gleichzeitig das professionelle Verhältnis zwischen Nähe und Distanz zu wahren. Sie besuchte regelmäßig und sehr erfolgreich Weiterbildungsveranstaltungen, um ihre Stärken weiter auszubauen und ihre hervorragenden Fachkenntnisse zu erweitern.

Ihr Denkvermögen und ihre außergewöhnlich schnelle Auffassungsgabe ließen sie auch für schwierige Probleme stets optimale Lösungen finden. Frau Muster engagierte sich beispielhaft für unser Unternehmen, häufig auch über die übliche Arbeitszeit hinaus und zeigte dabei sehr großen persönlichen Einsatz. Sie war den mit ihren Aufgaben verbundenen hohen psychischen Belastungen dauerhaft hervorragend gewachsen.

Sie arbeitete immer äußerst zügig, sehr umsichtig, überaus sorgfältig und genau. Vertrauenswürdigkeit und absolute Zuverlässigkeit zeichneten den Arbeitsstil von Frau Muster jederzeit aus.

Für alle auftretenden Probleme fand sie ausnahmslos ausgezeichnete Lösungen. Die Leistungen von Frau Muster haben permanent und in jeder Hinsicht unsere vollste Anerkennung gefunden.

Sie wurde wegen ihres stets freundlichen und ausgeglichenen Wesens allseits sehr geschätzt. Sie war immer hilfsbereit, zuvorkommend und stellte, falls erforderlich, auch persönliche Interessen zurück. Ihr Verhalten zu Vorgesetzten, Kollegen und Angehörigen war jederzeit vorbildlich.

Frau Muster verlässt unser Unternehmen mit dem 31.12.2021 auf eigenen Wunsch. Wir bedauern dies sehr, weil wir mit ihr eine sehr gute Mitarbeiterin verlieren. Wir bedanken uns für die stets sehr guten Leistungen und wünschen ihr für die Zukunft beruflich und privat weiterhin viel Erfolg und alles Gute.

Musterstadt, 31.12.2021

1. Unterzeichner/in	2. Unterzeichner/in
[Position]	[Position]

13.42 Betonbauer

Zeugnis

Herr Max Mustermann war vom 01.10.2019 bis zum 30.09.2021 in unserem Betrieb als Beton- und Stahlbetonbauer beschäftigt.

[Unternehmensbeschreibung]

Er verrichtete an wechselnden Einsatzorten folgende Tätigkeiten:

- Stahlbeton- und Schalarbeiten,
- Bewehrungsarbeiten,
- Betonsanierungsarbeiten,
- Kernbohr- und Verankerungsarbeiten,
- Transporte mit Kran und Stapler vor Ort,
- Umgang mit Sicherheitsvorschriften und Baustellenorganisation.

Herr Mustermann verfügt über ein ausgezeichnetes und auch in Randbereichen sehr tiefgehendes Fachwissen, welches er in unser Unternehmen stets in höchst gewinnbringender Weise einbrachte. Hervorzuheben war der regelmäßige und immer sehr erfolgreiche Besuch von internen und externen Weiterbildungsseminaren.

Seine äußerst schnelle Auffassungsgabe ermöglichte es ihm, auch schwierigste Situationen sofort zu überblicken und dabei stets das Wesentliche zu erkennen. Herr Mustermann war ein äußerst engagierter Mitarbeiter, der besonders durch seine außergewöhnliche Leistungsbereitschaft und außerordentliche Einsatzbereitschaft überzeugen konnte. Auch unter schwierigsten Arbeitsbedingungen und größtem Zeitdruck bewältigte er alle Aufgaben in hervorragender Weise.

Er agierte stets ruhig, überlegt und zielorientiert und in höchstem Maße präzise. Dabei überzeugte er stets in besonderer Weise sowohl in qualitativer als auch in quantitativer Hinsicht. Vertrauenswürdigkeit und absolute Zuverlässigkeit zeichneten den Arbeitsstil von Herrn Mustermann dauerhaft aus.

Seine Arbeitsergebnisse waren sowohl qualitativ als auch quantitativ immer hervorragend. Die Leistungen von Herrn Mustermann haben jederzeit und in jeder Hinsicht unsere vollste Anerkennung gefunden.

Wegen seiner stets verbindlichen und äußerst hilfsbereiten Art wurde Herr Mustermann von seinen Vorgesetzten und Kollegen besonders geschätzt. Sein Verhalten war jederzeit vorbildlich.

Aufgrund der Befristung endet das Arbeitsverhältnis am 30.09.2021, was wir sehr bedauern. Wir bedanken uns für die stets sehr guten Leistungen und wünschen Herrn Mustermann für die Zukunft beruflich und privat weiterhin viel Erfolg und alles Gute.

Musterstadt, 30.09.2021

1. Unterzeichner/in	2. Unterzeichner/in
[Position]	[Position]

13.43 Betreuungsfachkraft (w)

Zeugnis

Frau Mara Muster war vom 01.08.2016 bis zum 28.02.2022 in unserer Einrichtung als Betreuungsfachkraft beschäftigt.

[Unternehmensbeschreibung]

Die Zuständigkeit von Frau Muster erstreckte sich auf die folgenden Tätigkeiten:

- Begleitung und Betreuung von Bewohnern mit psychischen und geistigen Behinderungen,
- Umsetzung von individuellen Pflege-, Förder- und Entwicklungsplänen,
- Übernahme von pflegerischen und pädagogischen Tätigkeiten,
- Entwicklung und Mitgestaltung eines neuen Wohnkonzeptes,
- Begleitung und Planung von Freizeitangeboten,
- Krisenintervention und Erarbeitung von Konfliktlösungen,
- Zusammenarbeit mit Angehörigen, gesetzlichen Betreuern, Ärzten und Behörden,
- Dokumentations- und Berichtswesen.

Frau Muster verfügt über ein erstklassisches und auch in Randbereichen sehr tiefgehendes Fachwissen, welches sie stets zum Wohle unserer Einrichtung und unseren Bewohnern gekonnt einsetzte. Hervorzuheben sind ihr einzigartiges Gespür im respektvollen Umgang mit behinderten und pflegebedürftigen Menschen und ihr stark ausgeprägtes Einfühlungsvermögen, was für die Arbeit mit unseren Patienten enorm wichtig ist. Sie besuchte regelmäßig und sehr erfolgreich Weiterbildungsveranstaltungen, um ihre Stärken weiter auszubauen und ihre hervorragenden Fachkenntnisse zu erweitern.

Ihre äußerst schnelle Auffassungsgabe ermöglichte es ihr, auch schwierigste Situationen sofort zu überblicken und dabei stets das Wesentliche zu erkennen. Frau Muster engagierte sich beispielhaft für unsere Einrichtung häufig auch über die übliche Arbeitszeit hinaus und zeigte dabei dauerhaft großen persönlichen Einsatz. Auch bei schweren psychischen und körperlichen Belastungen behielt sie jederzeit die Übersicht, handelte immer überlegt und bewältigte alle Aufgaben kontinuierlich in hervorragender Weise.

Besonders hervorzuheben war ihre stets außerordentlich präzise, gewissenhafte und effiziente Arbeitsweise. Frau Muster war in ganz besonders hohem Maße zuverlässig.

Für alle auftretenden Probleme fand sie ausnahmslos ausgezeichnete Lösungen. Besonders hervorzuheben ist die erfolgreiche Entwicklung unseres neuen Wohnkonzeptes, an dem Frau Muster maßgeblich beteiligt war. Die Leistungen von Frau Muster haben jederzeit und in jeder Hinsicht unsere vollste Anerkennung gefunden.

Sie wurde wegen ihres stets freundlichen und ausgeglichenen Wesens allseits sehr geschätzt. Sie war immer hilfsbereit, zuvorkommend und stellte, falls erforderlich, auch persönliche Interessen zurück. Ihr Verhalten zu Vorgesetzten, Kolleginnen und Kollegen sowie Bewohnern und Angehörigen war jederzeit vorbildlich.

Das Arbeitsverhältnis endet auf Initiative von Frau Muster zum 28.02.2022. Wir bedauern dies sehr, weil wir mit Frau Muster eine sehr gute Mitarbeiterin verlieren. Wir bedanken uns für die stets sehr guten Leistungen und wünschen ihr für die Zukunft beruflich und privat weiterhin viel Erfolg und alles Gute.

Musterstadt, 28.02.2022

1. Unterzeichner/in	2. Unterzeichner/in
[Position]	[Position]

13.44 Betriebsleiter Kantine

Zeugnis

Herr Max Mustermann war vom 01.06.2015 bis zum 31.01.2022 in unserem Unternehmen als Betriebsleiter der Kantine tätig.

[Unternehmensbeschreibung]

Der Aufgabenbereich von Herrn Mustermann umfasste im Wesentlichen:

- Verantwortung für das operative Küchenmanagement,
- Verantwortung für die Speisenplanung und -zubereitung sowie für Qualität und Präsentation von ca. 500 Essen pro Tag,
- betriebswirtschaftliche Steuerung des gesamten Gastronomiebereichs,
- Führen und Disponieren des Kantinenteams sowie Verantwortung für die Auszubildenden,
- Entwickeln und Umsetzen von neuen Speisetrends unter Berücksichtigung einer gesunden und nachhaltigen Zubereitung,
- Organisieren der Einhaltung aller Sicherheits- und Hygienevorschriften,
- persönliche Kontaktpflege zu Kunden, Lieferanten und betriebsinternen Ansprechpartnern.

Er trug die Personalverantwortung für ein Küchenteam von sechs Mitarbeitern und zwei Auszubildenden.

Herr Mustermann überzeugte uns mit seinen vielseitigen und guten Fachkenntnissen, die er jederzeit sicher und zielgerichtet in der Praxis einsetzte. Er nahm regelmäßig erfolgreich an unterschiedlichen fachbezogenen internen und externen Weiterbildungsseminaren teil.

Seine schnelle Auffassungsgabe ermöglichte es ihm, auch schwierige Situationen sofort zu überblicken und dabei stets das Wesentliche zu erkennen. Herr Mustermann erledigte seine Aufgaben mit großem Engagement und persönlichem Einsatz während seiner gesamten Beschäftigungszeit in unserem Unternehmen. Auch unter schwierigen Arbeitsbedingungen und großem Zeitdruck bewältigte er alle Aufgaben in guter Weise.

Er agierte stets ruhig, überlegt und zielorientiert und in hohem Maße präzise. Dabei überzeugte er dauerhaft in qualitativer als auch in quantitativer Hinsicht. Vertrauenswürdigkeit und große Zuverlässigkeit zeichneten den Arbeitsstil von Herrn Mustermann aus.

Herr Mustermann überzeugte in besonderem Maße durch die jederzeit gute Qualität seiner Arbeitsergebnisse. Hervorzuheben ist außerdem seine gute soziale Kompetenz. Aufgrund seiner Führungsqualitäten war er als Vorgesetzter in hohem Maße anerkannt und beliebt. Er verhielt sich seinen Mitarbeitern gegenüber stets offen und kollegial, verstand es aber dennoch, sich in schwierigen Situationen durchzusetzen und die Mitarbeiter zu gutem Einsatz zu motivieren. Die Leistungen von Herrn Mustermann haben jederzeit und in jeder Hinsicht unsere volle Anerkennung gefunden.

Sein Verhalten gegenüber Vorgesetzten, Kollegen, Mitarbeiterinnen und Mitarbeitern sowie Kundinnen und Kunden war stets einwandfrei.

Aufgrund der Kündigung von Herrn Mustermann endet das Arbeitsverhältnis mit Ablauf des 31.01.2022. Wir bedanken uns für die stets guten Leistungen und wünschen ihm für die Zukunft beruflich und privat weiterhin viel Erfolg und alles Gute.

Musterstadt, 31.01.2022

1. Unterzeichner/in
[Position]

2. Unterzeichner/in
[Position]

13.45 Betriebsleiter Kaufmännisch

Zeugnis

Herr Dipl.-Kfm. Max Mustermann war vom 01.04.2014 bis zum 31.10.2021 in unserem Unternehmen als kaufmännischer Betriebsleiter tätig.

[Unternehmensbeschreibung]

In dieser Funktion verantwortete Herr Mustermann die folgenden Aufgaben:

- Leitung der Betriebsbereiche der Gesellschaft,
- Planung, Steuerung und Kontrolle der betrieblichen Abläufe (kaufmännisch),
- Optimierung der Prozesse im Rahmen der gesetzlichen und kaufmännischen Vorgaben sowie Pflege und Dokumentation der Managementsysteme,

- Vorbereitung und Durchführung von Genehmigungsverfahren,
- Vorbereitung und Umsetzung der jährlichen Wirtschaftsplanung sowie Mittelfristplanung,
- monatliche Berichterstattung zur Erfüllung der Planvorgaben an die Geschäftsführung und an die Gesellschafter,
- Zuarbeit und Mitwirkung bei der Jahresabschlussprüfung der Gesellschaft.

Herr Mustermann hatte die fachliche und disziplinarische Personalverantwortung für 80 Mitarbeiter und berichtete direkt an die Geschäftsführung.

Er überzeugte uns mit seinen umfassenden, vielseitigen und sehr guten Fachkenntnissen, die er jederzeit sicher und zielgerichtet in der Praxis einsetzte. Aufgrund seiner hervorragenden Verhandlungskompetenz und Entscheidungsstärke trat er permanent als Initiator und Triebkraft von gewinnbringenden Veränderungen auf. Durch regelmäßige und sehr erfolgreiche Weiterbildung hielt er sein ausgezeichnetes Fachwissen auf dem neuesten Stand und erweiterte es kontinuierlich.

Aufgrund seiner äußerst schnellen Auffassungsgabe arbeitete er sich sehr rasch in neue Aufgabengebiete ein, war vielseitig einsetzbar und überblickte dabei auch schwierigste Zusammenhänge vollständig. Herr Mustermann war ein überaus belastbarer, hoch motivierter und äußerst verantwortungsbewusster Mitarbeiter. Auch unter schwierigsten Arbeitsbedingungen und größtem Zeitdruck bewältigte er alle Aufgaben in hervorragender Weise.

Herr Mustermann arbeitete jederzeit sehr zielstrebig, äußerst sorgfältig und mit größter Effizienz; dabei agierte er außerordentlich qualitäts- und verantwortungsbewusst. Herr Mustermann war in ganz besonders hohem Maße zuverlässig.

Auch für schwierigste Problemstellungen fand er sehr effektive Lösungen, die er jederzeit erfolgreich in die Praxis umsetzte und damit immer ausgezeichnete Arbeitsergebnisse erzielte. Hervorzuheben ist außerdem seine sehr bemerkenswerte soziale Kompetenz; er konnte alle Beteiligten durch seinen Teamgeist und seine Begeisterungsfähigkeit stets zu vollem Einsatz und sehr guten Leistungen motivieren, wobei er selbst als Vorbild agierte. Herr Mustermann führte die ihm übertragenen Aufgaben stets zu unserer vollsten Zufriedenheit aus.

Wegen seines immer sehr freundlichen, kontaktfreudigen und ausgeglichenen Wesens wurde er in hohem Maße geschätzt und erfreute sich größter Beliebtheit. Er förderte durchgehend aktiv die gute Zusammenarbeit und Teamatmosphäre. Sein Verhalten gegenüber der Leitung, den Kolleginnen und Kollegen sowie seinen Mitarbeiterinnen und Mitarbeitern war stets und in jeder Hinsicht vorbildlich.

Herr Mustermann hat das Arbeitsverhältnis zum 31.10.2021 gekündigt, was wir sehr bedauern. Wir bedanken uns für die stets sehr guten Leistungen und wünschen ihm für die Zukunft beruflich und privat weiterhin viel Erfolg und alles Gute.

Musterstadt, 31.10.2021

1. Unterzeichner/in	2. Unterzeichner/in
[Position]	[Position]

13.46 Betriebssanitäterin

Zeugnis

Frau Mara Muster war vom 01.09.2020 bis zum 30.09.2021 in unserem Unternehmen als Betriebssanitäterin tätig.

[Unternehmensbeschreibung]

Frau Muster war mit der Betreuung der Erste-Hilfe-Station unseres Betriebs betraut. Sie war dabei u. a. verantwortlich für den ordnungsgemäßen Zustand der dort eingesetzten Geräte und medizinischen Mittel, d. h. insbesondere für die Säuberung und Desinfizierung von Rettungsmitteln, die Funktionskontrolle der Geräte und die sachgerechte Aufbewahrung des Erste-Hilfe-Materials. Darüber hinaus unterstützte sie die Geschäftsleitung beim Arbeitsschutz und in Fragen der Arbeitssicherheit. In diesem Zusammenhang registrierte und dokumentierte sie alle Vorkommnisse, die mit betrieblichen Unfällen und Arbeitserkrankungen im Zusammenhang stehen konnten.

Ferner war sie bei auftretenden Notfällen für Erste-Hilfe-Maßnahmen vor Ort und die Kontrolle des Zustands von Verletzten bis zum Eintreffen weiterer Rettungskräfte zuständig und hatte die Aufgabe, Wunden und sonstige Verletzungen von Arbeitnehmern, etwa durch das Anbringen von Verbänden, zu versorgen.

Frau Muster verfügt über ein ausgezeichnetes und auch in Randbereichen sehr tiefgehendes Fachwissen, welches sie stets zum Wohle unseres Unternehmens gekonnt einsetzte. Sie besuchte regelmäßig und sehr erfolgreich Weiterbildungsveranstaltungen, um ihre Stärken weiter auszubauen und ihre hervorragenden Fachkenntnisse zu erweitern.

Aufgrund ihrer sehr guten Auffassungsgabe war sie jederzeit in der Lage, auch schwierige Situationen sofort zutreffend zu erfassen und schnell sehr gute Lösungen zu finden. Frau Muster zeigte jederzeit hohe Eigeninitiative und identifizierte sich immer voll mit ihren Aufgaben und unserem Unternehmen, wobei sie auch durch ihre kontinuierlich große Einsatzfreude überzeugte. Auch unter stärkster Belastung behielt sie die Übersicht, handelte überlegt und bewältigte alle Aufgaben in hervorragender Weise.

Sie arbeitete stets äußerst zügig, sehr umsichtig, überaus sorgfältig und genau. Frau Muster überzeugte dauerhaft durch ihre außerordentliche Verlässlichkeit.

Für alle auftretenden Probleme fand sie ausnahmslos ausgezeichnete Lösungen. Die Leistungen von Frau Muster haben jederzeit und in jeder Hinsicht unsere vollste Anerkennung gefunden.

Sie wurde wegen ihres stets freundlichen und ausgeglichenen Wesens allseits sehr geschätzt. Sie war immer hilfsbereit, zuvorkommend und stellte, falls erforderlich, auch persönliche Interessen zurück. Ihr Verhalten zu Vorgesetzten, Kolleginnen und Kollegen sowie Kundinnen und Kunden war jederzeit vorbildlich.

Frau Muster verlässt unser Unternehmen mit dem 30.09.2021 auf eigenen Wunsch, um ein Medizinstudium aufzunehmen. Wir bedauern dies sehr, weil wir mit ihr eine sehr gute Mitarbeiterin verlieren. Wir bedanken uns für die stets sehr guten Leistungen und wünschen ihr für die Zukunft beruflich und privat weiterhin viel Erfolg und alles Gute.

Musterstadt, 30.09.2021

1. Unterzeichner/in	2. Unterzeichner/in
[Position]	[Position]

13.47 Bewegungstherapeut

Zeugnis

Herr Max Mustermann war vom 01.10.2020 bis zum 30.09.2021 in unserer Einrichtung als Bewegungstherapeut tätig.

[Unternehmensbeschreibung]

Zu seinen Hauptaufgaben gehörten:

- Vorbereitung, Durchführung und Dokumentation sportwissenschaftlicher Tests nach Vorgabe des jeweiligen Arztes (z. B. Ergometrie, Spiroergometrie, Bioimpedanzanalyse, Balancetest, etc.),
- Durchführung persönlicher Einzeltrainings im Rahmen der sportmedizinischen Rehabilitation bzw. Prävention,
- Anleitung und Kontrolle der trainierenden Patienten im Fitnessraum,
- individuelle Betreuung der Patienten sowohl vor als auch nach der Trainingseinheit.

Herr Mustermann verfügt über ein ausgezeichnetes und auch in Randbereichen sehr tiefgehendes Fachwissen, welches er stets gekonnt zum Wohle unserer Patienten einsetzte. Darüber hinaus ist er extrem kommunikationsstark. Dank seiner ausgezeichneten Sozialkompetenz gelang es ihm immer äußerst schnell, zu den Patientinnen und Patienten ein Vertrauensverhältnis aufzubauen. Dabei war er stets sehr gut in der Lage, diesen auch komplexe medizinische Zusammenhänge in einfachen Worten darzulegen und zu erläutern. Er besuchte regelmäßig und sehr erfolgreich Weiterbildungsveranstaltungen, um seine Stärken weiter auszubauen und seine hervorragenden Fachkenntnisse zu erweitern.

Seine äußerst schnelle Auffassungsgabe ermöglichte es ihm, auch schwierigste Situationen sofort zu überblicken und dabei stets das Wesentliche zu erkennen. Herr Mustermann war ein überaus engagierter Mitarbeiter, der besonders durch seine außergewöhnliche Leistungsbereitschaft und außerordentliche Einsatzbereitschaft überzeugen konnte. Auch in Situationen mit größtem Arbeitsaufkommen erwies er sich immer als in höchstem Maße belastbar.

Alle Aufgaben führte er jederzeit vollkommen selbstständig, äußerst sorgfältig und planvoll durchdacht aus. Er agierte permanent ruhig, überlegt und zielorientiert und in höchstem Maße präzise. Dabei überzeugte er stets in besonderer Weise sowohl in qualitativer als auch in quantitativer Hinsicht. Herr Mustermann war in ganz besonders hohem Maße zuverlässig.

Auch für schwierigste Problemstellungen fand er sehr effektive Lösungen, die er dauerhaft erfolgreich in die Praxis umsetzte und damit immer ausgezeichnete Arbeitsergebnisse erzielte. Die Leistungen von Herrn Mustermann haben jederzeit und in jeder Hinsicht unsere vollste Anerkennung gefunden.

Wegen seines stets sehr freundlichen, kontaktfreudigen und ausgeglichenen Wesens wurde er in hohem Maße geschätzt und erfreute sich größter Beliebtheit. Er förderte durchgehend aktiv die gute Zusammenarbeit und Teamatmosphäre. Sein Verhalten gegenüber der Leitung, den Kolleginnen und Kollegen sowie Patientinnen und Patienten war stets und in jeder Hinsicht vorbildlich.

Das Arbeitsverhältnis endet mit Ablauf des befristeten Arbeitsvertrags am 30.09.2021. Wir bedauern dies sehr, weil wir mit Herrn Mustermann einen sehr guten Mitarbeiter verlieren. Für die stets sehr guten Leistungen bedanken wir uns und wünschen ihm für die Zukunft beruflich und privat weiterhin viel Erfolg und alles Gute.

Musterstadt, 30.09.2021

1. Unterzeichner/in	2. Unterzeichner/in
[Position]	[Position]

13.48 Bilanzbuchhalterin

Zeugnis

Frau Mara Muster war vom 01.06.2012 bis zum 31.10.2021 in unserem Unternehmen als Bilanzbuchhalterin tätig.

[Unternehmensbeschreibung]

Frau Muster wurde hauptsächlich im internationalen Accounting eingesetzt mit folgenden Aufgabenschwerpunkten:

- Erstellung der unterjährigen Konzernabschlüsse,
- Unterstützung der Monatsabschlüsse nach HGB und IFRS,
- fachliche Unterstützung und Ansprechpartnerin unserer weltweiten Tochtergesellschaften,
- Betreuung und Absicherung von Qualitätsstandards im Accounting der Tochtergesellschaften,
- Projektmitarbeit im Aufbau neuer Standorte weltweit.

Frau Muster verfügt über umfassende und vielseitige Fachkenntnisse, die sie immer sicher und gekonnt in der Praxis einsetzte. Zum Nutzen unseres Unternehmens erweiterte und aktualisierte sie immer mit gutem Erfolg ihre umfassenden Fachkenntnisse durch regelmäßige Teilnahme an Weiterbildungsveranstaltungen.

Aufgrund ihrer genauen Analysefähigkeit und ihrer schnellen Auffassungsgabe war sie jederzeit in der Lage, auch schwierige Situationen sofort zutreffend zu erfassen und schnell gute Lösungen zu finden. Frau Muster zeigte jederzeit große Eigeninitiative und identifizierte sich immer voll mit ihren Aufgaben und unserem Unternehmen, wobei sie auch durch ihre große Einsatzfreude überzeugte. Auch in Situationen mit erheblichem Arbeitsaufkommen erwies sie sich regelmäßig als in hohem Maße belastbar.

Die Planung und Steuerung ihrer Aufgaben erfüllte sie stets mit gutem Erfolg, nicht zuletzt wegen ihres guten Organisationstalentes. Dabei arbeitete sie stets selbstständig, zügig und dennoch mit großer Sorgfalt, Konzentration und Flexibilität. Vertrauenswürdigkeit und große Zuverlässigkeit zeichneten den Arbeitsstil von Frau Muster aus.

Sie hat sich in ihre Aufgabengebiete schnell eingearbeitet; innerhalb kurzer Zeit erzielte sie gute Ergebnisse. Die Leistungen von Frau Muster haben jederzeit und in jeder Hinsicht unsere volle Anerkennung gefunden.

Sie wurde wegen ihres freundlichen und ausgeglichenen Wesens allseits sehr geschätzt. Sie war immer hilfsbereit, zuvorkommend und stellte, falls erforderlich, auch persönliche Interessen zurück. Ihr Verhalten zu Vorgesetzten, Kolleginnen und Kollegen sowie Kundinnen und Kunden war jederzeit einwandfrei.

Frau Muster verlässt unser Unternehmen mit dem 31.10.2021 auf eigenen Wunsch. Wir bedanken uns für die stets guten Leistungen und wünschen ihr für die Zukunft beruflich und privat weiterhin viel Erfolg und alles Gute.

Musterstadt, 31.10.2021

1. Unterzeichner/in	2. Unterzeichner/in
[Position]	[Position]

13.49 Bildredakteurin

Zeugnis

Frau Mara Muster war vom 01.07.2015 bis zum 31.01.2022 in unserem Betrieb als Bildredakteurin in der Abteilung Marketing beschäftigt.

[Unternehmensbeschreibung]

Im Rahmen dieser Tätigkeit war sie für folgende Aufgaben verantwortlich:

- Bildredaktion für sämtliche Marketingprojekte,
- Recherche und Beschaffung von Bildern bei Lizenzpartnern (auch international),
- Regelung von Nutzungsrechten,
- qualitative Kontrolle und rechtliche Prüfung der Bilder,
- Verwaltung und Pflege von Dateien, Datenbanken und Datenspeichern,
- Zusammenarbeit mit Chefredaktion, Grafik und Textredaktion.

Frau Muster verfügt über ein ausgezeichnetes und auch in Randbereichen sehr tiefgehendes Fachwissen, welches sie fortwährend zum Wohle unseres Unternehmens gekonnt einsetzte. Hervorzuheben sind ihre vortrefflichen Englischkenntnisse, die sie in der Kommunikation mit internationalen Gesprächspartnern stets zu unserem Vorteil einsetzte. Sie bildete sich permanent in eigener Initiative durch den Besuch interner und externer Seminare beruflich weiter und war dabei immer sehr erfolgreich.

Durch ihr besonders ausgeprägtes konzeptionelles, kreatives und logisches Denken fand sie für alle auftretenden Probleme jederzeit ausgezeichnete Lösungen. Frau Muster war eine äußerst engagierte Mitarbeiterin, die besonders durch ihre außergewöhnliche Leistungsbereitschaft und außerordentliche Einsatzbereitschaft überzeugen konnte. Auch in Situationen mit größtem Arbeitsaufkommen erwies sie sich immer als in höchstem Maße belastbar.

Alle Aufgaben führte sie jederzeit vollkommen selbstständig, äußerst sorgfältig und planvoll durchdacht aus. Sie agierte immer ruhig, überlegt und zielorientiert und in höchstem Maße präzise. Dabei überzeugte sie stets in besonderer Weise sowohl in qualitativer als auch in quantitativer Hinsicht. Vertrauenswürdigkeit und absolute Zuverlässigkeit zeichneten den Arbeitsstil von Frau Muster jederzeit aus.

Sie hat sich in ihre Aufgabengebiete ausgesprochen schnell eingearbeitet; innerhalb kürzester Zeit erzielte sie sehr gute Ergebnisse. Frau Muster hat die ihr übertragenen Aufgaben stets zu unserer vollsten Zufriedenheit erfüllt.

Sie war eine überaus loyale Mitarbeiterin, die sich sehr gut in das Team integrierte. Ihr Verhalten gegenüber Vorgesetzten, Kollegen und Kunden war stets vorbildlich.

Frau Muster hat das Arbeitsverhältnis zum 31.01.2022 gekündigt, was wir sehr bedauern. Wir bedanken uns für die stets sehr guten Leistungen und wünschen ihr für die Zukunft beruflich und privat weiterhin viel Erfolg und alles Gute.

Musterstadt, 31.01.2022

1. Unterzeichner/in	2. Unterzeichner/in
[Position]	[Position]

13.50 Biologielaborant

Zeugnis

Herr Max Mustermann war vom 01.10.2020 bis zum 30.09.2021 in unserem Institut als Biologielaborant tätig.

[Unternehmensbeschreibung]

Der Wirkungs- und Verantwortungsbereich von Herrn Mustermann umfasste im Wesentlichen die Erledigung folgender Arbeiten:

- Durchführung, Auswertung und Dokumentation von In-vivo-Experimenten zur Testung neuer Wirkstoffe in der Therapie von Herz-Kreislauf-Erkrankungen in etablierten Nagermodellen,
- Anwendung von Anästhesie- und OP-Techniken sowie Substanzapplikationen (per os, intravenös, subkutan, intraperitoneal),
- Durchführung von invasiven und nichtinvasiven Messungen von Herz-Kreislauf-Parametern an Nagern,
- Mitarbeit an der Etablierung und Validierung neuer Krankheitsmodelle und Messmethoden im Nager,

- Anwendung unterschiedlicher biochemischer Analysemethoden, z. B. Blut- und Urinanalyse,
- Durchführung von Gewebeschnitten nach Myokardinfarkt im Nager.

Herr Mustermann verfügt über ein vortreffliches und auch in Randbereichen sehr tiefgehendes Fachwissen, welches er in unser Institut stets in höchst gewinnbringender Weise einbrachte. Hervorzuheben sind seine ausgezeichnete Erfahrung mit Tierversuchen und insbesondere seine exzellenten Kenntnisse von OP-Techniken und Substanzapplikationen. Zum Nutzen der Forschung in unserem Institut erweiterte und aktualisierte er immer mit sehr gutem Erfolg seine umfassenden Fachkenntnisse durch regelmäßige Teilnahme an Weiterbildungsveranstaltungen.

Besonders hervorzuheben sind sein ausgesprochen analytisches Denkvermögen und seine sehr rasche Auffassungsgabe. Herr Mustermann war ein äußerst engagierter Mitarbeiter, der vor allem durch seine außergewöhnliche Leistungsbereitschaft und außerordentliche Einsatzbereitschaft überzeugen konnte. Auch in Situationen mit größtem Arbeitsaufkommen erwies er sich immer als in höchstem Maße belastbar.

Er arbeitete stets äußerst zügig, sehr umsichtig, überaus sorgfältig und genau. Vertrauenswürdigkeit und absolute Zuverlässigkeit zeichneten den Arbeitsstil von Herrn Mustermann jederzeit aus.

Auch für schwierigste Problemstellungen fand er sehr effektive Lösungen, die er permanent erfolgreich in die Praxis umsetzte und damit immer ausgezeichnete Arbeitsergebnisse erzielte. Hervorzuheben ist sein erstklassiger Input bei der Entwicklung von Alternativmethoden in der Grundlagenforschung. Die Leistungen von Herrn Mustermann haben jederzeit und in jeder Hinsicht unsere vollste Anerkennung gefunden.

Wegen seines allzeit freundlichen und ausgeglichenen Wesens wurde er allseits sehr geschätzt. Er genoss das volle Vertrauen aller Vorgesetzten, Kollegen und Kunden. Sein Verhalten war immer vorbildlich.

Das Arbeitsverhältnis endet aufgrund des Auslaufens der Befristung zum 30.09.2021. Wir bedauern sehr, dass wir Herrn Mustermann keinen Dauerarbeitsplatz anbieten können, bedanken uns für die stets sehr guten Leistungen und wünschen ihm für die Zukunft beruflich und privat weiterhin viel Erfolg und alles Gute.

Musterstadt, 30.09.2021

1. Unterzeichner/in	2. Unterzeichner/in
[Position]	[Position]

13.51 Bodenleger

Zeugnis
Herr Max Mustermann war vom 01.12.2019 bis zum 30.11.2021 in unserem Unternehmen als Bodenleger tätig.

[Unternehmensbeschreibung]

Herr Mustermann war mit dem Verlegen aller gängigen Bodenbeläge, wie Teppiche, Parkett, Kork, Laminat, Linoleum, PVC und Kunststoffplatten betraut. Ihm oblagen dabei insbesondere folgende Aufgaben:

- Vorbereitungsarbeiten durchführen,
- Räume ausmessen und Materialbedarf berechnen,
- Verlegemuster planen und skizzieren,
- Verlegepläne erstellen,
- Untergrund vorbereiten,
- Untergründe prüfen und reinigen, Estriche glätten und ausgleichen,
- Unterbodenkonstruktionen herstellen,
- punktelastische Schwingbodenkonstruktionen herstellen,
- elastische und textile Bodenbeläge in Wohnungen, Büroräumen und anderen Innenräumen verlegen,
- Klebstoffe auswählen, auftragen und verteilen und zu verlegende Bahnen oder Platten zuschneiden,
- Teppichböden zuschneiden, verkleben oder verspannen, elastische Bodenbeläge thermisch oder chemisch verschweißen oder verfugen,
- Sockel- und Wandabschlüsse anbringen,
- Instandsetzungs- und Restaurationsarbeiten ausführen.

Darüber hinaus stand Herr Mustermann auch in direktem Kontakt mit den Kunden und beriet diese bei der Gestaltung von Bodenbelägen und bei der Materialauswahl.

Herr Mustermann verfügt über umfassende und vielseitige Fachkenntnisse, die er immer sicher und gekonnt in der Praxis einsetzte. Seine schnelle Auffassungsgabe ermöglichte es ihm, auch schwierige Situationen sofort zu überblicken und dabei stets das Wesentliche zu erkennen. Herr Mustermann zeigte jederzeit große Eigeninitiative und identifizierte sich immer voll mit seinen Aufgaben und unserem Unternehmen, wobei er auch durch seine große Einsatzfreude überzeugte. Auch in Situationen mit großem Arbeitsaufkommen erwies er sich dauerhaft als in hohem Maße belastbar.

Alle Aufgaben führte er vollkommen selbstständig, sehr sorgfältig und planvoll durchdacht aus. Er agierte immer ruhig, überlegt und zielorientiert und in hohem Maße präzise. Dabei überzeugte er stets in guter Weise sowohl in qualitativer als auch in quantitativer Hinsicht. Herr Mustermann war äußerst zuverlässig und genoss unser volles Vertrauen.

Für alle auftretenden Probleme fand er ausnahmslos gute Lösungen. Die Leistungen von Herrn Mustermann haben jederzeit und in jeder Hinsicht unsere volle Anerkennung gefunden.

Er wurde wegen seines freundlichen und ausgeglichenen Wesens allseits sehr geschätzt. Er war immer hilfsbereit, zuvorkommend und stellte, falls erforderlich, auch persönliche Interessen zurück. Sein Verhalten zu Vorgesetzten, Kolleginnen und Kollegen sowie Kundinnen und Kunden war jederzeit einwandfrei.

Herr Mustermann verlässt unser Unternehmen mit dem 30.11.2021 auf eigenen Wunsch. Wir bedanken uns für die stets guten Leistungen und wünschen ihm für die Zukunft beruflich und privat weiterhin viel Erfolg und alles Gute.

Musterstadt, 30.11.2021

1. Unterzeichner/in	2. Unterzeichner/in
[Position]	[Position]

13.52 Brandschutzbeauftragter

Zeugnis

Herr Max Mustermann war vom 01.04.2013 bis zum 31.12.2021 in unserem Betrieb als Brandschutzbeauftragter beschäftigt.

[Unternehmensbeschreibung]

In seiner Funktion als Brandschutzbeauftragter verantwortete Herr Mustermann folgende Aufgaben:

- Übernahme dieser Funktion an unseren drei Standorten in allen Facetten,
- Beratung, Mitwirkung und Kontrolle bei allen relevanten Fragestellungen des Brandschutzes, der Brandschutzordnung und des Brandschutzkonzeptes,
- Mitwirken und Beraten bei der Ausarbeitung von Betriebsanweisungen sowie baulichen, technischen und organisatorischen Maßnahmen,
- Umsetzung behördlicher Anordnungen und Unterstützung der Geschäftsleitung bei Gesprächen mit den Brandschutz betreffenden Institutionen,
- Implementierung von präventiven Schutzmaßnahmen im Notfallmanagement,
- Investitionsentscheidungen die Belange des Brandschutzes betreffend,
- Dokumentation aller Tätigkeiten im Brandschutz,
- regelmäßige Unterweisungen der Beschäftigten im Brandschutz.

Herr Mustermann verfügt über ein hervorragendes und auch in Randbereichen sehr tiefgehendes Fachwissen, welches er in unser Unternehmen stets in höchst gewinnbringender Weise einbrachte. Besonders hervorheben möchten wir seine Fähigkeit, der Belegschaft die Brandschutzverordnungen klar und verständlich im Arbeitsalltag zu vermitteln. Er bildete sich stets in eigener Initiative durch den Besuch interner und externer Seminare beruflich weiter und war dabei immer sehr erfolgreich.

Aufgrund seiner sehr guten Auffassungsgabe war er jederzeit in der Lage, auch schwierige Situationen sofort zutreffend zu erfassen und schnell sehr gute Lösungen zu finden. Herr Mustermann zeigte dauerhaft hohe Eigeninitiative und identifizierte sich immer voll mit seinen Aufgaben und unserem Unternehmen, wobei er auch durch seine sehr große Einsatzfreude überzeugte. Auch in Situationen mit größtem Arbeitsaufkommen erwies er sich anhaltend als in höchstem Maße belastbar.

Alle Aufgaben führte er jederzeit vollkommen selbstständig, äußerst sorgfältig und planvoll durchdacht aus. Er agierte immer ruhig, überlegt und zielorientiert und in höchstem Maße präzise. Dabei überzeugte er stets in besonderer Weise sowohl in qualitativer als auch in quantitativer Hinsicht. Herr Mustermann arbeitete permanent außerordentlich zuverlässig und sehr genau.

Auch für schwierigste Problemstellungen fand er sehr effektive Lösungen, die er jederzeit erfolgreich in die Praxis umsetzte und damit immer ausgezeichnete Arbeitsergebnisse erzielte. Die erfolgreiche Implementierung präventiver und reaktiver Schutzmaßnahmen im Notfallmanagement z. B. bei Stromausfall, für lokale Wetterereignisse mit Schadenspotenzial wie extreme Hitze-/Kältewelle, Starkregen, Sturm, Hagel, Schneelast haben wir im Wesentlichen den exzellenten Ausarbeitungen von Herrn Mustermann zu verdanken. Die Leistungen von Herrn Mustermann haben jederzeit und in jeder Hinsicht unsere vollste Anerkennung gefunden.

Wegen seiner stets verbindlichen und äußerst hilfsbereiten Art wurde Herr Mustermann von seinen Vorgesetzten sowie den Kolleginnen und Kollegen besonders geschätzt. Sein Verhalten war jederzeit vorbildlich.

Herr Mustermann verlässt unser Unternehmen mit dem 31.12.2021 auf eigenen Wunsch. Wir bedauern dies sehr, weil wir mit ihm einen sehr guten Mitarbeiter verlieren. Wir bedanken uns für die stets sehr guten Leistungen und wünschen ihm für die Zukunft beruflich und privat weiterhin viel Erfolg und alles Gute.

Musterstadt, 31.12.2021

1. Unterzeichner/in	2. Unterzeichner/in
[Position]	[Position]

13.53 Buchhändlerin

Zeugnis

Frau Mara Muster war vom 01.07.2013 bis zum 31.12.2021 in unserem Unternehmen als Buchhändlerin tätig.

[Unternehmensbeschreibung]

Das Aufgabengebiet von Frau Muster umfasste folgende Tätigkeiten:
- Verkauf von Büchern, Zeitschriften, Hörbüchern und Videos,
- Gestaltung des Sortiments,
- Beratung der Kunden,
- Verwaltung von Abonnements, Fortsetzungen und Loseblattausgaben,
- Organisation von Lesungen und Signierstunden von Autoren,
- Inventarisierung, Liefer- und Rechnungskontrolle,
- Erstellung von Marktanalysen bzgl. des Käuferverhalten,
- Entwicklung kundenorientierter Kommunikations- und Marketingkonzepte,
- Betreuung der Altbestände,
- allgemeine Bibliotheks- und Ordnungstätigkeiten.

Frau Muster verfügt über ein hervorragendes und auch in Randbereichen sehr tiefgehendes Fachwissen, welches sie in unser Unternehmen stets in höchst gewinnbringender Weise einbrachte. Darüber hinaus ist sie sehr kommunikationsstark. Dank ihrer ausgezeichneten Sozialkompetenz gelang es ihr immer extrem schnell, zu den Kundinnen und Kunden ein Vertrauensverhältnis aufzubauen. Dabei ging sie durch ihre exzellente Fachberatung kompetent auf die einzelnen Kundenwünsche ein, was sich überaus positiv in unserer Umsatzentwicklung widerspiegelte. Sie besuchte regelmäßig und sehr erfolgreich Weiterbildungsveranstaltungen, um ihre Stärken weiter auszubauen und ihre hervorragenden Fachkenntnisse zu erweitern.

Besonders hervorzuheben sind ihr ausgesprochen analytisches Denkvermögen und ihre sehr rasche Auffassungsgabe. Frau Muster zeigte jederzeit hohe Eigeninitiative und identifizierte sich immer voll mit ihren Aufgaben und unserem Unternehmen, wobei sie auch durch ihre sehr große Einsatzfreude überzeugte. Auch in Situationen mit größtem Arbeitsaufkommen erwies sie sich immer als in höchstem Maße belastbar.

Die Planung und Steuerung ihrer Aufgaben erfüllte sie nicht zuletzt wegen ihres beeindruckenden Organisationstalentes stets äußerst zügig und in exzellenter Weise. Dabei arbeitete sie vollkommen selbstständig, mit äußerster Sorgfalt, allergrößter Konzentration und Flexibilität. Frau Muster war in ganz besonders hohem Maße zuverlässig.

Sowohl in qualitativer als auch in quantitativer Hinsicht erzielte sie immer herausragende Arbeitsergebnisse. Als besonderen Erfolg ihrer Tätigkeit möchten wir die Steigerung des Umsatzes des von ihr verantworteten Buchbereichs um 20 Prozent in einem Zeitraum von weniger als zwei Jahren hervorheben. Frau Muster hat unsere sehr hohen Erwartungen stets in allerbester Weise erfüllt.

Sie wurde wegen ihres allzeit freundlichen und ausgeglichenen Wesens allseits sehr geschätzt. Sie war immer hilfsbereit, zuvorkommend und stellte, falls erforderlich, auch persönliche Interessen zurück. Ihr Verhalten zu Vorgesetzten, Kolleginnen und Kollegen sowie Kundinnen und Kunden war jederzeit vorbildlich.

Das Arbeitsverhältnis mit Frau Muster endet aufgrund dringender betrieblicher Erfordernisse zum 31.12.2021. Wir bedauern dies sehr, weil wir mit ihr eine sehr gute Mitarbeiterin verlieren. Wir bedanken uns für die stets sehr guten Leistungen und wünschen ihr für die Zukunft beruflich und privat weiterhin viel Erfolg und alles Gute.

Musterstadt, 31.12.2021

1. Unterzeichner/in	2. Unterzeichner/in
[Position]	[Position]

13.54 Buchhalter

Zeugnis
Herr Max Mustermann war vom 01.08.2002 bis zum 31.10.2021 in der Abteilung Rechnungswesen als Buchhalter in unserem Unternehmen tätig.

[Unternehmensbeschreibung]

Zu seinen Hauptaufgaben zählten:

- Kontierung und Verbuchung laufender Geschäftsvorgänge in der Debitoren-, Kreditoren-, Anlagen- und Bankbuchhaltung,
- Abstimmung der Konten und Klärung/Überwachung offener Posten,
- Mahnwesen,
- Abwicklung des Zahlungsverkehrs,
- Vorbereitung und Unterstützung bei Monats- und Jahresabschlüssen sowie Auswertungen und Statistiken,
- Vorbereitung der monatlichen Meldevorgänge (USt-Voranmeldung etc.),
- Erstellung der Reisekostenabrechnungen,
- allgemeine Buchhaltungs- und Verwaltungsaufgaben.

Herr Mustermann überzeugte uns mit seinen vielseitigen und guten Fachkenntnissen, die er jederzeit sicher und zielgerichtet in der Praxis einsetzte. Er bildete sich stets in eigener Initiative durch den Besuch interner und externer Seminare beruflich weiter und war dabei sehr erfolgreich.

Aufgrund seiner sehr schnellen Auffassungsgabe arbeitete er sich rasch in neue Aufgabengebiete ein und durchdrang auch komplexe Sachverhalte vollständig. Herr Mustermann zeigte jederzeit große Eigeninitiative und identifizierte sich immer voll mit seinen Aufgaben und unserem Unternehmen, wobei er auch durch seine große Einsatzfreude überzeugte. Auch unter schwierigen Arbeitsbedingungen und großem Zeitdruck bewältigte er alle Aufgaben in guter Weise.

Er arbeitete stets zügig, umsichtig, sorgfältig und genau. Hervorzuheben waren seine absolute Zuverlässigkeit und Ehrlichkeit.

Auch für schwierige Problemstellungen fand er sehr effektive Lösungen, die er erfolgreich in die Praxis umsetzte und damit immer gute Arbeitsergebnisse erzielte. Die Leistungen von Herrn Mustermann haben jederzeit und in jeder Hinsicht unsere volle Anerkennung gefunden.

Sein Verhalten gegenüber Vorgesetzten, Kollegen und Kunden war stets einwandfrei.

Herr Mustermann verlässt unser Unternehmen mit dem 31.10.2021 auf eigenen Wunsch. Wir bedanken uns für die langjährig gezeigten stets guten Leistungen und wünschen ihm für die Zukunft beruflich und privat weiterhin viel Erfolg und alles Gute.

Musterstadt, 31.10.2021

1. Unterzeichner/in	2. Unterzeichner/in
[Position]	[Position]

13.55 Bürokauffrau

Zeugnis

Frau Mara Muster war vom 01.07.2020 bis zum 30.11.2021 in der Abteilung Sekretariat und Kundenservice als Bürokauffrau in unserem Unternehmen tätig.

[Unternehmensbeschreibung]

Zu ihren Hauptaufgaben zählten:

- Kommunikation, Terminabstimmung sowie Betreuung von Kunden und Lieferanten,
- Büroorganisation,

- kfm. Verwaltungsaufgaben (Aktenführung, Dokumentenverwaltung, Ablage- und Wiedervorlage),
- Rechnungserstellung,
- Stammdatenpflege in unseren Systemen.

Frau Muster besitzt solide Fachkenntnisse, die sie jederzeit sicher und zielgerichtet in der Praxis einsetzte. Durch ihr logisches und analytisches Denkvermögen fand sie auch für schwierige Probleme eigenständige, abgewogene und zutreffende Lösungen. Frau Muster erledigte ihre Aufgaben mit Engagement und persönlichem Einsatz während ihrer gesamten Beschäftigungszeit in unserem Unternehmen. Auch unter schwierigen Arbeitsbedingungen und Zeitdruck bewältigte sie alle Aufgaben.

Sie handelte umsichtig, gewissenhaft und genau und hielt Zeitvorgaben stets ein. Frau Muster war verlässlich.

Auch für schwierige Problemstellungen fand sie effektive Lösungen, die sie erfolgreich in die Praxis umsetzte und damit solide Arbeitsergebnisse erzielte. Wir waren mit den Leistungen von Frau Muster stets zufrieden.

Sie wurde wegen ihres freundlichen und ausgeglichenen Wesens allseits geschätzt. Ihr Verhalten zu Vorgesetzten, Kolleginnen und Kollegen, Kundinnen und Kunden sowie Lieferanten war einwandfrei.

Das Arbeitsverhältnis endet im gegenseitigen Einvernehmen zum 30.11.2021. Wir wünschen Frau Muster für die Zukunft weiterhin Erfolg und alles Gute.

Musterstadt, 30.11.2021

1. Unterzeichner/in	2. Unterzeichner/in
[Position]	[Position]

13.56 Busfahrer

Zeugnis

Herr Max Mustermann war vom 01.05.2015 bis zum 31.12.2021 in unserem Unternehmen als Busfahrer tätig.

[Unternehmensbeschreibung]

Zu seinen Hauptaufgaben gehörten:

- sichere und pünktliche Beförderung der Fahrgäste,
- mehrtägige Sonderfahrten,

- Verkauf von Fahrscheinen,
- Eingangskontrollen,
- Beratung der Fahrgäste über Fahrpläne, Tarife und ggfs. Anschlussverbindungen,
- Einhaltung und Umsetzung der gesetzlichen und betrieblichen Vorschriften,
- technische Vor- und Nachbereitung des Fahrzeuges,
- Sicherstellen von Ordnung und Sauberkeit im Fahrzeug.

Herr Mustermann verfügt über eine sehr große Berufserfahrung und äußerst umfassende und vielseitige Fachkenntnisse, auch in Randbereichen, die er immer sehr sicher und gekonnt in der Praxis einsetzte. Seine äußerst schnelle Auffassungsgabe ermöglichte es ihm, auch schwierigste Situationen sofort zu überblicken und dabei stets das Wesentliche zu erkennen. Herr Mustermann zeigte jederzeit hohe Eigeninitiative und identifizierte sich immer voll mit seinen Aufgaben sowie unserem Unternehmen. Besonders hervorzuheben ist seine große Einsatzfreude. Auf seine absolut zuverlässige, sehr umsichtige und äußerst gewissenhafte Arbeits- und Fahrweise war auch in schwierigsten Situationen jederzeit Verlass.

Die Planung und Steuerung seiner Aufgaben erfüllte er nicht zuletzt wegen seines beeindruckenden Organisationstalentes stets äußerst zügig und in exzellenter Weise. Dabei arbeitete er immer selbstständig, mit äußerster Sorgfalt, allergrößter Konzentration und Flexibilität. Herr Mustermann war in ganz besonders hohem Maße zuverlässig.

Für alle auftretenden Probleme fand er ausnahmslos ausgezeichnete Lösungen. Die Leistungen von Herrn Mustermann haben jederzeit und in jeder Hinsicht unsere vollste Anerkennung gefunden.

Er wurde wegen seines stets freundlichen und ausgeglichenen Wesens allseits sehr geschätzt. Er war immer hilfsbereit, zuvorkommend und stellte, falls erforderlich, auch persönliche Interessen zurück. Sein Verhalten zu Vorgesetzten, Kolleginnen und Kollegen sowie Fahrgästen war jederzeit vorbildlich.

Das Arbeitsverhältnis endet auf Initiative von Herrn Mustermann zum 31.12.2021. Wir bedauern dies sehr, weil wir mit Herrn Mustermann einen sehr guten Mitarbeiter verlieren. Wir bedanken uns für die stets sehr guten Leistungen und wünschen ihm für die Zukunft beruflich und privat weiterhin viel Erfolg und alles Gute.

Musterstadt, 31.12.2021

1. Unterzeichner/in	2. Unterzeichner/in
[Position]	[Position]

13.57 Business Development Manager

Zeugnis

Herr Dipl.-Ing. Max Mustermann war vom 01.08.2016 bis zum 30.09.2021 in unserem Unternehmen als Business Development Manager tätig.

[Unternehmensbeschreibung]

Die Zuständigkeit von Herrn Mustermann erstreckte sich auf folgende Bereiche:

- Erarbeitung internationaler Roadmaps und Strategien für den langfristigen Erfolg unserer Produkte,
- Analyse der Märkte auf Absatz- und Optimierungspotenziale sowie Steuerung der daraus abgeleiteten Maßnahmen,
- Begleitung unserer Produkte durch den gesamten Lebenszyklus: von der Identifikation und Bewertung der Produktidee über die Projektierung, die Einführung und Vermarktung,
- Impulsgeber für die Weiterentwicklung unserer Produktgruppen in enger Abstimmung mit dem Vertriebsleiter, dem Entwicklungsleiter und der Geschäftsführung,
- Angebotserstellungen und Verträge im Rahmen von Pitches.

In seiner Position als Business Development Manager fungierte er als Bindeglied zwischen Entwicklungsabteilung, Marketing und Vertrieb. Er berichtete direkt an die Geschäftsleitung.

Herr Mustermann verfügt über ein hervorragendes und auch in Randbereichen sehr tiefgehendes Fachwissen, welches er in unser Unternehmen stets in höchst gewinnbringender Weise einbrachte. Von unschätzbarem Wert für die von ihm mit außergewöhnlichem Erfolg erstellten Analysen sind seine ausgezeichneten Markt- und Branchenkenntnisse. Er nahm regelmäßig erfolgreich an den unterschiedlichsten fachbezogenen internen und externen Weiterbildungsseminaren teil und bereicherte dadurch immer wieder mit neuen Impulsen die Arbeit in unserem Unternehmen.

Aufgrund seiner sehr guten Auffassungsgabe war er jederzeit in der Lage, auch schwierige Situationen sofort zutreffend zu erfassen und schnell sehr gute Lösungen zu finden. Herr Mustermann war ein äußerst engagierter Mitarbeiter, der besonders durch seine außergewöhnliche Leistungsbereitschaft und außerordentliche Einsatzbereitschaft überzeugen konnte. Auch in Situationen mit größtem Arbeitsaufkommen erwies er sich immer als in höchstem Maße belastbar.

Seine Aufgaben führte er mit größter Umsicht und hohem Verantwortungsbewusstsein aus. Er war extrem belastbar, sehr gewissenhaft und arbeitete stets zügig, ohne dass dies zulasten der Präzision ginge. Vertrauenswürdigkeit und absolute Zuverlässigkeit zeichneten den Arbeitsstil von Herrn Mustermann jederzeit aus.

Er hat sich in seine Aufgabengebiete ausgesprochen schnell eingearbeitet; innerhalb kürzester Zeit erzielte er sehr gute Ergebnisse. Die Leistungen von Herrn Mustermann haben jederzeit und in jeder Hinsicht unsere vollste Anerkennung gefunden.

Aufgrund seines immer ausgesprochen freundlichen, hilfsbereiten und ausgeglichenen Wesens war er sowohl innerhalb des Unternehmens als auch bei unseren Kunden gleichermaßen besonders geschätzt und beliebt. Sein Verhalten gegenüber der Geschäftsleitung, Kollegen sowie Kunden und sonstigen Geschäftspartnern war jederzeit vorbildlich.

Herr Mustermann verlässt unser Unternehmen mit dem 30.09.2021 auf eigenen Wunsch. Wir bedauern dies sehr, weil wir mit ihm einen sehr guten Mitarbeiter verlieren. Wir bedanken uns für die stets sehr guten Leistungen und wünschen ihm für die Zukunft beruflich und privat weiterhin viel Erfolg und alles Gute.

Musterstadt, 30.09.2021

1. Unterzeichner/in	2. Unterzeichner/in
[Position]	[Position]

13.58 Business Analyst

Zeugnis

Herr Max Mustermann war vom 01.07.2017 bis zum 31.01.2022 in unserem Betrieb als Business Analyst beschäftigt.

[Unternehmensbeschreibung]

Im Rahmen seiner Tätigkeit war er für folgende Aufgaben verantwortlich:

- Erfassung, Analyse und Verwaltung quantitativer Finanzdaten zur Erstellung aussagekräftiger Berichte,
- Durchführung von Ursachenanalysen auf Basis der vorliegenden Daten,
- Erarbeitung neuer Maßnahmen zur Verbesserung der Standortproduktivität,
- Ausarbeitung von Empfehlungen zur Verbesserung der Wettbewerbsfähigkeit und Rentabilität des operativen Betriebs,
- Zusammenstellung der monatlichen Finanzkennzahlen,
- Zusammenarbeit mit Technologieteams, um die Genauigkeit, Automatisierung und Bereitstellung wichtiger Finanzdaten zu verbessern.

Herr Mustermann verfügt über ein hervorragendes und auch in Randbereichen sehr tiefgehendes Fachwissen, welches er in unser Unternehmen stets in höchst gewinnbringender Weise einbrachte. Dank seiner sagenhaften Analysekompetenz und Detailorientierung ist sein Geschäftssinn erstklassig ausgeprägt. Er kombinierte seine professionellen Kompetenzen eindrucksvoll mit der Fähigkeit, neue Ideen zu entwickeln und kreative Lösungen zu finden. Zum Nutzen unseres Unternehmens erweiterte und aktualisierte er immer mit sehr gutem Erfolg seine umfassenden Fachkenntnisse durch regelmäßige Teilnahme an Weiterbildungsveranstaltungen.

Aufgrund seiner sehr guten Auffassungsgabe war er jederzeit in der Lage, auch schwierige Situationen sofort zutreffend zu erfassen und schnell sehr gute Lösungen zu finden. Herr Mustermann war ein äußerst engagierter Mitarbeiter, der besonders durch seine außergewöhnliche Leistungsbereitschaft und überragende Einsatzbereitschaft überzeugen konnte. Auch unter stärkster Belastung behielt er die Übersicht, handelte überlegt und bewältigte alle Aufgaben in hervorragender Weise.

Herr Mustermann arbeitete jederzeit sehr zielstrebig, extrem sorgfältig und mit größter Effizienz; dabei agierte er außerordentlich qualitäts- und verantwortungsbewusst. Herr Mustermann überzeugte stets durch seine absolute Verlässlichkeit.

Für alle auftretenden Probleme fand er ausnahmslos ausgezeichnete Lösungen. Aufgrund seiner erstklassigen Erfahrung mit Datengewinnungs- und Berichterstellungstools für große Datenmengen war er in der Lage, eine exzellente Entscheidungsvorlage auszuarbeiten, die bei der Geschäftsführung sehr große Anerkennung fand. Herr Mustermann hat die ihm übertragenen Aufgaben stets zu unserer vollsten Zufriedenheit erfüllt.

Wegen seines gewinnenden Auftretens war er in unserem Unternehmen als Gesprächspartner ausgesprochen geschätzt. Sein persönliches Verhalten war stets vorbildlich.

Das Arbeitsverhältnis endet auf Initiative von Herrn Mustermann zum 31.01.2022. Wir bedauern dies sehr, weil wir mit Herrn Mustermann einen sehr guten Mitarbeiter verlieren. Wir bedanken uns für die stets sehr guten Leistungen und wünschen ihm für die Zukunft beruflich und privat weiterhin viel Erfolg und alles Gute.

Musterstadt, 31.01.2022

1. Unterzeichner/in	2. Unterzeichner/in
[Position]	[Position]

13.59 CAD-Fachkraft

Zeugnis

Herr Max Mustermann war vom 01.05.2014 bis zum 31.12.2021 in unserem Betrieb als CAD-Fachkraft beschäftigt.

[Unternehmensbeschreibung]

Das Aufgabengebiet von Herrn Mustermann umfasste folgende Tätigkeiten:

- Kalkulation und Erstellung der Angebote,
- Auftragsannahme und Koordination der qualitäts- und termingerechten Auftragsabwicklung,
- Ansprechpartner und Bindeglied zwischen Kunde und Fertigungsbereich,
- Erstellung von fertigungs- und normgerechten Einzelteilzeichnungen sowie Baugruppen inkl. der Stücklisten,
- Prüfung der Zeichnungen und Dokumentationen,
- Erstellung von Bauteilstandardisierungen.

Herr Mustermann verfügt über ein hervorragendes und auch in Randbereichen sehr tiefgehendes Fachwissen, welches er in unser Unternehmen stets in höchst gewinnbringender Weise einbrachte. Besonders hervorzuheben sind seine beachtlichen Erfahrungen in der CNC-Programmierung und im Umgang mit CAD-Programmen. Seine ausgezeichneten Kenntnisse in der Metallverarbeitung sowie im Auftragsmanagement und in der Kalkulation runden sein erstklassiges Fachwissen optimal ab. Er besuchte regelmäßig und sehr erfolgreich Weiterbildungsveranstaltungen, um seine Stärken weiter auszubauen und seine hervorragenden Fachkenntnisse zu erweitern.

Seine äußerst schnelle Auffassungsgabe ermöglichte es ihm, auch schwierigste Situationen sofort zu überblicken und dabei stets das Wesentliche zu erkennen. Herr Mustermann zeigte jederzeit hohe Eigeninitiative und identifizierte sich immer voll mit seinen Aufgaben und unserem Unternehmen, wobei er auch durch seine sehr große Einsatzfreude überzeugte. Auch unter stärkster Belastung behielt er die Übersicht, handelte überlegt und bewältigte alle Aufgaben in hervorragender Weise.

Herr Mustermann arbeitete jederzeit absolut zielstrebig, äußerst sorgfältig und mit größter Effizienz; dabei agierte er außerordentlich qualitäts- und verantwortungsbewusst. Herr Mustermann war in ganz besonders hohem Maße zuverlässig.

Sowohl in qualitativer als auch in quantitativer Hinsicht erzielte er immer herausragende Arbeitsergebnisse. Herr Mustermann hat die ihm übertragenen Aufgaben stets zu unserer vollsten Zufriedenheit erfüllt.

Wegen seines jederzeit freundlichen und ausgeglichenen Wesens wurde er allseits sehr geschätzt. Er genoss das volle Vertrauen aller Vorgesetzten, Kollegen und Kunden. Sein Verhalten war immer vorbildlich.

Aufgrund der Kündigung von Herrn Mustermann endet das Arbeitsverhältnis mit Ablauf des 31.12.2021. Wir bedauern dies sehr, weil wir mit ihm einen sehr guten Mitarbeiter verlieren. Wir bedanken uns für die stets sehr guten Leistungen und wünschen ihm für die Zukunft beruflich und privat weiterhin viel Erfolg und alles Gute.

Musterstadt, 31.12.2021

1. Unterzeichner/in	2. Unterzeichner/in
[Position]	[Position]

13.60 Callcenter-Agentin

Zeugnis

Frau Mara Muster war vom 01.10.2020 bis zum 30.09.2021 in der Abteilung Kundenservice als Callcenter-Agentin in unserem Unternehmen tätig.

[Unternehmensbeschreibung]

Zu ihren Hauptaufgaben zählten:

- Bearbeitung von telefonischen und schriftlichen Kundenanfragen,
- Kontaktieren unserer Bestandskunden zur Bedarfsermittlung,
- Weiterleitung der erhobenen Kundenwünsche an unsere Vertriebsmitarbeiter,
- Dokumentation der Kundenkontakte,
- Datenabgleich und Stammdatenpflege innerhalb unseres CRM-Systems
- allgemeine Bürotätigkeiten.

Frau Muster überzeugte uns mit ihren umfassenden, vielseitigen und sehr guten Fachkenntnissen, die sie jederzeit sicher und zielgerichtet in der Praxis einsetzte. Besonders hervorzuheben ist ihre stark ausgeprägte Service- und Kundenorientierung. Aufgrund ihrer ausgezeichneten sozialen Kompetenz und ihrer sehr guten Kommunikationsfähigkeiten gelang es ihr immer, die Bedürfnisse und Wünsche der Kunden herauszufinden, was eine unverzichtbare Voraussetzung für eine erfolgreiche Tätigkeit im Kundenservice ist. Zum Nutzen unseres Unternehmens erweiterte und aktualisierte sie immer mit sehr gutem Erfolg ihre umfassenden Fachkenntnisse durch regelmäßige Teilnahme an unseren internen Vertriebsschulungen.

Aufgrund ihrer äußerst schnellen Auffassungsgabe arbeitete sie sich extrem rasch in neue Aufgabengebiete ein, war vielseitig einsetzbar und überblickte dabei auch schwierigste Zusammenhänge vollständig. Frau Muster war eine dauerhaft engagierte Mitarbeiterin, die besonders durch ihre außergewöhnliche Leistungsbereitschaft und außerordentliche Einsatzbereitschaft überzeugen konnte. Auch unter schwierigsten Arbeitsbedingungen und größtem Zeitdruck bewältigte sie alle Aufgaben in hervorragender Weise.

Sie arbeitete stets äußerst zügig, sehr umsichtig, überaus sorgfältig und genau. Frau Muster war in ganz besonders hohem Maße zuverlässig.

Sowohl in qualitativer als auch in quantitativer Hinsicht erzielte sie immer herausragende Arbeitsergebnisse. Die Leistungen von Frau Muster haben jederzeit und in jeder Hinsicht unsere vollste Anerkennung gefunden.

Wegen ihres stets sehr freundlichen, kontaktfreudigen und ausgeglichenen Wesens wurde sie in hohem Maße geschätzt und erfreute sich größter Beliebtheit. Sie förderte durchgehend aktiv die gute Zusammenarbeit und Teamatmosphäre. Ihr Verhalten gegenüber der Leitung, den Kolleginnen und Kollegen sowie Kundinnen und Kunden war stets und in jeder Hinsicht vorbildlich.

Das Arbeitsverhältnis endet mit Ablauf des befristeten Arbeitsvertrags am 30.09.2021. Wir bedauern dies sehr, weil wir mit Frau Muster eine sehr gute Mitarbeiterin verlieren. Für die stets sehr guten Leistungen bedanken wir uns und wünschen ihr für die Zukunft beruflich und privat weiterhin viel Erfolg und alles Gute.

Musterstadt, 30.09.2028

1. Unterzeichner/in	2. Unterzeichner/in
[Position]	[Position]

13.61 Chefredakteurin

Zeugnis

Frau Dipl.-Kffr. Mara Muster war vom 01.08.2012 bis zum 31.12.2021 im Bereich Editorial Department als Chefredakteurin in unserem Unternehmen tätig.

[Unternehmensbeschreibung]

In dieser Funktion war sie für folgende Aufgaben verantwortlich:

- redaktionelle Weiterentwicklung unseres Zeitschriftenportfolios in enger Abstimmung mit den Herausgebern,

- redaktionelle Planung und verantwortliche Erstellung der Hefte,
- Vertretung der Redaktion nach außen zum Handel und der Industrie,
- Moderation diverser Veranstaltungen,
- Redigieren, Recherchieren und Schreiben eigener Beiträge,
- Planung und Durchführung von Round-Table-Gesprächen,
- Autorenmanagement, Akquise von Autoren,
- Erstellen von Markt- und Wettbewerbsanalysen,
- Weiterentwicklung unserer Medienmarke,
- Ausbau der Onlineauftritte sowie unserer digitalen Geschäftsfelder,
- enge Zusammenarbeit mit der Verlagsleitung und Anzeigenabteilung,
- Firmen-, Messe- und Veranstaltungsbesuche.

Frau Muster überzeugte uns mit ihren umfassenden, vielseitigen und sehr guten Fachkenntnissen, die sie jederzeit sicher und zielgerichtet in der Praxis einsetzte. Als Teamplayer mit ausgeprägten Social Skills konnte sie stets mittels ihrer absoluten Begeisterungsfähigkeit und ihrem uneingeschränkten Engagement für unser Unternehmen wertvolle Impulse setzen. Sie besuchte regelmäßig und sehr erfolgreich Weiterbildungsveranstaltungen, um ihre Stärken weiter auszubauen und ihre hervorragenden Fachkenntnisse zu erweitern.

Ihre äußerst schnelle Auffassungsgabe ermöglichte es ihr, auch schwierigste Situationen sofort zu überblicken und dabei stets das Wesentliche zu erkennen. Frau Muster zeigte jederzeit hohe Eigeninitiative und identifizierte sich immer voll mit ihren Aufgaben und unserem Unternehmen, wobei sie auch durch ihre sehr große Einsatzfreude überzeugte. Auch in Situationen mit größtem Arbeitsaufkommen erwies sie sich immer als in höchstem Maße belastbar.

Die Planung und Steuerung ihrer Aufgaben erfüllte sie nicht zuletzt wegen ihres beeindruckenden Organisationstalentes stets äußerst zügig und in exzellenter Weise. Dabei arbeitete sie vollkommen selbstständig, mit absoluter Sorgfalt, allergrößter Konzentration und Flexibilität. Frau Muster war in ganz besonders hohem Maße zuverlässig.

Sie hat sich in ihre Aufgabengebiete ausgesprochen schnell eingearbeitet; innerhalb kürzester Zeit erzielte sie sehr gute Ergebnisse. Besonders hervorzuheben ist die erfolgreiche Entwicklung unserer ganzheitlichen Markenstrategie in den Onlineauftritten und deren Begleitung bis zum Livegang. Die Leistungen von Frau Muster haben jederzeit und in jeder Hinsicht unsere vollste Anerkennung gefunden.

Sie wurde wegen ihres stets freundlichen und ausgeglichenen Wesens allseits sehr geschätzt. Sie war immer hilfsbereit, zuvorkommend und stellte, falls erforderlich, auch persönliche Interessen zurück. Ihr Verhalten zu Vorgesetzten, Kolleginnen und Kollegen sowie Geschäftspartnern war jederzeit vorbildlich.

Das Arbeitsverhältnis endet auf Wunsch von Frau Muster zum 31.12.2021. Wir bedauern dies sehr, weil wir mit Frau Muster eine sehr gute Mitarbeiterin verlieren. Wir bedanken uns für die stets sehr guten Leistungen und wünschen ihr für die Zukunft beruflich und privat weiterhin viel Erfolg und alles Gute.

Musterstadt, 31.12.2021

1. Unterzeichner/in	2. Unterzeichner/in
[Position]	[Position]

13.62 Chemielaborantin

Zeugnis

Frau Mara Muster war vom 01.04.2018 bis zum 31.01.2022 in unserem Unternehmen als Chemielaborantin tätig.

[Unternehmensbeschreibung]

Zu ihren Aufgabenschwerpunkten gehörten:

- produktionsbegleitende Analytik,
- Wareneingangskontrolle von Rohstoffen,
- Warenausgangskontrolle unserer Produkte,
- Wasser- und Abwasseranalytik,
- Überwachung der eingesetzten Prüfmittel mit entsprechender Dokumentation.

Frau Muster besitzt solide Fachkenntnisse, die sie jederzeit sicher und zielgerichtet in der Praxis einsetzte. Durch ihr logisches und analytisches Denkvermögen fand sie auch für schwierige Probleme eigenständige, abgewogene und zutreffende Lösungen. Frau Muster erledigte ihre Aufgaben mit Engagement und persönlichem Einsatz während ihrer gesamten Beschäftigungszeit in unserem Unternehmen. Auch unter schwierigen Arbeitsbedingungen und Zeitdruck bewältigte sie alle Aufgaben.

Sie handelte umsichtig, gewissenhaft und genau und hielt Zeitvorgaben stets ein. Frau Muster überzeugte durch ihre Zuverlässigkeit.

Ihre Arbeitsergebnisse entsprachen qualitativ als auch quantitativ den Anforderungen. Die ihr übertragenen Aufgaben erledigte Frau Muster stets zu unserer Zufriedenheit.

Sie wurde wegen ihres freundlichen und ausgeglichenen Wesens allseits geschätzt. Ihr Verhalten zu Vorgesetzten, Kolleginnen und Kollegen war einwandfrei.

Frau Muster verlässt unser Unternehmen mit dem 31.01.2022 aus betriebsbedingten Gründen. Wir wünschen ihr für die Zukunft weiterhin Erfolg und alles Gute.

Musterstadt, 31.01.2022

1. Unterzeichner/in	2. Unterzeichner/in
[Position]	[Position]

13.63 Chemiker

Zeugnis
Herr Dr. Max Mustermann war vom 01.05.2015 bis zum 31.10.2021 in unserem Hause als Chemiker tätig.

[Unternehmensbeschreibung]

Herr Dr. Mustermann war im Bereich Forschung und Entwicklung eingesetzt und wurde mit allen in einem Großlabor anfallenden Arbeiten eines Chemikers der Pharmaziebranche betraut. Zu seinen Aufgaben gehörten insbesondere:

- Eruieren von Optimierungsmöglichkeiten von Materialien und chemischen Produkten,
- Untersuchen von Eigenschaften chemischer Verbindungen,
- Erforschen, Prüfen und Verbessern der Ausgangsstoffe und des Herstellungsverfahrens (Scale-up),
- Entwicklung analytischer Methoden und Technologien,
- Entwicklung von Stoffen und Synthesewegen,
- Durchführung toxikologischer Untersuchungen,
- Überwachung und Kontrolle des Herstellungsprozesses hinsichtlich Qualität, Umweltverträglichkeit und betriebswirtschaftlicher Vorgaben,
- Mitwirkung bei der Zulassung und Registrierung neuer Arzneimittel,
- Publizieren von Fachbeiträgen und Forschungsberichten.

Herr Dr. Mustermann verfügt über ein hervorragendes und auch in Randbereichen sehr tiefgehendes Fachwissen, welches er in unser Unternehmen stets in höchst gewinnbringender Weise einbrachte. Besonders hervorzuheben sind dabei seine ausgezeichneten Kenntnisse im Bereich der Analytik und der Toxikologie. Extrem beeindruckt haben uns auch seine außergewöhnlich stark ausgebildete Kreativität und seine hervorragenden Analysefähigkeiten, die ganz entscheidend zu der fortlaufenden Prozessoptimierung unserer Herstellungstechnik und unserer Produktentwicklung beigetragen haben. Zum Nutzen unseres Unternehmens erweiterte und aktualisierte er immer mit sehr gutem Erfolg seine umfassenden Fachkenntnisse durch regelmäßige Teilnahme an Weiterbildungsveranstaltungen.

Seine äußerst schnelle Auffassungsgabe ermöglichte es ihm, auch schwierigste Situationen sofort zu überblicken und dabei stets das Wesentliche zu erkennen. Herr Dr. Mustermann zeigte jederzeit hohe Eigeninitiative und identifizierte sich immer voll mit seinen Aufgaben und unserem Unternehmen, wobei er auch durch seine sehr große Einsatzfreude überzeugte. Auch in Situationen mit größtem Arbeitsaufkommen erwies er sich permanent als in höchstem Maße belastbar.

Alle Aufgaben führte er jederzeit vollkommen selbstständig, äußerst sorgfältig und planvoll durchdacht aus. Er agierte immer ruhig, überlegt und zielorientiert und in höchstem Maße präzise. Dabei überzeugte er stets in besonderer Weise sowohl in qualitativer als auch in quantitativer Hinsicht. Herr Dr. Mustermann arbeitete immer außerordentlich zuverlässig und sehr genau.

Für alle auftretenden Probleme fand er ausnahmslos ausgezeichnete Lösungen. Die Leistungen von Herrn Dr. Mustermann haben jederzeit und in jeder Hinsicht unsere vollste Anerkennung gefunden.

Er wurde wegen seines stets freundlichen und ausgeglichenen Wesens allseits sehr geschätzt. Er war immer hilfsbereit, zuvorkommend und stellte, falls erforderlich, auch persönliche Interessen zurück. Sein Verhalten zu Vorgesetzten, Kolleginnen und Kollegen sowie Kundinnen und Kunden war jederzeit vorbildlich.

Herr Dr. Mustermann verlässt unser Unternehmen mit dem 31.10.2021 auf eigenen Wunsch. Wir bedauern dies sehr, weil wir mit ihm einen sehr guten Mitarbeiter verlieren. Wir bedanken uns für die stets sehr guten Leistungen und wünschen ihm für die Zukunft beruflich und privat weiterhin viel Erfolg und alles Gute.

Musterstadt, 31.10.2021

1. Unterzeichner/in
[Position]

2. Unterzeichner/in
[Position]

13.64 CNC-Dreher

Zeugnis

Herr Max Mustermann war vom 01.10.2006 bis zum 30.11.2021 in unserem Unternehmen als CNC-Dreher tätig.

[Unternehmensbeschreibung]

Die Schwerpunkte der Tätigkeiten von Herrn Mustermann gestalteten sich wie folgt:

- Einrichten und Bedienen der CNC-Bearbeitungszentren,
- Bearbeiten und Prüfen von Werkstücken,
- selbstständiges Erstellen von NC-Programmen für unterschiedliche Fertigungstechnologien,
- Bedienen der CNC-Drehmaschine: Maschinen beschicken und entladen,
- Arbeitsablauf überwachen und Werkzeuge wechseln,
- kleine Wartungsarbeiten durchführen, Störungen beheben,
- Sicherstellen der Qualität: Maßhaltigkeit, Beschaffenheit,
- Vollständigkeit der Bearbeitung sicherstellen,
- Erstellen der Fertigungs- und Ablaufpläne für die Werkstückbearbeitung.

Herr Mustermann verfügt über umfassende und vielseitige Fachkenntnisse, die er immer sicher und gekonnt in der Praxis einsetzte. Er bildete sich stets in eigener Initiative durch den Besuch interner und externer Seminare beruflich weiter und war dabei sehr erfolgreich.

Aufgrund seiner genauen Analysefähigkeit und seiner schnellen Auffassungsgabe war er jederzeit in der Lage, auch schwierige Situationen sofort zutreffend zu erfassen und schnell gute Lösungen zu finden. Herr Mustermann zeigte jederzeit große Eigeninitiative und identifizierte sich immer voll mit seinen Aufgaben und unserem Unternehmen, wobei er auch durch seine große Einsatzfreude überzeugte. Auch in Situationen mit großem Arbeitsaufkommen erwies er sich immer als in hohem Maße belastbar.

Die Planung und Steuerung seiner Aufgaben erfüllte er stets mit gutem Erfolg, nicht zuletzt wegen seines guten Organisationstalentes. Dabei arbeitete er stets selbstständig, zügig und dennoch mit großer Sorgfalt, Konzentration und Flexibilität. Herr Mustermann war äußerst zuverlässig und genoss unser volles Vertrauen.

Auch für schwierige Problemstellungen fand er sehr effektive Lösungen, die er erfolgreich in die Praxis umsetzte und damit immer gute Arbeitsergebnisse erzielte. Die Leistungen von Herrn Mustermann haben jederzeit und in jeder Hinsicht unsere volle Anerkennung gefunden.

Er war ein überaus loyaler Mitarbeiter, der sich gut in das Team integrierte. Sein Verhalten gegenüber Vorgesetzten, Kollegen und Kunden war stets einwandfrei.

Herr Mustermann verlässt unser Unternehmen mit dem 30.11.2021 auf eigenen Wunsch. Wir bedauern dies, weil wir mit ihm einen langjährigen guten Mitarbeiter verlieren. Wir bedanken uns für die stets guten Leistungen und wünschen ihm für die Zukunft beruflich und privat weiterhin viel Erfolg und alles Gute.

Musterstadt, 30.11.2021

1. Unterzeichner/in	2. Unterzeichner/in
[Position]	[Position]

13.65 Compliance-Manager

Zeugnis

Herr Max Mustermann war vom 01.02.2020 bis zum 30.11.2021 in der Abteilung Legal & Compliance als Compliance-Manager in unserem Unternehmen tätig.

[Unternehmensbeschreibung]

Im Rahmen seines verantwortungsvollen und vielseitigen Tätigkeitsgebietes war Herr Mustermann für folgende Aufgaben zuständig:

- Mitarbeit bei der Entwicklung, Implementierung und Pflege eines konzernweiten Compliance-Management-Systems,
- Management interner und externer Stakeholder im Zusammenhang mit Compliance-Fragestellungen,
- Beratung und Betreuung unserer internationalen Tochtergesellschaften,
- Identifizierung und Analyse von Compliance-Risiken in den operativen Einheiten,
- Weiterentwicklung, Kommunikation und Monitoring von Richtlinien, Standards und Merkblättern für Corporate-Compliance-Themen,
- rechtliche Beurteilung compliancerelevanter Angelegenheiten,
- Mitarbeit an Compliance-Kommunikationsmaßnahmen (Verfassen eines Corporate-Compliance-Newsletters),
- Erstellung und Aktualisierung von Schulungsunterlagen,
- Durchführung von Compliance-Schulungen,
- Prüfung von Projekten in Bezug auf compliancerelevante Sachverhalte,
- Zusammenarbeit mit den Fachabteilungen wie der Internen Revision, HR und Legal,
- Zusammenarbeit mit Anwaltssozietäten, Wirtschaftsprüfungsgesellschaften und Behörden.

Herr Mustermann war direkt dem CEO unterstellt.

Herr Mustermann verfügt über ein hervorragendes und auch in Randbereichen sehr tiefgehendes Fachwissen, welches er in unser Unternehmen stets in höchst gewinnbringender Weise einbrachte. Besonders hervorheben möchten wir seine

Fähigkeit, der Belegschaft die Compliance-Vorschriften in den unterschiedlichen Schulungsmaßnahmen klar und verständlich zu vermitteln. Seine hervorragenden Englischkenntnisse konnte er in der Kommunikation mit unseren internationalen Tochtergesellschaften stets zu unserem Vorteil einsetzen. Er bildete sich permanent in eigener Initiative durch den Besuch interner und externer Seminare beruflich weiter und war dabei immer sehr erfolgreich.

Aufgrund seiner extrem guten Auffassungsgabe war er jederzeit in der Lage, auch schwierige Situationen sofort zutreffend zu erfassen und schnell sehr gute Lösungen zu finden. Herr Mustermann engagierte sich beispielhaft für unser Unternehmen, häufig auch über die übliche Arbeitszeit hinaus und zeigte dabei sehr großen persönlichen Einsatz. Auch in Situationen mit größtem Arbeitsaufkommen erwies er sich immer als in höchstem Maße belastbar.

Alle Aufgaben führte er jederzeit vollkommen selbstständig, äußerst sorgfältig und planvoll durchdacht aus. Er agierte absolut ruhig, überlegt und zielorientiert und in höchstem Maße präzise. Dabei überzeugte er stets in besonderer Weise sowohl in qualitativer als auch in quantitativer Hinsicht. Herr Mustermann überzeugte stets durch seine außerordentliche Verlässlichkeit.

Für alle auftretenden Probleme fand er ausnahmslos ausgezeichnete Lösungen. Hervorzuheben sind seine erstklassigen Beiträge bei der Erstellung unseres monatlich erscheinenden Corporate-Compliance-Newsletters. Die Leistungen von Herrn Mustermann haben jederzeit und in jeder Hinsicht unsere vollste Anerkennung gefunden.

Er wurde wegen seines stets freundlichen und ausgeglichenen Wesens allseits sehr geschätzt. Er war immer hilfsbereit, zuvorkommend und stellte, falls erforderlich, auch persönliche Interessen zurück. Sein Verhalten zu Vorgesetzten, Kolleginnen und Kollegen sowie Kundinnen und Kunden war jederzeit vorbildlich.

Herr Mustermann verlässt unser Unternehmen mit dem 30.11.2021 auf eigenen Wunsch. Wir bedauern dies sehr, weil wir mit ihm einen sehr guten Mitarbeiter verlieren. Wir bedanken uns für die stets sehr guten Leistungen und wünschen ihm für die Zukunft beruflich und privat weiterhin viel Erfolg und alles Gute.

Musterstadt, 30.11.2021

1. Unterzeichner/in	2. Unterzeichner/in
[Position]	[Position]

13.66 Consultant (senior)

Zeugnis

Herr Max Mustermann arbeitete vom 01.07.2015 bis zum 30.11.2021 als Senior Consultant in unserem Unternehmen.

[Unternehmensbeschreibung]

Im Rahmen seines verantwortungsvollen und vielseitigen Tätigkeitsgebietes war Herr Mustermann für folgende Aufgaben zuständig:

- Abwicklung von innovativen Projekten im Investmentbanking,
- Konzeption, Konfiguration, Integration, Einführung und Wartung komplexer Standardsysteme,
- Entwicklung individueller Anwendungssysteme und Schnittstellen aus den Bereichen Sales, Trading, Backoffice, Risk Management,
- Analyse fachlicher Anforderungen und Konzeption innovativer Lösungen aus den Bereichen Front-, Middle- und Backoffice,
- Unterstützung bei der Erstellung von Angeboten und Präsentationen für die dauerhafte Weiterentwicklung des Themenportfolios,
- Übernahme verschiedener Projektleitungs- und Projektmanagementaufgaben,
- Weiterer Auf- und Ausbau der Themenunit Investmentbanking.

Herr Mustermann verfügt über ein ausgezeichnetes und auch in Randbereichen sehr tiefgehendes Fachwissen, welches er stets gekonnt zum Wohle unseres Unternehmens einsetzte. Sein hervorragendes Know-how in mehreren Investmentbanking-Systemen und sein überaus technisches Verständnis kamen ihm bei dieser anspruchsvollen Position in einem hochkomplexen Themengebiet stets zugute. Er nahm regelmäßig erfolgreich an den unterschiedlichsten fachbezogenen internen und externen Weiterbildungsseminaren teil und bereicherte dadurch immer wieder mit neuen Impulsen die Arbeit in unserem Unternehmen.

Besonders hervorzuheben sind sein ausgesprochen analytisches Denkvermögen und seine sehr rasche Auffassungsgabe. Herr Mustermann zeigte jederzeit hohe Eigeninitiative und identifizierte sich immer voll mit seinen Aufgaben und unserem Unternehmen, wobei er auch durch seine sehr große Einsatzfreude überzeugte. Auch in Situationen mit größtem Arbeitsaufkommen erwies er sich immer als in höchstem Maße belastbar.

Die Planung und Steuerung seiner Aufgaben erfüllte er nicht zuletzt wegen seines beeindruckenden Organisationstalentes stets äußerst zügig und in exzellenter Weise. Dabei arbeitete er vollkommen selbstständig, mit extremer Sorgfalt, allergrößter Konzentration und Flexibilität. Herr Mustermann war in ganz besonders hohem Maße zuverlässig.

Auch für schwierigste Problemstellungen fand er sehr effektive Lösungen, die er jederzeit erfolgreich in die Praxis umsetzte und damit immer ausgezeichnete Arbeitsergebnisse erzielte. Die Leistungen von Herrn Mustermann haben dauerhaft und in jeder Hinsicht unsere vollste Anerkennung gefunden.

Wegen seines jederzeit freundlichen und ausgeglichenen Wesens wurde er allseits sehr geschätzt. Er genoss das volle Vertrauen aller Vorgesetzten, Kollegen und Kunden. Sein Verhalten war immer vorbildlich.

Das Arbeitsverhältnis endet auf Initiative von Herrn Mustermann zum 30.11.2021. Wir bedauern dies sehr, weil wir mit Herrn Mustermann einen sehr guten Mitarbeiter verlieren. Wir bedanken uns für die stets sehr guten Leistungen und wünschen ihm für die Zukunft beruflich und privat weiterhin viel Erfolg und alles Gute.

Musterstadt, 30.11.2021

1. Unterzeichner/in	2. Unterzeichner/in
[Position]	[Position]

13.67 Contentmanagerin

Zwischenzeugnis

Frau Mara Muster ist seit dem 01.10.2018 in der Abteilung Marketing als Contentmanagerin in unserem Unternehmen tätig.

[Unternehmensbeschreibung]

Im Rahmen dieser Tätigkeit ist Frau Muster für folgende Aufgaben verantwortlich:

- strategische Umsetzung von Content und Design des Webauftritts (Homepage/Shop),
- Verantwortung für SEO- und SEA-Kampagnen,
- eigenständiger Aufbau und Betreuung sowie strategische Weiterentwicklung der Social-Media-Kanäle,
- Auswahl von Bildmaterial, Verfassen von kreativen Texten sowie die Einstellung von Onlineeinträgen und Postings
- Erstellung von Präsentationen
- Unterstützung anderer Abteilungen (z. B. Marketing)
- eigenständige Betreuung des B2B-Shops.

Frau Muster verfügt über umfassende und vielseitige Fachkenntnisse, die sie immer sicher und gekonnt in der Praxis einsetzt. Sie besucht regelmäßig und erfolgreich Weiterbildungsveranstaltungen, um ihre Stärken weiter auszubauen und ihre guten Fachkenntnisse zu erweitern.

Aufgrund ihrer genauen Analysefähigkeit und ihrer schnellen Auffassungsgabe ist sie jederzeit in der Lage, auch schwierige Situationen sofort zutreffend zu erfassen und schnell gute Lösungen zu finden. Frau Muster zeigt jederzeit große Eigeninitiative und identifiziert sich immer voll mit ihren Aufgaben und unserem Unternehmen, wobei sie auch durch ihre große Einsatzfreude überzeugt. Auch unter schwierigen Arbeitsbedingungen und starker Belastung bewältigt sie alle Aufgaben in guter Weise.

Frau Muster arbeitet jederzeit zielstrebig, sehr sorgfältig und mit großer Effizienz; dabei agiert sie immer qualitäts- und verantwortungsbewusst. Frau Muster ist in hohem Maße zuverlässig.

Auch für schwierige Problemstellungen findet sie sehr effektive Lösungen, die sie erfolgreich in die Praxis umsetzt und damit immer gute Arbeitsergebnisse erzielt. Die Leistungen von Frau Muster finden jederzeit und in jeder Hinsicht unsere volle Anerkennung.

Sie wird wegen ihres freundlichen und ausgeglichenen Wesens allseits sehr geschätzt. Sie ist immer hilfsbereit, zuvorkommend und stellt, falls erforderlich, auch persönliche Interessen zurück. Ihr Verhalten zu Vorgesetzten, Kolleginnen und Kollegen sowie Kundinnen und Kunden ist jederzeit einwandfrei.

Dieses Zwischenzeugnis wird erteilt, weil Frau Muster zum 01.01.2022 eine neue Aufgabe in der Abteilung Editorial Department übernimmt. Wir bedanken uns bei ihr für die in der Vergangenheit erbrachten stets guten Leistungen und freuen uns auf eine weiterhin positive Fortsetzung des Arbeitsverhältnisses.

Musterstadt, 31.12.2021
1. Unterzeichner/in [Position]
2. Unterzeichner/in [Position]

13.68 Controllerin

Zeugnis
Frau Mara Muster war vom 01.06.2014 bis zum 30.11.2021 in unserem Unternehmen als Controllerin tätig.

[Unternehmensbeschreibung]

In dieser Funktion war Frau Muster für folgende Tätigkeiten zuständig:

- Erstellung von Forecasts und Budgets,
- Erstellung von Monats-, Quartals- und Jahresberichten,

- Durchführung von Soll-Ist-Vergleichen, Abweichungsanalysen und Ad-hoc-Auswertungen,
- Weiterentwicklung und Optimierung von Kennzahlen,
- Kostenstellen- und Kostenträgerrechnung,
- Mitwirkung bei der Erstellung der Unternehmensplanung in Abstimmung mit den Geschäftsbereichen,
- Aufbereitung und Präsentation von Analysen für die Geschäftsleitung.

Frau Muster verfügt über ein hervorragendes und auch in Randbereichen sehr tiefgehendes Fachwissen, welches sie in unser Unternehmen stets in höchst gewinnbringender Weise einbrachte. Besonders erwähnenswert sind ihr ausgezeichneter Umgang mit ERP-Systemen und ihre fundierten Bilanzierungskenntnisse nach IFRS. Sie nahm regelmäßig erfolgreich an den unterschiedlichsten fachbezogenen internen und externen Weiterbildungsseminaren teil und bereicherte dadurch immer wieder mit neuen Impulsen die Arbeit in unserem Unternehmen.

Aufgrund ihrer sehr guten Auffassungsgabe war sie jederzeit in der Lage, auch schwierige Situationen sofort zutreffend zu erfassen und schnell sehr gute Lösungen zu finden. Frau Muster war eine äußerst engagierte Mitarbeiterin, die besonders durch ihre außergewöhnliche Leistungsbereitschaft und außerordentliche Einsatzbereitschaft überzeugen konnte. Auch in Situationen mit größtem Arbeitsaufkommen erwies sie sich immer als in höchstem Maße belastbar.

Ihre Aufgaben führte sie mit größter Umsicht und hohem Verantwortungsbewusstsein aus. Sie war äußerst belastbar, sehr gewissenhaft und arbeitete stets zügig, ohne dass dies zulasten der Präzision ginge. Frau Muster war in ganz besonders hohem Maße zuverlässig.

Die Qualität ihrer Arbeitsergebnisse lag, auch bei schwierigen Arbeiten, bei objektiven Problemhäufungen und Termindruck, stets sehr weit über unseren Anforderungen. Die Leistungen von Frau Muster haben jederzeit und in jeder Hinsicht unsere vollste Anerkennung gefunden.

Sie wurde wegen ihres stets freundlichen und ausgeglichenen Wesens allseits sehr geschätzt. Sie war immer hilfsbereit, zuvorkommend und stellte, falls erforderlich, auch persönliche Interessen zurück. Ihr Verhalten zu Vorgesetzten, Kolleginnen und Kollegen sowie Kundinnen und Kunden war jederzeit vorbildlich.

Frau Muster verlässt unser Unternehmen mit dem 30.11.2021 auf eigenen Wunsch. Wir bedauern dies sehr, weil wir mit ihr eine sehr gute Mitarbeiterin verlieren. Wir bedan-

ken uns für die stets sehr guten Leistungen und wünschen ihr für die Zukunft beruflich und privat weiterhin viel Erfolg und alles Gute.

Musterstadt, 30.11.2021

1. Unterzeichner/in	2. Unterzeichner/in
[Position]	[Position]

13.69 Dachdecker

Zeugnis

Herr Max Mustermann war vom 01.10.2020 bis zum 30.11.2021 in unserem Unternehmen als Dachdecker tätig.

[Unternehmensbeschreibung]

Unser Betrieb hat sich auf die sachgerechte Renovierung historischer Gebäude spezialisiert. Die Schwerpunkte der Tätigkeiten von Herrn Mustermann gestalteten sich wie folgt:

- Decken von Dächern und Wandflächen mit Schiefer, Dachplatten, Schindeln, Wellplatten, Dachziegeln, Dachsteinen und Blech,
- Abdichten von Dach-, Wand- und Bodenflächen mit Kunststoffen und bituminösen Werkstoffen,
- Herstellen von Fassadenbekleidungen,
- Vorbereitung von Dachbegrünungen,
- Planung und Montage von Dachrinnen und Blitzschutzanlagen.

Herr Mustermann überzeugte uns mit seinen vielseitigen und guten Fachkenntnissen, die er jederzeit sicher und zielgerichtet in der Praxis einsetzte. Zum Nutzen unseres Unternehmens erweiterte und aktualisierte er immer mit gutem Erfolg seine umfassenden Fachkenntnisse durch regelmäßige Teilnahme an Weiterbildungsveranstaltungen.

Aufgrund seiner genauen Analysefähigkeit und seiner schnellen Auffassungsgabe war er jederzeit in der Lage, auch schwierige Situationen sofort zutreffend zu erfassen und schnell gute Lösungen zu finden. Auch bei körperlich sehr anstrengenden Arbeiten war Herr Mustermann immer leistungs- und einsatzbereit. Auf seine sehr zuverlässige, umsichtige und gewissenhafte Arbeitsweise war auch in schwierigen Situationen jederzeit Verlass.

Alle Aufgaben führte er vollkommen selbstständig, sehr sorgfältig und planvoll durchdacht aus. Er agierte immer ruhig, überlegt und zielorientiert und in hohem Maße präzise. Dabei überzeugte er stets in guter Weise sowohl in qualitativer als auch in quantitativer Hinsicht. Vertrauenswürdigkeit und große Zuverlässigkeit zeichneten den Arbeitsstil von Herrn Mustermann aus.

Auch für schwierige Problemstellungen fand er sehr effektive Lösungen, die er erfolgreich in die Praxis umsetzte und damit immer gute Arbeitsergebnisse erzielte. Die Leistungen von Herrn Mustermann haben jederzeit und in jeder Hinsicht unsere volle Anerkennung gefunden.

Er wurde wegen seines freundlichen und ausgeglichenen Wesens allseits sehr geschätzt. Er war immer hilfsbereit, zuvorkommend und stellte, falls erforderlich, auch persönliche Interessen zurück. Sein Verhalten zu Vorgesetzten, Kollegen sowie Kunden war jederzeit einwandfrei.

Das Arbeitsverhältnis endet aufgrund einer leider notwendig gewordenen betriebsbedingten Kündigung zum 30.11.2021. Wir bedanken uns für die stets guten Leistungen und wünschen ihm für die Zukunft beruflich und privat weiterhin viel Erfolg und alles Gute.

Musterstadt, 30.11.2021

1. Unterzeichner/in	2. Unterzeichner/in
[Position]	[Position]

13.70 Datenbankentwickler

Zeugnis

Herr Max Mustermann war vom 01.07.2014 bis zum 31.12.2021 in der IT-Abteilung als Datenbankentwickler in unserem Unternehmen tätig.

[Unternehmensbeschreibung]

Zu den Aufgaben von Herrn Mustermann gehörte insbesondere:

- bedarfsgerechte und wirtschaftliche Konzeption und Implementierung von Datenbanken,
- Mitwirkung bei der Festlegung des Entwicklungsrahmens und der Entwicklungsumgebung,
- Überprüfung der Anforderungsmodelle und System-Design-Dokumente auf Korrektheit, Eindeutigkeit und Vollständigkeit sowie auf die Realisierbarkeit der Systemanforderungen bezüglich Sicherheit und Performance,

- Einbeziehung und Abgleich von Standards, um die Einheitlichkeit, Wartbarkeit und Beschreibbarkeit der Systeme und ihrer Handbücher festzulegen,
- Verfeinerung von Systementwürfen durch Abbilden der spezifizierten Systemkomponenten, z. B. auf geeigneten Modellen und Systemdatenmodellen,
- Spezifizieren des dynamischen Verhaltens der Systemkomponenten in Form geeigneter Diagramme,
- Erstellung von Migrationsmodellen und -werkzeugen, um Datenbestände und Workflows übernehmen zu können,
- Erstellung von Analysen von Datenbank-Zugriffen und Mengengerüst als Grundlage für das physische Datenbankdesign,
- Erstellung des physischen Datenbank-Designs in Abhängigkeit vom konkret eingesetzten Datenbank-Managementsystem,
- Einrichtung von Entwicklungsumgebungen bei Kunden,
- Entwicklung und Test von Datenbanken, Durchführung der Datenbankprogrammierung, einschließlich Unit-Tests und Festhalten der Testergebnisse,
- Kundensupport bei Installationen einschließlich der Migration von Bestandsdaten und der Anbindung von Fremdsystemen,
- Optimierung des Leistungsverhaltens von IT-Systemen durch einen auf die Systemanforderungen zugeschnittenen Datenbankentwurf,
- Mitführung vorhandener Datenbestände auf neue Systeme (Migration).

Herr Mustermann hat breit gefächerte Fachkenntnisse, die er jederzeit erfolgreich in der Praxis einsetzte. Er bildete sich stets in eigener Initiative durch den Besuch interner und externer Seminare beruflich weiter und war dabei sehr erfolgreich.

Aufgrund seiner sehr schnellen Auffassungsgabe arbeitete er sich rasch in neue Aufgabengebiete ein und durchdrang auch komplexe Sachverhalte vollständig. Herr Mustermann engagierte sich sehr für unser Unternehmen, häufig auch über die übliche Arbeitszeit hinaus und zeigte dabei großen persönlichen Einsatz. Auch unter schwierigen Arbeitsbedingungen und starker Belastung bewältigte er alle Aufgaben in guter Weise.

Er agierte stets ruhig, überlegt und zielorientiert und in hohem Maße präzise. Dabei überzeugte er stets in qualitativer als auch in quantitativer Hinsicht. Vertrauenswürdigkeit und große Zuverlässigkeit zeichneten den Arbeitsstil von Herrn Mustermann aus.

Er hat sich in seine Aufgabengebiete schnell eingearbeitet; innerhalb kurzer Zeit erzielte er gute Ergebnisse. Herr Mustermann führte die ihm übertragenen Aufgaben stets zu unserer vollen Zufriedenheit aus.

Er wurde wegen seines freundlichen und ausgeglichenen Wesens allseits sehr geschätzt. Er war immer hilfsbereit, zuvorkommend und stellte, falls erforderlich, auch persönliche Interessen zurück. Sein Verhalten zu Vorgesetzten, Kolleginnen und Kollegen sowie Kundinnen und Kunden war jederzeit einwandfrei.

Herr Mustermann verlässt unser Unternehmen mit dem 31.12.2021 auf eigenen Wunsch, um sich einer neuen beruflichen Herausforderung zu stellen. Wir bedauern dies, weil wir mit ihm einen guten Mitarbeiter verlieren. Wir bedanken uns für die stets guten Leistungen und wünschen ihm für die Zukunft beruflich und privat weiterhin viel Erfolg und alles Gute.

Musterstadt, 31.12.2021

1. Unterzeichner/in	2. Unterzeichner/in
[Position]	[Position]

13.71 Datenerfasserin

Zeugnis

Frau Mara Muster war vom 01.11.2015 bis zum 31.12.2021 in unserem Unternehmen als Datenerfasserin tätig.

[Unternehmensbeschreibung]

Ihre Aufgaben umfassten folgende Tätigkeiten:

- Erfassung von Stamm- und Bewegungsdaten,
- Datenbankpflege und -verwaltung,
- Erstellung von Auswertungen und Übersichten,
- Mitarbeit und Unterstützung bei anfallenden Arbeiten,
- Digitalisierung von Dokumenten,
- Durchführung und Überwachung der Archivierung,
- Erledigung der Korrespondenz.

Frau Muster verfügt über ein solides Fachwissen, welches sie unserem Unternehmen in gewinnbringender Weise zur Verfügung stellte. Ihre schnelle Auffassungsgabe ermöglichte es ihr, auch schwierigere Situationen zu überblicken und dabei das Wesentliche zu erkennen. Frau Muster erledigte ihre Aufgaben mit Engagement und persönlichem Einsatz während ihrer gesamten Beschäftigungszeit in unserem Unternehmen. Auch starkem Arbeitsanfall war sie gewachsen.

Ihre Aufgaben führte sie mit Umsicht und Verantwortungsbewusstsein aus. Sie war gewissenhaft und arbeitete zügig. Frau Muster überzeugte durch ihre Zuverlässigkeit.

Sowohl in qualitativer als auch in quantitativer Hinsicht erzielte sie zufriedenstellende Arbeitsergebnisse. Wir waren mit den Leistungen von Frau Muster stets zufrieden.

Sie wurde wegen ihres freundlichen und ausgeglichenen Wesens allseits geschätzt. Ihr Verhalten zu Vorgesetzten, Kolleginnen und Kollegen war einwandfrei.

Frau Muster verlässt unser Unternehmen mit dem 31.12.2021 auf eigenen Wunsch. Wir wünschen ihr für die Zukunft weiterhin Erfolg und alles Gute.

Musterstadt, 31.12.2021

1. Unterzeichner/in	2. Unterzeichner/in
[Position]	[Position]

13.72 Datenschutzbeauftragter

Zeugnis

Herr Max Mustermann war vom 01.09.2017 bis zum 30.11.2021 in unserem Unternehmen als Datenschutzbeauftragter tätig.

[Unternehmensbeschreibung]

Zu den Aufgaben von Herrn Mustermann gehörte es insbesondere, den Missbrauch personengebundener Daten zu verhindern. Dazu oblag ihm:

- Prüfung der bestehenden und geplanten Datenerhebungen und -transaktionen sowie die Analyse aller IT-Anwendungen auf deren Übereinstimmung und Vereinbarkeit mit den rechtlichen Vorgaben, insbesondere des Bundesdatenschutzgesetzes,
- Herstellung und Sicherstellung von Transparenz bezüglich aller Datenerhebungen und -transaktionen,
- Erstellung der notwendigen Verfahrensanweisungen für die einzelnen Anwendungen inklusive des externen Verfahrensverzeichnisses der Kunden nach den gesetzlichen Anforderungen,
- Ableitung eines konsistenten Maßnahmenkatalogs, um alle Anforderungen des BDSG im Unternehmen zu adressieren und umsetzen zu können,
- Vorabkontrolle von Datenverarbeitungen, die besondere Risiken für die Rechte und Freiheiten der Betroffenen aufweisen,
- Sicherstellung der bestehenden Ansprüche auf Auskunft, Korrektur, Löschung oder Sperrung und deren jederzeitige Wahrnehmung,
- Kontakt zu den Aufsichtsbehörden,

- Sensibilisierung und Schulung der mit der Verarbeitung personenbezogener Daten beschäftigten Mitarbeiter,
- Sicherstellung und Kontrolle ordnungsgemäßer Datenzugangskontrollen,
- Durchsetzung des Grundsatzes der Datensparsamkeit,
- Entwicklung eines umfassenden Datenschutzkonzepts,
- Mitwirkung bei der Entwicklung neuer IT-Betriebsvereinbarungen.

Herr Mustermann verfügt über umfassende und vielseitige Fachkenntnisse, die er immer sicher und gekonnt in der Praxis einsetzte. Er hat große Erfahrung im Erarbeiten von Problemlösungen und deren Implementierung, im Überwachen und Pflegen vernetzter Systeme sowie von System- und Anwendungssoftware. Ein ausgeprägtes Verständnis für Betriebsprozesse und Organisationsstrukturen zeichnete ihn aus. Zum Nutzen unseres Unternehmens erweiterte und aktualisierte er immer mit gutem Erfolg seine umfassenden Fachkenntnisse durch regelmäßige Teilnahme an Weiterbildungsveranstaltungen.

Seine schnelle Auffassungsgabe ermöglichte es ihm, auch schwierige Situationen sofort zu überblicken und dabei stets das Wesentliche zu erkennen. Herr Mustermann zeigte jederzeit große Eigeninitiative und identifizierte sich immer voll mit seinen Aufgaben und unserem Unternehmen, wobei er auch durch seine große Einsatzfreude überzeugte. Auch unter schwierigen Arbeitsbedingungen und enormem Zeitdruck bewältigte er alle Aufgaben in guter Weise.

Er arbeitete stets zügig, umsichtig, sorgfältig und genau. Herr Mustermann war in hohem Maße zuverlässig.

Er hat sich in seine Aufgabengebiete schnell eingearbeitet; innerhalb kurzer Zeit erzielte er gute Ergebnisse. Die Leistungen von Herrn Mustermann haben jederzeit und in jeder Hinsicht unsere volle Anerkennung gefunden.

Wegen seiner stets verbindlichen und hilfsbereiten Art wurde Herr Mustermann von seinen Vorgesetzten und Kollegen besonders geschätzt. Sein Verhalten war jederzeit einwandfrei.

Herr Mustermann verlässt unser Unternehmen mit dem heutigen Tag, um eine Vollzeit-Weiterbildung zum IT-Sicherheitskoordinator zu absolvieren und einen Bachelor im Bereich Informationstechnologie zu erwerben. Wir wünschen ihm für seine weitere berufliche und persönliche Zukunft weiterhin viel Erfolg und alles Gute.

Musterstadt, 30.11.2021

1. Unterzeichner/in	2. Unterzeichner/in
[Position]	[Position]

13.73 Designer

Zeugnis
Herr Max Mustermann war vom 01.02.2016 bis zum 31.01.2022 in der Kreativabteilung als Designer in unserem Unternehmen tätig.

[Unternehmensbeschreibung]

Zu seinen Hauptaufgaben zählten:
- Erstellung sämtlicher grafischer Projekte unserer Markenprodukte,
- Entwicklung von Produktverpackungen,
- Konzeption und Gestaltung von Kommunikations- und Werbeunterlagen, von Produktkatalogen sowie Anzeigen nach CI-Vorgaben für Online- und Offlinekanäle,
- Gestaltung von Landingpages, Microsites und Webshop,
- Produkt- und Imagefotografien sowie Bildbearbeitung,
- Finalisierung und Nachbearbeitung von Designentwürfen bis hin zur finalen Druckvorlage,
- Erstellung zielgruppenspezifischer Vertriebsunterlagen und Newsletter-Templates,
- markenkonforme Weiterentwicklung der Corporate-Design-Richtlinien,
- Kommunikation des Datenaustausches mit unseren internationalen Geschäftspartnern.

Herr Mustermann verfügt über ein hervorragendes und auch in Randbereichen sehr tiefgehendes Fachwissen, welches er in unser Unternehmen stets in höchst gewinnbringender Weise einbrachte. Hervorzuheben sind seine erstklassigen Englischkenntnisse, die er in der Kommunikation mit internationalen Geschäftspartnern stets zu unserem Vorteil einsetzte. Zum Nutzen unseres Unternehmens erweiterte und aktualisierte er immer mit sehr gutem Erfolg seine umfassenden Fachkenntnisse durch regelmäßige Teilnahme an Weiterbildungsveranstaltungen.

Seine äußerst schnelle Auffassungsgabe ermöglichte es ihm, auch schwierigste Situationen sofort zu überblicken und dabei stets das Wesentliche zu erkennen. Herr Mustermann zeigte jederzeit hohe Eigeninitiative und identifizierte sich immer voll mit seinen Aufgaben und unserem Unternehmen, wobei er auch durch seine ausgesprochen große Einsatzfreude überzeugte. Auf seine absolut zuverlässige, sehr umsichtige und äußerst gewissenhafte Arbeitsweise war auch in schwierigsten Situationen jederzeit Verlass.

Seine Aufgaben führte er mit größter Umsicht und hohem Verantwortungsbewusstsein aus. Er war extrem belastbar, absolut gewissenhaft und arbeitete stets zügig, ohne dass dies zulasten der Präzision ginge. Herr Mustermann war in ganz besonders hohem Maße zuverlässig.

Auch für schwierigste Problemstellungen fand er sehr effektive Lösungen, die er jederzeit erfolgreich in die Praxis umsetzte und damit immer ausgezeichnete Arbeitsergebnisse erzielte. Besonders hervorzuheben sind seine kreative und äußerst erfolgreiche Konzeption einer ganzheitlichen Markenstrategie für unseren internationalen Marktauftritt und deren Begleitung bis zum Livegang. Herr Mustermann hat die ihm übertragenen Aufgaben stets zu unserer vollsten Zufriedenheit erfüllt.

Aufgrund seines immer ausgesprochen freundlichen, hilfsbereiten und ausgeglichenen Wesens war er sowohl innerhalb des Unternehmens als auch bei unseren Kunden gleichermaßen besonders geschätzt und beliebt. Sein Verhalten gegenüber der Geschäftsleitung, Kollegen sowie Kunden und sonstigen Geschäftspartnern war jederzeit vorbildlich.

Herr Mustermann verlässt unser Unternehmen mit dem 31.01.2022 auf eigenen Wunsch. Wir bedauern dies sehr, weil wir mit ihm einen sehr guten Mitarbeiter verlieren. Wir bedanken uns für die stets sehr guten Leistungen und wünschen ihm für die Zukunft beruflich und privat weiterhin viel Erfolg und alles Gute.

Musterstadt, 31.01.2022

1. Unterzeichner/in	2. Unterzeichner/in
[Position]	[Position]

13.74 Diätassistentin

Zeugnis

Frau Mara Muster war vom 01.08.2013 bis zum 31.01.2022 in unserem Klinikum als Diätassistentin beschäftigt.

[Unternehmensbeschreibung]

Das Aufgabengebiet von Frau Muster umfasste folgende Tätigkeiten:

- Erstellung der Wochenspeisepläne für die Diätkostformen,
- Lebensmittelbestellung und Lagerhaltung,
- Nährwertberechnung der Diätkostformen per EDV,
- Einzel- und Gruppenberatung sowie Ernährungsvorträge und Betreuung der Lehrküche,
- Anleitung von Diätschüler/innen während des Praktikumseinsatzes,
- Umsetzung von Hygienerichtlinien,
- Einhaltung und Umsetzung der HACCP-Richtlinien und -Vorgaben.

Zusätzlich übernahm sie regelmäßig die Urlaubsvertretung der Diätassistenz auf der onkologischen Station im Mutterhaus.

Frau Muster verfügt über ein ausgezeichnetes und auch in Randbereichen – wie z. B. der alternativen Kostformen – sehr tiefgehendes Fachwissen, welches sie stets zum Wohle unseres Klinikums gekonnt einsetzte. Besonders hervorzuheben sind ihre ausgeprägten pädagogischen Fähigkeiten, die sie bei der Durchführung von zahlreichen Sonderveranstaltungen für unsere Diätschüler/innen jederzeit mit großem Erfolg einsetzte. Sie besuchte regelmäßig und sehr erfolgreich Weiterbildungsveranstaltungen, um ihre Stärken weiter auszubauen und ihre hervorragenden Fachkenntnisse zu erweitern.

Ihre äußerst schnelle Auffassungsgabe ermöglichte es ihr, auch schwierigste Situationen sofort zu überblicken und dabei stets das Wesentliche zu erkennen. Frau Muster zeigte jederzeit hohe Eigeninitiative und identifizierte sich immer voll mit ihren Aufgaben und unserem Klinikum, wobei sie auch durch ihre sehr große Einsatzfreude überzeugte. Auch in Situationen mit größtem Arbeitsaufkommen erwies sie sich immer als in höchstem Maße belastbar.

Alle Aufgaben führte sie permanent vollkommen selbstständig, äußerst sorgfältig und planvoll durchdacht aus. Sie agierte immer ruhig, überlegt und zielorientiert und in höchstem Maße präzise. Dabei überzeugte sie stets in besonderer Weise sowohl in qualitativer als auch in quantitativer Hinsicht. Vertrauenswürdigkeit und absolute Zuverlässigkeit zeichneten den Arbeitsstil von Frau Muster jederzeit aus.

Auch für schwierigste Problemstellungen fand sie sehr effektive Lösungen, die sie jederzeit erfolgreich in die Praxis umsetzte und damit immer ausgezeichnete Arbeitsergebnisse erzielte. Sie initiierte unter anderem einen neuen einzigartigen Prozess bei der Endkontrolle des Tablettsystems, was die Koordination der täglichen Essensausgabe enorm erleichterte.

Wir waren mit den Leistungen von Frau Muster stets und in jeder Hinsicht sehr zufrieden.

Wegen ihres jederzeit freundlichen und ausgeglichenen Wesens wurde sie allseits sehr geschätzt. Sie genoss das volle Vertrauen aller Vorgesetzten, Kollegen und Patienten. Ihr Verhalten war immer vorbildlich.

Frau Muster verlässt unser Unternehmen mit dem 31.01.2022 auf eigenen Wunsch, weil sie ein Studium der Diätologie aufnehmen will. Wir bedauern ihren Weggang sehr, weil wir mit ihr eine sehr gute Mitarbeiterin verlieren. Wir bedanken uns für die stets sehr guten Leistungen und wünschen ihr für die Zukunft beruflich und privat weiterhin viel Erfolg und alles Gute.

Musterstadt, 31.01.2022

1. Unterzeichner/in	2. Unterzeichner/in
[Position]	[Position]

13.75 Disponent

Zeugnis

Herr Max Mustermann war vom 01.09.2019 bis zum 31.12.2021 in unserem Betrieb als Disponent im Lager beschäftigt.

[Unternehmensbeschreibung]

Zu seinen Hauptaufgaben gehörten:

- Annahme der Waren und Wareneingangsprüfung,
- Erfassung und Kontrolle der Waren auf ordnungsgemäßen Zustand, Quantität, Lieferschein, Frachtbrief, Zollpapiere, Bestellung, Stücknummer, Kennzeichnung und Chargennummer,
- Zurverfügungstellung von Lagerkapazität unter Beachtung des FIFO-Prinzips,
- Kommissionierung der ausgehenden Waren mittels Scan-Technik,
- Drucken der Versandlabel und Anbringung an der zu versendenden Ladung,
- Führen von Akten für Lieferscheine, Frachtbriefe und Zollpapiere,
- Führen eines Bestandsverzeichnisses für Versandmaterial und Betriebsmittel,
- Verantwortung der Einhaltung der ISO/TS 16949 und ISO-14001 – Vorgaben im Warenein- und Warenausgang,
- Buchung von Materialbewegungen,
- Unterstützung bei Inventurarbeiten.

Herr Mustermann verfügt über eine sehr große Berufserfahrung und äußerst umfassende und vielseitige Fachkenntnisse, auch in Randbereichen, die er immer sehr sicher und gekonnt in der Praxis einsetzte. Sein Denkvermögen und seine außergewöhnlich schnelle Auffassungsgabe ließen ihn auch für schwierige Probleme stets optimale Lösungen finden. Herr Mustermann engagierte sich beispielhaft für unser Unternehmen, häufig auch über die übliche Arbeitszeit hinaus und zeigte dabei sehr großen persönlichen Einsatz. Auch in Situationen mit größtem Arbeitsaufkommen erwies er sich immer als in höchstem Maße belastbar.

Er arbeitete stets äußerst zügig, sehr umsichtig, überaus sorgfältig und genau. Herr Mustermann zeichnete sich stets in besonderer Weise durch eine außerordentliche Verlässlichkeit aus.

Auch für schwierigste Problemstellungen fand er sehr effektive Lösungen, die er jederzeit erfolgreich in die Praxis umsetzte und damit immer ausgezeichnete Arbeitsergebnisse erzielte. Die Leistungen von Herrn Mustermann haben jederzeit und in jeder Hinsicht unsere vollste Anerkennung gefunden.

Er wurde wegen seines stets freundlichen und ausgeglichenen Wesens allseits sehr geschätzt. Er war immer hilfsbereit, zuvorkommend und stellte, falls erforderlich, auch persönliche Interessen zurück. Sein Verhalten zu Vorgesetzten, Kolleginnen und Kollegen sowie Kundinnen und Kunden war jederzeit vorbildlich.

Herr Mustermann verlässt unser Unternehmen mit dem 31.12.2021 aus betriebsbedingten Gründen. Wir bedauern dies sehr, weil wir mit ihm einen sehr guten Mitarbeiter verlieren. Wir bedanken uns für die stets sehr guten Leistungen und wünschen ihm für die Zukunft beruflich und privat weiterhin viel Erfolg und alles Gute.

Musterstadt, 31.12.2021

1. Unterzeichner/in	2. Unterzeichner/in
[Position]	[Position]

13.76 Dolmetscherin

Zeugnis

Frau Mara Muster war vom 01.06.2018 bis zum 30.11.2021 in unserem Unternehmen als Dolmetscherin tätig.

[Unternehmensbeschreibung]

Frau Muster war mit allen Aufgaben einer Dolmetscherin für die Sprachen Deutsch, Englisch, Spanisch und Portugiesisch betraut. Dazu gehörte insbesondere:

- das Dolmetschen bei internationalen Konferenzen, Kongressen, Sitzungen und Verhandlungen (Simultan- und Konsekutivdolmetschen),
- das Dolmetschen von Gesprächen und Verhandlungen von Personen und Firmen im Geschäftsverkehr (Gesprächs- und Konsekutivdolmetschen),
- Übersetzungen von Geschäftsdokumenten aus den jeweiligen Sprachen ins Deutsche.

Daneben trat sie auch als Dolmetscherin vor Gericht und für die öffentliche Verwaltung auf.

Frau Muster verfügt über ein hervorragendes und auch in Randbereichen sehr tiefgehendes Fachwissen, welches sie in unser Unternehmen stets in höchst gewinnbringender Weise einbrachte. Zum Nutzen unseres Unternehmens erweiterte und aktualisierte sie immer mit sehr gutem Erfolg ihre umfassenden Sprachkenntnisse durch regelmäßige Teilnahme an Weiterbildungsveranstaltungen.

Aufgrund ihrer sehr guten Auffassungsgabe war sie jederzeit in der Lage, auch schwierige Situationen sofort zutreffend zu erfassen und schnell sehr gute Lösungen in Form von perfekten Übersetzungen zu finden. Frau Muster zeigte dauerhaft hohe Eigeninitiative und identifizierte sich immer voll mit ihren Aufgaben und unserem Unternehmen, wobei sie auch durch ihre sehr große Einsatzfreude überzeugte. Auch in Situationen mit größtem Arbeitsaufkommen erwies sie sich immer als in höchstem Maße belastbar.

Die Planung und Steuerung ihrer Aufgaben erfüllte sie nicht zuletzt wegen ihres beeindruckenden Organisationstalentes stets äußerst zügig und in exzellenter Weise. Dabei arbeitete sie permanent selbstständig, mit äußerster Sorgfalt, allergrößter Konzentration und Flexibilität. Frau Muster war in ganz besonders hohem Maße zuverlässig.

Die Qualität ihrer Arbeitsergebnisse lag, auch bei schwierigen Arbeiten, bei objektiven Problemhäufungen und Termindruck, stets sehr weit über unseren Anforderungen. Die Leistungen von Frau Muster haben jederzeit und in jeder Hinsicht unsere vollste Anerkennung gefunden.

Wegen ihres immer sehr freundlichen, kontaktfreudigen und ausgeglichenen Wesens wurde sie in hohem Maße geschätzt und erfreute sich größter Beliebtheit. Sie förderte durchgehend aktiv die gute Zusammenarbeit und Teamatmosphäre. Ihr Verhalten gegenüber der Leitung, den Kolleginnen und Kollegen sowie Kundinnen und Kunden war stets und in jeder Hinsicht vorbildlich.

Frau Muster verlässt unser Unternehmen mit dem 30.11.2021 auf eigenen Wunsch. Wir bedauern dies sehr, weil wir mit ihr eine sehr gute Mitarbeiterin verlieren. Wir bedanken uns für die stets sehr guten Leistungen und wünschen ihr für die Zukunft beruflich und privat weiterhin viel Erfolg und alles Gute.

Musterstadt, 30.11.2021

1. Unterzeichner/in	2. Unterzeichner/in
[Position]	[Position]

13.77 Duale Studentin (Handel)

Zeugnis
Frau Mara Muster war vom 01.05.2019 bis zum 30.06.2021 in unserem Unternehmen im Rahmen ihres dualen Studiengangs beschäftigt.

[Unternehmensbeschreibung]

Als duale Studentin durchlief Frau Muster verschiedene Abteilungen unseres Unternehmens wie Einkauf, Vertrieb (national wie auch international), Buchhaltung, Logistik, Import-Export. Die ersten Monate galten der Vertiefung der Studieninhalte. Der Tätigkeitsschwerpunkt ihrer Praxisphasen lag auf der Beratung und dem Verkauf. Sie begleitete die Marktleiter in verschiedenen Filialen bei ihrer täglichen Arbeit und übernahm danach eigenverantwortlich kleinere Projekte. Durch die ausgewogene Kombination von Theorie und Praxis konnte sie die organisatorischen Zusammenhänge rund um das gesamte Warensortiment in unserem Unternehmen kennenlernen.

Frau Muster hat sich in den jeweiligen Abteilungen immer innerhalb von kürzester Zeit ein sehr gutes Fachwissen angeeignet. Hervorzuheben sind ihre vortrefflichen Englischkenntnisse, die sie in der Kommunikation mit internationalen Gesprächspartnern stets zu unserem Vorteil einsetzte. Durch ihre rege Teilnahme an unseren internen Schulungen und durch den Besuch externer Seminare konnte sie ihr ausgezeichnetes Fachwissen noch mit sehr gutem Erfolg erweitern.

Besonders bemerkenswert sind ihre ausgesprochen schnelle Auffassungsgabe und ihr analytisches Denkvermögen. Frau Muster zeigte jederzeit hohe Eigeninitiative und identifizierte sich immer voll mit ihren Aufgaben und unserem Unternehmen, wobei sie auch durch ihre sehr große Einsatzfreude überzeugte. Frau Muster war in besonders hohem Maße lernbereit. Auf ihre absolut zuverlässige, sehr umsichtige und äußerst gewissenhafte Arbeitsweise war auch in schwierigsten Situationen jederzeit Verlass.

Ihre Arbeitsweise war ausgezeichnet und insbesondere von einem sehr guten Verantwortungsbewusstsein geprägt. Frau Muster überzeugte stets durch ihre außerordentliche Verlässlichkeit.

Besonders hervorzuheben waren ihre jederzeit erstklassigen Arbeitsergebnisse. Frau Muster hat die ihr während der Praxisphasen ihres dualen Studiums übertragenen Aufgaben stets zu unserer vollsten Zufriedenheit erfüllt.

Frau Muster trat jederzeit ausgesprochen höflich und freundlich auf. Ihr Verhalten gegenüber Vorgesetzten, Kollegen und Geschäftspartnern war stets vorbildlich.

Wir bedanken uns bei Frau Muster für die sehr gute und angenehme Mit- und Zusammenarbeit. Wir halten sie für unser Unternehmen in hohem Maße für geeignet. Aus diesem Grund haben wir ihr auch einen Arbeitsplatz angeboten. Wir hoffen deshalb, dass wir die Zusammenarbeit nach dem Ende des dualen Studiums fortsetzen können. Für die Zukunft wünschen wir Frau Muster beruflich und privat weiterhin viel Erfolg und alles Gute.

Musterstadt, 30.06.2021

1. Unterzeichner/in	2. Unterzeichner/in
[Position]	[Position]

13.78 Dualer Student (Wirtschaftsinformatik)

Zeugnis
Vom 01.05.2018 bis zum 30.11.2021 war Herr Max Mustermann als dual Studierender während seiner Praxisphasen in unserem Betrieb tätig.

[Unternehmensbeschreibung]

Die Themen und Aufgaben seiner verschiedenen Praxiseinsätze in unserem Unternehmen wurden auf die an der dualen Hochschule vermittelten Inhalte abgestimmt. Einsätze in den jeweiligen Geschäftsbereichen und Produktionswerken gaben Herrn Mustermann einen tiefen und praxisnahen Einblick in unser Unternehmen. Durch seine aktive Mitarbeit am Tagesgeschäft und in Projektaufgaben lernte er erst informationstechnologische und dann betriebswirtschaftliche Funktionsbereiche kennen. Dazu kamen unternehmensinterne Seminare, die eine Brücke zwischen Theorie und Praxis schlugen. Er machte sich anhand von Fallstudien, Planspielen und Gruppenübungen mit den inneren Strukturen des Unternehmens vertraut und übte sich dabei in Rhetorik, Präsentationstechniken und Projektmanagement. Er lernte den sicheren Umgang mit PC-Anwendungsprogrammen und verschiedenen Entwickler-Tools.

In jedem Abschnitt des dualen Studienprogramms erwarb Herr Mustermann stets in beeindruckend kurzer Zeit ausgezeichnete Fachkenntnisse und konnte diese immer mit sehr gutem Erfolg in die tägliche Arbeit einbringen und umsetzen. Er hat eine hervorragende Auffassungsgabe, die es ihm jederzeit ermöglichte, auch überaus komplexe Ausbildungsinhalte innerhalb kürzester Zeit sehr gut zu erfassen. Herr Mustermann war ein überaus belastbarer, hoch motivierter und äußerst verantwortungsbewusster Mitarbeiter. Die gesamte Studienzeit von Herrn Mustermann war besonders geprägt von seiner ausgezeichneten Lernbereitschaft. Auch in Situationen mit größtem Arbeitsaufkommen erwies er sich immer als in höchstem Maße belastbar.

Seine Arbeitsweise war dauerhaft geprägt von hoher Umsicht und einem in jeder Hinsicht außergewöhnlichen Verantwortungsbewusstsein. Vertrauenswürdigkeit und absolute Zuverlässigkeit zeichneten den Arbeitsstil von Herrn Mustermann jederzeit aus.

Sowohl in qualitativer als auch in quantitativer Hinsicht erzielte er immer herausragende Studien- und Arbeitsergebnisse. Herr Mustermann hat unsere sehr hohen Erwartungen stets in allerbester Weise erfüllt.

Er war ein überaus loyaler Student, der sich sehr gut in das Team integrierte. Sein Verhalten gegenüber Vorgesetzten, Kollegen und Kunden war jederzeit vorbildlich.

Das duale Studium endet am 30.11.2021. Wir bedanken uns bei Herrn Mustermann für die stets sehr guten Leistungen und wünschen ihm für die Zukunft beruflich und privat weiterhin viel Erfolg und alles Gute.

Musterstadt, 30.11.2021

1. Unterzeichner/in	2. Unterzeichner/in
[Position]	[Position]

13.79 EDV-Sachbearbeiter

Zeugnis

Herr Max Mustermann war vom 01.07.2010 bis zum 30.11.2021 in der IT-Abteilung als EDV-Sachbearbeiter in unserem Unternehmen tätig.

[Unternehmensbeschreibung]

Zu seinen Hauptaufgaben gehörten:

- Übernahme des IT-Supports für kritische Produktionssysteme,
- fachlicher Ansprechpartner für Mitarbeiter zu IT-Themen,
- Schnittstelle zur Konzernmutter zur Absicherung der konzernweiten IT-Vorgabe,
- Testvorbereitung und -durchführung,
- Mitwirkung an diversen IT-Projekten,
- Durchführung administrativer Tätigkeiten,
- Implementierung verschiedener neuer IT-Prozesse
- Durchführung des Notfallmanagements für die entsprechenden Produktionssysteme.

Herr Mustermann verfügt über ein sehr fundiertes, gutes Fachwissen, welches er unserem Unternehmen stets in gewinnbringender Weise zur Verfügung stellte. Er besuchte regelmäßig und erfolgreich Weiterbildungsveranstaltungen, um seine Stärken weiter auszubauen und seine guten Fachkenntnisse zu erweitern.

Aufgrund seiner genauen Analysefähigkeit und seiner schnellen Auffassungsgabe war er jederzeit in der Lage, auch schwierige Situationen sofort zutreffend zu erfassen und schnell gute Lösungen zu finden. Herr Mustermann zeigte jederzeit große Eigeninitiative und identifizierte sich immer voll mit seinen Aufgaben und unserem Unternehmen, wobei er auch durch seine große Einsatzfreude überzeugte. Auch in Situationen mit erheblichem Arbeitsaufkommen erwies er sich dauerhaft als in hohem Maße belastbar.

Er arbeitete stets zügig, umsichtig, sorgfältig und genau. Herr Mustermann war äußerst zuverlässig und genoss unser volles Vertrauen.

Für alle auftretenden Probleme fand er ausnahmslos gute Lösungen. Die ihm obliegenden Aufgaben erledigte Herr Mustermann stets zu unserer vollen Zufriedenheit.

Er wurde wegen seines freundlichen und ausgeglichenen Wesens allseits sehr geschätzt. Er war immer hilfsbereit, zuvorkommend und stellte, falls erforderlich, auch persönliche Interessen zurück. Sein Verhalten zu Vorgesetzten, Kolleginnen und Kollegen sowie Kundinnen und Kunden war jederzeit einwandfrei.

Herr Mustermann verlässt unser Unternehmen mit dem 30.11.2021 auf eigenen Wunsch. Wir bedanken uns für die stets guten Leistungen und wünschen ihm für die Zukunft beruflich und privat weiterhin viel Erfolg und alles Gute.

Musterstadt, 30.11.2021

1. Unterzeichner/in	2. Unterzeichner/in
[Position]	[Position]

13.80 Einkäufer

Zeugnis

Herr Max Mustermann war vom 01.10.2016 bis zum 31.12.2021 in unserem Unternehmen als Einkäufer tätig.

[Unternehmensbeschreibung]

Zu den Aufgaben von Herrn Mustermann gehörten insbesondere:

- Besuch der potenziellen Zulieferbetriebe und Erstbegutachtung möglicher Lieferteile und Produkte,

- Besuch von Branchenmessen,
- Aufbau, Pflege und Weiterentwicklung von Lieferantenbeziehungen,
- Prüfen von Angeboten,
- Führen von Verhandlungen mit Lieferanten,
- Nutzung virtueller Marktplätze und Auktionsplattformen,
- Umgang und Nutzung von Online-Produktkatalogen,
- Analyse und Bewertung von Lieferanten in Lieferantenaudits.

Er arbeitete eng mit der Logistikabteilung sowie den Abteilungen Materialwirtschaft und Produktion zusammen.

Herr Mustermann verfügt über ein hervorragendes und auch in Randbereichen sehr tiefgehendes Fachwissen, welches er in unser Unternehmen stets in höchst gewinnbringender Weise einbrachte. Besonders erwähnenswert sind dabei seine ausgezeichneten Kenntnisse im Bereich Beschaffungswesen sowie Material- und Fertigungswirtschaft. Außerdem kommt ihm seine exzellente Ausbildung in der Kosten- und Leistungsrechnung und im Supply-Chain-Management zugute. Er besuchte regelmäßig und sehr erfolgreich Weiterbildungsveranstaltungen, um seine Stärken weiter auszubauen und seine hervorragenden Fachkenntnisse zu erweitern.

Seine äußerst schnelle Auffassungsgabe ermöglichte es ihm, auch schwierigste Situationen sofort zu überblicken und dabei stets das Wesentliche zu erkennen. Herr Mustermann zeigte jederzeit hohe Eigeninitiative und identifizierte sich immer voll mit seinen Aufgaben und unserem Unternehmen, wobei er auch durch seine ausgesprochen große Einsatzfreude überzeugte. Auch in Situationen mit größtem Arbeitsaufkommen erwies er sich dauerhaft als in höchstem Maße belastbar.

Er arbeitete stets äußerst zügig, absolut umsichtig, überaus sorgfältig und genau. Herr Mustermann überzeugte dauerhaft durch seine außerordentliche Verlässlichkeit.

Auch für schwierigste Problemstellungen fand er sehr effektive Lösungen, die er jederzeit erfolgreich in die Praxis umsetzte und damit immer ausgezeichnete Arbeitsergebnisse erzielte. Wir waren mit den Leistungen von Herrn Mustermann stets und in jeder Hinsicht ausnahmslos zufrieden.

Aufgrund seines immer ausgesprochen freundlichen, hilfsbereiten und ausgeglichenen Wesens war er sowohl innerhalb des Unternehmens als auch bei unseren Kunden gleichermaßen besonders geschätzt und beliebt. Sein Verhalten gegenüber der Geschäftsleitung, Kolleginnen und Kollegen sowie Kundinnen und Kunden und sonstigen Geschäftspartnern war jederzeit vorbildlich.

Herr Mustermann verlässt unser Unternehmen mit dem 31.12.2021 auf eigenen Wunsch. Wir bedauern dies sehr, weil wir mit ihm einen sehr guten Mitarbeiter verlieren. Wir bedanken uns für die stets sehr guten Leistungen und wünschen ihm für die Zukunft beruflich und privat weiterhin viel Erfolg und alles Gute.

Musterstadt, 31.12.2021

1. Unterzeichner/in	2. Unterzeichner/in
[Position]	[Position]

13.81 Einsatzleiterin Rettungsdienst

Zeugnis

Frau Mara Muster war vom 01.10.2015 bis zum 30.11.2021 in unserer Einrichtung als Einsatzleiterin des Rettungsdienstes tätig.

[Unternehmensbeschreibung]

Als solcher oblag ihr bei Einsätzen insbesondere:

- die Feststellung und Beurteilung der Schadenslage aus taktisch-organisatorischer Sicht (Art des Schadens, Art der Verletzungen/Erkrankungen, Anzahl Betroffener, Intensität/Ausmaß der Schädigung, Zusatzgefährdungen, Schadensentwicklung, vorhandene Kräfte und Einheiten, Verbandsmaterial, Medikamente, medizinische Geräte, Transportkapazitäten),
- die Beurteilung, Standortfestlegung und Einrichtung von Verletztenablagen, Behandlungsplätzen, Verletztensammelstellen, Rettungsmittelhalteplätzen, Bereitstellungsräumen und Hubschrauberlandeplätzen.

Sie war verantwortlich für die Leitung des Einsatzes der unterstellten Kräfte, die Erfassung der Betroffenen (Registrierung), die Organisation des Verletztenabtransports (in Abstimmung mit der Rettungsleitstelle und unter Berücksichtigung der Festlegungen des leitenden Notarztes und die Verbindung zur Rettungsleitstelle und zur übergeordneten Führung (Anforderungen und Lagemeldungen) sowie für die Anforderung/Nachforderung von Einsatzpotenzial bei der Rettungsleitstelle in Abstimmung mit dem leitenden Notarzt.

Frau Muster verfügt über ein besonders fundiertes Fachwissen, welches sie in der Praxis stets sicher und zielgerichtet einsetzte. Hervorzuheben sind ihre guten Kenntnisse der regionalen Rettungsdienststrukturen und ihre umfassende einsatztaktische Ausbildung. Durch ihre langjährige Berufserfahrung als Rettungsassistentin verfügt sie auch über fundierte und vielfältige Einsatzerfahrungen. Dadurch ergänzte sie die notfallmedizinischen Kenntnisse des leitenden Notarztes in guter Weise. Sie bildete sich stets in eigener Initiative durch den Besuch interner und externer Seminare beruflich weiter und war dabei sehr erfolgreich.

Aufgrund ihrer genauen Analysefähigkeit und ihrer schnellen Auffassungsgabe war sie jederzeit in der Lage, auch schwierige Situationen sofort zutreffend zu erfassen und schnell gute Lösungen zu finden. Frau Muster erledigte ihre Aufgaben mit großem Engagement und persönlichem Einsatz während ihrer gesamten Beschäftigungszeit in unserer Einrichtung. Sie war den mit ihren Aufgaben verbundenen hohen psychischen Belastungen jederzeit gut gewachsen.

Die Planung und Steuerung ihrer Aufgaben erfüllte sie stets mit gutem Erfolg, nicht zuletzt wegen ihres guten Organisationstalentes. Dabei arbeitete sie stets selbstständig, zügig und dennoch mit großer Sorgfalt, Konzentration und Flexibilität. Frau Muster war in hohem Maße zuverlässig.

Für alle auftretenden Probleme fand sie ausnahmslos gute Lösungen. Hervorzuheben ist außerdem ihre ausgeprägte soziale Kompetenz. Aufgrund ihrer Führungsqualitäten war sie als Vorgesetzte in hohem Maße anerkannt und beliebt. Sie verhielt sich ihren Mitarbeitern gegenüber stets offen und kollegial, verstand es aber dennoch, sich in schwierigen Situationen durchzusetzen und die Mitarbeiter zu gutem Einsatz zu motivieren. Die Leistungen von Frau Muster haben jederzeit und in jeder Hinsicht unsere volle Anerkennung gefunden.

Sie wurde wegen ihres freundlichen und ausgeglichenen Wesens allseits sehr geschätzt. Sie war immer hilfsbereit, zuvorkommend und stellte, falls erforderlich, auch persönliche Interessen zurück. Ihr Verhalten zu Vorgesetzten, Kolleginnen und Kollegen sowie Vertretern und Beschäftigten anderer Organisationen, Patientinnen, Patienten sowie Angehörigen war stets einwandfrei.

Das Arbeitsverhältnis endet auf Wunsch von Frau Muster zum 30.11.2021. Wir bedanken uns für die stets guten Leistungen und wünschen ihr für die Zukunft beruflich und privat weiterhin viel Erfolg und alles Gute.

Musterstadt, 30.11.2021

1. Unterzeichner/in	2. Unterzeichner/in
[Position]	[Position]

13.82 Elektroanlagenmonteur

Zeugnis
Herr Max Mustermann war vom 01.03.2013 bis zum 31.12.2021 in unserem Unternehmen als Elektroanlagenmonteur tätig.

[Unternehmensbeschreibung]

Zu seinen Hauptaufgaben gehörten:
- Installation von energietechnischen, steuerungs- und regelungstechnischen Anlagen,
- Planung der Auftragsabwicklung,
- Bereitstellung von Werkzeugen, Materialien, Hilfs- und Werkstoffen,
- Anfertigung von mechanischen, z. T. auch elektrischen Bauteilen und -gruppen für die Montage,
- Montieren von Anschluss- und Verteilertafeln,
- Verdrahten von Baugruppen,
- Prüfung der Anlagenteile,
- Instandhaltungs- bzw. Reparaturarbeiten an defekten Anlagen.

Herr Mustermann besitzt solide Fachkenntnisse, die er jederzeit sicher und zielgerichtet in der Praxis einsetzte. Zum Nutzen unseres Unternehmens erweiterte und aktualisierte er immer mit Erfolg seine Fachkenntnisse durch regelmäßige Teilnahme an Weiterbildungsveranstaltungen.

Durch sein logisches und analytisches Denkvermögen fand er auch für schwierige Probleme eigenständige, abgewogene und zutreffende Lösungen. Herr Mustermann zeigte Eigeninitiative und identifizierte sich immer voll mit seinen Aufgaben und unserem Unternehmen, wobei er auch durch seine Einsatzfreude überzeugte. Auch in Situationen mit hohem Arbeitsaufkommen erwies er sich als belastbar.

Alle Aufgaben führte er selbstständig, sorgfältig und planvoll durchdacht aus. Er agierte stets ruhig, überlegt, zielorientiert und präzise. Dabei überzeugte er sowohl in qualitativer als auch in quantitativer Hinsicht. Herr Mustermann zeichnete sich durch Verlässlichkeit aus.

Er hat sich in seine Aufgabengebiete zügig eingearbeitet. Die ihm übertragenen Aufgaben erledigte Herr Mustermann stets zu unserer Zufriedenheit.

Er wurde wegen seines freundlichen und ausgeglichenen Wesens allseits geschätzt. Sein Verhalten zu Vorgesetzten, Kolleginnen und Kollegen sowie Kundinnen und Kunden war einwandfrei.

Herr Mustermann verlässt unser Unternehmen mit dem 31.12.2021 auf eigenen Wunsch. Wir wünschen ihm für die Zukunft weiterhin Erfolg und alles Gute.

Musterstadt, 31.12.2021

1. Unterzeichner/in	2. Unterzeichner/in
[Position]	[Position]

13.83 Elektroinstallateur

Zeugnis

Herr Max Mustermann war vom 01.01.2011 bis zum 30.11.2021 in unserem Betrieb als Elektroinstallateur beschäftigt.

[Unternehmensbeschreibung]

Im Rahmen dieser Tätigkeit war er für folgende Aufgaben zuständig:

- Verdrahtungsarbeiten an Sondermaschinen sowie Bedienpulten und Baugruppen,
- Durchführung von Änderungen unter Anwendung von Messgeräten,
- Arbeiten nach Zeichnung, Plan und Verdrahtungsschema,
- Lesen von Schaltplänen,
- Montage von mechanischen Halterungen und Installationswegen,
- Montage von Leitungen und Schaltschrankkästen,
- Durchführung von Wartungsarbeiten,
- Dokumentation der durchgeführten Arbeiten.

Herr Mustermann verfügt über ein hervorragendes und auch in Randbereichen sehr tiefgehendes Fachwissen, welches er in unser Unternehmen stets in höchst gewinnbringender Weise einbrachte. Er nahm regelmäßig erfolgreich an den unterschiedlichsten fachbezogenen internen und externen Weiterbildungsseminaren teil und bereicherte dadurch immer wieder mit neuen Impulsen die Arbeit in unserem Unternehmen.

Aufgrund seiner sehr guten Auffassungsgabe war er jederzeit in der Lage, auch schwierige Situationen sofort zutreffend zu erfassen und schnell sehr gute Lösungen zu finden. Herr Mustermann zeigte fortwährend hohe Eigeninitiative und identifizierte sich immer voll mit seinen Aufgaben und unserem Unternehmen, wobei er auch durch seine sehr große Einsatzfreude überzeugte. Auch in Situationen mit größtem Arbeitsaufkommen erwies er sich immer als in höchstem Maße belastbar.

Die Planung und Steuerung seiner Aufgaben erfüllte er nicht zuletzt wegen seines beeindruckenden Organisationstalentes stets äußerst zügig und in exzellenter Weise. Dabei arbeitete er vollkommen selbstständig, mit absoluter Sorgfalt, allergrößter Konzentration und Flexibilität. Herr Mustermann überzeugte dauerhaft durch seine außerordentliche Verlässlichkeit.

Auch für schwierigste Problemstellungen fand er sehr effektive Lösungen, die er jederzeit erfolgreich in die Praxis umsetzte und damit immer ausgezeichnete Arbeitsergebnisse erzielte. Herr Mustermann hat unsere sehr hohen Erwartungen stets in allerbester Weise erfüllt.

Wegen seines immer sehr freundlichen, kontaktfreudigen und ausgeglichenen Wesens wurde er in hohem Maße geschätzt und erfreute sich größter Beliebtheit. Er förderte durchgehend aktiv die gute Zusammenarbeit und Teamatmosphäre. Sein Verhalten gegenüber der Leitung, den Kolleginnen und Kollegen sowie Kundinnen und Kunden war stets und in jeder Hinsicht vorbildlich.

Herr Mustermann verlässt unser Unternehmen mit dem 30.11.2021 auf eigenen Wunsch. Wir bedauern dies sehr, weil wir mit ihm einen sehr guten Mitarbeiter verlieren. Wir bedanken uns für die stets sehr guten Leistungen und wünschen ihm für die Zukunft beruflich und privat weiterhin viel Erfolg und alles Gute.

Musterstadt, 30.11.2021

1. Unterzeichner/in
[Position]

2. Unterzeichner/in
[Position]

13.84 Elektronikerin

Zeugnis

Frau Mara Muster arbeitete vom 01.08.2014 bis zum 28.02.2022 als Elektronikerin in unserem Unternehmen.

[Unternehmensbeschreibung]

Das Aufgabengebiet von Frau Muster umfasste folgende Tätigkeiten:

- Instandhaltung von Produktionsanlagen und Anlagen zur Energieverteilung,
- Störungsbehebung an laufenden Anlagen,
- Erweiterung und Modernisierung bestehender Produktionslinien,
- Installation von elektrischen Betriebsmitteln,

- Inbetriebnahme von Anlagen und Prozessen und deren Optimierung,
- Programmieren von Steuerungen und Bediensystemen,
- Durchführen von technischen Revisionsarbeiten,
- technische Beratung, Einweisung und Schulung von Mitarbeitern,
- Erstellen von Plänen und Dokumentation.

Frau Muster verfügt über umfassende und vielseitige Fachkenntnisse, die sie immer sicher und gekonnt in der Praxis einsetzte. Besonders hervorzuheben sind ihre ausgeprägten rhetorischen Fähigkeiten, die maßgeblich zu den guten Erfolgen der von ihr durchgeführten Schulungen beitrugen. Sie nahm regelmäßig erfolgreich an unterschiedlichen fachbezogenen internen und externen Weiterbildungsseminaren teil.

Aufgrund ihrer genauen Analysefähigkeit und ihrer schnellen Auffassungsgabe war sie jederzeit in der Lage, auch schwierige Situationen sofort zutreffend zu erfassen und schnell gute Lösungen zu finden. Frau Muster engagierte sich sehr für unser Unternehmen, häufig auch über die übliche Arbeitszeit hinaus und zeigte dabei großen persönlichen Einsatz. Auf ihre sehr zuverlässige, umsichtige und gewissenhafte Arbeitsweise war auch in schwierigen Situationen jederzeit Verlass.

Sie agierte stets ruhig, überlegt und zielorientiert und in hohem Maße präzise. Dabei überzeugte sie stets in qualitativer als auch in quantitativer Hinsicht. Vertrauenswürdigkeit und große Zuverlässigkeit zeichneten den Arbeitsstil von Frau Muster aus.

Auch für schwierige Problemstellungen fand sie sehr effektive Lösungen, die sie erfolgreich in die Praxis umsetzte und damit immer gute Arbeitsergebnisse erzielte. Die ihr obliegenden Aufgaben erledigte Frau Muster stets zu unserer vollen Zufriedenheit.

Wegen ihres freundlichen und ausgeglichenen Wesens wurde sie allseits sehr geschätzt. Sie genoss das Vertrauen aller Vorgesetzten, Kollegen und Kunden. Ihr Verhalten war immer einwandfrei.

Frau Muster hat das Arbeitsverhältnis zum 28.02.2022 gekündigt. Wir bedanken uns für die stets guten Leistungen und wünschen ihr für die Zukunft beruflich und privat weiterhin viel Erfolg und alles Gute.

Musterstadt, 28.02.2022

1. Unterzeichner/in	2. Unterzeichner/in
[Position]	[Position]

13.85 Elektrotechniker

Zeugnis
Herr Max Mustermann war vom 01.07.2015 bis zum 28.02.2022 in unserem Betrieb als Elektrotechniker beschäftigt.

[Unternehmensbeschreibung]

Im Rahmen dieser Tätigkeit war er für folgende Aufgaben verantwortlich:
- elektrotechnische Inbetriebnahme kunststoffschweißender Anlagen zusammen mit der mechanischen Montage,
- Anpassung und Optimierung der Maschinen inklusive Peripheriesysteme beim Kunden,
- Programmieren der Anlagen in enger Zusammenarbeit mit der Konstruktion und dem Vertrieb,
- Durchführung der Maschinenabnahmen mit dem Kunden,
- Koordination und Durchführung von Umbauten und Modernisierungen gemeinsam mit dem Kunden,
- Kundenbetreuung nach der Inbetriebnahme im Rahmen von Schulungen.

Herr Mustermann verfügt über ein erstklassiges und auch in Randbereichen sehr tiefgehendes Fachwissen, welches er in unser Unternehmen stets in höchst gewinnbringender Weise einbrachte. Besonders hervorzuheben sind seine ausgezeichneten Programmier- und Hardwarekenntnisse der S7 – Steuerung/TIA Portal, welche er für seine Arbeit sehr gut einsetzen konnte. Er bildete sich permanent in eigener Initiative durch den Besuch interner und externer Seminare beruflich weiter und war dabei immer sehr erfolgreich.

Seine äußerst schnelle Auffassungsgabe ermöglichte es ihm, auch schwierigste Situationen sofort zu überblicken und dabei stets das Wesentliche zu erkennen. Herr Mustermann zeigte jederzeit hohe Eigeninitiative und identifizierte sich immer voll mit seinen Aufgaben sowie unserem Unternehmen. Besonders hervorzuheben ist seine große Einsatzfreude. Auch unter schwierigsten Arbeitsbedingungen und größtem Zeitdruck bewältigte er alle Aufgaben in hervorragender Weise.

Herr Mustermann arbeitete jederzeit sehr zielstrebig, äußerst sorgfältig und mit größter Effizienz; dabei agierte er außerordentlich qualitäts- und verantwortungsbewusst. Herr Mustermann arbeitete immer außerordentlich zuverlässig und sehr genau.

Die Qualität seiner Arbeitsergebnisse lag, auch bei schwierigen Arbeiten, bei objektiven Problemhäufungen und Termindruck, stets sehr weit über unseren Anforderungen. Hervorzuheben ist sein überragender Einsatz bei der erfolgreichen

Inbetriebnahme unserer kunststoffschweißenden Anlage bei einem unserer größten international tätigen Kunden. Die Leistungen von Herrn Mustermann haben jederzeit und in jeder Hinsicht unsere vollste Anerkennung gefunden.

Aufgrund seines immer ausgesprochen freundlichen, hilfsbereiten und ausgeglichenen Wesens war er sowohl innerhalb des Unternehmens als auch bei unseren Kunden gleichermaßen besonders geschätzt und beliebt. Sein Verhalten gegenüber der Geschäftsleitung, Kollegen sowie Kunden und sonstigen Geschäftspartnern war jederzeit vorbildlich.

Aufgrund der Kündigung von Herrn Mustermann endet das Arbeitsverhältnis mit Ablauf des 28.02.2022. Wir bedauern dies sehr, weil wir mit ihm einen sehr guten Mitarbeiter verlieren. Wir bedanken uns für die stets sehr guten Leistungen und wünschen ihm für die Zukunft beruflich und privat weiterhin viel Erfolg und alles Gute.

Musterstadt, 28.02.2022

1. Unterzeichner/in	2. Unterzeichner/in
[Position]	[Position]

13.86 Elektrotechnikmeister

Zeugnis

Herr Max Mustermann war vom 01.07.2015 bis zum 30.11.2021 in unserem Unternehmen als Elektrotechnikmeister und Teamleiter für den Montage- und Ausführungsservice tätig.

[Unternehmensbeschreibung]

Die Schwerpunkte der Tätigkeiten von Herrn Mustermann gestalteten sich wie folgt:

- Sicherstellen einer marktkonformen und qualitativ hochwertigen Instandhaltung, Instandsetzung sowie Montage von Energieversorgungsanlagen nach den geltenden Gesetzen, Vorschriften sowie den anerkannten Regeln der Technik,
- Verantworten der markt- und kundenorientierten Dienstleistung auf Basis der Kundenanforderungen,
- kosteneffiziente, zeit- und qualitätsgerechte Steuerung und Auslastung der Ressourcen,
- Vermarktung von Produkten des Servicebereichs Technik an interne und externe Kunden,
- Kalkulation von Leistungsangeboten,

- Unterstützung bei der Kundenakquisition, Erschließung neuer Produktfelder,
- Weitergabe von Erfahrungen der Vermarktung des Produktportfolios für Konzerntöchter und Externe an den Bereich Akquisition.

Herr Mustermann trägt die Personalverantwortung für ein Team von sechs Mitarbeitern.

Herr Mustermann verfügt über ein ausgezeichnetes und auch in Randbereichen sehr tiefgehendes Fachwissen, welches er stets gekonnt zum Wohle unseres Unternehmens einsetzte. Hervorzuheben ist außerdem seine hervorragende soziale Kompetenz; im Rahmen von Projektarbeiten konnte er alle Beteiligten durch seinen Teamgeist und seine Begeisterungsfähigkeit stets zu vollem Einsatz und sehr guten Leistungen motivieren. Er nahm regelmäßig erfolgreich an den unterschiedlichsten fachbezogenen internen und externen Weiterbildungsseminaren teil und bereicherte dadurch immer wieder mit neuen Impulsen die Arbeit in unserem Unternehmen.

Seine äußerst schnelle Auffassungsgabe ermöglichte es ihm, auch schwierigste Situationen sofort zu überblicken und dabei stets das Wesentliche zu erkennen. Herr Mustermann war ein überaus engagierter Mitarbeiter, der besonders durch seine außergewöhnliche Leistungsbereitschaft und außerordentliche Einsatzbereitschaft überzeugen konnte. Auch in Situationen mit größtem Arbeitsaufkommen erwies er sich immer als in höchstem Maße belastbar.

Seine Aufgaben führte er mit größter Umsicht und hohem Verantwortungsbewusstsein aus. Er war extrem belastbar, sehr gewissenhaft und arbeitete permanent zügig, ohne dass dies zulasten der Präzision ginge. Herr Mustermann zeichnete sich stets in besonderer Weise durch eine außerordentliche Verlässlichkeit aus.

Auch für schwierigste Problemstellungen fand er sehr effektive Lösungen, die er jederzeit erfolgreich in die Praxis umsetzte und damit immer ausgezeichnete Arbeitsergebnisse erzielte. Seine Mitarbeiter führte er durch sein Vorbild an Tatkraft und durch einen kollegialen Führungsstil zu gleichbleibend sehr guten Leistungen. Dabei zeigte er neben einem äußerst effektiven Motivationsverhalten auch das richtige Maß an Durchsetzungsvermögen. Routineaufgaben delegierte er allzeit sehr effektiv; er setzte seine Mitarbeiter immer entsprechend ihren Fähigkeiten und Neigungen ein. Die Leistungen von Herrn Mustermann haben jederzeit und in jeder Hinsicht unsere vollste Anerkennung gefunden.

Herr Mustermann trat jederzeit ausgesprochen höflich und freundlich auf. Sein Verhalten gegenüber Vorgesetzten, Kollegen, Mitarbeitern und Kunden war stets vorbildlich.

Herr Mustermann verlässt unser Unternehmen mit dem 30.11.2021 auf eigenen Wunsch. Wir bedauern dies sehr, weil wir mit ihm einen sehr guten Mitarbeiter verlieren. Wir bedanken uns für die stets sehr guten Leistungen und wünschen ihm für die Zukunft beruflich und privat weiterhin viel Erfolg und alles Gute.

Musterstadt, 30.11.2021

1. Unterzeichner/in	2. Unterzeichner/in
[Position]	[Position]

13.87 Empfangskraft/Verwaltungsassistenz

Zeugnis

Frau Mara Muster war vom 01.01.2001 bis zum 31.12.2021 in unserem Unternehmen als Empfangskraft tätig.

[Unternehmensbeschreibung]

Frau Muster war in dieser Funktion erster und zentraler Ansprechpartner am Empfang unseres Unternehmens. Frau Muster sorgte dabei für einen reibungslosen Ablauf am Empfang, begrüßte und betreute unsere Geschäftskunden persönlich oder am Telefon.

Ihre Position beinhaltete die folgenden Aufgabenschwerpunkte:

- Annahme und Verteilung der Post/E-Mails an die zuständigen Mitarbeiter,
- Ausgabe/Verwaltung von Büromaterial und deren Bestellung,
- Buchung von Besprechungsräumen,
- Einteilung und Kontrolle der Besucherparkplätze,
- Empfang von Kunden und Besucher,
- Reservierung von Mietfahrzeugen für unsere Mitarbeiter,
- Weiterleitung eingehender Anrufe und bei Bedarf die Zuordnung des zuständigen Mitarbeiters.

Frau Muster verfügt über ein hervorragendes und auch in Randbereichen sehr tiefgehendes Fachwissen, welches sie in unser Unternehmen stets in höchst gewinnbringender Weise einbrachte.

Frau Muster zeichnet ein höfliches und angenehmes Auftreten sowie Kommunikationsstärke aus. Weiterhin besitzt sie sehr gute MS-Office-Kenntnisse (Outlook, Word, Excel).

Ihre Aufgaben erledigte sie zuverlässig und gewissenhaft. Sie war belastbar, gewissenhaft und arbeitete stets kundenorientiert.

Besonders hervorzuheben ist ihre hilfsbereite und freundliche Art, mit denen sie unsere Kunden und die Besucher unseres Hauses begrüßte.

Auch in stressigen Situationen behielt Frau Muster stets den Überblick, überzeugte durch ein gepflegtes Erscheinungsbild und sehr gute Umgangsformen.

Aufgrund ihrer sehr guten Auffassungsgabe war sie jederzeit in der Lage, auch schwierige Situationen sofort zutreffend zu erfassen und schnell sehr gute Lösungen zu finden. Frau Muster zeigte jederzeit hohe Eigeninitiative und identifizierte sich immer voll mit ihren Aufgaben und unserem Unternehmen, wobei sie auch durch ihre sehr große Einsatzfreude überzeugte. Auch in Situationen mit größtem Arbeitsaufkommen erwies sie sich immer als in höchstem Maße belastbar.

Alle Aufgaben führte sie jederzeit vollkommen selbstständig, äußerst sorgfältig und planvoll durchdacht aus. Sie agierte immer ruhig, überlegt und zielorientiert und in höchstem Maße präzise. Dabei überzeugte sie stets in besonderer Weise sowohl in qualitativer als auch in quantitativer Hinsicht. Frau Muster war in ganz besonders hohem Maße zuverlässig.

Für alle auftretenden Probleme fand sie ausnahmslos ausgezeichnete Lösungen. Die Leistungen von Frau Muster haben jederzeit und in jeder Hinsicht unsere vollste Anerkennung gefunden.

Sie wurde wegen ihres stets freundlichen und ausgeglichenen Wesens allseits sehr geschätzt. Sie war immer hilfsbereit, zuvorkommend und stellte, falls erforderlich, auch persönliche Interessen zurück. Ihr Verhalten zu Vorgesetzten, Kolleginnen und Kollegen sowie Kundinnen und Kunden war jederzeit vorbildlich.

Frau Muster verlässt unser Unternehmen mit dem 31.12.2021 auf eigenen Wunsch. Wir bedauern dies sehr, weil wir mit ihr eine sehr gute Mitarbeiterin verlieren. Wir bedanken uns für die stets sehr guten Leistungen und wünschen ihr für die Zukunft beruflich und privat weiterhin viel Erfolg und alles Gute.

Musterstadt, 31.12.2021

Max MUSTERMANN AG

1. Unterzeichner/in	2. Unterzeichner/in
[Position]	[Position]

13.88 Empfangskraft Pforte

Zeugnis

Frau Mara Muster war vom 01.06.2016 bis zum 31.12.2021 in unserem Unternehmen als Empfangskraft tätig.

[Unternehmensbeschreibung]

Zu ihren Hauptaufgaben gehörten:

- Empfang, Betreuung und Bewirtung von Besuchern und Kunden,
- allgemeine Büroorganisation innerhalb des Empfangsbereichs,
- Bearbeitung und Weiterleitung von eingehenden Telefonaten und E-Mails,
- Postbearbeitung,
- Buchung von Flugtickets und Hotelzimmern,
- Vorbereitung von Konferenzen sowie den genutzten Räumlichkeiten,
- Schlüsselverwaltung,
- Zutrittskartenverwaltung für Besucher,
- Büromaterialverwaltung und -bestellung,
- Verwaltung des Fahrzeugpools,
- allgemeine administrative Unterstützung.

Frau Muster überzeugte uns mit ihren umfassenden, vielseitigen und sehr guten Fachkenntnissen, die sie jederzeit sicher und zielgerichtet in der Praxis einsetzte. Besonders hervorzuheben sind ihre Sprachkenntnisse. Sie verfügt über ausgezeichnete, verhandlungssichere Englischkenntnisse in Wort und Schrift, sowie zusätzlich über gute Kenntnisse der französischen und spanischen Sprache. Für unsere internationalen Besucher war sie deshalb immer eine sehr geschätzte erste Ansprechpartnerin. Sie besuchte regelmäßig und überaus erfolgreich Weiterbildungsveranstaltungen, um ihre Stärken weiter auszubauen und ihre hervorragenden Fachkenntnisse zu erweitern.

Aufgrund ihrer sehr guten Auffassungsgabe war sie jederzeit in der Lage, auch schwierige Situationen sofort zutreffend zu erfassen und schnell sehr gute Lösungen zu finden. Frau Muster engagierte sich beispielhaft für unser Unternehmen, häufig auch über die übliche Arbeitszeit hinaus und zeigte dabei enorm großen persönlichen Einsatz. Auch in Situationen mit größtem Arbeitsaufkommen erwies sie sich immer als in höchstem Maße belastbar.

Frau Muster arbeitete jederzeit sehr zielstrebig, äußerst sorgfältig und mit größter Effizienz; dabei agierte sie außerordentlich verantwortungsbewusst. Frau Muster überzeugte stets durch ihre außerordentliche Verlässlichkeit.

Sie hat sich in ihre Aufgabengebiete ausgesprochen schnell eingearbeitet; innerhalb kürzester Zeit erzielte sie sehr gute Ergebnisse. Wir waren mit den Leistungen von Frau Muster stets und in jeder Hinsicht ausnahmslos zufrieden.

Aufgrund ihres immer ausgesprochen freundlichen, hilfsbereiten und ausgeglichenen Wesens war sie sowohl innerhalb des Unternehmens als auch bei unseren Kunden gleichermaßen besonders geschätzt und beliebt. Ihr Verhalten gegenüber der Geschäftsleitung, Kollegen sowie Kunden und sonstigen Geschäftspartnern war jederzeit vorbildlich.

Das Arbeitsverhältnis endet auf Initiative von Frau Muster zum 31.12.2021. Wir bedauern dies sehr, weil wir mit Frau Muster eine sehr gute Mitarbeiterin verlieren. Wir bedanken uns für die stets sehr guten Leistungen und wünschen ihr für die Zukunft beruflich und privat weiterhin viel Erfolg und alles Gute.

Musterstadt, 31.12.2021

1. Unterzeichner/in	2. Unterzeichner/in
[Position]	[Position]

13.89 Entgeltabrechner

Zeugnis

Herr Max Mustermann, war vom 06.04.2016 bis zum 31.10.2021 in unserem Unternehmen als Entgeltabrechner tätig.

[Unternehmensbeschreibung]

Als Mitarbeiter im Rechnungswesen war Herr Mustermann verantwortlich für die Durchführung der termingerechten Entgeltabrechnung. Im Rahmen seines verantwortungsvollen und vielseitigen Tätigkeitsgebietes war Herr Mustermann für folgende Aufgaben zuständig:

- Bearbeitung des Bescheinigungs- und Meldewesens,
- Beratung und Betreuung bei abrechnungsrelevanten Themen,
- Durchführung der termingerechten Entgeltabrechnung,
- Erstellung von fachspezifischen Statistiken und Berichten,
- fachliche Aufsicht der Entgeltabrechnung,
- Führung der Korrespondenz mit Behörden, Sozialversicherungsträgern und Ämtern,

- Pflege von Stamm- und Zeitwirtschaftsdaten,
- Realisierung von monatlichen und jährlichen Abschlussarbeiten,
- Sicherstellung der Einhaltung gesetzlicher, tariflicher, betrieblicher und arbeitsvertraglicher Regelungen,
- Steuerung und Weiterentwicklung der Abrechnungs- und Zeitwirtschaftsprozesse,
- Verwalten der Urlaubs- und Zeitkonten sowie der Reisekosten.

Herr Mustermann verfügt über ein hervorragendes und auch in Randbereichen sehr tiefgehendes Fachwissen, welches er in unser Unternehmen stets in höchst gewinnbringender Weise einbrachte. Herr Mustermann besitzt aktuelle Kenntnisse im Lohnsteuer-/Sozialversicherungsrecht und sehr gute SAP-Kenntnisse.

Darüber hinaus zeichnet sich Herr Mustermann durch eine strukturierte Arbeitsweise sowie Teamfähigkeit aus. Zum Nutzen unseres Unternehmens erweiterte und aktualisierte er immer mit sehr gutem Erfolg seine umfassenden Fachkenntnisse durch regelmäßige Teilnahme an Weiterbildungsveranstaltungen.

Aufgrund seiner sehr guten Auffassungsgabe war er jederzeit in der Lage, auch schwierige Situationen sofort zutreffend zu erfassen und schnell sehr gute Lösungen zu finden. Herr Mustermann zeigte jederzeit hohe Eigeninitiative und identifizierte sich immer voll mit seinen Aufgaben und unserem Unternehmen, wobei er auch durch seine sehr große Einsatzfreude überzeugte. Auch in Situationen mit größtem Arbeitsaufkommen erwies er sich immer als in höchstem Maße belastbar.

Alle Aufgaben führte er jederzeit vollkommen selbstständig, äußerst sorgfältig und planvoll durchdacht aus. Er agierte immer ruhig, überlegt, zielorientiert und in höchstem Maße präzise. Dabei überzeugte er stets in besonderer Weise sowohl in qualitativer als auch in quantitativer Hinsicht. Herr Mustermann war in ganz besonders hohem Maße zuverlässig.

Für alle auftretenden Probleme fand er ausnahmslos ausgezeichnete Lösungen. Die Leistungen von Herrn Mustermann haben jederzeit und in jeder Hinsicht unsere vollste Anerkennung gefunden.

Er wurde wegen seines stets freundlichen und ausgeglichenen Wesens allseits sehr geschätzt. Er war immer hilfsbereit, zuvorkommend und stellte, falls erforderlich, auch persönliche Interessen zurück. Sein Verhalten zu Vorgesetzten, Kolleginnen und Kollegen sowie Kundinnen und Kunden war jederzeit vorbildlich.

Herr Mustermann verlässt unser Unternehmen mit dem 31.10.2021 auf eigenen Wunsch. Wir bedauern dies sehr, weil wir mit ihm einen sehr guten Mitarbeiter ver-

lieren. Wir bedanken uns für die stets sehr guten Leistungen und wünschen ihm für die Zukunft beruflich und privat weiterhin viel Erfolg und alles Gute.

Musterstadt, 31.10.2021

Max MUSTERMANN AG

1. Unterzeichner/in	2. Unterzeichner/in
[Position]	[Position]

13.90 Entgeltabrechner

Zeugnis

Herr Max Mustermann war vom 01.06.2007 bis zum 30.11.2021 in der HR-Abteilung als Entgeltabrechner in unserem Unternehmen tätig.

[Unternehmensbeschreibung]

In dieser Funktion war Herr Mustermann für folgende Aufgaben verantwortlich:

- Erstellung der monatlichen Entgeltabrechnung für einen Mitarbeiterkreis unter Berücksichtigung der rechtlichen Vorgaben,
- Berechnung von Krankenbezügen, Urlaubsvergütungen und Mutterschutzgeld,
- Ermittlung von Anspruchsvoraussetzungen und Höhe von arbeitsrechtlich und tarifrechtlich vorgeschriebenen Zulagen und Zuschlägen,
- Erstellung von Standardreports und Auswertungen,
- Unterstützung und Vorbereitung bei der Durchführung von internen und externen Audits,
- Pflege von Zeitdaten sowie Unterstützung bei der Analyse der Stamm- und Bewegungsdaten,
- Durchführung des Melde- und Bescheinigungswesens,
- Betreuung und Beratung der Mitarbeiter in allen abrechnungsrelevanten Fragen,
- Korrespondenz mit internen und externen Partnern, Sozialversicherungsträgern, Krankenkassen, Ämtern und Behörden etc.

Herr Mustermann verfügt über umfassende und vielseitige Fachkenntnisse, die er immer sicher und gekonnt in der Praxis einsetzte. Er nahm regelmäßig erfolgreich an unterschiedlichen fachbezogenen internen und externen Weiterbildungsseminaren teil.

Aufgrund seiner genauen Analysefähigkeit und seiner schnellen Auffassungsgabe war er jederzeit in der Lage, auch schwierige Situationen sofort zutreffend zu erfassen und schnell gute Lösungen zu finden. Herr Mustermann erledigte seine Aufgaben mit großem Engagement und persönlichem Einsatz während seiner gesamten Beschäftigungszeit in unserem Unternehmen. Auch in Situationen mit hoher Arbeitsbelastung erwies er sich immer als besonders belastbar.

Er arbeitete stets zügig, umsichtig, sorgfältig und genau. Herr Mustermann war äußerst zuverlässig und genoss unser volles Vertrauen.

Auch für schwierige Problemstellungen fand er sehr effektive Lösungen, die er erfolgreich in die Praxis umsetzte und damit immer gute Arbeitsergebnisse erzielte. Wir waren mit den Leistungen von Herrn Mustermann stets sehr zufrieden.

Wegen seines gewinnenden Auftretens war er in unserem Unternehmen als Gesprächspartner sehr geschätzt. Sein persönliches Verhalten war stets einwandfrei.

Herr Mustermann verlässt unser Unternehmen mit dem 30.11.2021 auf eigenen Wunsch. Wir bedanken uns für die langjährigen stets guten Leistungen und wünschen ihm für die Zukunft beruflich und privat weiterhin viel Erfolg und alles Gute.

Musterstadt, 30.11.2021

1. Unterzeichner/in	2. Unterzeichner/in
[Position]	[Position]

13.91 Entwickler digitale Medien

Zeugnis

Herr Max Mustermann war vom 03.04.2018 bis zum 30.04.2021 in unserem Unternehmen als Entwickler digitale Medien tätig.

[Unternehmensbeschreibung]

Als Entwickler digitale Medien entwarf und entwickelte Herr Mustermann umfangreiche Multimedia-Anwendungen. Im Rahmen seines verantwortungsvollen und vielseitigen Tätigkeitsgebietes war Herr Mustermann für folgende Aufgaben zuständig:

- Aufbereitung der Daten zur Weiterverwendung als Print, Newsletter und im Onlinebereich,
- Bearbeitung der Multimediaprojekte für öffentliche und industrielle Auftraggeber,
- Bewertung und Optimierung unserer bestehenden digitalen Angebote,
- Durchführung von Funktionstests und der Fehlerbeseitigung,
- Durchführung von WEB-Seminaren,

- Einführung der fertigen Multimedia-Anwendung beim Auftraggeber,
- Entwicklung von Softwarekomponenten und -systemen zur Interaktion und Visualisierung für unsere Multimedia-Anwendungen nach Pflichtenheft,
- Entwicklung von Konzepten und Lösungen für verschiedene Anwendungsbereiche,
- Erstellen/Pflege unserer Landingpages, sowie das Frontend unseres Internetauftritts mit dem Content-Management-System WordPress,
- Individuelle Anpassungen unserer Landingpages mithilfe von CSS, LESS, PHP und JavaScript,
- Realisierung von interaktiven Systemen im 2-D- und 3-D-Bereich.

Zusätzlich übernahm Herr Mustermann die Umsetzung von Designs der Kreativabteilung in die Multimediaprojekte.

Herr Max Mustermann verfügt über ein hervorragendes und auch in Randbereichen sehr tiefgehendes Fachwissen, welches er in unser Unternehmen stets in höchst gewinnbringender Weise einbrachte. Herr Mustermann verfügt weiterhin über sehr gute Kenntnisse in interaktiven Systemen und Computergrafik. Sehr gutes Englisch in Wort und Schrift ist für Herrn Mustermann selbstverständlich. Zum Nutzen unseres Unternehmens erweiterte und aktualisierte er immer mit sehr gutem Erfolg seine umfassenden Fachkenntnisse durch regelmäßige Teilnahme an Weiterbildungsveranstaltungen.

Aufgrund seiner sehr guten Auffassungsgabe war er jederzeit in der Lage, auch schwierige Situationen sofort zutreffend zu erfassen und schnell sehr gute Lösungen zu finden. Herr Max Mustermann zeigte jederzeit hohe Eigeninitiative und identifizierte sich immer voll mit seinen Aufgaben und unserem Unternehmen, wobei er auch durch seine sehr große Einsatzfreude überzeugte. Auch in Situationen mit größtem Arbeitsaufkommen erwies er sich immer als in höchstem Maße belastbar.

Alle Aufgaben führte er jederzeit vollkommen selbstständig, äußerst sorgfältig und planvoll durchdacht aus. Er agierte immer ruhig, überlegt, zielorientiert und in höchstem Maße präzise. Dabei überzeugte er stets in besonderer Weise sowohl in qualitativer als auch in quantitativer Hinsicht. Herr Mustermann war in ganz besonders hohem Maße zuverlässig.

Für alle auftretenden Probleme fand er ausnahmslos ausgezeichnete Lösungen. Die Leistungen von Herrn Max Mustermann haben jederzeit und in jeder Hinsicht unsere vollste Anerkennung gefunden.

Er wurde wegen seines stets freundlichen und ausgeglichenen Wesens allseits sehr geschätzt. Er war immer hilfsbereit, zuvorkommend und stellte, falls erforderlich, auch persönliche Interessen zurück. Sein Verhalten zu Vorgesetzten, Kolleginnen und Kollegen sowie Kundinnen und Kunden war jederzeit vorbildlich.

Herr Max Mustermann verlässt unser Unternehmen mit dem 30.04.2021 auf eigenen Wunsch. Wir bedauern dies sehr, weil wir mit ihm einen sehr guten Mitarbeiter verlieren. Wir bedanken uns für die stets sehr guten Leistungen und wünschen ihm für die Zukunft beruflich und privat weiterhin viel Erfolg und alles Gute.

Musterstadt, 30.04.2021

Max MUSTERMANN AG

1. Unterzeichner/in	2. Unterzeichner/in
[Position]	[Position]

13.92 Entwickler

Zeugnis

Herr Max Mustermann war vom 01.03.2017 bis zum 30.11.2021 in unserem Unternehmen als Entwickler für Webanwendungen tätig.

[Unternehmensbeschreibung]

Hierbei hatte er folgende Aufgaben:

- Verantwortung für die Konzeption und Entwicklung von Software im E-Business-Kontext,
- maßgebliches Mitwirken beim Aufbau der E-Business-Plattform,
- Analyse der fachlichen Anforderungen und Prozesse der Kundenmanagementsysteme,
- Mitwirken an innovativen Projekten im Bereich des konzernweiten Vertriebsmarketings,
- technische Dokumentation der Prozesse,
- administrative Tätigkeiten der Applikationen,
- Betreuung der Lösung national und international.

Herr Mustermann verfügt über ein hervorragendes und auch in Randbereichen sehr tiefgehendes Fachwissen, welches er in unser Unternehmen stets in höchst gewinnbringender Weise einbrachte. Besonders erwähnenswert sind seine ausgezeichneten Kenntnisse im E-Business-Umfeld und seine erstklassigen Erfahrungen mit aktuellen Internettechnologien wie Responsive Design, HTML5, JavaScript, CSS3 und Templating. Er bildete sich stets in eigener Initiative durch den Besuch interner und externer Seminare beruflich weiter und war dabei immer sehr erfolgreich.

Besonders hervorzuheben sind sein ausgesprochen analytisches Denkvermögen und seine sehr rasche Auffassungsgabe. Herr Mustermann engagierte sich beispielhaft für unser Unternehmen, häufig auch über die übliche Arbeitszeit hinaus und zeigte dabei sehr großen persönlichen Einsatz. Auch in Situationen mit größtem Arbeitsaufkommen erwies er sich immer als in höchstem Maße belastbar.

Die Planung und Steuerung seiner Aufgaben erfüllte er nicht zuletzt wegen seines beeindruckenden Organisationstalentes stets äußerst zügig und in exzellenter Weise. Dabei arbeitete er immer selbstständig, mit absoluter Sorgfalt, allergrößter Konzentration und Flexibilität. Herr Mustermann überzeugte dauerhaft durch seine außerordentliche Verlässlichkeit.

Auch für schwierigste Problemstellungen fand er sehr effektive Lösungen, die er jederzeit erfolgreich in die Praxis umsetzte und damit immer ausgezeichnete Arbeitsergebnisse erzielte. Er initiierte und verwirklichte in seiner Abteilung agile Entwicklungsprozesse mit SCRUM, wodurch die einzelnen Releasezyklen unserer Webapplikationen enorm verkürzt werden konnten.

Die Leistungen von Herrn Mustermann haben jederzeit und in jeder Hinsicht unsere vollste Anerkennung gefunden.

Wegen seines fortwährend sehr freundlichen, kontaktfreudigen und ausgeglichenen Wesens wurde er in hohem Maße geschätzt und erfreute sich größter Beliebtheit. Er förderte durchgehend aktiv die gute Zusammenarbeit und Teamatmosphäre. Sein Verhalten gegenüber der Leitung, den Kolleginnen und Kollegen sowie Kundinnen und Kunden war stets und in jeder Hinsicht vorbildlich.

Herr Mustermann verlässt unser Unternehmen mit dem 30.11.2021 auf eigenen Wunsch. Wir bedauern dies sehr, weil wir mit ihm einen sehr guten Mitarbeiter verlieren. Wir bedanken uns für die stets sehr guten Leistungen und wünschen ihm für die Zukunft beruflich und privat weiterhin viel Erfolg und alles Gute.

Musterstadt, 30.11.2021

1. Unterzeichner/in	2. Unterzeichner/in
[Position]	[Position]

13.93 Ergotherapeut

Zeugnis

Herr Max Mustermann war vom 01.03.2017 bis zum 30.11.2021 in unserem Unternehmen als Ergotherapeut tätig.

[Unternehmensbeschreibung]

Als Ergotherapeut war Herr Mustermann in einem Team von therapeutischen Berufsgruppen eingebunden. Im Rahmen seines verantwortungsvollen und vielseitigen Tätigkeitsgebietes war Herr Mustermann für folgende Aufgaben zuständig:

- Beratung der Patienten zu Maßnahmen des Gelenkschutzes, der Arbeitsplatzergonomie und der Sturzprophylaxe,
- Vermittlung der Techniken zur Gangschule,
- Dokumentation von Befunden, Behandlungen und Therapieverläufen,
- Durchführen von ergotherapeutischen Behandlungen zur Wiedererlangung motorischer Fähigkeiten,
- Realisierung des funktionellen Trainings,
- ergotherapeutische Betreuung nach operativen Eingriffen,
- Hilfsmittelberatung zum beruflichen und häuslichen Bedarf,
- Pflegedokumentation unserer Patienten,
- Planung diagnostischer und therapeutischer Maßnahmen,
- Unterstützung bei der Wiederherstellung der beeinträchtigten Fähigkeiten unserer Patienten.

Herr Mustermann verfügt über ein hervorragendes und auch in Randbereichen sehr tiefgehendes Fachwissen, welches er in unser Unternehmen stets in höchst gewinnbringender Weise einbrachte. Ausgeprägte Teamfähigkeit, hohe Motivation und starkes Engagement zeichnen Herrn Mustermann aus.

Geduld, ein ausgeprägtes Einfühlungsvermögen und ein respektvoller Umgang mit älteren Menschen runden das Profil von Herrn Mustermann ab. Zum Nutzen unseres Unternehmens erweiterte und aktualisierte er immer mit sehr gutem Erfolg seine umfassenden Fachkenntnisse durch regelmäßige Teilnahme an Weiterbildungsveranstaltungen.

Aufgrund seiner sehr guten Auffassungsgabe war er jederzeit in der Lage, auch schwierige Situationen sofort zutreffend zu erfassen und schnell sehr gute Lösungen zu finden. Herr Mustermann zeigte jederzeit hohe Eigeninitiative und identifizierte sich immer voll mit seinen Aufgaben und unserem Unternehmen, wobei er auch durch

seine sehr große Einsatzfreude überzeugte. Auch in Situationen mit größtem Arbeitsaufkommen erwies er sich immer als in höchstem Maße belastbar.

Alle Aufgaben führte er jederzeit vollkommen selbstständig, äußerst sorgfältig und planvoll durchdacht aus. Er agierte immer ruhig, überlegt, zielorientiert und in höchstem Maße präzise. Dabei überzeugte er stets in besonderer Weise sowohl in qualitativer als auch in quantitativer Hinsicht. Herr Mustermann war in ganz besonders hohem Maße zuverlässig.

Für alle auftretenden Probleme fand er ausnahmslos ausgezeichnete Lösungen. Die Leistungen von Herrn Mustermann haben jederzeit und in jeder Hinsicht unsere vollste Anerkennung gefunden.

Er wurde wegen seines stets freundlichen und ausgeglichenen Wesens allseits sehr geschätzt. Er war immer hilfsbereit, zuvorkommend und stellte, falls erforderlich, auch persönliche Interessen zurück. Sein Verhalten zu Vorgesetzten, Kolleginnen und Kollegen sowie Kundinnen und Kunden war jederzeit vorbildlich.

Herr Mustermann verlässt unser Unternehmen mit dem 30.11.2021 auf eigenen Wunsch. Wir bedauern dies sehr, weil wir mit ihm einen sehr guten Mitarbeiter verlieren. Wir bedanken uns für die stets sehr guten Leistungen und wünschen ihm für die Zukunft beruflich und privat weiterhin viel Erfolg und alles Gute.

Musterstadt, 30.11.2021

Max MUSTERMANN AG

1. Unterzeichner/in
[Position]

2. Unterzeichner/in
[Position]

13.94 Ergotherapeutin

Zeugnis

Frau Mara Muster war vom 01.06.2016 bis zum 31.12.2021 in unserer Einrichtung als Ergotherapeutin beschäftigt.

[Unternehmensbeschreibung]

Die Schwerpunkte der Tätigkeiten von Frau Muster gestalteten sich wie folgt:

- Erstellung und Umsetzung eines Aktivierungskonzepts unter Einbeziehung des Pflegepersonals, der Angehörigen und der einzelnen Bewohner,

- Durchführung motivierender Gespräche mit den Bewohnern, um Maßnahmen gemeinsam zu planen und durchzuführen,
- Konzeption von Gruppenangeboten – geeignet bei Demenz, Alzheimer, Parkinson u. a. Alterserkrankungen,
- Mobilitätstraining, Gymnastik, Bewegungstherapie, auch speziell für Rollstuhlfahrer, Sitzgymnastik für Gehbehinderte, Seniorentanz,
- Körperübungen, Sinnesübungen und Atemübungen im Snoezelenraum,
- Gedächtnistraining, Sozialkompetenztraining,
- Außenaktivitäten (Begleitung und Unterstützung bei Einkauf und Freizeitaktivitäten, bei Spaziergängen),
- Gestaltung des Sing-, Erzähl- und Lesekreises,
- Kochen, Backen, Planung und Vorbereitung (gemeinsamer Einkauf, Zubereitung und Einnehmen der Mahlzeit mit den Bewohnern).

Frau Muster verfügt über ein besonders fundiertes Fachwissen, welches sie immer in gewinnbringender Weise einsetzte. Ihre besondere Stärke liegt in dem stets empathischen und rücksichtsvollen Umgang mit Menschen und der Fähigkeit, dabei gleichzeitig das professionelle Verhältnis zwischen Nähe und Distanz zu wahren. Zum Nutzen unserer Einrichtung und deren Bewohner erweiterte und aktualisierte sie immer mit gutem Erfolg ihre umfassenden Fachkenntnisse durch regelmäßige Teilnahme an Weiterbildungsveranstaltungen.

Ihre schnelle Auffassungsgabe ermöglichte es ihr, auch schwierige Situationen sofort zu überblicken und dabei stets das Wesentliche zu erkennen. Frau Muster war eine sehr engagierte Mitarbeiterin, die auch bei mit großer psychischer Anstrengung verbundenen Arbeiten jederzeit durch ihre hohe Leistungs- und Einsatzbereitschaft überzeugte. Auch in Situationen mit großem Arbeitsaufkommen erwies sie sich immer als in hohem Maße belastbar.

Die Planung und Steuerung ihrer Aufgaben erfüllte sie jederzeit mit gutem Erfolg, nicht zuletzt wegen ihres guten Organisationstalentes. Dabei arbeitete sie stets selbstständig, zügig und dennoch mit großer Sorgfalt, Konzentration und Flexibilität. Frau Muster war äußerst zuverlässig und genoss unser volles Vertrauen.

Auch bei anspruchsvollen Aufgaben und unter schwierigen Bedingungen erzielte sie immer Ergebnisse von hoher Güte. Frau Muster hat unsere sehr hohen Erwartungen stets in guter Weise erfüllt.

Frau Muster trat jederzeit höflich und freundlich auf. Ihr Verhalten gegenüber Vorgesetzten, Kollegen, Bewohnern und Angehörigen war stets einwandfrei.

Aufgrund der Kündigung von Frau Muster endet das Arbeitsverhältnis mit Ablauf des 31.12.2021. Wir bedanken uns für die stets guten Leistungen und wünschen ihr für die Zukunft beruflich und privat weiterhin viel Erfolg und alles Gute.

Musterstadt, 31.12.2021

1. Unterzeichner/in	2. Unterzeichner/in
[Position]	[Position]

13.95 Ernährungsberater

Zeugnis
Herr Max Mustermann war vom 01.03.2017 bis zum 30.11.2021 in unserem Unternehmen als Ernährungsberater tätig.

[Unternehmensbeschreibung]

Als Ernährungsberater war Herr Mustermann für unsere Patienten mit Magen-Darm-Erkrankungen im stationären Bereich zuständig. Im Rahmen seines verantwortungsvollen und vielseitigen Tätigkeitsgebietes übernahm Herr Mustermann folgende Aufgaben:

- ambulante Schulung und Betreuung von Patienten,
- Ausarbeiten von Vorschlägen zur oralen, enteralten oder parentalen Ernährung,
- Auswerten von Ernährungstrends und wissenschaftlichen Informationen,
- Erarbeiten von Handlungsempfehlungen zu Ernährungs- und Gesundheitsthemen,
- Erstellung von Ernährungsplänen,
- Führen von Ernährungsberatungsgesprächen,
- Schulung des Fachpersonals.

Herr Mustermann verfügt über ein hervorragendes und auch in Randbereichen sehr tiefgehendes Fachwissen, welches er in unser Unternehmen stets in höchst gewinnbringender Weise einbrachte. Herr Mustermann verfügt über ein hohes Verantwortungsbewusstsein und eine hohe fachliche und soziale Kompetenz.

Zusätzlich besitzt Herr Mustermann ein hohes Maß an Engagement, Flexibilität und ist ein wahres Organisationstalent. Zum Nutzen unseres Unternehmens erweiterte und aktualisierte er immer mit sehr gutem Erfolg seine umfassenden Fachkenntnisse durch regelmäßige Teilnahme an Weiterbildungsveranstaltungen.

Aufgrund seiner sehr guten Auffassungsgabe war er jederzeit in der Lage, auch schwierige Situationen sofort zutreffend zu erfassen und schnell sehr gute Lösungen zu fin-

den. Herr Mustermann zeigte jederzeit hohe Eigeninitiative und identifizierte sich immer voll mit seinen Aufgaben und unserem Unternehmen, wobei er auch durch seine sehr große Einsatzfreude überzeugte. Auch in Situationen mit größtem Arbeitsaufkommen erwies er sich immer als in höchstem Maße belastbar.

Alle Aufgaben führte er jederzeit vollkommen selbstständig, äußerst sorgfältig und planvoll durchdacht aus. Er agierte immer ruhig, überlegt, zielorientiert und in höchstem Maße präzise. Dabei überzeugte er stets in besonderer Weise sowohl in qualitativer als auch in quantitativer Hinsicht. Herr Mustermann war in ganz besonders hohem Maße zuverlässig.

Für alle auftretenden Probleme fand er ausnahmslos ausgezeichnete Lösungen. Die Leistungen von Herrn Mustermann haben jederzeit und in jeder Hinsicht unsere vollste Anerkennung gefunden.

Er wurde wegen seines stets freundlichen und ausgeglichenen Wesens allseits sehr geschätzt. Er war immer hilfsbereit, zuvorkommend und stellte, falls erforderlich, auch persönliche Interessen zurück. Sein Verhalten zu Vorgesetzten, Kolleginnen und Kollegen sowie Kundinnen und Kunden war jederzeit vorbildlich.

Herr Mustermann verlässt unser Unternehmen mit dem 30.11.2021 auf eigenen Wunsch. Wir bedauern dies sehr, weil wir mit ihm einen sehr guten Mitarbeiter verlieren. Wir bedanken uns für die stets sehr guten Leistungen und wünschen ihm für die Zukunft beruflich und privat weiterhin viel Erfolg und alles Gute.

Musterstadt, 30.11.2021

Max MUSTERMANN AG

1. Unterzeichner/in	2. Unterzeichner/in
[Position]	[Position]

13.96 ERP-Systembetreuer

Zeugnis

Herr Max Mustermann war vom 01.03.2017 bis zum 30.11.2021 in unserem Unternehmen als ERP-Systembetreuer tätig.

[Unternehmensbeschreibung]

Als ERP-Systembetreuer war Herr Mustermann verantwortlich für den reibungslosen Ablauf der Prozesse im Betrieb. Im Rahmen seines verantwortungsvollen und vielseitigen Tätigkeitsgebietes war Herr Mustermann für folgende Aufgaben zuständig:

- Administration und Betreuung des ERP-Systems,
- Auswertung und Umsetzung der Anforderungen aus den Fachbereichen,
- Durchführung von Schulungen für die ERP-Anwender,
- Erstellung von Pflichtenheften und technischen Dokumenten,
- Implementierung, Überwachung und Troubleshooting des ERP-Systems,
- Monitoring der eingesetzten ERP-Applikationen,
- Optimierung von Geschäftsprozessen im ERP-System,
- Steuerung komplexer ERP-Projekte,
- Weiterentwicklung der Applikationen und des bestehenden ERP-Systems.

Herr Mustermann verfügt über ein hervorragendes und auch in Randbereichen sehr tiefgehendes Fachwissen, welches er in unser Unternehmen stets in höchst gewinnbringender Weise einbrachte. Herr Mustermann besitzt gute Englischkenntnisse in Wort und Schrift, ist vertraut mit SQL und hat sehr gute Microsoft-Excel-Kenntnisse inklusive Erfahrungen mit der Programmiersprache VBA.

Eine prozessorientierte und strukturierte Arbeitsweise sowie unternehmerisches Denken runden das Profil von Herrn Mustermann überzeugend ab. Zum Nutzen unseres Unternehmens erweiterte und aktualisierte er immer mit sehr gutem Erfolg seine umfassenden Fachkenntnisse durch regelmäßige Teilnahme an Weiterbildungsveranstaltungen.

Aufgrund seiner sehr guten Auffassungsgabe war er jederzeit in der Lage, auch schwierige Situationen sofort zutreffend zu erfassen und schnell sehr gute Lösungen zu finden. Herr Mustermann zeigte jederzeit hohe Eigeninitiative und identifizierte sich immer voll mit seinen Aufgaben und unserem Unternehmen, wobei er auch durch seine sehr große Einsatzfreude überzeugte. Auch in Situationen mit größtem Arbeitsaufkommen erwies er sich immer als in höchstem Maße belastbar.

Alle Aufgaben führte er jederzeit vollkommen selbstständig, äußerst sorgfältig und planvoll durchdacht aus. Er agierte immer ruhig, überlegt, zielorientiert und in höchstem Maße präzise. Dabei überzeugte er stets in besonderer Weise sowohl in qualitativer als auch in quantitativer Hinsicht. Herr Mustermann war in ganz besonders hohem Maße zuverlässig.

Für alle auftretenden Probleme fand er ausnahmslos ausgezeichnete Lösungen. Die Leistungen von Herrn Mustermann haben jederzeit und in jeder Hinsicht unsere vollste Anerkennung gefunden.

Er wurde wegen seines stets freundlichen und ausgeglichenen Wesens allseits sehr geschätzt. Er war immer hilfsbereit, zuvorkommend und stellte, falls erforderlich, auch persönliche Interessen zurück. Sein Verhalten zu Vorgesetzten, Kolleginnen und Kollegen sowie Kundinnen und Kunden war jederzeit vorbildlich.

Herr Mustermann verlässt unser Unternehmen mit dem 30.11.2021 auf eigenen Wunsch. Wir bedauern dies sehr, weil wir mit ihm einen sehr guten Mitarbeiter verlieren. Wir bedanken uns für die stets sehr guten Leistungen und wünschen ihm für die Zukunft beruflich und privat weiterhin viel Erfolg und alles Gute.

Musterstadt, 30.11.2021

Max MUSTERMANN AG
1. Unterzeichner/in
[Position]

2. Unterzeichner/in
[Position]

13.97 Erzieherin

Zeugnis
Frau Mara Muster war vom 01.03.2017 bis zum 30.11.2021 in unserem Unternehmen als Erzieherin tätig.

[Unternehmensbeschreibung]

Als Erzieherin war Frau Muster verantwortlich für die Planung und Durchführung pädagogischer Angebote und den Aufbau einer vertrauensvollen Beziehung zu Kindern und Eltern. Im Rahmen ihres verantwortungsvollen und vielseitigen Tätigkeitsgebietes war Frau Muster für folgende Aufgaben zuständig:

- Beobachtung und Dokumentation der kindlichen Entwicklungsprozesse,
- Betreuung und Umsetzung des pädagogischen Konzepts,
- Förderung der Selbstständigkeit der Kinder und deren Talente,
- Mitgestaltung des pädagogischen Konzeptes einer Theater-Kita,
- Organisation der Arbeits- und Spielmaterialien,
- Planung und Durchführung von pädagogischen Angeboten,
- Zusammenarbeit mit Eltern, Institutionen und Kooperationspartnern.

Frau Muster verfügt über ein hervorragendes und auch in Randbereichen sehr tiefgehendes Fachwissen, welches sie in unser Unternehmen stets in höchst gewinnbringender Weise einbrachte. Bei der Planung des Gruppenalltags bringt Frau Muster sehr gute Ideen mit ein und stellt das Kind in den Mittelpunkt ihres Handelns.

Weiterhin besitzt sie ein hohes pädagogisches Einfühlungsvermögen und Freude an offener Arbeit. Zum Nutzen unseres Unternehmens erweiterte und aktualisierte sie immer mit sehr gutem Erfolg ihre umfassenden Fachkenntnisse durch regelmäßige Teilnahme an Weiterbildungsveranstaltungen.

Aufgrund ihrer sehr guten Auffassungsgabe war sie jederzeit in der Lage, auch schwierige Situationen sofort zutreffend zu erfassen und schnell sehr gute Lösungen zu finden. Frau Muster zeigte jederzeit hohe Eigeninitiative und identifizierte sich immer voll mit ihren Aufgaben und unserem Unternehmen, wobei sie auch durch ihre sehr große Einsatzfreude überzeugte. Auch in Situationen mit größtem Arbeitsaufkommen erwies sie sich immer als in höchstem Maße belastbar.

Alle Aufgaben führte sie jederzeit vollkommen selbstständig, äußerst sorgfältig und planvoll durchdacht aus. Sie agierte immer ruhig, überlegt, zielorientiert und in höchstem Maße präzise. Dabei überzeugte sie stets in besonderer Weise sowohl in qualitativer als auch in quantitativer Hinsicht. Frau Muster war in ganz besonders hohem Maße zuverlässig.

Für alle auftretenden Probleme fand sie ausnahmslos ausgezeichnete Lösungen. Die Leistungen von Frau Muster haben jederzeit und in jeder Hinsicht unsere vollste Anerkennung gefunden.

Sie wurde wegen ihres stets freundlichen und ausgeglichenen Wesens allseits sehr geschätzt. Sie war immer hilfsbereit, zuvorkommend und stellte, falls erforderlich, auch persönliche Interessen zurück. Ihr Verhalten zu Vorgesetzten, Kolleginnen und Kollegen sowie Kundinnen und Kunden war jederzeit vorbildlich.

Frau Muster verlässt unser Unternehmen mit dem 30.11.2021 auf eigenen Wunsch. Wir bedauern dies sehr, weil wir mit ihr eine sehr gute Mitarbeiterin verlieren. Wir bedanken uns für die stets sehr guten Leistungen und wünschen ihr für die Zukunft beruflich und privat weiterhin viel Erfolg und alles Gute.

Musterstadt, 30.11.2021

Max MUSTERMANN AG

1. Unterzeichner/in	2. Unterzeichner/in
[Position]	[Position]

13.98 Erzieherin

Zeugnis

Frau Mara Muster war vom 01.06.2014 bis zum 31.08.2021 in unserer Einrichtung als Erzieherin beschäftigt.

[Unternehmensbeschreibung]

Die Schwerpunkte ihrer Tätigkeiten gestalteten sich wie folgt:

- Organisation des pädagogischen Alltags sowohl in einer Krippen- als auch in einer Schulkindergruppe,
- Elternarbeit und Durchführung von Entwicklungsgesprächen,
- Beobachtung und Dokumentation der kindlichen Entwicklungsprozesse,
- Übernahme von unterschiedlichen Betreuungs-, Erziehungs- und Bildungsaufgaben.

Frau Muster verfügt über umfassende und vielseitige Fachkenntnisse, die sie immer sicher und gekonnt in der Praxis einsetzte. Hervorzuheben ist außerdem ihre bewiesene soziale Kompetenz; im Rahmen von Elternprojekten konnte sie alle Beteiligten durch ihren Teamgeist und ihre Begeisterungsfähigkeit stets zu vollem Einsatz und eindrucksvollen Leistungen motivieren. Sie besuchte regelmäßig und erfolgreich Weiterbildungsveranstaltungen, um ihre Stärken weiter auszubauen und ihre guten Fachkenntnisse zu erweitern.

Ihre schnelle Auffassungsgabe ermöglichte es ihr, auch schwierige Situationen sofort zu überblicken und dabei stets das Wesentliche zu erkennen. Frau Muster engagierte sich sehr für unsere Einrichtung, häufig auch über die übliche Arbeitszeit hinaus und zeigte dabei großen persönlichen Einsatz. Auch in Situationen mit hohem Arbeitsaufkommen erwies sie sich immer als besonders belastbar.

Ihre Aufgaben führte sie mit großer Umsicht und großem Verantwortungsbewusstsein aus. Sie war sehr gewissenhaft und arbeitete stets zügig, ohne dass dies zulasten der betreuten Kinder ginge. Frau Muster war in besonderem Maße zuverlässig.

Für alle auftretenden Probleme fand sie ausnahmslos Lösungen von hoher Güte. Die Leistungen von Frau Muster haben jederzeit und in jeder Hinsicht unsere volle Anerkennung gefunden.

Sie war eine überaus loyale Mitarbeiterin, die sich gut in das Team integrierte. Ihr Verhalten gegenüber Vorgesetzten, Kollegen, Eltern und Kindern war stets einwandfrei.

Frau Muster hat das Arbeitsverhältnis zum 31.08.2021 gekündigt. Wir bedanken uns für die stets guten Leistungen und wünschen ihr für die Zukunft beruflich und privat weiterhin viel Erfolg und alles Gute.

Musterstadt, 31.08.2021

1. Unterzeichner/in	2. Unterzeichner/in
[Position]	[Position]

13.99 Eventmanager

Zeugnis

Herr Max Mustermann arbeitete vom 01.07.2016 bis zum 31.12.2021 als Eventmanager in unserem Unternehmen.

[Unternehmensbeschreibung]

Im Rahmen dieser Tätigkeit war er für folgende Aufgaben verantwortlich:

- Erstellung der Eventstrategie,
- Entwicklung und Monitoring der spezifischen KPIs,
- Konzeption von Messen und Events zur Präsentation von Marke und Produkten,
- Entwicklung neuartiger Eventformate für Kundenveranstaltungen,
- Kreation von Eventexponaten und erlebnisorientierten Kommunikationsformaten,
- Konzeption, Planung und Umsetzung zentral gesteuerter Highlight-Events und Messen,
- Erstellung und Nachhalten der internationalen Gesamtplanung von Veranstaltungen,
- Unterstützung der internationalen Standorte bei Events,
- Erstellung von Guidelines/Workbooks,
- Steuerung von internen und externen Partnern,
- Planung und Kontrolle des entsprechenden Marketingbudgets.

Herr Mustermann überzeugte uns mit seinen umfassenden, vielseitigen und sehr guten Fachkenntnissen, die er jederzeit sicher und zielgerichtet in der Praxis einsetzte. Er verfügt über weitreichende Projekterfahrung auf Agenturseite im Lifestylebereich und verstand dieses Wissen mit seiner »Hands-on-Mentalität« in unserem internationalen Unternehmen hervorragend anzuwenden, ohne dass dies jemals zulasten einer erstklassigen Organisation und Durchführung ginge. Er bildete sich stets in eigener Initiative durch den Besuch interner und externer Seminare beruflich weiter und war dabei immer sehr erfolgreich.

Aufgrund seiner äußerst schnellen Auffassungsgabe arbeitete er sich extrem rasch in neue Aufgabengebiete ein, war vielseitig einsetzbar und überblickte dabei auch schwierigste Zusammenhänge vollständig. Herr Mustermann zeigte permanent hohe Eigeninitiative und identifizierte sich immer voll mit seinen Aufgaben und unserem Unternehmen, wobei er auch durch seine sehr große Einsatzfreude und Kreativität überzeugte. Auch in Situationen mit größtem Arbeitsaufkommen erwies er sich fortwährend als in höchstem Maße belastbar.

Alle Aufgaben führte er jederzeit vollkommen selbstständig, äußerst sorgfältig und planvoll durchdacht aus. Er agierte immer ruhig, überlegt und zielorientiert und in höchstem Maße präzise. Dabei überzeugte er stets in besonderer Weise sowohl in qualitativer als auch in quantitativer Hinsicht. Herr Mustermann überzeugte dauerhaft durch seine außerordentliche Verlässlichkeit.

Für alle auftretenden Probleme fand er ausnahmslos ausgezeichnete Lösungen. Die Leistungen von Herrn Mustermann haben jederzeit und in jeder Hinsicht unsere vollste Anerkennung gefunden.

Er wurde wegen seines stets freundlichen und ausgeglichenen Wesens allseits sehr geschätzt. Er war immer hilfsbereit, zuvorkommend und stellte, falls erforderlich, auch persönliche Interessen zurück. Sein Verhalten zu Vorgesetzten, Kolleginnen und Kollegen sowie Kundinnen und Kunden war jederzeit vorbildlich.

Herr Mustermann verlässt unser Unternehmen mit dem 31.12.2021 auf eigenen Wunsch. Wir bedauern dies sehr, weil wir mit ihm einen sehr guten Mitarbeiter verlieren. Wir bedanken uns für die stets sehr guten Leistungen und wünschen ihm für die Zukunft beruflich und privat weiterhin viel Erfolg und alles Gute.

Musterstadt, 31.12.2021

1. Unterzeichner/in
[Position]

2. Unterzeichner/in
[Position]

13.100 Eventmanager

Zeugnis

Herr Max Mustermann war vom 01.03.2017 bis zum 30.11.2021 in unserem Unternehmen als Eventmanager tätig.

[Unternehmensbeschreibung]

Als Eventmanager war Herr Mustermann verantwortlich für die Planung, Organisation und Umsetzung von Messen, Veranstaltungen, Roadshows, Kongressen und Events im europäischen Raum. Im Rahmen seines verantwortungsvollen und vielseitigen Tätigkeitsgebietes war Herr Mustermann für folgende Aufgaben zuständig:

- Abstimmen der inhaltlichen Eventaktivitäten mit dem Marketing,
- Buchung von Künstlern, Räumlichkeiten in Absprache mit den Kostenstellenverantwortlichen,
- Durchführung von Kommunikationskampagnen,
- Erstellung von Standdesigns, Grafiken und Ausstellungsstücken,
- inhaltliche Konzeptionierung von Internetseiten und Onlineformularen,
- Koordination der Eventabteilung,
- Kostenplanung von Messen und Veranstaltungen,
- Rechnungsprüfung aller anfallenden Eventrechnungen,
- Sicherstellung der Einhaltung von Qualitäts- und Kostenvorgaben,
- Überwachung aller Produktionsabläufe mit externen Partnern und Dienstleistern,
- Verfassen von Einladungen und Werbemitteln in deutscher und englischer Sprache.

Herr Mustermann verfügt über ein hervorragendes und auch in Randbereichen sehr tiefgehendes Fachwissen, welches er in unser Unternehmen stets in höchst gewinnbringender Weise einbrachte. Herr Mustermann besitzt Kreativität, gute konzeptionelle Fähigkeiten sowie analytisches Denkvermögen.

Eine hohe Teamorientierung und Kommunikationsstärke zeichnen Herrn Mustermann aus. Zum Nutzen unseres Unternehmens erweiterte und aktualisierte er immer mit sehr gutem Erfolg seine umfassenden Fachkenntnisse durch regelmäßige Teilnahme an Weiterbildungsveranstaltungen.

Aufgrund seiner sehr guten Auffassungsgabe war er jederzeit in der Lage, auch schwierige Situationen sofort zutreffend zu erfassen und schnell sehr gute Lösungen zu finden. Herr Mustermann zeigte jederzeit hohe Eigeninitiative und identifizierte sich immer voll mit seinen Aufgaben und unserem Unternehmen, wobei er auch durch seine sehr große Einsatzfreude überzeugte. Auch in Situationen mit größtem Arbeitsaufkommen erwies er sich immer als in höchstem Maße belastbar.

Alle Aufgaben führte er jederzeit vollkommen selbstständig, äußerst sorgfältig und planvoll durchdacht aus. Er agierte immer ruhig, überlegt, zielorientiert und in höchstem Maße präzise. Dabei überzeugte er stets in besonderer Weise sowohl in qualitativer als auch in quantitativer Hinsicht. Herr Mustermann war in ganz besonders hohem Maße zuverlässig.

Für alle auftretenden Probleme fand er ausnahmslos ausgezeichnete Lösungen. Die Leistungen von Herrn Mustermann haben jederzeit und in jeder Hinsicht unsere vollste Anerkennung gefunden.

Er wurde wegen seines stets freundlichen und ausgeglichenen Wesens allseits sehr geschätzt. Er war immer hilfsbereit, zuvorkommend und stellte, falls erforderlich, auch persönliche Interessen zurück. Sein Verhalten zu Vorgesetzten, Kolleginnen und Kollegen sowie Kundinnen und Kunden war jederzeit vorbildlich.

Herr Mustermann verlässt unser Unternehmen mit dem 30.11.2021 auf eigenen Wunsch. Wir bedauern dies sehr, weil wir mit ihm einen sehr guten Mitarbeiter verlieren. Wir bedanken uns für die stets sehr guten Leistungen und wünschen ihm für die Zukunft beruflich und privat weiterhin viel Erfolg und alles Gute.

Musterstadt, 30.11.2021

Max MUSTERMANN AG

1. Unterzeichner/in	2. Unterzeichner/in
[Position]	[Position]

13.101 Fachaltenpfleger

Zeugnis
Herr Max Mustermann war vom 01.03.2017 bis zum 30.11.2021 in unserem Unternehmen als Fachaltenpfleger tätig.

[Unternehmensbeschreibung]

Als Fachaltenpfleger war Herr Mustermann verantwortlich für die Betreuung von kranken und pflegebedürftigen Menschen. Im Rahmen seines verantwortungsvollen und vielseitigen Tätigkeitsgebietes war Herr Mustermann für folgende Aufgaben zuständig:

- Durchführung von diagnostischen und therapeutischen Maßnahmen nach ärztlicher Anweisung,
- Erstellung von Pflegeanamnesen und Pflegeplänen sowie die Dokumentation der Pflegemaßnahmen,
- fachgerechte Durchführung der Grund- und Behandlungspflege der Patienten,
- Festlegung, Sicherstellung sowie Weiterentwicklung der Pflege und Betreuungsqualität,
- Kommunikation mit Bewohnern, Angehörigen und Mitarbeitern,
- Überwachung der ordnungsgemäßen Funktionsweise der Geräte.

Herr Mustermann verfügt über ein hervorragendes und auch in Randbereichen sehr tiefgehendes Fachwissen, welches er in unser Unternehmen stets in höchst gewinn-

bringender Weise einbrachte. Ausgeprägte Teamfähigkeit, hohe Motivation und starkes Engagement zeichnen Herrn Mustermann aus.

Geduld, ein ausgeprägtes Einfühlungsvermögen und ein respektvoller Umgang mit älteren und pflegebedürftigen Menschen runden das Profil von Herrn Mustermann ab. Zum Nutzen unseres Unternehmens erweiterte und aktualisierte er immer mit sehr gutem Erfolg seine umfassenden Fachkenntnisse durch regelmäßige Teilnahme an Weiterbildungsveranstaltungen.

Aufgrund seiner sehr guten Auffassungsgabe war er jederzeit in der Lage, auch schwierige Situationen sofort zutreffend zu erfassen und schnell sehr gute Lösungen zu finden. Herr Mustermann zeigte jederzeit hohe Eigeninitiative und identifizierte sich immer voll mit seinen Aufgaben und unserem Unternehmen, wobei er auch durch seine sehr große Einsatzfreude überzeugte. Auch in Situationen mit größtem Arbeitsaufkommen erwies er sich immer als in höchstem Maße belastbar.

Alle Aufgaben führte er jederzeit vollkommen selbstständig, äußerst sorgfältig und planvoll durchdacht aus. Er agierte immer ruhig, überlegt, zielorientiert und in höchstem Maße präzise. Dabei überzeugte er stets in besonderer Weise sowohl in qualitativer als auch in quantitativer Hinsicht. Herr Mustermann war in ganz besonders hohem Maße zuverlässig.

Für alle auftretenden Probleme fand er ausnahmslos ausgezeichnete Lösungen. Die Leistungen von Herrn Mustermann haben jederzeit und in jeder Hinsicht unsere vollste Anerkennung gefunden.

Er wurde wegen seines stets freundlichen und ausgeglichenen Wesens allseits sehr geschätzt. Er war immer hilfsbereit, zuvorkommend und stellte, falls erforderlich, auch persönliche Interessen zurück. Sein Verhalten zu Vorgesetzten, Kolleginnen und Kollegen sowie Kundinnen und Kunden war jederzeit vorbildlich.

Herr Mustermann verlässt unser Unternehmen mit dem 30.11.2021 auf eigenen Wunsch. Wir bedauern dies sehr, weil wir mit ihm einen sehr guten Mitarbeiter verlieren. Wir bedanken uns für die stets sehr guten Leistungen und wünschen ihm für die Zukunft beruflich und privat weiterhin viel Erfolg und alles Gute.

Musterstadt, 30.11.2021

Max MUSTERMANN AG

1. Unterzeichner/in	2. Unterzeichner/in
[Position]	[Position]

13.102 Fachanwalt/Syndikusanwalt Arbeitsrecht

Zeugnis

Herr Max Mustermann war vom 01.02.2016 bis zum 30.11.2021 in unserem Unternehmen als Syndikusanwalt (Arbeitsrecht) tätig.

[Unternehmensbeschreibung]

Als Fachanwalt für Arbeitsrecht war Herr Mustermann verantwortlich für die Beratung unserer Mandanten im gesamten Bundesgebiet zu allen Fragen des Arbeits- und Betriebsverfassungsrechts. Im Rahmen seines verantwortungsvollen und vielseitigen Tätigkeitsgebietes war Herr Mustermann für folgende Aufgaben zuständig:

- Begleitung von betrieblichen Umstrukturierungen und Erteilung rechtssicherer Auskünfte an Vorstand und Führungskräfte,
- Beratung unserer Mandanten bei allen arbeits-, sozialrechtlichen Angelegenheiten und in Angelegenheiten der betrieblichen Altersversorgung,
- Durchführung von Verhandlungen zwischen Mandanten, Betriebsrat und Arbeitnehmern,
- Erstellung von Betriebsvereinbarungen, insbesondere zur Entgeltumwandlung, Begutachtung zu Altersvorsorgeregelungen und Versorgungsordnungen,
- Erteilung von Vorschlägen zur Umsetzung neuer Gesetzgebung und Rechtsprechung,
- Verhandlungen über Interessenausgleiche und Sozialpläne,
- Vertretung unseres Unternehmens vor Arbeits- und Sozialgerichten.

Herr Mustermann verfügt über ein hervorragendes und auch in Randbereichen sehr tiefgehendes Fachwissen, welches er in unser Unternehmen stets in höchst gewinnbringender Weise einbrachte. Ausgezeichnetes analytisches Denkvermögen, Freude an praxisbezogenem Arbeiten, hohe Motivation und starkes Engagement zeichnen Herrn Mustermann aus.

Sehr gute branchenspezifische Englischkenntnisse und langjährige Berufserfahrung in einer Rechtsanwaltskanzlei mit dem Schwerpunkt Arbeitsrecht und betriebliche Altersversorgung runden das Profil von Herrn Mustermann ab. Zum Nutzen unseres Unternehmens erweiterte und aktualisierte er immer mit sehr gutem Erfolg seine umfassenden Fachkenntnisse durch regelmäßige Teilnahme an Weiterbildungsveranstaltungen.

Aufgrund seiner sehr guten Auffassungsgabe war er jederzeit in der Lage, auch schwierige Situationen sofort zutreffend zu erfassen und schnell sehr gute Lösungen zu finden. Herr Mustermann zeigte jederzeit hohe Eigeninitiative und identifizierte sich immer voll mit seinen Aufgaben und unserem Unternehmen, wobei er auch durch

seine sehr große Einsatzfreude überzeugte. Auch in Situationen mit größtem Arbeitsaufkommen erwies er sich immer als in höchstem Maße belastbar.

Alle Aufgaben führte er jederzeit vollkommen selbstständig, äußerst sorgfältig und planvoll durchdacht aus. Er agierte immer ruhig, überlegt, zielorientiert und in höchstem Maße präzise. Dabei überzeugte er stets in besonderer Weise sowohl in qualitativer als auch in quantitativer Hinsicht. Herr Mustermann war in ganz besonders hohem Maße zuverlässig.

Für alle auftretenden Probleme fand er ausnahmslos ausgezeichnete Lösungen. Die Leistungen von Herrn Mustermann haben jederzeit und in jeder Hinsicht unsere vollste Anerkennung gefunden.

Er wurde wegen seines stets freundlichen und ausgeglichenen Wesens allseits sehr geschätzt. Er war immer hilfsbereit, zuvorkommend und stellte, falls erforderlich, auch persönliche Interessen zurück. Sein Verhalten zu Vorgesetzten, Kolleginnen und Kollegen sowie Kundinnen und Kunden war jederzeit vorbildlich.

Herr Mustermann verlässt unser Unternehmen mit dem 30.11.2021 auf eigenen Wunsch. Wir bedauern dies sehr, weil wir mit ihm einen sehr guten Mitarbeiter verlieren. Wir bedanken uns für die stets sehr guten Leistungen und wünschen ihm für die Zukunft beruflich und privat weiterhin viel Erfolg und alles Gute.

Musterstadt, 30.11.2021

Max MUSTERMANN AG

1. Unterzeichner/in	2. Unterzeichner/in
[Position]	[Position]

13.103 Facharzt Augenheilkunde

Zeugnis

Herr Max Mustermann war vom 01.02.2016 bis zum 30.11.2021 in unserem Unternehmen als Facharzt (Augenheilkunde) tätig.

[Unternehmensbeschreibung]

Als Facharzt der Augenheilkunde war Herr Mustermann verantwortlich für das gesamte Spektrum diagnostischer und therapeutischer Augenheilkunde. Im Rahmen seines

verantwortungsvollen und vielseitigen Tätigkeitsgebietes war Herr Mustermann für folgende Aufgaben zuständig:

- Behandlung nicht paretischer und paretischer Stellungs- und Bewegungsstörungen der Augen,
- Bestimmung des Farb- und Lichtsinns, Augeninnendruckmessung und Fluoreszenzangiografie,
- Erhebung optometrischer Befunde und Bestimmung und Verordnung von Sehhilfen,
- Gesundheitsberatung und Früherkennung einschließlich Amblyopie, Glaukom- und Makuladegenerationsvorsorge,
- laserchirurgische Eingriffe einschließlich Netzhaut- und Glaskörperoperationen und Augenmuskeloperationen,
- operative Eingriffe und Nachbehandlung von Erkrankungen, Funktionsstörungen, Verletzungen und Komplikationen des Sehorgans.

Herr Mustermann verfügt über ein hervorragendes und auch in Randbereichen sehr tiefgehendes Fachwissen, welches er in unser Unternehmen stets in höchst gewinnbringender Weise einbrachte. Führungskompetenz gepaart mit freundlichem Auftreten, Selbstständigkeit und Zuverlässigkeit zeichnen Herrn Mustermann aus.

Sehr präzise Arbeitsweise und empathische Fähigkeiten runden das Profil von Herrn Mustermann ab. Zum Nutzen unseres Unternehmens erweiterte und aktualisierte er immer mit sehr gutem Erfolg seine umfassenden Fachkenntnisse durch regelmäßige Teilnahme an Weiterbildungsveranstaltungen.

Aufgrund seiner sehr guten Auffassungsgabe war er jederzeit in der Lage, auch schwierige Situationen sofort zutreffend zu erfassen und schnell sehr gute Lösungen zu finden. Herr Mustermann zeigte jederzeit hohe Eigeninitiative und identifizierte sich immer voll mit seinen Aufgaben und unserem Unternehmen, wobei er auch durch seine sehr große Einsatzfreude überzeugte. Auch in Situationen mit größtem Arbeitsaufkommen erwies er sich immer als in höchstem Maße belastbar.

Alle Aufgaben führte er jederzeit vollkommen selbstständig, äußerst sorgfältig und planvoll durchdacht aus. Er agierte immer ruhig, überlegt, zielorientiert und in höchstem Maße präzise. Dabei überzeugte er stets in besonderer Weise sowohl in qualitativer als auch in quantitativer Hinsicht. Herr Mustermann war in ganz besonders hohem Maße zuverlässig.

Für alle auftretenden Probleme fand er ausnahmslos ausgezeichnete Lösungen. Die Leistungen von Herrn Mustermann haben jederzeit und in jeder Hinsicht unsere vollste Anerkennung gefunden.

Er wurde wegen seines stets freundlichen und ausgeglichenen Wesens allseits sehr geschätzt. Er war immer hilfsbereit, zuvorkommend und stellte, falls erforderlich, auch persönliche Interessen zurück. Sein Verhalten zu Vorgesetzten, Kolleginnen und Kollegen sowie Kundinnen und Kunden war jederzeit vorbildlich.

Herr Mustermann verlässt unser Unternehmen mit dem 30.11.2021 auf eigenen Wunsch. Wir bedauern dies sehr, weil wir mit ihm einen sehr guten Mitarbeiter verlieren. Wir bedanken uns für die stets sehr guten Leistungen und wünschen ihm für die Zukunft beruflich und privat weiterhin viel Erfolg und alles Gute.

Musterstadt, 30.11.2021

Max MUSTERMANN AG

1. Unterzeichner/in	2. Unterzeichner/in
[Position]	[Position]

13.104 Fachberater Finanzdienstleistungen

Zeugnis

Herr Max Mustermann war vom 02.01.2016 bis zum 30.11.2021 in unserem Unternehmen als Fachberater (Finanzdienstleistungen) tätig.

[Unternehmensbeschreibung]

Als Fachberater für Finanzdienstleistungen war Herr Mustermann verantwortlich für die Analyse der wirtschaftlichen Situation und der bedarfsgerechten Beratung unserer Kunden in Finanzangelegenheiten. Im Rahmen seines verantwortungsvollen und vielseitigen Tätigkeitsgebietes war Herr Mustermann für folgende Aufgaben zuständig:

- Beratung von Banken, Versicherungen, Leasingunternehmen, Zahlungsverkehrsinstituten und anderen Finanzdienstleistungsunternehmen,
- Durchführung von Unternehmens-, Wettbewerbs- und Marktanalysen,
- Geld- und Vermögensanlage sowie Finanzierung von Baukrediten,
- Verantwortung für die Erstellung von Angebotsunterlagen und Unternehmensbewertungen,
- Vermitteln individuell zusammengestellte Standardprodukte des Finanzmarktes zur Risikovorsorge und -absicherung.

Herr Mustermann verfügt über ein hervorragendes und auch in Randbereichen sehr tiefgehendes Fachwissen, welches er in unser Unternehmen stets in höchst gewinn-

bringender Weise einbrachte. Herrn Mustermann ist eine teamorientierte Persönlichkeit. Mit seinem Engagement sorgte er für eine hohe Zufriedenheit unserer Kunden.

Auf persönlicher Ebene punktete Herrn Mustermann mit ausgeprägtem Verhandlungsgeschick und unternehmerischem Weitblick. Zum Nutzen unseres Unternehmens erweiterte und aktualisierte er immer mit sehr gutem Erfolg seine umfassenden Fachkenntnisse durch regelmäßige Teilnahme an Weiterbildungsveranstaltungen.

Aufgrund seiner sehr guten Auffassungsgabe war er jederzeit in der Lage, auch schwierige Situationen sofort zutreffend zu erfassen und schnell sehr gute Lösungen zu finden. Herr Mustermann zeigte jederzeit hohe Eigeninitiative und identifizierte sich immer voll mit seinen Aufgaben und unserem Unternehmen, wobei er auch durch seine sehr große Einsatzfreude überzeugte. Auch in Situationen mit größtem Arbeitsaufkommen erwies er sich immer als in höchstem Maße belastbar.

Alle Aufgaben führte er jederzeit vollkommen selbstständig, äußerst sorgfältig und planvoll durchdacht aus. Er agierte immer ruhig, überlegt, zielorientiert und in höchstem Maße präzise. Dabei überzeugte er stets in besonderer Weise sowohl in qualitativer als auch in quantitativer Hinsicht. Herr Mustermann war in ganz besonders hohem Maße zuverlässig.

Für alle auftretenden Probleme fand er ausnahmslos ausgezeichnete Lösungen. Die Leistungen von Herrn Mustermann haben jederzeit und in jeder Hinsicht unsere vollste Anerkennung gefunden.

Er wurde wegen seines stets freundlichen und ausgeglichenen Wesens allseits sehr geschätzt. Er war immer hilfsbereit, zuvorkommend und stellte, falls erforderlich, auch persönliche Interessen zurück. Sein Verhalten zu Vorgesetzten, Kolleginnen und Kollegen sowie Kundinnen und Kunden war jederzeit vorbildlich.

Herr Mustermann verlässt unser Unternehmen mit dem 30.11.2021 auf eigenen Wunsch. Wir bedauern dies sehr, weil wir mit ihm einen sehr guten Mitarbeiter verlieren. Wir bedanken uns für die stets sehr guten Leistungen und wünschen ihm für die Zukunft beruflich und privat weiterhin viel Erfolg und alles Gute.

Musterstadt, 30.11.2021

Max MUSTERMANN AG

1. Unterzeichner/in	2. Unterzeichner/in
[Position]	[Position]

13.105 Fachkraft Altenbetreuung

Zeugnis

Herr Max Mustermann war vom 01.02.2016 bis zum 30.11.2021 in unserem Unternehmen als Fachkraft für Altenbetreuung tätig.

[Unternehmensbeschreibung]

Als Fachaltenpfleger war Herr Mustermann verantwortlich für die Betreuung von kranken und pflegebedürftigen Menschen. Im Rahmen seines verantwortungsvollen und vielseitigen Tätigkeitsgebietes war Herr Mustermann für folgende Aufgaben zuständig:

- Begleitung der ärztlichen Diagnostik und Therapie,
- Durchführung von diagnostischen und therapeutischen Maßnahmen nach ärztlicher Anweisung,
- Erstellung von Pflegeanamnesen und Pflegeplänen sowie die Dokumentation der Pflegemaßnahmen,
- fachgerechte Durchführung der Grund- und Behandlungspflege der Patienten,
- Festlegung, Sicherstellung sowie Weiterentwicklung der Pflege und Betreuungsqualität,
- Führung der Pflegedokumentation,
- ganzheitliche Betreuung der Patienten unter Berücksichtigung derer Bedürfnisse,
- Kommunikation mit Bewohnern, Angehörigen und Mitarbeitern,
- kompetente Planung und Durchführung einer fach- und sachkundigen Pflege,
- Organisation und aktive Mitgestaltung der pflegerischen Abläufe,
- sichere Kommunikation mit anderen Pflegebereichen,
- Überwachung der ordnungsgemäßen Funktionsweise der Geräte,
- Zusammenarbeit mit anderen Berufsgruppen.

Herr Mustermann verfügt über ein hervorragendes und auch in Randbereichen sehr tiefgehendes Fachwissen, welches er in unser Unternehmen stets in höchst gewinnbringender Weise einbrachte. Ausgeprägte Teamfähigkeit, hohe Motivation und starkes Engagement zeichnen Herrn Mustermann aus.

Geduld, ein ausgeprägtes Einfühlungsvermögen und ein respektvoller Umgang mit älteren und pflegebedürftigen Menschen runden das Profil von Herrn Mustermann ab. Zum Nutzen unseres Unternehmens erweiterte und aktualisierte er immer mit sehr gutem Erfolg seine umfassenden Fachkenntnisse durch regelmäßige Teilnahme an Weiterbildungsveranstaltungen.

Aufgrund seiner sehr guten Auffassungsgabe war er jederzeit in der Lage, auch schwierige Situationen sofort zutreffend zu erfassen und schnell sehr gute Lösungen zu finden. Herr Mustermann zeigte jederzeit hohe Eigeninitiative und identifizierte sich

immer voll mit seinen Aufgaben und unserem Unternehmen, wobei er auch durch seine sehr große Einsatzfreude überzeugte. Auch in Situationen mit größtem Arbeitsaufkommen erwies er sich immer als in höchstem Maße belastbar.

Alle Aufgaben führte er jederzeit vollkommen selbstständig, äußerst sorgfältig und planvoll durchdacht aus. Er agierte immer ruhig, überlegt, zielorientiert und in höchstem Maße präzise. Dabei überzeugte er stets in besonderer Weise sowohl in qualitativer als auch in quantitativer Hinsicht. Herr Mustermann war in ganz besonders hohem Maße zuverlässig.

Für alle auftretenden Probleme fand er ausnahmslos ausgezeichnete Lösungen. Die Leistungen von Herrn Mustermann haben jederzeit und in jeder Hinsicht unsere vollste Anerkennung gefunden.

Er wurde wegen seines stets freundlichen und ausgeglichenen Wesens allseits sehr geschätzt. Er war immer hilfsbereit, zuvorkommend und stellte, falls erforderlich, auch persönliche Interessen zurück. Sein Verhalten zu Vorgesetzten, Kolleginnen und Kollegen sowie Kundinnen und Kunden war jederzeit vorbildlich.

Herr Mustermann verlässt unser Unternehmen mit dem 30.11.2021 auf eigenen Wunsch. Wir bedauern dies sehr, weil wir mit ihm einen sehr guten Mitarbeiter verlieren. Wir bedanken uns für die stets sehr guten Leistungen und wünschen ihm für die Zukunft beruflich und privat weiterhin viel Erfolg und alles Gute.

Musterstadt, 30.11.2021

Max MUSTERMANN AG

1. Unterzeichner/in	2. Unterzeichner/in
[Position]	[Position]

13.106 Fachkraft Arbeitssicherheit

Zeugnis

Herr Max Mustermann war vom 01.02.2016 bis zum 30.11.2021 in unserem Unternehmen als Fachkraft Arbeitssicherheit tätig.

[Unternehmensbeschreibung]

Als Fachkraft für Arbeitssicherheit nahm Herr Mustermann alle Aufgaben nach §6 Arbeitssicherheitsgesetz wahr und betreuen unsere Kunden vor Ort zur Arbeitssicherheit. Im Rahmen seines verantwortungsvollen und vielseitigen Tätigkeitsgebietes war Herr Mustermann für folgende Aufgaben zuständig:

- Analyse, Gefährdungsbeurteilungen und Beratung unserer Kunden rund um das Thema Arbeitssicherheit,
- Beurteilen von Arbeits- und Gesundheitsgefährdungen und die Durchführung geeigneter Präventivmaßnahmen,
- Durchführung von Unterweisungen für die Arbeitssicherheit,
- Einführung von Anordnungen für die Qualitätssicherung,
- Erstellung von Gefährdungsbeurteilungen, Schutzmaßnahmen und Unterweisungsunterlagen,
- Öffentlichkeitsarbeit zu Arbeitsschutzbehörden und Unfallversicherungsträgern,
- Optimierung von Arbeitsplätzen, Arbeitsabläufen und dem Einsatz von Arbeitsmitteln und -stoffen,
- Planung, Überwachung und Kontrolle der notwendigen Arbeitsschutzmaßnahmen,
- Schulung von Führungskräften und Mitarbeitern in allen Belangen des Arbeits- und Umweltschutzes,
- Weiterentwicklung der Arbeitsschutzprozesse und Arbeitsschutzstandards.

Herr Mustermann verfügt über ein hervorragendes und auch in Randbereichen sehr tiefgehendes Fachwissen, welches er in unser Unternehmen stets in höchst gewinnbringender Weise einbrachte. Ein freundliches und kundenorientiertes Auftreten, Beratungskompetenz, Kommunikations- und Teamfähigkeit zeichnen Herrn Mustermann aus.

Zum Nutzen unseres Unternehmens erweiterte und aktualisierte er immer mit sehr gutem Erfolg seine umfassenden Fachkenntnisse durch regelmäßige Teilnahme an Weiterbildungsveranstaltungen.

Aufgrund seiner sehr guten Auffassungsgabe war er jederzeit in der Lage, auch schwierige Situationen sofort zutreffend zu erfassen und schnell sehr gute Lösungen zu finden. Herr Mustermann zeigte jederzeit hohe Eigeninitiative und identifizierte sich immer voll mit seinen Aufgaben und unserem Unternehmen, wobei er auch durch seine sehr große Einsatzfreude überzeugte. Auch in Situationen mit größtem Arbeitsaufkommen erwies er sich immer als in höchstem Maße belastbar.

Alle Aufgaben führte er jederzeit vollkommen selbstständig, äußerst sorgfältig und planvoll durchdacht aus. Er agierte immer ruhig, überlegt, zielorientiert und in höchstem Maße präzise. Dabei überzeugte er stets in besonderer Weise sowohl in qualitativer als auch in quantitativer Hinsicht. Herr Mustermann war in ganz besonders hohem Maße zuverlässig.

Für alle auftretenden Probleme fand er ausnahmslos ausgezeichnete Lösungen. Die Leistungen von Herrn Mustermann haben jederzeit und in jeder Hinsicht unsere vollste Anerkennung gefunden.

Er wurde wegen seines stets freundlichen und ausgeglichenen Wesens allseits sehr geschätzt. Er war immer hilfsbereit, zuvorkommend und stellte, falls erforderlich, auch persönliche Interessen zurück. Sein Verhalten zu Vorgesetzten, Kolleginnen und Kollegen sowie Kundinnen und Kunden war jederzeit vorbildlich.

Herr Mustermann verlässt unser Unternehmen mit dem 30.11.2021 auf eigenen Wunsch. Wir bedauern dies sehr, weil wir mit ihm einen sehr guten Mitarbeiter verlieren. Wir bedanken uns für die stets sehr guten Leistungen und wünschen ihm für die Zukunft beruflich und privat weiterhin viel Erfolg und alles Gute.

Musterstadt, 30.11.2021

Max MUSTERMANN AG

1. Unterzeichner/in	2. Unterzeichner/in
[Position]	[Position]

13.107 Fachkrankenschwester

Zeugnis

Frau Mara Muster war vom 01.02.2016 bis zum 30.11.2021 in unserem Unternehmen als Fachkrankenschwester tätig.

[Unternehmensbeschreibung]

Als Fachkrankenschwester war Frau Muster verantwortlich für die Betreuung und Durchführung der Grundpflege sowie Prophylaxen unserer Patienten. Im Rahmen ihres verantwortungsvollen und vielseitigen Tätigkeitsgebietes war Frau Muster für folgende Aufgaben zuständig:

- Assistenz bei Untersuchungen und Behandlungen,
- Begleitung und Unterstützung der Patienten vor einem operativen Eingriff,
- Dokumentation der Pflegemaßnahmen,
- Durchführung von ärztlich veranlassten medizinischen Maßnahmen,
- Ermittlung des Pflegebedarfs,
- Gewährleistung des reibungslosen Übergangs in die häusliche Pflege,
- Sicherung des Qualitätsstandards,
- Vorbereitung und Gabe der Injektions- oder Infusionstherapie.

Frau Muster verfügt über ein hervorragendes und auch in Randbereichen sehr tiefgehendes Fachwissen, welches sie in unser Unternehmen stets in höchst gewinnbringender Weise einbrachte. Selbstständiges und zuverlässiges Arbeiten, auch unter beschwerenden Situationen, zeichnen Frau Muster aus.

Ein hoher Qualitätsanspruch im Umgang mit den Patienten in Verbindung mit Freude an der medizinischen Betreuung rundet das Profil von Frau Muster ab. Zum Nutzen unseres Unternehmens erweiterte und aktualisierte sie immer mit sehr gutem Erfolg ihre umfassenden Fachkenntnisse durch regelmäßige Teilnahme an Weiterbildungsveranstaltungen.

Aufgrund ihrer sehr guten Auffassungsgabe war sie jederzeit in der Lage, auch schwierige Situationen sofort zutreffend zu erfassen und schnell sehr gute Lösungen zu finden. Frau Muster zeigte jederzeit hohe Eigeninitiative und identifizierte sich immer voll mit ihren Aufgaben und unserem Unternehmen, wobei sie auch durch ihre sehr große Einsatzfreude überzeugte. Auch in Situationen mit größtem Arbeitsaufkommen erwies sie sich immer als in höchstem Maße belastbar.

Alle Aufgaben führte sie jederzeit vollkommen selbstständig, äußerst sorgfältig und planvoll durchdacht aus. Sie agierte immer ruhig, überlegt, zielorientiert und in höchstem Maße präzise. Dabei überzeugte sie stets in besonderer Weise sowohl in qualitativer als auch in quantitativer Hinsicht. Frau Muster war in ganz besonders hohem Maße zuverlässig.

Für alle auftretenden Probleme fand sie ausnahmslos ausgezeichnete Lösungen. Die Leistungen von Frau Muster haben jederzeit und in jeder Hinsicht unsere vollste Anerkennung gefunden.

Sie wurde wegen ihres stets freundlichen und ausgeglichenen Wesens allseits sehr geschätzt. Sie war immer hilfsbereit, zuvorkommend und stellte, falls erforderlich, auch persönliche Interessen zurück. Ihr Verhalten zu Vorgesetzten, Kolleginnen und Kollegen sowie Kundinnen und Kunden war jederzeit vorbildlich.

Frau Muster verlässt unser Unternehmen mit dem 30.11.2021 auf eigenen Wunsch. Wir bedauern dies sehr, weil wir mit ihr eine sehr gute Mitarbeiterin verlieren. Wir bedanken uns für die stets sehr guten Leistungen und wünschen ihr für die Zukunft beruflich und privat weiterhin viel Erfolg und alles Gute.

Musterstadt, 30.11.2021

Max MUSTERMANN AG

1. Unterzeichner/in	2. Unterzeichner/in
[Position]	[Position]

13.108 Fachlehrer

Zeugnis
Herr Max Mustermann war vom 01.02.2016 bis zum 30.11.2021 in unserer Einrichtung als Fachlehrer tätig.

[Unternehmensbeschreibung]

Als Fachlehrer unterrichtete Herr Mustermann in den Fächern Technik, Wirtschaftslehre, Kommunikationstechnik und technisches Zeichnen. Im Rahmen seines verantwortungsvollen und vielseitigen Tätigkeitsgebietes war Herr Mustermann für folgende Aufgaben zuständig:

- Förderung und Unterstützung der Schülerinnen und Schüler beim Erreichen des Ausbildungsziels,
- Korrigieren der Klassenarbeiten und Hausaufgaben,
- Organisation von außerschulischen Aktivitäten wie Schulfeste, Sporttage oder Ausflüge,
- Schulaufsicht im Schulbetrieb nach Maßgabe der jeweiligen gesetzlichen Bestimmung,
- schülergerechtes Aufbereiten des Schulstoffs und beschaffen bzw. erstellen der Unterrichtsmaterialien,
- Vorbereiten und Durchführen des theoretischen und praktischen Unterrichts.

Herr Mustermann verfügt über ein hervorragendes und auch in Randbereichen sehr tiefgehendes Fachwissen, welches er in unsere Einrichtung stets in höchst gewinnbringender Weise einbrachte. Selbstständiges, zuverlässiges und lösungsorientiertes Arbeiten, gute anwendungssichere Kenntnisse in EDV-Anwendungen, insbesondere Microsoft Office, zeichnen Herrn Mustermann aus.

Ein hoher Qualitätsanspruch im Umgang mit den Schülern, in Verbindung mit Freude am Unterricht, rundet das Profil von Herrn Mustermann ab. Zum Nutzen unserer Einrichtung erweiterte und aktualisierte er immer mit sehr gutem Erfolg seine umfassenden Fachkenntnisse durch regelmäßige Teilnahme an Weiterbildungsveranstaltungen.

Aufgrund seiner sehr guten Auffassungsgabe war er jederzeit in der Lage, auch schwierige Situationen sofort zutreffend zu erfassen und schnell sehr gute Lösungen zu finden. Herr Mustermann zeigte jederzeit hohe Eigeninitiative und identifizierte sich immer voll mit seinen Aufgaben und unserer Einrichtung, wobei er auch durch seine sehr große Einsatzfreude überzeugte. Auch in Situationen mit größtem Arbeitsaufkommen erwies er sich immer als in höchstem Maße belastbar.

Alle Aufgaben führte er jederzeit vollkommen selbstständig, äußerst sorgfältig und planvoll durchdacht aus. Er agierte immer ruhig, überlegt, zielorientiert und in höchstem Maße präzise. Dabei überzeugte er stets in besonderer Weise sowohl in qualitativer als auch in quantitativer Hinsicht. Herr Mustermann war in ganz besonders hohem Maße zuverlässig.

Für alle auftretenden Probleme fand er ausnahmslos ausgezeichnete Lösungen. Die Leistungen von Herrn Mustermann haben jederzeit und in jeder Hinsicht unsere vollste Anerkennung gefunden.

Er wurde wegen seines stets freundlichen und ausgeglichenen Wesens allseits sehr geschätzt. Er war immer hilfsbereit, zuvorkommend und stellte, falls erforderlich, auch persönliche Interessen zurück. Sein Verhalten zu Vorgesetzten, Kolleginnen und Kollegen sowie den Schülerinnen und Schülern war jederzeit vorbildlich.

Herr Mustermann verlässt unsere Einrichtung mit dem 30.11.2021 auf eigenen Wunsch. Wir bedauern dies sehr, weil wir mit ihm einen sehr guten Mitarbeiter verlieren. Wir bedanken uns für die stets sehr guten Leistungen und wünschen ihm für die Zukunft beruflich und privat weiterhin viel Erfolg und alles Gute.

Musterstadt, 30.11.2021

1. Unterzeichner/in	2. Unterzeichner/in
[Position]	[Position]

13.109 Fachverkäufer Fleischerei

Zeugnis

Herr Max Mustermann war vom 01.02.2016 bis zum 30.11.2021 in unserem Unternehmen als Fachverkäufer (Fleischerei) tätig.

[Unternehmensbeschreibung]

Als Fachverkäufer in unserer Metzgerei war Herr Mustermann verantwortlich für die qualifizierte und individuelle Kundenberatung im Bezug auf unsere Fleisch- und Wurstwaren. Im Rahmen seines verantwortungsvollen und vielseitigen Tätigkeitsgebietes war Herr Mustermann für folgende Aufgaben zuständig:

- Bestands- und Qualitätskontrollen der Fleisch- und Wurstwaren,
- eigenständige Disposition der Fleisch- und Wursttheke,

- fachbezogene und freundliche Beratung und Bedienung der Kunden,
- Gestaltung eines attraktiven Warenangebots an der Bedienungstheke,
- konsequente Einhaltung der lebensmittelrechtlichen Hygienevorschriften,
- Präsentation neuer Produktideen,
- verkaufsfördernde Gestaltung der Theke,
- verkaufsfördernde Warenpräsentation, Theken- und Warenpflege,
- Wareneingangs- und Qualitätskontrolle.

Herr Mustermann verfügt über ein hervorragendes und auch in Randbereichen sehr tiefgehendes Fachwissen, welches er in unser Unternehmen stets in höchst gewinnbringender Weise einbrachte. Herrn Mustermann besitzt ein freundliches, souveränes und kundenorientiertes Auftreten.

Abgerundet wird sein Profil durch eine große Erfahrung und Leidenschaft für aktives Verkaufen. Zum Nutzen unseres Unternehmens erweiterte und aktualisierte er immer mit sehr gutem Erfolg seine umfassenden Fachkenntnisse durch regelmäßige Teilnahme an Weiterbildungsveranstaltungen.

Aufgrund seiner sehr guten Auffassungsgabe war er jederzeit in der Lage, auch schwierige Situationen sofort zutreffend zu erfassen und schnell sehr gute Lösungen zu finden. Herr Mustermann zeigte jederzeit hohe Eigeninitiative und identifizierte sich immer voll mit seinen Aufgaben und unserem Unternehmen, wobei er auch durch seine sehr große Einsatzfreude überzeugte. Auch in Situationen mit größtem Arbeitsaufkommen erwies er sich immer als in höchstem Maße belastbar.

Alle Aufgaben führte er jederzeit vollkommen selbstständig, äußerst sorgfältig und planvoll durchdacht aus. Er agierte immer ruhig, überlegt, zielorientiert und in höchstem Maße präzise. Dabei überzeugte er stets in besonderer Weise sowohl in qualitativer als auch in quantitativer Hinsicht. Herr Mustermann war in ganz besonders hohem Maße zuverlässig.

Für alle auftretenden Probleme fand er ausnahmslos ausgezeichnete Lösungen. Die Leistungen von Herrn Mustermann haben jederzeit und in jeder Hinsicht unsere vollste Anerkennung gefunden.

Er wurde wegen seines stets freundlichen und ausgeglichenen Wesens allseits sehr geschätzt. Er war immer hilfsbereit, zuvorkommend und stellte, falls erforderlich, auch persönliche Interessen zurück. Sein Verhalten zu Vorgesetzten, Kolleginnen und Kollegen sowie Kundinnen und Kunden war jederzeit vorbildlich.

Herr Mustermann verlässt unser Unternehmen mit dem 30.11.2021 auf eigenen Wunsch. Wir bedauern dies sehr, weil wir mit ihm einen sehr guten Mitarbeiter ver-

lieren. Wir bedanken uns für die stets sehr guten Leistungen und wünschen ihm für die Zukunft beruflich und privat weiterhin viel Erfolg und alles Gute.

Musterstadt, 30.11.2021

Max MUSTERMANN AG

1. Unterzeichner/in	2. Unterzeichner/in
[Position]	[Position]

13.110 Facility-Manager

Zeugnis

Herr Max Mustermann war vom 01.02.2016 bis zum 30.11.2021 in unserem Unternehmen als Facility-Manager tätig.

[Unternehmensbeschreibung]

Als Facility-Manager war Herr Mustermann verantwortlich für Verwaltung und Bewirtschaftung von Gebäuden und Anlagen. Im Rahmen seines verantwortungsvollen und vielseitigen Tätigkeitsgebietes war Herr Mustermann für folgende Aufgaben zuständig:

- Analyse und Optimierung von Wartungs- und Instandsetzungsprozessen,
- Angebotseinholung und -vergabe, anschließende Abstimmung und Administration von Handwerksaufträgen und Dienstleistungen,
- Ausarbeitung und Steuerung von Aus- und Umbaumaßnahmen,
- Budgetaufstellung und Kostenüberwachung,
- Durchführung von Hausmeistertätigkeiten,
- Erstellen von Ausschreibungsunterlagen für Umbau und Instandhaltung,
- Erstellung von Dokumentationen sowie allgemeine Büro- und Verwaltungsaufgaben,
- kaufmännische und technische Betreuung von Bauprojekten,
- Kostenersparnis durch Bündelung der Aufgabengebiete,
- Risikobeurteilung im Gebäudemanagement,
- Terminkoordinierung mit Architekten, Vermietern und ausführenden Unternehmen.

Herr Mustermann verfügt über ein hervorragendes und auch in Randbereichen sehr tiefgehendes Fachwissen, welches er in unser Unternehmen stets in höchst gewinnbringender Weise einbrachte. Ein sehr gutes technisches Einfühlungsvermögen, Kommunikations- und Durchsetzungsstärke sowie Organisationstalent zeichnen Herrn Mustermann aus.

Ein strukturiertes und gewissenhaftes Bearbeiten der Aufgaben mit einem hohen Maß an Selbstständigkeit runden das Profil von Herrn Mustermann ab. Zum Nutzen unseres Unternehmens erweiterte und aktualisierte er immer mit sehr gutem Erfolg seine umfassenden Fachkenntnisse durch regelmäßige Teilnahme an Weiterbildungsveranstaltungen.

Aufgrund seiner sehr guten Auffassungsgabe war er jederzeit in der Lage, auch schwierige Situationen sofort zutreffend zu erfassen und schnell sehr gute Lösungen zu finden. Herr Mustermann zeigte jederzeit hohe Eigeninitiative und identifizierte sich immer voll mit seinen Aufgaben und unserem Unternehmen, wobei er auch durch seine sehr große Einsatzfreude überzeugte. Auch in Situationen mit größtem Arbeitsaufkommen erwies er sich immer als in höchstem Maße belastbar.

Alle Aufgaben führte er jederzeit vollkommen selbstständig, äußerst sorgfältig und planvoll durchdacht aus. Er agierte immer ruhig, überlegt, zielorientiert und in höchstem Maße präzise. Dabei überzeugte er stets in besonderer Weise sowohl in qualitativer als auch in quantitativer Hinsicht. Herr Mustermann war in ganz besonders hohem Maße zuverlässig.

Für alle auftretenden Probleme fand er ausnahmslos ausgezeichnete Lösungen. Die Leistungen von Herrn Mustermann haben jederzeit und in jeder Hinsicht unsere vollste Anerkennung gefunden.

Er wurde wegen seines stets freundlichen und ausgeglichenen Wesens allseits sehr geschätzt. Er war immer hilfsbereit, zuvorkommend und stellte, falls erforderlich, auch persönliche Interessen zurück. Sein Verhalten zu Vorgesetzten, Kolleginnen und Kollegen sowie Kundinnen und Kunden war jederzeit vorbildlich.

Herr Mustermann verlässt unser Unternehmen mit dem 30.11.2021 auf eigenen Wunsch. Wir bedauern dies sehr, weil wir mit ihm einen sehr guten Mitarbeiter verlieren. Wir bedanken uns für die stets sehr guten Leistungen und wünschen ihm für die Zukunft beruflich und privat weiterhin viel Erfolg und alles Gute.

Musterstadt, 30.11.2021

Max MUSTERMANN AG

1. Unterzeichner/in	2. Unterzeichner/in
[Position]	[Position]

13.111 Fahrzeuglackierer

Zeugnis
Herr Max Mustermann war vom 01.02.2016 bis zum 30.11.2021 in unserem Unternehmen als Fahrzeuglackierer tätig.

[Unternehmensbeschreibung]

Als Fahrzeuglackierer war Herr Mustermann verantwortlich für das Beschichten und Gestalten von Kraftfahrzeugen, Aufbauten und Spezialeinrichtungen mit Lacken, Aufschriften und Markenzeichen. Im Rahmen seines verantwortungsvollen und vielseitigen Tätigkeitsgebietes war Herr Mustermann für folgende Aufgaben zuständig:

- Anmischen der Farbe, Lackierarbeiten sowie Oberflächenfinish,
- Dokumentieren und beheben von Schäden an Blechteilen,
- Montage-, Demontage- und Prüfarbeiten,
- qualitätssichernde Maßnahmen und die Abnahme von Bauteilen,
- Schutz von Fahrzeugoberflächen durch geeignete Konservierungsmaßnahmen gegen Rost,
- Vorbehandlung der zu lackierenden Teile wie Schleif-, Spachtel- und Abdeckarbeiten.

Herr Mustermann verfügt über ein hervorragendes und auch in Randbereichen sehr tiefgehendes Fachwissen, welches er in unser Unternehmen stets in höchst gewinnbringender Weise einbrachte. Die Arbeitsweise von Herrn Mustermann zeichnete sich durch Sorgfalt und hohes Qualitätsbewusstsein aus.

Ein strukturiertes und gewissenhaftes Bearbeiten der Aufgaben mit einem hohen Maß an Selbstständigkeit runden das Profil von Herrn Mustermann ab. Zum Nutzen unseres Unternehmens erweiterte und aktualisierte er immer mit sehr gutem Erfolg seine umfassenden Fachkenntnisse durch regelmäßige Teilnahme an Weiterbildungsveranstaltungen.

Aufgrund seiner sehr guten Auffassungsgabe war er jederzeit in der Lage, auch schwierige Situationen sofort zutreffend zu erfassen und schnell sehr gute Lösungen zu finden. Herr Mustermann zeigte jederzeit hohe Eigeninitiative und identifizierte sich immer voll mit seinen Aufgaben und unserem Unternehmen, wobei er auch durch seine sehr große Einsatzfreude überzeugte. Auch in Situationen mit größtem Arbeitsaufkommen erwies er sich immer als in höchstem Maße belastbar.

Alle Aufgaben führte er jederzeit vollkommen selbstständig, äußerst sorgfältig und planvoll durchdacht aus. Er agierte immer ruhig, überlegt, zielorientiert und in höchstem Maße präzise. Dabei überzeugte er stets in besonderer Weise sowohl in qualitati-

ver als auch in quantitativer Hinsicht. Herr Mustermann war in ganz besonders hohem Maße zuverlässig.

Für alle auftretenden Probleme fand er ausnahmslos ausgezeichnete Lösungen. Die Leistungen von Herrn Mustermann haben jederzeit und in jeder Hinsicht unsere vollste Anerkennung gefunden.

Er wurde wegen seines stets freundlichen und ausgeglichenen Wesens allseits sehr geschätzt. Er war immer hilfsbereit, zuvorkommend und stellte, falls erforderlich, auch persönliche Interessen zurück. Sein Verhalten zu Vorgesetzten, Kolleginnen und Kollegen sowie Kundinnen und Kunden war jederzeit vorbildlich.

Herr Mustermann verlässt unser Unternehmen mit dem 30.11.2021 auf eigenen Wunsch. Wir bedauern dies sehr, weil wir mit ihm einen sehr guten Mitarbeiter verlieren. Wir bedanken uns für die stets sehr guten Leistungen und wünschen ihm für die Zukunft beruflich und privat weiterhin viel Erfolg und alles Gute.

Musterstadt, 30.11.2021

Max MUSTERMANN AG

1. Unterzeichner/in	2. Unterzeichner/in
[Position]	[Position]

13.112 Fallmanager Krankenhaus

Zeugnis

Herr Max Mustermann war vom 01.02.2016 bis zum 30.11.2021 als Fallmanager in unserem Krankenhaus tätig.

[Unternehmensbeschreibung]

Als Fallmanager (Case Manager) war Herr Mustermann verantwortlich für die Belegungssteuerung, Diagnostikkoordination, Behandlungsstandards und Optimierung der Leistungserbringung. Im Rahmen seines verantwortungsvollen und vielseitigen Tätigkeitsgebietes war Herr Mustermann für folgende Aufgaben zuständig:

- Disposition der Gesundheitsversorgung unserer Patienten,
- Krankenhausrefinanzierung,
- Melde- und Berichtswesen,

- Organisation, Kontrolle und Steuerung aller Leistungs- und Kostenbereiche,
- Prozessoptimierung im Personalcontrolling,
- Verhandlungen mit Kranken-/Rentenversicherungsträgern und Sozialämtern,
- Vor- und Nachbereitung des Jahresabschlusses,
- Zusammenarbeit mit sozialen Diensten und gesetzlichen Betreuern.

Herr Mustermann verfügt über ein hervorragendes und auch in Randbereichen sehr tiefgehendes Fachwissen, welches er in unser Unternehmen stets in höchst gewinnbringender Weise einbrachte. Die Arbeitsweise von Herrn Mustermann zeichnete sich durch Sorgfalt und hohes Qualitätsbewusstsein aus.

Persönlich punktet Herr Mustermann als Kommunikationstalent mit seiner analytischen, strukturierten und lösungsorientierten Verfahrensweise. Zum Nutzen unseres Unternehmens erweiterte und aktualisierte er immer mit sehr gutem Erfolg seine umfassenden Fachkenntnisse durch regelmäßige Teilnahme an Weiterbildungsveranstaltungen.

Aufgrund seiner sehr guten Auffassungsgabe war er jederzeit in der Lage, auch schwierige Situationen sofort zutreffend zu erfassen und schnell sehr gute Lösungen zu finden. Herr Mustermann zeigte jederzeit hohe Eigeninitiative und identifizierte sich immer voll mit seinen Aufgaben und unserem Unternehmen, wobei er auch durch seine sehr große Einsatzfreude überzeugte. Auch in Situationen mit größtem Arbeitsaufkommen erwies er sich immer als in höchstem Maße belastbar.

Alle Aufgaben führte er jederzeit vollkommen selbstständig, äußerst sorgfältig und planvoll durchdacht aus. Er agierte immer ruhig, überlegt, zielorientiert und in höchstem Maße präzise. Dabei überzeugte er stets in besonderer Weise sowohl in qualitativer als auch in quantitativer Hinsicht. Herr Mustermann war in ganz besonders hohem Maße zuverlässig.

Für alle auftretenden Probleme fand er ausnahmslos ausgezeichnete Lösungen. Die Leistungen von Herrn Mustermann haben jederzeit und in jeder Hinsicht unsere vollste Anerkennung gefunden.

Er wurde wegen seines stets freundlichen und ausgeglichenen Wesens allseits sehr geschätzt. Er war immer hilfsbereit, zuvorkommend und stellte, falls erforderlich, auch persönliche Interessen zurück. Sein Verhalten zu Vorgesetzten, Kolleginnen und Kollegen sowie Kundinnen und Kunden war jederzeit vorbildlich.

Herr Mustermann verlässt unser Unternehmen mit dem 30.11.2021 auf eigenen Wunsch. Wir bedauern dies sehr, weil wir mit ihm einen sehr guten Mitarbeiter ver-

lieren. Wir bedanken uns für die stets sehr guten Leistungen und wünschen ihm für die Zukunft beruflich und privat weiterhin viel Erfolg und alles Gute.

Musterstadt, 30.11.2021

Max MUSTERMANN AG

1. Unterzeichner/in	2. Unterzeichner/in
[Position]	[Position]

13.113 Fassadenreiniger

Zeugnis

Herr Max Mustermann war vom 01.02.2016 bis zum 30.11.2021 in unserem Unternehmen als Fassadenreiniger tätig.

[Unternehmensbeschreibung]

Als Fassadenreiniger und Putzer war Herr Mustermann verantwortlich für hochwertige Fassadenreinigungen und Baureinigungen. Im Rahmen seines verantwortungsvollen und vielseitigen Tätigkeitsgebietes war Herr Mustermann für folgende Aufgaben zuständig:

- Ausführung von Sonderreinigungen,
- Bauzwischenreinigung, Bauendreinigung und Baufeinreinigung,
- Einsatz professioneller Hochdrucktechnik in der Fassadenreinigung,
- Entsorgung von Schmutz, Bauschutt und Baumüll,
- fachgerechte Glasreinigung.

Herr Mustermann verfügt über ein hervorragendes und auch in Randbereichen sehr tiefgehendes Fachwissen, welches er in unser Unternehmen stets in höchst gewinnbringender Weise einbrachte. Die Arbeitsweise von Herrn Mustermann zeichnete sich durch Sorgfalt und Sinn für Sauberkeit und Ordnung aus.

Persönlich punktet Herr Mustermann mit Teamfähigkeit und hoher Einsatzbereitschaft. Zum Nutzen unseres Unternehmens erweiterte und aktualisierte er immer mit sehr gutem Erfolg seine umfassenden Fachkenntnisse durch regelmäßige Teilnahme an Weiterbildungsveranstaltungen.

Aufgrund seiner sehr guten Auffassungsgabe war er jederzeit in der Lage, auch schwierige Situationen sofort zutreffend zu erfassen und schnell sehr gute Lösungen zu finden. Herr Mustermann zeigte jederzeit hohe Eigeninitiative und identifizierte sich immer voll mit seinen Aufgaben und unserem Unternehmen, wobei er auch durch

seine sehr große Einsatzfreude überzeugte. Auch in Situationen mit größtem Arbeitsaufkommen erwies er sich immer als in höchstem Maße belastbar.

Alle Aufgaben führte er jederzeit vollkommen selbstständig, äußerst sorgfältig und planvoll durchdacht aus. Er agierte immer ruhig, überlegt, zielorientiert und in höchstem Maße präzise. Dabei überzeugte er stets in besonderer Weise sowohl in qualitativer als auch in quantitativer Hinsicht. Herr Mustermann war in ganz besonders hohem Maße zuverlässig.

Für alle auftretenden Probleme fand er ausnahmslos ausgezeichnete Lösungen. Die Leistungen von Herrn Mustermann haben jederzeit und in jeder Hinsicht unsere vollste Anerkennung gefunden.

Er wurde wegen seines stets freundlichen und ausgeglichenen Wesens allseits sehr geschätzt. Er war immer hilfsbereit, zuvorkommend und stellte, falls erforderlich, auch persönliche Interessen zurück. Sein Verhalten zu Vorgesetzten, Kolleginnen und Kollegen sowie Kundinnen und Kunden war jederzeit vorbildlich.

Herr Mustermann verlässt unser Unternehmen mit dem 30.11.2021 auf eigenen Wunsch. Wir bedauern dies sehr, weil wir mit ihm einen sehr guten Mitarbeiter verlieren. Wir bedanken uns für die stets sehr guten Leistungen und wünschen ihm für die Zukunft beruflich und privat weiterhin viel Erfolg und alles Gute.

Musterstadt, 30.11.2021

Max MUSTERMANN AG

1. Unterzeichner/in	2. Unterzeichner/in
[Position]	[Position]

13.114 Filialleiter/Verkaufsstellenleiter

Zeugnis

Herr Max Mustermann war vom 01.02.2016 bis zum 30.11.2021 in unserem Unternehmen als Filialleiter/Verkaufsstellenleiter tätig.

[Unternehmensbeschreibung]

Als Filialleiter war Herr Mustermann verantwortlich für das Steuern und Optimieren aller Arbeitsabläufe in der Filiale. Im Rahmen seines verantwortungsvollen und vielseitigen Tätigkeitsgebietes war Herr Mustermann für folgende Aufgaben zuständig:

- aktive Steuerung der Verkaufsprozesse,

- Disposition der Materialwirtschaft, Warenannahme und -prüfung,
- Einhaltung der Umsatzvorgaben,
- Führung eines Teams von 20 Mitarbeitern,
- Gewähr einer hochwertigen Kunden- und Serviceorientierung,
- kaufmännische Leitung der Filiale,
- Kontrolle der Frische, Sauberkeit, Warenverfügbarkeit und Servicequalität in der Filiale,
- Optimierung der Wirtschaftlichkeit der Filiale durch die Analyse der Kennzahlen,
- Realisieren von strategischen Durchführungen und Merchandise-Konzepten,
- Sicherstellung einer hohen Qualität in der Warenpräsentation,
- Steuern externer Dienstleister,
- zielorientierte Mitarbeiterführung, Teammotivation und Einsatzplanung.

Herr Mustermann verfügt über ein hervorragendes und auch in Randbereichen sehr tiefgehendes Fachwissen, welches er in unser Unternehmen stets in höchst gewinnbringender Weise einbrachte. Die Arbeitsweise von Herrn Mustermann zeichnete sich durch Begeisterung für den Handel und Erfahrung in der Mitarbeiterführung aus.

Persönlich punktet Herr Mustermann mit Teamfähigkeit, Pflichttreue, Entscheidungsfreude, stilsicherem und freundlichem Auftreten. Zum Nutzen unseres Unternehmens erweiterte und aktualisierte er immer mit sehr gutem Erfolg seine umfassenden Fachkenntnisse durch regelmäßige Teilnahme an Weiterbildungsveranstaltungen.

Aufgrund seiner sehr guten Auffassungsgabe war er jederzeit in der Lage, auch schwierige Situationen sofort zutreffend zu erfassen und schnell sehr gute Lösungen zu finden. Herr Mustermann zeigte jederzeit hohe Eigeninitiative und identifizierte sich immer voll mit seinen Aufgaben und unserem Unternehmen, wobei er auch durch seine sehr große Einsatzfreude überzeugte. Auch in Situationen mit größtem Arbeitsaufkommen erwies er sich immer als in höchstem Maße belastbar.

Alle Aufgaben führte er jederzeit vollkommen selbstständig, äußerst sorgfältig und planvoll durchdacht aus. Er agierte immer ruhig, überlegt, zielorientiert und in höchstem Maße präzise. Dabei überzeugte er stets in besonderer Weise sowohl in qualitativer als auch in quantitativer Hinsicht. Herr Mustermann war in ganz besonders hohem Maße zuverlässig.

Für alle auftretenden Probleme fand er ausnahmslos ausgezeichnete Lösungen. Aufgrund seiner ausgeprägten Sozialkompetenz konnte er seine Mitarbeiter stets zu sehr guten Leistungen motivieren. Die Leistungen von Herrn Mustermann haben jederzeit und in jeder Hinsicht unsere vollste Anerkennung gefunden.

Er wurde wegen seines stets freundlichen und ausgeglichenen Wesens allseits sehr geschätzt. Er war immer hilfsbereit, zuvorkommend und stellte, falls erforderlich, auch persönliche Interessen zurück. Sein Verhalten zu Vorgesetzten, Kolleginnen und Kollegen sowie Kundinnen und Kunden war jederzeit vorbildlich.

Herr Mustermann verlässt unser Unternehmen mit dem 30.11.2021 auf eigenen Wunsch. Wir bedauern dies sehr, weil wir mit ihm einen sehr guten Mitarbeiter verlieren. Wir bedanken uns für die stets sehr guten Leistungen und wünschen ihm für die Zukunft beruflich und privat weiterhin viel Erfolg und alles Gute.

Musterstadt, 30.11.2021

Max MUSTERMANN AG
1. Unterzeichner/in
[Position]

2. Unterzeichner/in
[Position]

13.115 Finanzassistentin

Zeugnis
Frau Mara Muster war vom 01.02.2016 bis zum 30.11.2021 in unserem Unternehmen als Finanzassistentin tätig.

[Unternehmensbeschreibung]

Als Finanzassistentin war Frau Muster verantwortlich für die Beratung unserer Kunden und der Überprüfung von Geschäftsprozessen. Im Rahmen ihres verantwortungsvollen und vielseitigen Tätigkeitsgebiets war Frau Muster für folgende Aufgaben zuständig:

- Abstimmung und Vorbereitung von Meetings,
- Abwicklung von Dienstreisen und Erstellen der Abrechnungen,
- Auswertung betriebswirtschaftlicher Daten,
- Durchführung der anfallenden Korrespondenz in deutscher und englischer Sprache,
- Ermittlung des individuellen Finanzierungsbedarfs unserer Kunden,
- Erstellung von spezifischen Finanzierungsvorschlägen,
- fachliche Unterstützung für unsere internen Abteilungen bei finanziellen Fragestellungen,
- Terminkoordination und -überwachung,

- Unterstützung der Geschäftsführung im Bereich des Finanz- und Rechnungswesens,
- Vor- und Nachbereitung interner und externer Besprechungen,
- Vorbereitung von Präsentationen.

Frau Muster verfügt über ein hervorragendes und auch in Randbereichen sehr tiefgehendes Fachwissen, welches sie in unser Unternehmen stets in höchst gewinnbringender Weise einbrachte. Selbstständiges und zuverlässiges Arbeiten, eine verantwortungsbewusste und strukturierte Arbeitsweise sowie überdurchschnittliche Einsatzbereitschaft zeichnen Frau Muster aus.

Ausgeprägte Kommunikation- und Teamfähigkeit sowie Organisationstalent, sehr gute Englisch- und anwenderbezogene EDV-Kenntnisse (MS Office) runden das Profil von Frau Muster ab. Zum Nutzen unseres Unternehmens erweiterte und aktualisierte sie immer mit sehr gutem Erfolg ihre umfassenden Fachkenntnisse durch regelmäßige Teilnahme an Weiterbildungsveranstaltungen.

Aufgrund ihrer sehr guten Auffassungsgabe war sie jederzeit in der Lage, auch schwierige Situationen sofort zutreffend zu erfassen und schnell sehr gute Lösungen zu finden. Frau Muster zeigte jederzeit hohe Eigeninitiative und identifizierte sich immer voll mit ihren Aufgaben und unserem Unternehmen, wobei sie auch durch ihre sehr große Einsatzfreude überzeugte. Auch in Situationen mit größtem Arbeitsaufkommen erwies sie sich immer als in höchstem Maße belastbar.

Alle Aufgaben führte sie jederzeit vollkommen selbstständig, äußerst sorgfältig und planvoll durchdacht aus. Sie agierte immer ruhig, überlegt, zielorientiert und in höchstem Maße präzise. Dabei überzeugte sie stets in besonderer Weise sowohl in qualitativer als auch in quantitativer Hinsicht. Frau Muster war in ganz besonders hohem Maße zuverlässig.

Für alle auftretenden Probleme fand sie ausnahmslos ausgezeichnete Lösungen. Die Leistungen von Frau Muster haben jederzeit und in jeder Hinsicht unsere vollste Anerkennung gefunden.

Sie wurde wegen ihres stets freundlichen und ausgeglichenen Wesens allseits sehr geschätzt. Sie war immer hilfsbereit, zuvorkommend und stellte, falls erforderlich, auch persönliche Interessen zurück. Ihr Verhalten zu Vorgesetzten, Kolleginnen und Kollegen sowie Kundinnen und Kunden war jederzeit vorbildlich.

Frau Muster verlässt unser Unternehmen mit dem 30.11.2021 auf eigenen Wunsch. Wir bedauern dies sehr, weil wir mit ihr eine sehr gute Mitarbeiterin verlieren. Wir bedan-

ken uns für die stets sehr guten Leistungen und wünschen ihr für die Zukunft beruflich und privat weiterhin viel Erfolg und alles Gute.

Musterstadt, 30.11.2021

Max MUSTERMANN AG

1. Unterzeichner/in	2. Unterzeichner/in
[Position]	[Position]

13.116 Finanzbuchhalter

Zeugnis

Herr Max Mustermann war vom 01.02.2016 bis zum 30.11.2021 in unserem Unternehmen als Finanzbuchhalter tätig.

[Unternehmensbeschreibung]

Als Finanzbuchhalter war Herr Mustermann verantwortlich für die Erstellung der Finanzbuchhaltung und Monatsabschlüsse. Im Rahmen seines verantwortungsvollen und vielseitigen Tätigkeitsgebietes war Herr Mustermann für folgende Aufgaben zuständig:

- Abrechnung von Provisionen und Reisekosten,
- Anfertigung von Auswertungen und Statistiken,
- Bearbeitung der Kreditkartenabrechnungen,
- Buchen in allen ERP-Modulen,
- Debitoren- und Kreditorenbuchhaltung,
- Erfassung und Verbuchung von Bestandsveränderungen,
- Erstellung der monatlichen Abschlüsse und Umsatzsteuervoranmeldung,
- fachliche Unterstützung für unsere internen Abteilungen bei steuerlichen Fragestellungen,
- Mahnwesen und Forderungsmanagement,
- Rechnungsprüfung und Abrechnung der Kosten und Erträge an die jeweilige Kostenstelle,
- Überwachung der generierten Buchungen und von Währungsgeschäften,
- Vorbereitung der Monats- und Jahresabschlüsse,
- Zahlungsabwicklung, Buchhaltung und Abstimmung der Konten.

Herr Mustermann verfügt über ein hervorragendes und auch in Randbereichen sehr tiefgehendes Fachwissen, welches er in unser Unternehmen stets in höchst gewinn-

bringender Weise einbrachte. Die Arbeitsweise von Herrn Mustermann zeichnete sich durch ein hohes Maß an Genauigkeit, sehr sorgfältige Arbeitsweise und ein sehr gutes Zahlenverständnis aus.

Persönlich punktet Herr Mustermann mit Pflichttreue, Einsatzbereitschaft, Engagement und einem hohen Maß an Integrität. Zum Nutzen unseres Unternehmens erweiterte und aktualisierte er immer mit sehr gutem Erfolg seine umfassenden Fachkenntnisse durch regelmäßige Teilnahme an Weiterbildungsveranstaltungen.

Aufgrund seiner sehr guten Auffassungsgabe war er jederzeit in der Lage, auch schwierige Situationen sofort zutreffend zu erfassen und schnell sehr gute Lösungen zu finden. Herr Mustermann zeigte jederzeit hohe Eigeninitiative und identifizierte sich immer voll mit seinen Aufgaben und unserem Unternehmen, wobei er auch durch seine sehr große Einsatzfreude überzeugte. Auch in Situationen mit größtem Arbeitsaufkommen erwies er sich immer als in höchstem Maße belastbar.

Alle Aufgaben führte er jederzeit vollkommen selbstständig, äußerst sorgfältig und planvoll durchdacht aus. Er agierte immer ruhig, überlegt, zielorientiert und in höchstem Maße präzise. Dabei überzeugte er stets in besonderer Weise sowohl in qualitativer als auch in quantitativer Hinsicht. Herr Mustermann war in ganz besonders hohem Maße zuverlässig.

Für alle auftretenden Probleme fand er ausnahmslos ausgezeichnete Lösungen. Die Leistungen von Herrn Mustermann haben jederzeit und in jeder Hinsicht unsere vollste Anerkennung gefunden.

Er wurde wegen seines stets freundlichen und ausgeglichenen Wesens allseits sehr geschätzt. Er war immer hilfsbereit, zuvorkommend und stellte, falls erforderlich, auch persönliche Interessen zurück. Sein Verhalten zu Vorgesetzten, Kolleginnen und Kollegen sowie Kundinnen und Kunden war jederzeit vorbildlich.

Herr Mustermann verlässt unser Unternehmen mit dem 30.11.2021 auf eigenen Wunsch. Wir bedauern dies sehr, weil wir mit ihm einen sehr guten Mitarbeiter verlieren. Wir bedanken uns für die stets sehr guten Leistungen und wünschen ihm für die Zukunft beruflich und privat weiterhin viel Erfolg und alles Gute.

Musterstadt, 30.11.2021

Max MUSTERMANN AG

1. Unterzeichner/in	2. Unterzeichner/in
[Position]	[Position]

13.117 Fitnesstrainer

Zeugnis
Herr Max Mustermann war vom 01.02.2016 bis zum 30.11.2021 in unserem Unternehmen als Fitnesstrainer tätig.

[Unternehmensbeschreibung]

Als Fitnesstrainer war Herr Mustermann verantwortlich für die qualifizierte Betreuung und Beratung unserer Kunden auf der gesamten Trainingsfläche. Im Rahmen seines verantwortungsvollen und vielseitigen Tätigkeitsgebietes war Herr Mustermann für folgende Aufgaben zuständig:

- Beratung von Interessenten zu den verschiedenen Trainingsmöglichkeiten,
- Durchführung des Beschwerdemanagements,
- individuelle Trainingsplangestaltung,
- Leiten von Gruppenfitnesskursen,
- Rezeptions- und Organisationstätigkeiten,
- Trainingsbegleitung und Überwachung der Trainingsqualität,
- Verkauf von Mitgliedschaften.

Herr Mustermann verfügt über ein hervorragendes und auch in Randbereichen sehr tiefgehendes Fachwissen, welches er in unser Unternehmen stets in höchst gewinnbringender Weise einbrachte. Motivationstalent, ausgeprägte Teamfähigkeit, hohe Belastbarkeit und starkes Engagement zeichnen Herrn Mustermann aus.

Geduld, ein ausgeprägtes Einfühlungsvermögen und ein respektvoller Umgang mit den Mitgliedern runden das Profil von Herrn Mustermann ab. Zum Nutzen unseres Unternehmens erweiterte und aktualisierte er immer mit sehr gutem Erfolg seine umfassenden Fachkenntnisse durch regelmäßige Teilnahme an Weiterbildungsveranstaltungen.

Aufgrund seiner sehr guten Auffassungsgabe war er jederzeit in der Lage, auch schwierige Situationen sofort zutreffend zu erfassen und schnell sehr gute Lösungen zu finden. Herr Mustermann zeigte jederzeit hohe Eigeninitiative und identifizierte sich immer voll mit seinen Aufgaben und unserem Unternehmen, wobei er auch durch seine sehr große Einsatzfreude überzeugte. Auch in Situationen mit größtem Arbeitsaufkommen erwies er sich immer als in höchstem Maße belastbar.

Alle Aufgaben führte er jederzeit vollkommen selbstständig, äußerst sorgfältig und planvoll durchdacht aus. Er agierte immer ruhig, überlegt, zielorientiert und in höchstem Maße präzise. Dabei überzeugte er stets in besonderer Weise sowohl in qualitati-

ver als auch in quantitativer Hinsicht. Herr Mustermann war in ganz besonders hohem Maße zuverlässig.

Für alle auftretenden Probleme fand er ausnahmslos ausgezeichnete Lösungen. Die Leistungen von Herrn Mustermann haben jederzeit und in jeder Hinsicht unsere vollste Anerkennung gefunden.

Er wurde wegen seines stets freundlichen und ausgeglichenen Wesens allseits sehr geschätzt. Er war immer hilfsbereit, zuvorkommend und stellte, falls erforderlich, auch persönliche Interessen zurück. Sein Verhalten zu Vorgesetzten, Kolleginnen und Kollegen sowie Kundinnen und Kunden war jederzeit vorbildlich.

Herr Mustermann verlässt unser Unternehmen mit dem 30.11.2021 auf eigenen Wunsch. Wir bedauern dies sehr, weil wir mit ihm einen sehr guten Mitarbeiter verlieren. Wir bedanken uns für die stets sehr guten Leistungen und wünschen ihm für die Zukunft beruflich und privat weiterhin viel Erfolg und alles Gute.

Musterstadt, 30.11.2021

Max MUSTERMANN AG

1. Unterzeichner/in	2. Unterzeichner/in
[Position]	[Position]

13.118 Fleischer

Zeugnis

Herr Max Mustermann war vom 01.02.2016 bis zum 30.11.2021 in unserem Unternehmen als Fleischer tätig.

[Unternehmensbeschreibung]

Als Fleischer war Herr Mustermann verantwortlich für alle Stufen der Produktion, vom Rohwareneingang über die Verarbeitung bis hin zur Auslieferung. Im Rahmen seines verantwortungsvollen und vielseitigen Tätigkeitsgebietes war Herr Mustermann für folgende Aufgaben zuständig:

- Bedienung verschiedener Produktions- und Abfüllanlagen,
- Durchführung der Fleisch- und Wurstproduktion,
- Erstellen und Überwachen von internen Produktspezifikationen,

- Herstellung von Fleisch- und Wurstwaren,
- Kontrolle für die Qualität der hergestellten Produkte,
- Leitung des Bestandsmanagements und Bestellwesens
- Organisation und Optimierung der Produktionsabläufe,
- termingerechte Abarbeitung der Fertigungsaufträge,
- Überwachung und Einhaltung der Hygiene- und HACCP-Vorgaben.

Herr Mustermann verfügt über ein hervorragendes und auch in Randbereichen sehr tiefgehendes Fachwissen, welches er in unser Unternehmen stets in höchst gewinnbringender Weise einbrachte. Eine selbstständige, verantwortungsbewusste und strukturierte Arbeitsweise zeichnet Herrn Mustermann aus.

Persönlich punktet Herr Mustermann mit Teamfähigkeit und hoher Einsatzbereitschaft. Zum Nutzen unseres Unternehmens erweiterte und aktualisierte er immer mit sehr gutem Erfolg seine umfassenden Fachkenntnisse durch regelmäßige Teilnahme an Weiterbildungsveranstaltungen.

Aufgrund seiner sehr guten Auffassungsgabe war er jederzeit in der Lage, auch schwierige Situationen sofort zutreffend zu erfassen und schnell sehr gute Lösungen zu finden. Herr Mustermann zeigte jederzeit hohe Eigeninitiative und identifizierte sich immer voll mit seinen Aufgaben und unserem Unternehmen, wobei er auch durch seine sehr große Einsatzfreude überzeugte. Auch in Situationen mit größtem Arbeitsaufkommen erwies er sich immer als in höchstem Maße belastbar.

Alle Aufgaben führte er jederzeit vollkommen selbstständig, äußerst sorgfältig und planvoll durchdacht aus. Er agierte immer ruhig, überlegt, zielorientiert und in höchstem Maße präzise. Dabei überzeugte er stets in besonderer Weise sowohl in qualitativer als auch in quantitativer Hinsicht. Herr Mustermann war in ganz besonders hohem Maße zuverlässig.

Für alle auftretenden Probleme fand er ausnahmslos ausgezeichnete Lösungen. Die Leistungen von Herrn Mustermann haben jederzeit und in jeder Hinsicht unsere vollste Anerkennung gefunden.

Er wurde wegen seines stets freundlichen und ausgeglichenen Wesens allseits sehr geschätzt. Er war immer hilfsbereit, zuvorkommend und stellte, falls erforderlich, auch persönliche Interessen zurück. Sein Verhalten zu Vorgesetzten, Kolleginnen und Kollegen sowie Kundinnen und Kunden war jederzeit vorbildlich.

Herr Mustermann verlässt unser Unternehmen mit dem 30.11.2021 auf eigenen Wunsch. Wir bedauern dies sehr, weil wir mit ihm einen sehr guten Mitarbeiter ver-

lieren. Wir bedanken uns für die stets sehr guten Leistungen und wünschen ihm für die Zukunft beruflich und privat weiterhin viel Erfolg und alles Gute.

Musterstadt, 30.11.2021

Max MUSTERMANN AG

1. Unterzeichner/in	2. Unterzeichner/in
[Position]	[Position]

13.119 Florist

Zeugnis
Herr Max Mustermann war vom 01.02.2016 bis zum 31.12.2021 in unserem Unternehmen als Florist tätig.

[Unternehmensbeschreibung]

Als Florist war Herr Mustermann verantwortlich für Gestaltung und Verkauf von Blumen- und Pflanzenschmuck. Im Rahmen seines verantwortungsvollen und vielseitigen Tätigkeitsgebietes war Herr Mustermann für folgende Aufgaben zuständig:

- Abrechnungen der Einnahmen bei Geschäftsschluss,
- Anbringen der Preise an Blumen- und Pflanzenschmuck,
- Bedarfsermittlung und Bestellung von Waren,
- Beratung und Verkauf von Blumen- und Pflanzenschmuck,
- Binden und Stecken von anspruchsvollen Blumendekorationen,
- Dekoration des Schaufensters,
- Durchführen von Beratungs- und Verkaufsgesprächen,
- Durchführung der rechtzeitigen Warenbestellung,
- Entwicklung von Deko-Konzepten,
- Fertigen von Sträußen und Gestecken,
- Kassieren des Zahlbetrages,
- Mitgestaltung der Warenpräsentation und der Aktionsflächen,
- Pflege der Pflanzen im Laden und der Produktpräsentation,
- Realisierung von Werbemaßnahmen für die Verkaufsförderung,
- Verpacken von Blumen- und Pflanzenschmuck,
- Vorbereitung der Floristik für Hochzeiten und Firmenevents.

Herr Mustermann verfügt über ein hervorragendes und auch in Randbereichen sehr tiefgehendes Fachwissen, welches er in unser Unternehmen stets in höchst gewinn-

bringender Weise einbrachte. Freude an kreativem Arbeiten und ein feines Gespür für Farben und Formen zeichnen Herrn Mustermann aus.

Persönlich punktet Herr Mustermann mit Teamfähigkeit und hoher Einsatzbereitschaft. Zum Nutzen unseres Unternehmens erweiterte und aktualisierte er immer mit sehr gutem Erfolg seine umfassenden Fachkenntnisse durch regelmäßige Teilnahme an Weiterbildungsveranstaltungen.

Aufgrund seiner sehr guten Auffassungsgabe war er jederzeit in der Lage, auch schwierige Situationen sofort zutreffend zu erfassen und schnell sehr gute Lösungen zu finden. Herr Mustermann zeigte jederzeit hohe Eigeninitiative und identifizierte sich immer voll mit seinen Aufgaben und unserem Unternehmen, wobei er auch durch seine sehr große Einsatzfreude überzeugte. Auch in Situationen mit größtem Arbeitsaufkommen erwies er sich immer als in höchstem Maße belastbar.

Alle Aufgaben führte er jederzeit vollkommen selbstständig, äußerst sorgfältig und planvoll durchdacht aus. Er agierte immer ruhig, überlegt, zielorientiert und in höchstem Maße präzise. Dabei überzeugte er stets in besonderer Weise sowohl in qualitativer als auch in quantitativer Hinsicht. Herr Mustermann war in ganz besonders hohem Maße zuverlässig.

Für alle auftretenden Probleme fand er ausnahmslos ausgezeichnete Lösungen. Die Leistungen von Herrn Mustermann haben jederzeit und in jeder Hinsicht unsere vollste Anerkennung gefunden.

Er wurde wegen seines stets freundlichen und ausgeglichenen Wesens allseits sehr geschätzt. Er war immer hilfsbereit, zuvorkommend und stellte, falls erforderlich, auch persönliche Interessen zurück. Sein Verhalten zu Vorgesetzten, Kolleginnen und Kollegen sowie Kundinnen und Kunden war jederzeit vorbildlich.

Herr Mustermann verlässt unser Unternehmen mit dem 31.12.2021 auf eigenen Wunsch. Wir bedauern dies sehr, weil wir mit ihm einen sehr guten Mitarbeiter verlieren. Wir bedanken uns für die stets sehr guten Leistungen und wünschen ihm für die Zukunft beruflich und privat weiterhin viel Erfolg und alles Gute.

Musterstadt, 31.12.2021

1. Unterzeichner/in	2. Unterzeichner/in
[Position]	[Position]

Max MUSTERMANN AG

13.120 Flugbegleiter

Zeugnis

Herr Max Mustermann war vom 01.02.2016 bis zum 31.12.2021 in unserem Unternehmen als Flugbegleiter tätig.

[Unternehmensbeschreibung]

Als Flugbegleiter war Herr Mustermann verantwortlich für die Betreuung der Fluggäste und Durchführung des Bordservices. Im Rahmen seines verantwortungsvollen und vielseitigen Tätigkeitsgebietes war Herr Mustermann für folgende Aufgaben zuständig:

- aufmerksame und vorsorgliche Betreuung der Passagiere,
- Begrüßung und Verabschiedung der Fluggäste,
- Cateringbestellung für den jeweiligen Flug,
- Durchführung des Bordverkaufs,
- Erste-Hilfe-Betreuung von Krankheitsfällen,
- Kontrolle der Not- und Kabinenausrüstung an Bord,
- Reinigung der Passagierkabine nach dem Flug,
- Vorbereitung der Kabine vor jedem Flugeinsatz,
- Vorführung der Notfallabläufe an Bord für die Sicherheit der Passagiere.

Herr Mustermann verfügt über ein hervorragendes und auch in Randbereichen sehr tiefgehendes Fachwissen, welches er in unser Unternehmen stets in höchst gewinnbringender Weise einbrachte. Ein freundliches, souveränes Auftreten und ein gepflegtes Äußeres zeichnen Herrn Mustermann aus.

Persönlich punktet Herr Mustermann mit diplomatischem Geschick im Umgang mit unseren Passagieren, ausgeprägter Kundenorientiertheit und Spaß am Bordservice. Zum Nutzen unseres Unternehmens erweiterte und aktualisierte er immer mit sehr gutem Erfolg seine umfassenden Fachkenntnisse durch regelmäßige Teilnahme an Weiterbildungsveranstaltungen.

Aufgrund seiner sehr guten Auffassungsgabe war er jederzeit in der Lage, auch schwierige Situationen sofort zutreffend zu erfassen und schnell sehr gute Lösungen zu finden. Herr Mustermann zeigte jederzeit hohe Eigeninitiative und identifizierte sich immer voll mit seinen Aufgaben und unserem Unternehmen, wobei er auch durch seine sehr große Einsatzfreude überzeugte. Auch in Situationen mit größtem Arbeitsaufkommen erwies er sich immer als in höchstem Maße belastbar.

Alle Aufgaben führte er jederzeit vollkommen selbstständig, äußerst sorgfältig und planvoll durchdacht aus. Er agierte immer ruhig, überlegt, zielorientiert und in höchstem Maße präzise. Dabei überzeugte er stets in besonderer Weise sowohl in qualitati-

ver als auch in quantitativer Hinsicht. Herr Mustermann war in ganz besonders hohem Maße zuverlässig.

Für alle auftretenden Probleme fand er ausnahmslos ausgezeichnete Lösungen. Die Leistungen von Herrn Mustermann haben jederzeit und in jeder Hinsicht unsere vollste Anerkennung gefunden.

Er wurde wegen seines stets freundlichen und ausgeglichenen Wesens allseits sehr geschätzt. Er war immer hilfsbereit, zuvorkommend und stellte, falls erforderlich, auch persönliche Interessen zurück. Sein Verhalten zu Vorgesetzten, Kolleginnen und Kollegen sowie Kundinnen und Kunden war jederzeit vorbildlich.

Herr Mustermann verlässt unser Unternehmen mit dem 31.12.2021 auf eigenen Wunsch. Wir bedauern dies sehr, weil wir mit ihm einen sehr guten Mitarbeiter verlieren. Wir bedanken uns für die stets sehr guten Leistungen und wünschen ihm für die Zukunft beruflich und privat weiterhin viel Erfolg und alles Gute.

Musterstadt, 31.12.2021

Max MUSTERMANN AG

1. Unterzeichner/in	2. Unterzeichner/in
[Position]	[Position]

13.121 Forschungs- und Entwicklungsingenieur

Zeugnis

Herr Max Mustermann war vom 01.02.2016 bis zum 31.12.2021 in unserem Unternehmen als Forschungs- und Entwicklungsingenieur tätig.

[Unternehmensbeschreibung]

Als Forschungs- und Entwicklungsingenieur war Herr Mustermann verantwortlich für die Planung, Durchführung, Auswertung und Vorstellung von Projekten in unserem Entwicklungszentrum. Im Rahmen seines verantwortungsvollen und vielseitigen Tätigkeitsgebietes war Herr Mustermann für folgende Aufgaben zuständig:

- Abteilungsübergreifende Koordination der Aufgaben,
- Betreuung von bestehenden Systemen nach Kundenanforderungen,
- Durchführung von internen und externen qualifizierenden Prüfungen,
- Durchführung von Messungen und Vorbereitung neuer Messverfahren,
- Erarbeitung von Lösungskonzepten in der Entwicklung,

- Erstellung von Projektdokumentationen und Projektreviews,
- Pflege und Aktualisierung messtechnischer Einrichtungen,
- Planung und Steuerung von Produktneu- und -weiterentwicklungen,
- prozesssichere Einsteuerung von Neuprodukten in die Fertigung,
- Statistische Berechnungen und Beurteilungen für Maschinen und Baugruppen,
- Überwachen der Kosten, Termine und Qualität der Projekte,
- Entwicklung und Konstruktion von Maschinen,
- Vorbereitung und Leitung eigener Entwicklungsprojekte.

Herr Mustermann verfügt über ein hervorragendes und auch in Randbereichen sehr tiefgehendes Fachwissen, welches er in unser Unternehmen stets in höchst gewinnbringender Weise einbrachte. Eine selbstständige, systematische und zielorientierte Arbeitsweise zeichnet Herrn Mustermann aus.

Persönlich punktet Herr Mustermann mit Team- und Kommunikationsfähigkeit. Sehr gutes Englisch in Wort und Schrift ist für Herrn Mustermann selbstverständlich. Zum Nutzen unseres Unternehmens erweiterte und aktualisierte er immer mit sehr gutem Erfolg seine umfassenden Fachkenntnisse durch regelmäßige Teilnahme an Weiterbildungsveranstaltungen.

Aufgrund seiner sehr guten Auffassungsgabe war er jederzeit in der Lage, auch schwierige Situationen sofort zutreffend zu erfassen und schnell sehr gute Lösungen zu finden. Herr Mustermann zeigte jederzeit hohe Eigeninitiative und identifizierte sich immer voll mit seinen Aufgaben und unserem Unternehmen, wobei er auch durch seine sehr große Einsatzfreude überzeugte. Auch in Situationen mit größtem Arbeitsaufkommen erwies er sich immer als in höchstem Maße belastbar.

Alle Aufgaben führte er jederzeit vollkommen selbstständig, äußerst sorgfältig und planvoll durchdacht aus. Er agierte immer ruhig, überlegt, zielorientiert und in höchstem Maße präzise. Dabei überzeugte er stets in besonderer Weise sowohl in qualitativer als auch in quantitativer Hinsicht. Herr Mustermann war in ganz besonders hohem Maße zuverlässig.

Für alle auftretenden Probleme fand er ausnahmslos ausgezeichnete Lösungen. Die Leistungen von Herrn Mustermann haben jederzeit und in jeder Hinsicht unsere vollste Anerkennung gefunden.

Er wurde wegen seines stets freundlichen und ausgeglichenen Wesens allseits sehr geschätzt. Er war immer hilfsbereit, zuvorkommend und stellte, falls erforderlich, auch persönliche Interessen zurück. Sein Verhalten zu Vorgesetzten, Kolleginnen und Kollegen sowie Kundinnen und Kunden war jederzeit vorbildlich.

Herr Mustermann verlässt unser Unternehmen mit dem 31.12.2021 auf eigenen Wunsch. Wir bedauern dies sehr, weil wir mit ihm einen sehr guten Mitarbeiter verlieren. Wir bedanken uns für die stets sehr guten Leistungen und wünschen ihm für die Zukunft beruflich und privat weiterhin viel Erfolg und alles Gute.

Musterstadt, 31.12.2021

Max MUSTERMANN AG

1. Unterzeichner/in	2. Unterzeichner/in
[Position]	[Position]

13.122 Forstwirt

Zeugnis
Herr Max Mustermann war vom 01.02.2016 bis zum 31.12.2021 in unserem Unternehmen als Forstwirt tätig.

[Unternehmensbeschreibung]

Als Forstwirt war Herr Mustermann verantwortlich für die Pflege von Baum- und Gehölzbeständen. Im Rahmen seines verantwortungsvollen und vielseitigen Tätigkeitsgebietes war Herr Mustermann für folgende Aufgaben zuständig:

- Ausführen von Arbeiten mit der Motorkettensäge und dem Freischneider,
- Baumkontrolle und -pflanzung,
- Baumpflege per Hubarbeitsbühne und Seilklettertechnik,
- Bekämpfung des Eichenprozessionsspinners,
- Entfernen von Baumstümpfen und Baumwurzeln mit der Wurzelstockfräse,
- Kronenrückschnitt und Kronenauslichtung,
- professionelle Baumfällung, Baumpflege und Baumschnitte.

Herr Mustermann verfügt über ein hervorragendes und auch in Randbereichen sehr tiefgehendes Fachwissen, welches er in unser Unternehmen stets in höchst gewinnbringender Weise einbrachte. Ein fundiertes Wissen über Bäume und professionelle Baumarbeiten zeichnen Herrn Mustermann aus.

Persönlich punktet Herr Mustermann mit Leistungsbereitschaft, körperlicher Belastbarkeit und großer Erfahrung im Umgang mit Motorsäge, Hubarbeitsbühne und Seilklettertechnik auch bei schwierigen Baumfällungen. Zum Nutzen unseres Unternehmens erweiterte und aktualisierte er immer mit sehr gutem Erfolg seine umfassenden Fachkenntnisse durch regelmäßige Teilnahme an Weiterbildungsveranstaltungen.

Aufgrund seiner sehr guten Auffassungsgabe war er jederzeit in der Lage, auch schwierige Situationen sofort zutreffend zu erfassen und schnell sehr gute Lösungen zu finden. Herr Mustermann zeigte jederzeit hohe Eigeninitiative und identifizierte sich immer voll mit seinen Aufgaben und unserem Unternehmen, wobei er auch durch seine sehr große Einsatzfreude überzeugte. Auch in Situationen mit größtem Arbeitsaufkommen erwies er sich immer als in höchstem Maße belastbar.

Alle Aufgaben führte er jederzeit vollkommen selbstständig, äußerst sorgfältig und planvoll durchdacht aus. Er agierte immer ruhig, überlegt, zielorientiert und in höchstem Maße präzise. Dabei überzeugte er stets in besonderer Weise sowohl in qualitativer als auch in quantitativer Hinsicht. Herr Mustermann war in ganz besonders hohem Maße zuverlässig.

Für alle auftretenden Probleme fand er ausnahmslos ausgezeichnete Lösungen. Die Leistungen von Herrn Mustermann haben jederzeit und in jeder Hinsicht unsere vollste Anerkennung gefunden.

Er wurde wegen seines stets freundlichen und ausgeglichenen Wesens allseits sehr geschätzt. Er war immer hilfsbereit, zuvorkommend und stellte, falls erforderlich, auch persönliche Interessen zurück. Sein Verhalten zu Vorgesetzten, Kolleginnen und Kollegen sowie Kundinnen und Kunden war jederzeit vorbildlich.

Herr Mustermann verlässt unser Unternehmen mit dem 31.12.2021 auf eigenen Wunsch. Wir bedauern dies sehr, weil wir mit ihm einen sehr guten Mitarbeiter verlieren. Wir bedanken uns für die stets sehr guten Leistungen und wünschen ihm für die Zukunft beruflich und privat weiterhin viel Erfolg und alles Gute.

Musterstadt, 31.12.2021

Max MUSTERMANN AG

1. Unterzeichner/in	2. Unterzeichner/in
[Position]	[Position]

13.123 Fotodesigner

Zeugnis

Herr Max Mustermann war vom 01.02.2016 bis zum 31.12.2021 in unserem Unternehmen als Fotodesigner tätig.

[Unternehmensbeschreibung]

Als Fotodesigner war Herr Mustermann verantwortlich für die Aufnahmen in den Bereichen Werbe-, Mode- und Sachfotografie. Im Rahmen seines verantwortungsvollen und vielseitigen Tätigkeitsgebietes war Herr Mustermann für folgende Aufgaben zuständig:

- Anfertigen von Produktaufnahmen und Modelaufnahmen,
- Aussuchen des Bildmaterials für Reportagen und Dokumentationen,
- Bearbeiten und Retuschieren der Fotos,
- Erstellen von Fotos und Grafiken für Onlineauftritte, Newsletter und Anzeigen,
- Gestalten von werblichen und künstlerischen Bildaussagen,
- Herstellen von Infografiken und Präsentationen,
- Kreation und Umsetzung von Werbemitteln mit Schwerpunkt Digitalfotos,
- Optimierung bestehender Designs,
- Organisation und Durchführung von Fotoshootings,
- Reinzeichnung und Herstellung druckfähiger Daten,
- Umsetzung der Kundenvorgaben in Layouts und ansprechende Designs,
- Umsetzung des Corporate Designs.

Herr Mustermann verfügt über ein hervorragendes und auch in Randbereichen sehr tiefgehendes Fachwissen, welches er in unser Unternehmen stets in höchst gewinnbringender Weise einbrachte. Ein fundierter Umgang mit Adobe Photoshop und außerordentliches gutes Gespür für Gestaltungskonzepte zeichnen Herrn Mustermann aus.

Persönlich punktet Herr Mustermann mit Hands-on-Mentalität, Gewissenhaftigkeit, Kommunikationsstärke, Teamfähigkeit und termingerechtem Arbeiten. Zum Nutzen unseres Unternehmens erweiterte und aktualisierte er immer mit sehr gutem Erfolg seine umfassenden Fachkenntnisse durch regelmäßige Teilnahme an Weiterbildungsveranstaltungen.

Aufgrund seiner sehr guten Auffassungsgabe war er jederzeit in der Lage, auch schwierige Situationen sofort zutreffend zu erfassen und schnell sehr gute Lösungen zu finden. Herr Mustermann zeigte jederzeit hohe Eigeninitiative und identifizierte sich immer voll mit seinen Aufgaben und unserem Unternehmen, wobei er auch durch seine sehr große Einsatzfreude überzeugte. Auch in Situationen mit größtem Arbeitsaufkommen erwies er sich immer als in höchstem Maße belastbar.

Alle Aufgaben führte er jederzeit vollkommen selbstständig, äußerst sorgfältig und planvoll durchdacht aus. Er agierte immer ruhig, überlegt, zielorientiert und in höchstem Maße präzise. Dabei überzeugte er stets in besonderer Weise sowohl in qualitativer als auch in quantitativer Hinsicht. Herr Mustermann war in ganz besonders hohem Maße zuverlässig.

Für alle auftretenden Probleme fand er ausnahmslos ausgezeichnete Lösungen. Die Leistungen von Herrn Mustermann haben jederzeit und in jeder Hinsicht unsere vollste Anerkennung gefunden.

Er wurde wegen seines stets freundlichen und ausgeglichenen Wesens allseits sehr geschätzt. Er war immer hilfsbereit, zuvorkommend und stellte, falls erforderlich, auch persönliche Interessen zurück. Sein Verhalten zu Vorgesetzten, Kolleginnen und Kollegen sowie Kundinnen und Kunden war jederzeit vorbildlich.

Herr Mustermann verlässt unser Unternehmen mit dem 31.12.2021 auf eigenen Wunsch. Wir bedauern dies sehr, weil wir mit ihm einen sehr guten Mitarbeiter verlieren. Wir bedanken uns für die stets sehr guten Leistungen und wünschen ihm für die Zukunft beruflich und privat weiterhin viel Erfolg und alles Gute.

Musterstadt, 31.12.2021

Max MUSTERMANN AG

1. Unterzeichner/in	2. Unterzeichner/in
[Position]	[Position]

13.124 Friseur

Zeugnis

Herr Max Mustermann war vom 01.01.2016 bis zum 31.12.2021 in unserem Unternehmen als Friseur tätig.

[Unternehmensbeschreibung]

Als Friseur war Herr Mustermann verantwortlich für die professionelle und erfolgreiche Durchführung der Friseurleistungen. Im Rahmen seines verantwortungsvollen und vielseitigen Tätigkeitsgebietes war Herr Mustermann für folgende Aufgaben zuständig:

- aktiver Produktverkauf,
- Beratung zu unseren Produkten,
- Braut-Make-up und -Frisur vor Ort,

- chemische Haarglättung/Dauerwelle,
- Durchführung von Schminkkursen,
- Haarschnitte, Haarfarben, Hochsteckfrisuren,
- Haarverdichtung/-verlängerung,
- Hair- & Make-up-Stylings für TV, Mode, Fotografie,
- individuelle Stylings,
- Keratin-Haarglättung,
- kosmetische Gesichts- und Körperbehandlungen,
- Make-up-Beratung,
- Make-up für alle Anlässe,
- umfassende Betreuung und Beratung der Kunden,
- Vorbereitung und Säuberung der exklusiven Behandlungsräume.

Herr Mustermann verfügt über ein hervorragendes und auch in Randbereichen sehr tiefgehendes Fachwissen, welches er in unser Unternehmen stets in höchst gewinnbringender Weise einbrachte. Kreative Haarschnitte, wohltuende Pflege und perfekte Servicequalität zeichnen Herrn Mustermann aus.

Persönlich punktet Herr Mustermann mit Freude am Kontakt mit Menschen, Sprach- und Redegewandtheit, Gewissenhaftigkeit und Teamfähigkeit. Zum Nutzen unseres Unternehmens erweiterte und aktualisierte er immer mit sehr gutem Erfolg seine umfassenden Fachkenntnisse durch regelmäßige Teilnahme an Weiterbildungsveranstaltungen.

Aufgrund seiner sehr guten Auffassungsgabe war er jederzeit in der Lage, auch schwierige Situationen sofort zutreffend zu erfassen und schnell sehr gute Lösungen zu finden. Herr Mustermann zeigte jederzeit hohe Eigeninitiative und identifizierte sich immer voll mit seinen Aufgaben und unserem Unternehmen, wobei er auch durch seine sehr große Einsatzfreude überzeugte. Auch in Situationen mit größtem Arbeitsaufkommen erwies er sich immer als in höchstem Maße belastbar.

Alle Aufgaben führte er jederzeit vollkommen selbstständig, äußerst sorgfältig und planvoll durchdacht aus. Er agierte immer ruhig, überlegt, zielorientiert und in höchstem Maße präzise. Dabei überzeugte er stets in besonderer Weise sowohl in qualitativer als auch in quantitativer Hinsicht. Herr Mustermann war in ganz besonders hohem Maße zuverlässig.

Für alle auftretenden Probleme fand er ausnahmslos ausgezeichnete Lösungen. Die Leistungen von Herrn Mustermann haben jederzeit und in jeder Hinsicht unsere vollste Anerkennung gefunden.

Er wurde wegen seines stets freundlichen und ausgeglichenen Wesens allseits sehr geschätzt. Er war immer hilfsbereit, zuvorkommend und stellte, falls erforderlich,

auch persönliche Interessen zurück. Sein Verhalten zu Vorgesetzten, Kolleginnen und Kollegen sowie Kundinnen und Kunden war jederzeit vorbildlich.

Herr Mustermann verlässt unser Unternehmen mit dem 31.12.2021 auf eigenen Wunsch. Wir bedauern dies sehr, weil wir mit ihm einen sehr guten Mitarbeiter verlieren. Wir bedanken uns für die stets sehr guten Leistungen und wünschen ihm für die Zukunft beruflich und privat weiterhin viel Erfolg und alles Gute.

Musterstadt, 31.12.2021

Max MUSTERMANN AG

1. Unterzeichner/in	2. Unterzeichner/in
[Position]	[Position]

13.125 Fuhrparkleiter

Zeugnis
Herr Max Mustermann, war vom 01.02.2016 bis zum 31.12.2021 in unserem Unternehmen als Fuhrparkleiter tätig.

[Unternehmensbeschreibung]

Als Fuhrparkleiter war Herr Mustermann verantwortlich für die Disponierung des Fuhrparks und der Spediteure. Im Rahmen seines verantwortungsvollen und vielseitigen Tätigkeitsgebietes war Herr Mustermann für folgende Aufgaben zuständig:

- Abstimmung des Personaleinsatzes und Optimierung der Kapazitätsauslastung,
- Auswertung von Statistiken, Analyse der Kennzahlen und Kostenverantwortung des Fuhrparks,
- fachliche, disziplinarische und organisatorische Fuhrparkleitung mit rund 100 Lkw und 130 Fahrern,
- Instandhaltungsmanagement Fuhrpark,
- Optimierung interner Arbeitsabläufe,
- Organisation von Reparaturen, Wartung, Pflege der Lkw,
- Personalakquise im Fahrerbereich,
- Planung und Umsetzung von Zielen des Logistikzentrums,
- Prüfen der Spediteurrechnungen,
- Schulung und Anleitung der Kraftfahrer,
- Sicherstellung der termingerechten Warenauslieferung,
- Steuerung unserer operativen Fuhrparkprozesse,
- strategische Tourenplanung mit PTV Smartour,

- technische Betreuung des Fuhrparks unter betriebswirtschaftlichen Gesichtspunkten,
- Umsetzung von nationalen Logistikvorgaben,
- Unfallwesen (Risk Management),
- Verantwortung für das Budget,
- Verantwortung für die optimale Koordination des Warenausgangs,
- Verhandlung mit Werkstätten,
- zentrale Tourenplanung, Fuhrparkdisposition und Fahrzeugmanagement.

Herr Mustermann verfügt über ein hervorragendes und auch in Randbereichen sehr tiefgehendes Fachwissen, welches er in unser Unternehmen stets in höchst gewinnbringender Weise einbrachte. Gute Kenntnisse im Fuhrpark- und Verkehrsrecht zeichnen Herrn Mustermann aus.

Zusätzlich besitzt Herr Mustermann ein hohes Maß an Engagement, Flexibilität und ist ein wahres Organisationstalent. Zum Nutzen unseres Unternehmens erweiterte und aktualisierte er immer mit sehr gutem Erfolg seine umfassenden Fachkenntnisse durch regelmäßige Teilnahme an Weiterbildungsveranstaltungen.

Aufgrund seiner sehr guten Auffassungsgabe war er jederzeit in der Lage, auch schwierige Situationen sofort zutreffend zu erfassen und schnell sehr gute Lösungen zu finden. Herr Mustermann zeigte jederzeit hohe Eigeninitiative und identifizierte sich immer voll mit seinen Aufgaben und unserem Unternehmen, wobei er auch durch seine sehr große Einsatzfreude überzeugte. Auch in Situationen mit größtem Arbeitsaufkommen erwies er sich immer als in höchstem Maße belastbar.

Alle Aufgaben führte er jederzeit vollkommen selbstständig, äußerst sorgfältig und planvoll durchdacht aus. Er agierte immer ruhig, überlegt, zielorientiert und in höchstem Maße präzise. Dabei überzeugte er stets in besonderer Weise sowohl in qualitativer als auch in quantitativer Hinsicht. Herr Mustermann war in ganz besonders hohem Maße zuverlässig.

Für alle auftretenden Probleme fand er ausnahmslos ausgezeichnete Lösungen. Er verhielt sich gegenüber seinen Mitarbeitern stets offen und kollegial und verfügte über ausgezeichnete Führungsqualitäten. Die Leistungen von Herrn Mustermann haben jederzeit und in jeder Hinsicht unsere vollste Anerkennung gefunden.

Er wurde wegen seines stets freundlichen und ausgeglichenen Wesens allseits sehr geschätzt. Er war immer hilfsbereit, zuvorkommend und stellte, falls erforderlich, auch persönliche Interessen zurück. Sein Verhalten zu Vorgesetzten, Kolleginnen und Kollegen sowie Kundinnen und Kunden war jederzeit vorbildlich.

Herr Mustermann verlässt unser Unternehmen mit dem 31.12.2021 auf eigenen Wunsch. Wir bedauern dies sehr, weil wir mit ihm einen sehr guten Mitarbeiter verlieren. Wir bedanken uns für die stets sehr guten Leistungen und wünschen ihm für die Zukunft beruflich und privat weiterhin viel Erfolg und alles Gute.

Musterstadt, 31.12.2021

Max MUSTERMANN AG

1. Unterzeichner/in	2. Unterzeichner/in
[Position]	[Position]

13.126 Gabelstaplerfahrer

Zeugnis
Herr Max Mustermann war vom 01.02.2016 bis zum 31.12.2021 in unserem Unternehmen als Gabelstaplerfahrer tätig.

[Unternehmensbeschreibung]

Als Gabelstaplerfahrer war Herr Mustermann verantwortlich für die Kommissionierung und Bereitstellung der Waren mit dem Gabelstapler. Im Rahmen seines verantwortungsvollen und vielseitigen Tätigkeitsgebietes war Herr Mustermann für folgende Aufgaben zuständig:

- Abwicklung der täglichen Wareneingänge,
- Be- und Entladung von Lkws gemäß der Ladungssicherungsvorschriften,
- Bedienung des Scannersystems auf den Gabelstaplern,
- Bereitstellung von Vollgutpaletten zur Lkw-Beladung,
- Einhalten der Sauberkeit im Lager,
- sortengerechte Stapelung der Vollgutpaletten im Lager,
- Transportarbeiten mittels Flurförderfahrzeuge,
- Verwiegen, Etikettieren, Transportieren und Entleeren von Transportbehältern,
- Vorbereitung der Verladung und Anbringen von Versandetiketten.

Herr Mustermann verfügt über ein hervorragendes und auch in Randbereichen sehr tiefgehendes Fachwissen, welches er in unser Unternehmen stets in höchst gewinnbringender Weise einbrachte. Eine selbstständige, verantwortungsbewusste und strukturierte Arbeitsweise zeichnet Herrn Mustermann aus.

Persönlich punktet Herr Mustermann mit Freude an Teamarbeit und hoher Einsatzbereitschaft. Zum Nutzen unseres Unternehmens erweiterte und aktualisierte er immer mit sehr gutem Erfolg seine umfassenden Fachkenntnisse durch regelmäßige Teilnahme an Weiterbildungsveranstaltungen.

Aufgrund seiner sehr guten Auffassungsgabe war er jederzeit in der Lage, auch schwierige Situationen sofort zutreffend zu erfassen und schnell sehr gute Lösungen zu finden. Herr Mustermann zeigte jederzeit hohe Eigeninitiative und identifizierte sich immer voll mit seinen Aufgaben und unserem Unternehmen, wobei er auch durch seine sehr große Einsatzfreude überzeugte. Auch in Situationen mit größtem Arbeitsaufkommen erwies er sich immer als in höchstem Maße belastbar.

Alle Aufgaben führte er jederzeit vollkommen selbstständig, äußerst sorgfältig und planvoll durchdacht aus. Er agierte immer ruhig, überlegt, zielorientiert und in höchstem Maße präzise. Dabei überzeugte er stets in besonderer Weise sowohl in qualitativer als auch in quantitativer Hinsicht. Herr Mustermann war in ganz besonders hohem Maße zuverlässig.

Für alle auftretenden Probleme fand er ausnahmslos ausgezeichnete Lösungen. Die Leistungen von Herrn Mustermann haben jederzeit und in jeder Hinsicht unsere vollste Anerkennung gefunden.

Er wurde wegen seines stets freundlichen und ausgeglichenen Wesens allseits sehr geschätzt. Er war immer hilfsbereit, zuvorkommend und stellte, falls erforderlich, auch persönliche Interessen zurück. Sein Verhalten zu Vorgesetzten, Kolleginnen und Kollegen sowie Kundinnen und Kunden war jederzeit vorbildlich.

Herr Mustermann verlässt unser Unternehmen mit dem 31.12.2021 auf eigenen Wunsch. Wir bedauern dies sehr, weil wir mit ihm einen sehr guten Mitarbeiter verlieren. Wir bedanken uns für die stets sehr guten Leistungen und wünschen ihm für die Zukunft beruflich und privat weiterhin viel Erfolg und alles Gute.

Musterstadt, 31.12.2021

Max MUSTERMANN AG

1. Unterzeichner/in	2. Unterzeichner/in
[Position]	[Position]

13.127 Gärtner

Zeugnis

Herr Max Mustermann war vom 01.02.2016 bis zum 31.12.2021 in unserem Unternehmen als Gärtner tätig.

[Unternehmensbeschreibung]

Als Gärtner war Herr Mustermann verantwortlich für die Gestaltung von Grünflächen, Baumpflege und -pflanzungen. Im Rahmen seines verantwortungsvollen und vielseitigen Tätigkeitsgebietes war Herr Mustermann für folgende Aufgaben zuständig:

- Abnahme und Koordination der Arbeiten von Subunternehmern,
- Abwicklung kleinerer Baumaßnahmen im Garten- und Landschaftsbau,
- Aufbau und Wartung von Wasserobjekten,
- Bepflanzen der Töpfe und Grünzonen,
- Durchführen von Pflege und Reinigungsarbeiten der Grüninstallationen,
- Erfassung der geleisteten Stunden der Mitarbeiter/innen,
- Gartenpflege, Baum- und Heckenschnitt,
- Gestaltung von Außenanlagen
- Kleinreparaturen auf Spiel- und Sportplätzen,
- Koordination des Personal- und Maschineneinsatzes,
- Pflege und Instandhaltung von Außenanlagen,
- regelmäßige Kontrolle der Objekte sowie Qualitätssicherung,
- Unterhaltung von Technik, Fahrzeugen und Geräten,
- Unterhaltungsmaßnahmen an Grün- und Parkanlagen,
- Winterdienst.

Herr Mustermann verfügt über ein hervorragendes und auch in Randbereichen sehr tiefgehendes Fachwissen, welches er in unser Unternehmen stets in höchst gewinnbringender Weise einbrachte. Gute Fähigkeiten im Bereich Baum-, Strauch- und Heckenschnitt, Rasenneuanlagen und Pflanzarbeiten zeichnen Herrn Mustermann aus.

Persönlich punktet Herr Mustermann mit Freude an Teamarbeit, hoher Einsatzbereitschaft, handwerklichem Geschick, technischem Interesse, strukturierter Arbeitsweise und körperlicher Belastbarkeit. Zum Nutzen unseres Unternehmens erweiterte und aktualisierte er immer mit sehr gutem Erfolg seine umfassenden Fachkenntnisse durch regelmäßige Teilnahme an Weiterbildungsveranstaltungen.

Aufgrund seiner sehr guten Auffassungsgabe war er jederzeit in der Lage, auch schwierige Situationen sofort zutreffend zu erfassen und schnell sehr gute Lösungen zu finden. Herr Mustermann zeigte jederzeit hohe Eigeninitiative und identifizierte sich immer voll mit seinen Aufgaben und unserem Unternehmen, wobei er auch durch

seine sehr große Einsatzfreude überzeugte. Auch in Situationen mit größtem Arbeitsaufkommen erwies er sich immer als in höchstem Maße belastbar.

Alle Aufgaben führte er jederzeit vollkommen selbstständig, äußerst sorgfältig und planvoll durchdacht aus. Er agierte immer ruhig, überlegt, zielorientiert und in höchstem Maße präzise. Dabei überzeugte er stets in besonderer Weise sowohl in qualitativer als auch in quantitativer Hinsicht. Herr Mustermann war in ganz besonders hohem Maße zuverlässig.

Für alle auftretenden Probleme fand er ausnahmslos ausgezeichnete Lösungen. Die Leistungen von Herrn Mustermann haben jederzeit und in jeder Hinsicht unsere vollste Anerkennung gefunden.

Er wurde wegen seines stets freundlichen und ausgeglichenen Wesens allseits sehr geschätzt. Er war immer hilfsbereit, zuvorkommend und stellte, falls erforderlich, auch persönliche Interessen zurück. Sein Verhalten zu Vorgesetzten, Kolleginnen und Kollegen sowie Kundinnen und Kunden war jederzeit vorbildlich.

Herr Mustermann verlässt unser Unternehmen mit dem 31.12.2021 auf eigenen Wunsch. Wir bedauern dies sehr, weil wir mit ihm einen sehr guten Mitarbeiter verlieren. Wir bedanken uns für die stets sehr guten Leistungen und wünschen ihm für die Zukunft beruflich und privat weiterhin viel Erfolg und alles Gute.

Musterstadt, 31.12.2021

Max MUSTERMANN AG

1. Unterzeichner/in	2. Unterzeichner/in
[Position]	[Position]

13.128 Gebäudereiniger

Zeugnis

Herr Max Mustermann war vom 01.02.2016 bis zum 31.12.2021 in unserem Unternehmen als Gebäudereiniger tätig.

[Unternehmensbeschreibung]

Als Gebäudereiniger war Herr Mustermann verantwortlich für sachgerechte Gebäudereinigungen. Im Rahmen seines verantwortungsvollen und vielseitigen Tätigkeitsgebietes war Herr Mustermann für folgende Aufgaben zuständig:

- Ausführung von Reinigungsarbeiten an unterschiedlichen Oberflächen,
- Auswahl von Oberflächenbehandlungsmittel,
- Desinfektionsmaßnahmen,
- Einhaltung von Reinigungsvorgaben und Richtlinien,
- fachgerechte Glasreinigung,
- fachmännischer Umgang mit Arbeitsmitteln,
- Grundreinigung und Unterhaltsreinigung,
- Infektionsreinigung und Sonderreinigungen,
- professionelle Glasreinigung,
- Raumpflege in Grund- und Tagesreinigung,
- Reinigung und Kontrolle der Sanitäranlagen,
- Reinigung und Kontrolle von Küchen,
- Reinigung von Leergutrücknahmeautomaten,
- sachgemäße Lagerung von Chemikalien und Reinigungsmitteln.

Herr Mustermann verfügt über ein hervorragendes und auch in Randbereichen sehr tiefgehendes Fachwissen, welches er in unser Unternehmen stets in höchst gewinnbringender Weise einbrachte. Die Arbeitsweise von Herrn Mustermann zeichnete sich durch Sorgfalt und Sinn für Sauberkeit und Ordnung aus.

Persönlich punktet Herr Mustermann mit Teamfähigkeit und hoher Einsatzbereitschaft. Zum Nutzen unseres Unternehmens erweiterte und aktualisierte er immer mit sehr gutem Erfolg seine umfassenden Fachkenntnisse durch regelmäßige Teilnahme an Weiterbildungsveranstaltungen.

Aufgrund seiner sehr guten Auffassungsgabe war er jederzeit in der Lage, auch schwierige Situationen sofort zutreffend zu erfassen und schnell sehr gute Lösungen zu finden. Herr Mustermann zeigte jederzeit hohe Eigeninitiative und identifizierte sich immer voll mit seinen Aufgaben und unserem Unternehmen, wobei er auch durch seine sehr große Einsatzfreude überzeugte. Auch in Situationen mit größtem Arbeitsaufkommen erwies er sich immer als in höchstem Maße belastbar.

Alle Aufgaben führte er jederzeit vollkommen selbstständig, äußerst sorgfältig und planvoll durchdacht aus. Er agierte immer ruhig, überlegt, zielorientiert und in höchstem Maße präzise. Dabei überzeugte er stets in besonderer Weise sowohl in qualitativer als auch in quantitativer Hinsicht. Herr Mustermann war in ganz besonders hohem Maße zuverlässig.

Für alle auftretenden Probleme fand er ausnahmslos ausgezeichnete Lösungen. Die Leistungen von Herrn Mustermann haben jederzeit und in jeder Hinsicht unsere vollste Anerkennung gefunden.

Er wurde wegen seines stets freundlichen und ausgeglichenen Wesens allseits sehr geschätzt. Er war immer hilfsbereit, zuvorkommend und stellte, falls erforderlich, auch persönliche Interessen zurück. Sein Verhalten zu Vorgesetzten, Kolleginnen und Kollegen sowie Kundinnen und Kunden war jederzeit vorbildlich.

Herr Mustermann verlässt unser Unternehmen mit dem 31.12.2021 auf eigenen Wunsch. Wir bedauern dies sehr, weil wir mit ihm einen sehr guten Mitarbeiter verlieren. Wir bedanken uns für die stets sehr guten Leistungen und wünschen ihm für die Zukunft beruflich und privat weiterhin viel Erfolg und alles Gute.

Musterstadt, 31.12.2021

Max MUSTERMANN AG

1. Unterzeichner/in	2. Unterzeichner/in
[Position]	[Position]

13.129 Geschäftsführer

Zeugnis

Herr Dipl.-Betriebsw. Max Mustermann war vom 01.01.2017 bis zum 31.12.2021 in unserem Unternehmen als Geschäftsführer tätig.

[Unternehmensbeschreibung]

Als Geschäftsführer war Herr Mustermann verantwortlich für die Ausarbeitung und Realisierung einer zukunftsorientierten Gesamtstrategie für die Firma, in enger Abstimmung mit der Unternehmensführung. Im Rahmen seines verantwortungsvollen und vielseitigen Tätigkeitsgebietes war Herr Mustermann für folgende Aufgaben zuständig:

- Ausbau der guten Beziehungen zu Schlüsselkunden,
- Erstellen des Wirtschaftsplans und des Jahresabschlusses,
- fachliche, disziplinarische und organisatorische Führung von über 100 Mitarbeitenden,
- Ideengeber für marktaffine Produkt- und Verfahrensinnovationen,
- laufende Verbesserung der wettbewerbsorientierten Markt- und Vertriebsstrategie,
- Neukundengewinnung im internationalen Rahmen,
- Optimierung der Produktion im Hinblick auf Automatisierung und Digitalisierung,
- Verantworten und Leiten der laufenden Geschäfte,
- Verantworten der laufenden Wirtschaftsführung,
- vertrauensvolle Zusammenarbeit mit dem Aufsichtsrat und den Gesellschaftern,

- Weiterentwicklung der Gestaltungen und Verfahren im Unternehmen,
- zielorientiertes Verhandeln mit hochrangigen Verhandlungspartnern.

Herr Mustermann verfügt über ein hervorragendes und auch in Randbereichen sehr tiefgehendes Fachwissen, welches er in unser Unternehmen stets in höchst gewinnbringender Weise einbrachte. Herr Mustermann besitzt relevante Führungserfahrung, ein sehr gutes Verständnis für inhabergeführte Firmen und mittelständische Zusammenhänge.

Persönlich punktet Herr Mustermann mit hoher Einsatzbereitschaft, umfassendem betriebswirtschaftlichen Verständnis und starker Kommunikationsfähigkeit. Zum Nutzen unseres Unternehmens erweiterte und aktualisierte er immer mit sehr gutem Erfolg seine umfassenden Fachkenntnisse durch regelmäßige Teilnahme an Weiterbildungsveranstaltungen.

Aufgrund seiner sehr guten Auffassungsgabe war er jederzeit in der Lage, auch schwierige Situationen sofort zutreffend zu erfassen und schnell sehr gute Lösungen zu finden. Herr Mustermann zeigte jederzeit hohe Eigeninitiative und identifizierte sich immer voll mit seinen Aufgaben und unserem Unternehmen, wobei er auch durch seine sehr große Einsatzfreude überzeugte. Auch in Situationen mit größtem Arbeitsaufkommen erwies er sich immer als in höchstem Maße belastbar.

Alle Aufgaben führte er jederzeit vollkommen selbstständig, äußerst sorgfältig und planvoll durchdacht aus. Er agierte immer ruhig, überlegt, zielorientiert und in höchstem Maße präzise. Dabei überzeugte er stets in besonderer Weise sowohl in qualitativer als auch in quantitativer Hinsicht. Herr Mustermann war in ganz besonders hohem Maße zuverlässig.

Für alle auftretenden Probleme fand er ausnahmslos ausgezeichnete Lösungen. Er war aufgrund seiner ausgezeichneten Führungsqualitäten als Vorgesetzter in hohem Maße anerkannt und beliebt. Er verhielt sich seinen Mitarbeitern gegenüber stets offen und kollegial, verstand es aber dennoch, sich in schwierigen Situationen durchzusetzen und die Mitarbeiter zu optimalem Einsatz zu bewegen. Die Leistungen von Herrn Mustermann haben jederzeit und in jeder Hinsicht unsere vollste Anerkennung gefunden.

Er wurde wegen seines stets freundlichen und ausgeglichenen Wesens allseits sehr geschätzt. Er war immer hilfsbereit, zuvorkommend und stellte, falls erforderlich, auch persönliche Interessen zurück. Sein Verhalten zum Aufsichtsrat und den Gesellschaftern, Kollegen, Mitarbeiterinnen und Mitarbeitern sowie Kundinnen und Kunden und gegenüber unseren sonstigen Geschäftspartnern war jederzeit vorbildlich.

Herr Mustermann verlässt unser Unternehmen mit dem 31.12.2021 auf eigenen Wunsch. Wir bedauern dies sehr, weil wir mit ihm einen sehr guten Geschäftsführer verlieren. Wir bedanken uns für die stets sehr guten Leistungen und wünschen ihm für die Zukunft beruflich und privat weiterhin viel Erfolg und alles Gute.

Musterstadt, 31.12.2021

Max MUSTERMANN AG

1. Unterzeichner/in	2. Unterzeichner/in
[Position]	[Position]

13.130 Gesundheits- und Krankenpfleger

Zeugnis
Herr Max Mustermann war vom 01.02.2016 bis zum 31.12.2021 in unserem Unternehmen als Gesundheits- und Krankenpfleger tätig.

[Unternehmensbeschreibung]

Als Gesundheits- und Krankenpfleger war Herr Mustermann verantwortlich für die prozess- und zielorientierte Versorgung unserer Patienten und Patientinnen. Im Rahmen seines verantwortungsvollen und vielseitigen Tätigkeitsgebietes war Herr Mustermann für folgende Aufgaben zuständig:

- Anleitung von Pflegekräften,
- Durchführung von diagnostischen und therapeutischen Maßnahmen nach ärztlicher Anweisung,
- Durchführung von Notfallmaßnahmen mit Einleiten einer Reanimation,
- Erkennen körperlicher Symptome und psychosoziale Betreuung,
- Erstellung von Pflegeanamnesen und Pflegeplänen sowie die Dokumentation der Pflegemaßnahmen,
- fachgerechte Durchführung der Grund- und Behandlungspflege der Patienten,
- Festlegung, Sicherstellung sowie Weiterentwicklung der Pflege und Betreuungsqualität,
- Kommunikation mit Bewohnern, Angehörigen und Mitarbeitern,
- kompetente Grund- und Behandlungspflege,
- Medikation und Pflegedokumentation,
- nachhaltige Krankenbeobachtung,
- Planung und Durchführung der Pflegemaßnahmen,
- Prä- und Postoperative Pflege,
- Überwachung der ordnungsgemäßen Funktionsweise der Geräte.

Herr Mustermann verfügt über ein hervorragendes und auch in Randbereichen sehr tiefgehendes Fachwissen, welches er in unser Unternehmen stets in höchst gewinnbringender Weise einbrachte. Ausgeprägte Teamfähigkeit, hohe Motivation und starkes Engagement zeichnen Herrn Mustermann aus.

Geduld, ein ausgeprägtes Einfühlungsvermögen und eine patientenorientierte Pflege der Patienten und Patientinnen runden das Profil von Herrn Mustermann ab. Zum Nutzen unseres Unternehmens erweiterte und aktualisierte er immer mit sehr gutem Erfolg seine umfassenden Fachkenntnisse durch regelmäßige Teilnahme an Weiterbildungsveranstaltungen.

Aufgrund seiner sehr guten Auffassungsgabe war er jederzeit in der Lage, auch schwierige Situationen sofort zutreffend zu erfassen und schnell sehr gute Lösungen zu finden. Herr Mustermann zeigte jederzeit hohe Eigeninitiative und identifizierte sich immer voll mit seinen Aufgaben und unserem Unternehmen, wobei er auch durch seine sehr große Einsatzfreude überzeugte. Auch in Situationen mit größtem Arbeitsaufkommen erwies er sich immer als in höchstem Maße belastbar.

Alle Aufgaben führte er jederzeit vollkommen selbstständig, äußerst sorgfältig und planvoll durchdacht aus. Er agierte immer ruhig, überlegt, zielorientiert und in höchstem Maße präzise. Dabei überzeugte er stets in besonderer Weise sowohl in qualitativer als auch in quantitativer Hinsicht. Herr Mustermann war in ganz besonders hohem Maße zuverlässig.

Für alle auftretenden Probleme fand er ausnahmslos ausgezeichnete Lösungen. Die Leistungen von Herrn Mustermann haben jederzeit und in jeder Hinsicht unsere vollste Anerkennung gefunden.

Er wurde wegen seines stets freundlichen und ausgeglichenen Wesens allseits sehr geschätzt. Er war immer hilfsbereit, zuvorkommend und stellte, falls erforderlich, auch persönliche Interessen zurück. Sein Verhalten zu Vorgesetzten, Kolleginnen und Kollegen sowie Kundinnen und Kunden war jederzeit vorbildlich.

Herr Mustermann verlässt unser Unternehmen mit dem 31.12.2021 auf eigenen Wunsch. Wir bedauern dies sehr, weil wir mit ihm einen sehr guten Mitarbeiter verlieren. Wir bedanken uns für die stets sehr guten Leistungen und wünschen ihm für die Zukunft beruflich und privat weiterhin viel Erfolg und alles Gute.

Musterstadt, 31.12.2021

Max MUSTERMANN AG

1. Unterzeichner/in	2. Unterzeichner/in
[Position]	[Position]

13.131 Glaser/Fenster- und Glasfassadenbau

Zeugnis

Herr Max Mustermann, geboren am 01.12.1974, war vom 01.03.2017 bis zum 31.12.2021 in unserem Unternehmen als Glaser/Fenster- und Glasfassadenbauer tätig.

[Unternehmensbeschreibung]

Als Glaser/Fenster- und Glasfassadenbauer war Herr Mustermann verantwortlich für die Herstellung von Fenster-/Türrahmen und Rahmenteilen aus verschiedenem Material. Innerhalb seines verantwortungsvollen und vielseitigen Tätigkeitsgebietes war Herr Mustermann für folgende Aufgaben zuständig:

- Aufmaßerstellung vor Ort,
- Bestellen der benötigten Glassorten im Fachhandel,
- Durchführung von Glasreparaturen,
- Instandsetzung und -haltung von Fenstern und Türen,
- Kalkulation der Angebote,
- Produktberatung unserer Kunden,
- Verbauung von Fenstern, Türen und Spezialgläsern,
- Veredlung von Glasflächen,
- Wechsel von Fenstern und Türen.

Herr Mustermann verfügt über ein hervorragendes und auch in Randbereichen sehr tiefgehendes Fachwissen, welches er in unser Unternehmen stets in höchst gewinnbringender Weise einbrachte. Herr Mustermann besitzt eine hohe Erfahrung in der Verarbeitung von Glasflächen und einschlägige Kenntnisse in der Glasveredelung.

Persönlich punktet Herr Mustermann mit Freude an Teamarbeit, hoher Einsatzbereitschaft, handwerklichem Geschick, technischem Interesse, strukturierter Arbeitsweise und körperlicher Belastbarkeit. Zum Nutzen unseres Unternehmens erweiterte und aktualisierte er immer mit sehr gutem Erfolg seine umfassenden Fachkenntnisse durch regelmäßige Teilnahme an Weiterbildungsveranstaltungen.

Aufgrund seiner sehr guten Auffassungsgabe war er jederzeit in der Lage, auch schwierige Situationen sofort zutreffend zu erfassen und schnell sehr gute Lösungen zu finden. Herr Mustermann zeigte jederzeit hohe Eigeninitiative und identifizierte sich immer voll mit seinen Aufgaben und unserem Unternehmen, wobei er auch durch seine sehr große Einsatzfreude überzeugte. Auch in Situationen mit größtem Arbeitsaufkommen erwies er sich immer als in höchstem Maße belastbar.

Alle Aufgaben führte er jederzeit vollkommen selbstständig, äußerst sorgfältig und planvoll durchdacht aus. Er agierte immer ruhig, überlegt, zielorientiert und in höchstem Maße präzise. Dabei überzeugte er stets in besonderer Weise sowohl in qualitativer als auch in quantitativer Hinsicht. Herr Mustermann war in ganz besonders hohem Maße zuverlässig.

Für alle auftretenden Probleme fand er ausnahmslos ausgezeichnete Lösungen. Die Leistungen von Herrn Mustermann haben jederzeit und in jeder Hinsicht unsere vollste Anerkennung gefunden.

Er wurde wegen seines stets freundlichen und ausgeglichenen Wesens allseits sehr geschätzt. Er war immer hilfsbereit, zuvorkommend und stellte, falls erforderlich, auch persönliche Interessen zurück. Sein Verhalten zu Vorgesetzten, Kolleginnen und Kollegen sowie Kundinnen und Kunden war jederzeit vorbildlich.

Herr Mustermann verlässt unser Unternehmen mit dem 31.12.2021 auf eigenen Wunsch. Wir bedauern dies sehr, weil wir mit ihm einen sehr guten Mitarbeiter verlieren. Wir bedanken uns für die stets sehr guten Leistungen und wünschen ihm für die Zukunft beruflich und privat weiterhin viel Erfolg und alles Gute.

Musterstadt, 31.12.2021

Max MUSTERMANN AG

1. Unterzeichner/in	2. Unterzeichner/in
[Position]	[Position]

13.132 Heilerziehungspfleger

Zeugnis

Herr Max Mustermann war vom 01.03.2017 bis zum 31.12.2021 in unserem Kindergarten als Heilerziehungspfleger tätig.

[Unternehmensbeschreibung]

Als Heilerziehungspfleger war Herr Mustermann verantwortlich für die Betreuung von Kindern im Alter von 1 bis 6 Jahren. Im Rahmen seines verantwortungsvollen und vielseitigen Tätigkeitsgebietes war Herr Mustermann für folgende Aufgaben zuständig:

- Betreuung, Begleitung und Förderung der Kinder,
- Erkennen von Verhaltensstörungen und Einleiten entsprechender pädagogischer Maßnahmen,

- Organisation und Durchführung von Gruppenangeboten,
- Strukturierung der Tagesplanung im Gruppenalltag,
- Unterstützen der Kinder in ihrer Entwicklung,
- Unterweisung von Praktikanten und Auszubildenden.

Herr Mustermann verfügt über ein hervorragendes und auch in Randbereichen sehr tiefgehendes Fachwissen, welches er in unsere Einrichtung stets in höchst gewinnbringender Weise einbrachte.

Mit sehr viel Spaß und Begeisterung mach Herr Mustermann jeden Tag zu einem Erlebnis für die Kinder. Persönlich punktet Herr Mustermann mit Freude an Teamarbeit, hoher Einsatzbereitschaft, Zuverlässigkeit und Verantwortungsbewusstsein. Zum Nutzen unserer Einrichtung erweiterte und aktualisierte er immer mit sehr gutem Erfolg seine umfassenden Fachkenntnisse durch regelmäßige Teilnahme an Weiterbildungsveranstaltungen.

Aufgrund seiner sehr guten Auffassungsgabe war er jederzeit in der Lage, auch schwierige Situationen sofort zutreffend zu erfassen und schnell sehr gute Lösungen zu finden. Herr Mustermann zeigte jederzeit hohe Eigeninitiative und identifizierte sich immer voll mit seinen Aufgaben und unserem Kindergarten, wobei er auch durch seine sehr große Einsatzfreude überzeugte. Auch in Situationen mit größtem Arbeitsaufkommen erwies er sich immer als in höchstem Maße belastbar.

Alle Aufgaben führte er jederzeit vollkommen selbstständig, äußerst sorgfältig und planvoll durchdacht aus. Er agierte immer ruhig, überlegt, zielorientiert und in höchstem Maße präzise. Dabei überzeugte er stets in besonderer Weise sowohl in qualitativer als auch in quantitativer Hinsicht. Herr Mustermann war in ganz besonders hohem Maße zuverlässig.

Für alle auftretenden Probleme fand er ausnahmslos ausgezeichnete Lösungen. Die Leistungen von Herrn Mustermann haben jederzeit und in jeder Hinsicht unsere vollste Anerkennung gefunden.

Er wurde wegen seines stets freundlichen und ausgeglichenen Wesens allseits sehr geschätzt. Er war immer hilfsbereit, zuvorkommend und stellte, falls erforderlich, auch persönliche Interessen zurück. Sein Verhalten zu Vorgesetzten, Kolleginnen und Kollegen sowie Kundinnen und Kunden war jederzeit vorbildlich.

Herr Mustermann verlässt unseren Kindergarten mit dem 31.12.2021 auf eigenen Wunsch. Wir bedauern dies sehr, weil wir mit ihm einen sehr guten Mitarbeiter ver-

lieren. Wir bedanken uns für die stets sehr guten Leistungen und wünschen ihm für die Zukunft beruflich und privat weiterhin viel Erfolg und alles Gute.

Musterstadt, 31.12.2021

Max MUSTERMANN AG

1. Unterzeichner/in	2. Unterzeichner/in
[Position]	[Position]

13.133 Heilpädagoge

Zeugnis
Herr Max Mustermann war vom 01.03.2017 bis zum 31.12.2021 in unserer Einrichtung als Heilpädagoge tätig.

[Unternehmensbeschreibung]

Als Heilpädagoge war Herr Mustermann verantwortlich für die Betreuung von Kindern mit besonderem Förderbedarf. Im Rahmen seines verantwortungsvollen und vielseitigen Tätigkeitsgebietes war Herr Mustermann für folgende Aufgaben zuständig:

- Arbeiten mit Kindern mit besonderem Förderbedarf,
- Betreuung, Förderung und Pflege von Kindern mit Behinderung,
- Erarbeiten individueller Hilfepläne und Entwicklungsberichte,
- Erziehung und Betreuung der Kinder,
- Gestaltung des Tagesablaufs einer Kita,
- Mitarbeit am bilingualen Konzept der Einrichtung,
- Organisation und Durchführung von Gruppenangeboten,
- Strukturierung der Tagesplanung im Gruppenalltag,
- Unterstützen der Kinder in ihrer Entwicklung,
- Unterstützen von lebenspraktischen Maßnahmen.

Herr Mustermann verfügt über ein hervorragendes und auch in Randbereichen sehr tiefgehendes Fachwissen, welches er in unsere Einrichtung stets in höchst gewinnbringender Weise einbrachte. Die Arbeitsweise von Herrn Mustermann zeichnete sich durch Sorgfalt und einen respektvollen Umgang mit Kindern mit besonderen Bedürfnissen aus. Persönlich punktet Herr Mustermann mit Teamfähigkeit, hoher Einsatzbereitschaft und lebenspraktischer Erfahrung mit einer pragmatischen Herangehensweise. Zum Nutzen unserer Einrichtung erweiterte und aktualisierte er immer mit sehr gutem Erfolg seine umfassenden Fachkenntnisse durch regelmäßige Teilnahme an Weiterbildungsveranstaltungen.

Aufgrund seiner sehr guten Auffassungsgabe war er jederzeit in der Lage, auch schwierige Situationen sofort zutreffend zu erfassen und schnell sehr gute Lösungen zu finden. Herr Mustermann zeigte jederzeit hohe Eigeninitiative und identifizierte sich immer voll mit seinen Aufgaben und unserer Einrichtung, wobei er auch durch seine sehr große Einsatzfreude überzeugte. Auch in Situationen mit größtem Arbeitsaufkommen erwies er sich immer als in höchstem Maße belastbar.

Alle Aufgaben führte er jederzeit vollkommen selbstständig, äußerst sorgfältig und planvoll durchdacht aus. Er agierte immer ruhig, überlegt, zielorientiert und in höchstem Maße präzise. Dabei überzeugte er stets in besonderer Weise sowohl in qualitativer als auch in quantitativer Hinsicht. Herr Mustermann war in ganz besonders hohem Maße zuverlässig.

Für alle auftretenden Probleme fand er ausnahmslos ausgezeichnete Lösungen. Die Leistungen von Herrn Mustermann haben jederzeit und in jeder Hinsicht unsere vollste Anerkennung gefunden.

Er wurde wegen seines stets freundlichen und ausgeglichenen Wesens allseits sehr geschätzt. Er war immer hilfsbereit, zuvorkommend und stellte, falls erforderlich, auch persönliche Interessen zurück. Sein Verhalten zu Vorgesetzten, Kolleginnen und Kollegen sowie Kundinnen und Kunden war jederzeit vorbildlich.

Herr Mustermann verlässt unsere Einrichtung mit dem 31.12.2021 auf eigenen Wunsch. Wir bedauern dies sehr, weil wir mit ihm einen sehr guten Mitarbeiter verlieren. Wir bedanken uns für die stets sehr guten Leistungen und wünschen ihm für die Zukunft beruflich und privat weiterhin viel Erfolg und alles Gute.

Musterstadt, 31.12.2021

Max MUSTERMANN AG

1. Unterzeichner/in	2. Unterzeichner/in
[Position]	[Position]

13.134 Hilfskraft

Zeugnis

Herr Max Mustermann, geboren am 01.12.1974, war vom 01.03.2017 bis zum 31.12.2021 in unserem Unternehmen als Hilfskraft tätig.

[Unternehmensbeschreibung]

Als Hilfskraft war Herr Mustermann verantwortlich für die Unterstützung unserer Mitarbeiter. Im Rahmen seines Tätigkeitsgebietes war Herr Mustermann für folgende Aufgaben zuständig:

- Bedienen von Industriemaschinen,
- Bereitstellung von Betriebsmaterial,
- einfache Montagetätigkeiten,
- Etikettieren von Kartons,
- innerbetrieblicher Transport mit einem Handhubwagen,
- Kommissionierung der Ware,
- Produktions- und Lagerarbeiten,
- Scannen der Waren,
- Sichtprüfungen bzw. Qualitätskontrollen an den fertigen Produkten,
- Verpacken und Versandfertigmachen der Ware,
- Warenzusammenstellung gemäß der Bestellungen.

Herr Mustermann besitzt solide Fachkenntnisse, die er jederzeit sicher und zielgerichtet in der Praxis einsetzte. Die Arbeitsweise von Herrn Mustermann zeichnete sich durch Sorgfalt, Fleiß, Teamfähigkeit und Engagement aus. Ein gewissenhaftes Bearbeiten der ihm übertragenen Aufgaben rundet das Profil von Herrn Mustermann ab.

Herr Mustermann zeigte Eigeninitiative und identifizierte sich immer voll mit seinen Aufgaben und unserem Unternehmen, wobei er auch durch seine Einsatzfreude überzeugte. Auch in Situationen mit hoher Arbeitsbelastung erwies er sich als belastbar.

Alle Aufgaben führte er durchdacht aus. Er agierte stets ruhig, überlegt, zielorientiert und präzise. Dabei überzeugte er sowohl in qualitativer als auch in quantitativer Hinsicht. Herr Mustermann überzeugte durch seine Zuverlässigkeit.

Für alle auftretenden Probleme fand er gute Lösungen. Die ihm übertragenen Aufgaben erledigte Herr Mustermann stets zu unserer Zufriedenheit.

Er wurde wegen seines freundlichen und ausgeglichenen Wesens allseits geschätzt. Sein Verhalten zu Vorgesetzten, Kolleginnen und Kollegen sowie Kundinnen und Kunden war einwandfrei.

Herr Mustermann verlässt unser Unternehmen mit dem 31.12.2021 auf eigenen Wunsch. Wir wünschen ihm für die Zukunft weiterhin Erfolg und alles Gute.

Musterstadt, 31.12.2021

Max MUSTERMANN AG

1. Unterzeichner/in	2. Unterzeichner/in
[Position]	[Position]

13.135 Hotelfachmann

Zeugnis

Herr Max Mustermann war vom 01.03.2017 bis zum 31.12.2021 in unserem Unternehmen als Hotelfachmann tätig.

[Unternehmensbeschreibung]

Als Hotelfachmann war Herr Mustermann verantwortlich für die Betreuung unserer Hotelgäste. Im Rahmen seines verantwortungsvollen und vielseitigen Tätigkeitsgebietes war Herr Mustermann für folgende Aufgaben zuständig:

- Annahme und Bearbeitung von Reservierungen,
- Bestellungen und Wünsche der Hotelgäste verwirklichen,
- Buchung der Konferenzräume,
- Check-in und Check-out unserer Gäste,
- Disposition von Shuttle Services,
- Gewährleistung der Sicherheit im gesamten Hotel,
- Koordination von Fremddienstleistern,
- Korrespondenz bearbeiten (deutsch, englisch),
- Organisation der Konferenztechnik,
- Pflegen der Reservierungsprogramme Sperrdaten/Preisänderungen,
- Posteingang und Postverteilung,
- Rechnungen erstellen und kassieren,
- sicherer Umgang mit dem Computer und unserer Hotelsoftware,
- tägliche Zimmerdisposition.

Herr Mustermann verfügt über ein hervorragendes und auch in Randbereichen sehr tiefgehendes Fachwissen, welches er in unser Unternehmen stets in höchst gewinnbringender Weise einbrachte. Die Arbeitsweise von Herrn Mustermann zeichnete sich durch Sorgfalt und eine hohe Verantwortung für die Repräsentation des Hauses aus.

Persönlich punktet Herr Mustermann mit Teamfähigkeit, hoher Einsatzbereitschaft und als echte Visitenkarte des Hauses mit sehr guten Englischkenntnissen. Zum Nutzen unseres Unternehmens erweiterte und aktualisierte er immer mit sehr gutem Erfolg seine umfassenden Fachkenntnisse durch regelmäßige Teilnahme an Weiterbildungsveranstaltungen.

Aufgrund seiner sehr guten Auffassungsgabe war er jederzeit in der Lage, auch schwierige Situationen sofort zutreffend zu erfassen und schnell sehr gute Lösungen zu finden. Herr Mustermann zeigte jederzeit hohe Eigeninitiative und identifizierte sich immer voll mit seinen Aufgaben und unserem Unternehmen, wobei er auch durch seine sehr große Einsatzfreude überzeugte. Auch in Situationen mit größtem Arbeitsaufkommen erwies er sich immer als in höchstem Maße belastbar.

Alle Aufgaben führte er jederzeit vollkommen selbstständig, äußerst sorgfältig und planvoll durchdacht aus. Er agierte immer ruhig, überlegt, zielorientiert und in höchstem Maße präzise. Dabei überzeugte er stets in besonderer Weise sowohl in qualitativer als auch in quantitativer Hinsicht. Herr Mustermann war in ganz besonders hohem Maße zuverlässig.

Für alle auftretenden Probleme fand er ausnahmslos ausgezeichnete Lösungen. Die Leistungen von Herrn Mustermann haben jederzeit und in jeder Hinsicht unsere vollste Anerkennung gefunden.

Er wurde wegen seines stets freundlichen und ausgeglichenen Wesens allseits sehr geschätzt. Er war immer hilfsbereit, zuvorkommend und stellte, falls erforderlich, auch persönliche Interessen zurück. Sein Verhalten zu Vorgesetzten, Kolleginnen und Kollegen sowie Kundinnen und Kunden war jederzeit vorbildlich.

Herr Mustermann verlässt unser Unternehmen mit dem 31.12.2021 auf eigenen Wunsch. Wir bedauern dies sehr, weil wir mit ihm einen sehr guten Mitarbeiter verlieren. Wir bedanken uns für die stets sehr guten Leistungen und wünschen ihm für die Zukunft beruflich und privat weiterhin viel Erfolg und alles Gute.

Musterstadt, 31.12.2021

Max MUSTERMANN AG

1. Unterzeichner/in	2. Unterzeichner/in
[Position]	[Position]

13.136 HR-Manager

Zeugnis
Herr Max Mustermann war vom 01.03.2017 bis zum 31.12.2021 in unserem Unternehmen als HR-Manager tätig.

[Unternehmensbeschreibung]

Als HR-Manager war Herr Mustermann verantwortlich für die Betreuung der Führungskräfte und Mitarbeiter bei allen Themen der Personalwirtschaft. Im Rahmen seines verantwortungsvollen und vielseitigen Tätigkeitsgebietes war Herr Mustermann für folgende Aufgaben zuständig:

- Analyse und Weiterentwicklung aller HR-Instrumente
- Führung und Aufbau des HR-Teams,
- Koordination von Gehalt und Vergütungen,
- Optimierung sämtlicher Personalwesenprozesse,
- Organisation und Steuerung des gesamten Recruitingprozesses,
- Planung von Schulungen, Seminaren und Weiterbildungsmaßnahmen für die Mitarbeiter,
- Prozessoptimierung und Einführung von HR-Instrumenten
- Prüfung der Lohn- und Gehaltsabrechnung,
- Unterstützung der Führungskräfte in allen Personalthemen,
- Verantwortung für das Personalbudget des Gesamtunternehmens,
- Vertragsverhandlungen,
- vertrauensvolle Zusammenarbeit mit dem Betriebsrat.

Herr Mustermann verfügt über ein hervorragendes und auch in Randbereichen sehr tiefgehendes Fachwissen, welches er in unser Unternehmen stets in höchst gewinnbringender Weise einbrachte. Die Arbeitsweise von Herrn Mustermann zeichnete sich durch Freude an operativer Personalarbeit und konzeptionellen Stärken aus.

Persönlich punktet Herr Mustermann mit Führungsqualitäten, Motivationsgeschick und einer selbstständigen, vorausschauenden und dienstleistungsorientierten Arbeitsweise. Zum Nutzen unseres Unternehmens erweiterte und aktualisierte er immer mit sehr gutem Erfolg seine umfassenden Fachkenntnisse durch regelmäßige Teilnahme an Weiterbildungsveranstaltungen.

Aufgrund seiner sehr guten Auffassungsgabe war er jederzeit in der Lage, auch schwierige Situationen sofort zutreffend zu erfassen und schnell sehr gute Lösungen zu finden. Herr Mustermann zeigte jederzeit hohe Eigeninitiative und identifizierte sich immer voll mit seinen Aufgaben und unserem Unternehmen, wobei er auch durch seine sehr große Einsatzfreude überzeugte. Auch in Situationen mit größtem Arbeitsaufkommen erwies er sich immer als in höchstem Maße belastbar.

Alle Aufgaben führte er jederzeit vollkommen selbstständig, äußerst sorgfältig und planvoll durchdacht aus. Er agierte immer ruhig, überlegt, zielorientiert und in höchstem Maße präzise. Dabei überzeugte er stets in besonderer Weise sowohl in qualitativer als auch in quantitativer Hinsicht. Herr Mustermann war in ganz besonders hohem Maße zuverlässig.

Für alle auftretenden Probleme fand er ausnahmslos ausgezeichnete Lösungen. Er war aufgrund seiner ausgezeichneten Führungsqualitäten als Vorgesetzter in hohem Maße anerkannt und beliebt. Er verhielt sich seinen Mitarbeitern gegenüber stets offen und kollegial, verstand es aber dennoch, sich in schwierigen Situationen durchzusetzen und die Mitarbeiter zu optimalem Einsatz zu bewegen. Die Leistungen von Herrn Mustermann haben jederzeit und in jeder Hinsicht unsere vollste Anerkennung gefunden.

Er wurde wegen seines stets freundlichen und ausgeglichenen Wesens allseits sehr geschätzt. Er war immer hilfsbereit, zuvorkommend und stellte, falls erforderlich, auch persönliche Interessen zurück. Sein Verhalten zu Vorgesetzten, Kolleginnen und Kollegen sowie Kundinnen und Kunden war jederzeit vorbildlich.

Herr Mustermann verlässt unser Unternehmen mit dem 31.12.2021 auf eigenen Wunsch. Wir bedauern dies sehr, weil wir mit ihm einen sehr guten Mitarbeiter verlieren. Wir bedanken uns für die stets sehr guten Leistungen und wünschen ihm für die Zukunft beruflich und privat weiterhin viel Erfolg und alles Gute.

Musterstadt, 31.12.2021

Max MUSTERMANN AG

1. Unterzeichner/in	2. Unterzeichner/in
[Position]	[Position]

13.137 HR-Spezialist

Zeugnis

Herr Max Mustermann war vom 01.03.2017 bis zum 31.12.2021 in unserem Unternehmen als HR-Spezialist tätig.

[Unternehmensbeschreibung]

Als HR-Spezialist war Herr Mustermann verantwortlich für die Betreuung der Mitarbeiter in allen Arbeitszeit- und Entgeltfragen. Im Rahmen seines verantwortungsvollen und vielseitigen Tätigkeitsgebietes war Herr Mustermann für folgende Aufgaben zuständig:

- Anlegen von Personalakten sowie Stammdatenpflege,
- Beratung und Betreuung der Mitarbeiter bei abrechnungsrelevanten Themen,
- Betreuung und Koordinierung von Praktikanten,
- Erstellung von fachspezifischen Statistiken und Berichten,
- Formulieren von Anstellungs- und Ausbildungsverträgen,
- Nachbearbeitung des Abrechnungslaufs und Verbuchung für das Controlling,
- Pflege und Erstellung der HR-Statistiken sowie Stamm- und Zeitwirtschaftsdaten,
- Realisierung von monatlichen und jährlichen Abschlussarbeiten,
- Prüfung von Resturlaubsansprüchen sowie Mehrarbeit,
- Steuerung und Weiterentwicklung der Abrechnungs- und Zeitwirtschaftsprozesse,
- Verwalten der Urlaubs- und Zeitkonten sowie der Reisekosten,
- Verwaltung und Pflege des Zeitwirtschaftssystems

Herr Mustermann verfügt über ein hervorragendes und auch in Randbereichen sehr tiefgehendes Fachwissen, welches er in unser Unternehmen stets in höchst gewinnbringender Weise einbrachte. Die Arbeitsweise von Herrn Mustermann zeichnete sich durch Sorgfalt und eine hohe Verantwortung im Bereich der Entgeltabrechnung und Zeitwirtschaft aus.

Persönlich punktet Herr Mustermann mit Teamfähigkeit, hoher Einsatzbereitschaft und ausgeprägten Kenntnissen im Lohnsteuer- und Sozialversicherungsrecht. Zum Nutzen unseres Unternehmens erweiterte und aktualisierte er immer mit sehr gutem Erfolg seine umfassenden Fachkenntnisse durch regelmäßige Teilnahme an Weiterbildungsveranstaltungen.

Aufgrund seiner sehr guten Auffassungsgabe war er jederzeit in der Lage, auch schwierige Situationen sofort zutreffend zu erfassen und schnell sehr gute Lösungen zu finden. Herr Mustermann zeigte jederzeit hohe Eigeninitiative und identifizierte sich immer voll mit seinen Aufgaben und unserem Unternehmen, wobei er auch durch seine sehr große Einsatzfreude überzeugte. Auch in Situationen mit größtem Arbeitsaufkommen erwies er sich immer als in höchstem Maße belastbar.

Alle Aufgaben führte er jederzeit vollkommen selbstständig, äußerst sorgfältig und planvoll durchdacht aus. Er agierte immer ruhig, überlegt, zielorientiert und in höchstem Maße präzise. Dabei überzeugte er stets in besonderer Weise sowohl in qualitativer als auch in quantitativer Hinsicht. Herr Mustermann war in ganz besonders hohem Maße zuverlässig.

Für alle auftretenden Probleme fand er ausnahmslos ausgezeichnete Lösungen. Die Leistungen von Herrn Mustermann haben jederzeit und in jeder Hinsicht unsere vollste Anerkennung gefunden.

Er wurde wegen seines stets freundlichen und ausgeglichenen Wesens allseits sehr geschätzt. Er war immer hilfsbereit, zuvorkommend und stellte, falls erforderlich, auch persönliche Interessen zurück. Sein Verhalten zu Vorgesetzten, Kolleginnen und Kollegen sowie Kundinnen und Kunden war jederzeit vorbildlich.

Herr Mustermann verlässt unser Unternehmen mit dem 31.12.2021 auf eigenen Wunsch. Wir bedauern dies sehr, weil wir mit ihm einen sehr guten Mitarbeiter verlieren. Wir bedanken uns für die stets sehr guten Leistungen und wünschen ihm für die Zukunft beruflich und privat weiterhin viel Erfolg und alles Gute.

Musterstadt, 31.12.2021

Max MUSTERMANN AG

1. Unterzeichner/in	2. Unterzeichner/in
[Position]	[Position]

13.138 Hygienefachkraft

Zeugnis

Herr Max Mustermann war vom 01.03.2017 bis zum 31.12.2021 in unserem Unternehmen als Hygienefachkraft tätig.

[Unternehmensbeschreibung]

Als Hygienefachkraft war Herr Mustermann verantwortlich für das gesamte Spektrum der Krankenhaushygiene und der Schulung bzw. Beratung unserer Mitarbeiter in Fragen zur Infektionsprävention. Im Rahmen seines verantwortungsvollen und vielseitigen Tätigkeitsgebietes war Herr Mustermann für folgende Aufgaben zuständig:

- Ausführung von mikrobiologischen Untersuchungen,
- Durchführung von Hygienebegehungen und Hygienebegleitungen,

- Hygieneschulungen/-beratungen für das Klinikpersonal,
- Erarbeitung von Hygienekonzepten,
- Erkennung von Infektionsschwerpunkten,
- Erstellung von Desinfektions- und Hygieneplänen,
- Anfertigen von Protokollen, Statistiken und Erhebungen,
- Monitoring des Erregerspektrums im Klinikum,
- Überwachung des Hygienemanagements und Hygienestandards,
- Verhütung und Bekämpfung von Infektionen

Herr Mustermann verfügt über ein hervorragendes und auch in Randbereichen sehr tiefgehendes Fachwissen, welches er in unser Unternehmen stets in höchst gewinnbringender Weise einbrachte. Herr Mustermann verfügt über eine langjährige Berufserfahrung und fundiertes Fachwissen im Bereich Hygienemanagement und in der Infektionsprävention.

Eine ausgeprägte Kommunikations- und Teamfähigkeit, die Bereitschaft zur Eigeninitiative, zeichnet Herrn Mustermann ebenso aus, wie Flexibilität, Durchsetzungsvermögen und Organisationstalent. Zum Nutzen unseres Unternehmens erweiterte und aktualisierte er immer mit sehr gutem Erfolg seine umfassenden Fachkenntnisse durch regelmäßige Teilnahme an Weiterbildungsveranstaltungen.

Aufgrund seiner sehr guten Auffassungsgabe war er jederzeit in der Lage, auch schwierige Situationen sofort zutreffend zu erfassen und schnell sehr gute Lösungen zu finden. Herr Mustermann zeigte jederzeit hohe Eigeninitiative und identifizierte sich immer voll mit seinen Aufgaben und unserem Unternehmen, wobei er auch durch seine sehr große Einsatzfreude überzeugte. Auch in Situationen mit größtem Arbeitsaufkommen erwies er sich immer als in höchstem Maße belastbar.

Alle Aufgaben führte er jederzeit vollkommen selbstständig, äußerst sorgfältig und planvoll durchdacht aus. Er agierte immer ruhig, überlegt, zielorientiert und in höchstem Maße präzise. Dabei überzeugte er stets in besonderer Weise sowohl in qualitativer als auch in quantitativer Hinsicht. Herr Mustermann war in ganz besonders hohem Maße zuverlässig.

Für alle auftretenden Probleme fand er ausnahmslos ausgezeichnete Lösungen. Die Leistungen von Herrn Mustermann haben jederzeit und in jeder Hinsicht unsere vollste Anerkennung gefunden.

Er wurde wegen seines stets freundlichen und ausgeglichenen Wesens allseits sehr geschätzt. Er war immer hilfsbereit, zuvorkommend und stellte, falls erforderlich, auch persönliche Interessen zurück. Sein Verhalten zu Vorgesetzten, Kolleginnen und Kollegen sowie Kundinnen und Kunden war jederzeit vorbildlich.

Herr Mustermann verlässt unser Unternehmen mit dem 31.12.2021 auf eigenen Wunsch. Wir bedauern dies sehr, weil wir mit ihm einen sehr guten Mitarbeiter verlieren. Wir bedanken uns für die stets sehr guten Leistungen und wünschen ihm für die Zukunft beruflich und privat weiterhin viel Erfolg und alles Gute.

Musterstadt, 31.12.2021

Max MUSTERMANN AG

1. Unterzeichner/in	2. Unterzeichner/in
[Position]	[Position]

13.139 Immobilienkaufmann

Zeugnis
Herr Max Mustermann war vom 01.03.2017 bis zum 31.12.2021 in unserem Unternehmen als Immobilienkaufmann tätig.

[Unternehmensbeschreibung]

Als Immobilienkaufmann war Herr Mustermann verantwortlich für die Verwaltung eines wohnungswirtschaftlichen Immobilienbestandes. Im Rahmen seines verantwortungsvollen und vielseitigen Tätigkeitsgebietes war Herr Mustermann für folgende Aufgaben zuständig:

- Anfertigen von Wohnraum- und Gewerbemietverträgen,
- Auftragserteilung von Schönheitsreparaturen,
- Bearbeitung von Versicherungsschäden,
- Betreuung der Mietverhältnisse,
- Budgetplanung und -überwachung,
- Durchführung von Objektbegehungen und -kontrollen,
- Freigabe von Mieterhöhungen,
- Führung der Buchhaltung über unser Hausverwaltungsprogramm,
- Kommunikation mit Versicherungen und Banken,
- Kontrolle und Kontierung von Eingangsrechnungen,
- Koordination und Beauftragung externer Dienstleister,
- Prüfung der Betriebskostenabrechnungen,
- Schriftwechsel mit Mietern und Handwerkern,
- selbstständige Objektverwaltung,
- Wohnungsübergaben und -abnahmen.

Herr Mustermann verfügt über ein hervorragendes und auch in Randbereichen sehr tiefgehendes Fachwissen, welches er in unser Unternehmen stets in höchst gewinnbringender Weise einbrachte. Herr Mustermann ist zuverlässig, flexibel, belastbar und verfügt über ein sehr gutes Koordinations- und Organisationstalent.

Seine ausgeprägte Kommunikations- und Teamfähigkeit, die Bereitschaft zur Eigeninitiative, zeichnet Herrn Mustermann ebenso aus, wie ein hohes Interesse für den Immobilienmarkt. Zum Nutzen unseres Unternehmens erweiterte und aktualisierte er immer mit sehr gutem Erfolg seine umfassenden Fachkenntnisse durch regelmäßige Teilnahme an Weiterbildungsveranstaltungen.

Aufgrund seiner sehr guten Auffassungsgabe war er jederzeit in der Lage, auch schwierige Situationen sofort zutreffend zu erfassen und schnell sehr gute Lösungen zu finden. Herr Mustermann zeigte jederzeit hohe Eigeninitiative und identifizierte sich immer voll mit seinen Aufgaben und unserem Unternehmen, wobei er auch durch seine sehr große Einsatzfreude überzeugte. Auch in Situationen mit größtem Arbeitsaufkommen erwies er sich immer als in höchstem Maße belastbar.

Alle Aufgaben führte er jederzeit vollkommen selbstständig, äußerst sorgfältig und planvoll durchdacht aus. Er agierte immer ruhig, überlegt, zielorientiert und in höchstem Maße präzise. Dabei überzeugte er stets in besonderer Weise sowohl in qualitativer als auch in quantitativer Hinsicht. Herr Mustermann war in ganz besonders hohem Maße zuverlässig.

Für alle auftretenden Probleme fand er ausnahmslos ausgezeichnete Lösungen. Die Leistungen von Herrn Mustermann haben jederzeit und in jeder Hinsicht unsere vollste Anerkennung gefunden.

Er wurde wegen seines stets freundlichen und ausgeglichenen Wesens allseits sehr geschätzt. Er war immer hilfsbereit, zuvorkommend und stellte, falls erforderlich, auch persönliche Interessen zurück. Sein Verhalten zu Vorgesetzten, Kolleginnen und Kollegen sowie Kundinnen und Kunden war jederzeit vorbildlich.

Herr Mustermann verlässt unser Unternehmen mit dem 31.12.2021 auf eigenen Wunsch. Wir bedauern dies sehr, weil wir mit ihm einen sehr guten Mitarbeiter verlieren. Wir bedanken uns für die stets sehr guten Leistungen und wünschen ihm für die Zukunft beruflich und privat weiterhin viel Erfolg und alles Gute.

Musterstadt, 31.12.2021

Max MUSTERMANN AG

1. Unterzeichner/in	2. Unterzeichner/in
[Position]	[Position]

13.140 Industriekaufmann

Zeugnis

Herr Max Mustermann war vom 01.03.2017 bis zum 31.12.2021 in unserem Unternehmen als Industriekaufmann tätig.

[Unternehmensbeschreibung]

Als Industriekaufmann war Herr Mustermann verantwortlich für die administrativen Tätigkeiten mit in- und ausländischen Lieferanten. Im Rahmen seines verantwortungsvollen und vielseitigen Tätigkeitsgebietes war Herr Mustermann für folgende Aufgaben zuständig:

- Abwicklung der nationalen und internationalen Geschäftskorrespondenz,
- allgemeiner Zahlungsverkehr und Liquiditätsplanung,
- Archivierung der Lieferpapiere,
- Buchen und Kontrollieren aller anfallenden Vorgänge im Geschäftsverkehr,
- Disposition und Terminverfolgung der Lieferungen,
- Durchführung von Reklamationen und Regulierungen,
- Einholung von Angeboten und Bestellung von Logistikmaterial,
- Erarbeitung von Kalkulationen und Preislisten
- Erstellung der Versand-, Zoll- und Auftragsbegleitpapiere,
- Importbearbeitung von Kundenlieferungen,
- Kontieren und Buchen der laufenden Geschäftsvorfälle,
- Lieferantenauswahl und Lieferterminüberwachung,
- Organisation von Verpackung und Transport,
- Sicherstellung der Warenverfügbarkeit für den Bürobedarf,
- Stammdatenpflege in SAP,
- Unterstützung bei Monats- und Jahresabschlüssen.

Herr Mustermann verfügt über ein hervorragendes und auch in Randbereichen sehr tiefgehendes Fachwissen, welches er in unser Unternehmen stets in höchst gewinnbringender Weise einbrachte. Eine selbstständige, systematische und zielorientierte Arbeitsweise zeichnet Herrn Mustermann aus.

Persönlich punktet Herr Mustermann mit Team- und Kommunikationsfähigkeit. Gutes Englisch in Wort und Schrift ist für Herrn Mustermann selbstverständlich. Zum Nutzen unseres Unternehmens erweiterte und aktualisierte er immer mit sehr gutem Erfolg seine umfassenden Fachkenntnisse durch regelmäßige Teilnahme an Weiterbildungsveranstaltungen.

Aufgrund seiner sehr guten Auffassungsgabe war er jederzeit in der Lage, auch schwierige Situationen sofort zutreffend zu erfassen und schnell sehr gute Lösungen zu finden. Herr Mustermann zeigte jederzeit hohe Eigeninitiative und identifizierte sich

immer voll mit seinen Aufgaben und unserem Unternehmen, wobei er auch durch seine sehr große Einsatzfreude überzeugte. Auch in Situationen mit größtem Arbeitsaufkommen erwies er sich immer als in höchstem Maße belastbar.

Alle Aufgaben führte er jederzeit vollkommen selbstständig, äußerst sorgfältig und planvoll durchdacht aus. Er agierte immer ruhig, überlegt, zielorientiert und in höchstem Maße präzise. Dabei überzeugte er stets in besonderer Weise sowohl in qualitativer als auch in quantitativer Hinsicht. Herr Mustermann war in ganz besonders hohem Maße zuverlässig.

Für alle auftretenden Probleme fand er ausnahmslos ausgezeichnete Lösungen. Die Leistungen von Herrn Mustermann haben jederzeit und in jeder Hinsicht unsere vollste Anerkennung gefunden.

Er wurde wegen seines stets freundlichen und ausgeglichenen Wesens allseits sehr geschätzt. Er war immer hilfsbereit, zuvorkommend und stellte, falls erforderlich, auch persönliche Interessen zurück. Sein Verhalten zu Vorgesetzten, Kolleginnen und Kollegen sowie Kundinnen und Kunden war jederzeit vorbildlich.

Herr Mustermann verlässt unser Unternehmen mit dem 31.12.2021 auf eigenen Wunsch. Wir bedauern dies sehr, weil wir mit ihm einen sehr guten Mitarbeiter verlieren. Wir bedanken uns für die stets sehr guten Leistungen und wünschen ihm für die Zukunft beruflich und privat weiterhin viel Erfolg und alles Gute.

Musterstadt, 31.12.2021

Max MUSTERMANN AG

1. Unterzeichner/in	2. Unterzeichner/in
[Position]	[Position]

13.141 Informatiker

Zeugnis

Herr Max Mustermann war vom 01.03.2017 bis zum 31.12.2021 in unserem Unternehmen als Informatiker tätig.

[Unternehmensbeschreibung]

Als Informatiker war Herr Mustermann verantwortlich für die Programmierung und Weiterentwicklung der vorhandenen Individual-Software in unserem Unternehmen.

Im Rahmen seines verantwortungsvollen und vielseitigen Tätigkeitsgebietes war Herr Mustermann für folgende Aufgaben zuständig:

- Anfertigen von Pflichtenheften,
- Aufwandschätzungen der zu realisierenden Projekte,
- Datenbankbearbeitung per SQL-basierten Programmiersprachen,
- Dokumentation der Programmentwicklungen,
- Entwicklung und Umsetzung von Schnittstellen zu anderen Datensystemen und Warenwirtschaftssystemen,
- Festlegung von Programmieranforderungen,
- Integration und Installation von Fremdsoftware in die bestehende Software,
- Test, Fehlersuche und Beseitigung von Fehlern in der Software,
- Unterstützung der Mitarbeiter bei der Anwendung der Software,
- Weiterentwicklung von C-Algorithmen.

Herr Mustermann verfügt über ein hervorragendes und auch in Randbereichen sehr tiefgehendes Fachwissen, welches er in unser Unternehmen stets in höchst gewinnbringender Weise einbrachte. Herr Mustermann verfügt über sehr gute Kenntnisse in C#, Java, Javascript, HTML, PHP, SQL und Web-Applications-Architekturen.

Eine prozessorientierte und strukturierte Arbeitsweise sowie sehr gute Englischkenntnisse in Wort und Schrift runden das Profil von Herrn Mustermann überzeugend ab. Zum Nutzen unseres Unternehmens erweiterte und aktualisierte er immer mit sehr gutem Erfolg seine umfassenden Fachkenntnisse durch regelmäßige Teilnahme an Weiterbildungsveranstaltungen.

Aufgrund seiner sehr guten Auffassungsgabe war er jederzeit in der Lage, auch schwierige Situationen sofort zutreffend zu erfassen und schnell sehr gute Lösungen zu finden. Herr Mustermann zeigte jederzeit hohe Eigeninitiative und identifizierte sich immer voll mit seinen Aufgaben und unserem Unternehmen, wobei er auch durch seine sehr große Einsatzfreude überzeugte. Auch in Situationen mit größtem Arbeitsaufkommen erwies er sich immer als in höchstem Maße belastbar.

Alle Aufgaben führte er jederzeit vollkommen selbstständig, äußerst sorgfältig und planvoll durchdacht aus. Er agierte immer ruhig, überlegt, zielorientiert und in höchstem Maße präzise. Dabei überzeugte er stets in besonderer Weise sowohl in qualitativer als auch in quantitativer Hinsicht. Herr Mustermann war in ganz besonders hohem Maße zuverlässig.

Für alle auftretenden Probleme fand er ausnahmslos ausgezeichnete Lösungen. Die Leistungen von Herrn Mustermann haben jederzeit und in jeder Hinsicht unsere vollste Anerkennung gefunden.

Er wurde wegen seines stets freundlichen und ausgeglichenen Wesens allseits sehr geschätzt. Er war immer hilfsbereit, zuvorkommend und stellte, falls erforderlich, auch persönliche Interessen zurück. Sein Verhalten zu Vorgesetzten, Kolleginnen und Kollegen sowie Kundinnen und Kunden war jederzeit vorbildlich.

Herr Mustermann verlässt unser Unternehmen mit dem 31.12.2021 auf eigenen Wunsch. Wir bedauern dies sehr, weil wir mit ihm einen sehr guten Mitarbeiter verlieren. Wir bedanken uns für die stets sehr guten Leistungen und wünschen ihm für die Zukunft beruflich und privat weiterhin viel Erfolg und alles Gute.

Musterstadt, 31.12.2021

Max MUSTERMANN AG

1. Unterzeichner/in	2. Unterzeichner/in
[Position]	[Position]

13.142 Ingenieur

Zeugnis

Herr Max Mustermann war vom 01.03.2017 bis zum 31.12.2021 in unserem Unternehmen als Ingenieur tätig.

[Unternehmensbeschreibung]

Als Ingenieur war Herr Mustermann verantwortlich für die Qualitätsprüfungen und Optimierung des Qualitätsmanagements. Im Rahmen seines verantwortungsvollen und vielseitigen Tätigkeitsgebietes war Herr Mustermann für folgende Aufgaben zuständig:

- Aufbau von Testumgebungen und Durchführen von Fehlertests,
- Bestimmen der Schnittstellen mit den entsprechenden Fachabteilungen,
- Betreuung des Prototypenbaus,
- Dokumentation des Prozessfortschritts,
- Durchführen von Programm-/Systemtests und Dokumentation der Testabläufe,
- Entwicklung von Konzepten für neue Projekte,
- Erstellen von technischen Richtlinien und Vorgaben,
- Konstruktion von Maschinen, Baugruppen und Komponenten,
- Konzeption und Entwicklung von automatisierten Tests,
- Projektierung von Visualisierungssystemen,

- Qualitätsprüfungen und Optimierung des Qualitätsmanagements,
- Unterstützung der Konstruktionsabteilung,
- Vorbereitung, Durchführung und Weiterentwicklung von Prozessaudits.

Herr Mustermann verfügt über ein hervorragendes und auch in Randbereichen sehr tiefgehendes Fachwissen, welches er in unser Unternehmen stets in höchst gewinnbringender Weise einbrachte. Eine selbstständige, systematische und zielorientierte Arbeitsweise zeichnet Herrn Mustermann aus.

Persönlich punktet Herr Mustermann mit Team- und Kommunikationsfähigkeit sowie einer hohen Erfahrung im Bereich Qualitätsmanagement. Fließende Englischkenntnisse sind für Herrn Mustermann selbstverständlich. Zum Nutzen unseres Unternehmens erweiterte und aktualisierte er immer mit sehr gutem Erfolg seine umfassenden Fachkenntnisse durch regelmäßige Teilnahme an Weiterbildungsveranstaltungen.

Aufgrund seiner sehr guten Auffassungsgabe war er jederzeit in der Lage, auch schwierige Situationen sofort zutreffend zu erfassen und schnell sehr gute Lösungen zu finden. Herr Mustermann zeigte jederzeit hohe Eigeninitiative und identifizierte sich immer voll mit seinen Aufgaben und unserem Unternehmen, wobei er auch durch seine sehr große Einsatzfreude überzeugte. Auch in Situationen mit größtem Arbeitsaufkommen erwies er sich immer als in höchstem Maße belastbar.

Alle Aufgaben führte er jederzeit vollkommen selbstständig, äußerst sorgfältig und planvoll durchdacht aus. Er agierte immer ruhig, überlegt, zielorientiert und in höchstem Maße präzise. Dabei überzeugte er stets in besonderer Weise sowohl in qualitativer als auch in quantitativer Hinsicht. Herr Mustermann war in ganz besonders hohem Maße zuverlässig.

Für alle auftretenden Probleme fand er ausnahmslos ausgezeichnete Lösungen. Die Leistungen von Herrn Mustermann haben jederzeit und in jeder Hinsicht unsere vollste Anerkennung gefunden.

Er wurde wegen seines stets freundlichen und ausgeglichenen Wesens allseits sehr geschätzt. Er war immer hilfsbereit, zuvorkommend und stellte, falls erforderlich, auch persönliche Interessen zurück. Sein Verhalten zu Vorgesetzten, Kolleginnen und Kollegen sowie Kundinnen und Kunden war jederzeit vorbildlich.

Herr Mustermann verlässt unser Unternehmen mit dem 31.12.2021 auf eigenen Wunsch. Wir bedauern dies sehr, weil wir mit ihm einen sehr guten Mitarbeiter ver-

lieren. Wir bedanken uns für die stets sehr guten Leistungen und wünschen ihm für die Zukunft beruflich und privat weiterhin viel Erfolg und alles Gute.

Musterstadt, 31.12.2021

Max MUSTERMANN AG

1. Unterzeichner/in	2. Unterzeichner/in
[Position]	[Position]

13.143 Inhouse Legal Counsel

Zeugnis

Herr Max Mustermann war vom 01.03.2017 bis zum 31.12.2021 in unserem Unternehmen als Inhouse Legal Counsel tätig.

[Unternehmensbeschreibung]

Als Inhouse Legal Counsel war Herr Mustermann verantwortlich für unterschiedliche Leitungspositionen im Bereich Unternehmens- und Gesellschaftsrecht. Im Rahmen seines verantwortungsvollen und vielseitigen Tätigkeitsgebietes war Herr Mustermann für folgende Aufgaben zuständig:

- Beratung des Managements im Hinblick auf rechtliche Risiken bei Projekten,
- Bewertung steuerrechtlicher Gesichtspunkte im internationalen Kontext,
- Koordination mit externen Patentanwälten,
- Prüfung und Bearbeitung von Patent- und Markenrechtsansprüchen,
- Unterstützung bei gesellschaftsrechtlichen Fragestellungen
- Verfassen, Prüfen und Überarbeiten von Verträgen,
- zentraler Ansprechpartner der operativen Einheiten.

Herr Mustermann verfügt über ein hervorragendes und auch in Randbereichen sehr tiefgehendes Fachwissen, welches er in unser Unternehmen stets in höchst gewinnbringender Weise einbrachte. Eine selbstständige, systematische und zielorientierte Arbeitsweise zeichnet Herrn Mustermann aus.

Persönlich punktet Herr Mustermann mit Team- und Kommunikationsfähigkeit sowie Durchsetzungsvermögen. Verhandlungssicherheit in Deutsch und Englisch ist für Herrn Mustermann selbstverständlich. Zum Nutzen unseres Unternehmens erweiterte und aktualisierte er immer mit sehr gutem Erfolg seine umfassenden Fachkenntnisse durch regelmäßige Teilnahme an Weiterbildungsveranstaltungen.

Aufgrund seiner sehr guten Auffassungsgabe war er jederzeit in der Lage, auch schwierige Situationen sofort zutreffend zu erfassen und schnell sehr gute Lösungen zu finden. Herr Mustermann zeigte jederzeit hohe Eigeninitiative und identifizierte sich immer voll mit seinen Aufgaben und unserem Unternehmen, wobei er auch durch seine sehr große Einsatzfreude überzeugte. Auch in Situationen mit größtem Arbeitsaufkommen erwies er sich immer als in höchstem Maße belastbar.

Alle Aufgaben führte er jederzeit vollkommen selbstständig, äußerst sorgfältig und planvoll durchdacht aus. Er agierte immer ruhig, überlegt, zielorientiert und in höchstem Maße präzise. Dabei überzeugte er stets in besonderer Weise sowohl in qualitativer als auch in quantitativer Hinsicht. Herr Mustermann war in ganz besonders hohem Maße zuverlässig.

Für alle auftretenden Probleme fand er ausnahmslos ausgezeichnete Lösungen. Er war aufgrund seiner ausgezeichneten Führungsqualitäten als Vorgesetzter in hohem Maße anerkannt und beliebt. Er verhielt sich seinen Mitarbeitern gegenüber stets offen und kollegial, verstand es aber dennoch, sich in schwierigen Situationen durchzusetzen und die Mitarbeiter zu optimalem Einsatz zu bewegen. Die Leistungen von Herrn Mustermann haben jederzeit und in jeder Hinsicht unsere vollste Anerkennung gefunden.

Er wurde wegen seines stets freundlichen und ausgeglichenen Wesens allseits sehr geschätzt. Er war immer hilfsbereit, zuvorkommend und stellte, falls erforderlich, auch persönliche Interessen zurück. Sein Verhalten zu Vorgesetzten, Kolleginnen und Kollegen sowie Kundinnen und Kunden war jederzeit vorbildlich.

Herr Mustermann verlässt unser Unternehmen mit dem 31.12.2021 auf eigenen Wunsch. Wir bedauern dies sehr, weil wir mit ihm einen sehr guten Mitarbeiter verlieren. Wir bedanken uns für die stets sehr guten Leistungen und wünschen ihm für die Zukunft beruflich und privat weiterhin viel Erfolg und alles Gute.

Musterstadt, 31.12.2021

Max MUSTERMANN AG

1. Unterzeichner/in	2. Unterzeichner/in
[Position]	[Position]

13.144 Innenarchitekt

Zeugnis

Herr Max Mustermann war vom 01.03.2017 bis zum 31.12.2021 in unserem Unternehmen als Innenarchitekt tätig.

[Unternehmensbeschreibung]

Als Innenarchitekt war Herr Mustermann verantwortlich für die Beratung, den Entwurf bis hin zur Realisierung und Bauleitung für unsere namhaften Kunden. Im Rahmen seines verantwortungsvollen und vielseitigen Tätigkeitsgebietes war Herr Mustermann für folgende Aufgaben zuständig:

- Abnahme von erbrachten Leistungen vor Ort,
- Abstimmung mit Fachplanern und Lieferanten,
- Angebotserstellung und Kostenkontrolle,
- Ansprechpartner für Genehmigungs- und Ausführungsplanung,
- Ausschreibungsbearbeitung und Kostenschätzungen,
- Entwicklung innovativer Raumkonzepte für Büro- und Arbeitswelten,
- Erstellen von Entwürfen für die Bereiche Brand- und Retailarchitektur,
- Erstellen und Vorführen von Präsentationen,
- Grundriss-, Raum-, Belegungs- und Möblierungsplanungen,
- Konzeption und Design der Inneneinrichtung,
- Kundenberatung in enger Zusammenarbeit mit unserem Vertrieb,
- Möblierungsplanungen, Farb- und Materialkonzepte 2 – D und 3 – D,
- Planung innovativer und anspruchsvoller Innenarchitekturlösungen,
- Visualisierungen und Renderings von Bildern mit Adobe Photoshop und Illustrator.

Herr Mustermann verfügt über ein hervorragendes und auch in Randbereichen sehr tiefgehendes Fachwissen, welches er in unser Unternehmen stets in höchst gewinnbringender Weise einbrachte. Hohe kommunikative Fähigkeiten und sicheres Auftreten gegenüber Auftraggebern und Fachplanern zeichnen Herrn Mustermann aus.

Persönlich punktet Herr Mustermann mit sehr guten Kenntnissen in AutoCAD, 3 – D-Modelling-Software sowie MS Office und Adobe-Grafikprogrammen. Fließende Englischkenntnisse sind für Herrn Mustermann selbstverständlich. Zum Nutzen unseres Unternehmens erweiterte und aktualisierte er immer mit sehr gutem Erfolg seine umfassenden Fachkenntnisse durch regelmäßige Teilnahme an Weiterbildungsveranstaltungen.

Aufgrund seiner sehr guten Auffassungsgabe war er jederzeit in der Lage, auch schwierige Situationen sofort zutreffend zu erfassen und schnell sehr gute Lösungen zu finden. Herr Mustermann zeigte jederzeit hohe Eigeninitiative und identifizierte sich

immer voll mit seinen Aufgaben und unserem Unternehmen, wobei er auch durch seine sehr große Einsatzfreude überzeugte. Auch in Situationen mit größtem Arbeitsaufkommen erwies er sich immer als in höchstem Maße belastbar.

Alle Aufgaben führte er jederzeit vollkommen selbstständig, äußerst sorgfältig und planvoll durchdacht aus. Er agierte immer ruhig, überlegt, zielorientiert und in höchstem Maße präzise. Dabei überzeugte er stets in besonderer Weise sowohl in qualitativer als auch in quantitativer Hinsicht. Herr Mustermann war in ganz besonders hohem Maße zuverlässig.

Für alle auftretenden Probleme fand er ausnahmslos ausgezeichnete Lösungen. Die Leistungen von Herrn Mustermann haben jederzeit und in jeder Hinsicht unsere vollste Anerkennung gefunden.

Er wurde wegen seines stets freundlichen und ausgeglichenen Wesens allseits sehr geschätzt. Er war immer hilfsbereit, zuvorkommend und stellte, falls erforderlich, auch persönliche Interessen zurück. Sein Verhalten zu Vorgesetzten, Kolleginnen und Kollegen sowie Kundinnen und Kunden war jederzeit vorbildlich.

Herr Mustermann verlässt unser Unternehmen mit dem 31.12.2021 auf eigenen Wunsch. Wir bedauern dies sehr, weil wir mit ihm einen sehr guten Mitarbeiter verlieren. Wir bedanken uns für die stets sehr guten Leistungen und wünschen ihm für die Zukunft beruflich und privat weiterhin viel Erfolg und alles Gute.

Musterstadt, 31.12.2021

Max MUSTERMANN AG

1. Unterzeichner/in	2. Unterzeichner/in
[Position]	[Position]

13.145 Installateur

Zeugnis

Herr Max Mustermann war vom 01.03.2017 bis zum 31.12.2021 in unserem Unternehmen als Installateur tätig.

[Unternehmensbeschreibung]

Als Installateur war Herr Mustermann verantwortlich für die Installation von Heizungs-, Sanitär- und Lüftungsanlagen. Im Rahmen seines verantwortungsvollen und vielseitigen Tätigkeitsgebietes war Herr Mustermann für folgende Aufgaben zuständig:

- Arbeiten im Bereich der Gas-Hausinstallation,
- Ausführung von Anlagentausch und Badumbau,
- Durchführung von Wartungs- und Instandhaltungsarbeiten,
- Erkennen und Beseitigen von Störungsursachen,
- Inbetriebnahme versorgungstechnischer Anlagen und Systeme,
- Installation von Wohnraumlüftungsanlagen,
- Sanitärinstallationsarbeiten und Montage von Heizungsanlagen,
- Wartungs- und Instandsetzungsarbeiten von Heizanlagen.

Herr Mustermann verfügt über ein hervorragendes und auch in Randbereichen sehr tiefgehendes Fachwissen, welches er in unser Unternehmen stets in höchst gewinnbringender Weise einbrachte. Die Arbeitsweise von Herrn Mustermann zeichnete sich durch Sorgfalt und hohes Qualitätsbewusstsein aus.

Ein strukturiertes und gewissenhaftes Bearbeiten der Aufgaben mit einem hohen Maß an Selbstständigkeit runden das Profil von Herrn Mustermann ab. Zum Nutzen unseres Unternehmens erweiterte und aktualisierte er immer mit sehr gutem Erfolg seine umfassenden Fachkenntnisse durch regelmäßige Teilnahme an Weiterbildungsveranstaltungen.

Aufgrund seiner sehr guten Auffassungsgabe war er jederzeit in der Lage, auch schwierige Situationen sofort zutreffend zu erfassen und schnell sehr gute Lösungen zu finden. Herr Mustermann zeigte jederzeit hohe Eigeninitiative und identifizierte sich immer voll mit seinen Aufgaben und unserem Unternehmen, wobei er auch durch seine sehr große Einsatzfreude überzeugte. Auch in Situationen mit größtem Arbeitsaufkommen erwies er sich immer als in höchstem Maße belastbar.

Alle Aufgaben führte er jederzeit vollkommen selbstständig, äußerst sorgfältig und planvoll durchdacht aus. Er agierte immer ruhig, überlegt, zielorientiert und in höchstem Maße präzise. Dabei überzeugte er stets in besonderer Weise sowohl in qualitativer als auch in quantitativer Hinsicht. Herr Mustermann war in ganz besonders hohem Maße zuverlässig.

Für alle auftretenden Probleme fand er ausnahmslos ausgezeichnete Lösungen. Die Leistungen von Herrn Mustermann haben jederzeit und in jeder Hinsicht unsere vollste Anerkennung gefunden.

Er wurde wegen seines stets freundlichen und ausgeglichenen Wesens allseits sehr geschätzt. Er war immer hilfsbereit, zuvorkommend und stellte, falls erforderlich, auch persönliche Interessen zurück. Sein Verhalten zu Vorgesetzten, Kolleginnen und Kollegen sowie Kundinnen und Kunden war jederzeit vorbildlich.

Herr Mustermann verlässt unser Unternehmen mit dem 31.12.2021 auf eigenen Wunsch. Wir bedauern dies sehr, weil wir mit ihm einen sehr guten Mitarbeiter verlieren. Wir bedanken uns für die stets sehr guten Leistungen und wünschen ihm für die Zukunft beruflich und privat weiterhin viel Erfolg und alles Gute.

Musterstadt, 31.12.2021

Max MUSTERMANN AG

1. Unterzeichner/in	2. Unterzeichner/in
[Position]	[Position]

13.146 IT-Administrator

Zeugnis

Herr Max Mustermann war vom 01.03.2017 bis zum 31.12.2021 in unserem Unternehmen als IT-Administrator tätig.

[Unternehmensbeschreibung]

Als IT-Administrator war Herr Mustermann verantwortlich für den reibungslosen Ablauf des IT-Betriebs. Im Rahmen seines verantwortungsvollen und vielseitigen Tätigkeitsgebietes war Herr Mustermann für folgende Aufgaben zuständig:

- Analyse und Umsetzung von IT-Lösungen,
- Beseitigung von Störungsmeldungen und Hardwarefehler,
- Betreuung von Microsoft-Betriebssystemen und der firmeneigenen TK-Anlagen,
- Durchführung der Datensicherung, Zugriffskontrolle und Benutzerverwaltung,
- Einweisung der Mitarbeiter in neue Programme,
- Installation und Administration von Hard- und Software,
- Konfiguration von Computern und Smartphones,
- Monitoring, Wartung und Ausbau der Server- und Netzwerkinfrastruktur,
- Optimieren der bestehenden IT-Sicherheit,
- VoIP-Telefone einrichten.

Herr Mustermann verfügt über ein hervorragendes und auch in Randbereichen sehr tiefgehendes Fachwissen, welches er in unser Unternehmen stets in höchst gewinnbringender Weise einbrachte. Herr Mustermann verfügt über gute Kenntnisse und Erfahrung in der IT-Anwendungsbetreuung sowie im windowsbasierten Client- und Serverumfeld inklusive Erfahrungen mit den Programmiersprachen C++ und VBA.

Eine prozessorientierte und strukturierte Arbeitsweise sowie Kommunikationsstärke, Zuverlässigkeit und Organisationsfähigkeit runden das Profil von Herrn Mustermann überzeugend ab. Zum Nutzen unseres Unternehmens erweiterte und aktualisierte er immer mit sehr gutem Erfolg seine umfassenden Fachkenntnisse durch regelmäßige Teilnahme an Weiterbildungsveranstaltungen.

Aufgrund seiner sehr guten Auffassungsgabe war er jederzeit in der Lage, auch schwierige Situationen sofort zutreffend zu erfassen und schnell sehr gute Lösungen zu finden. Herr Mustermann zeigte jederzeit hohe Eigeninitiative und identifizierte sich immer voll mit seinen Aufgaben und unserem Unternehmen, wobei er auch durch seine sehr große Einsatzfreude überzeugte. Auch in Situationen mit größtem Arbeitsaufkommen erwies er sich immer als in höchstem Maße belastbar.

Alle Aufgaben führte er jederzeit vollkommen selbstständig, äußerst sorgfältig und planvoll durchdacht aus. Er agierte immer ruhig, überlegt, zielorientiert und in höchstem Maße präzise. Dabei überzeugte er stets in besonderer Weise sowohl in qualitativer als auch in quantitativer Hinsicht. Herr Mustermann war in ganz besonders hohem Maße zuverlässig.

Für alle auftretenden Probleme fand er ausnahmslos ausgezeichnete Lösungen. Die Leistungen von Herrn Mustermann haben jederzeit und in jeder Hinsicht unsere vollste Anerkennung gefunden.

Er wurde wegen seines stets freundlichen und ausgeglichenen Wesens allseits sehr geschätzt. Er war immer hilfsbereit, zuvorkommend und stellte, falls erforderlich, auch persönliche Interessen zurück. Sein Verhalten zu Vorgesetzten, Kolleginnen und Kollegen sowie Kundinnen und Kunden war jederzeit vorbildlich.

Herr Mustermann verlässt unser Unternehmen mit dem 31.12.2021 auf eigenen Wunsch. Wir bedauern dies sehr, weil wir mit ihm einen sehr guten Mitarbeiter verlieren. Wir bedanken uns für die stets sehr guten Leistungen und wünschen ihm für die Zukunft beruflich und privat weiterhin viel Erfolg und alles Gute.

Musterstadt, 31.12.2021

Max MUSTERMANN AG

1. Unterzeichner/in
[Position]

2. Unterzeichner/in
[Position]

13.147 IT-Manager

Zeugnis

Herr Max Mustermann war vom 01.03.2017 bis zum 31.12.2021 in unserem Unternehmen als IT-Manager tätig.

[Unternehmensbeschreibung]

Als IT-Manager war Herr Mustermann verantwortlich für die Leitung des lokalen IT-Teams in unserem Unternehmen. Im Rahmen seines verantwortungsvollen und vielseitigen Tätigkeitsgebietes war Herr Mustermann für folgende Aufgaben zuständig:

- Anfertigen von Entscheidungsvorlagen und Lösungsbeschreibungen,
- Aufbau und Etablierung neuer IT-Komponenten,
- Durchführung der Einsatz- und Urlaubsplanung im IT-Team,
- Einbringen von neuen Technologien und IT-Lösungsszenarien,
- Kontrolle der Ressourcen- und Budgetplanung für die IT-Infrastruktur,
- Leitung und kontinuierliche Weiterentwicklung des IT-Teams,
- Sicherstellung des Troubleshooting-Managements im IT-Bereich,
- Unterstützung beim IT-Recruiting neuer Mitarbeiter,
- Verantwortung der Stabilität der IT-Infrastruktur.

Herr Mustermann verfügt über ein hervorragendes und auch in Randbereichen sehr tiefgehendes Fachwissen, welches er in unser Unternehmen stets in höchst gewinnbringender Weise einbrachte. Herr Mustermann verfügt über sehr gute Führungsqualitäten im IT-Bereich. Persönlich punktet Herr Mustermann als Kommunikationstalent mit seiner analytischen, strukturierten und lösungsorientierten Verfahrensweise.

Die erfolgreichen Entwicklungen von außergewöhnlichen Strategien, Konzepten und Roadmaps für die Einführung und Verbesserung von IT-Lösungen und Prozessen runden das Profil von Herrn Mustermann überzeugend ab. Zum Nutzen unseres Unternehmens erweiterte und aktualisierte er immer mit sehr gutem Erfolg seine umfassenden Fachkenntnisse durch regelmäßige Teilnahme an Weiterbildungsveranstaltungen.

Aufgrund seiner sehr guten Auffassungsgabe war er jederzeit in der Lage, auch schwierige Situationen sofort zutreffend zu erfassen und schnell sehr gute Lösungen zu finden. Herr Mustermann zeigte jederzeit hohe Eigeninitiative und identifizierte sich immer voll mit seinen Aufgaben und unserem Unternehmen, wobei er auch durch seine sehr große Einsatzfreude überzeugte. Auch in Situationen mit größtem Arbeitsaufkommen erwies er sich immer als in höchstem Maße belastbar.

Alle Aufgaben führte er jederzeit vollkommen selbstständig, äußerst sorgfältig und planvoll durchdacht aus. Er agierte immer ruhig, überlegt, zielorientiert und in höchstem Maße präzise. Dabei überzeugte er stets in besonderer Weise sowohl in qualitativer als auch in quantitativer Hinsicht. Herr Mustermann war in ganz besonders hohem Maße zuverlässig.

Für alle auftretenden Probleme fand er ausnahmslos ausgezeichnete Lösungen. Die Leistungen von Herrn Mustermann haben jederzeit und in jeder Hinsicht unsere vollste Anerkennung gefunden.

Er wurde wegen seines stets freundlichen und ausgeglichenen Wesens allseits sehr geschätzt. Er war immer hilfsbereit, zuvorkommend und stellte, falls erforderlich, auch persönliche Interessen zurück. Sein Verhalten zu Vorgesetzten, Kolleginnen und Kollegen sowie Kundinnen und Kunden war jederzeit vorbildlich.

Herr Mustermann verlässt unser Unternehmen mit dem 31.12.2021 auf eigenen Wunsch. Wir bedauern dies sehr, weil wir mit ihm einen sehr guten Mitarbeiter verlieren. Wir bedanken uns für die stets sehr guten Leistungen und wünschen ihm für die Zukunft beruflich und privat weiterhin viel Erfolg und alles Gute.

Musterstadt, 31.12.2021

Max MUSTERMANN AG

1. Unterzeichner/in	2. Unterzeichner/in
[Position]	[Position]

13.148 IT-Projektleiter

Zeugnis
Herr Max Mustermann war vom 01.03.2017 bis zum 31.12.2021 in unserem Unternehmen als IT-Projektleiter tätig.

[Unternehmensbeschreibung]

Als IT-Projektleiter war Herr Mustermann verantwortlich für die Planung, Durchführung, Auswertung und Vorstellung von Projekten in unserer IT-Infrastruktur. Im Rahmen seines verantwortungsvollen und vielseitigen Tätigkeitsgebietes war Herr Mustermann für folgende Aufgaben zuständig:

- Ansprechpartner für Mitglieder des Projektteams,
- Berichterstattung gegenüber Auftraggeber und Geschäftsleitung,
- Beseitigung projektrelevanter Probleme und Störungen,
- Durchführung von Workshops und Präsentationen auf Vorstandsebene,

- Einhaltung von Termin-, Kosten- und Qualitätsplänen,
- Erstellung und Aktualisierung von Projektplänen, Lasten- und Pflichtenheften
- Führung von Projektmitarbeitern,
- Gewährleistung der Datensicherheit,
- Projektleitung und Koordinierung von Softwareeinführungs- und Softwareentwicklungsprojekten,
- Schnittstelle zu internen Fachabteilungen,
- Unterstützung des IT-Projektmanagement-Teams,
- Verantwortung der Qualität der geforderten Projektarbeit.

Herr Mustermann verfügt über ein hervorragendes und auch in Randbereichen sehr tiefgehendes Fachwissen, welches er in unser Unternehmen stets in höchst gewinnbringender Weise einbrachte. Eine selbstständige, systematische und zielorientierte Arbeitsweise zeichnet Herrn Mustermann aus.

Persönlich punktet Herr Mustermann mit Team- und Kommunikationsfähigkeit sowie Durchsetzungsvermögen. Herr Mustermann übernimmt gerne Verantwortung und legt Wert darauf, die Projekte proaktiv und eigenverantwortlich umzusetzen. Damit stellt er in jeder Phase eine erfolgreiche Projektrealisierung sicher. Zum Nutzen unseres Unternehmens erweiterte und aktualisierte er immer mit sehr gutem Erfolg seine umfassenden Fachkenntnisse durch regelmäßige Teilnahme an Weiterbildungsveranstaltungen.

Aufgrund seiner sehr guten Auffassungsgabe war er jederzeit in der Lage, auch schwierige Situationen sofort zutreffend zu erfassen und schnell sehr gute Lösungen zu finden. Herr Mustermann zeigte jederzeit hohe Eigeninitiative und identifizierte sich immer voll mit seinen Aufgaben und unserem Unternehmen, wobei er auch durch seine sehr große Einsatzfreude überzeugte. Auch in Situationen mit größtem Arbeitsaufkommen erwies er sich immer als in höchstem Maße belastbar.

Alle Aufgaben führte er jederzeit vollkommen selbstständig, äußerst sorgfältig und planvoll durchdacht aus. Er agierte immer ruhig, überlegt, zielorientiert und in höchstem Maße präzise. Dabei überzeugte er stets in besonderer Weise sowohl in qualitativer als auch in quantitativer Hinsicht. Herr Mustermann war in ganz besonders hohem Maße zuverlässig.

Für alle auftretenden Probleme fand er ausnahmslos ausgezeichnete Lösungen. Er war aufgrund seiner ausgezeichneten Führungsqualitäten als Vorgesetzter in hohem Maße anerkannt und beliebt. Er verhielt sich seinen Mitarbeitern gegenüber stets offen und kollegial, verstand es aber dennoch, sich in schwierigen Situationen durchzusetzen und die Mitarbeiter zu optimalem Einsatz zu bewegen. Die Leistungen von

Herrn Mustermann haben jederzeit und in jeder Hinsicht unsere vollste Anerkennung gefunden.

Er wurde wegen seines stets freundlichen und ausgeglichenen Wesens allseits sehr geschätzt. Er war immer hilfsbereit, zuvorkommend und stellte, falls erforderlich, auch persönliche Interessen zurück. Sein Verhalten zu Vorgesetzten, Kolleginnen und Kollegen sowie Kundinnen und Kunden war jederzeit vorbildlich.

Herr Mustermann verlässt unser Unternehmen mit dem 31.12.2021 auf eigenen Wunsch. Wir bedauern dies sehr, weil wir mit ihm einen sehr guten Mitarbeiter verlieren. Wir bedanken uns für die stets sehr guten Leistungen und wünschen ihm für die Zukunft beruflich und privat weiterhin viel Erfolg und alles Gute.

Musterstadt, 31.12.2021

Max MUSTERMANN AG

1. Unterzeichner/in	2. Unterzeichner/in
[Position]	[Position]

13.149 IT-Tester

Zeugnis
Herr Max Mustermann war vom 01.03.2017 bis zum 31.12.2021 in unserem Unternehmen als IT-Tester tätig.

[Unternehmensbeschreibung]

Als IT-Tester war Herr Mustermann verantwortlich für die Planung und Durchführung der Testvorhaben sowie Fehleranalyse in unserem Unternehmen. Im Rahmen seines verantwortungsvollen und vielseitigen Tätigkeitsgebietes war Herr Mustermann für folgende Aufgaben zuständig:

- Beratung der Mitarbeiter hinsichtlich des Testmanagements,
- Durchführung technischer Schulungen,
- Entwicklung von automatisierten Tests,
- Erstellen von Testkonzepten, Testplänen und Testfällen,
- Erstellen der technischen Dokumentation sowie von Testberichten,
- Fehleranalyse und -behebung,
- Koordination und Optimierung der Teststrategie und Testszenarien,

- Realisierung von Entwicklungs- und Testumgebungen,
- Unterstützung des Entwicklungsteams bei der Fehleranalyse,
- Vorbereitung und Durchführung von fachlichen und technischen Tests.

Herr Mustermann verfügt über ein hervorragendes und auch in Randbereichen sehr tiefgehendes Fachwissen, welches er in unser Unternehmen stets in höchst gewinnbringender Weise einbrachte. Die Arbeitsweise von Herrn Mustermann zeichnete sich durch Sorgfalt und hohes Qualitätsbewusstsein aus.

Ein strukturiertes und gewissenhaftes Bearbeiten der Teststrategien und Testszenarien mit einem hohen Maß an Selbstständigkeit runden das Profil von Herrn Mustermann ab. Herr Mustermann unterstützte uns jederzeit vorbildlich, die Qualität unserer Produkte sicherzustellen und kontinuierlich zu steigern. Zum Nutzen unseres Unternehmens erweiterte und aktualisierte er immer mit sehr gutem Erfolg seine umfassenden Fachkenntnisse durch regelmäßige Teilnahme an Weiterbildungsveranstaltungen.

Aufgrund seiner sehr guten Auffassungsgabe war er jederzeit in der Lage, auch schwierige Situationen sofort zutreffend zu erfassen und schnell sehr gute Lösungen zu finden. Herr Mustermann zeigte jederzeit hohe Eigeninitiative und identifizierte sich immer voll mit seinen Aufgaben und unserem Unternehmen, wobei er auch durch seine sehr große Einsatzfreude überzeugte. Auch in Situationen mit größtem Arbeitsaufkommen erwies er sich immer als in höchstem Maße belastbar.

Alle Aufgaben führte er jederzeit vollkommen selbstständig, äußerst sorgfältig und planvoll durchdacht aus. Er agierte immer ruhig, überlegt, zielorientiert und in höchstem Maße präzise. Dabei überzeugte er stets in besonderer Weise sowohl in qualitativer als auch in quantitativer Hinsicht. Herr Mustermann war in ganz besonders hohem Maße zuverlässig.

Für alle auftretenden Probleme fand er ausnahmslos ausgezeichnete Lösungen. Die Leistungen von Herrn Mustermann haben jederzeit und in jeder Hinsicht unsere vollste Anerkennung gefunden.

Er wurde wegen seines stets freundlichen und ausgeglichenen Wesens allseits sehr geschätzt. Er war immer hilfsbereit, zuvorkommend und stellte, falls erforderlich, auch persönliche Interessen zurück. Sein Verhalten zu Vorgesetzten, Kolleginnen und Kollegen sowie Kundinnen und Kunden war jederzeit vorbildlich.

Herr Mustermann verlässt unser Unternehmen mit dem 31.12.2021 auf eigenen Wunsch. Wir bedauern dies sehr, weil wir mit ihm einen sehr guten Mitarbeiter ver-

lieren. Wir bedanken uns für die stets sehr guten Leistungen und wünschen ihm für die Zukunft beruflich und privat weiterhin viel Erfolg und alles Gute.

Musterstadt, 31.12.2021

Max MUSTERMANN AG

1. Unterzeichner/in	2. Unterzeichner/in
[Position]	[Position]

13.150 Jugendberater

Zeugnis
Herr Max Mustermann war vom 01.03.2017 bis zum 31.12.2021 in unserer Beratungsstelle als Jugendberater tätig.

[Unternehmensbeschreibung]

Als Jugendberater war Herr Mustermann dafür verantwortlich, Kinder, Jugendliche und Familien in ihren Lebensprozessen zu begleiten. Im Rahmen seines verantwortungsvollen und vielseitigen Tätigkeitsgebietes war Herr Mustermann für folgende Aufgaben zuständig:

- Begleitung von Jugendlichen in Schule, Ausbildung und Asylverfahren,
- beratende Gespräche mit Kindern, Jugendlichen und Familien führen,
- Durchführung von Einzel- und Gruppenarbeit,
- Hilfestellung bei Lernschwierigkeiten und bei der Berufsfindung von Jugendlichen,
- Kinder, Jugendliche und Familien in ihrer Beziehungsfähigkeit fördern,
- Kommunikation mit Ämtern und Behörden,
- Kooperation mit Fachkollegen und Einrichtungen,
- nötige Interventionen planen, durchführen und auswerten,
- Unterstützung bei der Bewältigung von Krisen und Problemen.

Herr Mustermann verfügt über ein hervorragendes und auch in Randbereichen sehr tiefgehendes Fachwissen, welches er in unserer Beratungsstelle stets in höchst gewinnbringender Weise einbrachte. Eine hohe soziale Kompetenz und konstruktive Zusammenarbeit mit jungen Menschen und Familien in schwierigen Lebenslagen zeichnet Herrn Mustermann aus.

Ausgeprägte Kenntnisse in der Pädagogik, Psychologie und eine gute Kommunikationsfähigkeit runden das Profil von Herrn Mustermann ab. Herr Mustermann wirkte stets positiv unterstützend bei der Bewältigung von Krisen und Problemen im persönlichen Umfeld der jungen Menschen mit. Zum Nutzen unserer Beratungsstelle erweiterte und aktualisierte er immer mit sehr gutem Erfolg seine umfassenden Fachkenntnisse durch regelmäßige Teilnahme an Weiterbildungsveranstaltungen.

Aufgrund seiner sehr guten Auffassungsgabe war er jederzeit in der Lage, auch schwierige Situationen sofort zutreffend zu erfassen und schnell sehr gute Lösungen zu finden. Herr Mustermann zeigte jederzeit hohe Eigeninitiative und identifizierte sich immer voll mit seinen Aufgaben und unserer Beratungsstelle, wobei er auch durch seine sehr große Einsatzfreude überzeugte. Auch in Situationen mit größtem Arbeitsaufkommen erwies er sich immer als in höchstem Maße belastbar.

Alle Aufgaben führte er jederzeit vollkommen selbstständig, äußerst sorgfältig und planvoll durchdacht aus. Er agierte immer ruhig, überlegt, zielorientiert und in höchstem Maße präzise. Dabei überzeugte er stets in besonderer Weise sowohl in qualitativer als auch in quantitativer Hinsicht. Herr Mustermann war in ganz besonders hohem Maße zuverlässig.

Für alle auftretenden Probleme fand er ausnahmslos ausgezeichnete Lösungen. Die Leistungen von Herrn Mustermann haben jederzeit und in jeder Hinsicht unsere vollste Anerkennung gefunden.

Er wurde wegen seines stets freundlichen und ausgeglichenen Wesens allseits sehr geschätzt. Er war immer hilfsbereit, zuvorkommend und stellte, falls erforderlich, auch persönliche Interessen zurück. Sein Verhalten zu Vorgesetzten, Kolleginnen und Kollegen sowie Kundinnen und Kunden war jederzeit vorbildlich.

Herr Mustermann verlässt unsere Beratungsstelle mit dem 31.12.2021 auf eigenen Wunsch. Wir bedauern dies sehr, weil wir mit ihm einen sehr guten Mitarbeiter verlieren. Wir bedanken uns für die stets sehr guten Leistungen und wünschen ihm für die Zukunft beruflich und privat weiterhin viel Erfolg und alles Gute.

Musterstadt, 31.12.2021

Max MUSTERMANN AG

1. Unterzeichner/in	2. Unterzeichner/in
[Position]	[Position]

13.151 Justizfachangestellte

Zeugnis
Frau Mara Muster war vom 01.03.2017 bis zum 31.12.2021 in unserem Gericht als Justizfachangestellte tätig.

[Unternehmensbeschreibung]

Als Justizfachangestellte war Frau Muster verantwortlich für alle anfallenden Aufgaben in der Geschäftsstelle bei Gericht. Im Rahmen ihres verantwortungsvollen und vielseitigen Tätigkeitsgebietes war Frau Muster für folgende Aufgaben zuständig:

- Ausfertigen und Beglaubigen von Schriftstücken,
- Beantwortung telefonischer Anfragen von Prozessbeteiligten,
- Bearbeiten des Posteingangs und führen der Terminierung,
- Berechnen der Gerichtsgebühren und überwachen der Zahlungsvorgänge,
- Erfassen der Verfahren und Aktenführung,
- Fristenberechnung und Fristenüberwachung,
- Führen von Protokollen bei Gerichtsverhandlungen,
- Veranlassen von Ladungen und Zustellungen.

Frau Muster verfügt über ein hervorragendes und auch in Randbereichen sehr tiefgehendes Fachwissen, welches sie stets in höchst gewinnbringender Weise einbrachte. Frau Muster zeichnet ein höfliches und angenehmes Auftreten sowie Kommunikationsstärke aus.

Weiterhin besitzt sie sehr gute MS-Office-Kenntnisse (Outlook, Word, Excel). Ihre Aufgaben erledigte sie zuverlässig und gewissenhaft. Sie ist belastbar, gewissenhaft und arbeitete stets serviceorientiert. Zum Nutzen unseres Gerichts erweiterte und aktualisierte sie immer mit sehr gutem Erfolg ihre umfassenden Fachkenntnisse durch regelmäßige Teilnahme an Weiterbildungsveranstaltungen.

Aufgrund ihrer sehr guten Auffassungsgabe war sie jederzeit in der Lage, auch schwierige Situationen sofort zutreffend zu erfassen und schnell sehr gute Lösungen zu finden. Frau Muster zeigte jederzeit hohe Eigeninitiative und identifizierte sich immer voll mit ihren Aufgaben und unserem Gericht, wobei sie auch durch ihre sehr große Einsatzfreude überzeugte. Auch in Situationen mit größtem Arbeitsaufkommen erwies sie sich immer als in höchstem Maße belastbar.

Alle Aufgaben führte sie jederzeit vollkommen selbstständig, äußerst sorgfältig und planvoll durchdacht aus. Sie agierte immer ruhig, überlegt, zielorientiert und in höchstem Maße präzise. Dabei überzeugte sie stets in besonderer Weise sowohl in qualitativer als auch in quantitativer Hinsicht. Frau Muster war in ganz besonders hohem Maße zuverlässig.

Für alle auftretenden Probleme fand sie ausnahmslos ausgezeichnete Lösungen. Die Leistungen von Frau Muster haben jederzeit und in jeder Hinsicht unsere vollste Anerkennung gefunden.

Sie wurde wegen ihres stets freundlichen und ausgeglichenen Wesens allseits sehr geschätzt. Sie war immer hilfsbereit, zuvorkommend und stellte, falls erforderlich, auch persönliche Interessen zurück. Ihr Verhalten zu Vorgesetzten, Kolleginnen und Kollegen sowie Kundinnen und Kunden war jederzeit vorbildlich.

Frau Muster verlässt unser Gericht mit dem 31.12.2021 auf eigenen Wunsch. Wir bedauern dies sehr, weil wir mit ihr eine sehr gute Mitarbeiterin verlieren. Wir bedanken uns für die stets sehr guten Leistungen und wünschen ihr für die Zukunft beruflich und privat weiterhin viel Erfolg und alles Gute.

Musterstadt, 31.12.2021

Max MUSTERMANN AG

1. Unterzeichner/in	2. Unterzeichner/in
[Position]	[Position]

13.152 Justiziar

Zeugnis

Herr Max Mustermann war vom 01.03.2017 bis zum 31.12.2021 in unserem Unternehmen als Justiziar tätig.

[Unternehmensbeschreibung]

Als Justiziar war Herr Mustermann verantwortlich für Vertragsgestaltung und -verhandlung mit unseren Mandanten. Im Rahmen seines verantwortungsvollen und vielseitigen Tätigkeitsgebietes war Herr Mustermann für folgende Aufgaben zuständig:

- Aufdecken rechtlicher Probleme und Aufzeigen von Alternativen,
- Aufsetzen, Prüfen und Verhandeln von Verträgen,
- Beantwortung gesellschaftsrechtlicher Fragen,
- Bearbeitung rechtlicher Fragestellungen,
- Beratung bei Fusionen und Übernahmen,
- Führung und Begleitung von Rechtsverfahren,

- juristische Betreuung und Analyse zu unternehmensrelevanten Rechtsfragen,
- Koordination externer Rechtsanwälte,
- Prüfen der rechtlichen Durchsetzbarkeit von Projekten und Zielsetzungen,
- Recherche und Erstellung von rechtlichen Stellungnahmen,
- Schulung von Verbandsmitgliedern und Mitarbeitern,
- Überwachen der Rechtsvorschriften,
- Vertretung des Mandanten vor Gericht und Behörden.

Herr Mustermann verfügt über ein hervorragendes und auch in Randbereichen sehr tiefgehendes Fachwissen, welches er in unser Unternehmen stets in höchst gewinnbringender Weise einbrachte. Eine selbstständige, systematische und zielorientierte Arbeitsweise zeichnet Herrn Mustermann aus.

Persönlich punktet Herr Mustermann mit Team- und Kommunikationsfähigkeit sowie Durchsetzungsvermögen. Herr Mustermann übernimmt gerne Verantwortung und legt Wert darauf, unsere Mandanten in sämtlichen Rechtsfragen optimal zu unterstützen. Zum Nutzen unseres Unternehmens erweiterte und aktualisierte er immer mit sehr gutem Erfolg seine umfassenden Fachkenntnisse durch regelmäßige Teilnahme an Weiterbildungsveranstaltungen.

Aufgrund seiner sehr guten Auffassungsgabe war er jederzeit in der Lage, auch schwierige Situationen sofort zutreffend zu erfassen und schnell sehr gute Lösungen zu finden. Herr Mustermann zeigte jederzeit hohe Eigeninitiative und identifizierte sich immer voll mit seinen Aufgaben und unserem Unternehmen, wobei er auch durch seine sehr große Einsatzfreude überzeugte. Auch in Situationen mit größtem Arbeitsaufkommen erwies er sich immer als in höchstem Maße belastbar.

Alle Aufgaben führte er jederzeit vollkommen selbstständig, äußerst sorgfältig und planvoll durchdacht aus. Er agierte immer ruhig, überlegt, zielorientiert und in höchstem Maße präzise. Dabei überzeugte er stets in besonderer Weise sowohl in qualitativer als auch in quantitativer Hinsicht. Herr Mustermann war in ganz besonders hohem Maße zuverlässig.

Für alle auftretenden Probleme fand er ausnahmslos ausgezeichnete Lösungen. Die Leistungen von Herrn Mustermann haben jederzeit und in jeder Hinsicht unsere vollste Anerkennung gefunden.

Er wurde wegen seines stets freundlichen und ausgeglichenen Wesens allseits sehr geschätzt. Er war immer hilfsbereit, zuvorkommend und stellte, falls erforderlich, auch persönliche Interessen zurück. Sein Verhalten zu Vorgesetzten, Kolleginnen und Kollegen sowie Kundinnen und Kunden war jederzeit vorbildlich.

Herr Mustermann verlässt unser Unternehmen mit dem 31.12.2021 auf eigenen Wunsch. Wir bedauern dies sehr, weil wir mit ihm einen sehr guten Mitarbeiter verlieren. Wir bedanken uns für die stets sehr guten Leistungen und wünschen ihm für die Zukunft beruflich und privat weiterhin viel Erfolg und alles Gute.

Musterstadt, 31.12.2021

Max MUSTERMANN AG

1. Unterzeichner/in	2. Unterzeichner/in
[Position]	[Position]

13.153 Kassierer

Zeugnis
Herr Max Mustermann war vom 01.03.2017 bis zum 31.12.2021 in unserem Unternehmen als Kassierer tätig.

[Unternehmensbeschreibung]

Als Kassierer war Herr Mustermann verantwortlich für das Kassieren des Zahlbetrages und Verpacken der gekauften Ware. Im Rahmen seines verantwortungsvollen und vielseitigen Tätigkeitsgebietes war Herr Mustermann für folgende Aufgaben zuständig:

- Abrechnungen der Einnahmen bei Geschäftsschluss,
- Abwicklung des Zahlungsverkehrs,
- Anbringen der Preise an den Produkten,
- Auffüllen von Ware im Markt,
- Bearbeitung von Kundenreklamationen,
- Beratung, Verkauf und Pflege des Warensortiments,
- Durchführung der rechtzeitigen Warenbestellung,
- Entsichern und Verpacken der Ware,
- kompetente Beratung und freundliche Ansprache von Kunden,
- Kontrollen des Mindesthaltbarkeitsdatums,
- korrekte Abwicklung der einzelnen Kassiervorgänge,
- Leisten von Qualitäts- und Frischekontrollen,
- Mitgestaltung der Warenpräsentation und der Aktionsflächen,
- Pflege der Produktpräsentation,
- Realisierung von Werbemaßnahmen für die Verkaufsförderung,
- Sauberhalten der Kassenzone,
- Umsetzung der Kassenleitlinien,
- Verkauf und Kundenberatung.

Herr Mustermann verfügt über ein hervorragendes und auch in Randbereichen sehr tiefgehendes Fachwissen, welches er in unser Unternehmen stets in höchst gewinnbringender Weise einbrachte. Herr Mustermann besitzt ein freundliches, souveränes und kundenorientiertes Auftreten.

Abgerundet wird sein Profil durch eine große Erfahrung und Leidenschaft für die kompetente Beratung mit einer höflichen Ansprache der Kunden. Zum Nutzen unseres Unternehmens erweiterte und aktualisierte er immer mit sehr gutem Erfolg seine umfassenden Fachkenntnisse durch regelmäßige Teilnahme an Weiterbildungsveranstaltungen.

Aufgrund seiner sehr guten Auffassungsgabe war er jederzeit in der Lage, auch schwierige Situationen sofort zutreffend zu erfassen und schnell sehr gute Lösungen zu finden. Herr Mustermann zeigte jederzeit hohe Eigeninitiative und identifizierte sich immer voll mit seinen Aufgaben und unserem Unternehmen, wobei er auch durch seine sehr große Einsatzfreude überzeugte. Auch in Situationen mit größtem Arbeitsaufkommen erwies er sich immer als in höchstem Maße belastbar.

Alle Aufgaben führte er jederzeit vollkommen selbstständig, äußerst sorgfältig und planvoll durchdacht aus. Er agierte immer ruhig, überlegt, zielorientiert und in höchstem Maße präzise. Dabei überzeugte er stets in besonderer Weise sowohl in qualitativer als auch in quantitativer Hinsicht. Herr Mustermann war ehrlich und in ganz besonders hohem Maße zuverlässig.

Für alle auftretenden Probleme fand er ausnahmslos ausgezeichnete Lösungen. Die Leistungen von Herrn Mustermann haben jederzeit und in jeder Hinsicht unsere vollste Anerkennung gefunden.

Er wurde wegen seines stets freundlichen und ausgeglichenen Wesens allseits sehr geschätzt. Er war immer hilfsbereit, zuvorkommend und stellte, falls erforderlich, auch persönliche Interessen zurück. Sein Verhalten zu Vorgesetzten, Kolleginnen und Kollegen sowie Kundinnen und Kunden war jederzeit vorbildlich.

Herr Mustermann verlässt unser Unternehmen mit dem 31.12.2021 auf eigenen Wunsch. Wir bedauern dies sehr, weil wir mit ihm einen sehr guten Mitarbeiter verlieren. Wir bedanken uns für die stets sehr guten Leistungen und wünschen ihm für die Zukunft beruflich und privat weiterhin viel Erfolg und alles Gute.

Musterstadt, 31.12.2021

Max MUSTERMANN AG

1. Unterzeichner/in [Position]	2. Unterzeichner/in [Position]

13.154 Kaufmännische Fachkraft (w)

Zwischenzeugnis

Frau Mara Muster ist seit dem 01.03.2016 in der Abteilung Vertrieb als kaufmännische Fachkraft in unserem Unternehmen tätig.

[Unternehmensbeschreibung]

Zu ihren Hauptaufgaben gehören:

- Koordination und Unterstützung bei der Planung und Abstimmung von Kundenterminen,
- telefonische und schriftliche Korrespondenz,
- Erstellen und Überarbeiten von Präsentationen,
- Vor- und Nachbereitung von Meetings,
- Protokollführung,
- Pflege der internen Systeme und Datenbanken,
- organisatorische Vor- und Nachbereitung von Dienstreisen,
- Angebots- und Vertragserstellung,
- allgemeine administrative Assistenzaufgaben.

Frau Muster verfügt über umfassende und vielseitige Fachkenntnisse, die sie immer sicher und gekonnt in der Praxis einsetzt. Zum Nutzen unseres Unternehmens erweitert und aktualisiert sie immer mit gutem Erfolg ihre umfassenden Fachkenntnisse durch regelmäßige Teilnahme an Weiterbildungsveranstaltungen.

Aufgrund ihrer sehr schnellen Auffassungsgabe arbeitet sie sich rasch in neue Aufgabengebiete ein und durchdringt auch komplexe Sachverhalte vollständig. Frau Muster zeigt jederzeit große Eigeninitiative und identifiziert sich immer voll mit ihren Aufgaben und unserem Unternehmen, wobei sie auch durch ihre große Einsatzfreude überzeugt. Auch unter schwierigen Arbeitsbedingungen und starker Belastung bewältigt sie alle Aufgaben in guter Weise.

Die Planung und Steuerung ihrer Aufgaben erfüllt sie stets mit gutem Erfolg, nicht zuletzt wegen ihres beispielhaften Organisationstalentes. Dabei arbeitet sie stets selbstständig, zügig und dennoch mit großer Sorgfalt, Konzentration und Flexibilität. Frau Muster ist äußerst zuverlässig und genießt unser volles Vertrauen.

Sowohl in qualitativer als auch in quantitativer Hinsicht erzielt sie immer gute Arbeitsergebnisse. Die Leistungen von Frau Muster finden jederzeit und in jeder Hinsicht unsere volle Anerkennung.

Sie wird wegen ihres freundlichen und ausgeglichenen Wesens allseits sehr geschätzt. Sie ist immer hilfsbereit, zuvorkommend und stellt, falls erforderlich, auch persönliche Interessen zurück. Ihr Verhalten zu Vorgesetzten, Kolleginnen und Kollegen sowie Kundinnen und Kunden ist jederzeit einwandfrei.

Dieses Zwischenzeugnis wird erteilt, weil der bisherige Vorgesetzte von Frau Muster innerhalb des Unternehmens eine neue Aufgabe übernimmt. Gleichzeitig bedanken wir uns bei ihr für die in der Vergangenheit erbrachten stets guten Leistungen und freuen uns auf eine weiterhin positive Fortsetzung des Arbeitsverhältnisses.

Musterstadt, 31.12.2021

1. Unterzeichner/in	2. Unterzeichner/in
[Position]	[Position]

13.155 Kfz-Mechaniker

Zeugnis

Herr Max Mustermann war vom 01.03.2017 bis zum 31.12.2021 in unserem Unternehmen als Kfz-Mechaniker tätig.

[Unternehmensbeschreibung]

Als Kfz-Mechaniker war Herr Mustermann verantwortlich für die Wartung, Prüfung und Instandsetzung der Fahrzeuge in unserer Werkstatt. Im Rahmen seines verantwortungsvollen und vielseitigen Tätigkeitsgebietes war Herr Mustermann für folgende Aufgaben zuständig:

- Auf- und Umbau von Fahrzeugen,
- Ausführen von Reparaturaufträgen aus der Annahmestelle,
- Auslesen von Fehlerspeichern mit anschließender Fehlerbehebung,
- Durchführen von Funktionsprüfungen,
- Einbau und Austausch von Komponenten und Fahrzeugteilen,
- Modifikationen und Umrüstungen an Neu- und Gebrauchtfahrzeugen,
- Motor- und Fahrwerkstuning,
- selbstständige Fehlersuche und Analyse,
- Service- und Pflegearbeiten,
- servicetechnische Instandhaltung von Kfz,
- Unfallinstandsetzung von Kfz,
- Verschleißteile tauschen,
- Wartung und Reparatur von Kfz.

Herr Mustermann verfügt über ein hervorragendes und auch in Randbereichen sehr tiefgehendes Fachwissen, welches er in unser Unternehmen stets in höchst gewinnbringender Weise einbrachte. Die Arbeitsweise von Herrn Mustermann zeichnete sich durch Sorgfalt und hohes Qualitätsbewusstsein aus.

Ein strukturiertes und gewissenhaftes Bearbeiten der Aufgaben mit einem hohen Maß an Selbstständigkeit runden das Profil von Herrn Mustermann ab. Zum Nutzen unseres Unternehmens erweiterte und aktualisierte er immer mit sehr gutem Erfolg seine umfassenden Fachkenntnisse durch regelmäßige Teilnahme an Weiterbildungsveranstaltungen.

Aufgrund seiner sehr guten Auffassungsgabe war er jederzeit in der Lage, auch schwierige Situationen sofort zutreffend zu erfassen und schnell sehr gute Lösungen zu finden. Herr Mustermann zeigte jederzeit hohe Eigeninitiative und identifizierte sich immer voll mit seinen Aufgaben und unserem Unternehmen, wobei er auch durch seine sehr große Einsatzfreude überzeugte. Auch in Situationen mit größtem Arbeitsaufkommen erwies er sich immer als in höchstem Maße belastbar.

Alle Aufgaben führte er jederzeit vollkommen selbstständig, äußerst sorgfältig und planvoll durchdacht aus. Er agierte immer ruhig, überlegt, zielorientiert und in höchstem Maße präzise. Dabei überzeugte er stets in besonderer Weise sowohl in qualitativer als auch in quantitativer Hinsicht. Herr Mustermann war in ganz besonders hohem Maße zuverlässig.

Für alle auftretenden Probleme fand er ausnahmslos ausgezeichnete Lösungen. Die Leistungen von Herrn Mustermann haben jederzeit und in jeder Hinsicht unsere vollste Anerkennung gefunden.

Er wurde wegen seines stets freundlichen und ausgeglichenen Wesens allseits sehr geschätzt. Er war immer hilfsbereit, zuvorkommend und stellte, falls erforderlich, auch persönliche Interessen zurück. Sein Verhalten zu Vorgesetzten, Kolleginnen und Kollegen sowie Kundinnen und Kunden war jederzeit vorbildlich.

Herr Mustermann verlässt unser Unternehmen mit dem 31.12.2021 auf eigenen Wunsch. Wir bedauern dies sehr, weil wir mit ihm einen sehr guten Mitarbeiter verlieren. Wir bedanken uns für die stets sehr guten Leistungen und wünschen ihm für die Zukunft beruflich und privat weiterhin viel Erfolg und alles Gute.

Musterstadt, 31.12.2021

Max MUSTERMANN AG

1. Unterzeichner/in	2. Unterzeichner/in
[Position]	[Position]

13.156 Kfz-Meister

Zeugnis

Herr Max Mustermann war vom 01.03.2017 bis zum 31.12.2021 in unserem Unternehmen als Kfz-Meister tätig.

[Unternehmensbeschreibung]

Als Kfz-Meister war Herr Mustermann verantwortlich für die Leitung der Kfz-Werkstatt. Im Rahmen seines verantwortungsvollen und vielseitigen Tätigkeitsgebietes war Herr Mustermann für folgende Aufgaben zuständig:

- Abnahme durchgeführter Kfz-Reparaturen,
- Abstimmung des Personaleinsatzes und Optimierung der Kapazitätsauslastung,
- Auswertung von Statistiken, Analyse der Kennzahlen und Kostenverantwortung der Kfz-Werkstatt,
- Besprechung der auszuführenden Arbeiten am Kfz mit dem Kunden,
- Disposition der Werkstattaufträge,
- disziplinarische und organisatorische Werkstattleitung,
- fachliche Unterweisung und Anleitung des Werkstattpersonals,
- Optimierung interner Arbeitsabläufe,
- Schadenfeststellung und Erstellung von Kostenvoranschlägen,
- Verantwortung der ordnungsgemäßen und termingerechten Abwicklung aller Werkstattleistungen.

Herr Mustermann verfügt über ein hervorragendes und auch in Randbereichen sehr tiefgehendes Fachwissen, welches er in unser Unternehmen stets in höchst gewinnbringender Weise einbrachte. Sehr gute Kenntnisse in der neuesten Kfz-Technologie zeichnen Herrn Mustermann aus.

Zusätzlich besitzt Herr Mustermann ein hohes Maß an Engagement, Flexibilität und überzeugt mit einer ausgesprochen starken Dienstleistungsorientierung. Sein Leben ist durch die Leidenschaft für Fahrzeuge und die Begeisterung für Technik geprägt. Zum Nutzen unseres Unternehmens erweiterte und aktualisierte er immer mit sehr gutem Erfolg seine umfassenden Fachkenntnisse durch regelmäßige Teilnahme an Weiterbildungsveranstaltungen.

Aufgrund seiner sehr guten Auffassungsgabe war er jederzeit in der Lage, auch schwierige Situationen sofort zutreffend zu erfassen und schnell sehr gute Lösungen zu finden. Herr Mustermann zeigte jederzeit hohe Eigeninitiative und identifizierte sich immer voll mit seinen Aufgaben und unserem Unternehmen, wobei er auch durch seine sehr große Einsatzfreude überzeugte. Auch in Situationen mit größtem Arbeitsaufkommen erwies er sich immer als in höchstem Maße belastbar.

Alle Aufgaben führte er jederzeit vollkommen selbstständig, äußerst sorgfältig und planvoll durchdacht aus. Er agierte immer ruhig, überlegt, zielorientiert und in höchstem Maße präzise. Dabei überzeugte er stets in besonderer Weise sowohl in qualitativer als auch in quantitativer Hinsicht. Herr Mustermann war in ganz besonders hohem Maße zuverlässig.

Für alle auftretenden Probleme fand er ausnahmslos ausgezeichnete Lösungen. Seine Mitarbeiter führte er durch sein Vorbild an Tatkraft und durch einen kollegialen Führungsstil zu gleichbleibend sehr guten Leistungen. Die Leistungen von Herrn Mustermann haben jederzeit und in jeder Hinsicht unsere vollste Anerkennung gefunden.

Er wurde wegen seines stets freundlichen und ausgeglichenen Wesens allseits sehr geschätzt. Er war immer hilfsbereit, zuvorkommend und stellte, falls erforderlich, auch persönliche Interessen zurück. Sein Verhalten zu Vorgesetzten, Kolleginnen und Kollegen sowie Kundinnen und Kunden war jederzeit vorbildlich.

Herr Mustermann verlässt unser Unternehmen mit dem 31.12.2021 auf eigenen Wunsch. Wir bedauern dies sehr, weil wir mit ihm einen sehr guten Mitarbeiter verlieren. Wir bedanken uns für die stets sehr guten Leistungen und wünschen ihm für die Zukunft beruflich und privat weiterhin viel Erfolg und alles Gute.

Musterstadt, 31.12.2021

Max MUSTERMANN AG

1. Unterzeichner/in	2. Unterzeichner/in
[Position]	[Position]

13.157 Kindergartenleitung

Zeugnis

Frau Mara Muster war vom 01.03.2017 bis zum 31.12.2021 in unserer Einrichtung als Kindergartenleiterin tätig.

[Unternehmensbeschreibung]

Als Kindergartenleiterin war Frau Muster verantwortlich für die Planung pädagogischer Angebote und den Aufbau einer vertrauensvollen Beziehung zu Kindern und Eltern. Im Rahmen ihres verantwortungsvollen und vielseitigen Tätigkeitsgebietes war Frau Muster für folgende Aufgaben zuständig:

- administrative Leitungsarbeit und Budgetverantwortung,
- Dienstplanerstellung,

- Entwicklung des pädagogischen Konzepts,
- Entwicklung von innovativen Kita-Konzepten,
- fachliche Führung und Beratung der Kita-Teams,
- Förderung der Selbstständigkeit der Kinder und deren Talente,
- Führen von Entwicklungsgesprächen,
- Kooperation mit Jugendämtern und sonstigen Behörden,
- Mitarbeiterführung und Teambildung,
- Mitgestaltung des pädagogischen Konzeptes einer Theater-Kita,
- Organisation der Arbeits- und Spielmaterialien,
- Personalführung, Personalentwicklung und Teamentwicklung,
- Planung und Durchführung von pädagogischen Angeboten,
- Unterstützung der Geschäftsführung bei der Entwicklung neuer Angebote,
- Vertretung der Einrichtung nach außen,
- Zusammenarbeit mit Eltern, Institutionen und Kooperationspartnern.

Frau Muster verfügt über ein hervorragendes und auch in Randbereichen sehr tiefgehendes Fachwissen, welches sie in unsere Einrichtung stets in höchst gewinnbringender Weise einbrachte. Bei der Planung des Gruppenalltags steuert Frau Muster sehr gute Ideen bei und stellt das Kind in den Mittelpunkt ihres Handelns.

Weiterhin besitzt sie ein hohes pädagogisches Einfühlungsvermögen und Freude an offener Arbeit. Zum Nutzen unserer Einrichtung erweiterte und aktualisierte sie immer mit sehr gutem Erfolg ihre umfassenden Fachkenntnisse durch regelmäßige Teilnahme an Weiterbildungsveranstaltungen.

Aufgrund ihrer sehr guten Auffassungsgabe war sie jederzeit in der Lage, auch schwierige Situationen sofort zutreffend zu erfassen und schnell sehr gute Lösungen zu finden. Frau Muster zeigte jederzeit hohe Eigeninitiative und identifizierte sich immer voll mit ihren Aufgaben und unserer Einrichtung, wobei sie auch durch ihre sehr große Einsatzfreude überzeugte. Auch in Situationen mit größtem Arbeitsaufkommen erwies sie sich immer als in höchstem Maße belastbar.

Alle Aufgaben führte sie jederzeit vollkommen selbstständig, äußerst sorgfältig und planvoll durchdacht aus. Sie agierte immer ruhig, überlegt, zielorientiert und in höchstem Maße präzise. Dabei überzeugte sie stets in besonderer Weise sowohl in qualitativer als auch in quantitativer Hinsicht. Frau Muster war in ganz besonders hohem Maße zuverlässig.

Für alle auftretenden Probleme fand sie ausnahmslos ausgezeichnete Lösungen. Sie war aufgrund ihrer ausgezeichneten Führungsqualitäten als Vorgesetzte in hohem Maße anerkannt und beliebt. Sie verhielt sich ihren Mitarbeitern gegenüber stets offen und kollegial, verstand es aber dennoch, sich in schwierigen Situationen durchzusetzen und die Mitarbeiter zu optimalem Einsatz zu bewegen. Die Leistungen von Frau Muster haben jederzeit und in jeder Hinsicht unsere vollste Anerkennung gefunden.

Sie wurde wegen ihres stets freundlichen und ausgeglichenen Wesens allseits sehr geschätzt. Sie war immer hilfsbereit, zuvorkommend und stellte, falls erforderlich, auch persönliche Interessen zurück. Ihr Verhalten zu Vorgesetzten, Kolleginnen und Kollegen sowie Kundinnen und Kunden war jederzeit vorbildlich.

Frau Muster verlässt unser Unternehmen mit dem 31.12.2021 auf eigenen Wunsch. Wir bedauern dies sehr, weil wir mit ihr eine sehr gute Mitarbeiterin verlieren. Wir bedanken uns für die stets sehr guten Leistungen und wünschen ihr für die Zukunft beruflich und privat weiterhin viel Erfolg und alles Gute.

Musterstadt, 31.12.2021

Max MUSTERMANN AG

1. Unterzeichner/in	2. Unterzeichner/in
[Position]	[Position]

13.158 Koch

Zeugnis

Herr Max Mustermann war vom 01.03.2017 bis zum 31.12.2021 in unserem Unternehmen als Koch tätig.

[Unternehmensbeschreibung]

Als Koch war Herr Mustermann verantwortlich für Vor- und Zubereitung der Gerichte in unserer gutbürgerlichen und internationalen Küche. Im Rahmen seines verantwortungsvollen und vielseitigen Tätigkeitsgebietes war Herr Mustermann für folgende Aufgaben zuständig:

- Bestellung und Kontrolle der Lebensmittel,
- Einarbeitung von neuen Köchen und Auszubildenden,
- Lagerung der Rohstoffe und Lebensmittel,
- Mitwirkung bei der täglichen Produktion,
- Reinigung der Kochutensilien und Küchengeräte sowie des Lagers,

- Show-Kochen und Anrichten vor dem Gast,
- Speiseplangestaltung und Kalkulation,
- Unterstützung und Vertretung des Küchenchefs,
- Vorbereitung von Buffets für Events,
- Wareneinkauf und Budgeteinhaltung.

Herr Mustermann verfügt über ein hervorragendes und auch in Randbereichen sehr tiefgehendes Fachwissen, welches er in unser Unternehmen stets in höchst gewinnbringender Weise einbrachte. Ausgeprägte Teamfähigkeit, hohe Motivation und starkes Engagement zeichnen Herrn Mustermann aus.

Abgerundet wird sein Profil durch eine große Erfahrung im Umgang mit dem À-la-Carte-Geschäft und die pure Leidenschaft am Kochen. Zum Nutzen unseres Unternehmens erweiterte und aktualisierte er immer mit sehr gutem Erfolg seine umfassenden Fachkenntnisse durch regelmäßige Teilnahme an Weiterbildungsveranstaltungen.

Aufgrund seiner sehr guten Auffassungsgabe war er jederzeit in der Lage, auch schwierige Situationen sofort zutreffend zu erfassen und schnell sehr gute Lösungen zu finden. Herr Mustermann zeigte jederzeit hohe Eigeninitiative und identifizierte sich immer voll mit seinen Aufgaben und unserem Unternehmen, wobei er auch durch seine sehr große Einsatzfreude überzeugte. Auch in Situationen mit größtem Arbeitsaufkommen erwies er sich immer als in höchstem Maße belastbar.

Alle Aufgaben führte er jederzeit vollkommen selbstständig, äußerst sorgfältig und planvoll durchdacht aus. Er agierte immer ruhig, überlegt, zielorientiert und in höchstem Maße präzise. Dabei überzeugte er stets in besonderer Weise sowohl in qualitativer als auch in quantitativer Hinsicht. Herr Mustermann war in ganz besonders hohem Maße zuverlässig.

Für alle auftretenden Probleme fand er ausnahmslos ausgezeichnete Lösungen. Die Leistungen von Herrn Mustermann haben jederzeit und in jeder Hinsicht unsere vollste Anerkennung gefunden.

Er wurde wegen seines stets freundlichen und ausgeglichenen Wesens allseits sehr geschätzt. Er war immer hilfsbereit, zuvorkommend und stellte, falls erforderlich, auch persönliche Interessen zurück. Sein Verhalten zu Vorgesetzten, Kolleginnen und Kollegen sowie Kundinnen und Kunden war jederzeit vorbildlich.

Herr Mustermann verlässt unser Unternehmen mit dem 31.12.2021 auf eigenen Wunsch. Wir bedauern dies sehr, weil wir mit ihm einen sehr guten Mitarbeiter ver-

lieren. Wir bedanken uns für die stets sehr guten Leistungen und wünschen ihm für die Zukunft beruflich und privat weiterhin viel Erfolg und alles Gute.

Musterstadt, 31.12.2021

Max MUSTERMANN AG

1. Unterzeichner/in	2. Unterzeichner/in
[Position]	[Position]

13.159 Kommunikationsdesigner

Zeugnis
Herr Max Mustermann war vom 01.03.2017 bis zum 31.12.2021 in unserem Unternehmen als Kommunikationsdesigner tätig.

[Unternehmensbeschreibung]

Als Kommunikationsdesigner entwarf und entwickelte Herr Mustermann umfangreiche Multimedia-Projekte. Im Rahmen seines verantwortungsvollen und vielseitigen Tätigkeitsgebietes war Herr Mustermann für folgende Aufgaben zuständig:

- Anfertigen von Layoutideen und Reinzeichnung,
- Aufbereitung der Daten zur Weiterverwendung als Print, Newsletter und im Onlinebereich,
- Bearbeiten und Retuschieren der Fotos,
- Bearbeitung der Multimedia-Projekte für öffentliche und industrielle Auftraggeber,
- Bewertung und Optimierung unserer bestehenden Angebote,
- Bildbearbeitung und -optimierung für die Darstellung im Internet,
- Einführung der fertigen Anwendung beim Auftraggeber,
- Entwicklung von Konzepten und Lösungen für verschiedene Anwendungsbereiche,
- Entwicklung des Corporate Designs,
- Entwicklung und Optimierung von Produktlayouts,
- Entwicklung von Kommunikationskonzepten,
- Erstellen von Fotos und Grafiken für Onlineauftritte, Newsletter und Anzeigen,
- Erstellen von Unternehmenspräsentationen,
- Erstellung digitaler Marketing- und Werbematerialien,
- Gestaltung von innovativen Onlinewerbemitteln,
- grafische Optimierung bestehender Printprodukte,
- Herstellen von Infografiken und Präsentationen,
- Image- und Markenkommunikation,
- individuelle Anpassungen unserer Landingpages,

- Kreation und Umsetzung von Werbemitteln mit Schwerpunkt Digitalfotos,
- Optimierung bestehender Designs,
- Pflege unserer Landingpages mit dem Content-Management-System WordPress,
- Recherche nach Bildmaterial für Onlineauftritte,
- Steuerung und Koordination externer Agenturen,
- Umsetzen von Grafiken für Onlinekampagnen und Internet-Anwendungen,
- Umsetzung der Kundenvorgaben in Layouts und ansprechende Designs,
- visuelle Gestaltung von Messeauftritten und Präsentationen.

Herr Mustermann verfügt über ein hervorragendes und auch in Randbereichen sehr tiefgehendes Fachwissen, welches er in unser Unternehmen stets in höchst gewinnbringender Weise einbrachte. Herr Mustermann verfügt über sehr gute Kenntnisse in Adobe CC (Photoshop, InDesign, Illustrator, Acrobat) und ist sicher im Umgang mit MS Office.

Stilsicherer Umgang mit Grafiken, Fotos, Werbetexten und gutes Englisch sind für Herrn Mustermann selbstverständlich. Zum Nutzen unseres Unternehmens erweiterte und aktualisierte er immer mit sehr gutem Erfolg seine umfassenden Fachkenntnisse durch regelmäßige Teilnahme an Weiterbildungsveranstaltungen.

Aufgrund seiner sehr guten Auffassungsgabe war er jederzeit in der Lage, auch schwierige Situationen sofort zutreffend zu erfassen und schnell sehr gute Lösungen zu finden. Herr Mustermann zeigte jederzeit hohe Eigeninitiative und identifizierte sich immer voll mit seinen Aufgaben und unserem Unternehmen, wobei er auch durch seine sehr große Einsatzfreude überzeugte. Auch in Situationen mit größtem Arbeitsaufkommen erwies er sich immer als in höchstem Maße belastbar.

Alle Aufgaben führte er jederzeit vollkommen selbstständig, äußerst sorgfältig und planvoll durchdacht aus. Er agierte immer ruhig, überlegt, zielorientiert und in höchstem Maße präzise. Dabei überzeugte er stets in besonderer Weise sowohl in qualitativer als auch in quantitativer Hinsicht. Herr Mustermann war in ganz besonders hohem Maße zuverlässig.

Für alle auftretenden Probleme fand er ausnahmslos ausgezeichnete Lösungen. Die Leistungen von Herrn Mustermann haben jederzeit und in jeder Hinsicht unsere vollste Anerkennung gefunden.

Er wurde wegen seines stets freundlichen und ausgeglichenen Wesens allseits sehr geschätzt. Er war immer hilfsbereit, zuvorkommend und stellte, falls erforderlich, auch persönliche Interessen zurück. Sein Verhalten zu Vorgesetzten, Kolleginnen und Kollegen sowie Kundinnen und Kunden war jederzeit vorbildlich.

Herr Mustermann verlässt unser Unternehmen mit dem 31.12.2021 auf eigenen Wunsch. Wir bedauern dies sehr, weil wir mit ihm einen sehr guten Mitarbeiter ver-

lieren. Wir bedanken uns für die stets sehr guten Leistungen und wünschen ihm für die Zukunft beruflich und privat weiterhin viel Erfolg und alles Gute.

Musterstadt, 31.12.2021

Max MUSTERMANN AG

1. Unterzeichner/in	2. Unterzeichner/in
[Position]	[Position]

13.160 Konditor

Zeugnis

Herr Max Mustermann war vom 01.06.2018 bis zum 28.02.2022 in unserer Backstube als Konditor beschäftigt.

[Unternehmensbeschreibung]

In dieser Funktion war Herr Mustermann für folgende Aufgaben zuständig:

- Anschlagen von Massen und Cremes,
- Herstellen von Blechkuchen, Dauergebäck, Obstschnitten,
- Herstellung von gebackenen Torten, Sahneschnitten sowie Sahne- und Cremetorten,
- Kreation eigener Kuchenrezepturen zur Erweiterung unseres Sortiments,
- Verzierung von Torten durch individuelle Beschriftungen auf Kundenwunsch,
- Herstellung von Saisonbackwaren, wie z. B. Weihnachtsgebäck,
- Wartung, Pflege und Reinigung der Arbeitsgeräte unter Einhaltung der Hygienevorschriften.

Herr Mustermann überzeugte uns mit seinen umfassenden, vielseitigen und sehr guten Fachkenntnissen im Bäckerhandwerk, die er jederzeit sicher und zielgerichtet in der Praxis einsetzte. Er verfügt über eine außergewöhnliche Kreativität bei der Zusammensetzung seiner Rezepturen. Diese stellte sicher, dass er regelmäßig neue Kreationen zusammenstellte, die bei unserer Kundschaft stets sehr großen Anklang fanden. Sehr erfolgreich hielt er durch den selbst initiierten und regelmäßigen Besuch von Weiterbildungsveranstaltungen bei der Akademie Deutsches Bäckerhandwerk seine ausgezeichneten Kenntnisse auf dem neuesten Stand.

Durch sein besonders ausgeprägtes konzeptionelles, kreatives und logisches Denken fand er für alle auftretenden Probleme jederzeit sehr gute Lösungen. Herr Mustermann engagierte sich beispielhaft für unser Unternehmen, häufig auch über die übliche Arbeitszeit hinaus und zeigte dabei sehr großen persönlichen Einsatz. Auch in

Situationen mit größtem Arbeitsaufkommen erwies er sich immer als in höchstem Maße belastbar.

Alle Aufgaben führte er jederzeit vollkommen selbstständig, äußerst sorgfältig und planvoll durchdacht aus. Er agierte immer ruhig, überlegt und zielorientiert und in höchstem Maße präzise. Dabei überzeugte er stets in besonderer Weise sowohl in qualitativer als auch in quantitativer Hinsicht. Herr Mustermann arbeitete immer außerordentlich zuverlässig und sehr genau.

Für alle auftretenden Probleme fand er ausnahmslos ausgezeichnete Lösungen. Die Leistungen von Herrn Mustermann haben jederzeit und in jeder Hinsicht unsere vollste Anerkennung gefunden.

Er wurde wegen seines stets freundlichen und ausgeglichenen Wesens allseits sehr geschätzt. Er war immer hilfsbereit, zuvorkommend und stellte, falls erforderlich, auch persönliche Interessen zurück. Sein Verhalten zu Vorgesetzten, Kolleginnen und Kollegen sowie Kundinnen und Kunden war jederzeit vorbildlich.

Herr Mustermann verlässt unser Unternehmen mit dem 28.02.2022 auf eigenen Wunsch. Wir bedauern dies sehr, weil wir mit ihm einen sehr guten Mitarbeiter verlieren. Wir bedanken uns für die stets sehr guten Leistungen und wünschen ihm für die Zukunft beruflich und privat weiterhin viel Erfolg und alles Gute.

Musterstadt, 28.02.2022

1. Unterzeichner/in
[Position]

2. Unterzeichner/in
[Position]

13.161 Konstrukteur

Zeugnis

Herr Max Mustermann war vom 01.03.2017 bis zum 31.12.2021 in unserem Unternehmen als Konstrukteur tätig.

[Unternehmensbeschreibung]

Als Konstrukteur war Herr Mustermann verantwortlich für die Konstruktion, Durchführung und Vorstellung der neuen Produkte in unserem Unternehmen. Im Rahmen seines verantwortungsvollen und vielseitigen Tätigkeitsgebietes war Herr Mustermann für folgende Aufgaben zuständig:

- Anfertigen von Montageunterlagen und Explosionszeichnungen,
- Aufbau von Prototypen,
- Betreuung der Produktentwicklung bis zur Serienreife,
- Einhaltung der Konstruktionsrichtlinien,
- Einhaltung vorgegebener Kosten-, Termin- und Qualitätsziele,
- Einsatz von AutoCAD und ERP-System,
- Entwicklung und Konstruktion von Sondersystemen,
- Entwurf und Detailkonstruktion von Bauteilen,
- Erstellen und Pflegen von Stücklisten,
- Erstellung der technischen Dokumentationen,
- Erstellung von Fertigungszeichnungen,
- Konstruktion und Entwicklung von Neuprodukten,
- Lösen von Konstruktions- und Entwicklungsproblemen,
- Montage vor Ort mittels Arbeitsplänen,
- Sonderkonstruktionen und Projektierung von Sonderlösungen,
- Verantwortung für die Serienreife und Industrialisierung.

Herr Mustermann verfügt über ein hervorragendes und auch in Randbereichen sehr tiefgehendes Fachwissen, welches er in unser Unternehmen stets in höchst gewinnbringender Weise einbrachte. Eine selbstständige, systematische und zielorientierte Arbeitsweise zeichnet Herrn Mustermann aus.

Persönlich punktet Herr Mustermann mit Team- und Kommunikationsfähigkeit. Sehr gutes Englisch in Wort und Schrift ist für Herrn Mustermann selbstverständlich. Zum Nutzen unseres Unternehmens erweiterte und aktualisierte er immer mit sehr gutem Erfolg seine umfassenden Fachkenntnisse durch regelmäßige Teilnahme an Weiterbildungsveranstaltungen.

Aufgrund seiner sehr guten Auffassungsgabe war er jederzeit in der Lage, auch schwierige Situationen sofort zutreffend zu erfassen und schnell sehr gute Lösungen zu finden. Herr Mustermann zeigte jederzeit hohe Eigeninitiative und identifizierte sich immer voll mit seinen Aufgaben und unserem Unternehmen, wobei er auch durch seine sehr große Einsatzfreude überzeugte. Auch in Situationen mit größtem Arbeitsaufkommen erwies er sich immer als in höchstem Maße belastbar.

Alle Aufgaben führte er jederzeit vollkommen selbstständig, äußerst sorgfältig und planvoll durchdacht aus. Er agierte immer ruhig, überlegt, zielorientiert und in höchstem Maße präzise. Dabei überzeugte er stets in besonderer Weise sowohl in qualitativer als auch in quantitativer Hinsicht. Herr Mustermann war in ganz besonders hohem Maße zuverlässig.

Für alle auftretenden Probleme fand er ausnahmslos ausgezeichnete Lösungen. Die Leistungen von Herrn Mustermann haben jederzeit und in jeder Hinsicht unsere vollste Anerkennung gefunden.

Er wurde wegen seines stets freundlichen und ausgeglichenen Wesens allseits sehr geschätzt. Er war immer hilfsbereit, zuvorkommend und stellte, falls erforderlich, auch persönliche Interessen zurück. Sein Verhalten zu Vorgesetzten, Kolleginnen und Kollegen sowie Kundinnen und Kunden war jederzeit vorbildlich.

Herr Mustermann verlässt unser Unternehmen mit dem 31.12.2021 auf eigenen Wunsch. Wir bedauern dies sehr, weil wir mit ihm einen sehr guten Mitarbeiter verlieren. Wir bedanken uns für die stets sehr guten Leistungen und wünschen ihm für die Zukunft beruflich und privat weiterhin viel Erfolg und alles Gute.

Musterstadt, 31.12.2021

Max MUSTERMANN AG

1. Unterzeichner/in	2. Unterzeichner/in
[Position]	[Position]

13.162 Konstruktionszeichner

Zeugnis

Herr Max Mustermann war vom 01.03.2017 bis zum 31.12.2021 in unserem Unternehmen als Konstruktionszeichner tätig.

[Unternehmensbeschreibung]

Als Konstruktionszeichner war Herr Mustermann verantwortlich für die Erstellung technischer Dokumentationen und Fertigungszeichnungen von Neuprodukten. Im Rahmen seines verantwortungsvollen und vielseitigen Tätigkeitsgebietes war Herr Mustermann für folgende Aufgaben zuständig:

- Anfertigen von Maschinenbauzeichnungen mit CAD-Programmen,
- Aufbau von Fertigungsplänen für einzelne Bauteile,
- Aufbereitung der Fertigungsunterlagen,
- Ausarbeiten von 2 - D-/3 - D-Zeichnungen,
- Erstellung der Stücklisten und Dokumentationen,
- Erstellung von projektbezogenen Detailkonstruktionen,

- Konstruieren von Prototypen und Werbeartikeln für internationale Messen,
- Pflege der Konstruktionszeichnungen mithilfe einer Datenmanagement-Software,
- Unterstützung unserer Ingenieure in der Planungsphase.

Herr Mustermann verfügt über ein hervorragendes und auch in Randbereichen sehr tiefgehendes Fachwissen, welches er in unser Unternehmen stets in höchst gewinnbringender Weise einbrachte. Eine selbstständige, systematische und zielorientierte Arbeitsweise zeichnet Herrn Mustermann aus.

Persönlich punktet Herr Mustermann neben seiner weitreichenden CAD-Kompetenz mit einem ausgeprägten technischen Verständnis, was ihn zum zuverlässigen Ansprechpartner in allen Fragen der Detailkonstruktion macht. Sehr gutes Englisch in Wort und Schrift ist für Herrn Mustermann selbstverständlich. Zum Nutzen unseres Unternehmens erweiterte und aktualisierte er immer mit sehr gutem Erfolg seine umfassenden Fachkenntnisse durch regelmäßige Teilnahme an Weiterbildungsveranstaltungen.

Aufgrund seiner sehr guten Auffassungsgabe war er jederzeit in der Lage, auch schwierige Situationen sofort zutreffend zu erfassen und schnell sehr gute Lösungen zu finden. Herr Mustermann zeigte jederzeit hohe Eigeninitiative und identifizierte sich immer voll mit seinen Aufgaben und unserem Unternehmen, wobei er auch durch seine sehr große Einsatzfreude überzeugte. Auch in Situationen mit größtem Arbeitsaufkommen erwies er sich immer als in höchstem Maße belastbar.

Alle Aufgaben führte er jederzeit vollkommen selbstständig, äußerst sorgfältig und planvoll durchdacht aus. Er agierte immer ruhig, überlegt, zielorientiert und in höchstem Maße präzise. Dabei überzeugte er stets in besonderer Weise sowohl in qualitativer als auch in quantitativer Hinsicht. Herr Mustermann war in ganz besonders hohem Maße zuverlässig.

Für alle auftretenden Probleme fand er ausnahmslos ausgezeichnete Lösungen. Die Leistungen von Herrn Mustermann haben jederzeit und in jeder Hinsicht unsere vollste Anerkennung gefunden.

Er wurde wegen seines stets freundlichen und ausgeglichenen Wesens allseits sehr geschätzt. Er war immer hilfsbereit, zuvorkommend und stellte, falls erforderlich, auch persönliche Interessen zurück. Sein Verhalten zu Vorgesetzten, Kolleginnen und Kollegen sowie Kundinnen und Kunden war jederzeit vorbildlich.

Herr Mustermann verlässt unser Unternehmen mit dem 31.12.2021 auf eigenen Wunsch. Wir bedauern dies sehr, weil wir mit ihm einen sehr guten Mitarbeiter ver-

lieren. Wir bedanken uns für die stets sehr guten Leistungen und wünschen ihm für die Zukunft beruflich und privat weiterhin viel Erfolg und alles Gute.

Musterstadt, 31.12.2021

Max MUSTERMANN AG

1. Unterzeichner/in	2. Unterzeichner/in
[Position]	[Position]

13.163 Küchenchef

Zeugnis

Herr Max Mustermann war vom 01.03.2017 bis zum 31.12.2021 in unserem Unternehmen als Küchenchef tätig.

[Unternehmensbeschreibung]

Als Küchenchef war Herr Mustermann verantwortlich für die Führung des Küchenbereichs. Im Rahmen seines verantwortungsvollen und vielseitigen Tätigkeitsgebietes war Herr Mustermann für folgende Aufgaben zuständig:

- Angebotserstellung für Veranstaltungen,
- Bestellung und Kontrolle der Lebensmittel,
- Einarbeitung von neuen Köchen und Auszubildenden,
- Erstellen der Menü-, Dienst- und Urlaubspläne,
- Lagerung der Rohstoffe und Lebensmittel,
- Leitung des gesamten Küchenpersonals,
- Mitwirkung bei der täglichen Produktion,
- Optimierung der Kosten,
- Qualitätssicherung und Kontrolle,
- repräsentatives Anrichten im Bankett-Bereich,
- Speiseplangestaltung und Kalkulation,
- Überwachung und Einhaltung der Qualitätsstandards,
- Umsetzung des Gastronomiekonzeptes,
- Vorbereitung von Buffets für Events,
- Wareneinkauf und Budgeteinhaltung.

Herr Mustermann verfügt über ein hervorragendes und auch in Randbereichen sehr tiefgehendes Fachwissen, welches er in unser Unternehmen stets in höchst gewinnbringender Weise einbrachte. Engagement, Teamfähigkeit und viel Leidenschaft zum Beruf zeichnen Herrn Mustermann aus.

Abgerundet wird sein Profil durch eine große Erfahrung im Leiten des Küchenteams und die pure Begeisterung am Kochen. Als Küchenchef legt Herr Mustermann hohen Wert auf einen reibungslosen Ablauf in der Küche, eine hohe Speisenqualität sowie die Einhaltung des anspruchsvollen Standards. Zum Nutzen unseres Unternehmens erweiterte und aktualisierte er immer mit sehr gutem Erfolg seine umfassenden Fachkenntnisse durch regelmäßige Teilnahme an Weiterbildungsveranstaltungen.

Aufgrund seiner sehr guten Auffassungsgabe war er jederzeit in der Lage, auch schwierige Situationen sofort zutreffend zu erfassen und schnell sehr gute Lösungen zu finden. Herr Mustermann zeigte jederzeit hohe Eigeninitiative und identifizierte sich immer voll mit seinen Aufgaben und unserem Unternehmen, wobei er auch durch seine sehr große Einsatzfreude überzeugte. Auch in Situationen mit größtem Arbeitsaufkommen erwies er sich immer als in höchstem Maße belastbar.

Alle Aufgaben führte er jederzeit vollkommen selbstständig, äußerst sorgfältig und planvoll durchdacht aus. Er agierte immer ruhig, überlegt, zielorientiert und in höchstem Maße präzise. Dabei überzeugte er stets in besonderer Weise sowohl in qualitativer als auch in quantitativer Hinsicht. Herr Mustermann war in ganz besonders hohem Maße zuverlässig.

Für alle auftretenden Probleme fand er ausnahmslos ausgezeichnete Lösungen. Er war aufgrund seiner ausgezeichneten Führungsqualitäten als Vorgesetzter in hohem Maße anerkannt und beliebt. Er verhielt sich seinen Mitarbeitern gegenüber stets offen und kollegial, verstand es aber dennoch, sich in schwierigen Situationen durchzusetzen und die Mitarbeiter zu optimalem Einsatz zu bewegen. Die Leistungen von Herrn Mustermann haben jederzeit und in jeder Hinsicht unsere vollste Anerkennung gefunden.

Er wurde wegen seines stets freundlichen und ausgeglichenen Wesens allseits sehr geschätzt. Er war immer hilfsbereit, zuvorkommend und stellte, falls erforderlich, auch persönliche Interessen zurück. Sein Verhalten zu Vorgesetzten, Kolleginnen und Kollegen sowie Kundinnen und Kunden war jederzeit vorbildlich.

Herr Mustermann verlässt unser Unternehmen mit dem 31.12.2021 auf eigenen Wunsch. Wir bedauern dies sehr, weil wir mit ihm einen sehr guten Mitarbeiter verlieren. Wir bedanken uns für die stets sehr guten Leistungen und wünschen ihm für die Zukunft beruflich und privat weiterhin viel Erfolg und alles Gute.

Musterstadt, 31.12.2021

Max MUSTERMANN AG

1. Unterzeichner/in	2. Unterzeichner/in
[Position]	[Position]

13.164 Küchenhilfe

Zeugnis
Herr Max Mustermann war vom 01.03.2017 bis zum 31.12.2021 in unserem Unternehmen als Küchenhilfe tätig.

[Unternehmensbeschreibung]

Als Küchenhilfe war Herr Mustermann verantwortlich für die Unterstützung unseres Küchenteams bei der Herstellung von Speisen. Im Rahmen seines Tätigkeitsgebietes war Herr Mustermann für folgende Aufgaben zuständig:

- Annahme und Lagern der Ware,
- Anrichten kalter Platten und Belegen von Häppchen,
- Auffüllen des Frühstücksbuffets,
- Auslieferung von Catering-Bewirtung,
- Durchführen innerbetrieblicher Transporte,
- Entsorgungsaufgaben,
- Mithelfen an Grill- und Dessertstation,
- Portionieren und Ausgeben von Essen,
- Reinigung der Kochutensilien und Küchengeräte,
- Reinigungsarbeiten in der Küche und im Lager,
- Waschen und schneiden von Obst, Gemüse und Salaten,
- Zuarbeiten im Küchenbereich.

Herr Mustermann verfügt über ein hervorragendes und auch in Randbereichen sehr tiefgehendes Fachwissen, welches er in unser Unternehmen stets in höchst gewinnbringender Weise einbrachte. Die Arbeitsweise von Herrn Mustermann zeichnete sich durch Sorgfalt und hohes Qualitätsbewusstsein aus. Ein strukturiertes und gewissenhaftes Bearbeiten der Aufgaben mit einem hohen Maß an Selbstständigkeit runden das Profil von Herrn Mustermann ab.

Aufgrund seiner sehr guten Auffassungsgabe war er jederzeit in der Lage, auch schwierige Situationen sofort zutreffend zu erfassen und schnell sehr gute Lösungen zu finden. Herr Mustermann zeigte jederzeit hohe Eigeninitiative und identifizierte sich immer voll mit seinen Aufgaben und unserem Unternehmen, wobei er auch durch seine sehr große Einsatzfreude überzeugte. Auch in Situationen mit größtem Arbeitsaufkommen erwies er sich immer als in höchstem Maße belastbar.

Alle Aufgaben führte er jederzeit vollkommen selbstständig, äußerst sorgfältig und planvoll durchdacht aus. Er agierte immer ruhig, überlegt, zielorientiert und in höchstem Maße präzise. Dabei überzeugte er stets in besonderer Weise sowohl in qualitativer als auch in quantitativer Hinsicht. Herr Mustermann war in ganz besonders hohem Maße zuverlässig.

Für alle auftretenden Probleme fand er ausnahmslos ausgezeichnete Lösungen. Die Leistungen von Herrn Mustermann haben jederzeit und in jeder Hinsicht unsere vollste Anerkennung gefunden.

Er wurde wegen seines stets freundlichen und ausgeglichenen Wesens allseits sehr geschätzt. Er war immer hilfsbereit, zuvorkommend und stellte, falls erforderlich, auch persönliche Interessen zurück. Sein Verhalten zu Vorgesetzten, Kolleginnen und Kollegen sowie Kundinnen und Kunden war jederzeit vorbildlich.

Herr Mustermann verlässt unser Unternehmen mit dem 31.12.2021 auf eigenen Wunsch. Wir bedauern dies sehr, weil wir mit ihm einen sehr guten Mitarbeiter verlieren. Wir bedanken uns für die stets sehr guten Leistungen und wünschen ihm für die Zukunft beruflich und privat weiterhin viel Erfolg und alles Gute.

Musterstadt, 31.12.2021

Max MUSTERMANN AG

1. Unterzeichner/in	2. Unterzeichner/in
[Position]	[Position]

13.165 Kulturmanager

Zeugnis
Herr Max Mustermann war vom 01.03.2017 bis zum 31.12.2021 in unserem Kulturamt als Kulturmanager tätig.

[Unternehmensbeschreibung]

Als Kulturmanager war Herr Mustermann verantwortlich für die Planung und das Entwickeln von Kulturprojekten und Freizeiteinrichtungen. Im Rahmen seines verantwortungsvollen und vielseitigen Tätigkeitsgebietes war Herr Mustermann für folgende Aufgaben zuständig:

- Akquise von Projektzuschüssen und Sponsoren,
- Budgeterstellung und laufende Überwachung,
- Controlling von Kulturprojekten und Freizeiteinrichtungen,
- Entwicklung von Change-Konzepten und -Architekturen,
- Fundraising,
- konzeptionelle Weiterentwicklung von Programmpunkten,
- Planen von Dialogveranstaltungen und Workshops,
- Planung, Organisation und Durchführung von Veranstaltungen,

- Presse- und Öffentlichkeitsarbeit,
- Steuerung der sozialen Medien,
- Umsetzung des städtischen kulturellen Programmes,
- Veranstaltungsleitung und -mitarbeit.

Herr Mustermann verfügt über ein hervorragendes und auch in Randbereichen sehr tiefgehendes Fachwissen, welches er in unser Kulturamt stets in höchst gewinnbringender Weise einbrachte. Hohe kommunikative Fähigkeiten über alle Hierarchieebenen hinweg und sicheres Auftreten zeichnen Herrn Mustermann aus.

Persönlich punktet Herr Mustermann mit sehr guten Kenntnissen der lokalen und internationalen Kulturszene sowie einem weiten Netzwerk. Sämtliche Ressourcen – finanzielle, personelle und materielle – versteht Herr Mustermann optimal zu nutzen. Fließende Englischkenntnisse sind für Herrn Mustermann selbstverständlich. Zum Nutzen unseres Kulturamts erweiterte und aktualisierte er immer mit sehr gutem Erfolg seine umfassenden Fachkenntnisse durch regelmäßige Teilnahme an Weiterbildungsveranstaltungen.

Aufgrund seiner sehr guten Auffassungsgabe war er jederzeit in der Lage, auch schwierige Situationen sofort zutreffend zu erfassen und schnell sehr gute Lösungen zu finden. Herr Mustermann zeigte jederzeit hohe Eigeninitiative und identifizierte sich immer voll mit seinen Aufgaben und unserem Kulturamt, wobei er auch durch seine sehr große Einsatzfreude überzeugte. Auch in Situationen mit größtem Arbeitsaufkommen erwies er sich immer als in höchstem Maße belastbar.

Alle Aufgaben führte er jederzeit vollkommen selbstständig, äußerst sorgfältig und planvoll durchdacht aus. Er agierte immer ruhig, überlegt, zielorientiert und in höchstem Maße präzise. Dabei überzeugte er stets in besonderer Weise sowohl in qualitativer als auch in quantitativer Hinsicht. Herr Mustermann war in ganz besonders hohem Maße zuverlässig.

Für alle auftretenden Probleme fand er ausnahmslos ausgezeichnete Lösungen. Die Leistungen von Herrn Mustermann haben jederzeit und in jeder Hinsicht unsere vollste Anerkennung gefunden.

Er wurde wegen seines stets freundlichen und ausgeglichenen Wesens allseits sehr geschätzt. Er war immer hilfsbereit, zuvorkommend und stellte, falls erforderlich, auch persönliche Interessen zurück. Sein Verhalten zu Vorgesetzten, Kolleginnen und Kollegen sowie Kundinnen und Kunden war jederzeit vorbildlich.

Herr Mustermann verlässt unser Kulturamt mit dem 31.12.2021 auf eigenen Wunsch. Wir bedauern dies sehr, weil wir mit ihm einen sehr guten Mitarbeiter verlieren. Wir bedanken uns für die stets sehr guten Leistungen und wünschen ihm für die Zukunft beruflich und privat weiterhin viel Erfolg und alles Gute.

Musterstadt, 31.12.2021

Max MUSTERMANN AG

1. Unterzeichner/in	2. Unterzeichner/in
[Position]	[Position]

13.166 Kundenberater Bank

Zeugnis
Herr Max Mustermann war vom 01.03.2017 bis zum 31.12.2021 in unserem Unternehmen als Kundenberater tätig.

[Unternehmensbeschreibung]

Als Kundenberater war Herr Mustermann verantwortlich für die Beratung unserer Kunden und den Verkauf von Finanzprodukten. Im Rahmen seines verantwortungsvollen und vielseitigen Tätigkeitsgebietes war Herr Mustermann für folgende Aufgaben zuständig:

- Auswertung betriebswirtschaftlicher Daten,
- Bearbeitung von Kundenreklamationen,
- bedarfsorientierter Verkauf von Finanzprodukten,
- Beratung im Kredit- und Vorsorgebereich,
- Durchführen von Baufinanzierungsberatungen,
- Erfassung von internen und externen Wertpapierüberträgen,
- Erfassung von Kundenaufträgen,
- Erledigung der anfallenden Korrespondenz in deutscher und englischer Sprache,
- Ermittlung des individuellen Finanzierungsbedarfs unserer Kunden,
- Erstellung von spezifischen Finanzierungsvorschlägen,
- fachliche Unterstützung für unsere internen Abteilungen bei finanziellen Fragestellungen,
- Kontrolle von erfassten Wertpapiergeschäften,
- Terminkoordination und -überwachung,
- Vor- und Nachbereitung interner und externer Besprechungen,
- Vorbereitung von Präsentationen.

Herr Mustermann verfügt über ein hervorragendes und auch in Randbereichen sehr tiefgehendes Fachwissen, welches er in unser Unternehmen stets in höchst gewinnbringender Weise einbrachte. Selbstständiges und zuverlässiges Arbeiten, sehr gute Kenntnisse in der Bau- und Immobilienfinanzierung, eine verantwortungsbewusste Arbeitsweise sowie überdurchschnittliche Einsatzbereitschaft zeichnen Herrn Mustermann aus.

Ausgeprägte Vertriebs- und Kundenorientierung sowie Organisationstalent, sehr gute Englisch- und anwenderbezogene EDV-Kenntnisse (MS Office) runden das Profil von Herrn Mustermann ab. Zum Nutzen unseres Unternehmens erweiterte und aktualisierte er immer mit sehr gutem Erfolg seine umfassenden Fachkenntnisse durch regelmäßige Teilnahme an Weiterbildungsveranstaltungen.

Aufgrund seiner sehr guten Auffassungsgabe war er jederzeit in der Lage, auch schwierige Situationen sofort zutreffend zu erfassen und schnell sehr gute Lösungen zu finden. Herr Mustermann zeigte jederzeit hohe Eigeninitiative und identifizierte sich immer voll mit seinen Aufgaben und unserem Unternehmen, wobei er auch durch seine sehr große Einsatzfreude überzeugte. Auch in Situationen mit größtem Arbeitsaufkommen erwies er sich immer als in höchstem Maße belastbar.

Alle Aufgaben führte er jederzeit vollkommen selbstständig, äußerst sorgfältig und planvoll durchdacht aus. Er agierte immer ruhig, überlegt, zielorientiert und in höchstem Maße präzise. Dabei überzeugte er stets in besonderer Weise sowohl in qualitativer als auch in quantitativer Hinsicht. Herr Mustermann war in ganz besonders hohem Maße zuverlässig.

Für alle auftretenden Probleme fand er ausnahmslos ausgezeichnete Lösungen. Die Leistungen von Herrn Mustermann haben jederzeit und in jeder Hinsicht unsere vollste Anerkennung gefunden.

Er wurde wegen seines stets freundlichen und ausgeglichenen Wesens allseits sehr geschätzt. Er war immer hilfsbereit, zuvorkommend und stellte, falls erforderlich, auch persönliche Interessen zurück. Sein Verhalten zu Vorgesetzten, Kolleginnen und Kollegen sowie Kundinnen und Kunden war jederzeit vorbildlich.

Herr Mustermann verlässt unser Unternehmen mit dem 31.12.2021 auf eigenen Wunsch. Wir bedauern dies sehr, weil wir mit ihm einen sehr guten Mitarbeiter verlieren. Wir bedanken uns für die stets sehr guten Leistungen und wünschen ihm für die Zukunft beruflich und privat weiterhin viel Erfolg und alles Gute.

Musterstadt, 31.12.2021

Max MUSTERMANN AG

1. Unterzeichner/in	2. Unterzeichner/in
[Position]	[Position]

13.167 Lager- und Transportarbeiter

Zeugnis
Herr Max Mustermann war vom 01.03.2017 bis zum 31.12.2021 in unserem Unternehmen als Lager- und Transportarbeiter tätig.

[Unternehmensbeschreibung]

Als Lager- und Transportarbeiter war Herr Mustermann verantwortlich für die Kommissionierung und Bereitstellung der Waren mit Gondeln, Hubwagen und dem Gabelstapler. Im Rahmen seines verantwortungsvollen und vielseitigen Tätigkeitsgebietes war Herr Mustermann für folgende Aufgaben zuständig:

- Abarbeiten von internen Transportaufträgen,
- Abwicklung der täglichen Wareneingänge,
- Be- und Entladung von Lkws,
- Bedienung des automatischen Hochregallagers,
- Bedienung des Scannersystems auf den Gabelstaplern und Gondeln,
- Behebung von Störungen im Hochregallager,
- Bereitstellung von Vollgutpaletten zur Lkw-Beladung,
- fachgerechtes Einlagern der Ware,
- Mitwirken bei Inventuren,
- Optimierung der Lagerplatzbelegung im Lager,
- sortengerechte Stapelung der Vollgutpaletten im Lager,
- Transportarbeiten mittels Flurförderfahrzeugen,
- Umbuchen der Waren in einem EDV-System gemäß Arbeitsanweisung,
- Verantworten der Sauberkeit im Lager,
- Verwiegen, Etikettieren, Transportieren und Entleeren von Transportbehältern,
- Vorbereitung der Verladung und Anbringen von Versandetiketten,
- Zusammenstellen von Warensendungen.

Herr Mustermann verfügt über ein hervorragendes und auch in Randbereichen sehr tiefgehendes Fachwissen, welches er in unser Unternehmen stets in höchst gewinnbringender Weise einbrachte. Eine selbstständige, verantwortungsbewusste und strukturierte Arbeitsweise zeichnet Herrn Mustermann aus. Persönlich punktet Herr Mustermann mit Freude an Teamarbeit und hoher Einsatzbereitschaft.

Aufgrund seiner sehr guten Auffassungsgabe war er jederzeit in der Lage, auch schwierige Situationen sofort zutreffend zu erfassen und schnell sehr gute Lösungen zu finden. Herr Mustermann zeigte jederzeit hohe Eigeninitiative und identifizierte sich immer voll mit seinen Aufgaben und unserem Unternehmen, wobei er auch durch seine sehr große Einsatzfreude überzeugte. Auch in Situationen mit größtem Arbeitsaufkommen erwies er sich immer als in höchstem Maße belastbar.

Alle Aufgaben führte er jederzeit vollkommen selbstständig, äußerst sorgfältig und planvoll durchdacht aus. Er agierte immer ruhig, überlegt, zielorientiert und in höchstem Maße präzise. Dabei überzeugte er stets in besonderer Weise sowohl in qualitativer als auch in quantitativer Hinsicht. Herr Mustermann war in ganz besonders hohem Maße zuverlässig.

Für alle auftretenden Probleme fand er ausnahmslos ausgezeichnete Lösungen. Die Leistungen von Herrn Mustermann haben jederzeit und in jeder Hinsicht unsere vollste Anerkennung gefunden.

Er wurde wegen seines stets freundlichen und ausgeglichenen Wesens allseits sehr geschätzt. Er war immer hilfsbereit, zuvorkommend und stellte, falls erforderlich, auch persönliche Interessen zurück. Sein Verhalten zu Vorgesetzten, Kolleginnen und Kollegen sowie Kundinnen und Kunden war jederzeit vorbildlich.

Herr Mustermann verlässt unser Unternehmen mit dem 31.12.2021 auf eigenen Wunsch. Wir bedauern dies sehr, weil wir mit ihm einen sehr guten Mitarbeiter verlieren. Wir bedanken uns für die stets sehr guten Leistungen und wünschen ihm für die Zukunft beruflich und privat weiterhin viel Erfolg und alles Gute.

Musterstadt, 31.12.2021

Max MUSTERMANN AG

1. Unterzeichner/in	2. Unterzeichner/in
[Position]	[Position]

13.168 Landschaftsgärtner

Zeugnis

Herr Max Mustermann war vom 01.03.2017 bis zum 31.12.2021 in unserem Unternehmen als Landschaftsgärtner tätig.

[Unternehmensbeschreibung]

Als Landschaftsgärtner war Herr Mustermann verantwortlich für die Gestaltung von Grünflächen, Baumpflege, Strauch- und Heckenschnitt, Rasenneuanlagen, Pflanzarbeiten sowie Wege- und Terrassenbau. Im Rahmen seines verantwortungsvollen und vielseitigen Tätigkeitsgebietes war Herr Mustermann für folgende Aufgaben zuständig:

- Abwicklung von kleineren Baumaßnahmen im Garten- und Landschaftsbau,
- Aufbau und die Wartung von Wasserobjekten,

- Baum- und Heckenschnitt,
- Bepflanzen der Töpfe und Grünzonen,
- Durchführen von Pflege und Reinigungsarbeiten der Grüninstallationen,
- Gartenpflege und Gestaltung von Außenanlagen,
- Kleinreparaturen auf Spiel-, Bolz- und Sportplätzen,
- Laubbeseitigung auf Rasen- und Pflanzflächen,
- Pflege und Instandhaltung von Außenanlagen,
- Pflege und Schnitt der Gehölze,
- regelmäßige Kontrolle der Objekte sowie Qualitätssicherung,
- Reinigung der Freianlagen von Papier und Unrat,
- Rodungsarbeiten sowie Sturmschadenbeseitigung,
- Unkrautbeseitigung,
- Unterhaltung von Technik, Fahrzeugen und Geräten,
- Unterhaltungsmaßnahmen an Grün- und Parkanlagen.

Herr Mustermann verfügt über ein hervorragendes und auch in Randbereichen sehr tiefgehendes Fachwissen, welches er in unser Unternehmen stets in höchst gewinnbringender Weise einbrachte. Gute Fähigkeiten im Bereich Baum-, Strauch- und Heckenschnitt, Rasenneuanlagen und Pflanzarbeiten zeichnen Herrn Mustermann aus.

Persönlich punktet Herr Mustermann mit Freude an Teamarbeit, hoher Einsatzbereitschaft, handwerklichem Geschick, technischem Interesse, strukturierter Arbeitsweise und körperlicher Belastbarkeit. Zum Nutzen unseres Unternehmens erweiterte und aktualisierte er immer mit sehr gutem Erfolg seine umfassenden Fachkenntnisse durch regelmäßige Teilnahme an Weiterbildungsveranstaltungen.

Aufgrund seiner sehr guten Auffassungsgabe war er jederzeit in der Lage, auch schwierige Situationen sofort zutreffend zu erfassen und schnell sehr gute Lösungen zu finden. Herr Mustermann zeigte jederzeit hohe Eigeninitiative und identifizierte sich immer voll mit seinen Aufgaben und unserem Unternehmen, wobei er auch durch seine sehr große Einsatzfreude überzeugte. Auch in Situationen mit größtem Arbeitsaufkommen erwies er sich immer als in höchstem Maße belastbar.

Alle Aufgaben führte er jederzeit vollkommen selbstständig, äußerst sorgfältig und planvoll durchdacht aus. Er agierte immer ruhig, überlegt, zielorientiert und in höchstem Maße präzise. Dabei überzeugte er stets in besonderer Weise sowohl in qualitativer als auch in quantitativer Hinsicht. Herr Mustermann war in ganz besonders hohem Maße zuverlässig.

Für alle auftretenden Probleme fand er ausnahmslos ausgezeichnete Lösungen. Die Leistungen von Herrn Mustermann haben jederzeit und in jeder Hinsicht unsere vollste Anerkennung gefunden.

Er wurde wegen seines stets freundlichen und ausgeglichenen Wesens allseits sehr geschätzt. Er war immer hilfsbereit, zuvorkommend und stellte, falls erforderlich, auch persönliche Interessen zurück. Sein Verhalten zu Vorgesetzten, Kolleginnen und Kollegen sowie Kundinnen und Kunden war jederzeit vorbildlich.

Herr Mustermann verlässt unser Unternehmen mit dem 31.12.2021 auf eigenen Wunsch. Wir bedauern dies sehr, weil wir mit ihm einen sehr guten Mitarbeiter verlieren. Wir bedanken uns für die stets sehr guten Leistungen und wünschen ihm für die Zukunft beruflich und privat weiterhin viel Erfolg und alles Gute.

Musterstadt, 31.12.2021

Max MUSTERMANN AG

1. Unterzeichner/in	2. Unterzeichner/in
[Position]	[Position]

13.169 Leiter Export

Zeugnis

Herr Max Mustermann war vom 01.03.2017 bis zum 31.12.2021 in unserem Unternehmen als Leiter Export tätig.

[Unternehmensbeschreibung]

Als Leiter der Exportabteilung war Herr Mustermann verantwortlich für den weiteren Ausbau des Exportgeschäftes mit einer zukunftsorientierten Gesamtstrategie für die Firma, in enger Abstimmung mit der Unternehmensführung. Im Rahmen seines verantwortungsvollen und vielseitigen Tätigkeitsgebietes war Herr Mustermann für folgende Aufgaben zuständig:

- Abschluss neuer erfolgreicher Lieferbeziehungen,
- Akquisition von Neukunden und neuer Partner im Ausland,
- Ansprechpartner für Kunden und Lieferanten,
- Aufbau weiterer Geschäftschancen,
- Durchführung der Jahresgespräche mit den Mitarbeitern,
- Erreichung der Vertriebsziele im Rahmen des vorgegebenen Budgets,
- Erstellung und Auswertung von Kalkulationen,
- fachliche, disziplinarische und organisatorische Leitung des gesamten Exportteams,
- Gestalten des Markteintritts auf Basis tragfähiger Analysen,
- Mitarbeit in abteilungsübergreifenden Projekten,

- Mitgestaltung und Prüfung von Verträgen,
- monatliche Preisverhandlungen mit Lieferanten,
- Optimierung der gesamten Exportprozesse,
- Organisation und Durchführung von internationalen Fachmessen,
- Pflege unserer bestehenden Exportkunden,
- Prozessoptimierung im Personalcontrolling,
- Prüfung und Auswertung der monatlichen Verkaufsstatistiken,
- regelmäßige Lagerbestandskontrollen,
- Repräsentation des Unternehmens in den Zielmärkten,
- Teilnahme an internationalen Fachmessen und Kongressen,
- Umsatzverantwortung für die Exportabteilung,
- Unterstützung bei der Exportkontrolle und Abstimmung in Zollfragen,
- Verantworten von Umsatz-, Kostenbudget und nachhaltige Marktentwicklung.

Herr Mustermann verfügt über ein hervorragendes und auch in Randbereichen sehr tiefgehendes Fachwissen, welches er in unser Unternehmen stets in höchst gewinnbringender Weise einbrachte. Ein freundliches und kundenorientiertes Auftreten, Beratungskompetenz, Verhandlungsgeschick und interkulturelle Kompetenz zeichnen Herrn Mustermann aus.

Ein aktives Beziehungsmanagement zu unseren Vertriebspartnern und partnerschaftliche Betreuung des Kundenkreises runden das Profil von Herrn Mustermann ab. Verhandlungssicheres Englisch in Wort und Schrift ist für Herrn Mustermann selbstverständlich. Zum Nutzen unseres Unternehmens erweiterte und aktualisierte er immer mit sehr gutem Erfolg seine umfassenden Fachkenntnisse durch regelmäßige Teilnahme an Weiterbildungsveranstaltungen.

Aufgrund seiner sehr guten Auffassungsgabe war er jederzeit in der Lage, auch schwierige Situationen sofort zutreffend zu erfassen und schnell sehr gute Lösungen zu finden. Herr Mustermann zeigte jederzeit hohe Eigeninitiative und identifizierte sich immer voll mit seinen Aufgaben und unserem Unternehmen, wobei er auch durch seine sehr große Einsatzfreude überzeugte. Auch in Situationen mit größtem Arbeitsaufkommen erwies er sich immer als in höchstem Maße belastbar.

Alle Aufgaben führte er jederzeit vollkommen selbstständig, äußerst sorgfältig und planvoll durchdacht aus. Er agierte immer ruhig, überlegt, zielorientiert und in höchstem Maße präzise. Dabei überzeugte er stets in besonderer Weise sowohl in qualitativer als auch in quantitativer Hinsicht. Herr Mustermann war in ganz besonders hohem Maße zuverlässig.

Für alle auftretenden Probleme fand er ausnahmslos ausgezeichnete Lösungen. Er war aufgrund seiner ausgezeichneten Führungsqualitäten als Vorgesetzter in hohem

Maße anerkannt und beliebt. Er verhielt sich seinen Mitarbeitern gegenüber stets offen und kollegial, verstand es aber dennoch, sich in schwierigen Situationen durchzusetzen und die Mitarbeiter zu optimalem Einsatz zu bewegen. Die Leistungen von Herrn Mustermann haben jederzeit und in jeder Hinsicht unsere vollste Anerkennung gefunden.

Er wurde wegen seines stets freundlichen und ausgeglichenen Wesens allseits sehr geschätzt. Er war immer hilfsbereit, zuvorkommend und stellte, falls erforderlich, auch persönliche Interessen zurück. Sein Verhalten zu Vorgesetzten, Kolleginnen und Kollegen sowie Kundinnen und Kunden war jederzeit vorbildlich.

Herr Mustermann verlässt unser Unternehmen mit dem 31.12.2021 auf eigenen Wunsch. Wir bedauern dies sehr, weil wir mit ihm einen sehr guten Mitarbeiter verlieren. Wir bedanken uns für die stets sehr guten Leistungen und wünschen ihm für die Zukunft beruflich und privat weiterhin viel Erfolg und alles Gute.

Musterstadt, 31.12.2021

Max MUSTERMANN AG

1. Unterzeichner/in	2. Unterzeichner/in
[Position]	[Position]

13.170 Leiter Marketing

Zeugnis

Herr Max Mustermann war vom 01.03.2017 bis zum 31.12.2021 in unserem Unternehmen als Leiter Marketing tätig.

[Unternehmensbeschreibung]

Als Leiter der Marketingabteilung war Herr Mustermann verantwortlich für die Entwicklung neuer Marketingkanäle und den Ausbau bestehender Werbekampagnen. Im Rahmen seines verantwortungsvollen und vielseitigen Tätigkeitsgebietes war Herr Mustermann für folgende Aufgaben zuständig:

- Auswahl und Steuerung von externen Marketingdienstleistern und -agenturen,
- Durchführen von Verkaufsaktionen und Marketingkampagnen,
- Durchführung von Kommunikationskampagnen,
- Entwicklung und Umsetzung von Vermarktungskonzepten,
- Entwicklung von Strategien zur Weiterentwicklung der Märkte,
- Erstellung und Einhaltung des Marketingbudgets,

- Führung, Motivation und Entwicklung des Marketingteams,
- Konzeption und Umsetzung der Marketingaktivitäten,
- Konzipierung von Marketingauftritten,
- Kostenplanung von Messen und Veranstaltungen,
- Präsentation von Marketingkonzepten bei Tagungen, auf Messen und Seminaren,
- Presse- und Öffentlichkeitsarbeit,
- Sicherstellung der Einhaltung von Qualitäts- und Kostenvorgaben,
- Steigerung der Bestellungen im Onlinebereich,
- Verantwortung für alle Onlinemarketingmaßnahmen,
- Weiterentwicklung der Markenarchitektur und Kommunikationsstrategie,
- Zusammenarbeit mit dem Vertrieb und externen Agenturen.

Herr Mustermann verfügt über ein hervorragendes und auch in Randbereichen sehr tiefgehendes Fachwissen, welches er in unser Unternehmen stets in höchst gewinnbringender Weise einbrachte. Herr Mustermann besitzt Kreativität, gute konzeptionelle Fähigkeiten sowie analytisches Denkvermögen und verfügt über eine langjährige Berufserfahrung im Onlinemarketing SEA, SEO und Social Media.

Eine hohe Teamorientierung, Kommunikationsstärke und große Erfahrung mit crossmedialen Branding- und Performance-Kampagnen zeichnen Herrn Mustermann aus. Zum Nutzen unseres Unternehmens erweiterte und aktualisierte er immer mit sehr gutem Erfolg seine umfassenden Fachkenntnisse durch regelmäßige Teilnahme an Weiterbildungsveranstaltungen.

Aufgrund seiner sehr guten Auffassungsgabe war er jederzeit in der Lage, auch schwierige Situationen sofort zutreffend zu erfassen und schnell sehr gute Lösungen zu finden. Herr Mustermann zeigte jederzeit hohe Eigeninitiative und identifizierte sich immer voll mit seinen Aufgaben und unserem Unternehmen, wobei er auch durch seine sehr große Einsatzfreude überzeugte. Auch in Situationen mit größtem Arbeitsaufkommen erwies er sich immer als in höchstem Maße belastbar.

Alle Aufgaben führte er jederzeit vollkommen selbstständig, äußerst sorgfältig und planvoll durchdacht aus. Er agierte immer ruhig, überlegt, zielorientiert und in höchstem Maße präzise. Dabei überzeugte er stets in besonderer Weise sowohl in qualitativer als auch in quantitativer Hinsicht. Herr Mustermann war in ganz besonders hohem Maße zuverlässig.

Für alle auftretenden Probleme fand er ausnahmslos ausgezeichnete Lösungen. Er war aufgrund seiner ausgezeichneten Führungsqualitäten als Vorgesetzter in hohem Maße anerkannt und beliebt. Er verhielt sich seinen Mitarbeitern gegenüber stets offen und kollegial, verstand es aber dennoch, sich in schwierigen Situationen durchzusetzen und die Mitarbeiter zu optimalem Einsatz zu bewegen. Die Leistungen von

Herrn Mustermann haben jederzeit und in jeder Hinsicht unsere vollste Anerkennung gefunden.

Er wurde wegen seines stets freundlichen und ausgeglichenen Wesens allseits sehr geschätzt. Er war immer hilfsbereit, zuvorkommend und stellte, falls erforderlich, auch persönliche Interessen zurück. Sein Verhalten zu Vorgesetzten, Kolleginnen und Kollegen sowie Kundinnen und Kunden war jederzeit vorbildlich.

Herr Mustermann verlässt unser Unternehmen mit dem 31.12.2021 auf eigenen Wunsch. Wir bedauern dies sehr, weil wir mit ihm einen sehr guten Mitarbeiter verlieren. Wir bedanken uns für die stets sehr guten Leistungen und wünschen ihm für die Zukunft beruflich und privat weiterhin viel Erfolg und alles Gute.

Musterstadt, 31.12.2021

Max MUSTERMANN AG

1. Unterzeichner/in	2. Unterzeichner/in
[Position]	[Position]

13.171 Leiter Personal

Zeugnis

Herr Max Mustermann war vom 01.03.2017 bis zum 31.12.2021 in unserem Unternehmen als Leiter Personal tätig.

[Unternehmensbeschreibung]

Als Leiter der Personalabteilung war Herr Mustermann verantwortlich für die Betreuung der Führungskräfte und Mitarbeiter bei allen Themen der Personalwirtschaft. Im Rahmen seines verantwortungsvollen und vielseitigen Tätigkeitsgebietes war Herr Mustermann für folgende Aufgaben zuständig:

- Ansprechpartner in allen operativen Personalfragen,
- Beratung der Führungskräfte bei arbeitsrechtlichen Maßnahmen,
- Betreuung der Mitarbeiter in allen personalbezogenen Fragestellungen,
- Einführung von IT-Prozessen in der Personalentwicklung,
- Erstellen von Trainings-, Weiterbildungs- und Schulungsangeboten,
- fachliche, disziplinarische und organisatorische Leitung des gesamten Personalteams,
- Führen von Jahresgesprächen mit den Mitarbeitern,
- Koordination von Gehalt und Vergütungen,

- Leitung aller strategischen und operativen Abläufe im Personalmanagement,
- Optimierung sämtlicher Personalwesenprozesse,
- Organisation und Steuerung des gesamten Recruitingprozesses,
- Planung der Personalentwicklungsmaßnahmen,
- Prozessoptimierung und Einführung von HR-Instrumenten,
- Unterstützung der Führungskräfte in allen Personalthemen,
- Verantwortung für das Personalbudget des Gesamtunternehmens,
- Vertragsverhandlungen,
- vertrauensvolle Zusammenarbeit mit dem Betriebsrat.

Herr Mustermann verfügt über ein hervorragendes und auch in Randbereichen sehr tiefgehendes Fachwissen, welches er in unser Unternehmen stets in höchst gewinnbringender Weise einbrachte. Die Arbeitsweise von Herrn Mustermann zeichnete sich durch Freude an operativer Personalarbeit und konzeptionellen Stärken aus.

Persönlich punktet Herr Mustermann mit Führungsqualitäten, Motivationsgeschick und einer selbstständigen, vorausschauenden und dienstleistungsorientierten Arbeitsweise. Zum Nutzen unseres Unternehmens erweiterte und aktualisierte er immer mit sehr gutem Erfolg seine umfassenden Fachkenntnisse durch regelmäßige Teilnahme an Weiterbildungsveranstaltungen.

Aufgrund seiner sehr guten Auffassungsgabe war er jederzeit in der Lage, auch schwierige Situationen sofort zutreffend zu erfassen und schnell sehr gute Lösungen zu finden. Herr Mustermann zeigte jederzeit hohe Eigeninitiative und identifizierte sich immer voll mit seinen Aufgaben und unserem Unternehmen, wobei er auch durch seine sehr große Einsatzfreude überzeugte. Auch in Situationen mit größtem Arbeitsaufkommen erwies er sich immer als in höchstem Maße belastbar.

Alle Aufgaben führte er jederzeit vollkommen selbstständig, äußerst sorgfältig und planvoll durchdacht aus. Er agierte immer ruhig, überlegt, zielorientiert und in höchstem Maße präzise. Dabei überzeugte er stets in besonderer Weise sowohl in qualitativer als auch in quantitativer Hinsicht. Herr Mustermann war in ganz besonders hohem Maße zuverlässig.

Für alle auftretenden Probleme fand er ausnahmslos ausgezeichnete Lösungen. Er war aufgrund seiner ausgezeichneten Führungsqualitäten als Vorgesetzter in hohem Maße anerkannt und beliebt. Er verhielt sich seinen Mitarbeitern gegenüber stets offen und kollegial, verstand es aber dennoch, sich in schwierigen Situationen durchzusetzen und die Mitarbeiter zu optimalem Einsatz zu bewegen. Die Leistungen von Herrn Mustermann haben jederzeit und in jeder Hinsicht unsere vollste Anerkennung gefunden.

Er wurde wegen seines stets freundlichen und ausgeglichenen Wesens allseits sehr geschätzt. Er war immer hilfsbereit, zuvorkommend und stellte, falls erforderlich, auch persönliche Interessen zurück. Sein Verhalten zu Vorgesetzten, Kolleginnen und Kollegen sowie Kundinnen und Kunden war jederzeit vorbildlich.

Herr Mustermann verlässt unser Unternehmen mit dem 31.12.2021 auf eigenen Wunsch. Wir bedauern dies sehr, weil wir mit ihm einen sehr guten Mitarbeiter verlieren. Wir bedanken uns für die stets sehr guten Leistungen und wünschen ihm für die Zukunft beruflich und privat weiterhin viel Erfolg und alles Gute.

Musterstadt, 31.12.2021

Max MUSTERMANN AG

1. Unterzeichner/in	2. Unterzeichner/in
[Position]	[Position]

13.172 Leiter Rechnungswesen

Zeugnis

Herr Max Mustermann war vom 01.03.2017 bis zum 31.12.2021 in unserem Unternehmen als Leiter Rechnungswesen tätig.

[Unternehmensbeschreibung]

Als Leiter des Rechnungswesens war Herr Mustermann verantwortlich für alle Belange des Rechnungswesens und Controllings. Im Rahmen seines verantwortungsvollen und vielseitigen Tätigkeitsgebietes war Herr Mustermann für folgende Aufgaben zuständig:

- Anfertigung von Auswertungen und Statistiken,
- Ansprechpartner für Banken, Behörden und Steuerberater,
- Berichterstattung an den Geschäftsführer,
- Durchführung des Projekt- und Kostencontrollings,
- Erstellung von Monats-, Quartals- und Jahresberichten,
- fachliche Unterstützung für unsere internen Abteilungen bei steuerlichen Fragestellungen,
- Führen des Mitarbeiterteams des Finanz-und Rechnungswesens,
- Führen von Jahresgesprächen mit den Mitarbeitern,
- Kontrolle Debitoren- und Kreditorenbuchhaltung,
- Kontrolle der Einhaltung von steuerlichen Richtlinien und Terminen,
- Leitung Mahnwesen und Forderungsmanagement,

- Optimierung von Prozessen im kaufmännischen Bereich,
- Prüfen der monatlichen Abschlüsse und Umsatzsteuervoranmeldung,
- Steuerung des Rechnungswesens und des Controllings,
- Strukturierung von Produktkalkulationen und Kennzahlen,
- Verantwortung des Bereichs Rechnungswesen, vorbereitende Buchhaltung und Controlling,
- Vorbereitung der Monats- und Jahresabschlüsse.

Herr Mustermann verfügt über ein hervorragendes und auch in Randbereichen sehr tiefgehendes Fachwissen, welches er in unser Unternehmen stets in höchst gewinnbringender Weise einbrachte. Die Arbeitsweise von Herrn Mustermann zeichnete sich durch ein hohes Maß an Genauigkeit, sehr sorgfältige Arbeitsweise und ein sehr gutes Zahlenverständnis aus.

Persönlich punktet Herr Mustermann mit Pflichttreue, Einsatzbereitschaft, Engagement und einem hohen Maß an Integrität. Zum Nutzen unseres Unternehmens erweiterte und aktualisierte er immer mit sehr gutem Erfolg seine umfassenden Fachkenntnisse durch regelmäßige Teilnahme an Weiterbildungsveranstaltungen.

Aufgrund seiner sehr guten Auffassungsgabe war er jederzeit in der Lage, auch schwierige Situationen sofort zutreffend zu erfassen und schnell sehr gute Lösungen zu finden. Herr Mustermann zeigte jederzeit hohe Eigeninitiative und identifizierte sich immer voll mit seinen Aufgaben und unserem Unternehmen, wobei er auch durch seine sehr große Einsatzfreude überzeugte. Auch in Situationen mit größtem Arbeitsaufkommen erwies er sich immer als in höchstem Maße belastbar.

Alle Aufgaben führte er jederzeit vollkommen selbstständig, äußerst sorgfältig und planvoll durchdacht aus. Er agierte immer ruhig, überlegt, zielorientiert und in höchstem Maße präzise. Dabei überzeugte er stets in besonderer Weise sowohl in qualitativer als auch in quantitativer Hinsicht. Herr Mustermann war in ganz besonders hohem Maße zuverlässig.

Für alle auftretenden Probleme fand er ausnahmslos ausgezeichnete Lösungen. Er war aufgrund seiner ausgezeichneten Führungsqualitäten als Vorgesetzter in hohem Maße anerkannt und beliebt. Er verhielt sich seinen Mitarbeitern gegenüber stets offen und kollegial, verstand es aber dennoch, sich in schwierigen Situationen durchzusetzen und die Mitarbeiter zu optimalem Einsatz zu bewegen. Die Leistungen von Herrn Mustermann haben jederzeit und in jeder Hinsicht unsere vollste Anerkennung gefunden.

Er wurde wegen seines stets freundlichen und ausgeglichenen Wesens allseits sehr geschätzt. Er war immer hilfsbereit, zuvorkommend und stellte, falls erforderlich, auch persönliche Interessen zurück. Sein Verhalten zu Vorgesetzten, Kolleginnen und Kollegen sowie Kundinnen und Kunden war jederzeit vorbildlich.

Herr Mustermann verlässt unser Unternehmen mit dem 31.12.2021 auf eigenen Wunsch. Wir bedauern dies sehr, weil wir mit ihm einen sehr guten Mitarbeiter verlieren. Wir bedanken uns für die stets sehr guten Leistungen und wünschen ihm für die Zukunft beruflich und privat weiterhin viel Erfolg und alles Gute.

Musterstadt, 31.12.2021

Max MUSTERMANN AG

1. Unterzeichner/in	2. Unterzeichner/in
[Position]	[Position]

13.173 Logopäde

Zeugnis
Herr Max Mustermann war vom 01.03.2017 bis zum 31.12.2021 in unserem Unternehmen als Logopäde tätig.

[Unternehmensbeschreibung]

Als Logopäde war Herr Mustermann verantwortlich für die Ausführung von Diagnostik und Anwendungen bei Patienten mit Störungen beim Sprechen, beim Schlucken und bei der Nahrungsaufnahme. Im Rahmen seines verantwortungsvollen und vielseitigen Tätigkeitsgebietes war Herr Mustermann für folgende Aufgaben zuständig:

- Anleitung und Beratung von Bezugspersonen der Patienten,
- Ausführung logopädischer Behandlungen,
- Auswertung und Ausführung logopädischer Diagnostikverfahren,
- Befundaufnahme, Therapieplanung und Umsetzung der Therapie,
- Dokumentation von Befunden, Behandlungen und Therapieverläufen,
- Durchführen von Behandlungen neurogen bedingter Störungen,
- Einzeltherapien auf neurophysiologischer Basis,
- Erstellung von logopädischen Befunden,
- Pflegedokumentation der Patienten,
- Planung diagnostischer und therapeutischer Maßnahmen,
- Realisierung des funktionellen Trainings,
- Teilnahme an interdisziplinären Fallbesprechungen,
- Therapien abstimmen, planen und durchführen,
- Unterstützung bei der Wiederherstellung der beeinträchtigten Fähigkeiten der Patienten,
- Vermittlung der Techniken zu Sprech- und Sprachtraining.

Herr Mustermann verfügt über ein hervorragendes und auch in Randbereichen sehr tiefgehendes Fachwissen, welches er in unser Unternehmen stets in höchst gewinnbringender Weise einbrachte. Ausgeprägte Teamfähigkeit, hohe Motivation und starkes Engagement zeichnen Herrn Mustermann aus.

Geduld, ein ausgeprägtes Einfühlungsvermögen und ein respektvoller Umgang mit älteren Menschen runden das Profil von Herrn Mustermann ab. Zum Nutzen unseres Unternehmens erweiterte und aktualisierte er immer mit sehr gutem Erfolg seine umfassenden Fachkenntnisse durch regelmäßige Teilnahme an Weiterbildungsveranstaltungen.

Aufgrund seiner sehr guten Auffassungsgabe war er jederzeit in der Lage, auch schwierige Situationen sofort zutreffend zu erfassen und schnell sehr gute Lösungen zu finden. Herr Mustermann zeigte jederzeit hohe Eigeninitiative und identifizierte sich immer voll mit seinen Aufgaben und unserem Unternehmen, wobei er auch durch seine sehr große Einsatzfreude überzeugte. Auch in Situationen mit größtem Arbeitsaufkommen erwies er sich immer als in höchstem Maße belastbar.

Alle Aufgaben führte er jederzeit vollkommen selbstständig, äußerst sorgfältig und planvoll durchdacht aus. Er agierte immer ruhig, überlegt, zielorientiert und in höchstem Maße präzise. Dabei überzeugte er stets in besonderer Weise sowohl in qualitativer als auch in quantitativer Hinsicht. Herr Mustermann war in ganz besonders hohem Maße zuverlässig.

Für alle auftretenden Probleme fand er ausnahmslos ausgezeichnete Lösungen. Die Leistungen von Herrn Mustermann haben jederzeit und in jeder Hinsicht unsere vollste Anerkennung gefunden.

Er wurde wegen seines stets freundlichen und ausgeglichenen Wesens allseits sehr geschätzt. Er war immer hilfsbereit, zuvorkommend und stellte, falls erforderlich, auch persönliche Interessen zurück. Sein Verhalten zu Vorgesetzten, Kolleginnen und Kollegen sowie Kundinnen und Kunden war jederzeit vorbildlich.

Herr Mustermann verlässt unser Unternehmen mit dem 31.12.2021 auf eigenen Wunsch. Wir bedauern dies sehr, weil wir mit ihm einen sehr guten Mitarbeiter verlieren. Wir bedanken uns für die stets sehr guten Leistungen und wünschen ihm für die Zukunft beruflich und privat weiterhin viel Erfolg und alles Gute.

Musterstadt, 31.12.2021

Max MUSTERMANN AG

1. Unterzeichner/in	2. Unterzeichner/in
[Position]	[Position]

13.174 Lohn- und Gehaltsbuchhalter

Zeugnis

Herr Max Mustermann war vom 01.03.2017 bis zum 31.12.2021 in unserem Unternehmen als Lohn- und Gehaltsbuchhalter tätig.

[Unternehmensbeschreibung]

Als Lohn- und Gehaltsbuchhalter war Herr Mustermann verantwortlich für die Erstellung der Finanzbuchhaltung und Monatsabschlüsse. Im Rahmen seines verantwortungsvollen und vielseitigen Tätigkeitsgebietes war Herr Mustermann für folgende Aufgaben zuständig:

- Abrechnung von Provisionen und Reisekosten,
- Anfertigung von Auswertungen und Statistiken,
- Ausführung der pünktlichen Anweisung der Gehälter, Sozialabgaben, Krankenkassenbeiträge und Steuern,
- Bearbeitung der Kreditkartenabrechnungen,
- Begleiten von Sozialversicherungs- und Lohnsteuerprüfungen,
- Beratung in allen sozialversicherungs- und lohnsteuerrechtlichen Fragen,
- Buchen in allen ERP-Modulen,
- Datenerfassung und Stammdatenpflege,
- Debitoren- und Kreditorenbuchhaltung,
- Durchführen des Mahnwesens und Forderungsmanagements,
- Durchführung der Lohn- und Gehaltsabrechnung,
- Durchführung des Bescheinigungs- und Meldewesens,
- Erfassung und Verbuchung von Bestandsveränderungen,
- Erstellung der monatlichen Abschlüsse und Umsatzsteuervoranmeldung,
- fachliche Unterstützung für unsere internen Abteilungen bei steuerlichen Fragestellungen,
- Führung und Kontrolle von Zeitkonten,
- Rechnungsprüfung und Abrechnung der Kosten und Erträge an die jeweilige Kostenstelle,
- Überwachung der generierten Buchungen und von Währungsgeschäften,
- Vorbereitung der Monats- und Jahresabschlüsse,
- Zahlungsabwicklung, Buchhaltung und Abstimmung der Konten.

Herr Mustermann verfügt über ein hervorragendes und auch in Randbereichen sehr tiefgehendes Fachwissen, welches er in unser Unternehmen stets in höchst gewinnbringender Weise einbrachte. Die Arbeitsweise von Herrn Mustermann zeichnete sich durch ein hohes Maß an Genauigkeit, sehr sorgfältige Arbeitsweise und ein sehr gutes Zahlenverständnis aus.

Persönlich punktet Herr Mustermann mit Pflichttreue, Einsatzbereitschaft, Engagement und einem hohen Maß an Integrität. Zum Nutzen unseres Unternehmens erweiterte und aktualisierte er immer mit sehr gutem Erfolg seine umfassenden Fachkenntnisse durch regelmäßige Teilnahme an Weiterbildungsveranstaltungen.

Aufgrund seiner sehr guten Auffassungsgabe war er jederzeit in der Lage, auch schwierige Situationen sofort zutreffend zu erfassen und schnell sehr gute Lösungen zu finden. Herr Mustermann zeigte jederzeit hohe Eigeninitiative und identifizierte sich immer voll mit seinen Aufgaben und unserem Unternehmen, wobei er auch durch seine sehr große Einsatzfreude überzeugte. Auch in Situationen mit größtem Arbeitsaufkommen erwies er sich immer als in höchstem Maße belastbar.

Alle Aufgaben führte er jederzeit vollkommen selbstständig, äußerst sorgfältig und planvoll durchdacht aus. Er agierte immer ruhig, überlegt, zielorientiert und in höchstem Maße präzise. Dabei überzeugte er stets in besonderer Weise sowohl in qualitativer als auch in quantitativer Hinsicht. Herr Mustermann war in ganz besonders hohem Maße zuverlässig.

Für alle auftretenden Probleme fand er ausnahmslos ausgezeichnete Lösungen. Die Leistungen von Herrn Mustermann haben jederzeit und in jeder Hinsicht unsere vollste Anerkennung gefunden.

Er wurde wegen seines stets freundlichen und ausgeglichenen Wesens allseits sehr geschätzt. Er war immer hilfsbereit, zuvorkommend und stellte, falls erforderlich, auch persönliche Interessen zurück. Sein Verhalten zu Vorgesetzten, Kolleginnen und Kollegen sowie Kundinnen und Kunden war jederzeit vorbildlich.

Herr Mustermann verlässt unser Unternehmen mit dem 31.12.2021 auf eigenen Wunsch. Wir bedauern dies sehr, weil wir mit ihm einen sehr guten Mitarbeiter verlieren. Wir bedanken uns für die stets sehr guten Leistungen und wünschen ihm für die Zukunft beruflich und privat weiterhin viel Erfolg und alles Gute.

Musterstadt, 31.12.2021

Max MUSTERMANN AG

1. Unterzeichner/in	2. Unterzeichner/in
[Position]	[Position]

13.175 Maler und Lackierer

Zeugnis

Herr Max Mustermann war vom 01.03.2017 bis zum 31.12.2021 in unserem Unternehmen als Maler und Lackierer tätig.

[Unternehmensbeschreibung]

Als Maler und Lackierer war Herr Mustermann verantwortlich für klassische Maler- und Lackiertechniken sowie kreative Techniken zur Verschönerung und Instandhaltung von Eigenheimen oder zur individuellen Gestaltung von Wohnungen oder Immobilien. Im Rahmen seines verantwortungsvollen und vielseitigen Tätigkeitsgebietes war Herr Mustermann für folgende Aufgaben zuständig:

- Anwendung dekorativer Malertechniken,
- Auftragen von Konservierungswachs im Sprühverfahren,
- Bodenbeschichtung und Belagsarbeiten,
- Durchführen von Grundierungs- und Putzarbeiten,
- Fassaden- und Innenanstriche,
- Kaltglätte- und Betontechniken,
- Lackierarbeiten sowie Oberflächenfinish,
- Lackieren von Bauteilen,
- Schriftgestaltung,
- Schutz von Metalloberflächen durch geeignete Konservierungsmaßnahmen gegen Rost,
- Tapezieren von Innenräumen,
- Vorbehandlung der zu lackierenden Teile wie Schleif-, Spachtel- und Abdeckarbeiten,
- vorbereitende Tätigkeiten für die Oberflächenbeschichtung.

Herr Mustermann verfügt über ein hervorragendes und auch in Randbereichen sehr tiefgehendes Fachwissen, welches er in unser Unternehmen stets in höchst gewinnbringender Weise einbrachte. Die Arbeitsweise von Herrn Mustermann zeichnete sich durch Sorgfalt und hohes Qualitätsbewusstsein aus.

Ein strukturiertes und gewissenhaftes Bearbeiten der Aufgaben mit einem hohen Maß an Selbstständigkeit runden das Profil von Herrn Mustermann ab. Zum Nutzen unseres Unternehmens erweiterte und aktualisierte er immer mit sehr gutem Erfolg seine umfassenden Fachkenntnisse durch regelmäßige Teilnahme an Weiterbildungsveranstaltungen.

Aufgrund seiner sehr guten Auffassungsgabe war er jederzeit in der Lage, auch schwierige Situationen sofort zutreffend zu erfassen und schnell sehr gute Lösungen zu fin-

den. Herr Mustermann zeigte jederzeit hohe Eigeninitiative und identifizierte sich immer voll mit seinen Aufgaben und unserem Unternehmen, wobei er auch durch seine sehr große Einsatzfreude überzeugte. Auch in Situationen mit größtem Arbeitsaufkommen erwies er sich immer als in höchstem Maße belastbar.

Alle Aufgaben führte er jederzeit vollkommen selbstständig, äußerst sorgfältig und planvoll durchdacht aus. Er agierte immer ruhig, überlegt, zielorientiert und in höchstem Maße präzise. Dabei überzeugte er stets in besonderer Weise sowohl in qualitativer als auch in quantitativer Hinsicht. Herr Mustermann war in ganz besonders hohem Maße zuverlässig.

Für alle auftretenden Probleme fand er ausnahmslos ausgezeichnete Lösungen. Die Leistungen von Herrn Mustermann haben jederzeit und in jeder Hinsicht unsere vollste Anerkennung gefunden.

Er wurde wegen seines stets freundlichen und ausgeglichenen Wesens allseits sehr geschätzt. Er war immer hilfsbereit, zuvorkommend und stellte, falls erforderlich, auch persönliche Interessen zurück. Sein Verhalten zu Vorgesetzten, Kolleginnen und Kollegen sowie Kundinnen und Kunden war jederzeit vorbildlich.

Herr Mustermann verlässt unser Unternehmen mit dem 31.12.2021 auf eigenen Wunsch. Wir bedauern dies sehr, weil wir mit ihm einen sehr guten Mitarbeiter verlieren. Wir bedanken uns für die stets sehr guten Leistungen und wünschen ihm für die Zukunft beruflich und privat weiterhin viel Erfolg und alles Gute.

Musterstadt, 31.12.2021

Max MUSTERMANN AG

1. Unterzeichner/in
[Position]

2. Unterzeichner/in
[Position]

13.176 Marketingfachkraft/-assistent

Zeugnis

Herr Max Mustermann war vom 01.03.2017 bis zum 31.12.2021 in unserem Unternehmen als Marketingfachkraft/-assistent tätig.

[Unternehmensbeschreibung]

Als Marketingfachkraft/-assistent war Herr Mustermann verantwortlich für die Vorbereitung und Entwicklung strategischer und verkaufsfördernder Marketingmaßnahmen. Im Rahmen seines verantwortungsvollen und vielseitigen Tätigkeitsgebietes war Herr Mustermann für folgende Aufgaben zuständig:

- Ausführung von Onlinemarketingmaßnahmen,
- Briefing von externen Werbetextern,
- Durchführen von Kundenzufriedenheitsumfragen,
- Durchführung von Kommunikationskampagnen,
- Durchführung von Social-Media- und Social-SEO-Aktivitäten,
- Erstellen und Durchführen von Direkt-Mailings,
- Erstellung von Absatz fördernden Maßnahmen,
- Konzipierung von Marketingauftritten,
- Marktanalyse mit anschließender Auswertung,
- Präsentation von Marketingkonzepten,
- Presse- und Öffentlichkeitsarbeit,
- Steuerung von externen Marketingdienstleistern und -agenturen,
- Teilnahme an Kongressen, Messen und Tagungen,
- Umsetzung der zentralen Vermarktungsmaßnahmen,
- Umsetzung von Vermarktungskonzepten,
- Unterstützung der Produktmanager,
- Verwirklichung von Markt- und Wettbewerbsanalysen,
- Vorbereiten von Verkaufsaktionen und Marketingkampagnen,
- Zusammenarbeit mit dem Vertrieb und externen Agenturen.

Herr Mustermann verfügt über ein hervorragendes und auch in Randbereichen sehr tiefgehendes Fachwissen, welches er in unser Unternehmen stets in höchst gewinnbringender Weise einbrachte. Herr Mustermann besitzt Kreativität und sehr gute konzeptionelle Fähigkeiten bei der Planung und Umsetzung von Marketingmaßnahmen.

Herr Mustermann unterstützte die Marketingleitung bei der Planung, Entwicklung und Umsetzung von Werbemaßnahmen zur vollsten Zufriedenheit. Eine hohe Teamorientierung, Kommunikationsstärke und große Erfahrung mit crossmedialen Branding- und Performance-Kampagnen zeichnen Herrn Mustermann aus. Zum Nutzen unseres Unternehmens erweiterte und aktualisierte er immer mit sehr gutem Erfolg seine umfassenden Fachkenntnisse durch regelmäßige Teilnahme an Weiterbildungsveranstaltungen.

Aufgrund seiner sehr guten Auffassungsgabe war er jederzeit in der Lage, auch schwierige Situationen sofort zutreffend zu erfassen und schnell sehr gute Lösungen zu finden. Herr Mustermann zeigte jederzeit hohe Eigeninitiative und identifizierte sich immer voll mit seinen Aufgaben und unserem Unternehmen, wobei er auch durch seine sehr große Einsatzfreude überzeugte. Auch in Situationen mit größtem Arbeitsaufkommen erwies er sich immer als in höchstem Maße belastbar.

Alle Aufgaben führte er jederzeit vollkommen selbstständig, äußerst sorgfältig und planvoll durchdacht aus. Er agierte immer ruhig, überlegt, zielorientiert und in höchstem Maße präzise. Dabei überzeugte er stets in besonderer Weise sowohl in qualitativer als auch in quantitativer Hinsicht. Herr Mustermann war in ganz besonders hohem Maße zuverlässig.

Für alle auftretenden Probleme fand er ausnahmslos ausgezeichnete Lösungen. Die Leistungen von Herrn Mustermann haben jederzeit und in jeder Hinsicht unsere vollste Anerkennung gefunden.

Er wurde wegen seines stets freundlichen und ausgeglichenen Wesens allseits sehr geschätzt. Er war immer hilfsbereit, zuvorkommend und stellte, falls erforderlich, auch persönliche Interessen zurück. Sein Verhalten zu Vorgesetzten, Kolleginnen und Kollegen sowie Kundinnen und Kunden war jederzeit vorbildlich.

Herr Mustermann verlässt unser Unternehmen mit dem 31.12.2021 auf eigenen Wunsch. Wir bedauern dies sehr, weil wir mit ihm einen sehr guten Mitarbeiter verlieren. Wir bedanken uns für die stets sehr guten Leistungen und wünschen ihm für die Zukunft beruflich und privat weiterhin viel Erfolg und alles Gute.

Musterstadt, 31.12.2021

Max MUSTERMANN AG

1. Unterzeichner/in	2. Unterzeichner/in
[Position]	[Position]

13.177 Maschinen- und Anlagenführer

Zeugnis

Herr Max Mustermann war vom 01.03.2017 bis zum 31.12.2021 in unserem Unternehmen als Maschinen- und Anlagenführer tätig.

[Unternehmensbeschreibung]

Als Maschinen- und Anlagenführer war Herr Mustermann verantwortlich für das Bedienen und Einrichten von industriellen Produktionsanlagen. Im Rahmen seines verantwortungsvollen und vielseitigen Tätigkeitsgebietes war Herr Mustermann für folgende Aufgaben zuständig:

- Austauschen oder Reparieren defekter Bauteile,
- Bedienen und Überwachen der Maschinen,
- Durchführen der fertigungsbegleitenden Dokumentation,

- Einrichten der Fertigungsmaschinen und Anlagen,
- Einstellen der Fertigungsprozesse,
- Instandhalten und Umrüsten der Maschinen,
- Kontrollieren der Zwischenergebnisse in der Produktion,
- Maschinen manuell bedienen,
- Mitarbeit bei Fertigungsversuchen und Umsetzung neuer Produkte,
- Optimierungen bei Einfahrprozessen neuer Maschinen,
- Prüfung der Einsatzbereitschaft der Maschinen und Anlagen,
- Qualitätskontrolle der gefertigten Teile,
- Reinigungs- und Wartungsarbeiten an den Maschinen und Anlagen,
- selbstständiges Wechseln von Werkzeugen,
- Überwachen der Produktionsabläufe.

Herr Mustermann verfügt über ein hervorragendes und auch in Randbereichen sehr tiefgehendes Fachwissen, welches er in unser Unternehmen stets in höchst gewinnbringender Weise einbrachte. Die Arbeitsweise von Herrn Mustermann zeichnete sich durch Sorgfalt und hohes Qualitätsbewusstsein aus.

Ein strukturiertes und gewissenhaftes Bearbeiten der Aufgaben mit einem hohen Maß an Selbstständigkeit runden das Profil von Herrn Mustermann ab. Zum Nutzen unseres Unternehmens erweiterte und aktualisierte er immer mit sehr gutem Erfolg seine umfassenden Fachkenntnisse durch regelmäßige Teilnahme an Weiterbildungsveranstaltungen.

Aufgrund seiner sehr guten Auffassungsgabe war er jederzeit in der Lage, auch schwierige Situationen sofort zutreffend zu erfassen und schnell sehr gute Lösungen zu finden. Herr Mustermann zeigte jederzeit hohe Eigeninitiative und identifizierte sich immer voll mit seinen Aufgaben und unserem Unternehmen, wobei er auch durch seine sehr große Einsatzfreude überzeugte. Auch in Situationen mit größtem Arbeitsaufkommen erwies er sich immer als in höchstem Maße belastbar.

Alle Aufgaben führte er jederzeit vollkommen selbstständig, äußerst sorgfältig und planvoll durchdacht aus. Er agierte immer ruhig, überlegt, zielorientiert und in höchstem Maße präzise. Dabei überzeugte er stets in besonderer Weise sowohl in qualitativer als auch in quantitativer Hinsicht. Herr Mustermann war in ganz besonders hohem Maße zuverlässig.

Für alle auftretenden Probleme fand er ausnahmslos ausgezeichnete Lösungen. Die Leistungen von Herrn Mustermann haben jederzeit und in jeder Hinsicht unsere vollste Anerkennung gefunden.

Er wurde wegen seines stets freundlichen und ausgeglichenen Wesens allseits sehr geschätzt. Er war immer hilfsbereit, zuvorkommend und stellte, falls erforderlich,

auch persönliche Interessen zurück. Sein Verhalten zu Vorgesetzten, Kolleginnen und Kollegen sowie Kundinnen und Kunden war jederzeit vorbildlich.

Herr Mustermann verlässt unser Unternehmen mit dem 31.12.2021 auf eigenen Wunsch. Wir bedauern dies sehr, weil wir mit ihm einen sehr guten Mitarbeiter verlieren. Wir bedanken uns für die stets sehr guten Leistungen und wünschen ihm für die Zukunft beruflich und privat weiterhin viel Erfolg und alles Gute.

Musterstadt, 31.12.2021

Max MUSTERMANN AG

1. Unterzeichner/in	2. Unterzeichner/in
[Position]	[Position]

13.178 Masterand

Praktikumszeugnis

Herr Max Mustermann, geboren am 01.12.1996, war vom 02.10.2020 bis zum 31.12.2021 in unserem Unternehmen als Masterand tätig.

[Unternehmensbeschreibung]

Als Masterand war Herr Mustermann während der Erstellung seiner Masterarbeit verantwortlich für die Unterstützung bei internen und externen Projekten. Im Rahmen seines verantwortungsvollen und vielseitigen Tätigkeitsgebietes war Herr Mustermann für folgende Aufgaben zuständig:

- aktive Mitarbeit in Innovationsprojekten,
- Einarbeitung in die Produktionsabläufe,
- Entwicklung von Social-Media-Kanälen,
- Entwicklung, Charakterisierung und Bewertung von Komponenten,
- Erarbeiten von Maßnahmen für zukunftsfähige Lösungen,
- Erstellung von Pflichtenheften und technischen Dokumenten,
- Marktanalyse und Wettbewerbsbetrachtung,
- Projektarbeit in internationalem Umfeld,
- Trend- und Marktforschung,
- Weiterentwicklung von internen Standards und Prüfmethoden,
- Zusammenarbeit mit internen und externen Partnern

Herr Mustermann hat sich in den jeweiligen Abteilungen immer innerhalb von kürzester Zeit ein sehr gutes Fachwissen angeeignet. Die Arbeitsweise von Herrn Mustermann zeichnete sich durch Sorgfalt und hohes Qualitätsbewusstsein aus.

Ein strukturiertes und gewissenhaftes Bearbeiten der Aufgaben mit einem hohen Maß an Selbstständigkeit runden das Profil von Herrn Mustermann ab. Während seiner Zeit als Masterand nahm er stets mit sehr großem Erfolg an den innerbetrieblich angebotenen Weiterbildungsmaßnahmen teil.

Er hat eine ausgezeichnete Auffassungsgabe, die es ihm jederzeit ermöglichte, auch sehr komplexe Inhalte innerhalb kürzester Zeit sehr gut zu erfassen. Herr Mustermann zeigte jederzeit hohe Eigeninitiative und identifizierte sich immer voll mit seinen Aufgaben und unserem Unternehmen, wobei er auch durch seine sehr große Einsatzfreude überzeugte. Herr Mustermann zeichnete sich während seiner gesamten Zeit in unserem Unternehmen durch eine ausgesprochen hohe Lernbereitschaft aus. Auch in Situationen mit größtem Arbeitsaufkommen erwies er sich immer als in höchstem Maße belastbar.

Wegen seiner stets sehr umsichtigen und jederzeit in besonders hohem Maße verantwortungsbewussten Arbeitsweise war er von uns immer besonders geschätzt. Herr Mustermann war in ganz besonders hohem Maße zuverlässig.

Für alle auftretenden Probleme fand er ausnahmslos ausgezeichnete Lösungen. Die gezeigten Leistungen haben jederzeit und in jeder Hinsicht unsere vollste Anerkennung gefunden.

Er wurde wegen seines stets freundlichen und ausgeglichenen Wesens allseits sehr geschätzt. Er war immer hilfsbereit, zuvorkommend und stellte, falls erforderlich, auch persönliche Interessen zurück. Sein Verhalten zu Vorgesetzten, Ausbildern, Kollegen sowie Kunden war jederzeit vorbildlich. Gegenüber den anderen Praktikanten verhielt er sich jederzeit kameradschaftlich und hilfsbereit.

Herr Mustermann scheidet zum 31.12.2021 aus unserem Betrieb aus. Wir bedanken uns für seine sehr gute Mitarbeit und wünschen ihm beruflich und privat weiterhin viel Erfolg und alles Gute.

Musterstadt, 31.12.2021

Max MUSTERMANN AG

1. Unterzeichner/in	2. Unterzeichner/in
[Position]	[Position]

13.179 Mechatroniker

Zeugnis
Herr Max Mustermann war vom 01.03.2017 bis zum 31.12.2021 in unserem Unternehmen als Mechatroniker tätig.

[Unternehmensbeschreibung]

Als Mechatroniker war Herr Mustermann verantwortlich für die mechanischen und elektrischen Reparatur-, Wartungs- und Instandhaltungsarbeiten an unseren Produktionsanlagen. Im Rahmen seines verantwortungsvollen und vielseitigen Tätigkeitsgebietes war Herr Mustermann für folgende Aufgaben zuständig:

- Arbeiten nach technischen Zeichnungen,
- Auf- und Umbau von Maschinen,
- Ausführen von Reparaturaufträgen,
- Betreuung des Maschinenparks während des laufenden Betriebes,
- Durchführen von Funktionsprüfungen,
- Einbau und Austausch von Komponenten,
- Einbau verschiedener elektrischer und elektronischer Baugruppen,
- Einhaltung der Termin- und Qualitätsanforderungen,
- Lesen und Umsetzen von Schaltplänen und technischen,
- Mitarbeit bei der Konzeption zur Automatisierung von Fertigungsverfahren,
- Montage und Inbetriebnahme von elektronisch gesteuerten Maschinen,
- Reparaturen, mechanisch und elektrisch,
- selbstständige Fehlersuche und Analyse,
- Service- und Pflegearbeiten,
- Sicherstellung von Instandhaltungs- und Wartungsmaßnahmen,
- Tauschen von Verschleißteilen,
- Vorbereiten der Montageaufträge.

Herr Mustermann verfügt über ein hervorragendes und auch in Randbereichen sehr tiefgehendes Fachwissen, welches er in unser Unternehmen stets in höchst gewinnbringender Weise einbrachte. Die Arbeitsweise von Herrn Mustermann zeichnete sich durch Sorgfalt und hohes Qualitätsbewusstsein aus.

Ein strukturiertes und gewissenhaftes Bearbeiten der Aufgaben mit einem hohen Maß an Selbstständigkeit runden das Profil von Herrn Mustermann ab. Zum Nutzen unseres Unternehmens erweiterte und aktualisierte er immer mit sehr gutem Erfolg seine umfassenden Fachkenntnisse durch regelmäßige Teilnahme an Weiterbildungsveranstaltungen.

Aufgrund seiner sehr guten Auffassungsgabe war er jederzeit in der Lage, auch schwierige Situationen sofort zutreffend zu erfassen und schnell sehr gute Lösungen zu fin-

den. Herr Mustermann zeigte jederzeit hohe Eigeninitiative und identifizierte sich immer voll mit seinen Aufgaben und unserem Unternehmen, wobei er auch durch seine sehr große Einsatzfreude überzeugte. Auch in Situationen mit größtem Arbeitsaufkommen erwies er sich immer als in höchstem Maße belastbar.

Alle Aufgaben führte er jederzeit vollkommen selbstständig, äußerst sorgfältig und planvoll durchdacht aus. Er agierte immer ruhig, überlegt, zielorientiert und in höchstem Maße präzise. Dabei überzeugte er stets in besonderer Weise sowohl in qualitativer als auch in quantitativer Hinsicht. Herr Mustermann war in ganz besonders hohem Maße zuverlässig.

Für alle auftretenden Probleme fand er ausnahmslos ausgezeichnete Lösungen. Die Leistungen von Herrn Mustermann haben jederzeit und in jeder Hinsicht unsere vollste Anerkennung gefunden.

Er wurde wegen seines stets freundlichen und ausgeglichenen Wesens allseits sehr geschätzt. Er war immer hilfsbereit, zuvorkommend und stellte, falls erforderlich, auch persönliche Interessen zurück. Sein Verhalten zu Vorgesetzten, Kolleginnen und Kollegen sowie Kundinnen und Kunden war jederzeit vorbildlich.

Herr Mustermann verlässt unser Unternehmen mit dem 31.12.2021 auf eigenen Wunsch. Wir bedauern dies sehr, weil wir mit ihm einen sehr guten Mitarbeiter verlieren. Wir bedanken uns für die stets sehr guten Leistungen und wünschen ihm für die Zukunft beruflich und privat weiterhin viel Erfolg und alles Gute.

Musterstadt, 31.12.2021

Max MUSTERMANN AG

1. Unterzeichner/in	2. Unterzeichner/in
[Position]	[Position]

13.180 Media-Fachkraft

Zeugnis

Herr Max Mustermann war vom 01.03.2017 bis zum 31.12.2021 in unserem Unternehmen als Media-Fachkraft tätig.

[Unternehmensbeschreibung]

Als Media-Fachkraft war Herr Mustermann verantwortlich für die Entwicklung neuer Social-Media-Kanäle und den Ausbau bestehender Social-Media-Kampagnen. Im

Rahmen seines verantwortungsvollen und vielseitigen Tätigkeitsgebietes war Herr Mustermann für folgende Aufgaben zuständig:

- Auswahl und Steuerung von externen Social-Media-Dienstleistern und -Agenturen,
- Durchführen von Social-Media-Kampagnen,
- Entwicklung und Umsetzung von Social-Media-Konzepten,
- Entwicklung von Kommunikations- und Medienstrategien,
- Erstellung und Einhaltung des Social-Media-Budgets,
- Konzeption und Umsetzung der Social-Media-Aktivitäten,
- Konzipierung von Social-Media-Auftritten,
- Kostenplanung von Messen und Veranstaltungen,
- Mediaplanung und Kreationsabstimmung,
- Monitoring nationaler Kampagnen,
- Präsentation von Social-Media-Konzepten bei Tagungen, auf Messen und Seminaren,
- Presse- und Öffentlichkeitsarbeit,
- Sicherstellung der Einhaltung von Qualitäts- und Kostenvorgaben,
- Zusammenarbeit mit dem Marketing, Vertrieb und externen Agenturen.

Herr Mustermann verfügt über ein hervorragendes und auch in Randbereichen sehr tiefgehendes Fachwissen, welches er in unser Unternehmen stets in höchst gewinnbringender Weise einbrachte. Herrn Mustermann ist eine teamorientierte Persönlichkeit. Mit seinem Engagement sorgte er dafür, dass Kunden auf uns aufmerksam wurden und uns vertrauen – mit fördernden und authentischen Botschaften.

Herrn Mustermann versteht es, Social-Media-Kommunikation treffsicher einzusetzen und in der Online-Welt den richtigen Ton zu treffen. Auf persönlicher Ebene punktete Herrn Mustermann mit Teamorientierung, Kommunikationsstärke und mit langjähriger Berufserfahrung im Social-Media-Bereich. Zum Nutzen unseres Unternehmens erweiterte und aktualisierte er immer mit sehr gutem Erfolg seine umfassenden Fachkenntnisse durch regelmäßige Teilnahme an Weiterbildungsveranstaltungen.

Aufgrund seiner sehr guten Auffassungsgabe war er jederzeit in der Lage, auch schwierige Situationen sofort zutreffend zu erfassen und schnell sehr gute Lösungen zu finden. Herr Mustermann zeigte jederzeit hohe Eigeninitiative und identifizierte sich immer voll mit seinen Aufgaben und unserem Unternehmen, wobei er auch durch seine sehr große Einsatzfreude überzeugte. Auch in Situationen mit größtem Arbeitsaufkommen erwies er sich immer als in höchstem Maße belastbar.

Alle Aufgaben führte er jederzeit vollkommen selbstständig, äußerst sorgfältig und planvoll durchdacht aus. Er agierte immer ruhig, überlegt, zielorientiert und in höchstem Maße präzise. Dabei überzeugte er stets in besonderer Weise sowohl in qualitativer als auch in quantitativer Hinsicht. Herr Mustermann war in ganz besonders hohem Maße zuverlässig.

Für alle auftretenden Probleme fand er ausnahmslos ausgezeichnete Lösungen. Die Leistungen von Herrn Mustermann haben jederzeit und in jeder Hinsicht unsere vollste Anerkennung gefunden.

Er wurde wegen seines stets freundlichen und ausgeglichenen Wesens allseits sehr geschätzt. Er war immer hilfsbereit, zuvorkommend und stellte, falls erforderlich, auch persönliche Interessen zurück. Sein Verhalten zu Vorgesetzten, Kolleginnen und Kollegen sowie Kundinnen und Kunden war jederzeit vorbildlich.

Herr Mustermann verlässt unser Unternehmen mit dem 31.12.2021 auf eigenen Wunsch. Wir bedauern dies sehr, weil wir mit ihm einen sehr guten Mitarbeiter verlieren. Wir bedanken uns für die stets sehr guten Leistungen und wünschen ihm für die Zukunft beruflich und privat weiterhin viel Erfolg und alles Gute.

Musterstadt, 31.12.2021

Max MUSTERMANN AG

1. Unterzeichner/in	2. Unterzeichner/in
[Position]	[Position]

13.181 Mediengestalter Digital und Print

Zeugnis

Herr Max Mustermann war vom 01.03.2017 bis zum 31.12.2021 in unserem Unternehmen als Mediengestalter Digital und Print tätig.

[Unternehmensbeschreibung]

Als Mediengestalter Digital und Print entwarf und entwickelte Herr Mustermann umfangreiche Medienprojekte. Im Rahmen seines verantwortungsvollen und vielseitigen Tätigkeitsgebietes war Herr Mustermann für folgende Aufgaben zuständig:

- Anfertigen von Layout-Ideen und Reinzeichnung,
- Aufbereitung der Daten zur Weiterverwendung als Print, Newsletter und im Onlinebereich,
- Bearbeiten und Retuschieren der Fotos,
- Bearbeitung der Medienprojekte für öffentliche und industrielle Auftraggeber,
- Bewertung und Optimierung unserer bestehenden Angebote,
- Bildbearbeitung und -optimierung für die Darstellung im Internet,
- Einbindung von Medien und Animationen in den Internetauftritt,
- Entwicklung des Corporate Designs,

- Entwicklung und Optimierung von Produktlayouts,
- Entwicklung von Kommunikationskonzepten,
- Erstellen von Fotos und Grafiken für Onlineauftritte, Newsletter und Anzeigen,
- Erstellen von Unternehmenspräsentationen,
- Erstellung digitaler Marketing- und Werbematerialien,
- Erstellung von neuen Werbedesigns,
- Gestaltung von innovativen Onlinewerbemitteln,
- grafische Optimierung bestehender Printprodukte,
- grafische Visualisierung und Umsetzung von Print- und Onlineprojekten,
- Herstellen von Infografiken und Präsentationen,
- individuelle Anpassungen von Landingpages,
- Kreation und Umsetzung von Werbemitteln,
- Optimierung bestehender Designs,
- Reinzeichnung von Layouts in Adobe InDesign,
- Steuerung und Koordination externer Agenturen,
- Umsetzung der Kundenvorgaben in Layouts und ansprechende Designs,
- Umsetzung von Image- und Markenkommunikation,
- visuelle Gestaltung von Messeauftritten und Präsentationen.

Herr Mustermann verfügt über ein hervorragendes und auch in Randbereichen sehr tiefgehendes Fachwissen, welches er in unser Unternehmen stets in höchst gewinnbringender Weise einbrachte. Herr Mustermann verfügt über sehr gute Kenntnisse in Adobe CC (Photoshop, InDesign, Illustrator, Acrobat) und ist sicher im Umgang mit MS Office.

Stilsicherer Umgang mit Grafiken, Fotos, Werbetexten und gutes Englisch sind für Herrn Mustermann selbstverständlich. Zum Nutzen unseres Unternehmens erweiterte und aktualisierte er immer mit sehr gutem Erfolg seine umfassenden Fachkenntnisse durch regelmäßige Teilnahme an Weiterbildungsveranstaltungen.

Aufgrund seiner sehr guten Auffassungsgabe war er jederzeit in der Lage, auch schwierige Situationen sofort zutreffend zu erfassen und schnell sehr gute Lösungen zu finden. Herr Mustermann zeigte jederzeit hohe Eigeninitiative und identifizierte sich immer voll mit seinen Aufgaben und unserem Unternehmen, wobei er auch durch seine sehr große Einsatzfreude überzeugte. Auch in Situationen mit größtem Arbeitsaufkommen erwies er sich immer als in höchstem Maße belastbar.

Alle Aufgaben führte er jederzeit vollkommen selbstständig, äußerst sorgfältig und planvoll durchdacht aus. Er agierte immer ruhig, überlegt, zielorientiert und in höchstem Maße präzise. Dabei überzeugte er stets in besonderer Weise sowohl in qualitativer als auch in quantitativer Hinsicht. Herr Mustermann war in ganz besonders hohem Maße zuverlässig.

Für alle auftretenden Probleme fand er ausnahmslos ausgezeichnete Lösungen. Die Leistungen von Herrn Mustermann haben jederzeit und in jeder Hinsicht unsere vollste Anerkennung gefunden.

Er wurde wegen seines stets freundlichen und ausgeglichenen Wesens allseits sehr geschätzt. Er war immer hilfsbereit, zuvorkommend und stellte, falls erforderlich, auch persönliche Interessen zurück. Sein Verhalten zu Vorgesetzten, Kolleginnen und Kollegen sowie Kundinnen und Kunden war jederzeit vorbildlich.

Herr Mustermann verlässt unser Unternehmen mit dem 31.12.2021 auf eigenen Wunsch. Wir bedauern dies sehr, weil wir mit ihm einen sehr guten Mitarbeiter verlieren. Wir bedanken uns für die stets sehr guten Leistungen und wünschen ihm für die Zukunft beruflich und privat weiterhin viel Erfolg und alles Gute.

Musterstadt, 31.12.2021

Max MUSTERMANN AG

1. Unterzeichner/in	2. Unterzeichner/in
[Position]	[Position]

13.182 Medienkaufmann

Zeugnis

Herr Max Mustermann war vom 01.03.2017 bis zum 31.12.2021 in unserem Unternehmen als Medienkaufmann tätig.

[Unternehmensbeschreibung]

Als Medienkaufmann plante und steuerte Herr Mustermann die Herstellung von Medienprodukten wie Bücher, CDs, Zeitungen, Zeitschriften und Softwareprodukte. Im Rahmen seines verantwortungsvollen und vielseitigen Tätigkeitsgebietes war Herr Mustermann für folgende Aufgaben zuständig:

- Anzeigenakquise und Ansprechpartner für Werbekunden,
- Bearbeitung von Manuskripten,
- Bewerben von Digital- und Printprodukten mit Direktwerbung,
- Durchführen von Zielgruppenanalysen,
- Durchführung von Produkttests,
- Entwicklung von Konzepten für neue Medienprodukte,
- Entwicklung von neuen Medienprodukten,
- Erstellung von Werbekonzepten,

- Gestaltung der Medienerzeugnisse,
- Marktanalyse und Wettbewerbsbetrachtung,
- Mediaplanung und Kreationsabstimmung,
- Mitgestaltung des Verlagsprogrammes,
- Monitoring der Werbeerfolgskontrollen,
- Neugewinnung und Betreuung von Anzeigenkunden,
- Optimierung bestehender Mediendesigns,
- Präsentation von Medienkonzepten auf Messen,
- Presse- und Öffentlichkeitsarbeit,
- Sicherstellung der Einhaltung von Qualitäts- und Kostenvorgaben,
- Steuerung der externen Redakteure und Werbetexter,
- Trend- und Marktforschung,
- Umsetzung von Marketingkonzepten,
- Zusammenarbeit mit dem Marketing, Vertrieb und externen Agenturen.

Herr Mustermann verfügt über ein hervorragendes und auch in Randbereichen sehr tiefgehendes Fachwissen, welches er in unser Unternehmen stets in höchst gewinnbringender Weise einbrachte. Herr Mustermann besitzt Kreativität, gute konzeptionelle Fähigkeiten sowie analytisches Denkvermögen.

Eine hohe Teamorientierung und Kommunikationsstärke zeichnen Herrn Mustermann aus. Zum Nutzen unseres Unternehmens erweiterte und aktualisierte er immer mit sehr gutem Erfolg seine umfassenden Fachkenntnisse durch regelmäßige Teilnahme an Weiterbildungsveranstaltungen.

Aufgrund seiner sehr guten Auffassungsgabe war er jederzeit in der Lage, auch schwierige Situationen sofort zutreffend zu erfassen und schnell sehr gute Lösungen zu finden. Herr Mustermann zeigte jederzeit hohe Eigeninitiative und identifizierte sich immer voll mit seinen Aufgaben und unserem Unternehmen, wobei er auch durch seine sehr große Einsatzfreude überzeugte. Auch in Situationen mit größtem Arbeitsaufkommen erwies er sich immer als in höchstem Maße belastbar.

Alle Aufgaben führte er jederzeit vollkommen selbstständig, äußerst sorgfältig und planvoll durchdacht aus. Er agierte immer ruhig, überlegt, zielorientiert und in höchstem Maße präzise. Dabei überzeugte er stets in besonderer Weise sowohl in qualitativer als auch in quantitativer Hinsicht. Herr Mustermann war in ganz besonders hohem Maße zuverlässig.

Für alle auftretenden Probleme fand er ausnahmslos ausgezeichnete Lösungen. Die Leistungen von Herrn Mustermann haben jederzeit und in jeder Hinsicht unsere vollste Anerkennung gefunden.

Er wurde wegen seines stets freundlichen und ausgeglichenen Wesens allseits sehr geschätzt. Er war immer hilfsbereit, zuvorkommend und stellte, falls erforderlich, auch persönliche Interessen zurück. Sein Verhalten zu Vorgesetzten, Kolleginnen und Kollegen sowie Kundinnen und Kunden war jederzeit vorbildlich.

Herr Mustermann verlässt unser Unternehmen mit dem 31.12.2021 auf eigenen Wunsch. Wir bedauern dies sehr, weil wir mit ihm einen sehr guten Mitarbeiter verlieren. Wir bedanken uns für die stets sehr guten Leistungen und wünschen ihm für die Zukunft beruflich und privat weiterhin viel Erfolg und alles Gute.

Musterstadt, 31.12.2021

Max MUSTERMANN AG

1. Unterzeichner/in	2. Unterzeichner/in
[Position]	[Position]

13.183 Medientechniker

Zeugnis

Herr Max Mustermann war vom 01.03.2017 bis zum 31.12.2021 in unserem Unternehmen als Medientechniker tätig.

[Unternehmensbeschreibung]

Als Medientechniker war Herr Mustermann verantwortlich für die Umsetzung des klassischen Unterhaltungsbereichs. Im Rahmen seines verantwortungsvollen und vielseitigen Tätigkeitsgebietes war Herr Mustermann für folgende Aufgaben zuständig:

- Ansprechpartner im Medienteam für Ton, Bild, Licht und Kameratechnik,
- Aufbau von interaktiver Computergrafik,
- Betreuung der Medientechnik bei Events,
- Durchführung der Schnitttechnik,
- Einrichten und Warten von Medienanlagen,
- Entwicklung und Produktion von Medienprodukten,
- Erzeugen von Spezialeffekten am Computer,
- Gestaltung der Medieninhalte,
- Koordination von Kameraarbeiten,
- Koordination der Tontechnik,
- Leitung über den Ablauf einer Sendung,

- Mediengestaltung in Bild und Ton,
- Montage und Inbetriebnahme von Medientechnik,
- Planen und Steuern der Produktionsabläufe,
- Produktion multimedialer Anwendungen,
- Steuerung der Lichttechnik,
- Umsetzung von Medien- und Konferenzraumtechnik,
- Verantwortung der Videotechnik, -produktion.

Herr Mustermann verfügt über ein hervorragendes und auch in Randbereichen sehr tiefgehendes Fachwissen, welches er in unser Unternehmen stets in höchst gewinnbringender Weise einbrachte. Herr Mustermann besitzt Kreativität, gute konzeptionelle Fähigkeiten sowie analytisches Denkvermögen.

Eine hohe Teamorientierung und Kommunikationsstärke zeichnen Herrn Mustermann aus. Zum Nutzen unseres Unternehmens erweiterte und aktualisierte er immer mit sehr gutem Erfolg seine umfassenden Fachkenntnisse durch regelmäßige Teilnahme an Weiterbildungsveranstaltungen.

Aufgrund seiner sehr guten Auffassungsgabe war er jederzeit in der Lage, auch schwierige Situationen sofort zutreffend zu erfassen und schnell sehr gute Lösungen zu finden. Herr Mustermann zeigte jederzeit hohe Eigeninitiative und identifizierte sich immer voll mit seinen Aufgaben und unserem Unternehmen, wobei er auch durch seine sehr große Einsatzfreude überzeugte. Auch in Situationen mit größtem Arbeitsaufkommen erwies er sich immer als in höchstem Maße belastbar.

Alle Aufgaben führte er jederzeit vollkommen selbstständig, äußerst sorgfältig und planvoll durchdacht aus. Er agierte immer ruhig, überlegt, zielorientiert und in höchstem Maße präzise. Dabei überzeugte er stets in besonderer Weise sowohl in qualitativer als auch in quantitativer Hinsicht. Herr Mustermann war in ganz besonders hohem Maße zuverlässig.

Für alle auftretenden Probleme fand er ausnahmslos ausgezeichnete Lösungen. Die Leistungen von Herrn Mustermann haben jederzeit und in jeder Hinsicht unsere vollste Anerkennung gefunden.

Er wurde wegen seines stets freundlichen und ausgeglichenen Wesens allseits sehr geschätzt. Er war immer hilfsbereit, zuvorkommend und stellte, falls erforderlich, auch persönliche Interessen zurück. Sein Verhalten zu Vorgesetzten, Kolleginnen und Kollegen sowie Kundinnen und Kunden war jederzeit vorbildlich.

Herr Mustermann verlässt unser Unternehmen mit dem 31.12.2021 auf eigenen Wunsch. Wir bedauern dies sehr, weil wir mit ihm einen sehr guten Mitarbeiter ver-

lieren. Wir bedanken uns für die stets sehr guten Leistungen und wünschen ihm für die Zukunft beruflich und privat weiterhin viel Erfolg und alles Gute.

Musterstadt, 31.12.2021

Max MUSTERMANN AG
1. Unterzeichner/in
[Position]

2. Unterzeichner/in
[Position]

13.184 Medizinisch-technische Assistentin

Zeugnis
Frau Mara Muster war vom 01.03.2017 bis zum 31.12.2021 in unserem Unternehmen als medizinisch-technische Assistentin tätig.

[Unternehmensbeschreibung]

Als medizinisch-technische Assistentin war Frau Muster verantwortlich für die Bearbeitung des Probeneingangs, den Fremdversand sowie die damit verbundene Auftragserfassung. Im Rahmen ihres verantwortungsvollen und vielseitigen Tätigkeitsgebiets war Frau Muster für folgende Aufgaben zuständig:

- Analysemethoden zur Hormonbestimmungen,
- Auftragsannahme und Sortierung der Proben,
- Bedienung verschiedener Analyseautomaten,
- Blutgruppenbestimmungen,
- computerkontrollierte Einfrierung von Proben,
- Dokumentation aller herstellungs- und qualitätsrelevanten Daten,
- Durchführen von Laboruntersuchungen,
- Erfassen der Proben,
- Erstellung von Röntgenaufnahmen,
- Freigabe der Befunde und Berichte,
- Patientendiagnostik,
- Veranlassen von Antikörpersuchtests.

Frau Muster verfügt über ein hervorragendes und auch in Randbereichen sehr tiefgehendes Fachwissen, welches sie in unser Unternehmen stets in höchst gewinnbringender Weise einbrachte. Frau Muster zeichnet ein höfliches und angenehmes Auftreten sowie Kommunikationsstärke aus.

Weiterhin besitzt sie sehr gute MS-Office-Kenntnisse (Outlook, Word, Excel). Ihre Aufgaben erledigte sie zuverlässig. Sie ist belastbar, gewissenhaft und arbeitete stets serviceorientiert. Zum Nutzen unseres Unternehmens erweiterte und aktualisierte sie immer mit sehr gutem Erfolg ihre umfassenden Fachkenntnisse durch regelmäßige Teilnahme an Weiterbildungsveranstaltungen.

Aufgrund ihrer sehr guten Auffassungsgabe war sie jederzeit in der Lage, auch schwierige Situationen sofort zutreffend zu erfassen und schnell sehr gute Lösungen zu finden. Frau Muster zeigte jederzeit hohe Eigeninitiative und identifizierte sich immer voll mit ihren Aufgaben und unserem Unternehmen, wobei sie auch durch ihre sehr große Einsatzfreude überzeugte. Auch in Situationen mit größtem Arbeitsaufkommen erwies sie sich immer als in höchstem Maße belastbar.

Alle Aufgaben führte sie jederzeit vollkommen selbstständig, äußerst sorgfältig und planvoll durchdacht aus. Sie agierte immer ruhig, überlegt, zielorientiert und in höchstem Maße präzise. Dabei überzeugte sie stets in besonderer Weise sowohl in qualitativer als auch in quantitativer Hinsicht. Frau Muster war in ganz besonders hohem Maße zuverlässig.

Für alle auftretenden Probleme fand sie ausnahmslos ausgezeichnete Lösungen. Die Leistungen von Frau Muster haben jederzeit und in jeder Hinsicht unsere vollste Anerkennung gefunden.

Sie wurde wegen ihres stets freundlichen und ausgeglichenen Wesens allseits sehr geschätzt. Sie war immer hilfsbereit, zuvorkommend und stellte, falls erforderlich, auch persönliche Interessen zurück. Ihr Verhalten zu Vorgesetzten, Kolleginnen und Kollegen sowie Kundinnen und Kunden war jederzeit vorbildlich.

Frau Muster verlässt unser Unternehmen mit dem 31.12.2021 auf eigenen Wunsch. Wir bedauern dies sehr, weil wir mit ihr eine sehr gute Mitarbeiterin verlieren. Wir bedanken uns für die stets sehr guten Leistungen und wünschen ihr für die Zukunft beruflich und privat weiterhin viel Erfolg und alles Gute.

Musterstadt, 31.12.2021

Max MUSTERMANN AG

1. Unterzeichner/in	2. Unterzeichner/in
[Position]	[Position]

13.185 Metallbauer

Zeugnis
Herr Max Mustermann war vom 01.03.2017 bis zum 31.12.2021 in unserem Unternehmen als Metallbauer tätig.

[Unternehmensbeschreibung]

Als Metallbauer war Herr Mustermann verantwortlich für den massiven Stahlbau und filigranen Metallbau. Im Rahmen seines verantwortungsvollen und vielseitigen Tätigkeitsgebietes war Herr Mustermann für folgende Aufgaben zuständig:
- Bearbeiten der Schweißnähte,
- Bedienung von Hallenkränen,
- Durchführung von Demontagearbeiten,
- Herstellung von Metallbaukonstruktionen,
- Manuelles Strahlen, Schleifen und Bearbeiten von Metallbauteilen,
- Montage der Bauteile nach Zeichnung und Stücklisten,
- Montage von Balkongeländern, Balkonen, Treppen, Toren, Carports, Wintergärten, Zäunen und Geländern,
- qualitätsbewusste Auslieferung,
- Qualitätskontrolle der fertigen Komponenten,
- Sicherstellung der Qualität bei der Montage,
- Verarbeitung von Stahl und Leichtmetallen in Kombination mit Holz und Glas,
- Verrichtung von Schweißarbeiten (MAG-, MIG- und WIG-Schweißen),
- Zeichnen des Bauvorhabens in CAD 3 – D.

Herr Mustermann verfügt über ein hervorragendes und auch in Randbereichen sehr tiefgehendes Fachwissen, welches er in unser Unternehmen stets in höchst gewinnbringender Weise einbrachte. Die Arbeitsweise von Herrn Mustermann zeichnete sich durch Sorgfalt und hohes Qualitätsbewusstsein aus.

Ein strukturiertes und gewissenhaftes Bearbeiten der Aufgaben mit einem hohen Maß an Selbstständigkeit runden das Profil von Herrn Mustermann ab. Zum Nutzen unseres Unternehmens erweiterte und aktualisierte er immer mit sehr gutem Erfolg seine umfassenden Fachkenntnisse durch regelmäßige Teilnahme an Weiterbildungsveranstaltungen.

Aufgrund seiner sehr guten Auffassungsgabe war er jederzeit in der Lage, auch schwierige Situationen sofort zutreffend zu erfassen und schnell sehr gute Lösungen zu finden. Herr Mustermann zeigte jederzeit hohe Eigeninitiative und identifizierte sich immer voll mit seinen Aufgaben und unserem Unternehmen, wobei er auch durch

seine sehr große Einsatzfreude überzeugte. Auch in Situationen mit größtem Arbeitsaufkommen erwies er sich immer als in höchstem Maße belastbar.

Alle Aufgaben führte er jederzeit vollkommen selbstständig, äußerst sorgfältig und planvoll durchdacht aus. Er agierte immer ruhig, überlegt, zielorientiert und in höchstem Maße präzise. Dabei überzeugte er stets in besonderer Weise sowohl in qualitativer als auch in quantitativer Hinsicht. Herr Mustermann war in ganz besonders hohem Maße zuverlässig.

Für alle auftretenden Probleme fand er ausnahmslos ausgezeichnete Lösungen. Die Leistungen von Herrn Mustermann haben jederzeit und in jeder Hinsicht unsere vollste Anerkennung gefunden.

Er wurde wegen seines stets freundlichen und ausgeglichenen Wesens allseits sehr geschätzt. Er war immer hilfsbereit, zuvorkommend und stellte, falls erforderlich, auch persönliche Interessen zurück. Sein Verhalten zu Vorgesetzten, Kolleginnen und Kollegen sowie Kundinnen und Kunden war jederzeit vorbildlich.

Herr Mustermann verlässt unser Unternehmen mit dem 31.12.2021 auf eigenen Wunsch. Wir bedauern dies sehr, weil wir mit ihm einen sehr guten Mitarbeiter verlieren. Wir bedanken uns für die stets sehr guten Leistungen und wünschen ihm für die Zukunft beruflich und privat weiterhin viel Erfolg und alles Gute.

Musterstadt, 31.12.2021

Max MUSTERMANN AG

1. Unterzeichner/in	2. Unterzeichner/in
[Position]	[Position]

13.186 Montageleiter

Zeugnis

Herr Max Mustermann war vom 01.03.2017 bis zum 31.12.2021 in unserem Unternehmen als Montageleiter tätig.

[Unternehmensbeschreibung]

Als Montageleiter war Herr Mustermann verantwortlich für die Organisation, Leitung sowie Überwachung von Montagearbeiten. Im Rahmen seines verantwortungsvollen und vielseitigen Tätigkeitsgebietes war Herr Mustermann für folgende Aufgaben zuständig:

- Abnahme der Anlagen mit externen Stellen und Ämtern,
- Abnahme von Fremdleistungen,
- Abstimmung und Terminüberwachung von Bauprojekten,
- Durchführung von Reparatur- und Serviceeinsätzen,
- Einhaltung aktueller Normen und Vorschriften,
- Erledigung von Baubesprechungen,
- Erstellung der Einsatzplanung für die Monteure,
- Erstellung und Kontrolle des Aufmaßes,
- Führung, Motivation und Entwicklung des Montageteams,
- Inbetriebnahme und Instandhaltung der montierten Anlagen,
- konstante Verbesserung der Montageprozesse,
- Organisation der Montagestelle,
- Umsetzung der terminlichen Vorgaben,
- Verantwortung über das vorgegebene Budget.

Herr Mustermann verfügt über ein hervorragendes und auch in Randbereichen sehr tiefgehendes Fachwissen, welches er in unser Unternehmen stets in höchst gewinnbringender Weise einbrachte. Herr Mustermann besitzt Kreativität, gute konzeptionelle Fähigkeiten sowie analytisches Denkvermögen und verfügt über eine langjährige Berufserfahrung im Montagebereich.

Eine hohe Teamorientierung, Kommunikationsstärke und große Erfahrung zeichnen Herrn Mustermann auch als Vorbild und Motivator für unsere Mitarbeiter aus. Zum Nutzen unseres Unternehmens erweiterte und aktualisierte er immer mit sehr gutem Erfolg seine umfassenden Fachkenntnisse durch regelmäßige Teilnahme an Weiterbildungsveranstaltungen.

Aufgrund seiner sehr guten Auffassungsgabe war er jederzeit in der Lage, auch schwierige Situationen sofort zutreffend zu erfassen und schnell sehr gute Lösungen zu finden. Herr Mustermann zeigte jederzeit hohe Eigeninitiative und identifizierte sich immer voll mit seinen Aufgaben und unserem Unternehmen, wobei er auch durch seine sehr große Einsatzfreude überzeugte. Auch in Situationen mit größtem Arbeitsaufkommen erwies er sich immer als in höchstem Maße belastbar.

Alle Aufgaben führte er jederzeit vollkommen selbstständig, äußerst sorgfältig und planvoll durchdacht aus. Er agierte immer ruhig, überlegt, zielorientiert und in höchstem Maße präzise. Dabei überzeugte er stets in besonderer Weise sowohl in qualitativer als auch in quantitativer Hinsicht. Herr Mustermann war in ganz besonders hohem Maße zuverlässig.

Für alle auftretenden Probleme fand er ausnahmslos ausgezeichnete Lösungen. Er war aufgrund seiner ausgezeichneten Führungsqualitäten als Vorgesetzter in hohem Maße anerkannt und beliebt. Er verhielt sich seinen Mitarbeitern gegenüber stets offen und kollegial, verstand es aber dennoch, sich in schwierigen Situationen durchzusetzen und die Mitarbeiter zu optimalem Einsatz zu bewegen. Die Leistungen von Herrn Mustermann haben jederzeit und in jeder Hinsicht unsere vollste Anerkennung gefunden.

Er wurde wegen seines stets freundlichen und ausgeglichenen Wesens allseits sehr geschätzt. Er war immer hilfsbereit, zuvorkommend und stellte, falls erforderlich, auch persönliche Interessen zurück. Sein Verhalten zu Vorgesetzten, Kolleginnen und Kollegen sowie Kundinnen und Kunden war jederzeit vorbildlich.

Herr Mustermann verlässt unser Unternehmen mit dem 31.12.2021 auf eigenen Wunsch. Wir bedauern dies sehr, weil wir mit ihm einen sehr guten Mitarbeiter verlieren. Wir bedanken uns für die stets sehr guten Leistungen und wünschen ihm für die Zukunft beruflich und privat weiterhin viel Erfolg und alles Gute.

Musterstadt, 31.12.2021

Max MUSTERMANN AG

1. Unterzeichner/in	2. Unterzeichner/in
[Position]	[Position]

13.187 Monteur

Zeugnis

Herr Max Mustermann war vom 01.03.2017 bis zum 31.12.2021 in unserem Unternehmen als Monteur tätig.

[Unternehmensbeschreibung]

Als Monteur war Herr Mustermann verantwortlich für die fachgerechte und eigenverantwortliche Durchführung von Montagearbeiten. Im Rahmen seines verantwortungsvollen und vielseitigen Tätigkeitsgebietes war Herr Mustermann für folgende Aufgaben zuständig:

- Ansprechpartner des Kunden vor Ort,
- Dokumentieren von Fehlbeständen,
- Einhaltung der Qualitätsvorgaben und Sicherheitsrichtlinien,
- Einrichtung von Montageflächen,

- Erstellung des Aufmaßes,
- Erstellung von Versuchsaufbauten,
- Fehlerfeststellung und -beseitigung von Montageelementen,
- Inspektionsarbeiten an den Montageprojekten,
- Kontrolle der Montageteile auf Korrektheit und Vollständigkeit,
- Montage von Baugruppen,
- Übergabe der Montageprojekte an die Kunden,
- Vorbereitung der Montageteile und Komponenten,
- Vornehmen von Funktionsprüfungen,
- Wartung und Reparatur von Bestandsanlagen,
- Wartungs- und Reinigungsarbeiten an den montierten Baugruppen,
- Werkzeug- und Materialpflege.

Herr Mustermann verfügt über ein hervorragendes und auch in Randbereichen sehr tiefgehendes Fachwissen, welches er in unser Unternehmen stets in höchst gewinnbringender Weise einbrachte. Die Arbeitsweise von Herrn Mustermann zeichnete sich durch Sorgfalt und hohes Qualitätsbewusstsein aus.

Ein strukturiertes und gewissenhaftes Bearbeiten der Aufgaben mit einem hohen Maß an Selbstständigkeit runden das Profil von Herrn Mustermann ab. Zum Nutzen unseres Unternehmens erweiterte und aktualisierte er immer mit sehr gutem Erfolg seine umfassenden Fachkenntnisse durch regelmäßige Teilnahme an Weiterbildungsveranstaltungen.

Aufgrund seiner sehr guten Auffassungsgabe war er jederzeit in der Lage, auch schwierige Situationen sofort zutreffend zu erfassen und schnell sehr gute Lösungen zu finden. Herr Mustermann zeigte jederzeit hohe Eigeninitiative und identifizierte sich immer voll mit seinen Aufgaben und unserem Unternehmen, wobei er auch durch seine sehr große Einsatzfreude überzeugte. Auch in Situationen mit größtem Arbeitsaufkommen erwies er sich immer als in höchstem Maße belastbar.

Alle Aufgaben führte er jederzeit vollkommen selbstständig, äußerst sorgfältig und planvoll durchdacht aus. Er agierte immer ruhig, überlegt, zielorientiert und in höchstem Maße präzise. Dabei überzeugte er stets in besonderer Weise sowohl in qualitativer als auch in quantitativer Hinsicht. Herr Mustermann war in ganz besonders hohem Maße zuverlässig.

Für alle auftretenden Probleme fand er ausnahmslos ausgezeichnete Lösungen. Die Leistungen von Herrn Mustermann haben jederzeit und in jeder Hinsicht unsere vollste Anerkennung gefunden.

Er wurde wegen seines stets freundlichen und ausgeglichenen Wesens allseits sehr geschätzt. Er war immer hilfsbereit, zuvorkommend und stellte, falls erforderlich, auch persönliche Interessen zurück. Sein Verhalten zu Vorgesetzten, Kolleginnen und Kollegen sowie Kundinnen und Kunden war jederzeit vorbildlich.

Herr Mustermann verlässt unser Unternehmen mit dem 31.12.2021 auf eigenen Wunsch. Wir bedauern dies sehr, weil wir mit ihm einen sehr guten Mitarbeiter verlieren. Wir bedanken uns für die stets sehr guten Leistungen und wünschen ihm für die Zukunft beruflich und privat weiterhin viel Erfolg und alles Gute.

Musterstadt, 31.12.2021

Max MUSTERMANN AG

1. Unterzeichner/in	2. Unterzeichner/in
[Position]	[Position]

13.188 Notfallsanitäter

Zeugnis

Herr Max Mustermann war vom 01.03.2017 bis zum 31.12.2021 in unserem Unternehmen als Notfallsanitäter tätig.

[Unternehmensbeschreibung]

Als Notfallsanitäter war Herr Mustermann verantwortlich für sämtliche Aufgaben im Rettungsdienst. Im Rahmen seines verantwortungsvollen und vielseitigen Tätigkeitsgebietes war Herr Mustermann für folgende Aufgaben zuständig:

- Ausführen von Rettungseinsätzen,
- Betreuung von Notfallpatienten,
- Durchführung der vom Arzt veranlassten Maßnahmen,
- Durchführung lebensrettender Schritte,
- Durchführung von Krankentransporten,
- Erste-Hilfe-Leistung bei Verletzten,
- fachgerechte Betreuung während der Beförderung,
- Fahrzeugreinigung und Routinedesinfektion,
- Herstellung der Transportfähigkeit,
- Stabilisierung der Patienten und Verletzten,
- Transportdokumentation,
- Transporte zur ambulanten Behandlung,
- Unterstützung des Notarztes.

Herr Mustermann verfügt über ein hervorragendes und auch in Randbereichen sehr tiefgehendes Fachwissen, welches er in unser Unternehmen stets in höchst gewinnbringender Weise einbrachte. Ausgeprägte Teamfähigkeit, hohe Motivation und starkes Engagement zeichnen Herrn Mustermann aus.

Geduld, ein ausgeprägtes Einfühlungsvermögen und ein respektvoller Umgang mit Vorgesetzten, Kolleginnen und Kollegen sowie Patientinnen und Patienten runden das Profil von Herrn Mustermann ab. Zum Nutzen unseres Unternehmens erweiterte und aktualisierte er immer mit sehr gutem Erfolg seine umfassenden Fachkenntnisse durch regelmäßige Teilnahme an Weiterbildungsveranstaltungen.

Aufgrund seiner sehr guten Auffassungsgabe war er jederzeit in der Lage, auch schwierige Situationen sofort zutreffend zu erfassen und schnell sehr gute Lösungen zu finden. Herr Mustermann zeigte jederzeit hohe Eigeninitiative und identifizierte sich immer voll mit seinen Aufgaben und unserem Unternehmen, wobei er auch durch seine sehr große Einsatzfreude überzeugte. Auch in Situationen mit größtem Arbeitsaufkommen erwies er sich immer als in höchstem Maße belastbar.

Alle Aufgaben führte er jederzeit vollkommen selbstständig, äußerst sorgfältig und planvoll durchdacht aus. Er agierte immer ruhig, überlegt, zielorientiert und in höchstem Maße präzise. Dabei überzeugte er stets in besonderer Weise sowohl in qualitativer als auch in quantitativer Hinsicht. Herr Mustermann war in ganz besonders hohem Maße zuverlässig.

Für alle auftretenden Probleme fand er ausnahmslos ausgezeichnete Lösungen. Die Leistungen von Herrn Mustermann haben jederzeit und in jeder Hinsicht unsere vollste Anerkennung gefunden.

Er wurde wegen seines stets freundlichen und ausgeglichenen Wesens allseits sehr geschätzt. Er war immer hilfsbereit, zuvorkommend und stellte, falls erforderlich, auch persönliche Interessen zurück. Sein Verhalten zu Vorgesetzten, Kolleginnen und Kollegen sowie Kundinnen und Kunden war jederzeit vorbildlich.

Herr Mustermann verlässt unser Unternehmen mit dem 31.12.2021 auf eigenen Wunsch. Wir bedauern dies sehr, weil wir mit ihm einen sehr guten Mitarbeiter verlieren. Wir bedanken uns für die stets sehr guten Leistungen und wünschen ihm für die Zukunft beruflich und privat weiterhin viel Erfolg und alles Gute.

Musterstadt, 31.12.2021

Max MUSTERMANN AG

1. Unterzeichner/in	2. Unterzeichner/in
[Position]	[Position]

13.189 Oberkellner

Zeugnis
Herr Max Mustermann war vom 01.03.2017 bis zum 31.12.2021 in unserem Unternehmen als Oberkellner tätig.

[Unternehmensbeschreibung]

Als Oberkellner war Herr Mustermann verantwortlich für den Service und dessen Organisation in unserem Restaurant. Im Rahmen seines verantwortungsvollen und vielseitigen Tätigkeitsgebietes war Herr Mustermann für folgende Aufgaben zuständig:
- Anleitung der Auszubildenden und Praktikanten,
- Begrüßen und Betreuung der Gäste,
- Behandlung von Reklamationen,
- Betreuung des Kassensystems,
- Durchführung von Veranstaltungen,
- Einteilung des Serviceteams,
- Erstellung von Schicht- und Urlaubsplänen,
- fachgerechte Beratung der Gäste,
- Gewährleisten eines reibungslosen Serviceablaufs,
- Kontrolle des Warenbestandes,
- Kontrolle und Sicherung der Qualitätsstandards,
- Koordination der Servicemitarbeiter,
- Mithilfe bei der Erstellung der Speisekarte,
- Organisation der Schankanlage,
- Planung und Organisation der Tischdekoration,
- Stellvertretung der Restaurantleitung,
- Verwaltung aller Restaurantmaterialien,
- Vorstellung der Tages-, À-la-Carte- und Getränkeangebote.

Herr Mustermann verfügt über ein hervorragendes und auch in Randbereichen sehr tiefgehendes Fachwissen, welches er in unser Unternehmen stets in höchst gewinnbringender Weise einbrachte. Die Arbeitsweise von Herrn Mustermann zeichnete sich durch Sorgfalt und hohes Qualitätsbewusstsein aus.

Ein strukturiertes und gewissenhaftes Bearbeiten der Aufgaben mit einem hohen Maß an Selbstständigkeit runden das Profil von Herrn Mustermann ab. Zum Nutzen unseres Unternehmens erweiterte und aktualisierte er immer mit sehr gutem Erfolg seine umfassenden Fachkenntnisse durch regelmäßige Teilnahme an Weiterbildungsveranstaltungen.

Aufgrund seiner sehr guten Auffassungsgabe war er jederzeit in der Lage, auch schwierige Situationen sofort zutreffend zu erfassen und schnell sehr gute Lösungen zu fin-

den. Herr Mustermann zeigte jederzeit hohe Eigeninitiative und identifizierte sich immer voll mit seinen Aufgaben und unserem Unternehmen, wobei er auch durch seine sehr große Einsatzfreude überzeugte. Auch in Situationen mit größtem Arbeitsaufkommen erwies er sich immer als in höchstem Maße belastbar.

Alle Aufgaben führte er jederzeit vollkommen selbstständig, äußerst sorgfältig und planvoll durchdacht aus. Er agierte immer ruhig, überlegt, zielorientiert und in höchstem Maße präzise. Dabei überzeugte er stets in besonderer Weise sowohl in qualitativer als auch in quantitativer Hinsicht. Herr Mustermann war in ganz besonders hohem Maße zuverlässig.

Für alle auftretenden Probleme fand er ausnahmslos ausgezeichnete Lösungen. Durch seinen Teamgeist und seine Begeisterungsfähigkeit konnte er seine Mitarbeiter stets zu vollem Einsatz und immer sehr guten Leistungen motivieren. Die Leistungen von Herrn Mustermann haben jederzeit und in jeder Hinsicht unsere vollste Anerkennung gefunden.

Er wurde wegen seines stets freundlichen und ausgeglichenen Wesens allseits sehr geschätzt. Er war immer hilfsbereit, zuvorkommend und stellte, falls erforderlich, auch persönliche Interessen zurück. Sein Verhalten zu Vorgesetzten, Kolleginnen und Kollegen sowie Kundinnen und Kunden war jederzeit vorbildlich.

Herr Mustermann verlässt unser Unternehmen mit dem 31.12.2021 auf eigenen Wunsch. Wir bedauern dies sehr, weil wir mit ihm einen sehr guten Mitarbeiter verlieren. Wir bedanken uns für die stets sehr guten Leistungen und wünschen ihm für die Zukunft beruflich und privat weiterhin viel Erfolg und alles Gute.

Musterstadt, 31.12.2021

Max MUSTERMANN AG

1. Unterzeichner/in	2. Unterzeichner/in
[Position]	[Position]

13.190 Onlinemarketingmanager

Zeugnis

Herr Max Mustermann war vom 01.03.2017 bis zum 31.12.2021 in unserem Unternehmen als Onlinemarketingmanager tätig.

[Unternehmensbeschreibung]

Als Onlinemarketingmanager war Herr Mustermann verantwortlich für die Entwicklung neuer Onlinemarketingkanäle und den Ausbau bestehender Online-Werbekampagnen. Im Rahmen seines verantwortungsvollen und vielseitigen Tätigkeitsgebietes war Herr Mustermann für folgende Aufgaben zuständig:

- Analyse und Auswertung von aktuellen Onlinemarketingkampagnen,
- Ausbau unserer bestehenden Onlinemarketingkanäle,
- Auswahl und Steuerung von externen Onlinemarketingdienstleistern und -agenturen,
- Betreuung der Social-Media-Kanäle,
- Bewertung und Optimierung der Onlinemarketingkampagnen,
- Durchführen von Onlinemarketingkampagnen,
- Entwicklung und Umsetzung von Online-Vermarktungskonzepten,
- Entwicklung von Strategien zur Weiterentwicklung der Onlinemärkte,
- Erstellung und Einhaltung des Marketingbudgets,
- kontinuierliche Optimierung der Suchmaschinenoptimierung (SEO),
- Konzeption und Umsetzung der Marketingaktivitäten,
- Konzipierung von Marketingauftritten,
- Kostenplanung von Messen und Veranstaltungen,
- Monitoring der Onlinemarketingaktivitäten,
- Monitoring der Suchmaschinenoptimierung (SEO),
- Optimierung von AdWords-Konten,
- Planung und Durchführung von E-Mail-Direktwerbung,
- Präsentation von Marketingkonzepten bei Tagungen, auf Messen und Seminaren,
- Presse- und Öffentlichkeitsarbeit,
- Sicherstellung der Einhaltung von Qualitäts- und Kostenvorgaben,
- Steigerung der Bestellungen im Onlinebereich,
- Steigerung der Markenbekanntheit im Onlinebereich,
- Umsetzung von On- und Offpage-Maßnahmen,
- Verantwortung für alle Onlinemarketingmaßnahmen,
- Weiterentwicklung der Markenarchitektur und Kommunikationsstrategie,
- Weiterentwicklung der Onlinemarketingaktivitäten,
- Zusammenarbeit mit dem Vertrieb und externen Agenturen.

Herr Mustermann verfügt über ein hervorragendes und auch in Randbereichen sehr tiefgehendes Fachwissen, welches er in unser Unternehmen stets in höchst gewinnbringender Weise einbrachte. Herr Mustermann besitzt Kreativität, gute konzeptionelle Fähigkeiten sowie analytisches Denkvermögen und verfügt über eine langjährige Berufserfahrung im Onlinemarketing SEA, SEO und Social Media.

Eine hohe Teamorientierung, Kommunikationsstärke und große Erfahrung mit Onlinemarketingkampagnen zeichnen Herrn Mustermann aus. Zum Nutzen unseres Unternehmens erweiterte und aktualisierte er immer mit sehr gutem Erfolg seine umfassenden Fachkenntnisse durch regelmäßige Teilnahme an Weiterbildungsveranstaltungen.

Aufgrund seiner sehr guten Auffassungsgabe war er jederzeit in der Lage, auch schwierige Situationen sofort zutreffend zu erfassen und schnell sehr gute Lösungen zu finden. Herr Mustermann zeigte jederzeit hohe Eigeninitiative und identifizierte sich immer voll mit seinen Aufgaben und unserem Unternehmen, wobei er auch durch seine sehr große Einsatzfreude überzeugte. Auch in Situationen mit größtem Arbeitsaufkommen erwies er sich immer als in höchstem Maße belastbar.

Alle Aufgaben führte er jederzeit vollkommen selbstständig, äußerst sorgfältig und planvoll durchdacht aus. Er agierte immer ruhig, überlegt, zielorientiert und in höchstem Maße präzise. Dabei überzeugte er stets in besonderer Weise sowohl in qualitativer als auch in quantitativer Hinsicht. Herr Mustermann war in ganz besonders hohem Maße zuverlässig.

Für alle auftretenden Probleme fand er ausnahmslos ausgezeichnete Lösungen. Die Leistungen von Herrn Mustermann haben jederzeit und in jeder Hinsicht unsere vollste Anerkennung gefunden.

Er wurde wegen seines stets freundlichen und ausgeglichenen Wesens allseits sehr geschätzt. Er war immer hilfsbereit, zuvorkommend und stellte, falls erforderlich, auch persönliche Interessen zurück. Sein Verhalten zu Vorgesetzten, Kolleginnen und Kollegen sowie Kundinnen und Kunden war jederzeit vorbildlich.

Herr Mustermann verlässt unser Unternehmen mit dem 31.12.2021 auf eigenen Wunsch. Wir bedauern dies sehr, weil wir mit ihm einen sehr guten Mitarbeiter verlieren. Wir bedanken uns für die stets sehr guten Leistungen und wünschen ihm für die Zukunft beruflich und privat weiterhin viel Erfolg und alles Gute.

Musterstadt, 31.12.2021

Max MUSTERMANN AG

1. Unterzeichner/in	2. Unterzeichner/in
[Position]	[Position]

13.191 OP-Schwester

Zeugnis

Frau Mara Muster war vom 01.03.2017 bis zum 31.12.2021 in unserem Unternehmen als OP-Schwester tätig.

[Unternehmensbeschreibung]

Als OP-Schwester war Frau Muster verantwortlich für die Betreuung und Begleitung der Patientinnen und Patienten sowie der Unterstützung des OP-Teams vor und während eines operativen Eingriffs. Im Rahmen ihres verantwortungsvollen und vielseitigen Tätigkeitsgebietes war Frau Muster für folgende Aufgaben zuständig:

- Assistenz bei der Durchführung von Operationen,
- Betreuung der Patienten vor und nach der Operation,
- Dokumentation der OP-Maßnahmen,
- Durchführung von ärztlich veranlassten medizinischen Maßnahmen,
- Ermittlung des Pflegebedarfs,
- fachgerechter Umgang mit OP-Geräten und -Instrumenten,
- Mitarbeit bei Untersuchungen und Behandlungen,
- Monitoring der Patientensicherheit,
- Nachsorgemaßnahmen bei operativen Eingriffen,
- Sicherstellung des Vorhandenseins aller im OP benötigten Instrumente und Materialien,
- Sicherung des Qualitätsstandards,
- Übernehmen des Instrumentierens,
- Vor- und Nachbereitung der Operationseinheit,
- Vorbereitung und Gabe der Injektions- oder Infusionstherapie,
- Vorbereitung, Assistenz und Nachbereitung aller operativen Tätigkeiten.

Frau Muster verfügt über ein hervorragendes und auch in Randbereichen sehr tiefgehendes Fachwissen, welches sie in unser Unternehmen stets in höchst gewinnbringender Weise einbrachte. Selbstständiges und zuverlässiges Arbeiten, auch unter beschwerenden Situationen, zeichnen Frau Muster aus.

Ein hoher Qualitätsanspruch im Umgang mit den Patienten in Verbindung mit Freude an der medizinischen Betreuung im OP rundet das Profil von Frau Muster ab. Zum Nutzen unseres Unternehmens erweiterte und aktualisierte sie immer mit sehr gutem Erfolg ihre umfassenden Fachkenntnisse durch regelmäßige Teilnahme an Weiterbildungsveranstaltungen.

Aufgrund ihrer sehr guten Auffassungsgabe war sie jederzeit in der Lage, auch schwierige Situationen sofort zutreffend zu erfassen und schnell sehr gute Lösungen zu finden. Frau Muster zeigte jederzeit hohe Eigeninitiative und identifizierte sich immer voll mit ihren Aufgaben und unserem Unternehmen, wobei sie auch durch ihre sehr große Einsatzfreude überzeugte. Auch in Situationen mit größtem Arbeitsaufkommen erwies sie sich immer als in höchstem Maße belastbar.

Alle Aufgaben führte sie jederzeit vollkommen selbstständig, äußerst sorgfältig und planvoll durchdacht aus. Sie agierte immer ruhig, überlegt, zielorientiert und in höchstem Maße präzise. Dabei überzeugte sie stets in besonderer Weise sowohl in qualitativer als auch in quantitativer Hinsicht. Frau Muster war in ganz besonders hohem Maße zuverlässig.

Für alle auftretenden Probleme fand sie ausnahmslos ausgezeichnete Lösungen. Die Leistungen von Frau Muster haben jederzeit und in jeder Hinsicht unsere vollste Anerkennung gefunden.

Sie wurde wegen ihres stets freundlichen und ausgeglichenen Wesens allseits sehr geschätzt. Sie war immer hilfsbereit, zuvorkommend und stellte, falls erforderlich, auch persönliche Interessen zurück. Ihr Verhalten zu Vorgesetzten, Kolleginnen und Kollegen sowie Kundinnen und Kunden war jederzeit vorbildlich.

Frau Muster verlässt unser Unternehmen mit dem 31.12.2021 auf eigenen Wunsch. Wir bedauern dies sehr, weil wir mit ihr eine sehr gute Mitarbeiterin verlieren. Wir bedanken uns für die stets sehr guten Leistungen und wünschen ihr für die Zukunft beruflich und privat weiterhin viel Erfolg und alles Gute.

Musterstadt, 31.12.2021

Max MUSTERMANN AG
1. Unterzeichner/in
[Position]

2. Unterzeichner/in
[Position]

13.192 Personalberater

Zeugnis

Herr Max Mustermann war vom 01.03.2017 bis zum 31.12.2021 in unserem Unternehmen als Personalberater tätig.

[Unternehmensbeschreibung]

Als Personalberater war Herr Mustermann verantwortlich für Unternehmen mit Personalbedarf und hoch spezialisierten Bewerbern. Im Rahmen seines verantwortungsvollen und vielseitigen Tätigkeitsgebietes war Herr Mustermann für folgende Aufgaben zuständig:

- Akquise offener Stellen bei Kundenunternehmen,
- Analyse von Trends und Arbeitsmarkt,
- Ansprechpartner in allen operativen Personalfragen,
- Aufbau eines Kunden- und Kandidatennetzwerks,
- Ausbau bestehender Kundenbeziehungen,
- Beratung der Unternehmen hinsichtlich der Besetzung offener Stellen,
- Betreuung der Mitarbeiter in allen personalbezogenen Fragestellungen,
- Erstellen von Weiterbildungs- und Schulungsangeboten,
- Führen von Bewerbungsgesprächen,
- Führen von Jahresgesprächen mit den Mitarbeitern,
- Gewinnung von Kundenunternehmen,
- Koordination von Gehalt und Vergütungen,
- Optimierung sämtlicher Personalwesenprozesse,
- Organisation des Bewerbermanagements,
- Organisation und Steuerung des gesamten Recruitingprozesses,
- Planung der Personalentwicklungsmaßnahmen,
- Prozessoptimierung und Einführung von HR-Instrumenten,
- Schalten von Stellenanzeigen,
- Steuerung der operativen Abläufe im Personalmanagement,
- Unterzeichnung und Verhandlung des Arbeitsvertrags,
- Vertragsverhandlungen,
- vertrauensvolle Zusammenarbeit mit Unternehmen mit Personalbedarf.

Herr Mustermann verfügt über ein hervorragendes und auch in Randbereichen sehr tiefgehendes Fachwissen, welches er in unser Unternehmen stets in höchst gewinnbringender Weise einbrachte. Die Arbeitsweise von Herrn Mustermann zeichnete sich durch Freude an operativer Personalarbeit und konzeptionellen Stärken aus.

Persönlich punktet Herr Mustermann mit Motivationsgeschick und einer selbstständigen, vorausschauenden und dienstleistungsorientierten Arbeitsweise. Gutes Personal ist sein Job. Zum Nutzen unseres Unternehmens erweiterte und aktualisierte er immer mit sehr gutem Erfolg seine umfassenden Fachkenntnisse durch regelmäßige Teilnahme an Weiterbildungsveranstaltungen.

Aufgrund seiner sehr guten Auffassungsgabe war er jederzeit in der Lage, auch schwierige Situationen sofort zutreffend zu erfassen und schnell sehr gute Lösungen zu finden. Herr Mustermann zeigte jederzeit hohe Eigeninitiative und identifizierte sich immer voll mit seinen Aufgaben und unserem Unternehmen, wobei er auch durch seine sehr große Einsatzfreude überzeugte. Auch in Situationen mit größtem Arbeitsaufkommen erwies er sich immer als in höchstem Maße belastbar.

Alle Aufgaben führte er jederzeit vollkommen selbstständig, äußerst sorgfältig und planvoll durchdacht aus. Er agierte immer ruhig, überlegt, zielorientiert und in höchstem Maße präzise. Dabei überzeugte er stets in besonderer Weise sowohl in qualitativer als auch in quantitativer Hinsicht. Herr Mustermann war in ganz besonders hohem Maße zuverlässig.

Für alle auftretenden Probleme fand er ausnahmslos ausgezeichnete Lösungen. Die Leistungen von Herrn Mustermann haben jederzeit und in jeder Hinsicht unsere vollste Anerkennung gefunden.

Er wurde wegen seines stets freundlichen und ausgeglichenen Wesens allseits sehr geschätzt. Er war immer hilfsbereit, zuvorkommend und stellte, falls erforderlich, auch persönliche Interessen zurück. Sein Verhalten zu Vorgesetzten, Kolleginnen und Kollegen sowie Kundinnen und Kunden war jederzeit vorbildlich.

Herr Mustermann verlässt unser Unternehmen mit dem 31.12.2021 auf eigenen Wunsch. Wir bedauern dies sehr, weil wir mit ihm einen sehr guten Mitarbeiter verlieren. Wir bedanken uns für die stets sehr guten Leistungen und wünschen ihm für die Zukunft beruflich und privat weiterhin viel Erfolg und alles Gute.

Musterstadt, 31.12.2021

Max MUSTERMANN AG

1. Unterzeichner/in	2. Unterzeichner/in
[Position]	[Position]

13.193 Personaldienstleistungskaufmann

Zeugnis

Herr Max Mustermann war vom 01.03.2017 bis zum 31.12.2021 in unserem Unternehmen als Personaldienstleistungskaufmann tätig.

[Unternehmensbeschreibung]

Als Personaldienstleistungskaufmann war Herr Mustermann verantwortlich für die Besetzung von temporären Stellen und die Vermittlung von Mitarbeitern in Festanstellung. Im Rahmen seines verantwortungsvollen und vielseitigen Tätigkeitsgebietes war Herr Mustermann für folgende Aufgaben zuständig:

- Abstimmung von Vorstellungsterminen,
- Akquise offener Stellen bei Kundenunternehmen,

- Ansprechpartner in allen operativen Personalfragen,
- Aufbau eines Kunden- und Kandidatennetzwerks,
- Ausbau bestehender Kundenbeziehungen,
- Bearbeitung von Bewerbungseingängen,
- Beratung der Unternehmen hinsichtlich der Besetzung offener Stellen,
- Besetzen von Kundenanforderungen mit den richtigen Kandidaten,
- Betreuung der Mitarbeiter in allen personalbezogenen Fragestellungen,
- Betreuung der Mitarbeiter während des Kundeneinsatzes,
- Durchführung von Social-Media-Recruiting,
- Erstellen von Weiterbildungs- und Schulungsangeboten,
- Erstellen von Arbeitszeugnissen und Bescheinigungen,
- Führen von Bewerbungsgesprächen,
- Führen von Jahresgesprächen mit den Mitarbeitern,
- Gewinnung von Kundenunternehmen,
- Koordination von Gehalt und Vergütungen,
- Optimierung sämtlicher Personalwesenprozesse,
- Organisation des Bewerbermanagements,
- Organisation und Steuerung des gesamten Recruitingprozesses,
- passgenaue Mitarbeiterauswahl für den Kunden,
- Pflege von Mitarbeiterstammdaten im CRM-System,
- Planung der Personalentwicklungsmaßnahmen,
- Prozessoptimierung und Einführung von HR-Instrumenten,
- Schalten von Stellenanzeigen,
- Steuerung der operativen Abläufe im Personalmanagement,
- Unterzeichnung und Verhandlung des Arbeitsvertrags,
- Vertragsverhandlungen.

Herr Mustermann verfügt über ein hervorragendes und auch in Randbereichen sehr tiefgehendes Fachwissen, welches er in unser Unternehmen stets in höchst gewinnbringender Weise einbrachte. Die Arbeitsweise von Herrn Mustermann zeichnete sich durch Freude an operativer Personalarbeit und konzeptionellen Stärken aus.

Persönlich punktet Herr Mustermann mit Motivationsgeschick und einer selbstständigen, vorausschauenden und dienstleistungsorientierten Arbeitsweise. Zum Nutzen unseres Unternehmens erweiterte und aktualisierte er immer mit sehr gutem Erfolg seine umfassenden Fachkenntnisse durch regelmäßige Teilnahme an Weiterbildungsveranstaltungen.

Aufgrund seiner sehr guten Auffassungsgabe war er jederzeit in der Lage, auch schwierige Situationen sofort zutreffend zu erfassen und schnell sehr gute Lösungen zu finden. Herr Mustermann zeigte jederzeit hohe Eigeninitiative und identifizierte sich immer voll mit seinen Aufgaben und unserem Unternehmen, wobei er auch durch

seine sehr große Einsatzfreude überzeugte. Auch in Situationen mit größtem Arbeitsaufkommen erwies er sich immer als in höchstem Maße belastbar.

Alle Aufgaben führte er jederzeit vollkommen selbstständig, äußerst sorgfältig und planvoll durchdacht aus. Er agierte immer ruhig, überlegt, zielorientiert und in höchstem Maße präzise. Dabei überzeugte er stets in besonderer Weise sowohl in qualitativer als auch in quantitativer Hinsicht. Herr Mustermann war in ganz besonders hohem Maße zuverlässig.

Für alle auftretenden Probleme fand er ausnahmslos ausgezeichnete Lösungen. Die Leistungen von Herrn Mustermann haben jederzeit und in jeder Hinsicht unsere vollste Anerkennung gefunden.

Er wurde wegen seines stets freundlichen und ausgeglichenen Wesens allseits sehr geschätzt. Er war immer hilfsbereit, zuvorkommend und stellte, falls erforderlich, auch persönliche Interessen zurück. Sein Verhalten zu Vorgesetzten, Kolleginnen und Kollegen sowie Kundinnen und Kunden war jederzeit vorbildlich.

Herr Mustermann verlässt unser Unternehmen mit dem 31.12.2021 auf eigenen Wunsch. Wir bedauern dies sehr, weil wir mit ihm einen sehr guten Mitarbeiter verlieren. Wir bedanken uns für die stets sehr guten Leistungen und wünschen ihm für die Zukunft beruflich und privat weiterhin viel Erfolg und alles Gute.

Musterstadt, 31.12.2021

Max MUSTERMANN AG

1. Unterzeichner/in	2. Unterzeichner/in
[Position]	[Position]

13.194 Personalentwickler

Zeugnis

Herr Max Mustermann war vom 01.03.2017 bis zum 31.12.2021 in unserem Unternehmen als Personalentwickler tätig.

[Unternehmensbeschreibung]

Als Personalentwickler war Herr Mustermann verantwortlich für die Unterstützung beim Umsetzen einer effektiven Personalentwicklung. Im Rahmen seines verantwortungsvollen und vielseitigen Tätigkeitsgebietes war Herr Mustermann für folgende Aufgaben zuständig:

- Ausbau des Weiterbildungsangebots,
- Ausbau von Personalentwicklungsinstrumenten,
- Ausführung des Personalcontrollings,
- Beratung von Mitarbeitern und Führungskräften,
- Bereitstellen von Personalentwicklungsmaßnahmen,
- Betreuung von Fach- und Führungskräftetrainings,
- Durchführen von Personalschulungen,
- Durchführen der Personalplanung,
- Durchführen von Schulungen und Workshops,
- Konzeptionierung von Talentmanagementprozessen,
- Monitoring von Wirksamkeit der Personalentwicklungsmaßnahmen,
- Optimieren der Karriereentwicklung.

Herr Mustermann verfügt über ein hervorragendes und auch in Randbereichen sehr tiefgehendes Fachwissen, welches er in unser Unternehmen stets in höchst gewinnbringender Weise einbrachte. Die Arbeitsweise von Herrn Mustermann zeichnete sich durch Freude an operativer Personalarbeit und konzeptionellen Stärken aus.

Persönlich punktet Herr Mustermann mit Motivationsgeschick und einer selbstständigen, vorausschauenden und dienstleistungsorientierten Arbeitsweise. Zum Nutzen unseres Unternehmens erweiterte und aktualisierte er immer mit sehr gutem Erfolg seine umfassenden Fachkenntnisse durch regelmäßige Teilnahme an Weiterbildungsveranstaltungen.

Aufgrund seiner sehr guten Auffassungsgabe war er jederzeit in der Lage, auch schwierige Situationen sofort zutreffend zu erfassen und schnell sehr gute Lösungen zu finden. Herr Mustermann zeigte jederzeit hohe Eigeninitiative und identifizierte sich immer voll mit seinen Aufgaben und unserem Unternehmen, wobei er auch durch seine sehr große Einsatzfreude überzeugte. Auch in Situationen mit größtem Arbeitsaufkommen erwies er sich immer als in höchstem Maße belastbar.

Alle Aufgaben führte er jederzeit vollkommen selbstständig, äußerst sorgfältig und planvoll durchdacht aus. Er agierte immer ruhig, überlegt, zielorientiert und in höchstem Maße präzise. Dabei überzeugte er stets in besonderer Weise sowohl in qualitativer als auch in quantitativer Hinsicht. Herr Mustermann war in ganz besonders hohem Maße zuverlässig.

Für alle auftretenden Probleme fand er ausnahmslos ausgezeichnete Lösungen. Die Leistungen von Herrn Mustermann haben jederzeit und in jeder Hinsicht unsere vollste Anerkennung gefunden.

Er wurde wegen seines stets freundlichen und ausgeglichenen Wesens allseits sehr geschätzt. Er war immer hilfsbereit, zuvorkommend und stellte, falls erforderlich, auch persönliche Interessen zurück. Sein Verhalten zu Vorgesetzten, Kolleginnen und Kollegen sowie Kundinnen und Kunden war jederzeit vorbildlich.

Herr Mustermann verlässt unser Unternehmen mit dem 31.12.2021 auf eigenen Wunsch. Wir bedauern dies sehr, weil wir mit ihm einen sehr guten Mitarbeiter verlieren. Wir bedanken uns für die stets sehr guten Leistungen und wünschen ihm für die Zukunft beruflich und privat weiterhin viel Erfolg und alles Gute.

Musterstadt, 31.12.2021

Max MUSTERMANN AG

1. Unterzeichner/in	2. Unterzeichner/in
[Position]	[Position]

13.195 Personalreferent

Zeugnis
Herr Max Mustermann war vom 01.03.2017 bis zum 31.12.2021 in unserem Unternehmen als Personalreferent tätig.

[Unternehmensbeschreibung]

Als Personalreferent war Herr Mustermann verantwortlich für die Personalrekrutierung und die operative Personalarbeit. Im Rahmen seines verantwortungsvollen und vielseitigen Tätigkeitsgebietes war Herr Mustermann für folgende Aufgaben zuständig:

- Abstimmung von Vorstellungsterminen,
- Ansprechpartner in allen operativen Personalfragen,
- Aufbau eines Kandidatennetzwerks,
- Bearbeitung von Bewerbungseingängen,
- Begleitung von personellen Einzelmaßnahmen,
- Beratung der Führungskräfte in personalwirtschaftlichen Fragestellungen,
- Beratung und Betreuung der Mitarbeiter in allen personalrelevanten Fragen,
- Erstellen von Weiterbildungs- und Schulungsangeboten,
- Erstellen von Arbeitszeugnissen und Bescheinigungen,
- Führen von Bewerbungsgesprächen,
- Führen von Jahresgesprächen mit den Mitarbeitern,
- Koordination von Gehalt und Vergütungen,
- Optimierung sämtlicher Personalwesenprozesse,

- Organisation des Bewerbermanagements,
- Organisation und Steuerung des gesamten Recruitingprozesses,
- passgenaue Mitarbeiterauswahl für das Unternehmen,
- Pflege von Mitarbeiterstammdaten im CRM-System,
- Planung der Personalentwicklungsmaßnahmen,
- Prozessoptimierung und Einführung von HR-Instrumenten,
- Schalten von Stellenanzeigen,
- Steuerung der operativen Abläufe im Personalmanagement,
- Unterzeichnung und Verhandlung des Arbeitsvertrags,
- Vertrauensvolle Zusammenarbeit mit dem Betriebsrat,
- Vorbereitung der monatlichen Lohnabrechnung.

Herr Mustermann verfügt über ein hervorragendes und auch in Randbereichen sehr tiefgehendes Fachwissen, welches er in unser Unternehmen stets in höchst gewinnbringender Weise einbrachte. Die Arbeitsweise von Herrn Mustermann zeichnete sich durch Freude an operativer Personalarbeit und konzeptionellen Stärken aus.

Persönlich punktet Herr Mustermann mit Motivationsgeschick und einer selbstständigen, vorausschauenden und dienstleistungsorientierten Arbeitsweise. Zum Nutzen unseres Unternehmens erweiterte und aktualisierte er immer mit sehr gutem Erfolg seine umfassenden Fachkenntnisse durch regelmäßige Teilnahme an Weiterbildungsveranstaltungen.

Aufgrund seiner sehr guten Auffassungsgabe war er jederzeit in der Lage, auch schwierige Situationen sofort zutreffend zu erfassen und schnell sehr gute Lösungen zu finden. Herr Mustermann zeigte jederzeit hohe Eigeninitiative und identifizierte sich immer voll mit seinen Aufgaben und unserem Unternehmen, wobei er auch durch seine sehr große Einsatzfreude überzeugte. Auch in Situationen mit größtem Arbeitsaufkommen erwies er sich immer als in höchstem Maße belastbar.

Alle Aufgaben führte er jederzeit vollkommen selbstständig, äußerst sorgfältig und planvoll durchdacht aus. Er agierte immer ruhig, überlegt, zielorientiert und in höchstem Maße präzise. Dabei überzeugte er stets in besonderer Weise sowohl in qualitativer als auch in quantitativer Hinsicht. Herr Mustermann war in ganz besonders hohem Maße zuverlässig.

Für alle auftretenden Probleme fand er ausnahmslos ausgezeichnete Lösungen. Die Leistungen von Herrn Mustermann haben jederzeit und in jeder Hinsicht unsere vollste Anerkennung gefunden.

Er wurde wegen seines stets freundlichen und ausgeglichenen Wesens allseits sehr geschätzt. Er war immer hilfsbereit, zuvorkommend und stellte, falls erforderlich, auch persönliche Interessen zurück. Sein Verhalten zu Vorgesetzten, Kolleginnen und Kollegen sowie Kundinnen und Kunden war jederzeit vorbildlich.

Herr Mustermann verlässt unser Unternehmen mit dem 31.12.2021 auf eigenen Wunsch. Wir bedauern dies sehr, weil wir mit ihm einen sehr guten Mitarbeiter verlieren. Wir bedanken uns für die stets sehr guten Leistungen und wünschen ihm für die Zukunft beruflich und privat weiterhin viel Erfolg und alles Gute.

Musterstadt, 31.12.2021

Max MUSTERMANN AG

1. Unterzeichner/in	2. Unterzeichner/in
[Position]	[Position]

13.196 Pflegedienstleiter

Zeugnis
Herr Max Mustermann war vom 01.03.2017 bis zum 31.12.2021 in unserer Einrichtung als Pflegedienstleiter tätig.

[Unternehmensbeschreibung]

Als Pflegedienstleiter war Herr Mustermann verantwortlich für die zielorientierte Mitarbeiterführung, Teammotivation und Einsatzplanung im Pflegebereich. Im Rahmen seines verantwortungsvollen und vielseitigen Tätigkeitsgebietes war Herr Mustermann für folgende Aufgaben zuständig:

- Aufsicht des gesamten Pflege- und Betreuungsprozesses,
- bedarfsgerechte Förderung der Mitarbeiter,
- disziplinarische Leitung im Pflegebereich,
- Durchführung von Fort- und Weiterbildungen des Pflegepersonals,
- Erstellen der Personaleinsatz- und Urlaubsplanung,
- fachliche Anleitung des Pflegeteams,
- Führung eines Teams von 60 Mitarbeitern,
- Optimierung des aktuellen Pflegestandards,
- Organisation sämtlicher Arbeitsabläufe,
- Sicherstellung des Qualitätsstandards,
- Unterstützung der Einrichtungsleitung.

Herr Mustermann verfügt über ein hervorragendes und auch in Randbereichen sehr tiefgehendes Fachwissen, welches er in unsere Einrichtung stets in höchst gewinnbringender Weise einbrachte. Langjährige Berufs-/Führungserfahrung und eine strukturierte und pragmatische Arbeitsweise zeichnen Herrn Mustermann aus.

Persönlich punktet Herr Mustermann als aktiver, vertrauenswürdiger und konsequenter Pflegedienstleiter. Zum Nutzen unserer Einrichtung erweiterte und aktualisierte er immer mit sehr gutem Erfolg seine umfassenden Fachkenntnisse durch regelmäßige Teilnahme an Weiterbildungsveranstaltungen.

Aufgrund seiner sehr guten Auffassungsgabe war er jederzeit in der Lage, auch schwierige Situationen sofort zutreffend zu erfassen und schnell sehr gute Lösungen zu finden. Herr Mustermann zeigte jederzeit hohe Eigeninitiative und identifizierte sich immer voll mit seinen Aufgaben und unserer Einrichtung, wobei er auch durch seine sehr große Einsatzfreude überzeugte. Auch in Situationen mit größtem Arbeitsaufkommen erwies er sich immer als in höchstem Maße belastbar.

Alle Aufgaben führte er jederzeit vollkommen selbstständig, äußerst sorgfältig und planvoll durchdacht aus. Er agierte immer ruhig, überlegt, zielorientiert und in höchstem Maße präzise. Dabei überzeugte er stets in besonderer Weise sowohl in qualitativer als auch in quantitativer Hinsicht. Herr Mustermann war in ganz besonders hohem Maße zuverlässig.

Für alle auftretenden Probleme fand er ausnahmslos ausgezeichnete Lösungen. Er war aufgrund seiner ausgezeichneten Führungsqualitäten als Vorgesetzter in hohem Maße anerkannt und beliebt. Er verhielt sich seinen Mitarbeitern gegenüber stets offen und kollegial, verstand es aber dennoch, sich in schwierigen Situationen durchzusetzen und die Mitarbeiter zu optimalem Einsatz zu bewegen. Die Leistungen von Herrn Mustermann haben jederzeit und in jeder Hinsicht unsere vollste Anerkennung gefunden.

Er wurde wegen seines stets freundlichen und ausgeglichenen Wesens allseits sehr geschätzt. Er war immer hilfsbereit, zuvorkommend und stellte, falls erforderlich, auch persönliche Interessen zurück. Sein Verhalten zu Vorgesetzten, Kolleginnen und Kollegen sowie Patienten war jederzeit vorbildlich.

Herr Mustermann verlässt unsere Einrichtung mit dem 31.12.2021 auf eigenen Wunsch. Wir bedauern dies sehr, weil wir mit ihm einen sehr guten Mitarbeiter verlieren. Wir bedanken uns für die stets sehr guten Leistungen und wünschen ihm für die Zukunft beruflich und privat weiterhin viel Erfolg und alles Gute.

Musterstadt, 31.12.2021

Max MUSTERMANN AG

1. Unterzeichner/in	2. Unterzeichner/in
[Position]	[Position]

13.197 Pflegefachkraft

Zeugnis

Herr Max Mustermann war vom 01.03.2017 bis zum 31.12.2021 in unserem Unternehmen als Pflegefachkraft tätig.

[Unternehmensbeschreibung]

Als Pflegefachkraft war Herr Mustermann verantwortlich für die Versorgung unserer Patienten und Patientinnen. Im Rahmen seines verantwortungsvollen und vielseitigen Tätigkeitsgebietes war Herr Mustermann für folgende Aufgaben zuständig:

- Anleitung von Pflegehilfskräften,
- Dokumentation der Pflegemaßnahmen,
- Durchführung von Notfallmaßnahmen mit Einleiten einer Reanimation,
- Durchführung von therapeutischen Maßnahmen nach ärztlicher Anweisung,
- Erkennen körperlicher Symptome,
- Erstellen der Pflegeplanung,
- Erstellung von Pflegeanamnesen und Pflegeplänen,
- fachgerechte Durchführung der Grund- und Behandlungspflege der Patienten,
- Kommunikation mit Bewohnern, Angehörigen und Mitarbeitern,
- kompetente Grund- und Behandlungspflege,
- Krankenpflege nach aktuellen Pflegestandards,
- Medikation und Pflegedokumentation,
- nachhaltige Krankenbeobachtung,
- Planung und Durchführung der Pflegemaßnahmen,
- prä- und postoperative Pflege,
- Sicherstellung der Pflege und Betreuungsqualität,
- Überwachung der ordnungsgemäßen Funktionsweise der Geräte,
- Zusammenarbeit mit Therapeuten und Angehörigen.

Herr Mustermann verfügt über ein hervorragendes und auch in Randbereichen sehr tiefgehendes Fachwissen, welches er in unser Unternehmen stets in höchst gewinnbringender Weise einbrachte. Ausgeprägte Teamfähigkeit, hohe Motivation und starkes Engagement zeichnen Herrn Mustermann aus.

Geduld, ein ausgeprägtes Einfühlungsvermögen und eine patientenorientierte Haltung runden das Profil von Herrn Mustermann ab. Zum Nutzen unseres Unternehmens erweiterte und aktualisierte er immer mit sehr gutem Erfolg seine umfassenden Fachkenntnisse durch regelmäßige Teilnahme an Weiterbildungsveranstaltungen.

Aufgrund seiner sehr guten Auffassungsgabe war er jederzeit in der Lage, auch schwierige Situationen sofort zutreffend zu erfassen und schnell sehr gute Lösungen zu fin-

den. Herr Mustermann zeigte jederzeit hohe Eigeninitiative und identifizierte sich immer voll mit seinen Aufgaben und unserem Unternehmen, wobei er auch durch seine sehr große Einsatzfreude überzeugte. Auch in Situationen mit größtem Arbeitsaufkommen erwies er sich immer als in höchstem Maße belastbar.

Alle Aufgaben führte er jederzeit vollkommen selbstständig, äußerst sorgfältig und planvoll durchdacht aus. Er agierte immer ruhig, überlegt, zielorientiert und in höchstem Maße präzise. Dabei überzeugte er stets in besonderer Weise sowohl in qualitativer als auch in quantitativer Hinsicht. Herr Mustermann war in ganz besonders hohem Maße zuverlässig.

Für alle auftretenden Probleme fand er ausnahmslos ausgezeichnete Lösungen. Die Leistungen von Herrn Mustermann haben jederzeit und in jeder Hinsicht unsere vollste Anerkennung gefunden.

Er wurde wegen seines stets freundlichen und ausgeglichenen Wesens allseits sehr geschätzt. Er war immer hilfsbereit, zuvorkommend und stellte, falls erforderlich, auch persönliche Interessen zurück. Sein Verhalten zu Vorgesetzten, Kolleginnen und Kollegen sowie Kundinnen und Kunden war jederzeit vorbildlich.

Herr Mustermann verlässt unser Unternehmen mit dem 31.12.2021 auf eigenen Wunsch. Wir bedauern dies sehr, weil wir mit ihm einen sehr guten Mitarbeiter verlieren. Wir bedanken uns für die stets sehr guten Leistungen und wünschen ihm für die Zukunft beruflich und privat weiterhin viel Erfolg und alles Gute.

Musterstadt, 31.12.2021

Max MUSTERMANN AG

1. Unterzeichner/in
[Position]

2. Unterzeichner/in
[Position]

13.198 Pflegehilfskraft

Zeugnis

Herr Max Mustermann war vom 01.03.2017 bis zum 31.12.2021 in unserem Unternehmen als Pflegehilfskraft tätig.

[Unternehmensbeschreibung]

Als Pflegehilfskraft war Herr Mustermann verantwortlich für die Betreuung von kranken und pflegebedürftigen Menschen. Im Rahmen seines verantwortungsvollen und vielseitigen Tätigkeitsgebietes war Herr Mustermann für folgende Aufgaben zuständig:

- aktivierende Grundpflege- und Betreuungsleistungen,
- Durchführung therapeutischen Maßnahmen nach ärztlicher Anweisung,
- Einhaltung des Qualitätsstandards und Service,
- fachgerechte Durchführung der Behandlungspflege der Patienten,
- Führung der Pflegedokumentation,
- hauswirtschaftliche Versorgung,
- Medikamentendokumentation,
- Mithilfe bei der Speisenversorgung der Patienten,
- Überwachung der ordnungsgemäßen Funktionsweise der Geräte,
- Umsetzung tagesstrukturierender Angebote,
- Unterstützung der Pflegekräfte,
- Verantwortung für die Sauberkeit im Stationsbereich,
- Weiterleiten von Informationsmaterial.

Herr Mustermann verfügt über ein hervorragendes und auch in Randbereichen sehr tiefgehendes Fachwissen, welches er in unser Unternehmen stets in höchst gewinnbringender Weise einbrachte. Ausgeprägte Teamfähigkeit, hohe Motivation und starkes Engagement zeichnen Herrn Mustermann aus.

Geduld, ein ausgeprägtes Einfühlungsvermögen und ein respektvoller Umgang mit älteren und pflegebedürftigen Menschen runden das Profil von Herrn Mustermann ab. Zum Nutzen unseres Unternehmens erweiterte und aktualisierte er immer mit sehr gutem Erfolg seine umfassenden Fachkenntnisse durch regelmäßige Teilnahme an Weiterbildungsveranstaltungen.

Aufgrund seiner sehr guten Auffassungsgabe war er jederzeit in der Lage, auch schwierige Situationen sofort zutreffend zu erfassen und schnell sehr gute Lösungen zu finden. Herr Mustermann zeigte jederzeit hohe Eigeninitiative und identifizierte sich immer voll mit seinen Aufgaben und unserem Unternehmen, wobei er auch durch seine sehr große Einsatzfreude überzeugte. Auch in Situationen mit größtem Arbeitsaufkommen erwies er sich immer als in höchstem Maße belastbar.

Alle Aufgaben führte er jederzeit vollkommen selbstständig, äußerst sorgfältig und planvoll durchdacht aus. Er agierte immer ruhig, überlegt, zielorientiert und in höchstem Maße präzise. Dabei überzeugte er stets in besonderer Weise sowohl in qualitativer als auch in quantitativer Hinsicht. Herr Mustermann war in ganz besonders hohem Maße zuverlässig.

Für alle auftretenden Probleme fand er ausnahmslos ausgezeichnete Lösungen. Die Leistungen von Herrn Mustermann haben jederzeit und in jeder Hinsicht unsere vollste Anerkennung gefunden.

Er wurde wegen seines stets freundlichen und ausgeglichenen Wesens allseits sehr geschätzt. Er war immer hilfsbereit, zuvorkommend und stellte, falls erforderlich, auch persönliche Interessen zurück. Sein Verhalten zu Vorgesetzten, Kolleginnen und Kollegen sowie Kundinnen und Kunden war jederzeit vorbildlich.

Herr Mustermann verlässt unser Unternehmen mit dem 31.12.2021 auf eigenen Wunsch. Wir bedauern dies sehr, weil wir mit ihm einen sehr guten Mitarbeiter verlieren. Wir bedanken uns für die stets sehr guten Leistungen und wünschen ihm für die Zukunft beruflich und privat weiterhin viel Erfolg und alles Gute.

Musterstadt, 31.12.2021

Max MUSTERMANN AG

1. Unterzeichner/in	2. Unterzeichner/in
[Position]	[Position]

13.199 Physiotherapeut

Zeugnis

Herr Max Mustermann war vom 01.03.2017 bis zum 31.12.2021 in unserem Unternehmen als Physiotherapeut tätig.

[Unternehmensbeschreibung]

Als Physiotherapeut war Herr Mustermann in einem Team von therapeutischen Berufsgruppen eingebunden. Im Rahmen seines verantwortungsvollen und vielseitigen Tätigkeitsgebietes war Herr Mustermann für folgende Aufgaben zuständig:

- Anfertigen der Befundberichte,
- Beratung der Patienten bei den Trainingseinheiten an den Geräten,
- Dokumentation von Befunden, Behandlungen und Therapieverläufen,
- Durchführen von Massagen und Rotlichtanwendungen,
- Durchführen von physiotherapeutischen Behandlungen,
- Durchführung von Einzel- und Gruppentherapien,
- Durchführung von Hausbesuchen mit Praxisfahrzeug,
- Erstellen therapeutischer Pläne,

- Erstellen von Präventionsprogrammen,
- Pflegedokumentation unserer Patienten,
- physiotherapeutische Befunderhebung,
- Planung diagnostischer und therapeutischer Maßnahmen,
- Realisierung des funktionellen Trainings,
- Therapieplanung entsprechend der Heilmittelverordnungen,
- Unterstützung bei der Wiederherstellung der beeinträchtigten Fähigkeiten unserer Patienten.

Herr Mustermann verfügt über ein hervorragendes und auch in Randbereichen sehr tiefgehendes Fachwissen, welches er in unser Unternehmen stets in höchst gewinnbringender Weise einbrachte. Ausgeprägte Teamfähigkeit, hohe Motivation und starkes Engagement zeichnen Herrn Mustermann aus.

Geduld, ein ausgeprägtes Einfühlungsvermögen und ein respektvoller Umgang mit älteren Menschen runden das Profil von Herrn Mustermann ab. Zum Nutzen unseres Unternehmens erweiterte und aktualisierte er immer mit sehr gutem Erfolg seine umfassenden Fachkenntnisse durch regelmäßige Teilnahme an Weiterbildungsveranstaltungen.

Aufgrund seiner sehr guten Auffassungsgabe war er jederzeit in der Lage, auch schwierige Situationen sofort zutreffend zu erfassen und schnell sehr gute Lösungen zu finden. Herr Mustermann zeigte jederzeit hohe Eigeninitiative und identifizierte sich immer voll mit seinen Aufgaben und unserem Unternehmen, wobei er auch durch seine sehr große Einsatzfreude überzeugte. Auch in Situationen mit größtem Arbeitsaufkommen erwies er sich immer als in höchstem Maße belastbar.

Alle Aufgaben führte er jederzeit vollkommen selbstständig, äußerst sorgfältig und planvoll durchdacht aus. Er agierte immer ruhig, überlegt, zielorientiert und in höchstem Maße präzise. Dabei überzeugte er stets in besonderer Weise sowohl in qualitativer als auch in quantitativer Hinsicht. Herr Mustermann war in ganz besonders hohem Maße zuverlässig.

Für alle auftretenden Probleme fand er ausnahmslos ausgezeichnete Lösungen. Die Leistungen von Herrn Mustermann haben jederzeit und in jeder Hinsicht unsere vollste Anerkennung gefunden.

Er wurde wegen seines stets freundlichen und ausgeglichenen Wesens allseits sehr geschätzt. Er war immer hilfsbereit, zuvorkommend und stellte, falls erforderlich, auch persönliche Interessen zurück. Sein Verhalten zu Vorgesetzten, Kolleginnen und Kollegen sowie Kundinnen und Kunden war jederzeit vorbildlich.

Herr Mustermann verlässt unser Unternehmen mit dem 31.12.2021 auf eigenen Wunsch. Wir bedauern dies sehr, weil wir mit ihm einen sehr guten Mitarbeiter verlieren. Wir bedanken uns für die stets sehr guten Leistungen und wünschen ihm für die Zukunft beruflich und privat weiterhin viel Erfolg und alles Gute.

Musterstadt, 31.12.2021

Max MUSTERMANN AG

1. Unterzeichner/in	2. Unterzeichner/in
[Position]	[Position]

13.200 Praktikant

Praktikumszeugnis

Herr Max Mustermann war vom 01.03.2017 bis zum 31.12.2021 in unserem Unternehmen als Praktikant tätig.

[Unternehmensbeschreibung]

Als Praktikant war Herr Mustermann verantwortlich für die Unterstützung des Projektmanagements. Im Rahmen seines vielseitigen Tätigkeitsgebietes war Herr Mustermann für folgende Aufgaben zuständig:

- aktive Mitarbeit in Innovationsprojekten,
- Begleiten von unternehmensbezogenen Projekten,
- Dokumentation und Präsentation der Ergebnisse,
- Einarbeitung in die Produktionsabläufe,
- Entwicklung von Social-Media-Kanälen,
- Entwicklung, Charakterisierung und Bewertung von Komponenten,
- Erarbeiten von Maßnahmen für zukunftsfähige Lösungen,
- Erstellen von Kennzahlen und Auswertungen,
- Erstellung von Pflichtenheften und technischen Dokumenten,
- Literaturrecherche,
- Marktanalyse und Wettbewerbsbetrachtung,
- Projektarbeit in internationalem Umfeld,
- Prüfung von Produkten,
- Recherchen von Informationen zu neuen Lösungsmöglichkeiten,
- Trend- und Marktforschung,
- Unterstützung bei Workshops und Präsentationen,

- Unterstützung des Projektmanagements,
- Weiterentwicklung von internen Standards und Prüfmethoden,
- Weiterentwicklung von operativen Prozessen,
- Zusammenarbeit mit internen und externen Partnern.

Herr Mustermann hat sich in den jeweiligen Abteilungen immer innerhalb von kürzester Zeit ein sehr gutes Fachwissen angeeignet. Die Arbeitsweise von Herrn Mustermann zeichnete sich durch Sorgfalt und hohes Qualitätsbewusstsein aus.

Ein strukturiertes und gewissenhaftes Bearbeiten der Aufgaben mit einem hohen Maß an Selbstständigkeit runden das Profil von Herrn Mustermann ab. Während des Praktikums nahm er stets mit sehr großem Erfolg an den innerbetrieblich angebotenen Weiterbildungsmaßnahmen teil.

Er hat eine ausgezeichnete Auffassungsgabe, die es ihm jederzeit ermöglichte, auch sehr komplexe Praktikumsinhalte innerhalb kürzester Zeit sehr gut zu erfassen. Herr Mustermann zeigte jederzeit hohe Eigeninitiative und identifizierte sich immer voll mit seinen Aufgaben und unserem Unternehmen, wobei er auch durch seine sehr große Einsatzfreude überzeugte. Herr Mustermann zeichnete sich während des gesamten Praktikums durch eine ausgesprochen hohe, sehr gute Lernbereitschaft aus. Auch in Situationen mit größtem Arbeitsaufkommen erwies er sich immer als in höchstem Maße belastbar.

Wegen seiner stets sehr umsichtigen und jederzeit in besonders hohem Maße verantwortungsbewussten Arbeitsweise war er von uns immer besonders geschätzt. Herr Mustermann war in ganz besonders hohem Maße zuverlässig.

Für alle auftretenden Probleme fand er ausnahmslos ausgezeichnete Lösungen. Die während des Praktikums gezeigten Leistungen von Herrn Mustermann haben jederzeit und in jeder Hinsicht unsere vollste Anerkennung gefunden.

Er wurde wegen seines stets freundlichen und ausgeglichenen Wesens allseits sehr geschätzt. Er war immer hilfsbereit, zuvorkommend und stellte, falls erforderlich, auch persönliche Interessen zurück. Sein Verhalten zu Vorgesetzten, Ausbildern, Kollegen sowie Kunden war jederzeit vorbildlich. Gegenüber den anderen Praktikanten verhielt er sich jederzeit kameradschaftlich und hilfsbereit.

Wir bedanken uns bei Herrn Mustermann für die sehr gute und angenehme Mit- und Zusammenarbeit. Wir freuen uns, wenn das Praktikum ihn in seinem Berufswunsch bestärkt und für die Zukunft motiviert hat, da wir ihn für den gewählten Beruf in hohem Maße für geeignet halten. Aus diesem Grund haben wir ihm auch einen Ausbildungsplatz angeboten. Wir hoffen, dass wir die Zusammenarbeit im Rahmen der Ausbildung fortsetzen können. Für die Zukunft wünschen wir Herrn Mustermann beruflich und privat weiterhin viel Erfolg und alles Gute.

Musterstadt, 31.12.2021

Max MUSTERMANN AG

1. Unterzeichner/in	2. Unterzeichner/in
[Position]	[Position]

13.201 PR-Fachkraft/Pressesprecher

Zeugnis
Herr Max Mustermann war vom 01.03.2017 bis zum 31.12.2021 in unserem Unternehmen als PR-Fachkraft/Pressesprecher tätig.

[Unternehmensbeschreibung]

Als PR-Fachkraft/Pressesprecher war Herr Mustermann verantwortlich für die Entwicklung und Umsetzung von PR-Konzepten. Im Rahmen seines verantwortungsvollen und vielseitigen Tätigkeitsgebietes war Herr Mustermann für folgende Aufgaben zuständig:

- Ansprechpartner für Medienvertreter und Chefredakteure,
- Aufbau und Pflege von Kontakten zu Chefredakteuren, Bloggern und Journalisten,
- Aufbau und Pflege von Netzwerken,
- Bearbeitung von Medienfragen,
- Bearbeitung von Presseanfragen,
- Begleitung von Produktvorstellungen und Fotoshootings,
- Durchführung von PR-Kampagnen,
- Durchführung von Pressegesprächen,
- Erfolgskontrolle und Medienbeobachtungen,
- Erstellung von Präsentationen und Pressemittelungen,
- Erstellung und Einhaltung des PR-Budgets
- Erstellung von Presse- und Hintergrundinformationen,
- Erstellung von redaktionellem Material für die Medienkanäle,
- Konzeption und Umsetzung der PR-Aktivitäten,
- Konzipierung von PR-Auftritten,
- Koordination der Erstellung von Broschüren und Flyer,
- Kostenplanung von Messen und Veranstaltungen,

- Mediaplanung und Kreationsabstimmung
- Monitoring nationaler Kampagnen,
- Präsentation von PR-Konzepten bei Tagungen, auf Messen und Seminaren,
- Presse- und Öffentlichkeitsarbeit,
- Sicherstellung der Einhaltung von Qualitäts- und Kostenvorgaben,
- Sprecheraufgaben für ausgewählte Themen,
- Vorbereitung und Organisation von Pressekonferenzen und Pressereisen,
- Zusammenarbeit mit dem Marketing, Vertrieb und externen Agenturen.

Herr Mustermann verfügt über ein hervorragendes und auch in Randbereichen sehr tiefgehendes Fachwissen, welches er in unser Unternehmen stets in höchst gewinnbringender Weise einbrachte. Herrn Mustermann ist eine teamorientierte Persönlichkeit. Mit seinem Engagement sorgte er für die Etablierung von Kontakten zu neuen, interessanten Medienvertretern, Chefredakteuren, Bloggern und Journalisten.

Herrn Mustermann versteht es, PR-Kampagnen treffsicher einzusetzen. Auf persönlicher Ebene punktete Herrn Mustermann mit Kommunikationsstärke und langjähriger Berufserfahrung im PR-Bereich. Zum Nutzen unseres Unternehmens erweiterte und aktualisierte er immer mit sehr gutem Erfolg seine umfassenden Fachkenntnisse durch regelmäßige Teilnahme an Weiterbildungsveranstaltungen.

Aufgrund seiner sehr guten Auffassungsgabe war er jederzeit in der Lage, auch schwierige Situationen sofort zutreffend zu erfassen und schnell sehr gute Lösungen zu finden. Herr Mustermann zeigte jederzeit hohe Eigeninitiative und identifizierte sich immer voll mit seinen Aufgaben und unserem Unternehmen, wobei er auch durch seine sehr große Einsatzfreude überzeugte. Auch in Situationen mit größtem Arbeitsaufkommen erwies er sich immer als in höchstem Maße belastbar.

Alle Aufgaben führte er jederzeit vollkommen selbstständig, äußerst sorgfältig und planvoll durchdacht aus. Er agierte immer ruhig, überlegt, zielorientiert und in höchstem Maße präzise. Dabei überzeugte er stets in besonderer Weise sowohl in qualitativer als auch in quantitativer Hinsicht. Herr Mustermann war in ganz besonders hohem Maße zuverlässig.

Für alle auftretenden Probleme fand er ausnahmslos ausgezeichnete Lösungen. Die Leistungen von Herrn Mustermann haben jederzeit und in jeder Hinsicht unsere vollste Anerkennung gefunden.

Er wurde wegen seines stets freundlichen und ausgeglichenen Wesens allseits sehr geschätzt. Er war immer hilfsbereit, zuvorkommend und stellte, falls erforderlich, auch persönliche Interessen zurück. Sein Verhalten zu Vorgesetzten, Kolleginnen und Kollegen sowie Kundinnen und Kunden war jederzeit vorbildlich.

Herr Mustermann verlässt unser Unternehmen mit dem 31.12.2021 auf eigenen Wunsch. Wir bedauern dies sehr, weil wir mit ihm einen sehr guten Mitarbeiter verlieren. Wir bedanken uns für die stets sehr guten Leistungen und wünschen ihm für die Zukunft beruflich und privat weiterhin viel Erfolg und alles Gute.

Musterstadt, 31.12.2021

Max MUSTERMANN AG

1. Unterzeichner/in	2. Unterzeichner/in
[Position]	[Position]

13.202 Product Owner

Zeugnis

Herr Max Mustermann war vom 01.03.2017 bis zum 31.12.2021 in unserem Unternehmen als Product Owner tätig.

[Unternehmensbeschreibung]

Als Product Owner war Herr Mustermann verantwortlich für die Entwicklung, Umsetzung und Verfolgung von verschiedenen Produktvisionen. Im Rahmen seines verantwortungsvollen und vielseitigen Tätigkeitsgebietes war Herr Mustermann für folgende Aufgaben zuständig:

- Analyse von Markt- und Kundenanforderungen,
- Entwicklung von Konzeptionen bis hin zur Marktreife,
- Entwicklung von Produktinnovationen,
- Erstellung von Produkt- und Kundenpräsentationen,
- fachliche Führung des Scrum Teams,
- Fortschrittskontrolle zur Erreichung des Sprintziels,
- Informationsaustausch mit dem Management und Stakeholdern,
- Management des Product Backlogs,
- Modellierung von Prozessen,
- Monitoring von Projektvorhaben,
- Optimierung des Entwicklungsteams,
- Planen des benötigten Budgets,
- Priorisierung von Prozessen,
- Priorisierung des Product Backlogs,
- Produktdefinition und -verantwortung,

- Steuern der Kundenkommunikation bei Upgrades und Störungen,
- Steuerung des Scrum Teams,
- Trend- und Marktforschung,
- Umsetzung von Produktvisionen,
- Weiterentwicklung aller Prozessstrecken der Produkte,
- Wertmaximierung des Produkts,
- Wettbewerbsscreening.

Herr Mustermann verfügt über ein hervorragendes und auch in Randbereichen sehr tiefgehendes Fachwissen, welches er in unser Unternehmen stets in höchst gewinnbringender Weise einbrachte. Eine selbstständige, systematische und zielorientierte Arbeitsweise zeichnet Herrn Mustermann aus.

Persönlich punktet Herr Mustermann mit Team- und Kommunikationsfähigkeit. Sehr gutes Englisch in Wort und Schrift ist für Herrn Mustermann selbstverständlich. Zum Nutzen unseres Unternehmens erweiterte und aktualisierte er immer mit sehr gutem Erfolg seine umfassenden Fachkenntnisse durch regelmäßige Teilnahme an Weiterbildungsveranstaltungen.

Aufgrund seiner sehr guten Auffassungsgabe war er jederzeit in der Lage, auch schwierige Situationen sofort zutreffend zu erfassen und schnell sehr gute Lösungen zu finden. Herr Mustermann zeigte jederzeit hohe Eigeninitiative und identifizierte sich immer voll mit seinen Aufgaben und unserem Unternehmen, wobei er auch durch seine sehr große Einsatzfreude überzeugte. Auch in Situationen mit größtem Arbeitsaufkommen erwies er sich immer als in höchstem Maße belastbar.

Alle Aufgaben führte er jederzeit vollkommen selbstständig, äußerst sorgfältig und planvoll durchdacht aus. Er agierte immer ruhig, überlegt, zielorientiert und in höchstem Maße präzise. Dabei überzeugte er stets in besonderer Weise sowohl in qualitativer als auch in quantitativer Hinsicht. Herr Mustermann war in ganz besonders hohem Maße zuverlässig.

Für alle auftretenden Probleme fand er ausnahmslos ausgezeichnete Lösungen. Die Leistungen von Herrn Mustermann haben jederzeit und in jeder Hinsicht unsere vollste Anerkennung gefunden.

Er wurde wegen seines stets freundlichen und ausgeglichenen Wesens allseits sehr geschätzt. Er war immer hilfsbereit, zuvorkommend und stellte, falls erforderlich, auch persönliche Interessen zurück. Sein Verhalten zu Vorgesetzten, Kolleginnen und Kollegen sowie Kundinnen und Kunden war jederzeit vorbildlich.

Herr Mustermann verlässt unser Unternehmen mit dem 31.12.2021 auf eigenen Wunsch. Wir bedauern dies sehr, weil wir mit ihm einen sehr guten Mitarbeiter verlieren. Wir bedanken uns für die stets sehr guten Leistungen und wünschen ihm für die Zukunft beruflich und privat weiterhin viel Erfolg und alles Gute.

Musterstadt, 31.12.2021

Max MUSTERMANN AG

1. Unterzeichner/in	2. Unterzeichner/in
[Position]	[Position]

13.203 Product Test Engineer

Zeugnis

Herr Max Mustermann war vom 01.03.2017 bis zum 31.12.2021 in unserem Unternehmen als Product Test Engineer tätig.

[Unternehmensbeschreibung]

Als Product Test Engineer war Herr Mustermann verantwortlich für die Planung und Durchführung der Testvorhaben sowie Fehleranalyse in unserem Unternehmen. Im Rahmen seines verantwortungsvollen und vielseitigen Tätigkeitsgebietes war Herr Mustermann für folgende Aufgaben zuständig:

- Analyse und Auswertung der Testergebnisse,
- Beratung der Mitarbeiter hinsichtlich des Testmanagements,
- Dokumentation der Testfälle,
- Durchführung der technischen Dokumentation sowie Testberichte,
- Durchführung von technischen Schulungen,
- Entwicklung von Programmen zur Testautomatisierung,
- Entwicklung von automatisierten Tests,
- Ermittlung des Testaufwandes und Risikoanalyse,
- Erstellung von Testkonzepten, Testplänen und Testfällen,
- Erstellung eines Testzeitplanes,
- Fehleranalyse und -behebung,
- Koordination und Optimierung der Teststrategie und Testszenarien,
- Organisation und Koordination von Testteams,
- Realisierung von Entwicklungs- und Testumgebungen,
- Spezifikation von Testfällen,
- Steuerung aller Testaktivitäten im Testprozess,

- Unterstützung des Entwicklungsteams bei der Fehleranalyse,
- Vorbereitung der Teststrategie,
- Vorbereitung und Durchführung von fachlichen und technischen Tests.

Herr Mustermann verfügt über ein hervorragendes und auch in Randbereichen sehr tiefgehendes Fachwissen, welches er in unser Unternehmen stets in höchst gewinnbringender Weise einbrachte. Die Arbeitsweise von Herrn Mustermann zeichnete sich durch Sorgfalt und hohes Qualitätsbewusstsein aus.

Ein strukturiertes und gewissenhaftes Bearbeiten der Teststrategien und Testszenarien mit einem hohen Maß an Selbstständigkeit runden das Profil von Herrn Mustermann ab. Herr Mustermann unterstützte uns jederzeit vorbildlich, die Qualität unserer Produkte sicherzustellen und kontinuierlich zu steigern. Zum Nutzen unseres Unternehmens erweiterte und aktualisierte er immer mit sehr gutem Erfolg seine umfassenden Fachkenntnisse durch regelmäßige Teilnahme an Weiterbildungsveranstaltungen.

Aufgrund seiner sehr guten Auffassungsgabe war er jederzeit in der Lage, auch schwierige Situationen sofort zutreffend zu erfassen und schnell sehr gute Lösungen zu finden. Herr Mustermann zeigte jederzeit hohe Eigeninitiative und identifizierte sich immer voll mit seinen Aufgaben und unserem Unternehmen, wobei er auch durch seine sehr große Einsatzfreude überzeugte. Auch in Situationen mit größtem Arbeitsaufkommen erwies er sich immer als in höchstem Maße belastbar.

Alle Aufgaben führte er jederzeit vollkommen selbstständig, äußerst sorgfältig und planvoll durchdacht aus. Er agierte immer ruhig, überlegt, zielorientiert und in höchstem Maße präzise. Dabei überzeugte er stets in besonderer Weise sowohl in qualitativer als auch in quantitativer Hinsicht. Herr Mustermann war in ganz besonders hohem Maße zuverlässig.

Für alle auftretenden Probleme fand er ausnahmslos ausgezeichnete Lösungen. Die Leistungen von Herrn Mustermann haben jederzeit und in jeder Hinsicht unsere vollste Anerkennung gefunden.

Er wurde wegen seines stets freundlichen und ausgeglichenen Wesens allseits sehr geschätzt. Er war immer hilfsbereit, zuvorkommend und stellte, falls erforderlich, auch persönliche Interessen zurück. Sein Verhalten zu Vorgesetzten, Kolleginnen und Kollegen sowie Kundinnen und Kunden war jederzeit vorbildlich.

Herr Mustermann verlässt unser Unternehmen mit dem 31.12.2021 auf eigenen Wunsch. Wir bedauern dies sehr, weil wir mit ihm einen sehr guten Mitarbeiter ver-

lieren. Wir bedanken uns für die stets sehr guten Leistungen und wünschen ihm für die Zukunft beruflich und privat weiterhin viel Erfolg und alles Gute.

Musterstadt, 31.12.2021

Max MUSTERMANN AG

1. Unterzeichner/in	2. Unterzeichner/in
[Position]	[Position]

13.204 Produktentwickler

Zeugnis

Herr Max Mustermann war vom 01.03.2017 bis zum 31.12.2021 in unserem Unternehmen als Produktentwickler tätig.

[Unternehmensbeschreibung]

Als Produktentwickler war Herr Mustermann verantwortlich für die Entwicklung bis zur Markteinführung des Produkts. Im Rahmen seines verantwortungsvollen und vielseitigen Tätigkeitsgebietes war Herr Mustermann für folgende Aufgaben zuständig:

- Abwicklung des Prototypenbaus,
- Anfertigen der Produktmodelle,
- Anfertigen von Montageunterlagen und Explosionszeichnungen,
- Aufbau von Prototypen,
- Ausbau des Produktportfolios,
- Betreuung der Produktentwicklung bis zur Serienreife,
- Durchführung von Markt- und Wettbewerbsanalysen,
- Einhaltung der Konstruktionsrichtlinien,
- Einhaltung vorgegebener Kosten-, Termin- und Qualitätsziele,
- Einsatz von AutoCAD und ERP-System,
- Entwicklung und Konstruktion von Sondersystemen,
- Entwicklung von Konzepten für neue Produkte,
- Entwurf und Detailkonstruktion von Bauteilen,
- Erstellen und Pflegen von Stücklisten,
- Erstellen von Konzepten und Konstruktionen nach Pflichtenheft,
- Erstellen von CAD-Modellen inkl. Stücklistenerstellung,
- Erstellen der technischen Dokumentationen,
- Erstellen von Fertigungszeichnungen,
- Führung der technischen Dokumentation,
- Industrialisierung des Endproduktes,

- Initiierung und Steuerung des betrieblichen Innovationsmanagements,
- Konstruktion und Entwicklung von Neuprodukten,
- Koordination der Entwicklungsschritte mit den Fachabteilungen,
- Leitung von Projekten im Bereich Produktentwicklung,
- Lösen von Konstruktions- und Entwicklungsproblemen,
- Monitoring von Technologietrends,
- Montage vor Ort mittels Arbeitsplänen,
- Optimierung der Qualitätsstandards,
- Sonderkonstruktionen und Projektierung von Sonderlösungen,
- Überprüfung der Umsetzbarkeit von Produktneuentwicklungen,
- Verantwortung für die Serienreife und Industrialisierung.

Herr Mustermann verfügt über ein hervorragendes und auch in Randbereichen sehr tiefgehendes Fachwissen, welches er in unser Unternehmen stets in höchst gewinnbringender Weise einbrachte. Eine selbstständige, systematische und zielorientierte Arbeitsweise zeichnet Herrn Mustermann aus. Persönlich punktet Herr Mustermann mit Team- und Kommunikationsfähigkeit.

Sehr gutes Englisch in Wort und Schrift ist für Herrn Mustermann selbstverständlich. Zum Nutzen unseres Unternehmens erweiterte und aktualisierte er immer mit sehr gutem Erfolg seine umfassenden Fachkenntnisse durch regelmäßige Teilnahme an Weiterbildungsveranstaltungen.

Aufgrund seiner sehr guten Auffassungsgabe war er jederzeit in der Lage, auch schwierige Situationen sofort zutreffend zu erfassen und schnell sehr gute Lösungen zu finden. Herr Mustermann zeigte jederzeit hohe Eigeninitiative und identifizierte sich immer voll mit seinen Aufgaben und unserem Unternehmen, wobei er auch durch seine sehr große Einsatzfreude überzeugte. Auch in Situationen mit größtem Arbeitsaufkommen erwies er sich immer als in höchstem Maße belastbar.

Alle Aufgaben führte er jederzeit vollkommen selbstständig, äußerst sorgfältig und planvoll durchdacht aus. Er agierte immer ruhig, überlegt, zielorientiert und in höchstem Maße präzise. Dabei überzeugte er stets in besonderer Weise sowohl in qualitativer als auch in quantitativer Hinsicht. Herr Mustermann war in ganz besonders hohem Maße zuverlässig.

Für alle auftretenden Probleme fand er ausnahmslos ausgezeichnete Lösungen. Die Leistungen von Herrn Mustermann haben jederzeit und in jeder Hinsicht unsere vollste Anerkennung gefunden.

Er wurde wegen seines stets freundlichen und ausgeglichenen Wesens allseits sehr geschätzt. Er war immer hilfsbereit, zuvorkommend und stellte, falls erforderlich,

auch persönliche Interessen zurück. Sein Verhalten zu Vorgesetzten, Kolleginnen und Kollegen sowie Kundinnen und Kunden war jederzeit vorbildlich.

Herr Mustermann verlässt unser Unternehmen mit dem 31.12.2021 auf eigenen Wunsch. Wir bedauern dies sehr, weil wir mit ihm einen sehr guten Mitarbeiter verlieren. Wir bedanken uns für die stets sehr guten Leistungen und wünschen ihm für die Zukunft beruflich und privat weiterhin viel Erfolg und alles Gute.

Musterstadt, 31.12.2021

Max MUSTERMANN AG

1. Unterzeichner/in	2. Unterzeichner/in
[Position]	[Position]

13.205 Produktioner

Zeugnis
Herr Max Mustermann war vom 01.03.2017 bis zum 31.12.2021 in unserem Unternehmen als Produktioner tätig.

[Unternehmensbeschreibung]

Als Produktioner war Herr Mustermann verantwortlich für die Abstimmung und Durchführung des gesamten Herstellungsprozesses. Im Rahmen seines verantwortungsvollen und vielseitigen Tätigkeitsgebietes war Herr Mustermann für folgende Aufgaben zuständig:

- Bereitstellung der Produkte für den Onlinehandel,
- Druckdatenverwaltung und -aufbereitung,
- Durchführen von Qualitätskontrollen,
- Durchführung von Markt- und Wettbewerbsanalysen,
- Einhaltung vorgegebener Kosten-, Termin- und Qualitätsziele,
- Einholen und Auswerten von Angeboten externer Dienstleister,
- Führen von Preisverhandlungen,
- Kontrolle von Proofs und Andrucken,
- Koordination der termingerechten Auftragsabwicklung,
- Kostenkontrolle und -überwachung,
- Lieferantenmanagement,
- Optimierung der Qualitätsstandards,

- Prüfung und Freigabe von Druckdaten,
- Qualitätskontrolle,
- Reklamationsmanagement,
- Terminsteuerung einzelner Produktionsabschnitte,
- Vertragsverhandlungen.

Herr Mustermann verfügt über ein hervorragendes und auch in Randbereichen sehr tiefgehendes Fachwissen, welches er in unser Unternehmen stets in höchst gewinnbringender Weise einbrachte. Eine selbstständige, systematische und zielorientierte Arbeitsweise zeichnet Herrn Mustermann aus.

Persönlich punktet Herr Mustermann mit Team- und Kommunikationsfähigkeit. Sehr gutes Englisch in Wort und Schrift ist für Herrn Mustermann selbstverständlich. Zum Nutzen unseres Unternehmens erweiterte und aktualisierte er immer mit sehr gutem Erfolg seine umfassenden Fachkenntnisse durch regelmäßige Teilnahme an Weiterbildungsveranstaltungen.

Aufgrund seiner sehr guten Auffassungsgabe war er jederzeit in der Lage, auch schwierige Situationen sofort zutreffend zu erfassen und schnell sehr gute Lösungen zu finden. Herr Mustermann zeigte jederzeit hohe Eigeninitiative und identifizierte sich immer voll mit seinen Aufgaben und unserem Unternehmen, wobei er auch durch seine sehr große Einsatzfreude überzeugte. Auch in Situationen mit größtem Arbeitsaufkommen erwies er sich immer als in höchstem Maße belastbar.

Alle Aufgaben führte er jederzeit vollkommen selbstständig, äußerst sorgfältig und planvoll durchdacht aus. Er agierte immer ruhig, überlegt, zielorientiert und in höchstem Maße präzise. Dabei überzeugte er stets in besonderer Weise sowohl in qualitativer als auch in quantitativer Hinsicht. Herr Mustermann war in ganz besonders hohem Maße zuverlässig.

Für alle auftretenden Probleme fand er ausnahmslos ausgezeichnete Lösungen. Die Leistungen von Herrn Mustermann haben jederzeit und in jeder Hinsicht unsere vollste Anerkennung gefunden.

Er wurde wegen seines stets freundlichen und ausgeglichenen Wesens allseits sehr geschätzt. Er war immer hilfsbereit, zuvorkommend und stellte, falls erforderlich, auch persönliche Interessen zurück. Sein Verhalten zu Vorgesetzten, Kolleginnen und Kollegen sowie Kundinnen und Kunden war jederzeit vorbildlich.

Herr Mustermann verlässt unser Unternehmen mit dem 31.12.2021 auf eigenen Wunsch. Wir bedauern dies sehr, weil wir mit ihm einen sehr guten Mitarbeiter ver-

lieren. Wir bedanken uns für die stets sehr guten Leistungen und wünschen ihm für die Zukunft beruflich und privat weiterhin viel Erfolg und alles Gute.

Musterstadt, 31.12.2021

Max MUSTERMANN AG

1. Unterzeichner/in	2. Unterzeichner/in
[Position]	[Position]

13.206 Produktmanager

Zeugnis
Herr Max Mustermann war vom 01.03.2017 bis zum 31.12.2021 in unserem Unternehmen als Produktmanager tätig.

[Unternehmensbeschreibung]

Als Produktmanager war Herr Mustermann verantwortlich für die Bearbeitung bestehender Produkte, Neuentwicklung von Produkten, Optimierung des Produktportfolios. Im Rahmen seines verantwortungsvollen und vielseitigen Tätigkeitsgebietes war Herr Mustermann für folgende Aufgaben zuständig:

- Analyse von Markt- und Kundenanforderungen,
- Budgetverantwortung für die Produktgruppe,
- Durchführen von Zielgruppenanalysen,
- Durchführung von Produkttests,
- Entwicklung von Konzepten für neue Produkte,
- Erstellung von Werbekonzepten,
- Gestaltung der Produkte,
- Halten von Präsentationen und Vorträgen auf Messen und internen Veranstaltungen,
- Marktanalyse und Wettbewerbsbetrachtung,
- Mitgestaltung des Verlagsprogrammes,
- Monitoring der Werbeerfolgskontrollen,
- Optimierung bestehender Produktdesigns,
- Präsentation von Produktkonzepten,
- Presse- und Öffentlichkeitsarbeit,
- Produkt- und Prozessüberwachung,
- Produktplanung und Kreationsabstimmung,
- Sicherstellung der Einhaltung von Qualitäts- und Kostenvorgaben,
- Steuerung der externen Redakteure und Werbetexter,

- Trend- und Marktforschung,
- Umsetzung von Produktkonzepten,
- Zusammenarbeit mit der Marktforschung, dem Marketing, Vertrieb und externen Agenturen.

Herr Mustermann verfügt über ein hervorragendes und auch in Randbereichen sehr tiefgehendes Fachwissen, welches er in unser Unternehmen stets in höchst gewinnbringender Weise einbrachte. Eine selbstständige, systematische und zielorientierte Arbeitsweise zeichnet Herrn Mustermann aus.

Persönlich punktet Herr Mustermann mit Team- und Kommunikationsfähigkeit. Sehr gutes Englisch in Wort und Schrift ist für Herrn Herr Mustermann selbstverständlich. Zum Nutzen unseres Unternehmens erweiterte und aktualisierte er immer mit sehr gutem Erfolg seine umfassenden Fachkenntnisse durch regelmäßige Teilnahme an Weiterbildungsveranstaltungen.

Aufgrund seiner sehr guten Auffassungsgabe war er jederzeit in der Lage, auch schwierige Situationen sofort zutreffend zu erfassen und schnell sehr gute Lösungen zu finden. Herr Mustermann zeigte jederzeit hohe Eigeninitiative und identifizierte sich immer voll mit seinen Aufgaben und unserem Unternehmen, wobei er auch durch seine sehr große Einsatzfreude überzeugte. Auch in Situationen mit größtem Arbeitsaufkommen erwies er sich immer als in höchstem Maße belastbar.

Alle Aufgaben führte er jederzeit vollkommen selbstständig, äußerst sorgfältig und planvoll durchdacht aus. Er agierte immer ruhig, überlegt, zielorientiert und in höchstem Maße präzise. Dabei überzeugte er stets in besonderer Weise sowohl in qualitativer als auch in quantitativer Hinsicht. Herr Mustermann war in ganz besonders hohem Maße zuverlässig.

Für alle auftretenden Probleme fand er ausnahmslos ausgezeichnete Lösungen. Die Leistungen von Herrn Mustermann haben jederzeit und in jeder Hinsicht unsere vollste Anerkennung gefunden.

Er wurde wegen seines stets freundlichen und ausgeglichenen Wesens allseits sehr geschätzt. Er war immer hilfsbereit, zuvorkommend und stellte, falls erforderlich, auch persönliche Interessen zurück. Sein Verhalten zu Vorgesetzten, Kolleginnen und Kollegen sowie Kundinnen und Kunden war jederzeit vorbildlich.

Herr Mustermann verlässt unser Unternehmen mit dem 31.12.2021 auf eigenen Wunsch. Wir bedauern dies sehr, weil wir mit ihm einen sehr guten Mitarbeiter ver-

lieren. Wir bedanken uns für die stets sehr guten Leistungen und wünschen ihm für die Zukunft beruflich und privat weiterhin viel Erfolg und alles Gute.

Musterstadt, 31.12.2021

Max MUSTERMANN AG

1. Unterzeichner/in	2. Unterzeichner/in
[Position]	[Position]

13.207 Programmierer

Zeugnis
Herr Max Mustermann war vom 01.03.2017 bis zum 31.12.2021 in unserem Unternehmen als Programmierer tätig.

[Unternehmensbeschreibung]

Als Programmierer war Herr Mustermann verantwortlich für die Programmierung und Weiterentwicklung unserer Softwareprodukte. Im Rahmen seines verantwortungsvollen und vielseitigen Tätigkeitsgebietes war Herr Mustermann für folgende Aufgaben zuständig:

- Anfertigen von Pflichtenheften,
- Anpassen und Pflegen von Datenbanken,
- Aufwandschätzungen der zu realisierenden Projekte,
- Datenbankbearbeitung per SQL-basierten Programmiersprachen,
- Dokumentation der Programmentwicklungen,
- Durchführung von Anforderungsanalysen,
- Entwicklung und Umsetzung von Schnittstellen zu anderen Datensystemen und Warenwirtschaftssystemen,
- Erstellung von Pflichtenheften,
- Festlegung von Programmieranforderungen,
- Installation und Inbetriebnahme der Software,
- Integration und Installation von Fremdsoftware in die bestehende Software,
- Schnittstellengestaltung zu externen Systemen,
- Schulung und Hotline für die Anwender,
- Test, Fehlersuche und Beseitigung von Fehlern in der Software,
- Unterstützung der Mitarbeiter bei der Anwendung der Software,
- Weiterentwicklung der mobilen Apps,
- Weiterentwicklung von C-Algorithmen.

Herr Mustermann verfügt über ein hervorragendes und auch in Randbereichen sehr tiefgehendes Fachwissen, welches er in unser Unternehmen stets in höchst gewinnbringender Weise einbrachte. Herr Mustermann verfügt über sehr gute Kenntnisse in C#, Java, Javascript, HTML, PHP, SQL und Web-Applications-Architekturen.

Eine prozessorientierte und strukturierte Arbeitsweise sowie sehr gute Englischkenntnisse in Wort und Schrift runden das Profil von Herrn Mustermann überzeugend ab. Zum Nutzen unseres Unternehmens erweiterte und aktualisierte er immer mit sehr gutem Erfolg seine umfassenden Fachkenntnisse durch regelmäßige Teilnahme an Weiterbildungsveranstaltungen.

Aufgrund seiner sehr guten Auffassungsgabe war er jederzeit in der Lage, auch schwierige Situationen sofort zutreffend zu erfassen und schnell sehr gute Lösungen zu finden. Herr Mustermann zeigte jederzeit hohe Eigeninitiative und identifizierte sich immer voll mit seinen Aufgaben und unserem Unternehmen, wobei er auch durch seine sehr große Einsatzfreude überzeugte. Auch in Situationen mit größtem Arbeitsaufkommen erwies er sich immer als in höchstem Maße belastbar.

Alle Aufgaben führte er jederzeit vollkommen selbstständig, äußerst sorgfältig und planvoll durchdacht aus. Er agierte immer ruhig, überlegt, zielorientiert und in höchstem Maße präzise. Dabei überzeugte er stets in besonderer Weise sowohl in qualitativer als auch in quantitativer Hinsicht. Herr Mustermann war in ganz besonders hohem Maße zuverlässig.

Für alle auftretenden Probleme fand er ausnahmslos ausgezeichnete Lösungen. Die Leistungen von Herrn Mustermann haben jederzeit und in jeder Hinsicht unsere vollste Anerkennung gefunden.

Er wurde wegen seines stets freundlichen und ausgeglichenen Wesens allseits sehr geschätzt. Er war immer hilfsbereit, zuvorkommend und stellte, falls erforderlich, auch persönliche Interessen zurück. Sein Verhalten zu Vorgesetzten, Kolleginnen und Kollegen sowie Kundinnen und Kunden war jederzeit vorbildlich.

Herr Mustermann verlässt unser Unternehmen mit dem 31.12.2021 auf eigenen Wunsch. Wir bedauern dies sehr, weil wir mit ihm einen sehr guten Mitarbeiter verlieren. Wir bedanken uns für die stets sehr guten Leistungen und wünschen ihm für die Zukunft beruflich und privat weiterhin viel Erfolg und alles Gute.

Musterstadt, 31.12.2021

Max MUSTERMANN AG

1. Unterzeichner/in	2. Unterzeichner/in
[Position]	[Position]

13.208 Projektassistentin

Zeugnis

Frau Mara Muster war vom 01.03.2017 bis zum 31.12.2021 in unserem Unternehmen als Projektassistentin tätig.

[Unternehmensbeschreibung]

Als Projektassistentin war Frau Muster verantwortlich für die Unterstützung in der Projektabwicklung sowie im Projektmanagement. Im Rahmen ihres verantwortungsvollen und vielseitigen Tätigkeitsgebietes war Frau Muster für folgende Aufgaben zuständig:

- Abrechnung der einzelnen Projekte,
- Abstimmung und Vorbereitung von Meetings,
- Abwicklung von Dienstreisen und Erstellen der Abrechnungen,
- Assistenz bei internen und externen Projekten,
- Auswertung betriebswirtschaftlicher Daten,
- Bearbeiten von Zeit- und Projektplänen,
- Betreuung von Dozenten,
- Durchführung der anfallenden Korrespondenz in deutscher und englischer Sprache,
- Durchführung von Internetrecherchen,
- fachliche Unterstützung für die internen Abteilungen,
- Monitoring der aktiven Projekte,
- Öffentlichkeitsarbeit,
- Organisation von Weiterbildungsveranstaltungen,
- Pflege der Projektunterlagen,
- Terminkoordination und -überwachung,
- Unterstützung der Geschäftsführung,
- Unterstützung des operativen Projektmanagements,
- Vor- und Nachbereitung interner und externer Besprechungen,
- Vorbereitung von Präsentationen.

Frau Muster verfügt über ein hervorragendes und auch in Randbereichen sehr tiefgehendes Fachwissen, welches sie in unser Unternehmen stets in höchst gewinnbringender Weise einbrachte. Selbstständiges und zuverlässiges Arbeiten, eine verantwortungsbewusste und strukturierte Arbeitsweise sowie überdurchschnittliche Einsatzbereitschaft zeichnen Frau Muster aus.

Ausgeprägte Kommunikations- und Teamfähigkeit sowie Organisationstalent, sehr gute Englisch- und anwenderbezogene EDV-Kenntnisse (MS Office) rundet das Profil von Frau Muster ab. Zum Nutzen unseres Unternehmens erweiterte und aktualisierte sie immer mit sehr gutem Erfolg ihre umfassenden Fachkenntnisse durch regelmäßige Teilnahme an Weiterbildungsveranstaltungen.

Aufgrund ihrer sehr guten Auffassungsgabe war sie jederzeit in der Lage, auch schwierige Situationen sofort zutreffend zu erfassen und schnell sehr gute Lösungen zu finden. Frau Muster zeigte jederzeit hohe Eigeninitiative und identifizierte sich immer voll mit ihren Aufgaben und unserem Unternehmen, wobei sie auch durch ihre sehr große Einsatzfreude überzeugte. Auch in Situationen mit größtem Arbeitsaufkommen erwies sie sich immer als in höchstem Maße belastbar.

Alle Aufgaben führte sie jederzeit vollkommen selbstständig, äußerst sorgfältig und planvoll durchdacht aus. Sie agierte immer ruhig, überlegt, zielorientiert und in höchstem Maße präzise. Dabei überzeugte sie stets in besonderer Weise sowohl in qualitativer als auch in quantitativer Hinsicht. Frau Muster war in ganz besonders hohem Maße zuverlässig.

Für alle auftretenden Probleme fand sie ausnahmslos ausgezeichnete Lösungen. Die Leistungen von Frau Muster haben jederzeit und in jeder Hinsicht unsere vollste Anerkennung gefunden.

Sie wurde wegen ihres stets freundlichen und ausgeglichenen Wesens allseits sehr geschätzt. Sie war immer hilfsbereit, zuvorkommend und stellte, falls erforderlich, auch persönliche Interessen zurück. Ihr Verhalten zu Vorgesetzten, Kolleginnen und Kollegen sowie Kundinnen und Kunden war jederzeit vorbildlich.

Frau Muster verlässt unser Unternehmen mit dem 31.12.2021 auf eigenen Wunsch. Wir bedauern dies sehr, weil wir mit ihr eine sehr gute Mitarbeiterin verlieren. Wir bedanken uns für die stets sehr guten Leistungen und wünschen ihr für die Zukunft beruflich und privat weiterhin viel Erfolg und alles Gute.

Musterstadt, 31.12.2021

Max MUSTERMANN AG

1. Unterzeichner/in	2. Unterzeichner/in
[Position]	[Position]

13.209 Projektingenieur

Zeugnis
Herr Max Mustermann war vom 01.03.2017 bis zum 31.12.2021 in unserem Unternehmen als Projektingenieur tätig.

[Unternehmensbeschreibung]

Als Projektingenieur war Herr Mustermann verantwortlich für die Steuerung der Projektarbeit und Kommunikation mit der Geschäftsleitung. Im Rahmen seines verantwortungsvollen und vielseitigen Tätigkeitsgebietes war Herr Mustermann für folgende Aufgaben zuständig:

- Abwicklung von kundenspezifischen Projekten,
- Analyse von Markt- und Kundenanforderungen,
- Ausarbeitung technischer Spezifikationen,
- Begleitung der Projektentwicklung bis zur Serienreife,
- Betreuung von nationalen und internationalen Projekten,
- Budgetverantwortung für die Projektgruppe,
- Durchführen von Zielgruppenanalysen,
- Durchführung von Messungen und Prüfungen,
- Entwicklung von Konzepten für neue Projekte,
- Halten von Präsentationen und Vorträge auf Messen und internen Veranstaltungen,
- Kommunikation mit Ämtern und Kunden,
- Koordination von Projektabläufen,
- Marktanalyse und Wettbewerbsbetrachtung,
- Monitoring der Projekterfolgskontrollen,
- Präsentation von Projekten,
- Projekt- und Prozessüberwachung,
- Sicherstellung der Einhaltung von Qualitäts- und Kostenvorgaben,
- Trend- und Marktforschung,
- Übernahme der Projektleitung,
- Umsetzung von Projektkonzepten,
- Verantwortung für die Projektentwicklung,
- Zusammenarbeit mit der Marktforschung, dem Marketing, Vertrieb und externen Agenturen.

Herr Mustermann verfügt über ein hervorragendes und auch in Randbereichen sehr tiefgehendes Fachwissen, welches er in unser Unternehmen stets in höchst gewinnbringender Weise einbrachte. Langjährige Projekt- und Führungserfahrung, eine strukturierte und pragmatische Arbeitsweise zeichnen Herrn Mustermann aus. Persönlich punktet Herr Mustermann als aktiver, vertrauenswürdiger und konsequenter Leader.

Fließende Englischkenntnisse und ein sicherer Umgang mit MS Office sind für Herrn Mustermann selbstverständlich. Zum Nutzen unseres Unternehmens erweiterte und aktualisierte er immer mit sehr gutem Erfolg seine umfassenden Fachkenntnisse durch regelmäßige Teilnahme an Weiterbildungsveranstaltungen.

Aufgrund seiner sehr guten Auffassungsgabe war er jederzeit in der Lage, auch schwierige Situationen sofort zutreffend zu erfassen und schnell sehr gute Lösungen zu finden. Herr Mustermann zeigte jederzeit hohe Eigeninitiative und identifizierte sich immer voll mit seinen Aufgaben und unserem Unternehmen, wobei er auch durch seine sehr große Einsatzfreude überzeugte. Auch in Situationen mit größtem Arbeitsaufkommen erwies er sich immer als in höchstem Maße belastbar.

Alle Aufgaben führte er jederzeit vollkommen selbstständig, äußerst sorgfältig und planvoll durchdacht aus. Er agierte immer ruhig, überlegt, zielorientiert und in höchstem Maße präzise. Dabei überzeugte er stets in besonderer Weise sowohl in qualitativer als auch in quantitativer Hinsicht. Herr Mustermann war in ganz besonders hohem Maße zuverlässig.

Für alle auftretenden Probleme fand er ausnahmslos ausgezeichnete Lösungen. Die Leistungen von Herrn Mustermann haben jederzeit und in jeder Hinsicht unsere vollste Anerkennung gefunden.

Er wurde wegen seines stets freundlichen und ausgeglichenen Wesens allseits sehr geschätzt. Er war immer hilfsbereit, zuvorkommend und stellte, falls erforderlich, auch persönliche Interessen zurück. Sein Verhalten zu Vorgesetzten, Kolleginnen und Kollegen sowie Kundinnen und Kunden war jederzeit vorbildlich.

Herr Mustermann verlässt unser Unternehmen mit dem 31.12.2021 auf eigenen Wunsch. Wir bedauern dies sehr, weil wir mit ihm einen sehr guten Mitarbeiter verlieren. Wir bedanken uns für die stets sehr guten Leistungen und wünschen ihm für die Zukunft beruflich und privat weiterhin viel Erfolg und alles Gute.

Musterstadt, 31.12.2021

Max MUSTERMANN AG

1. Unterzeichner/in	2. Unterzeichner/in
[Position]	[Position]

13.210 Projektleiter

Zeugnis

Herr Max Mustermann war vom 01.03.2017 bis zum 31.12.2021 in unserem Unternehmen als Projektleiter tätig.

[Unternehmensbeschreibung]

Als Projektleiter war Herr Mustermann verantwortlich für die Planung, Durchführung, Auswertung und Vorstellung von Projekten. Im Rahmen seines verantwortungsvollen und vielseitigen Tätigkeitsgebietes war Herr Mustermann für folgende Aufgaben zuständig:

- Ansprechpartner für Mitglieder des Projektteams
- Berichterstattung gegenüber Auftraggeber und Geschäftsleitung,
- Beseitigung projektrelevanter Probleme und Störungen,
- Durchführung Projektcontrolling,
- Durchführung von Workshops und Präsentationen auf Vorstandsebene,
- Einhaltung der Zielvorgaben über die gesamte Projektdauer,
- Einhaltung von Termin-, Kosten- und Qualitätsplänen,
- Erstellung der Projektplanung,
- Erstellung und Aktualisierung von Lasten- und Pflichtenheften,
- fachliche Führung des Projektteams,
- Gewährleistung der Datensicherheit
- Kontrolle der Projektdokumentation,
- Koordination und Leitung der Projektaktivitäten,
- Koordinierung von Softwareeinführungs- und Softwareentwicklungsprojekten,
- Moderation von Projektsitzungen,
- Schnittstelle zu internen Fachabteilungen,
- Sicherstellung der terminlichen Projektziele,
- Unterstützung des IT-Projektmanagement-Teams,
- Verantwortung der Qualität der geforderten Projektarbeit.

Herr Mustermann verfügt über ein hervorragendes und auch in Randbereichen sehr tiefgehendes Fachwissen, welches er in unser Unternehmen stets in höchst gewinnbringender Weise einbrachte. Eine selbstständige, systematische und zielorientierte Arbeitsweise zeichnet Herrn Mustermann aus. Persönlich punktet Herr Mustermann mit Team- und Kommunikationsfähigkeit sowie Durchsetzungsvermögen.

Herr Mustermann übernimmt gerne Verantwortung und legt Wert darauf, die Projekte proaktiv und eigenverantwortlich umzusetzen. Damit stellt er in jeder Phase eine erfolgreiche Projektrealisierung sicher. Zum Nutzen unseres Unternehmens erweiterte und aktualisierte er immer mit sehr gutem Erfolg seine umfassenden Fachkenntnisse durch regelmäßige Teilnahme an Weiterbildungsveranstaltungen.

Aufgrund seiner sehr guten Auffassungsgabe war er jederzeit in der Lage, auch schwierige Situationen sofort zutreffend zu erfassen und schnell sehr gute Lösungen zu finden. Herr Mustermann zeigte jederzeit hohe Eigeninitiative und identifizierte sich immer voll mit seinen Aufgaben und unserem Unternehmen, wobei er auch durch seine sehr große Einsatzfreude überzeugte. Auch in Situationen mit größtem Arbeitsaufkommen erwies er sich immer als in höchstem Maße belastbar.

Alle Aufgaben führte er jederzeit vollkommen selbstständig, äußerst sorgfältig und planvoll durchdacht aus. Er agierte immer ruhig, überlegt, zielorientiert und in höchstem Maße präzise. Dabei überzeugte er stets in besonderer Weise sowohl in qualitativer als auch in quantitativer Hinsicht. Herr Mustermann war in ganz besonders hohem Maße zuverlässig.

Für alle auftretenden Probleme fand er ausnahmslos ausgezeichnete Lösungen. Er war aufgrund seiner ausgezeichneten Führungsqualitäten als Vorgesetzter in hohem Maße anerkannt und beliebt. Er verhielt sich seinen Mitarbeitern gegenüber stets offen und kollegial, verstand es aber dennoch, sich in schwierigen Situationen durchzusetzen und die Mitarbeiter zu optimalem Einsatz zu bewegen. Die Leistungen von Herrn Mustermann haben jederzeit und in jeder Hinsicht unsere vollste Anerkennung gefunden.

Er wurde wegen seines stets freundlichen und ausgeglichenen Wesens allseits sehr geschätzt. Er war immer hilfsbereit, zuvorkommend und stellte, falls erforderlich, auch persönliche Interessen zurück. Sein Verhalten zu Vorgesetzten, Kolleginnen und Kollegen sowie Kundinnen und Kunden war jederzeit vorbildlich.

Herr Mustermann verlässt unser Unternehmen mit dem 31.12.2021 auf eigenen Wunsch. Wir bedauern dies sehr, weil wir mit ihm einen sehr guten Mitarbeiter verlieren. Wir bedanken uns für die stets sehr guten Leistungen und wünschen ihm für die Zukunft beruflich und privat weiterhin viel Erfolg und alles Gute.

Musterstadt, 31.12.2021

Max MUSTERMANN AG

1. Unterzeichner/in	2. Unterzeichner/in
[Position]	[Position]

13.211 Qualitätsbeauftragter

Zeugnis

Herr Max Mustermann war vom 01.03.2017 bis zum 31.12.2021 in unserem Unternehmen als Qualitätsbeauftragter tätig.

[Unternehmensbeschreibung]

Als Qualitätsbeauftragter war Herr Mustermann verantwortlich für die Einhaltung und Weiterentwicklung des Qualitätsmanagements. Im Rahmen seines verantwortungsvollen und vielseitigen Tätigkeitsgebietes war Herr Mustermann für folgende Aufgaben zuständig:

- Abwicklung interner Qualitätsaudits,
- Ansprechpartner innerhalb des Qualitätsmanagementsystems,
- Durchführung von Qualitätscontrollings,
- Durchführung von Qualitätssicherungsmaßnahmen,
- Erstellung qualitätsrelevanter Unterlagen,
- Festlegung der Maßnahmen zur Qualitätssicherung,
- kontinuierliche Risikoermittlung,
- Kontrolle und Pflege des Qualitätsmanagementsystems,
- Monitoring der Arbeitssicherheitsrichtlinien,
- Schulung und Beratung der Mitarbeiter in allen Fragen des Qualitätsmanagements,
- Schwachstellenanalyse,
- Sicherstellung der Hygienestandards,
- Steuerung aller qualitätssichernden Maßnahmen.

Herr Mustermann verfügt über ein hervorragendes und auch in Randbereichen sehr tiefgehendes Fachwissen, welches er in unser Unternehmen stets in höchst gewinnbringender Weise einbrachte. Die Arbeitsweise von Herrn Mustermann zeichnete sich durch Sorgfalt und hohes Qualitätsbewusstsein aus.

Ein strukturiertes und gewissenhaftes Bearbeiten der Aufgaben mit einem hohen Maß an Selbstständigkeit runden das Profil von Herrn Mustermann ab. Zum Nutzen unseres Unternehmens erweiterte und aktualisierte er immer mit sehr gutem Erfolg seine umfassenden Fachkenntnisse durch regelmäßige Teilnahme an Weiterbildungsveranstaltungen.

Aufgrund seiner sehr guten Auffassungsgabe war er jederzeit in der Lage, auch schwierige Situationen sofort zutreffend zu erfassen und schnell sehr gute Lösungen zu finden. Herr Mustermann zeigte jederzeit hohe Eigeninitiative und identifizierte sich immer voll mit seinen Aufgaben und unserem Unternehmen, wobei er auch durch seine sehr große Einsatzfreude überzeugte. Auch in Situationen mit größtem Arbeitsaufkommen erwies er sich immer als in höchstem Maße belastbar.

Alle Aufgaben führte er jederzeit vollkommen selbstständig, äußerst sorgfältig und planvoll durchdacht aus. Er agierte immer ruhig, überlegt, zielorientiert und in höchstem Maße präzise. Dabei überzeugte er stets in besonderer Weise sowohl in qualitativer als auch in quantitativer Hinsicht. Herr Mustermann war in ganz besonders hohem Maße zuverlässig.

Für alle auftretenden Probleme fand er ausnahmslos ausgezeichnete Lösungen. Die Leistungen von Herrn Mustermann haben jederzeit und in jeder Hinsicht unsere vollste Anerkennung gefunden.

Er wurde wegen seines stets freundlichen und ausgeglichenen Wesens allseits sehr geschätzt. Er war immer hilfsbereit, zuvorkommend und stellte, falls erforderlich, auch persönliche Interessen zurück. Sein Verhalten zu Vorgesetzten, Kolleginnen und Kollegen sowie Kundinnen und Kunden war jederzeit vorbildlich.

Herr Mustermann verlässt unser Unternehmen mit dem 31.12.2021 auf eigenen Wunsch. Wir bedauern dies sehr, weil wir mit ihm einen sehr guten Mitarbeiter verlieren. Wir bedanken uns für die stets sehr guten Leistungen und wünschen ihm für die Zukunft beruflich und privat weiterhin viel Erfolg und alles Gute.

Musterstadt, 31.12.2021

Max MUSTERMANN AG

1. Unterzeichner/in	2. Unterzeichner/in
[Position]	[Position]

13.212 Qualitätsingenieur

Zeugnis

Herr Max Mustermann war vom 01.03.2017 bis zum 31.12.2021 in unserem Unternehmen als Qualitätsingenieur tätig.

[Unternehmensbeschreibung]

Als Qualitätsingenieur war Herr Mustermann verantwortlich für die Neu- und Weiterentwicklung von Qualitätstechniken zur Gewährleistung der Produktqualität. Im Rahmen seines verantwortungsvollen und vielseitigen Tätigkeitsgebietes war Herr Mustermann für folgende Aufgaben zuständig:

- Abwicklung interner Qualitätsaudits,
- Ansprechpartner innerhalb des Qualitätsmanagementsystems,

- Auswertung der Qualitätskennzahlen,
- Durchführung von Qualitätscontrollings,
- Durchführung von Qualitätssicherungsmaßnahmen,
- Entwurf und Weiterentwicklung von Qualitätstechniken,
- Erstellung qualitätsrelevanter Unterlagen,
- Erstellung von Prüfspezifikationen,
- Fehlerbeseitigung sowie Veranlassung von Sperrungen und Aktionen,
- Festlegung der Maßnahmen zur Qualitätssicherung,
- Kontrolle und Pflege des Qualitätsmanagementsystems,
- Leitung des Risikomanagements in aktuellen Entwicklungsprojekten,
- Optimierung von Qualitätsprozessen in der Fertigung,
- Schulung und Beratung der Mitarbeiter in allen Fragen des Qualitätsmanagements,
- Sicherstellung der Ausliefer- und Produktqualität,
- Verantwortung für Einhaltung der Qualitätsstandards,
- Verantwortung für qualitätsrelevante Produktanforderungen.

Herr Mustermann verfügt über ein hervorragendes und auch in Randbereichen sehr tiefgehendes Fachwissen, welches er in unser Unternehmen stets in höchst gewinnbringender Weise einbrachte. Die Arbeitsweise von Herrn Mustermann zeichnete sich durch Sorgfalt und hohes Qualitätsbewusstsein aus.

Ein strukturiertes und gewissenhaftes Bearbeiten der Aufgaben mit einem hohen Maß an Selbstständigkeit runden das Profil von Herrn Mustermann ab. Zum Nutzen unseres Unternehmens erweiterte und aktualisierte er immer mit sehr gutem Erfolg seine umfassenden Fachkenntnisse durch regelmäßige Teilnahme an Weiterbildungsveranstaltungen.

Aufgrund seiner sehr guten Auffassungsgabe war er jederzeit in der Lage, auch schwierige Situationen sofort zutreffend zu erfassen und schnell sehr gute Lösungen zu finden. Herr Mustermann zeigte jederzeit hohe Eigeninitiative und identifizierte sich immer voll mit seinen Aufgaben und unserem Unternehmen, wobei er auch durch seine sehr große Einsatzfreude überzeugte. Auch in Situationen mit größtem Arbeitsaufkommen erwies er sich immer als in höchstem Maße belastbar.

Alle Aufgaben führte er jederzeit vollkommen selbstständig, äußerst sorgfältig und planvoll durchdacht aus. Er agierte immer ruhig, überlegt, zielorientiert und in höchstem Maße präzise. Dabei überzeugte er stets in besonderer Weise sowohl in qualitativer als auch in quantitativer Hinsicht. Herr Mustermann war in ganz besonders hohem Maße zuverlässig.

Für alle auftretenden Probleme fand er ausnahmslos ausgezeichnete Lösungen. Die Leistungen von Herrn Mustermann haben jederzeit und in jeder Hinsicht unsere vollste Anerkennung gefunden.

Er wurde wegen seines stets freundlichen und ausgeglichenen Wesens allseits sehr geschätzt. Er war immer hilfsbereit, zuvorkommend und stellte, falls erforderlich, auch persönliche Interessen zurück. Sein Verhalten zu Vorgesetzten, Kolleginnen und Kollegen sowie Kundinnen und Kunden war jederzeit vorbildlich.

Herr Mustermann verlässt unser Unternehmen mit dem 31.12.2021 auf eigenen Wunsch. Wir bedauern dies sehr, weil wir mit ihm einen sehr guten Mitarbeiter verlieren. Wir bedanken uns für die stets sehr guten Leistungen und wünschen ihm für die Zukunft beruflich und privat weiterhin viel Erfolg und alles Gute.

Musterstadt, 31.12.2021

Max MUSTERMANN AG

1. Unterzeichner/in	2. Unterzeichner/in
[Position]	[Position]

13.213 Rechtsanwaltsfachangestellte

Zeugnis

Frau Mara Muster war vom 01.03.2017 bis zum 31.12.2021 in unserer Kanzlei als Rechtsanwaltsfachangestellte tätig.

[Unternehmensbeschreibung]

Als Rechtsanwaltsfachangestellte war Frau Muster Ansprechpartner für Mandanten, führte Termin-, Fristen- und Wiedervorlagekalender und bearbeitete die gesamte Korrespondenz in unserer Kanzlei. Im Rahmen ihres verantwortungsvollen und vielseitigen Tätigkeitsgebietes war Frau Muster für folgende Aufgaben zuständig:

- Anmeldung von Forderungen bei Insolvenzverfahren,
- Beantragung von Mahn- und Vollstreckungsbescheiden,
- Bearbeitung der Korrespondenz,
- Bearbeitung des Posteingangs und -ausgangs,
- Buchen von Rechnungen,
- Dokumentenmanagement mit einem Verwaltungsprogramm,
- Erstellen von Schriftsätzen,
- Erstellung von Honorarabrechnungen,

- Fristennotierung und -kontrolle,
- Koordination von Termin-, Fristen- und Wiedervorlagekalender,
- professionelles Telefonmanagement,
- Sachbearbeitung von Akten,
- Überwachung von Fristen,
- Veranlassung von Zwangsvollstreckungsmaßnahmen,
- Vorbereitung von Klagen.

Frau Muster verfügt über ein hervorragendes und auch in Randbereichen sehr tiefgehendes Fachwissen, welches sie in unsere Kanzlei stets in höchst gewinnbringender Weise einbrachte. Selbstständiges und zuverlässiges Arbeiten, eine verantwortungsbewusste und strukturierte Arbeitsweise sowie überdurchschnittliche Einsatzbereitschaft zeichnen Frau Muster aus.

Ausgeprägte Kommunikations- und Teamfähigkeit sowie Organisationstalent, sehr gute Englisch- und anwenderbezogene EDV-Kenntnisse (MS Office) rundet das Profil von Frau Muster ab. Zum Nutzen unserer Kanzlei erweiterte und aktualisierte sie immer mit sehr gutem Erfolg ihre umfassenden Fachkenntnisse durch regelmäßige Teilnahme an Weiterbildungsveranstaltungen.

Aufgrund ihrer sehr guten Auffassungsgabe war sie jederzeit in der Lage, auch schwierige Situationen sofort zutreffend zu erfassen und schnell sehr gute Lösungen zu finden. Frau Muster zeigte jederzeit hohe Eigeninitiative und identifizierte sich immer voll mit ihren Aufgaben und unserer Kanzlei, wobei sie auch durch ihre sehr große Einsatzfreude überzeugte. Auch in Situationen mit größtem Arbeitsaufkommen erwies sie sich immer als in höchstem Maße belastbar.

Alle Aufgaben führte sie jederzeit vollkommen selbstständig, äußerst sorgfältig und planvoll durchdacht aus. Sie agierte immer ruhig, überlegt, zielorientiert und in höchstem Maße präzise. Dabei überzeugte sie stets in besonderer Weise sowohl in qualitativer als auch in quantitativer Hinsicht. Frau Muster war in ganz besonders hohem Maße zuverlässig.

Für alle auftretenden Probleme fand sie ausnahmslos ausgezeichnete Lösungen. Die Leistungen von Frau Muster haben jederzeit und in jeder Hinsicht unsere vollste Anerkennung gefunden.

Sie wurde wegen ihres stets freundlichen und ausgeglichenen Wesens allseits sehr geschätzt. Sie war immer hilfsbereit, zuvorkommend und stellte, falls erforderlich, auch persönliche Interessen zurück. Ihr Verhalten zu Vorgesetzten, Kolleginnen und Kollegen sowie Kundinnen und Kunden war jederzeit vorbildlich.

Frau Muster verlässt unsere Kanzlei mit dem 31.12.2021 auf eigenen Wunsch. Wir bedauern dies sehr, weil wir mit ihr eine sehr gute Mitarbeiterin verlieren. Wir bedanken uns für die stets sehr guten Leistungen und wünschen ihr für die Zukunft beruflich und privat weiterhin viel Erfolg und alles Gute.

Musterstadt, 31.12.2021

Max MUSTERMANN AG

1. Unterzeichner/in	2. Unterzeichner/in
[Position]	[Position]

13.214 Recruiter

Zeugnis
Herr Max Mustermann war vom 01.03.2017 bis zum 31.12.2021 in unserem Unternehmen als Recruiter tätig.

[Unternehmensbeschreibung]

Als Recruiter war Herr Mustermann verantwortlich für die Koordinierung des kompletten Recruitingprozesses, um unseren Personalbedarf mit hochwertigen Mitarbeitern zu decken. Im Rahmen seines verantwortungsvollen und vielseitigen Tätigkeitsgebietes war Herr Mustermann für folgende Aufgaben zuständig:

- Abstimmung von Vorstellungsterminen,
- Analyse von Trends und Arbeitsmarkt,
- Ansprechpartner in allen operativen Personalfragen,
- Aufbau eines Kandidatennetzwerks,
- Betreuung der Mitarbeiter in allen personalbezogenen Fragestellungen,
- Erstellen von Weiterbildungs- und Schulungsangeboten,
- Führen von Bewerbungsgesprächen,
- Führen von Jahresgesprächen mit den Mitarbeitern,
- Koordination von Gehalt und Vergütungen,
- Mitwirkung bei übergreifenden HR-Projekten,
- Optimierung sämtlicher Personalwesenprozesse,
- Organisation des Bewerbermanagements,
- passgenaue Mitarbeiterauswahl für die Fachabteilungen,
- Pflege von Mitarbeiterstammdaten im CRM-System,
- Planung der Personalentwicklungsmaßnahmen,
- Prozessoptimierung und Einführung von HR-Instrumenten,
- Schalten von Stellenanzeigen,

- Steuerung der operativen Abläufe im Personalmanagement,
- Steuerung des gesamten Recruitingprozesses,
- Suche nach alternativen Recruitingkanälen,
- Unterzeichnung und Verhandlung des Arbeitsvertrags,
- Weiterentwicklung des Bewerbermanagements,
- Zusammenarbeit mit Hochschulen.

Herr Mustermann verfügt über ein hervorragendes und auch in Randbereichen sehr tiefgehendes Fachwissen, welches er in unser Unternehmen stets in höchst gewinnbringender Weise einbrachte. Die Arbeitsweise von Herrn Mustermann zeichnete sich durch Freude an operativer Personalarbeit und konzeptionellen Stärken aus.

Persönlich punktet Herr Mustermann mit Motivationsgeschick und einer selbstständigen, vorausschauenden und dienstleistungsorientierten Arbeitsweise. Gutes Personal ist sein Job. Zum Nutzen unseres Unternehmens erweiterte und aktualisierte er immer mit sehr gutem Erfolg seine umfassenden Fachkenntnisse durch regelmäßige Teilnahme an Weiterbildungsveranstaltungen.

Aufgrund seiner sehr guten Auffassungsgabe war er jederzeit in der Lage, auch schwierige Situationen sofort zutreffend zu erfassen und schnell sehr gute Lösungen zu finden. Herr Mustermann zeigte jederzeit hohe Eigeninitiative und identifizierte sich immer voll mit seinen Aufgaben und unserem Unternehmen, wobei er auch durch seine sehr große Einsatzfreude überzeugte. Auch in Situationen mit größtem Arbeitsaufkommen erwies er sich immer als in höchstem Maße belastbar.

Alle Aufgaben führte er jederzeit vollkommen selbstständig, äußerst sorgfältig und planvoll durchdacht aus. Er agierte immer ruhig, überlegt, zielorientiert und in höchstem Maße präzise. Dabei überzeugte er stets in besonderer Weise sowohl in qualitativer als auch in quantitativer Hinsicht. Herr Mustermann war in ganz besonders hohem Maße zuverlässig.

Für alle auftretenden Probleme fand er ausnahmslos ausgezeichnete Lösungen. Die Leistungen von Herrn Mustermann haben jederzeit und in jeder Hinsicht unsere vollste Anerkennung gefunden.

Er wurde wegen seines stets freundlichen und ausgeglichenen Wesens allseits sehr geschätzt. Er war immer hilfsbereit, zuvorkommend und stellte, falls erforderlich, auch persönliche Interessen zurück. Sein Verhalten zu Vorgesetzten, Kolleginnen und Kollegen sowie Kundinnen und Kunden war jederzeit vorbildlich.

Herr Mustermann verlässt unser Unternehmen mit dem 31.12.2021 auf eigenen Wunsch. Wir bedauern dies sehr, weil wir mit ihm einen sehr guten Mitarbeiter ver-

lieren. Wir bedanken uns für die stets sehr guten Leistungen und wünschen ihm für die Zukunft beruflich und privat weiterhin viel Erfolg und alles Gute.

Musterstadt, 31.12.2021

Max MUSTERMANN AG

1. Unterzeichner/in	2. Unterzeichner/in
[Position]	[Position]

13.215 Redakteur

Zeugnis

Herr Max Mustermann war vom 01.03.2017 bis zum 31.12.2021 in unserem Unternehmen als Redakteur tätig.

[Unternehmensbeschreibung]

Als Redakteur war Herr Mustermann verantwortlich für die Berichterstattung und das Redigieren von Meldungen, Interviews und Fachbeiträgen für Print und Digital. Im Rahmen seines verantwortungsvollen und vielseitigen Tätigkeitsgebietes war Herr Mustermann für folgende Aufgaben zuständig:

- Akquisition von externen Autoren,
- Aufbau und Pflege von Kontakten und Netzwerken,
- Aufbereiten von komplexen redaktionellen Themen,
- Begleitung von Produktvorstellungen und Fotoshootings,
- Besuch von Fachmessen,
- Betreuung von Fachkonferenzen,
- Erfolgskontrolle und Medienbeobachtungen,
- Erstellung von Präsentationen und Pressemittelungen,
- Erstellung und Einhaltung des Budgets,
- Erstellung von Presse- und Hintergrundinformationen,
- Erstellung von redaktionellem Material für die Medienkanäle,
- Führen von Interviews,
- Koordination der Erstellung von Broschüren und Flyer,
- Medienplanung und Kreationsabstimmung,
- Monitoring der Onlineplattformen zur Informationsgewinnung,
- Presse- und Öffentlichkeitsarbeit,
- Recherche von Trendberichten,
- Recherchieren und Schreiben von Reportagen und Meldungen,
- Redaktionelle Planung und Betreuung von Beiträgen in Fachzeitschriften,

- Redigieren von Fachbeiträgen,
- Steuerung von freien Mitarbeitern,
- Teilnahme an Pressekonferenzen,
- Verfassen von Fachbeiträgen,
- Verfassen von kreativen Inhalten für Digital und Print,
- Verwirklichung und redaktionelle Aufbereitung von Interviews,
- Vorbereitung und Organisation von Pressekonferenzen und Pressereisen,
- Weiterentwicklung des Produktportfolios.

Herr Mustermann verfügt über ein hervorragendes und auch in Randbereichen sehr tiefgehendes Fachwissen, welches er in unser Unternehmen stets in höchst gewinnbringender Weise einbrachte. Eine selbstständige, systematische und zielorientierte Arbeitsweise zeichnet Herrn Mustermann aus.

Persönlich punktet Herr Mustermann mit Team- und Kommunikationsfähigkeit sowie einer kreativen Schreibweise. Sehr gutes Englisch in Wort und Schrift ist für Herrn Herr Mustermann selbstverständlich. Zum Nutzen unseres Unternehmens erweiterte und aktualisierte er immer mit sehr gutem Erfolg seine umfassenden Fachkenntnisse durch regelmäßige Teilnahme an Weiterbildungsveranstaltungen.

Aufgrund seiner sehr guten Auffassungsgabe war er jederzeit in der Lage, auch schwierige Situationen sofort zutreffend zu erfassen und schnell sehr gute Lösungen zu finden. Herr Mustermann zeigte jederzeit hohe Eigeninitiative und identifizierte sich immer voll mit seinen Aufgaben und unserem Unternehmen, wobei er auch durch seine sehr große Einsatzfreude überzeugte. Auch in Situationen mit größtem Arbeitsaufkommen erwies er sich immer als in höchstem Maße belastbar.

Alle Aufgaben führte er jederzeit vollkommen selbstständig, äußerst sorgfältig und planvoll durchdacht aus. Er agierte immer ruhig, überlegt, zielorientiert und in höchstem Maße präzise. Dabei überzeugte er stets in besonderer Weise sowohl in qualitativer als auch in quantitativer Hinsicht. Herr Mustermann war in ganz besonders hohem Maße zuverlässig.

Für alle auftretenden Probleme fand er ausnahmslos ausgezeichnete Lösungen. Die Leistungen von Herrn Mustermann haben jederzeit und in jeder Hinsicht unsere vollste Anerkennung gefunden.

Er wurde wegen seines stets freundlichen und ausgeglichenen Wesens allseits sehr geschätzt. Er war immer hilfsbereit, zuvorkommend und stellte, falls erforderlich, auch persönliche Interessen zurück. Sein Verhalten zu Vorgesetzten, Kolleginnen und Kollegen sowie Kundinnen und Kunden war jederzeit vorbildlich.

Herr Mustermann verlässt unser Unternehmen mit dem 31.12.2021 auf eigenen Wunsch. Wir bedauern dies sehr, weil wir mit ihm einen sehr guten Mitarbeiter verlieren. Wir bedanken uns für die stets sehr guten Leistungen und wünschen ihm für die Zukunft beruflich und privat weiterhin viel Erfolg und alles Gute.

Musterstadt, 31.12.2021

Max MUSTERMANN AG

1. Unterzeichner/in	2. Unterzeichner/in
[Position]	[Position]

13.216 Reinigungskraft

Zeugnis
Herr Max Mustermann war vom 01.03.2017 bis zum 31.12.2021 in unserem Unternehmen als Reinigungskraft tätig.

[Unternehmensbeschreibung]

Als Reinigungskraft war Herr Mustermann verantwortlich für das sachgerechte Reinigen von Gebäuden und Büros. Im Rahmen seines verantwortungsvollen und vielseitigen Tätigkeitsgebietes war Herr Mustermann für folgende Aufgaben zuständig:

- Ausführung von Reinigungsarbeiten an unterschiedlichen Oberflächen,
- Auswahl von Oberflächenbehandlungsmittel,
- Desinfektionsmaßnahmen,
- Einhaltung von Reinigungsvorgaben und Richtlinien,
- fachgerechte Glasreinigung,
- fachmännischer Umgang mit Arbeitsmitteln,
- Gebäude- und Unterhaltsreinigung,
- Grundreinigung, Infektionsreinigung und Sonderreinigungen,
- professionelle Glasreinigung,
- Raumpflege in Grund- und Tagesreinigung,
- Reinigung der Gästezimmer,
- Reinigung und Kontrolle der Sanitäranlagen,
- Reinigung von Büro- und Gruppenräumen,
- Reinigung von Leergutrücknahmeautomaten,
- sachgemäße Lagerung von Chemikalien und Reinigungsmitteln,
- Teppichreinigung nach Absprache.

Herr Mustermann verfügt über ein hervorragendes und auch in Randbereichen sehr tiefgehendes Fachwissen, welches er in unser Unternehmen stets in höchst gewinnbringender Weise einbrachte. Die Arbeitsweise von Herrn Mustermann zeichnete sich durch Sorgfalt und Sinn für Sauberkeit und Ordnung aus. Persönlich punktet Herr Mustermann mit Teamfähigkeit und hoher Einsatzbereitschaft.

Aufgrund seiner sehr guten Auffassungsgabe war er jederzeit in der Lage, auch schwierige Situationen sofort zutreffend zu erfassen und schnell sehr gute Lösungen zu finden. Herr Mustermann zeigte jederzeit hohe Eigeninitiative und identifizierte sich immer voll mit seinen Aufgaben und unserem Unternehmen, wobei er auch durch seine sehr große Einsatzfreude überzeugte. Auch in Situationen mit größtem Arbeitsaufkommen erwies er sich immer als in höchstem Maße belastbar.

Alle Aufgaben führte er jederzeit vollkommen selbstständig, äußerst sorgfältig und planvoll durchdacht aus. Er agierte immer ruhig, überlegt, zielorientiert und in höchstem Maße präzise. Dabei überzeugte er stets in besonderer Weise sowohl in qualitativer als auch in quantitativer Hinsicht. Herr Mustermann war in ganz besonders hohem Maße zuverlässig.

Für alle auftretenden Probleme fand er ausnahmslos ausgezeichnete Lösungen. Die Leistungen von Herrn Mustermann haben jederzeit und in jeder Hinsicht unsere vollste Anerkennung gefunden.

Er wurde wegen seines stets freundlichen und ausgeglichenen Wesens allseits sehr geschätzt. Er war immer hilfsbereit, zuvorkommend und stellte, falls erforderlich, auch persönliche Interessen zurück. Sein Verhalten zu Vorgesetzten, Kolleginnen und Kollegen sowie Kundinnen und Kunden war jederzeit vorbildlich.

Herr Mustermann verlässt unser Unternehmen mit dem 31.12.2021 auf eigenen Wunsch. Wir bedauern dies sehr, weil wir mit ihm einen sehr guten Mitarbeiter verlieren. Wir bedanken uns für die stets sehr guten Leistungen und wünschen ihm für die Zukunft beruflich und privat weiterhin viel Erfolg und alles Gute.

Musterstadt, 31.12.2021

Max MUSTERMANN AG

1. Unterzeichner/in [Position]	2. Unterzeichner/in [Position]

13.217 Restaurantfachmann

Zeugnis
Herr Max Mustermann war vom 01.03.2017 bis zum 31.12.2021 in unserem Unternehmen als Restaurantfachmann tätig.

[Unternehmensbeschreibung]

Als Restaurantfachmann war Herr Mustermann verantwortlich für den Service und dessen Organisation in unserem Restaurant. Im Rahmen seines verantwortungsvollen und vielseitigen Tätigkeitsgebietes war Herr Mustermann für folgende Aufgaben zuständig:

- Anleitung der Auszubildenden und Praktikanten,
- Begrüßen und Betreuung der Gäste,
- Behandlung von Reklamationen,
- Beratung und Betreuung der Gäste an der Rezeption,
- Betreuung des Kassensystems,
- Durchführung von Veranstaltungen,
- Eindecken für Reservierungen oder Banketts,
- Einteilung des Serviceteams,
- Erstellung von Schicht- und Urlaubsplänen,
- fachgerechte Beratung des Gastes,
- Gewährleisten einen reibungslosen Serviceablauf,
- Kontrolle des Warenbestandes,
- Kontrolle und Sicherung der Qualitätsstandards,
- Koordination der Servicemitarbeiter,
- Koordination sämtlicher Aktivitäten im Restaurant,
- Mithilfe bei der Erstellung der Speisekarte,
- Organisation der Schankanlage,
- Planung und Organisation der Tischdekoration,
- Stellvertretung der Restaurantleitung,
- Verwaltung aller Restaurantmaterialien,
- Vorstellung der Tages-, À-la-Carte- und Getränkeangebote.

Herr Mustermann verfügt über ein hervorragendes und auch in Randbereichen sehr tiefgehendes Fachwissen, welches er in unser Unternehmen stets in höchst gewinnbringender Weise einbrachte. Die Arbeitsweise von Herrn Mustermann zeichnete sich durch Sorgfalt und hohes Qualitätsbewusstsein aus.

Ein strukturiertes und gewissenhaftes Bearbeiten der Aufgaben mit einem hohen Maß an Selbstständigkeit runden das Profil von Herrn Mustermann ab. Zum Nutzen unseres Unternehmens erweiterte und aktualisierte er immer mit sehr gutem Erfolg seine umfassenden Fachkenntnisse durch regelmäßige Teilnahme an Weiterbildungsveranstaltungen.

Aufgrund seiner sehr guten Auffassungsgabe war er jederzeit in der Lage, auch schwierige Situationen sofort zutreffend zu erfassen und schnell sehr gute Lösungen zu finden. Herr Mustermann zeigte jederzeit hohe Eigeninitiative und identifizierte sich immer voll mit seinen Aufgaben und unserem Unternehmen, wobei er auch durch seine sehr große Einsatzfreude überzeugte. Auch in Situationen mit größtem Arbeitsaufkommen erwies er sich immer als in höchstem Maße belastbar.

Alle Aufgaben führte er jederzeit vollkommen selbstständig, äußerst sorgfältig und planvoll durchdacht aus. Er agierte immer ruhig, überlegt, zielorientiert und in höchstem Maße präzise. Dabei überzeugte er stets in besonderer Weise sowohl in qualitativer als auch in quantitativer Hinsicht. Herr Mustermann war in ganz besonders hohem Maße zuverlässig.

Für alle auftretenden Probleme fand er ausnahmslos ausgezeichnete Lösungen. Die Leistungen von Herrn Mustermann haben jederzeit und in jeder Hinsicht unsere vollste Anerkennung gefunden.

Er wurde wegen seines stets freundlichen und ausgeglichenen Wesens allseits sehr geschätzt. Er war immer hilfsbereit, zuvorkommend und stellte, falls erforderlich, auch persönliche Interessen zurück. Sein Verhalten zu Vorgesetzten, Kolleginnen und Kollegen sowie Kundinnen und Kunden war jederzeit vorbildlich.

Herr Mustermann verlässt unser Unternehmen mit dem 31.12.2021 auf eigenen Wunsch. Wir bedauern dies sehr, weil wir mit ihm einen sehr guten Mitarbeiter verlieren. Wir bedanken uns für die stets sehr guten Leistungen und wünschen ihm für die Zukunft beruflich und privat weiterhin viel Erfolg und alles Gute.

Musterstadt, 31.12.2021

Max MUSTERMANN AG

1. Unterzeichner/in	2. Unterzeichner/in
[Position]	[Position]

13.218 Rettungsdiensthelfer

Zeugnis
Herr Max Mustermann war vom 01.03.2017 bis zum 31.12.2021 in unserem Unternehmen als Rettungsdiensthelfer tätig.

[Unternehmensbeschreibung]

Als Rettungsdiensthelfer war Herr Mustermann als Fahrer im Krankentransport eingesetzt. Im Rahmen seines verantwortungsvollen Tätigkeitsgebietes war Herr Mustermann für folgende Aufgaben zuständig:

- Begleiten von Rettungseinsätzen,
- Betreuung von Notfallpatienten unter Aufsicht,
- Durchführung der vom Arzt veranlassten Maßnahmen unter Aufsicht,
- Durchführung von Krankentransporten,
- Einsatz im betreuten Fahrdienst,
- Erste-Hilfe-Leistung bei Verletzten unter Aufsicht,
- Fachgerechte Betreuung der Patienten während der Beförderung,
- Fahren von Kranken- und Rettungswagen,
- Fahrzeugreinigung und Routinedesinfektion,
- Herstellung der Transportfähigkeit von Patienten,
- Stabilisierung der Patienten und Verletzten,
- Transportdokumentation,
- Transporte zur ambulanten Behandlung,
- Vorbereitung von medizinischen Geräten.

Herr Mustermann verfügt über ein hervorragendes und auch in Randbereichen sehr tiefgehendes Fachwissen, welches er in unser Unternehmen stets in höchst gewinnbringender Weise einbrachte. Ausgeprägte Teamfähigkeit, hohe Motivation und starkes Engagement zeichnen Herrn Mustermann aus.

Geduld und ein ausgeprägtes Einfühlungsvermögen im betreuten Fahrdienst und Krankentransport runden das Profil von Herrn Mustermann ab. Zum Nutzen unseres Unternehmens erweiterte und aktualisierte er immer mit sehr gutem Erfolg seine umfassenden Fachkenntnisse durch regelmäßige Teilnahme an Weiterbildungsveranstaltungen.

Aufgrund seiner sehr guten Auffassungsgabe war er jederzeit in der Lage, auch schwierige Situationen sofort zutreffend zu erfassen und schnell sehr gute Lösungen zu finden. Herr Mustermann zeigte jederzeit hohe Eigeninitiative und identifizierte sich immer voll mit seinen Aufgaben und unserem Unternehmen, wobei er auch durch

seine sehr große Einsatzfreude überzeugte. Auch in Situationen mit größtem Arbeitsaufkommen erwies er sich immer als in höchstem Maße belastbar.

Alle Aufgaben führte er jederzeit vollkommen selbstständig, äußerst sorgfältig und planvoll durchdacht aus. Er agierte immer ruhig, überlegt, zielorientiert und in höchstem Maße präzise. Dabei überzeugte er stets in besonderer Weise sowohl in qualitativer als auch in quantitativer Hinsicht. Herr Mustermann war in ganz besonders hohem Maße zuverlässig.

Für alle auftretenden Probleme fand er ausnahmslos ausgezeichnete Lösungen. Die Leistungen von Herrn Mustermann haben jederzeit und in jeder Hinsicht unsere vollste Anerkennung gefunden.

Er wurde wegen seines stets freundlichen und ausgeglichenen Wesens allseits sehr geschätzt. Er war immer hilfsbereit, zuvorkommend und stellte, falls erforderlich, auch persönliche Interessen zurück. Sein Verhalten zu Vorgesetzten, Kolleginnen und Kollegen sowie Kundinnen und Kunden war jederzeit vorbildlich.

Herr Mustermann verlässt unser Unternehmen mit dem 31.12.2021 auf eigenen Wunsch. Wir bedauern dies sehr, weil wir mit ihm einen sehr guten Mitarbeiter verlieren. Wir bedanken uns für die stets sehr guten Leistungen und wünschen ihm für die Zukunft beruflich und privat weiterhin viel Erfolg und alles Gute.

Musterstadt, 31.12.2021

Max MUSTERMANN AG

1. Unterzeichner/in	2. Unterzeichner/in
[Position]	[Position]

13.219 Rettungssanitäter

Zeugnis

Herr Max Mustermann war vom 01.03.2017 bis zum 31.12.2021 in unserem Unternehmen als Rettungssanitäter tätig.

[Unternehmensbeschreibung]

Als Rettungssanitäter war Herr Mustermann verantwortlich für sämtliche Aufgaben im Notfall- und Rettungsdienst. Im Rahmen seines verantwortungsvollen und vielseitigen Tätigkeitsgebietes war Herr Mustermann für folgende Aufgaben zuständig:

- Ausführen von Rettungseinsätzen,
- Betreuung von Notfallpatienten,
- Durchführung der vom Arzt veranlassten Maßnahmen,
- Durchführung lebensrettender Schritte,
- Durchführung von Krankentransporten,
- Erste-Hilfe-Leistung bei Verletzten,
- fachgerechte Betreuung während der Beförderung,
- Fahrzeugreinigung und Routinedesinfektion,
- Herstellung der Transportfähigkeit,
- Stabilisierung der Patienten und Verletzten,
- Transportdokumentation,
- Transporte zur ambulanten Behandlung,
- Unterstützung des Notarztes.

Herr Mustermann verfügt über ein hervorragendes und auch in Randbereichen sehr tiefgehendes Fachwissen, welches er in unser Unternehmen stets in höchst gewinnbringender Weise einbrachte. Ausgeprägte Teamfähigkeit, hohe Motivation und starkes Engagement zeichnen Herrn Mustermann aus.

Geduld, ein ausgeprägtes Einfühlungsvermögen und ein respektvoller Umgang mit Vorgesetzten, Kollegen und Patienten runden das Profil von Herrn Mustermann ab. Zum Nutzen unseres Unternehmens erweiterte und aktualisierte er immer mit sehr gutem Erfolg seine umfassenden Fachkenntnisse durch regelmäßige Teilnahme an Weiterbildungsveranstaltungen.

Aufgrund seiner sehr guten Auffassungsgabe war er jederzeit in der Lage, auch schwierige Situationen sofort zutreffend zu erfassen und schnell sehr gute Lösungen zu finden. Herr Mustermann zeigte jederzeit hohe Eigeninitiative und identifizierte sich immer voll mit seinen Aufgaben und unserem Unternehmen, wobei er auch durch seine sehr große Einsatzfreude überzeugte. Auch in Situationen mit größtem Arbeitsaufkommen erwies er sich immer als in höchstem Maße belastbar.

Alle Aufgaben führte er jederzeit vollkommen selbstständig, äußerst sorgfältig und planvoll durchdacht aus. Er agierte immer ruhig, überlegt, zielorientiert und in höchstem Maße präzise. Dabei überzeugte er stets in besonderer Weise sowohl in qualitativer als auch in quantitativer Hinsicht. Herr Mustermann war in ganz besonders hohem Maße zuverlässig.

Für alle auftretenden Probleme fand er ausnahmslos ausgezeichnete Lösungen. Die Leistungen von Herrn Mustermann haben jederzeit und in jeder Hinsicht unsere vollste Anerkennung gefunden.

Er wurde wegen seines stets freundlichen und ausgeglichenen Wesens allseits sehr geschätzt. Er war immer hilfsbereit, zuvorkommend und stellte, falls erforderlich, auch persönliche Interessen zurück. Sein Verhalten zu Vorgesetzten, Kolleginnen und Kollegen sowie Kundinnen und Kunden war jederzeit vorbildlich.

Herr Mustermann verlässt unser Unternehmen mit dem 31.12.2021 auf eigenen Wunsch. Wir bedauern dies sehr, weil wir mit ihm einen sehr guten Mitarbeiter verlieren. Wir bedanken uns für die stets sehr guten Leistungen und wünschen ihm für die Zukunft beruflich und privat weiterhin viel Erfolg und alles Gute.

Musterstadt, 31.12.2021

Max MUSTERMANN AG

1. Unterzeichner/in	2. Unterzeichner/in
[Position]	[Position]

13.220 Sachbearbeiter

Zeugnis

Herr Max Mustermann war vom 01.03.2017 bis zum 31.12.2021 in unserem Unternehmen als Sachbearbeiter tätig.

[Unternehmensbeschreibung]

Als Sachbearbeiter war Herr Mustermann verantwortlich für die Betreuung der Kunden und den reibungslosen Ablauf der Bürotätigkeiten. Im Rahmen seines verantwortungsvollen und vielseitigen Tätigkeitsgebietes war Herr Mustermann für folgende Aufgaben zuständig:

- Anlage und Pflege von Kundenstammdaten,
- Annahme und Verteilung der Post/E-Mails an die zuständigen Mitarbeiter,
- Annahme von Kundenbestellungen,
- Ausgabe/Verwaltung von Büromaterial und deren Bestellung,
- Bearbeitung des Bescheinigungs- und Meldewesens,
- Bearbeitung von Reha- und Rentenanträgen,
- Beratung der Kunden im direkten und telefonischen Kontakt,
- Buchung von Besprechungsräumen,
- Durchführung des gesetzlichen Versorgungsausgleichs sowie von Nachversicherungen,
- Einteilung und Kontrolle der Besucherparkplätze,
- Empfang von Kunden und Besuchern,
- Erledigung des Forderungsmanagements,

- Erstellung von Auswertungen und Statistiken,
- Erstellung von fachspezifischen Statistiken und Berichten,
- Erstellung von Präsentationen,
- Führen der Verbuchung der Lieferungen im Materialwirtschaftssystem,
- Führen von Personalakten,
- Führung der Korrespondenz mit Behörden, Sozialversicherungsträgern und Ämtern,
- Pflege von Stamm- und Zeitwirtschaftsdaten,
- Realisierung von monatlichen und jährlichen Abschlussarbeiten,
- Reservierung von Mietfahrzeugen für unsere Mitarbeiter,
- Sicherstellung der Einhaltung gesetzlicher, tariflicher, betrieblicher und arbeitsvertraglicher Regelungen,
- Sicherstellung der Einhaltung von Qualitäts- und Kostenvorgaben,
- Übernahme von Sachbearbeitungsaufgaben wie Erstellung von Kundenunterlagen,
- Verwalten der Urlaubs- und Zeitkonten sowie der Reisekosten,
- Zusammenarbeit mit anderen Abteilungen und Kunden.

Herr Mustermann verfügt über ein hervorragendes und auch in Randbereichen sehr tiefgehendes Fachwissen, welches er in unser Unternehmen stets in höchst gewinnbringender Weise einbrachte. Die Arbeitsweise von Herrn Mustermann zeichnete sich durch Sorgfalt und hohes Qualitätsbewusstsein aus.

Ein strukturiertes und gewissenhaftes Bearbeiten der Aufgaben mit einem hohen Maß an Selbstständigkeit runden das Profil von Herrn Mustermann ab. Zum Nutzen unseres Unternehmens erweiterte und aktualisierte er immer mit sehr gutem Erfolg seine umfassenden Fachkenntnisse durch regelmäßige Teilnahme an Weiterbildungsveranstaltungen.

Aufgrund seiner sehr guten Auffassungsgabe war er jederzeit in der Lage, auch schwierige Situationen sofort zutreffend zu erfassen und schnell sehr gute Lösungen zu finden. Herr Mustermann zeigte jederzeit hohe Eigeninitiative und identifizierte sich immer voll mit seinen Aufgaben und unserem Unternehmen, wobei er auch durch seine sehr große Einsatzfreude überzeugte. Auch in Situationen mit größtem Arbeitsaufkommen erwies er sich immer als in höchstem Maße belastbar.

Alle Aufgaben führte er jederzeit vollkommen selbstständig, äußerst sorgfältig und planvoll durchdacht aus. Er agierte immer ruhig, überlegt, zielorientiert und in höchstem Maße präzise. Dabei überzeugte er stets in besonderer Weise sowohl in qualitativer als auch in quantitativer Hinsicht. Herr Mustermann war in ganz besonders hohem Maße zuverlässig.

Für alle auftretenden Probleme fand er ausnahmslos ausgezeichnete Lösungen. Die Leistungen von Herrn Mustermann haben jederzeit und in jeder Hinsicht unsere vollste Anerkennung gefunden.

Er wurde wegen seines stets freundlichen und ausgeglichenen Wesens allseits sehr geschätzt. Er war immer hilfsbereit, zuvorkommend und stellte, falls erforderlich, auch persönliche Interessen zurück. Sein Verhalten zu Vorgesetzten, Kolleginnen und Kollegen sowie Kundinnen und Kunden war jederzeit vorbildlich.

Herr Mustermann verlässt unser Unternehmen mit dem 31.12.2021 auf eigenen Wunsch. Wir bedauern dies sehr, weil wir mit ihm einen sehr guten Mitarbeiter verlieren. Wir bedanken uns für die stets sehr guten Leistungen und wünschen ihm für die Zukunft beruflich und privat weiterhin viel Erfolg und alles Gute.

Musterstadt, 31.12.2021

Max MUSTERMANN AG
1. Unterzeichner/in
[Position]

2. Unterzeichner/in
[Position]

13.221 Salesmanager

Zeugnis
Herr Max Mustermann war vom 01.03.2017 bis zum 31.12.2021 in unserem Unternehmen als Salesmanager tätig.

[Unternehmensbeschreibung]

Als Salesmanager war Herr Mustermann verantwortlich für unsere VIP-Kunden und Entwicklung strategischer und verkaufsfördernder Vertriebsmaßnahmen. Im Rahmen seines verantwortungsvollen und vielseitigen Tätigkeitsgebietes war Herr Mustermann für folgende Aufgaben zuständig:

- Ausbau bestehender Kundenbeziehungen,
- Ausführung von Onlinemarketingmaßnahmen,
- Durchführen von Kundenzufriedenheitsumfragen,
- Durchführung von Kommunikationskampagnen,
- Erstellung der Salesplanung,
- Erstellung von Absatz fördernden Maßnahmen,
- Gewinnung von Neukunden im Schlüsselbereich,
- Konzipierung von Marketingauftritten,
- Marktanalyse mit anschließender Auswertung,
- Monitoring neuer Marktnischen,
- Präsentation von Marketingkonzepten,
- proaktive Marktbearbeitung,

- Produktpräsentation auf Messen und Veranstaltungen,
- Sicherung der Zielumsätze,
- Teilnahme an Kongressen, Messen und Tagungen,
- Umsetzung der zentralen Vermarktungsmaßnahmen,
- Umsetzung von Vermarktungskonzepten,
- Unterstützung der Produktmanager,
- Verantwortung für den gesamten Vertriebsprozess,
- Verwirklichung von Markt- und Wettbewerbsanalysen,
- Vorbereiten von Verkaufsaktionen und Marketingkampagnen,
- Zusammenarbeit mit dem Marketing und externen Agenturen.

Herr Mustermann verfügt über ein hervorragendes und auch in Randbereichen sehr tiefgehendes Fachwissen, welches er in unser Unternehmen stets in höchst gewinnbringender Weise einbrachte. Herr Mustermann besitzt Kreativität und sehr gute konzeptionelle Fähigkeiten bei der Planung und Umsetzung von Vertriebsmaßnahmen.

Herr Mustermann unterstützte die Geschäftsführung bei der Planung, Entwicklung und Umsetzung von umsatzfördernden Maßnahmen zur vollsten Zufriedenheit. Eine hohe Teamorientierung, Kommunikationsstärke und große Erfahrung mit Saleskampagnen zeichnen Herrn Mustermann aus. Zum Nutzen unseres Unternehmens erweiterte und aktualisierte er immer mit sehr gutem Erfolg seine umfassenden Fachkenntnisse durch regelmäßige Teilnahme an Weiterbildungsveranstaltungen.

Aufgrund seiner sehr guten Auffassungsgabe war er jederzeit in der Lage, auch schwierige Situationen sofort zutreffend zu erfassen und schnell sehr gute Lösungen zu finden. Herr Mustermann zeigte jederzeit hohe Eigeninitiative und identifizierte sich immer voll mit seinen Aufgaben und unserem Unternehmen, wobei er auch durch seine sehr große Einsatzfreude überzeugte. Auch in Situationen mit größtem Arbeitsaufkommen erwies er sich immer als in höchstem Maße belastbar.

Alle Aufgaben führte er jederzeit vollkommen selbstständig, äußerst sorgfältig und planvoll durchdacht aus. Er agierte immer ruhig, überlegt, zielorientiert und in höchstem Maße präzise. Dabei überzeugte er stets in besonderer Weise sowohl in qualitativer als auch in quantitativer Hinsicht. Herr Mustermann war in ganz besonders hohem Maße zuverlässig.

Für alle auftretenden Probleme fand er ausnahmslos ausgezeichnete Lösungen. Er war aufgrund seiner ausgezeichneten Führungsqualitäten als Vorgesetzter in hohem Maße anerkannt und beliebt. Er verhielt sich seinen Mitarbeitern gegenüber stets offen und kollegial, verstand es aber dennoch, sich in schwierigen Situationen durchzusetzen und die Mitarbeiter zu optimalem Einsatz zu bewegen. Die Leistungen von Herrn Mustermann haben jederzeit und in jeder Hinsicht unsere vollste Anerkennung gefunden.

Er wurde wegen seines stets freundlichen und ausgeglichenen Wesens allseits sehr geschätzt. Er war immer hilfsbereit, zuvorkommend und stellte, falls erforderlich, auch persönliche Interessen zurück. Sein Verhalten zu Vorgesetzten, Kolleginnen und Kollegen sowie Kundinnen und Kunden war jederzeit vorbildlich.

Herr Mustermann verlässt unser Unternehmen mit dem 31.12.2021 auf eigenen Wunsch. Wir bedauern dies sehr, weil wir mit ihm einen sehr guten Mitarbeiter verlieren. Wir bedanken uns für die stets sehr guten Leistungen und wünschen ihm für die Zukunft beruflich und privat weiterhin viel Erfolg und alles Gute.

Musterstadt, 31.12.2021

Max MUSTERMANN AG

1. Unterzeichner/in	2. Unterzeichner/in
[Position]	[Position]

13.222 Schichtführer

Zeugnis

Herr Max Mustermann war vom 01.03.2017 bis zum 31.12.2021 in unserem Unternehmen als Schichtführer tätig.

[Unternehmensbeschreibung]

Als Schichtführer war Herr Mustermann verantwortlich für die Organisation, Leitung sowie Überwachung des laufenden Schichtbetriebs. Im Rahmen seines verantwortungsvollen und vielseitigen Tätigkeitsgebietes war Herr Mustermann für folgende Aufgaben zuständig:

- Aufsicht über die ordnungsgemäße Einarbeitung der Mitarbeiter,
- Einhaltung aktueller Normen und Vorschriften,
- Erstellen von Dienstplänen und der Einsatzplanung,
- fachliche Führung und Motivation der Mitarbeiter,
- Führen von Mitarbeitergesprächen,
- Führen des Betriebstagebuchs,
- Führung, Motivation und Entwicklung des Teams,
- Leiten der zugeteilten Schicht,
- Planung der Produktionskapazitäten,
- Realisierung der Prozessvorgaben,
- Sicherstellen von Sauberkeit und Ordnung,
- Sicherstellen der Arbeits- und Sicherheitsvorschriften,

- Sicherstellen der Mitarbeiterqualifikation,
- Sicherstellen der termin- und mengengenauen Produktion,
- Überwachung der Fertigungsabläufe,
- Überwachung und Organisation des Personaleinsatzes,
- Umsetzen des vorgegebenen Produktionsplanes,
- Verantwortung für die Umsetzung der Qualitätsziele.

Herr Mustermann verfügt über ein hervorragendes und auch in Randbereichen sehr tiefgehendes Fachwissen, welches er in unser Unternehmen stets in höchst gewinnbringender Weise einbrachte. Herr Mustermann besitzt gute konzeptionelle Fähigkeiten sowie analytisches Denkvermögen und verfügt über eine langjährige Berufserfahrung im Führungsbereich mit mehr als 25 Mitarbeitern.

Eine hohe Teamorientierung, Kommunikationsstärke und große Erfahrung zeichnen Herrn Mustermann auch als Vorbild und Motivator für unsere Mitarbeiter aus. Zum Nutzen unseres Unternehmens erweiterte und aktualisierte er immer mit sehr gutem Erfolg seine umfassenden Fachkenntnisse durch regelmäßige Teilnahme an Weiterbildungsveranstaltungen.

Aufgrund seiner sehr guten Auffassungsgabe war er jederzeit in der Lage, auch schwierige Situationen sofort zutreffend zu erfassen und schnell sehr gute Lösungen zu finden. Herr Mustermann zeigte jederzeit hohe Eigeninitiative und identifizierte sich immer voll mit seinen Aufgaben und unserem Unternehmen, wobei er auch durch seine sehr große Einsatzfreude überzeugte. Auch in Situationen mit größtem Arbeitsaufkommen erwies er sich immer als in höchstem Maße belastbar.

Alle Aufgaben führte er jederzeit vollkommen selbstständig, äußerst sorgfältig und planvoll durchdacht aus. Er agierte immer ruhig, überlegt, zielorientiert und in höchstem Maße präzise. Dabei überzeugte er stets in besonderer Weise sowohl in qualitativer als auch in quantitativer Hinsicht. Herr Mustermann war in ganz besonders hohem Maße zuverlässig.

Für alle auftretenden Probleme fand er ausnahmslos ausgezeichnete Lösungen. Seine Mitarbeiter führte er durch sein Vorbild an Tatkraft und durch einen kollegialen Führungsstil zu gleichbleibend sehr guten Leistungen. Die Leistungen von Herrn Mustermann haben jederzeit und in jeder Hinsicht unsere vollste Anerkennung gefunden.

Er wurde wegen seines stets freundlichen und ausgeglichenen Wesens allseits sehr geschätzt. Er war immer hilfsbereit, zuvorkommend und stellte, falls erforderlich, auch persönliche Interessen zurück. Sein Verhalten zu Vorgesetzten, Kolleginnen und Kollegen sowie Kundinnen und Kunden war jederzeit vorbildlich.

Herr Mustermann verlässt unser Unternehmen mit dem 31.12.2021 auf eigenen Wunsch. Wir bedauern dies sehr, weil wir mit ihm einen sehr guten Mitarbeiter verlieren. Wir bedanken uns für die stets sehr guten Leistungen und wünschen ihm für die Zukunft beruflich und privat weiterhin viel Erfolg und alles Gute.

Musterstadt, 31.12.2021

Max MUSTERMANN AG

1. Unterzeichner/in	2. Unterzeichner/in
[Position]	[Position]

13.223 Schreiner/Tischler

Zeugnis
Herr Max Mustermann war vom 01.03.2017 bis zum 31.12.2021 in unserem Unternehmen als Schreiner/Tischler tätig.

[Unternehmensbeschreibung]

Als Schreiner/Tischler war Herr Mustermann verantwortlich für die Verarbeitung von Holz und Holzwerkstoffen. Im Rahmen seines verantwortungsvollen und vielseitigen Tätigkeitsgebietes war Herr Mustermann für folgende Aufgaben zuständig:

- Anfertigen von Küchenbauteilen,
- Ausarbeiten von Stücklisten,
- Behandeln und Veredeln von Oberflächen,
- Durchführen von Holzschutzmaßnahmen,
- Durchführen von Montage- und Demontagearbeiten,
- Durchführen von qualitätssichernden Maßnahmen,
- Einsatz von computergesteuerten Schreinergeräten und CNC-Maschinen,
- Einsatz von Tischfräsen, Breitbandschleif- und Kantenleimmaschinen,
- Erstellen von Konstruktions- und Fertigungszeichnungen,
- Fertigung von Treppen und Geländern,
- Gestalten und Konstruieren von Holzerzeugnissen,
- Herstellung von Möbeln und Sonderanfertigungen,
- Instandhalten von Werkzeugen, Geräten und Maschinen,
- Planen und Vorbereiten von Arbeitsabläufen,
- Produktion von Holzfenstern und -türen,
- Überwachen des Lagerbestands,
- Verarbeitung von Holzwerkstoffen, Kunststoffen, Glas und Metall,
- Zuschnitt und Oberflächenbehandlung.

Herr Mustermann verfügt über ein hervorragendes und auch in Randbereichen sehr tiefgehendes Fachwissen, welches er in unser Unternehmen stets in höchst gewinnbringender Weise einbrachte. Die Arbeitsweise von Herrn Mustermann zeichnete sich durch Sorgfalt und hohes Qualitätsbewusstsein aus.

Ein strukturiertes und gewissenhaftes Bearbeiten der Aufgaben mit einem hohen Maß an Selbstständigkeit runden das Profil von Herrn Mustermann ab. Zum Nutzen unseres Unternehmens erweiterte und aktualisierte er immer mit sehr gutem Erfolg seine umfassenden Fachkenntnisse durch regelmäßige Teilnahme an Weiterbildungsveranstaltungen.

Aufgrund seiner sehr guten Auffassungsgabe war er jederzeit in der Lage, auch schwierige Situationen sofort zutreffend zu erfassen und schnell sehr gute Lösungen zu finden. Herr Mustermann zeigte jederzeit hohe Eigeninitiative und identifizierte sich immer voll mit seinen Aufgaben und unserem Unternehmen, wobei er auch durch seine sehr große Einsatzfreude überzeugte. Auch in Situationen mit größtem Arbeitsaufkommen erwies er sich immer als in höchstem Maße belastbar.

Alle Aufgaben führte er jederzeit vollkommen selbstständig, äußerst sorgfältig und planvoll durchdacht aus. Er agierte immer ruhig, überlegt, zielorientiert und in höchstem Maße präzise. Dabei überzeugte er stets in besonderer Weise sowohl in qualitativer als auch in quantitativer Hinsicht. Herr Mustermann war in ganz besonders hohem Maße zuverlässig.

Für alle auftretenden Probleme fand er ausnahmslos ausgezeichnete Lösungen. Die Leistungen von Herrn Mustermann haben jederzeit und in jeder Hinsicht unsere vollste Anerkennung gefunden.

Er wurde wegen seines stets freundlichen und ausgeglichenen Wesens allseits sehr geschätzt. Er war immer hilfsbereit, zuvorkommend und stellte, falls erforderlich, auch persönliche Interessen zurück. Sein Verhalten zu Vorgesetzten, Kolleginnen und Kollegen sowie Kundinnen und Kunden war jederzeit vorbildlich.

Herr Mustermann verlässt unser Unternehmen mit dem 31.12.2021 auf eigenen Wunsch. Wir bedauern dies sehr, weil wir mit ihm einen sehr guten Mitarbeiter verlieren. Wir bedanken uns für die stets sehr guten Leistungen und wünschen ihm für die Zukunft beruflich und privat weiterhin viel Erfolg und alles Gute.

Musterstadt, 31.12.2021

Max MUSTERMANN AG

1. Unterzeichner/in	2. Unterzeichner/in
[Position]	[Position]

13.224 Scrum Master

Zeugnis
Herr Max Mustermann war vom 01.03.2017 bis zum 31.12.2021 in unserem Unternehmen als Scrum Master tätig.

[Unternehmensbeschreibung]

Als Scrum Master war Herr Mustermann verantwortlich für das Projekt- und Produktmanagement in unseren technischen Teams. Im Rahmen seines verantwortungsvollen und vielseitigen Tätigkeitsgebietes war Herr Mustermann für folgende Aufgaben zuständig:

- Ansprechpartner für Mitglieder des Projektteams,
- Berichterstattung gegenüber Product Owner und Geschäftsleitung,
- Coaching und Einführung agiler Prozesse und Methoden,
- Durchführung von Projektcontrolling,
- Durchführung von Scrum Events, Schulungen und Trainings,
- Durchführung von Workshops und Präsentationen auf Vorstandsebene,
- Einhaltung der Zielvorgaben über die gesamte Projektdauer,
- Einhaltung von Termin-, Kosten- und Qualitätsplänen,
- Entwicklung der Teams zu einer eigenverantwortlichen Arbeitsweise,
- Mindset-Entwicklung des Teams,
- Schaffung eines störungsfreien, effektiven Arbeitsumfeldes,
- Schnittstelle zu internen Fachabteilungen,
- Sicherstellung der terminlichen Projektziele,
- Unterstützung des Projektmanagementteams,
- Unterstützung und Beratung der Teams,
- Zusammenarbeit mit dem Product Owner und den Führungskräften.

Herr Mustermann verfügt über ein hervorragendes und auch in Randbereichen sehr tiefgehendes Fachwissen, welches er in unser Unternehmen stets in höchst gewinnbringender Weise einbrachte. Herr Mustermann besitzt Kreativität, gute konzeptionelle Fähigkeiten sowie analytisches Denkvermögen und verfügt über eine langjährige Berufserfahrung im Führungsbereich.

Eine hohe Teamorientierung, Kommunikationsstärke und große Erfahrung zeichnen Herrn Mustermann aus. Zum Nutzen unseres Unternehmens erweiterte und aktualisierte er immer mit sehr gutem Erfolg seine umfassenden Fachkenntnisse durch regelmäßige Teilnahme an Weiterbildungsveranstaltungen.

Aufgrund seiner sehr guten Auffassungsgabe war er jederzeit in der Lage, auch schwierige Situationen sofort zutreffend zu erfassen und schnell sehr gute Lösungen zu finden. Herr Mustermann zeigte jederzeit hohe Eigeninitiative und identifizierte sich

immer voll mit seinen Aufgaben und unserem Unternehmen, wobei er auch durch seine sehr große Einsatzfreude überzeugte. Auch in Situationen mit größtem Arbeitsaufkommen erwies er sich immer als in höchstem Maße belastbar.

Alle Aufgaben führte er jederzeit vollkommen selbstständig, äußerst sorgfältig und planvoll durchdacht aus. Er agierte immer ruhig, überlegt, zielorientiert und in höchstem Maße präzise. Dabei überzeugte er stets in besonderer Weise sowohl in qualitativer als auch in quantitativer Hinsicht. Herr Mustermann war in ganz besonders hohem Maße zuverlässig.

Für alle auftretenden Probleme fand er ausnahmslos ausgezeichnete Lösungen. Er war aufgrund seiner ausgezeichneten Führungsqualitäten als Vorgesetzter in hohem Maße anerkannt und beliebt. Er verhielt sich seinen Mitarbeitern gegenüber stets offen und kollegial, verstand es aber dennoch, sich in schwierigen Situationen durchzusetzen und die Mitarbeiter zu optimalem Einsatz zu bewegen. Die Leistungen von Herrn Mustermann haben jederzeit und in jeder Hinsicht unsere vollste Anerkennung gefunden.

Er wurde wegen seines stets freundlichen und ausgeglichenen Wesens allseits sehr geschätzt. Er war immer hilfsbereit, zuvorkommend und stellte, falls erforderlich, auch persönliche Interessen zurück. Sein Verhalten zu Vorgesetzten, Kolleginnen und Kollegen sowie Kundinnen und Kunden war jederzeit vorbildlich.

Herr Mustermann verlässt unser Unternehmen mit dem 31.12.2021 auf eigenen Wunsch. Wir bedauern dies sehr, weil wir mit ihm einen sehr guten Mitarbeiter verlieren. Wir bedanken uns für die stets sehr guten Leistungen und wünschen ihm für die Zukunft beruflich und privat weiterhin viel Erfolg und alles Gute.

Musterstadt, 31.12.2021

Max MUSTERMANN AG

1. Unterzeichner/in	2. Unterzeichner/in
[Position]	[Position]

13.225 Servicetechniker

Zeugnis

Herr Max Mustermann war vom 01.03.2017 bis zum 31.12.2021 in unserem Unternehmen als Servicetechniker tätig.

[Unternehmensbeschreibung]

Als Servicetechniker war Herr Mustermann verantwortlich für die Wartung und Instandsetzung unserer Anlagen und Maschinen. Im Rahmen seines verantwortungsvollen und vielseitigen Tätigkeitsgebietes war Herr Mustermann für folgende Aufgaben zuständig:

- Anfertigung technischer Aufmaße,
- Ausführung von Anlagentausch,
- Dokumentieren von Fehlbeständen,
- Durchführung von Reparatur- und Serviceeinsätzen,
- Durchführung von Wartungs- und Instandhaltungsarbeiten,
- Einhaltung aktueller Normen und Vorschriften,
- Einhaltung der Qualitätsvorgaben und Sicherheitsrichtlinien,
- Erkennen und Beseitigen von Störungsursachen,
- Erledigung von Schulungen und Einweisungen,
- Erstellung und Kontrolle des Aufmaßes,
- Inbetriebnahme und Instandhaltung der montierten Anlagen,
- Inbetriebnahme von technischen Anlagen und Systeme,
- konstante Verbesserung der Serviceprozesse,
- selbstständige Fehlersuche und Fehlerbehebung,
- Umsetzung der terminlichen Vorgaben,
- Verantwortung über das vorgegebene Budget,,
- Vornehmen von Funktionsprüfungen,
- Wartung und Reparatur von Bestandsanlagen,
- Wartungs- und Instandsetzungsarbeiten,
- Wartungs- und Reinigungsarbeiten an den montierten Baugruppen,
- Werkzeug- und Materialpflege.

Herr Mustermann verfügt über ein hervorragendes und auch in Randbereichen sehr tiefgehendes Fachwissen, welches er in unser Unternehmen stets in höchst gewinnbringender Weise einbrachte. Die Arbeitsweise von Herrn Mustermann zeichnete sich durch Sorgfalt und hohes Qualitätsbewusstsein aus.

Ein strukturiertes und gewissenhaftes Bearbeiten der Aufgaben mit einem hohen Maß an Selbstständigkeit runden das Profil von Herrn Mustermann ab. Zum Nutzen unseres Unternehmens erweiterte und aktualisierte er immer mit sehr gutem Erfolg seine umfassenden Fachkenntnisse durch regelmäßige Teilnahme an Weiterbildungsveranstaltungen.

Aufgrund seiner sehr guten Auffassungsgabe war er jederzeit in der Lage, auch schwierige Situationen sofort zutreffend zu erfassen und schnell sehr gute Lösungen zu finden. Herr Mustermann zeigte jederzeit hohe Eigeninitiative und identifizierte sich immer voll mit seinen Aufgaben und unserem Unternehmen, wobei er auch durch

seine sehr große Einsatzfreude überzeugte. Auch in Situationen mit größtem Arbeitsaufkommen erwies er sich immer als in höchstem Maße belastbar.

Alle Aufgaben führte er jederzeit vollkommen selbstständig, äußerst sorgfältig und planvoll durchdacht aus. Er agierte immer ruhig, überlegt, zielorientiert und in höchstem Maße präzise. Dabei überzeugte er stets in besonderer Weise sowohl in qualitativer als auch in quantitativer Hinsicht. Herr Mustermann war in ganz besonders hohem Maße zuverlässig.

Für alle auftretenden Probleme fand er ausnahmslos ausgezeichnete Lösungen. Die Leistungen von Herrn Mustermann haben jederzeit und in jeder Hinsicht unsere vollste Anerkennung gefunden.

Er wurde wegen seines stets freundlichen und ausgeglichenen Wesens allseits sehr geschätzt. Er war immer hilfsbereit, zuvorkommend und stellte, falls erforderlich, auch persönliche Interessen zurück. Sein Verhalten zu Vorgesetzten, Kolleginnen und Kollegen sowie Kundinnen und Kunden war jederzeit vorbildlich.

Herr Mustermann verlässt unser Unternehmen mit dem 31.12.2021 auf eigenen Wunsch. Wir bedauern dies sehr, weil wir mit ihm einen sehr guten Mitarbeiter verlieren. Wir bedanken uns für die stets sehr guten Leistungen und wünschen ihm für die Zukunft beruflich und privat weiterhin viel Erfolg und alles Gute.

Musterstadt, 31.12.2021

Max MUSTERMANN AG

1. Unterzeichner/in	2. Unterzeichner/in
[Position]	[Position]

13.226 Sicherheitsmanager

Zeugnis

Herr Max Mustermann war vom 01.03.2017 bis zum 31.12.2021 in unserem Unternehmen als Sicherheitsmanager tätig.

[Unternehmensbeschreibung]

Als Sicherheitsmanager war Herr Mustermann verantwortlich für die Einhaltung, Umsetzung und Weiterentwicklung der Sicherheitsstrategien. Im Rahmen seines

verantwortungsvollen und vielseitigen Tätigkeitsgebietes war Herr Mustermann für folgende Aufgaben zuständig:

- Analysieren von Sicherheitsrisiken und Schwachstellen,
- Auswahl von sicherheitsrelevanter Technik beim Objektschutz,
- Durchführung sicherheitstechnischer Begehungen,
- Entwickeln neuer Schutzstrategien und Standards,
- Erstellung von Handlungsempfehlungen,
- Erstellung von Securitykonzepten,
- Leiten der Einsätze im Veranstaltungsschutz,
- Optimierung der Arbeitssicherheit,
- Recherchen und Observationen bei Ermittlungen,
- Schulung des Wachpersonals,
- Sicherheitsbedrohungen erkennen und verhindern,
- Sicherstellen von Schutz für Personen, Objekte sowie Veranstaltungen,
- Umsetzung wirksamer Schutzmaßnahmen,
- Untersuchung möglicher Sicherheitslücken,
- Veranstaltung sicherheitsrelevanter Schulungen,
- Weiterentwicklung von Sicherheitsstrategien,
- Zusammenarbeit mit Polizei, Feuerwehren und Behörden.

Herr Mustermann verfügt über ein hervorragendes und auch in Randbereichen sehr tiefgehendes Fachwissen, welches er in unser Unternehmen stets in höchst gewinnbringender Weise einbrachte. Die Arbeitsweise von Herrn Mustermann zeichnete sich durch Sorgfalt und hohes Qualitätsbewusstsein aus.

Ein strukturiertes und gewissenhaftes Bearbeiten der Sicherheitsaufgaben mit einem hohen Maß an Selbstständigkeit runden das Profil von Herrn Mustermann ab. Zum Nutzen unseres Unternehmens erweiterte und aktualisierte er immer mit sehr gutem Erfolg seine umfassenden Fachkenntnisse durch regelmäßige Teilnahme an Weiterbildungsveranstaltungen.

Aufgrund seiner sehr guten Auffassungsgabe war er jederzeit in der Lage, auch schwierige Situationen sofort zutreffend zu erfassen und schnell sehr gute Lösungen zu finden. Herr Mustermann zeigte jederzeit hohe Eigeninitiative und identifizierte sich immer voll mit seinen Aufgaben und unserem Unternehmen, wobei er auch durch seine sehr große Einsatzfreude überzeugte. Auch in Situationen mit größtem Arbeitsaufkommen erwies er sich immer als in höchstem Maße belastbar.

Alle Aufgaben führte er jederzeit vollkommen selbstständig, äußerst sorgfältig und planvoll durchdacht aus. Er agierte immer ruhig, überlegt, zielorientiert und in höchstem Maße präzise. Dabei überzeugte er stets in besonderer Weise sowohl in qualitati-

ver als auch in quantitativer Hinsicht. Herr Mustermann war in ganz besonders hohem Maße zuverlässig.

Für alle auftretenden Probleme fand er ausnahmslos ausgezeichnete Lösungen. Die Leistungen von Herrn Mustermann haben jederzeit und in jeder Hinsicht unsere vollste Anerkennung gefunden.

Er wurde wegen seines stets freundlichen und ausgeglichenen Wesens allseits sehr geschätzt. Er war immer hilfsbereit, zuvorkommend und stellte, falls erforderlich, auch persönliche Interessen zurück. Sein Verhalten zu Vorgesetzten, Kolleginnen und Kollegen sowie Kundinnen und Kunden war jederzeit vorbildlich.

Herr Mustermann verlässt unser Unternehmen mit dem 31.12.2021 auf eigenen Wunsch. Wir bedauern dies sehr, weil wir mit ihm einen sehr guten Mitarbeiter verlieren. Wir bedanken uns für die stets sehr guten Leistungen und wünschen ihm für die Zukunft beruflich und privat weiterhin viel Erfolg und alles Gute.

Musterstadt, 31.12.2021

Max MUSTERMANN AG

1. Unterzeichner/in	2. Unterzeichner/in
[Position]	[Position]

13.227 Social-Media-Manager

Zeugnis

Herr Max Mustermann war vom 01.03.2017 bis zum 31.12.2021 in unserem Unternehmen als Social-Media-Manager tätig.

[Unternehmensbeschreibung]

Als Social-Media-Manager war Herr Mustermann verantwortlich für die Entwicklung neuer Social-Media-Kanäle und den Ausbau bestehender Social-Media-Kampagnen. Im Rahmen seines verantwortungsvollen und vielseitigen Tätigkeitsgebietes war Herr Mustermann für folgende Aufgaben zuständig:

- Ausbau von Social-Media-Aktivitäten,
- Auswahl und Steuerung von externen Social-Media-Dienstleistern und -Agenturen,
- Durchführen von Social-Media-Kampagnen,
- Durchführen von Workshops im Social-Media-Bereich,
- Entwicklung und Umsetzung von Social-Media-Konzepten,

- Entwicklung von Kommunikations- und Mediastrategien,
- Entwicklung von Social-Media-Strategien,
- Erstellung und Einhaltung des Social-Media-Budgets,
- Konzeption und Umsetzung der Social-Media-Aktivitäten,
- Konzeption von Kommunikationsmaßnahmen im Bereich Social Media,
- Konzeption von Social-Media-Auftritten,
- Kostenplanung von Messen und Veranstaltungen,
- Kundenberatung im effizienten Ausbau der Social-Media-Aktivitäten,
- Mediaplanung und Kreationsabstimmung,
- Monitoring nationaler Social-Media-Kampagnen,
- Präsentation von Social-Media-Konzepten bei Tagungen, auf Messen und Seminaren,
- Presse- und Öffentlichkeitsarbeit,
- Sicherstellung der Einhaltung von Qualitäts- und Kostenvorgaben,
- Verfassen von Texten für Online und Print,
- Zusammenarbeit mit dem Marketing, Vertrieb und externen Agenturen.

Herr Mustermann verfügt über ein hervorragendes und auch in Randbereichen sehr tiefgehendes Fachwissen, welches er in unser Unternehmen stets in höchst gewinnbringender Weise einbrachte. Herrn Mustermann ist eine teamorientierte Persönlichkeit. Herrn Mustermann versteht es, Social-Media-Strategien treffsicher ein- und umzusetzen.

Auf persönlicher Ebene punktete Herrn Mustermann mit Kommunikationsstärke und langjähriger Berufserfahrung im Social-Media-Bereich. Zum Nutzen unseres Unternehmens erweiterte und aktualisierte er immer mit sehr gutem Erfolg seine umfassenden Fachkenntnisse durch regelmäßige Teilnahme an Weiterbildungsveranstaltungen.

Aufgrund seiner sehr guten Auffassungsgabe war er jederzeit in der Lage, auch schwierige Situationen sofort zutreffend zu erfassen und schnell sehr gute Lösungen zu finden. Herr Mustermann zeigte jederzeit hohe Eigeninitiative und identifizierte sich immer voll mit seinen Aufgaben und unserem Unternehmen, wobei er auch durch seine sehr große Einsatzfreude überzeugte. Auch in Situationen mit größtem Arbeitsaufkommen erwies er sich immer als in höchstem Maße belastbar.

Alle Aufgaben führte er jederzeit vollkommen selbstständig, äußerst sorgfältig und planvoll durchdacht aus. Er agierte immer ruhig, überlegt, zielorientiert und in höchstem Maße präzise. Dabei überzeugte er stets in besonderer Weise sowohl in qualitativer als auch in quantitativer Hinsicht. Herr Mustermann war in ganz besonders hohem Maße zuverlässig.

Für alle auftretenden Probleme fand er ausnahmslos ausgezeichnete Lösungen. Die Leistungen von Herrn Mustermann haben jederzeit und in jeder Hinsicht unsere vollste Anerkennung gefunden.

Er wurde wegen seines stets freundlichen und ausgeglichenen Wesens allseits sehr geschätzt. Er war immer hilfsbereit, zuvorkommend und stellte, falls erforderlich, auch persönliche Interessen zurück. Sein Verhalten zu Vorgesetzten, Kolleginnen und Kollegen sowie Kundinnen und Kunden war jederzeit vorbildlich.

Herr Mustermann verlässt unser Unternehmen mit dem 31.12.2021 auf eigenen Wunsch. Wir bedauern dies sehr, weil wir mit ihm einen sehr guten Mitarbeiter verlieren. Wir bedanken uns für die stets sehr guten Leistungen und wünschen ihm für die Zukunft beruflich und privat weiterhin viel Erfolg und alles Gute.

Musterstadt, 31.12.2021

Max MUSTERMANN AG

1. Unterzeichner/in	2. Unterzeichner/in
[Position]	[Position]

13.228 Softwarearchitekt

Zeugnis

Herr Max Mustermann war vom 01.03.2017 bis zum 31.12.2021 in unserem Unternehmen als Softwarearchitekt tätig.

[Unternehmensbeschreibung]

Als Softwarearchitekt war Herr Mustermann verantwortlich für die Entwicklung von Softwarearchitektur. Im Rahmen seines verantwortungsvollen und vielseitigen Tätigkeitsgebietes war Herr Mustermann für folgende Aufgaben zuständig:

- Analyse von Kundenanforderungen,
- Anfertigen von Pflichtenheften,
- Aufbau und Optimierung neuer und bestehender Softwarearchitekturen,
- Aufwandschätzungen der zu realisierenden Projekte,
- Bearbeitung projektspezifischer Softwarearchitektur-Anforderungen,
- Dokumentation der Programmentwicklungen,
- Durchführen von Kostenanalysen,
- Erarbeiten von Architekturlösungen und Umsetzungsprozesse,
- Erstellen von manuellen und automatisierten Testkonzepten,

- Festlegung von Programmieranforderungen,
- Integration und Installation von Fremdsoftware in die bestehende Software,
- Monitoring der Technologieleitlinie für die Software,
- Test, Fehlersuche und Beseitigung von Fehlern in der Software,
- Verifizierung von Softwarearchitektur-Vorgaben.

Herr Mustermann verfügt über ein hervorragendes und auch in Randbereichen sehr tiefgehendes Fachwissen, welches er in unser Unternehmen stets in höchst gewinnbringender Weise einbrachte. Herr Mustermann verfügt über sehr gute Kenntnisse in der Entwicklung von Softwarearchitektur.

Eine prozessorientierte und strukturierte Arbeitsweise sowie sehr gute Englischkenntnisse in Wort und Schrift runden das Profil von Herrn Mustermann überzeugend ab. Zum Nutzen unseres Unternehmens erweiterte und aktualisierte er immer mit sehr gutem Erfolg seine umfassenden Fachkenntnisse durch regelmäßige Teilnahme an Weiterbildungsveranstaltungen.

Aufgrund seiner sehr guten Auffassungsgabe war er jederzeit in der Lage, auch schwierige Situationen sofort zutreffend zu erfassen und schnell sehr gute Lösungen zu finden. Herr Mustermann zeigte jederzeit hohe Eigeninitiative und identifizierte sich immer voll mit seinen Aufgaben und unserem Unternehmen, wobei er auch durch seine sehr große Einsatzfreude überzeugte. Auch in Situationen mit größtem Arbeitsaufkommen erwies er sich immer als in höchstem Maße belastbar.

Alle Aufgaben führte er jederzeit vollkommen selbstständig, äußerst sorgfältig und planvoll durchdacht aus. Er agierte immer ruhig, überlegt, zielorientiert und in höchstem Maße präzise. Dabei überzeugte er stets in besonderer Weise sowohl in qualitativer als auch in quantitativer Hinsicht. Herr Mustermann war in ganz besonders hohem Maße zuverlässig.

Für alle auftretenden Probleme fand er ausnahmslos ausgezeichnete Lösungen. Die Leistungen von Herrn Mustermann haben jederzeit und in jeder Hinsicht unsere vollste Anerkennung gefunden.

Er wurde wegen seines stets freundlichen und ausgeglichenen Wesens allseits sehr geschätzt. Er war immer hilfsbereit, zuvorkommend und stellte, falls erforderlich, auch persönliche Interessen zurück. Sein Verhalten zu Vorgesetzten, Kolleginnen und Kollegen sowie Kundinnen und Kunden war jederzeit vorbildlich.

Herr Mustermann verlässt unser Unternehmen mit dem 31.12.2021 auf eigenen Wunsch. Wir bedauern dies sehr, weil wir mit ihm einen sehr guten Mitarbeiter ver-

lieren. Wir bedanken uns für die stets sehr guten Leistungen und wünschen ihm für die Zukunft beruflich und privat weiterhin viel Erfolg und alles Gute.

Musterstadt, 31.12.2021

Max MUSTERMANN AG

1. Unterzeichner/in	2. Unterzeichner/in
[Position]	[Position]

13.229 Softwareentwickler

Zeugnis

Herr Max Mustermann war vom 01.03.2017 bis zum 31.12.2021 in unserem Unternehmen als Softwareentwickler tätig.

[Unternehmensbeschreibung]

Als Softwareentwickler war Herr Mustermann verantwortlich für die Programmierung und Weiterentwicklung unserer Softwareprodukte. Im Rahmen seines verantwortungsvollen und vielseitigen Tätigkeitsgebietes war Herr Mustermann für folgende Aufgaben zuständig:

- Anfertigen von Pflichtenheften,
- Anpassen und Pflegen von Datenbanken,
- Aufwandschätzungen der zu realisierenden Projekte,
- Datenbankbearbeitung per SQL-basierten Programmiersprachen,
- Dokumentation der Programmentwicklungen,
- Durchführung von Anforderungsanalysen,
- Entwicklung und Umsetzung von Schnittstellen zu anderen Datensystemen und Warenwirtschaftssystemen,
- Erstellung von Pflichtenheften,
- Festlegung von Programmieranforderungen,
- Inbetriebnahme und Echtbetriebsbegleitung,
- Installation und Inbetriebnahme der Software,
- Integration und Installation von Fremdsoftware in die bestehende Software,
- Pflege der erstellten Softwareprogramme,
- Schnittstellengestaltung zu externen Systemen,
- Schulung und Hotline für die Anwender,
- Systemanalyse von Neuentwicklungen,

- Test, Fehlersuche und Beseitigung von Fehlern in der Software,
- Umsetzung der verschiedenen Softwarespezifikationen,
- Unterstützung der Mitarbeiter bei der Anwendung der Software,
- Weiterentwicklung der mobilen Apps,
- Weiterentwicklung von C-Algorithmen.

Herr Mustermann verfügt über ein hervorragendes und auch in Randbereichen sehr tiefgehendes Fachwissen, welches er in unser Unternehmen stets in höchst gewinnbringender Weise einbrachte. Herr Mustermann verfügt über sehr gute Kenntnisse in C#, Java, Javascript, HTML, PHP, SQL und Web-Applications-Architekturen.

Eine prozessorientierte und strukturierte Arbeitsweise sowie sehr gute Englischkenntnisse in Wort und Schrift runden das Profil von Herrn Mustermann überzeugend ab. Zum Nutzen unseres Unternehmens erweiterte und aktualisierte er immer mit sehr gutem Erfolg seine umfassenden Fachkenntnisse durch regelmäßige Teilnahme an Weiterbildungsveranstaltungen.

Aufgrund seiner sehr guten Auffassungsgabe war er jederzeit in der Lage, auch schwierige Situationen sofort zutreffend zu erfassen und schnell sehr gute Lösungen zu finden. Herr Mustermann zeigte jederzeit hohe Eigeninitiative und identifizierte sich immer voll mit seinen Aufgaben und unserem Unternehmen, wobei er auch durch seine sehr große Einsatzfreude überzeugte. Auch in Situationen mit größtem Arbeitsaufkommen erwies er sich immer als in höchstem Maße belastbar.

Alle Aufgaben führte er jederzeit vollkommen selbstständig, äußerst sorgfältig und planvoll durchdacht aus. Er agierte immer ruhig, überlegt, zielorientiert und in höchstem Maße präzise. Dabei überzeugte er stets in besonderer Weise sowohl in qualitativer als auch in quantitativer Hinsicht. Herr Mustermann war in ganz besonders hohem Maße zuverlässig.

Für alle auftretenden Probleme fand er ausnahmslos ausgezeichnete Lösungen. Die Leistungen von Herrn Mustermann haben jederzeit und in jeder Hinsicht unsere vollste Anerkennung gefunden.

Er wurde wegen seines stets freundlichen und ausgeglichenen Wesens allseits sehr geschätzt. Er war immer hilfsbereit, zuvorkommend und stellte, falls erforderlich, auch persönliche Interessen zurück. Sein Verhalten zu Vorgesetzten, Kolleginnen und Kollegen sowie Kundinnen und Kunden war jederzeit vorbildlich.

Herr Mustermann verlässt unser Unternehmen mit dem 31.12.2021 auf eigenen Wunsch. Wir bedauern dies sehr, weil wir mit ihm einen sehr guten Mitarbeiter ver-

lieren. Wir bedanken uns für die stets sehr guten Leistungen und wünschen ihm für die Zukunft beruflich und privat weiterhin viel Erfolg und alles Gute.

Musterstadt, 31.12.2021

Max MUSTERMANN AG

1. Unterzeichner/in	2. Unterzeichner/in
[Position]	[Position]

13.230 Sozialarbeiter

Zeugnis

Herr Max Mustermann war vom 01.03.2017 bis zum 31.12.2021 in unserem Unternehmen als Sozialarbeiter tätig.

[Unternehmensbeschreibung]

Als Sozialarbeiter war Herr Mustermann insbesondere verantwortlich für die Organisation und Durchführung von sozialer Gruppenarbeit. Im Rahmen seines verantwortungsvollen und vielseitigen Tätigkeitsgebietes war Herr Mustermann darüber hinaus für folgende Aufgaben zuständig:

- allgemeine Sozialberatung,
- Beantragung von Sozialleistungen und Überwachung von Fristen,
- Begleitung von Jugendlichen in Schule, Ausbildung und Asylverfahren,
- beratende Gespräche mit Kindern, Jugendlichen und Familien führen,
- Beratung bei der Durchsetzung sozialrechtlicher Ansprüche,
- Durchführen von Bewerbungstrainings,
- Durchführung von Einzel- und Gruppenarbeit,
- Erstellung von individuellen Hilfeplänen,
- Hilfe bei der Schuldenregulierung,
- Hilfestellung bei Lernschwierigkeiten und bei der Berufsfindung von Jugendlichen,
- Kinder, Jugendliche und Familien in ihrer Beziehungsfähigkeit zu fördern,
- Kommunikation mit Ämtern und Behörden,
- Kooperation mit Fachkollegen und Einrichtungen,
- Organisation von sozialer Gruppenarbeit,
- sozialpädagogische Beratung und Begleitung,

- sozialraumorientierte Unterstützung von Heimbewohnern,
- Unterstützung bei der Alltagsbewältigung.

Herr Mustermann verfügt über ein hervorragendes und auch in Randbereichen sehr tiefgehendes Fachwissen, welches er in unser Unternehmen stets in höchst gewinnbringender Weise einbrachte. Eine hohe soziale Kompetenz und konstruktive Zusammenarbeit mit jungen Menschen und Familien in schwierigen Lebenslagen zeichnen Herrn Mustermann aus. Ausgeprägte Kenntnisse in der Pädagogik, Psychologie und eine gute Kommunikationsfähigkeit runden das Profil von Herrn Mustermann ab.

Herr Mustermann wirkte stets positiv unterstützend bei der Bewältigung von Krisen und Problemen im persönlichen Umfeld der jungen Menschen mit. Zum Nutzen unseres Unternehmens erweiterte und aktualisierte er immer mit sehr gutem Erfolg seine umfassenden Fachkenntnisse durch regelmäßige Teilnahme an Weiterbildungsveranstaltungen.

Aufgrund seiner sehr guten Auffassungsgabe war er jederzeit in der Lage, auch schwierige Situationen sofort zutreffend zu erfassen und schnell sehr gute Lösungen zu finden. Herr Mustermann zeigte jederzeit hohe Eigeninitiative und identifizierte sich immer voll mit seinen Aufgaben und unserem Unternehmen, wobei er auch durch seine sehr große Einsatzfreude überzeugte. Auch in Situationen mit größtem Arbeitsaufkommen erwies er sich immer als in höchstem Maße belastbar.

Alle Aufgaben führte er jederzeit vollkommen selbstständig, äußerst sorgfältig und planvoll durchdacht aus. Er agierte immer ruhig, überlegt, zielorientiert und in höchstem Maße präzise. Dabei überzeugte er stets in besonderer Weise sowohl in qualitativer als auch in quantitativer Hinsicht. Herr Mustermann war in ganz besonders hohem Maße zuverlässig.

Für alle auftretenden Probleme fand er ausnahmslos ausgezeichnete Lösungen. Die Leistungen von Herrn Mustermann haben jederzeit und in jeder Hinsicht unsere vollste Anerkennung gefunden.

Er wurde wegen seines stets freundlichen und ausgeglichenen Wesens allseits sehr geschätzt. Er war immer hilfsbereit, zuvorkommend und stellte, falls erforderlich, auch persönliche Interessen zurück. Sein Verhalten zu Vorgesetzten, Kolleginnen und Kollegen sowie Kundinnen und Kunden war jederzeit vorbildlich.

Herr Mustermann verlässt unser Unternehmen mit dem 31.12.2021 auf eigenen Wunsch. Wir bedauern dies sehr, weil wir mit ihm einen sehr guten Mitarbeiter ver-

lieren. Wir bedanken uns für die stets sehr guten Leistungen und wünschen ihm für die Zukunft beruflich und privat weiterhin viel Erfolg und alles Gute.

Musterstadt, 31.12.2021

Max MUSTERMANN AG

1. Unterzeichner/in	2. Unterzeichner/in
[Position]	[Position]

13.231 Sozialpädagoge

Zeugnis

Herr Max Mustermann war vom 01.03.2017 bis zum 31.12.2021 in unserer Einrichtung als Sozialpädagoge tätig.

[Unternehmensbeschreibung]

Als Sozialpädagoge war Herr Mustermann dafür verantwortlich, Kinder, Jugendliche und Familien mit einer aktiven, pädagogischen Gestaltung des Alltags in ihren Lebensprozessen zu begleiten. Im Rahmen seines verantwortungsvollen und vielseitigen Tätigkeitsgebietes war Herr Mustermann für folgende Aufgaben zuständig:

- Akquirieren von Ausbildungs- und Arbeitsstellen,
- Begleitung von Jugendlichen in Schule, Ausbildung und Asylverfahren,
- beratende Gespräche bei Alkohol- und Drogenproblemen,
- beratende Gespräche mit Kindern, Jugendlichen und Familien führen,
- Durchführung sozialpädagogischer Gruppenangebote,
- Durchführung von Einzel- und Gruppenarbeit,
- Erstellung und Umsetzung von Hilfeplänen,
- Hilfestellung bei Lernschwierigkeiten und bei der Berufsfindung von Jugendlichen,
- Hilfestellung bei psychosozialen Problemen,
- Kinder, Jugendliche und Familien in ihrer Beziehungsfähigkeit zu fördern,
- Kommunikation mit Ämtern und Behörden,
- Kooperation mit Fachkollegen und Einrichtungen,
- Leitung von Reflexionsgruppen,
- nötige Interventionen planen, durchführen und auswerten,
- regelmäßige Firmenbesuche im Betrieb der Auszubildenden,
- sozialpädagogische Gruppenarbeit,

- Unterstützung bei der Arbeitsplatzsuche,
- Unterstützung bei der Bewältigung von Krisen und Problemen,
- Unterstützung bei Schul- und Ausbildungsproblemen.

Herr Mustermann verfügt über ein hervorragendes und auch in Randbereichen sehr tiefgehendes Fachwissen, welches er in unserer Einrichtung stets in höchst gewinnbringender Weise einbrachte. Eine hohe soziale Kompetenz und konstruktive Zusammenarbeit mit jungen Menschen und Familien in schwierigen Lebenslagen zeichnen Herrn Mustermann aus.

Ausgeprägte Kenntnisse in der Pädagogik, Psychologie und eine gute Kommunikationsfähigkeit runden das Profil von Herrn Mustermann ab. Herr Mustermann wirkte stets positiv unterstützend bei der Bewältigung von Krisen und Problemen im persönlichen Umfeld der jungen Menschen mit. Zum Nutzen unserer Einrichtung erweiterte und aktualisierte er immer mit sehr gutem Erfolg seine umfassenden Fachkenntnisse durch regelmäßige Teilnahme an Weiterbildungsveranstaltungen.

Aufgrund seiner sehr guten Auffassungsgabe war er jederzeit in der Lage, auch schwierige Situationen sofort zutreffend zu erfassen und schnell sehr gute Lösungen zu finden. Herr Mustermann zeigte jederzeit hohe Eigeninitiative und identifizierte sich immer voll mit seinen Aufgaben und unserer Einrichtung, wobei er auch durch seine sehr große Einsatzfreude überzeugte. Auch in Situationen mit größtem Arbeitsaufkommen erwies er sich immer als in höchstem Maße belastbar.

Alle Aufgaben führte er jederzeit vollkommen selbstständig, äußerst sorgfältig und planvoll durchdacht aus. Er agierte immer ruhig, überlegt, zielorientiert und in höchstem Maße präzise. Dabei überzeugte er stets in besonderer Weise sowohl in qualitativer als auch in quantitativer Hinsicht. Herr Mustermann war in ganz besonders hohem Maße zuverlässig.

Für alle auftretenden Probleme fand er ausnahmslos ausgezeichnete Lösungen. Die Leistungen von Herrn Mustermann haben jederzeit und in jeder Hinsicht unsere vollste Anerkennung gefunden.

Er wurde wegen seines stets freundlichen und ausgeglichenen Wesens allseits sehr geschätzt. Er war immer hilfsbereit, zuvorkommend und stellte, falls erforderlich, auch persönliche Interessen zurück. Sein Verhalten zu Vorgesetzten, Kolleginnen und Kollegen sowie Kundinnen und Kunden war jederzeit vorbildlich.

Herr Mustermann verlässt unsere Einrichtung mit dem 31.12.2021 auf eigenen Wunsch. Wir bedauern dies sehr, weil wir mit ihm einen sehr guten Mitarbeiter verlieren. Wir bedanken uns für die stets sehr guten Leistungen und wünschen ihm für die Zukunft beruflich und privat weiterhin viel Erfolg und alles Gute.

Musterstadt, 31.12.2021

Max MUSTERMANN AG

1. Unterzeichner/in	2. Unterzeichner/in
[Position]	[Position]

13.232 Stationshelferin Krankenpflege

Zeugnis

Frau Mara Muster war vom 01.03.2017 bis zum 31.12.2021 in unserem Unternehmen als Stationshelferin in der Krankenpflege tätig.

[Unternehmensbeschreibung]

Als Stationshelferin war Frau Muster verantwortlich für die Betreuung von kranken und pflegebedürftigen Menschen. Im Rahmen ihres verantwortungsvollen und vielseitigen Tätigkeitsgebietes war Frau Muster für folgende Aufgaben zuständig:

- Arztassistenz während der Sprechstunde,
- Assistenz bei Untersuchungen und Behandlungen,
- Durchführung behandlungspflegerischer Maßnahmen nach ärztlicher Anordnung,
- Einhaltung der sach- und fachgerechten Pflegequalität,
- Ermittlung des Pflegebedarfs,
- Erstellung von Pflegeanamnesen und Pflegeplänen sowie die Dokumentation der Pflegemaßnahmen,
- fachgerechte Durchführung der Grund- und Behandlungspflege der Patienten,
- fachkundige Betreuung der Patienten,
- Festlegung, Sicherstellung sowie Weiterentwicklung der Pflege und Betreuungsqualität,
- individuelle und freundliche Betreuung der Patienten,
- Kommunikation mit Bewohnern, Angehörigen und Mitarbeitern,
- Stützen und Führen bewegungseingeschränkter Patienten,
- Röntgentätigkeiten,
- therapeutische Maßnahmen nach psychosomatischem Konzept,
- Überwachung der ordnungsgemäßen Funktionsweise der Geräte,
- Verrichtung von diagnostischen und therapeutischen Maßnahmen nach ärztlicher Anweisung,

- Vor- und Nachbereitung der Operationseinheit,
- Vorbereitung und Nachsorge der Patienten.

Frau Muster verfügt über ein hervorragendes und auch in Randbereichen sehr tiefgehendes Fachwissen, welches sie in unser Unternehmen stets in höchst gewinnbringender Weise einbrachte. Selbstständiges und zuverlässiges Arbeiten, auch unter beschwerenden Situationen, zeichnen Frau Muster aus.

Ein hoher Qualitätsanspruch im Umgang mit den Patienten in Verbindung mit Freude an der medizinischen Betreuung rundet das Profil von Frau Muster ab. Zum Nutzen unseres Unternehmens erweiterte und aktualisierte sie immer mit sehr gutem Erfolg ihre umfassenden Fachkenntnisse durch regelmäßige Teilnahme an Weiterbildungsveranstaltungen.

Aufgrund ihrer sehr guten Auffassungsgabe war sie jederzeit in der Lage, auch schwierige Situationen sofort zutreffend zu erfassen und schnell sehr gute Lösungen zu finden. Frau Muster zeigte jederzeit hohe Eigeninitiative und identifizierte sich immer voll mit ihren Aufgaben und unserem Unternehmen, wobei sie auch durch ihre sehr große Einsatzfreude überzeugte. Auch in Situationen mit größtem Arbeitsaufkommen erwies sie sich immer als in höchstem Maße belastbar.

Alle Aufgaben führte sie jederzeit vollkommen selbstständig, äußerst sorgfältig und planvoll durchdacht aus. Sie agierte immer ruhig, überlegt, zielorientiert und in höchstem Maße präzise. Dabei überzeugte sie stets in besonderer Weise sowohl in qualitativer als auch in quantitativer Hinsicht. Frau Muster war in ganz besonders hohem Maße zuverlässig.

Für alle auftretenden Probleme fand sie ausnahmslos ausgezeichnete Lösungen. Die Leistungen von Frau Muster haben jederzeit und in jeder Hinsicht unsere vollste Anerkennung gefunden.

Sie wurde wegen ihres stets freundlichen und ausgeglichenen Wesens allseits sehr geschätzt. Sie war immer hilfsbereit, zuvorkommend und stellte, falls erforderlich, auch persönliche Interessen zurück. Ihr Verhalten zu Vorgesetzten, Kolleginnen und Kollegen sowie Kundinnen und Kunden war jederzeit vorbildlich.

Frau Muster verlässt unser Unternehmen mit dem 31.12.2021 auf eigenen Wunsch. Wir bedauern dies sehr, weil wir mit ihr eine sehr gute Mitarbeiterin verlieren. Wir bedan-

ken uns für die stets sehr guten Leistungen und wünschen ihr für die Zukunft beruflich und privat weiterhin viel Erfolg und alles Gute.

Musterstadt, 31.12.2021

Max MUSTERMANN AG

1. Unterzeichner/in	2. Unterzeichner/in
[Position]	[Position]

13.233 Stationsleiter Krankenpflege/Altenpflege

Zeugnis

Herr Max Mustermann war vom 01.03.2017 bis zum 31.12.2021 in unserem Unternehmen als Stationsleiter Krankenpflege / Altenpflege tätig.

[Unternehmensbeschreibung]

Als Stationsleiter war Herr Mustermann verantwortlich für die zielorientierte Mitarbeiterführung, Teammotivation und Einsatzplanung im Pflegebereich. Im Rahmen seines verantwortungsvollen und vielseitigen Tätigkeitsgebietes war Herr Mustermann für folgende Aufgaben zuständig:

- Aufbaus eines positiven Arbeits- und Betriebsklimas,
- Aufsicht des gesamten Pflege- und Betreuungsprozesses,
- bedarfsgerechte Förderung der Mitarbeiter,
- Durchführung von Fort- und Weiterbildungen des Pflegepersonals,
- Einhaltung der Rechtsvorschriften und pflegewissenschaftlicher Erkenntnisse,
- Erstellen der Personaleinsatz- und Urlaubsplanung,
- Erstellen der Personaleinsatzplanung,
- fachliche und disziplinarische Leitung im Pflegebereich,
- Führung und fachliche Anleitung des Pflegeteams,
- Führung eines Teams von 60 Mitarbeitern,
- Optimierung des aktuellen Pflegestandards,
- Organisation sämtlicher Arbeitsabläufe,
- Sicherstellung des Qualitätsstandards,
- Sicherstellung einer patientenorientierten Versorgung,
- Unterstützung der Einrichtungsleitung,
- Unterstützung des Qualitätsmanagements,
- Verantwortung der optimalen Ablauforganisation.

Herr Mustermann verfügt über ein hervorragendes und auch in Randbereichen sehr tiefgehendes Fachwissen, welches er in unser Unternehmen stets in höchst gewinnbringender Weise einbrachte. Langjährige Berufs- und Führungserfahrung sowie eine strukturierte und pragmatische Arbeitsweise zeichnen Herrn Mustermann aus.

Persönlich punktet Herr Mustermann als aktiver, vertrauenswürdiger und konsequenter Stationsleiter im Pflegedienst. Zum Nutzen unseres Unternehmens erweiterte und aktualisierte er immer mit sehr gutem Erfolg seine umfassenden Fachkenntnisse durch regelmäßige Teilnahme an Weiterbildungsveranstaltungen.

Aufgrund seiner sehr guten Auffassungsgabe war er jederzeit in der Lage, auch schwierige Situationen sofort zutreffend zu erfassen und schnell sehr gute Lösungen zu finden. Herr Mustermann zeigte jederzeit hohe Eigeninitiative und identifizierte sich immer voll mit seinen Aufgaben und unserem Unternehmen, wobei er auch durch seine sehr große Einsatzfreude überzeugte. Auch in Situationen mit größtem Arbeitsaufkommen erwies er sich immer als in höchstem Maße belastbar.

Alle Aufgaben führte er jederzeit vollkommen selbstständig, äußerst sorgfältig und planvoll durchdacht aus. Er agierte immer ruhig, überlegt, zielorientiert und in höchstem Maße präzise. Dabei überzeugte er stets in besonderer Weise sowohl in qualitativer als auch in quantitativer Hinsicht. Herr Mustermann war in ganz besonders hohem Maße zuverlässig.

Für alle auftretenden Probleme fand er ausnahmslos ausgezeichnete Lösungen. Er war aufgrund seiner ausgezeichneten Führungsqualitäten als Vorgesetzter in hohem Maße anerkannt und beliebt. Er verhielt sich seinen Mitarbeitern gegenüber stets offen und kollegial, verstand es aber dennoch, sich in schwierigen Situationen durchzusetzen und die Mitarbeiter zu optimalem Einsatz zu bewegen. Die Leistungen von Herrn Mustermann haben jederzeit und in jeder Hinsicht unsere vollste Anerkennung gefunden.

Er wurde wegen seines stets freundlichen und ausgeglichenen Wesens allseits sehr geschätzt. Er war immer hilfsbereit, zuvorkommend und stellte, falls erforderlich, auch persönliche Interessen zurück. Sein Verhalten zu Vorgesetzten, Kolleginnen und Kollegen sowie Kundinnen und Kunden war jederzeit vorbildlich.

Herr Mustermann verlässt unser Unternehmen mit dem 31.12.2021 auf eigenen Wunsch. Wir bedauern dies sehr, weil wir mit ihm einen sehr guten Mitarbeiter ver-

lieren. Wir bedanken uns für die stets sehr guten Leistungen und wünschen ihm für die Zukunft beruflich und privat weiterhin viel Erfolg und alles Gute.

Musterstadt, 31.12.2021

Max MUSTERMANN AG

1. Unterzeichner/in	2. Unterzeichner/in
[Position]	[Position]

13.234 Steuerfachangestellte

Zeugnis

Frau Mara Muster war vom 01.03.2017 bis zum 31.12.2021 in unserem Unternehmen als Steuerfachangestellte tätig.

[Unternehmensbeschreibung]

Als Steuerfachangestellte war Frau Muster verantwortlich für die der Erstellung von Jahresabschlüssen sowie betrieblichen Steuererklärungen. Im Rahmen ihres verantwortungsvollen und vielseitigen Tätigkeitsgebietes war Frau Muster für folgende Aufgaben zuständig:

- Ansprechpartner der Mandanten,
- Ansprechpartner für Finanzbehörden,
- Auswertung betriebswirtschaftlicher Daten,
- Bearbeiten von betrieblichen Steuererklärungen,
- Durchführung der anfallenden Korrespondenz in deutscher und englischer Sprache,
- Durchführung von monatlichen Finanzbuchhaltungen,
- Erstellung von Finanzbuchhaltungen,
- Erstellung von Jahresabschlüssen,
- Erstellung von Lohn- und Gehaltsabrechnungen,
- fachliche Unterstützung für unsere internen Abteilungen bei steuerrechtlichen Fragestellungen,
- Finanzbuchhaltung mit digitaler Belegerfassung,
- Klärung steuerlicher Fragestellungen,
- monatliche Finanz- und Lohnbuchhaltung,
- Prüfung von Steuerbescheiden,

- Teilnahme bei der Erstellung von Planungsrechnungen,
- Terminkoordination und -überwachung,
- Unterstützung der Steuerberater,
- Verrichtung der Umsatzsteuervoranmeldungen,
- Vor- und Nachbereitung interner und externer Besprechungen.

Frau Muster verfügt über ein hervorragendes und auch in Randbereichen sehr tiefgehendes Fachwissen, welches sie in unser Unternehmen stets in höchst gewinnbringender Weise einbrachte. Selbstständiges und zuverlässiges Arbeiten, eine verantwortungsbewusste und strukturierte Arbeitsweise sowie überdurchschnittliche Einsatzbereitschaft zeichnen Frau Muster aus.

Ausgeprägte Kommunikations- und Teamfähigkeit sowie Organisationstalent, sehr gute Englisch- und anwenderbezogene EDV-Kenntnisse (MS Office) rundet das Profil von Frau Muster ab. Zum Nutzen unseres Unternehmens erweiterte und aktualisierte sie immer mit sehr gutem Erfolg ihre umfassenden Fachkenntnisse durch regelmäßige Teilnahme an Weiterbildungsveranstaltungen.

Aufgrund ihrer sehr guten Auffassungsgabe war sie jederzeit in der Lage, auch schwierige Situationen sofort zutreffend zu erfassen und schnell sehr gute Lösungen zu finden. Frau Muster zeigte jederzeit hohe Eigeninitiative und identifizierte sich immer voll mit ihren Aufgaben und unserem Unternehmen, wobei sie auch durch ihre sehr große Einsatzfreude überzeugte. Auch in Situationen mit größtem Arbeitsaufkommen erwies sie sich immer als in höchstem Maße belastbar.

Alle Aufgaben führte sie jederzeit vollkommen selbstständig, äußerst sorgfältig und planvoll durchdacht aus. Sie agierte immer ruhig, überlegt, zielorientiert und in höchstem Maße präzise. Dabei überzeugte sie stets in besonderer Weise sowohl in qualitativer als auch in quantitativer Hinsicht. Frau Muster war in ganz besonders hohem Maße zuverlässig.

Für alle auftretenden Probleme fand sie ausnahmslos ausgezeichnete Lösungen. Die Leistungen von Frau Muster haben jederzeit und in jeder Hinsicht unsere vollste Anerkennung gefunden.

Sie wurde wegen ihres stets freundlichen und ausgeglichenen Wesens allseits sehr geschätzt. Sie war immer hilfsbereit, zuvorkommend und stellte, falls erforderlich, auch persönliche Interessen zurück. Ihr Verhalten zu Vorgesetzten, Kolleginnen und Kollegen sowie Kundinnen und Kunden war jederzeit vorbildlich.

Frau Muster verlässt unser Unternehmen mit dem 31.12.2021 auf eigenen Wunsch. Wir bedauern dies sehr, weil wir mit ihr eine sehr gute Mitarbeiterin verlieren. Wir bedan-

ken uns für die stets sehr guten Leistungen und wünschen ihr für die Zukunft beruflich und privat weiterhin viel Erfolg und alles Gute.

Musterstadt, 31.12.2021

Max MUSTERMANN AG

1. Unterzeichner/in	2. Unterzeichner/in
[Position]	[Position]

13.235 Techniker

Zeugnis

Herr Max Mustermann war vom 01.03.2017 bis zum 31.12.2021 in unserem Unternehmen als Techniker tätig.

[Unternehmensbeschreibung]

Als Techniker war Herr Mustermann verantwortlich für die Bereiche Elektrotechnik, Mechatronik, Maschinenbau und Konstruktion. Im Rahmen seines verantwortungsvollen und vielseitigen Tätigkeitsgebietes war Herr Mustermann für folgende Aufgaben zuständig:

- Abnahme von Maschinen bei Zulieferern und Inbetriebnahme mit Einweisen der Benutzer,
- Anfertigen von Konstruktionsplänen,
- Anfertigen technischer Aufmaße,
- Arbeiten mit AutoCAD 2 – D und 3 – D,
- Aufbauen von Schaltschränken,
- Ausführung von Anlagentausch,
- Dokumentieren von Fehlbeständen,
- Durchführung von Genauigkeitsabnahmen,
- Durchführung von Reparatur- und Serviceeinsätzen,
- Durchführung von Um- und Nachrüstungen,
- Durchführung von Wartungs- und Instandhaltungsarbeiten,
- Einhaltung aktueller Normen und Vorschriften,
- Einhaltung der Qualitätsvorgaben und Sicherheitsrichtlinien,
- Entwicklung und Konstruktion elektrotechnischer Geräte und Anlagen,
- Erarbeiten von technischen Lösungen für unsere Kundenprojekte,
- Erkennen und Beseitigen von Störungsursachen,
- Erledigen von Schulungen und Einweisungen,
- Erstellen von Service- und Wartungsberichten,

- Erstellen von SPS-Programmierungen,
- Erstellung und Kontrolle des Aufmaßes,
- Geräte für Messen und Ausstellungen auf- und abbauen,
- Inbetriebnahme und Instandhaltung der montierten Anlagen,
- Inbetriebnahme von technischen Anlagen und Systeme,
- Installieren von Sensoren,
- konstante Verbesserung der Serviceprozesse,
- Projektieren von Steuerungen,
- selbstständige Fehlersuche und Fehlerbehebung,
- technische Unterstützung des Vertriebsteams,
- Umsetzung der terminlichen Vorgaben,
- Verantwortung über das vorgegebene Budget,
- Visualisierung von Prozessdaten,
- Vornehmen von Funktionsprüfungen,
- Wartung und Reparatur von Bestandsanlagen,
- Wartungs- und Instandsetzungsarbeiten.

Herr Mustermann verfügt über ein hervorragendes und auch in Randbereichen sehr tiefgehendes Fachwissen, welches er in unser Unternehmen stets in höchst gewinnbringender Weise einbrachte. Die Arbeitsweise von Herrn Mustermann zeichnete sich durch Sorgfalt und hohes Qualitätsbewusstsein aus.

Ein strukturiertes und gewissenhaftes Bearbeiten der Aufgaben mit einem hohen Maß an Selbstständigkeit runden das Profil von Herrn Mustermann ab. Zum Nutzen unseres Unternehmens erweiterte und aktualisierte er immer mit sehr gutem Erfolg seine umfassenden Fachkenntnisse durch regelmäßige Teilnahme an Weiterbildungsveranstaltungen.

Aufgrund seiner sehr guten Auffassungsgabe war er jederzeit in der Lage, auch schwierige Situationen sofort zutreffend zu erfassen und schnell sehr gute Lösungen zu finden. Herr Mustermann zeigte jederzeit hohe Eigeninitiative und identifizierte sich immer voll mit seinen Aufgaben und unserem Unternehmen, wobei er auch durch seine sehr große Einsatzfreude überzeugte. Auch in Situationen mit größtem Arbeitsaufkommen erwies er sich immer als in höchstem Maße belastbar.

Alle Aufgaben führte er jederzeit vollkommen selbstständig, äußerst sorgfältig und planvoll durchdacht aus. Er agierte immer ruhig, überlegt, zielorientiert und in höchstem Maße präzise. Dabei überzeugte er stets in besonderer Weise sowohl in qualitativer als auch in quantitativer Hinsicht. Herr Mustermann war in ganz besonders hohem Maße zuverlässig.

Für alle auftretenden Probleme fand er ausnahmslos ausgezeichnete Lösungen. Die Leistungen von Herrn Mustermann haben jederzeit und in jeder Hinsicht unsere vollste Anerkennung gefunden.

Er wurde wegen seines stets freundlichen und ausgeglichenen Wesens allseits sehr geschätzt. Er war immer hilfsbereit, zuvorkommend und stellte, falls erforderlich, auch persönliche Interessen zurück. Sein Verhalten zu Vorgesetzten, Kolleginnen und Kollegen sowie Kundinnen und Kunden war jederzeit vorbildlich.

Herr Mustermann verlässt unser Unternehmen mit dem 31.12.2021 auf eigenen Wunsch. Wir bedauern dies sehr, weil wir mit ihm einen sehr guten Mitarbeiter verlieren. Wir bedanken uns für die stets sehr guten Leistungen und wünschen ihm für die Zukunft beruflich und privat weiterhin viel Erfolg und alles Gute.

Musterstadt, 31.12.2021

Max MUSTERMANN AG

1. Unterzeichner/in	2. Unterzeichner/in
[Position]	[Position]

13.236 Technischer Betriebsleiter

Zeugnis

Herr Max Mustermann war vom 01.05.2019 bis zum 30.11.2021 in unserem Unternehmen als technischer Betriebsleiter tätig.

[Unternehmensbeschreibung]

In dieser Funktion war Herr Mustermann für termin- und qualitätsgerechtes Produzieren aller im Betriebsbereich hergestellten Produkte gemäß der Absatzplanung unter Einhaltung gesetzlicher Vorgaben verantwortlich. Seine Position beinhaltete die folgenden Aufgabenschwerpunkte:

- Sicherstellen des genehmigungskonformen Betreibens der Anlagen gemeinsam mit den Betriebsingenieuren,
- Sicherstellen des Einhaltens von gesetzlichen Bestimmungen und firmeninternen Standards zur Arbeits- und Anlagensicherheit sowie des Umwelt- und Gesundheitsschutzes,
- Einleiten und Dokumentieren von Gegenmaßnahmen bei Abweichungen vom bestimmungsgemäßen Betrieb der Anlagen,

- Durchführen eines stringenten Änderungs- und Dokumentationsmanagements im Betriebsbereich,
- Aufstellen, Anpassen und Proben von betrieblichen Notfallplänen im Verantwortungsbereich,
- Einhalten und Weiterentwickeln einer Null-Toleranz-Umgebung bzgl. Arbeitssicherheit und Umweltschutz,
- Einhalten und Optimieren der Fertigungskosten im Verantwortungsbereich,
- Mitwirken bei der Erstellung des Investitionsplans im Betriebsbereich,
- Unterstützung des technischen Projektleiters bei der zeit- und budgetgerechten Ausführung von Investitionsprojekten,
- Führung und Weiterentwicklung der ihm zugeordneten Mitarbeiter,
- Mitwirken bei der Einführung und Freigabe neuer Rohstofflieferanten,
- Sicherstellen einschlägiger Normanforderungen gemäß ISO 9001 im Verantwortungsbereich.

Herr Mustermann verfügt über ein ausgezeichnetes und auch in Randbereichen sehr tiefgehendes Fachwissen, welches er stets gekonnt zum Wohle unseres Unternehmens einsetzte. Seine besondere Fähigkeit, Prozesse neu zu denken und dadurch Innovationen zu erzeugen, führte bei uns zu einem entscheidenden Zeitvorteil bei der Markteinführung unseres neuen Produktes und schaffte eine wichtige Grundlage, um im bestehenden Markt mit unserem neuen Produkt wettbewerbsfähig zu sein und zu bleiben. Dabei optimierte er die Prozesse hinsichtlich Sicherheits-, Umwelt- und Qualitätsanforderungen sowie unter Kostengesichtspunkten. Er besuchte regelmäßig und sehr erfolgreich Weiterbildungsveranstaltungen, um seine Stärken weiter auszubauen und seine ausgezeichneten Fachkenntnisse zu erweitern.

Besonders hervorzuheben sind sein ausgesprochen analytisches Denkvermögen und seine sehr rasche Auffassungsgabe. Herr Mustermann zeigte jederzeit hohe Eigeninitiative und identifizierte sich immer voll mit seinen Aufgaben und unserem Unternehmen, wobei er auch durch seine sehr große Einsatzfreude überzeugte. Auch in Situationen mit größtem Arbeitsaufkommen erwies er sich immer als in höchstem Maße belastbar.

Seine Aufgaben führte er mit größter Umsicht und hohem Verantwortungsbewusstsein aus. Er war äußerst belastbar, sehr gewissenhaft und arbeitete stets zügig, ohne dass dies zulasten der Präzision ginge. Herr Mustermann überzeugte permanent durch seine außerordentliche Verlässlichkeit.

Auch für schwierigste Problemstellungen fand er sehr effektive Lösungen, die er jederzeit erfolgreich in die Praxis umsetzte und damit immer ausgezeichnete Arbeitsergebnisse erzielte. Besonders hervorzuheben ist die erfolgreiche Begleitung und verantwortliche Leitung der Zertifizierung unseres Betriebes nach DIN ISO 9001 – von den ersten Planungen über die Leitung der Projektgruppe bis zur Zertifizierung. Seine Mitarbeiter führte er durch sein Vorbild an Tatkraft und durch einen kollegialen Führungsstil zu gleichbleibend sehr guten Leistungen. Dabei zeigte er neben einem äußerst effektiven Motivationsverhalten auch das richtige Maß an Durchsetzungsvermögen. Routineaufgaben delegierte er immer sehr effektiv; er setzte seine Mitarbeiter immer entsprechend ihren Fähigkeiten und Neigungen ein. Die Leistungen von Herrn Mustermann haben jederzeit und in jeder Hinsicht unsere vollste Anerkennung gefunden.

Wegen seines gewinnenden Auftretens war er in unserem Unternehmen als Gesprächspartner ausgesprochen geschätzt. Sein persönliches Verhalten war stets vorbildlich.

Herr Mustermann verlässt unser Unternehmen mit dem 30.11.2021 auf eigenen Wunsch. Wir bedauern dies sehr, weil wir mit ihm eine sehr gute Führungskraft verlieren. Wir bedanken uns für die stets sehr guten Leistungen und wünschen ihm für die Zukunft beruflich und privat weiterhin viel Erfolg und alles Gute.

Musterstadt, 30.11.2021

1. Unterzeichner/in	2. Unterzeichner/in
[Position]	[Position]

13.237 Tester

Zeugnis

Herr Max Mustermann war vom 01.03.2017 bis zum 31.12.2021 in unserem Unternehmen als Tester tätig.

[Unternehmensbeschreibung]

Als Tester war Herr Mustermann verantwortlich für die Planung und Durchführung der Testvorhaben sowie Fehleranalyse. Im Rahmen seines verantwortungsvollen und vielseitigen Tätigkeitsgebietes war Herr Mustermann für folgende Aufgaben zuständig:

- Analyse und Auswertung der Testergebnisse,
- Ausführen von vordefinierten Testplänen,
- Beratung der Mitarbeiter hinsichtlich des Testmanagements,
- Bereitstellung geeigneter Testdaten,
- Bewertung und Dokumentation der Testergebnisse,
- Dokumentation der Testfälle,
- Durchführung der technischen Dokumentation sowie Testberichte,
- Durchführung von technischen Schulungen,
- Einrichtung und Betrieb einer Testautomation,

- Entwickeln von Programmen zur Testautomatisierung,
- Entwicklung von automatisierten Tests,
- Ermittlung des Testaufwandes und Risikoanalyse,
- Erstellen von Testkonzepten, Testplänen und Testfällen,
- Erstellen von vordefinierten Testplänen,
- Erstellen eines Testzeitplanes,
- Fehleranalyse und -behebung,
- Koordination und Optimierung der Teststrategie und Testszenarien,
- Organisation und Koordination von Testteams,
- Realisierung von Entwicklungs- und Testumgebungen,
- Spezifikation von Testfällen,
- Steuerung aller Testaktivitäten im Testprozess,
- Unterstützung der Projektleiter bei der Bewertung des Projektfortschritts,
- Unterstützung des Entwicklungsteams bei der Fehleranalyse,
- Vorbereitung der Teststrategie,
- Vorbereitung und Durchführung von fachlichen und technischen Tests.

Herr Mustermann verfügt über ein hervorragendes und auch in Randbereichen sehr tiefgehendes Fachwissen, welches er in unser Unternehmen stets in höchst gewinnbringender Weise einbrachte. Die Arbeitsweise von Herrn Mustermann zeichnete sich durch Sorgfalt und hohes Qualitätsbewusstsein aus.

Ein strukturiertes und gewissenhaftes Bearbeiten der Teststrategien und Testszenarien mit einem hohen Maß an Selbstständigkeit runden das Profil von Herrn Mustermann ab. Herr Mustermann unterstützte uns jederzeit vorbildlich, die Qualität unserer Produkte sicherzustellen und kontinuierlich zu steigern. Zum Nutzen unseres Unternehmens erweiterte und aktualisierte er immer mit sehr gutem Erfolg seine umfassenden Fachkenntnisse durch regelmäßige Teilnahme an Weiterbildungsveranstaltungen.

Aufgrund seiner sehr guten Auffassungsgabe war er jederzeit in der Lage, auch schwierige Situationen sofort zutreffend zu erfassen und schnell sehr gute Lösungen zu finden. Herr Mustermann zeigte jederzeit hohe Eigeninitiative und identifizierte sich immer voll mit seinen Aufgaben und unserem Unternehmen, wobei er auch durch seine sehr große Einsatzfreude überzeugte. Auch in Situationen mit größtem Arbeitsaufkommen erwies er sich immer als in höchstem Maße belastbar.

Alle Aufgaben führte er jederzeit vollkommen selbstständig, äußerst sorgfältig und planvoll durchdacht aus. Er agierte immer ruhig, überlegt, zielorientiert und in höchstem Maße präzise. Dabei überzeugte er stets in besonderer Weise sowohl in qualitativer als auch in quantitativer Hinsicht. Herr Mustermann war in ganz besonders hohem Maße zuverlässig.

Für alle auftretenden Probleme fand er ausnahmslos ausgezeichnete Lösungen. Die Leistungen von Herrn Mustermann haben jederzeit und in jeder Hinsicht unsere vollste Anerkennung gefunden.

Er wurde wegen seines stets freundlichen und ausgeglichenen Wesens allseits sehr geschätzt. Er war immer hilfsbereit, zuvorkommend und stellte, falls erforderlich, auch persönliche Interessen zurück. Sein Verhalten zu Vorgesetzten, Kolleginnen und Kollegen sowie Kundinnen und Kunden war jederzeit vorbildlich.

Herr Mustermann verlässt unser Unternehmen mit dem 31.12.2021 auf eigenen Wunsch. Wir bedauern dies sehr, weil wir mit ihm einen sehr guten Mitarbeiter verlieren. Wir bedanken uns für die stets sehr guten Leistungen und wünschen ihm für die Zukunft beruflich und privat weiterhin viel Erfolg und alles Gute.

Musterstadt, 31.12.2021

Max MUSTERMANN AG

1. Unterzeichner/in	2. Unterzeichner/in
[Position]	[Position]

13.238 Texter

Zeugnis

Herr Max Mustermann war vom 01.03.2017 bis zum 31.12.2021 in unserem Unternehmen als Texter tätig.

[Unternehmensbeschreibung]

Als Texter war Herr Mustermann verantwortlich für die Erstellung von Meldungen, Fachbeiträgen, Büchern und Werbetexten für Print und Digital. Im Rahmen seines verantwortungsvollen und vielseitigen Tätigkeitsgebietes war Herr Mustermann für folgende Aufgaben zuständig:

- Akquisition von externen Autoren,
- Aufbau und Pflege von Kontakten und Netzwerken,
- Aufbereiten von komplexen redaktionellen Themen,
- Einhaltung des Budgets,
- Entwerfen von Mailings, Broschüren, Newsletter und Produktbeschreibungen,
- Entwicklung von medienübergreifenden Strategien und Konzepten,
- Erstellen von Bannertexten,
- Erstellen von Präsentationen und Pressemittelungen,

- Erstellung von kreativen Headlines und Teasern,
- Erstellung von redaktionellem Material für die Medienkanäle,
- redaktionelle Arbeit für unsere Blogs und Portale,
- redaktionelle Planung und Betreuung von Beiträgen in Fachzeitschriften,
- Schreiben von Broschüren und Flyer,
- SEO-optimierte Texterstellung für Internetseiten und Onlineshops,
- Texterstellung für Werbemaßnahmen,
- Unterstützung bei der Konzeption von Print- und Onlinewerbekampagnen,
- Verfassen von Fachbeiträgen,
- Verfassen von Reden für die Geschäftsleitung,
- Verfassen von Werbe- und Sachtexten,
- Weiterentwicklung des Produktportfolios,
- Zusammenarbeit mit dem Marketingteam.

Herr Mustermann verfügt über ein hervorragendes und auch in Randbereichen sehr tiefgehendes Fachwissen, welches er in unser Unternehmen stets in höchst gewinnbringender Weise einbrachte. Eine selbstständige, systematische und zielorientierte Arbeitsweise zeichnet Herrn Mustermann aus.

Persönlich punktet Herr Mustermann mit Team- und Kommunikationsfähigkeit sowie einer kreativen Schreibweise. Sehr gutes Englisch in Wort und Schrift ist für Herrn Herr Mustermann selbstverständlich. Zum Nutzen unseres Unternehmens erweiterte und aktualisierte er immer mit sehr gutem Erfolg seine umfassenden Fachkenntnisse durch regelmäßige Teilnahme an Weiterbildungsveranstaltungen.

Aufgrund seiner sehr guten Auffassungsgabe war er jederzeit in der Lage, auch schwierige Situationen sofort zutreffend zu erfassen und schnell sehr gute Lösungen zu finden. Herr Mustermann zeigte jederzeit hohe Eigeninitiative und identifizierte sich immer voll mit seinen Aufgaben und unserem Unternehmen, wobei er auch durch seine sehr große Einsatzfreude überzeugte. Auch in Situationen mit größtem Arbeitsaufkommen erwies er sich immer als in höchstem Maße belastbar.

Alle Aufgaben führte er jederzeit vollkommen selbstständig, äußerst sorgfältig und planvoll durchdacht aus. Er agierte immer ruhig, überlegt, zielorientiert und in höchstem Maße präzise. Dabei überzeugte er stets in besonderer Weise sowohl in qualitativer als auch in quantitativer Hinsicht. Herr Mustermann war in ganz besonders hohem Maße zuverlässig.

Für alle auftretenden Probleme fand er ausnahmslos ausgezeichnete Lösungen. Die Leistungen von Herrn Mustermann haben jederzeit und in jeder Hinsicht unsere vollste Anerkennung gefunden.

Er wurde wegen seines stets freundlichen und ausgeglichenen Wesens allseits sehr geschätzt. Er war immer hilfsbereit, zuvorkommend und stellte, falls erforderlich, auch persönliche Interessen zurück. Sein Verhalten zu Vorgesetzten, Kolleginnen und Kollegen sowie Kundinnen und Kunden war jederzeit vorbildlich.

Herr Mustermann verlässt unser Unternehmen mit dem 31.12.2021 auf eigenen Wunsch. Wir bedauern dies sehr, weil wir mit ihm einen sehr guten Mitarbeiter verlieren. Wir bedanken uns für die stets sehr guten Leistungen und wünschen ihm für die Zukunft beruflich und privat weiterhin viel Erfolg und alles Gute.

Musterstadt, 31.12.2021

Max MUSTERMANN AG

1. Unterzeichner/in	2. Unterzeichner/in
[Position]	[Position]

13.239 Tierpfleger Fachrichtung Zoo

Zeugnis

Herr Max Mustermann war vom 01.03.2017 bis zum 31.12.2021 in unserem Zoo als Tierpfleger tätig.

[Unternehmensbeschreibung]

Als Tierpfleger (Fachrichtung Zoo) war Herr Mustermann verantwortlich für die Versorgung und Betreuung der Zootiere. Im Rahmen seines verantwortungsvollen und vielseitigen Tätigkeitsgebietes war Herr Mustermann für folgende Aufgaben zuständig:

- Aufzucht von Jungtieren,
- Desinfektion der Tierunterkünfte,
- Diagnose von Auffälligkeiten,
- Einrichten artgerechter Tierunterkünfte,
- Einleitung von Hilfsmaßnahmen,
- Erkennen von Tierkrankheiten,
- fach- und artgerechte Pflege der Tiere,
- Füttern und Pflege der Tiere,
- Reinigung und Instandhaltung von Käfigen und Gehegen,
- sachgerechtes Beantworten von Besucherfragen,

- Sicherstellen von Beschäftigungsmöglichkeiten für die betreuten Tiere,
- Verhaltensbeobachtung der Tiere,
- Versorgen der Tiere im Krankheitsfall,
- Zubereiten von Futterrationen und Futtermischungen.

Herr Mustermann verfügt über ein hervorragendes und auch in Randbereichen sehr tiefgehendes Fachwissen, welches er in unser Unternehmen stets in höchst gewinnbringender Weise einbrachte. Die Arbeitsweise von Herrn Mustermann zeichnete sich durch Sorgfalt und hohes Verantwortungsbewusstsein aus.

Ein strukturiertes und gewissenhaftes Bearbeiten der Aufgaben mit einem hohen Maß an Selbstständigkeit runden das Profil von Herrn Mustermann ab. Zum Nutzen unseres Unternehmens erweiterte und aktualisierte er immer mit sehr gutem Erfolg seine umfassenden Fachkenntnisse durch regelmäßige Teilnahme an Weiterbildungsveranstaltungen.

Aufgrund seiner sehr guten Auffassungsgabe war er jederzeit in der Lage, auch schwierige Situationen sofort zutreffend zu erfassen und schnell sehr gute Lösungen zu finden. Herr Mustermann zeigte jederzeit hohe Eigeninitiative und identifizierte sich immer voll mit seinen Aufgaben und unserem Unternehmen, wobei er auch durch seine sehr große Einsatzfreude überzeugte. Auch in Situationen mit größtem Arbeitsaufkommen erwies er sich immer als in höchstem Maße belastbar.

Alle Aufgaben führte er jederzeit vollkommen selbstständig, äußerst sorgfältig und planvoll durchdacht aus. Er agierte immer ruhig, überlegt, zielorientiert und in höchstem Maße präzise. Dabei überzeugte er stets in besonderer Weise sowohl in qualitativer als auch in quantitativer Hinsicht. Herr Mustermann war in ganz besonders hohem Maße zuverlässig.

Für alle auftretenden Probleme fand er ausnahmslos ausgezeichnete Lösungen. Die Leistungen von Herrn Mustermann haben jederzeit und in jeder Hinsicht unsere vollste Anerkennung gefunden.

Er wurde wegen seines stets freundlichen und ausgeglichenen Wesens allseits sehr geschätzt. Er war immer hilfsbereit, zuvorkommend und stellte, falls erforderlich, auch persönliche Interessen zurück. Sein Verhalten zu Vorgesetzten, Kolleginnen und Kollegen sowie Kundinnen und Kunden war jederzeit vorbildlich.

Herr Mustermann verlässt unser Unternehmen mit dem 31.12.2021 auf eigenen Wunsch. Wir bedauern dies sehr, weil wir mit ihm einen sehr guten Mitarbeiter ver-

lieren. Wir bedanken uns für die stets sehr guten Leistungen und wünschen ihm für die Zukunft beruflich und privat weiterhin viel Erfolg und alles Gute.

Musterstadt, 31.12.2021

Max MUSTERMANN AG

1. Unterzeichner/in	2. Unterzeichner/in
[Position]	[Position]

13.240 Tonmeister/-ingenieur

Zeugnis

Herr Max Mustermann war vom 01.03.2017 bis zum 31.12.2021 in unserem Unternehmen als Tonmeister/-ingenieur tätig.

[Unternehmensbeschreibung]

Als Tonmeister/-ingenieur war Herr Mustermann verantwortlich für Soundphilosophien und Klangerlebnisse, stimmte diese ab und setzte sie um. Im Rahmen seines verantwortungsvollen und vielseitigen Tätigkeitsgebietes war Herr Mustermann für folgende Aufgaben zuständig:

- Akustikverantwortung in den Projektteams,
- Auswählen von Songs für die Musikproduktion,
- Bearbeitung akustischer Aufgabenstellungen,
- Beratung und Betreuung der Kunden als Akustikexperte,
- Definieren von Soundphilosophien und Klangerlebnissen,
- Einmessung von Mikrofonen,
- künstlerische Aufnahmeleitung,
- Neuentwicklung akustisch Bauteile,
- Optimieren der Studioaufnahmen,
- technische Betreuung der Produktion,
- Teilnahme an Bandproben und Meetings,
- Testen von Soundsystemen,
- Überwachung der Akustik und Tonmischung,
- Unterstützung in der Tontechnik, Studio- und Aufnahmetechnik.

Herr Mustermann verfügt über ein hervorragendes und auch in Randbereichen sehr tiefgehendes Fachwissen, welches er in unser Unternehmen stets in höchst gewinn-

bringender Weise einbrachte. Die Arbeitsweise von Herrn Mustermann zeichnete sich durch Sorgfalt und hohes Verantwortungsbewusstsein aus.

Ein strukturiertes und gewissenhaftes Bearbeiten der Aufgaben mit einem hohen Maß an Selbstständigkeit, ein gutes Gehör und Gespür für Musik runden das Profil von Herrn Mustermann ab. Zum Nutzen unseres Unternehmens erweiterte und aktualisierte er immer mit sehr gutem Erfolg seine umfassenden Fachkenntnisse durch regelmäßige Teilnahme an Weiterbildungsveranstaltungen.

Aufgrund seiner sehr guten Auffassungsgabe war er jederzeit in der Lage, auch schwierige Situationen sofort zutreffend zu erfassen und schnell sehr gute Lösungen zu finden. Herr Mustermann zeigte jederzeit hohe Eigeninitiative und identifizierte sich immer voll mit seinen Aufgaben und unserem Unternehmen, wobei er auch durch seine sehr große Einsatzfreude überzeugte. Auch in Situationen mit größtem Arbeitsaufkommen erwies er sich immer als in höchstem Maße belastbar.

Alle Aufgaben führte er jederzeit vollkommen selbstständig, äußerst sorgfältig und planvoll durchdacht aus. Er agierte immer ruhig, überlegt, zielorientiert und in höchstem Maße präzise. Dabei überzeugte er stets in besonderer Weise sowohl in qualitativer als auch in quantitativer Hinsicht. Herr Mustermann war in ganz besonders hohem Maße zuverlässig.

Für alle auftretenden Probleme fand er ausnahmslos ausgezeichnete Lösungen. Die Leistungen von Herrn Mustermann haben jederzeit und in jeder Hinsicht unsere vollste Anerkennung gefunden.

Er wurde wegen seines stets freundlichen und ausgeglichenen Wesens allseits sehr geschätzt. Er war immer hilfsbereit, zuvorkommend und stellte, falls erforderlich, auch persönliche Interessen zurück. Sein Verhalten zu Vorgesetzten, Kolleginnen und Kollegen sowie Kundinnen und Kunden war jederzeit vorbildlich.

Herr Mustermann verlässt unser Unternehmen mit dem 31.12.2021 auf eigenen Wunsch. Wir bedauern dies sehr, weil wir mit ihm einen sehr guten Mitarbeiter verlieren. Wir bedanken uns für die stets sehr guten Leistungen und wünschen ihm für die Zukunft beruflich und privat weiterhin viel Erfolg und alles Gute.

Musterstadt, 31.12.2021

Max MUSTERMANN AG

1. Unterzeichner/in	2. Unterzeichner/in
[Position]	[Position]

13.241 Trainee

Zeugnis

Herr Max Mustermann war vom 01.03.2017 bis zum 31.12.2021 in unserem Unternehmen als Trainee beschäftigt.

[Unternehmensbeschreibung]

Als Trainee war Herr Mustermann verantwortlich für die Unterstützung des Projektmanagements. Im Rahmen seines vielseitigen Tätigkeitsgebietes war Herr Mustermann für folgende Aufgaben zuständig:

- aktive Mitarbeit in Innovationsprojekten,
- Begleiten von unternehmensbezogenen Projekten,
- Dokumentation und Präsentation der Ergebnisse,
- Einarbeitung in die Produktionsabläufe,
- Entwicklung von Social-Media-Kanälen,
- Entwicklung, Charakterisierung und Bewertung von Komponenten,
- Erarbeiten von Maßnahmen für zukunftsfähige Lösungen,
- Erstellen von Kennzahlen und Auswertungen,
- Erstellen von Statistiken und Reports,
- Erstellung von Pflichtenheften und technischen Dokumenten,
- Keyword-Recherche im Internet und Wettbewerbsanalyse,
- Literaturrecherche,
- Marktanalyse und Wettbewerbsbetrachtung,
- Online-Auswertungen mit Google Analytics durchführen,
- Projektarbeit in internationalem Umfeld,
- Prüfung von Produkten,
- Recherchen von Informationen zu neuen Lösungsmöglichkeiten,
- Trend- und Marktforschung,
- Unterstützung bei Workshops und Präsentationen,
- Unterstützung des Projektmanagements,
- Weiterentwicklung von internen Standards und Prüfmethoden,
- Weiterentwicklung von operativen Prozessen,
- Zusammenarbeit mit internen und externen Partnern.

Herr Mustermann hat sich in den jeweiligen Abteilungen immer innerhalb von kürzester Zeit ein sehr gutes Fachwissen angeeignet. Die Arbeitsweise von Herrn Mustermann zeichnete sich durch Sorgfalt und hohes Qualitätsbewusstsein aus. Ein strukturiertes und gewissenhaftes Bearbeiten der Aufgaben mit einem hohen Maß an Selbstständigkeit runden das Profil von Herrn Mustermann ab. Neben den Einführungs- und Netzwerkveranstaltungen nahm er stets mit sehr großem Erfolg an den innerbetrieblich angebotenen Weiterbildungsmaßnahmen teil.

Er hat eine ausgezeichnete Auffassungsgabe, die es ihm jederzeit ermöglichte, auch sehr komplexe Ausbildungsinhalte innerhalb kürzester Zeit sehr gut zu erfassen. Herr Mustermann zeigte jederzeit hohe Eigeninitiative und identifizierte sich immer voll mit seinen Aufgaben und unserem Unternehmen, wobei er auch durch seine sehr große Einsatzfreude überzeugte. Herr Mustermann zeichnete sich während der gesamten Trainee-Ausbildung durch eine ausgesprochen hohe, sehr gute Lernbereitschaft aus. Auch in Situationen mit größtem Arbeitsaufkommen erwies er sich immer als in höchstem Maße belastbar.

Wegen seiner stets sehr umsichtigen und jederzeit in besonders hohem Maße verantwortungsbewussten Arbeitsweise war er von uns immer besonders geschätzt. Herr Mustermann war in ganz besonders hohem Maße zuverlässig.

Für alle auftretenden Probleme fand er ausnahmslos ausgezeichnete Lösungen. Die während der Traineezeit gezeigten Leistungen von Herrn Mustermann haben jederzeit und in jeder Hinsicht unsere vollste Anerkennung gefunden.

Er wurde wegen seines stets freundlichen und ausgeglichenen Wesens allseits sehr geschätzt. Er war immer hilfsbereit, zuvorkommend und stellte, falls erforderlich, auch persönliche Interessen zurück. Sein Verhalten zu Vorgesetzten, Mentoren, Kollegen sowie Kunden war jederzeit vorbildlich. Gegenüber den anderen Trainees verhielt er sich jederzeit kameradschaftlich und hilfsbereit.

Wir bedanken uns bei Herrn Mustermann für die sehr gute und angenehme Mit- und Zusammenarbeit. Wir halten ihn für den gewählten Beruf in hohem Maße für geeignet. Aus diesem Grund haben wir ihm auch einen Arbeitsplatz angeboten. Wir hoffen deshalb, dass wir die Zusammenarbeit nach dem Ende des Traineevertrages fortsetzen können. Für die Zukunft wünschen wir Herrn Mustermann beruflich und privat weiterhin viel Erfolg und alles Gute.

Musterstadt, 31.12.2021

Max MUSTERMANN AG

1. Unterzeichner/in	2. Unterzeichner/in
[Position]	[Position]

13.242 Umweltinformatiker

Zeugnis
Herr Max Mustermann war vom 01.03.2017 bis zum 31.12.2021 in unserem Unternehmen als Umweltinformatiker tätig.

[Unternehmensbeschreibung]

Als Umweltinformatiker war Herr Mustermann verantwortlich für die Steuerung und Betreuung von Windparks und Solaranlagen. Im Rahmen seines verantwortungsvollen und vielseitigen Tätigkeitsgebietes war Herr Mustermann für folgende Aufgaben zuständig:

- Abwicklung von kundenspezifischen Projekten,
- Analyse von Markt- und Kundenanforderungen,
- Anfertigen von Pflichtenheften,
- Aufwandschätzungen der zu realisierenden Projekte,
- Ausarbeitung technischer Spezifikationen,
- Begleitung der Projektentwicklung bis zur Serienreife,
- Betreuung von nationalen und internationalen Projekten,
- Budgetverantwortung für die Projektgruppe,
- Durchführen von Zielgruppenanalysen,
- Durchführung von Messungen und Prüfungen,
- effiziente Steuerung der Energieerzeugung,
- Entwicklung von Konzepten für neue Projekte,
- Halten von Präsentationen und Vorträge auf Messen und internen Veranstaltungen,
- Kommunikation mit Ämtern und Kunden,
- Koordination von Projektabläufen,
- Marktanalyse und Wettbewerbsbetrachtung,
- Monitoring der Projekterfolgskontrollen,
- Präsentation von Projekten,
- Projekt- und Prozessüberwachung,
- Sicherstellung der Einhaltung von Qualitäts- und Kostenvorgaben,
- Steuerung von Windparks und Solaranlagen,
- Trend- und Marktforschung,
- Übernahme der Projektleitung,
- Umsetzung von Projektkonzepten,
- Verantwortung der Projektentwicklung,
- Verbesserungen der Umweltschutzmaßnahmen.

Herr Mustermann verfügt über ein hervorragendes und auch in Randbereichen sehr tiefgehendes Fachwissen, welches er in unser Unternehmen stets in höchst gewinn-

bringender Weise einbrachte. Die Arbeitsweise von Herrn Mustermann zeichnete sich durch Sorgfalt und hohes Qualitätsbewusstsein aus.

Ein strukturiertes und gewissenhaftes Bearbeiten der Aufgaben mit einem hohen Maß an Selbstständigkeit runden das Profil von Herrn Mustermann ab. Zum Nutzen unseres Unternehmens erweiterte und aktualisierte er immer mit sehr gutem Erfolg seine umfassenden Fachkenntnisse durch regelmäßige Teilnahme an Weiterbildungsveranstaltungen.

Aufgrund seiner sehr guten Auffassungsgabe war er jederzeit in der Lage, auch schwierige Situationen sofort zutreffend zu erfassen und schnell sehr gute Lösungen zu finden. Herr Mustermann zeigte jederzeit hohe Eigeninitiative und identifizierte sich immer voll mit seinen Aufgaben und unserem Unternehmen, wobei er auch durch seine sehr große Einsatzfreude überzeugte. Auch in Situationen mit größtem Arbeitsaufkommen erwies er sich immer als in höchstem Maße belastbar.

Alle Aufgaben führte er jederzeit vollkommen selbstständig, äußerst sorgfältig und planvoll durchdacht aus. Er agierte immer ruhig, überlegt, zielorientiert und in höchstem Maße präzise. Dabei überzeugte er stets in besonderer Weise sowohl in qualitativer als auch in quantitativer Hinsicht. Herr Mustermann war in ganz besonders hohem Maße zuverlässig.

Für alle auftretenden Probleme fand er ausnahmslos ausgezeichnete Lösungen. Die Leistungen von Herrn Mustermann haben jederzeit und in jeder Hinsicht unsere vollste Anerkennung gefunden.

Er wurde wegen seines stets freundlichen und ausgeglichenen Wesens allseits sehr geschätzt. Er war immer hilfsbereit, zuvorkommend und stellte, falls erforderlich, auch persönliche Interessen zurück. Sein Verhalten zu Vorgesetzten, Kolleginnen und Kollegen sowie Kundinnen und Kunden war jederzeit vorbildlich.

Herr Mustermann verlässt unser Unternehmen mit dem 31.12.2021 auf eigenen Wunsch. Wir bedauern dies sehr, weil wir mit ihm einen sehr guten Mitarbeiter verlieren. Wir bedanken uns für die stets sehr guten Leistungen und wünschen ihm für die Zukunft beruflich und privat weiterhin viel Erfolg und alles Gute.

Musterstadt, 31.12.2021

Max MUSTERMANN AG

1. Unterzeichner/in	2. Unterzeichner/in
[Position]	[Position]

13.243 Unternehmensberater

Zeugnis

Herr Max Mustermann war vom 01.03.2017 bis zum 31.12.2021 in unserem Unternehmen als Unternehmensberater tätig.

[Unternehmensbeschreibung]

Als Unternehmensberater war Herr Mustermann verantwortlich für die Projektbearbeitung in interessanten Beratungsmandaten. Im Rahmen seines verantwortungsvollen und vielseitigen Tätigkeitsgebietes war Herr Mustermann für folgende Aufgaben zuständig:

- Analyse von Markt- und Kundenanforderungen,
- Ansprechpartner für Mitglieder des Projektteams,
- Ausarbeitung der Projektspezifikationen,
- Berichterstattung gegenüber Auftraggeber und Geschäftsleitung,
- Beseitigung projektrelevanter Probleme und Störungen,
- Betreuung von nationalen und internationalen Projekten,
- Budgetverantwortung für die Projektgruppe,
- Durchführen von Zielgruppenanalysen,
- Durchführung Projektcontrolling,
- Durchführung von Finanz- und betriebswirtschaftlichen Analysen,
- Durchführung von Workshops und Präsentationen auf Vorstandsebene,
- Einführung von professionellen Managementtools,
- Einhaltung der Zielvorgaben über die gesamte Projektdauer,
- Einhaltung von Termin-, Kosten- und Qualitätsplänen,
- Erstellung der Projektplanung,
- Erstellung von Wettbewerbs- und Profitabilitätsanalysen,
- Gewährleistung der Datensicherheit,
- Koordination und Leitung der Projektaktivitäten,
- Koordination von Projektabläufen,
- Marktanalyse und Wettbewerbsbetrachtung,
- Mitwirkung bei der Entwicklung von Veränderungsstrategien,
- Moderation von Projektsitzungen,
- Monitoring der Projekterfolgskontrollen,
- Sicherstellung der Einhaltung von Qualitäts- und Kostenvorgaben,
- Sicherstellung der terminlichen Projektziele,
- Übernahme der Projektleitung,
- Umsetzung von Projektkonzepten,
- Umsetzung von Reorganisations- und Restrukturierungsprojekten,
- Unterstützung bei der Prozessanalyse und Konzeption,
- Verantwortung der Qualität der geforderten Projektarbeit.

Herr Mustermann verfügt über ein hervorragendes und auch in Randbereichen sehr tiefgehendes Fachwissen, welches er in unser Unternehmen stets in höchst gewinnbringender Weise einbrachte. Eine selbstständige, systematische und zielorientierte Arbeitsweise zeichnet Herrn Mustermann aus. Persönlich punktet Herr Mustermann mit Team- und Kommunikationsfähigkeit sowie Durchsetzungsvermögen. Herr Mustermann übernimmt gerne Verantwortung und legt Wert darauf, die Beratungsprojekte proaktiv und eigenverantwortlich umzusetzen.

Damit stellt er in jeder Phase eine erfolgreiche Projektrealisierung sicher. Zum Nutzen unseres Unternehmens erweiterte und aktualisierte er immer mit sehr gutem Erfolg seine umfassenden Fachkenntnisse durch regelmäßige Teilnahme an Weiterbildungsveranstaltungen.

Aufgrund seiner sehr guten Auffassungsgabe war er jederzeit in der Lage, auch schwierige Situationen sofort zutreffend zu erfassen und schnell sehr gute Lösungen zu finden. Herr Mustermann zeigte jederzeit hohe Eigeninitiative und identifizierte sich immer voll mit seinen Aufgaben und unserem Unternehmen, wobei er auch durch seine sehr große Einsatzfreude überzeugte. Auch in Situationen mit größtem Arbeitsaufkommen erwies er sich immer als in höchstem Maße belastbar.

Alle Aufgaben führte er jederzeit vollkommen selbstständig, äußerst sorgfältig und planvoll durchdacht aus. Er agierte immer ruhig, überlegt, zielorientiert und in höchstem Maße präzise. Dabei überzeugte er stets in besonderer Weise sowohl in qualitativer als auch in quantitativer Hinsicht. Herr Mustermann war in ganz besonders hohem Maße zuverlässig.

Für alle auftretenden Probleme fand er ausnahmslos ausgezeichnete Lösungen. Er war aufgrund seiner ausgezeichneten Führungsqualitäten als Vorgesetzter in hohem Maße anerkannt und beliebt. Er verhielt sich seinen Mitarbeitern gegenüber stets offen und kollegial, verstand es aber dennoch, sich in schwierigen Situationen durchzusetzen und die Mitarbeiter zu optimalem Einsatz zu bewegen. Die Leistungen von Herrn Mustermann haben jederzeit und in jeder Hinsicht unsere vollste Anerkennung gefunden.

Er wurde wegen seines stets freundlichen und ausgeglichenen Wesens allseits sehr geschätzt. Er war immer hilfsbereit, zuvorkommend und stellte, falls erforderlich, auch persönliche Interessen zurück. Sein Verhalten zu Vorgesetzten, Kolleginnen und Kollegen sowie Kundinnen und Kunden war jederzeit vorbildlich.

Das Arbeitsverhältnis endet mit Ablauf des befristeten Arbeitsvertrags am 31.12.2021. Wir bedauern dies sehr, weil wir mit Herrn Mustermann einen sehr guten Mitarbeiter verlieren. Für die stets sehr guten Leistungen bedanken wir uns und wünschen ihm für die Zukunft beruflich und privat weiterhin viel Erfolg und alles Gute.

Musterstadt, 31.12.2021

Max MUSTERMANN AG

1. Unterzeichner/in	2. Unterzeichner/in
[Position]	[Position]

13.244 Veranstaltungskaufmann

Zeugnis

Herr Max Mustermann war vom 01.03.2017 bis zum 31.12.2021 in unserem Unternehmen als Veranstaltungskaufmann tätig.

[Unternehmensbeschreibung]

Als Veranstaltungskaufmann war Herr Mustermann verantwortlich für die Planung, Organisation und Umsetzung von Messen, Veranstaltungen, Roadshows, Kongressen und Events. Im Rahmen seines verantwortungsvollen und vielseitigen Tätigkeitsgebietes war Herr Mustermann für folgende Aufgaben zuständig:

- Abstimmen der inhaltlichen Eventaktivitäten mit dem Marketing,
- Buchung von Künstlern und Räumlichkeiten in Absprache mit den Kostenstellenverantwortlichen,
- Durchführung von Kommunikationskampagnen,
- Ermitteln und Überwachen der Veranstaltungskosten,
- Erstellen von Marketing- und Werbekonzepten,
- Erstellung von Standdesigns, Grafiken und Ausstellungsstücken,
- inhaltliche Konzeptionierung von Internetseiten und Onlineformularen,
- Koordination der Eventabteilung,
- Kostenplanung von Messen und Veranstaltungen,
- Planen des Personaleinsatzes,
- Rechnungsprüfung aller anfallenden Eventrechnungen,
- Schätzen der Besucherzahlen und Auswahl der Location,
- Sicherstellung der Einhaltung von Qualitäts- und Kostenvorgaben,
- Überwachung aller Produktionsabläufe mit externen Partnern und Dienstleistern,
- Verfassen von Einladungen und Werbemitteln in deutscher und englischer Sprache,
- Vorbereiten von Ausschreibungen und Einholen von Angeboten.

Herr Mustermann verfügt über ein hervorragendes und auch in Randbereichen sehr tiefgehendes Fachwissen, welches er in unser Unternehmen stets in höchst gewinnbringender Weise einbrachte. Herr Mustermann besitzt Kreativität, gute konzeptionelle Fähigkeiten sowie analytisches Denkvermögen.

Eine hohe Teamorientierung und Kommunikationsstärke und der stets reibungslose Ablauf von Veranstaltungen zeichnen Herrn Mustermann aus. Zum Nutzen unseres Unternehmens erweiterte und aktualisierte er immer mit sehr gutem Erfolg seine umfassenden Fachkenntnisse durch regelmäßige Teilnahme an Weiterbildungsveranstaltungen.

Aufgrund seiner sehr guten Auffassungsgabe war er jederzeit in der Lage, auch schwierige Situationen sofort zutreffend zu erfassen und schnell sehr gute Lösungen zu finden. Herr Mustermann zeigte jederzeit hohe Eigeninitiative und identifizierte sich immer voll mit seinen Aufgaben und unserem Unternehmen, wobei er auch durch seine sehr große Einsatzfreude überzeugte. Auch in Situationen mit größtem Arbeitsaufkommen erwies er sich immer als in höchstem Maße belastbar.

Alle Aufgaben führte er jederzeit vollkommen selbstständig, äußerst sorgfältig und planvoll durchdacht aus. Er agierte immer ruhig, überlegt, zielorientiert und in höchstem Maße präzise. Dabei überzeugte er stets in besonderer Weise sowohl in qualitativer als auch in quantitativer Hinsicht. Herr Mustermann war in ganz besonders hohem Maße zuverlässig.

Für alle auftretenden Probleme fand er ausnahmslos ausgezeichnete Lösungen. Die Leistungen von Herrn Mustermann haben jederzeit und in jeder Hinsicht unsere vollste Anerkennung gefunden.

Er wurde wegen seines stets freundlichen und ausgeglichenen Wesens allseits sehr geschätzt. Er war immer hilfsbereit, zuvorkommend und stellte, falls erforderlich, auch persönliche Interessen zurück. Sein Verhalten zu Vorgesetzten, Kolleginnen und Kollegen sowie Kundinnen und Kunden war jederzeit vorbildlich.

Herr Mustermann verlässt unser Unternehmen mit dem 31.12.2021 auf eigenen Wunsch. Wir bedauern dies sehr, weil wir mit ihm einen sehr guten Mitarbeiter verlieren. Wir bedanken uns für die stets sehr guten Leistungen und wünschen ihm für die Zukunft beruflich und privat weiterhin viel Erfolg und alles Gute.

Musterstadt, 31.12.2021

Max MUSTERMANN AG

1. Unterzeichner/in	2. Unterzeichner/in
[Position]	[Position]

13.245 Verkäufer

Zeugnis

Herr Max Mustermann war vom 01.03.2017 bis zum 31.12.2021 in unserem Unternehmen als Verkäufer tätig.

[Unternehmensbeschreibung]

Als Verkäufer war Herr Mustermann verantwortlich für die qualifizierte und individuelle Kundenberatung. Im Rahmen seines verantwortungsvollen und vielseitigen Tätigkeitsgebietes war Herr Mustermann für folgende Aufgaben zuständig:

- Abrechnungen der Einnahmen bei Geschäftsschluss,
- Abwicklung des Zahlungsverkehrs,
- Analyse der neuesten Angebote,
- Anbringen der Preise an den Produkten,
- Bearbeitung von Kundenreklamationen,
- Beratung und Verkauf,
- Dekoration des Schaufensters,
- Durchführung der rechtzeitigen Warenbestellung,
- Entsichern und Verpacken der Ware,
- Kassieren des Zahlbetrages und Verpacken der gekauften Ware,
- kompetente Beratung und freundliche Ansprache von Kunden,
- kompetente Fachberatung der Kunden,
- korrekte Abwicklung der einzelnen Kassiervorgänge,
- Mitgestaltung der Warenpräsentation und der Aktionsflächen,
- Pflege der Produktpräsentation,
- Pflege des Warensortiments,
- Realisierung von Werbemaßnahmen für die Verkaufsförderung,
- Sauberhalten der Kassenzone,
- Umsetzung der Kassenleitlinien.

Herr Mustermann verfügt über ein hervorragendes und auch in Randbereichen sehr tiefgehendes Fachwissen, welches er in unser Unternehmen stets in höchst gewinnbringender Weise einbrachte. Herrn Mustermann fällt es leicht, auf Kunden zuzugehen und ins Gespräch zu kommen.

Abgerundet wird sein Profil durch Organisationsgeschick, eine hohe Teamorientierung und eine kompetente stets freundliche Fachberatung der Kunden. Zum Nutzen unseres Unternehmens erweiterte und aktualisierte er immer mit sehr gutem Erfolg seine umfassenden Fachkenntnisse durch regelmäßige Teilnahme an Weiterbildungsveranstaltungen.

Aufgrund seiner sehr guten Auffassungsgabe war er jederzeit in der Lage, auch schwierige Situationen sofort zutreffend zu erfassen und schnell sehr gute Lösungen zu finden. Herr Mustermann zeigte jederzeit hohe Eigeninitiative und identifizierte sich immer voll mit seinen Aufgaben und unserem Unternehmen, wobei er auch durch seine sehr große Einsatzfreude überzeugte. Auch in Situationen mit größtem Arbeitsaufkommen erwies er sich immer als in höchstem Maße belastbar.

Alle Aufgaben führte er jederzeit vollkommen selbstständig, äußerst sorgfältig und planvoll durchdacht aus. Er agierte immer ruhig, überlegt, zielorientiert und in höchstem Maße präzise. Dabei überzeugte er stets in besonderer Weise sowohl in qualitativer als auch in quantitativer Hinsicht. Herr Mustermann war in ganz besonders hohem Maße zuverlässig.

Für alle auftretenden Probleme fand er ausnahmslos ausgezeichnete Lösungen. Die Leistungen von Herrn Mustermann haben jederzeit und in jeder Hinsicht unsere vollste Anerkennung gefunden.

Er wurde wegen seines stets freundlichen und ausgeglichenen Wesens allseits sehr geschätzt. Er war immer hilfsbereit, zuvorkommend und stellte, falls erforderlich, auch persönliche Interessen zurück. Sein Verhalten zu Vorgesetzten, Kolleginnen und Kollegen sowie Kundinnen und Kunden war jederzeit vorbildlich.

Herr Mustermann verlässt unser Unternehmen mit dem 31.12.2021 auf eigenen Wunsch. Wir bedauern dies sehr, weil wir mit ihm einen sehr guten Mitarbeiter verlieren. Wir bedanken uns für die stets sehr guten Leistungen und wünschen ihm für die Zukunft beruflich und privat weiterhin viel Erfolg und alles Gute.

Musterstadt, 31.12.2021

Max MUSTERMANN AG

1. Unterzeichner/in	2. Unterzeichner/in
[Position]	[Position]

13.246 Verkaufsfahrer

Zeugnis

Herr Max Mustermann war vom 01.03.2017 bis zum 31.12.2021 in unserem Unternehmen als Verkaufsfahrer tätig.

[Unternehmensbeschreibung]

Als Verkaufsfahrer war Herr Mustermann verantwortlich für die qualifizierte Kundenberatung bei der Durchführung von Verkaufstouren. Im Rahmen seines verantwortungsvollen und vielseitigen Tätigkeitsgebietes war Herr Mustermann für folgende Aufgaben zuständig:

- Abrechnung der Einnahmen,
- Aufbewahren der Quittungen und Belege,
- Beladung des Fahrzeugs mit Tiefkühlkost,
- Beratung und Belieferung der Bestandskunden,
- Beratung und Vertrieb von tiefgekühlten Lebensmitteln,
- Neukundenakquise,
- Organisation und Durchführung von Verkaufstouren,
- Pflege und Reinigung des Verkaufsfahrzeugs,
- Präsentation der zu verkaufenden Waren,
- Umsetzung von saisonalen Verkaufsaktionen,
- Vor- und Nachbereitung der Touren.

Herr Mustermann verfügt über ein hervorragendes und auch in Randbereichen sehr tiefgehendes Fachwissen, welches er in unser Unternehmen stets in höchst gewinnbringender Weise einbrachte. Herrn Mustermann fällt es leicht, auf Kunden zuzugehen und ins Gespräch zu kommen.

Abgerundet wird sein Profil durch Organisationsgeschick, eine hohe Teamorientierung und eine kompetente stets freundliche Fachberatung der Kunden. Zum Nutzen unseres Unternehmens erweiterte und aktualisierte er immer mit sehr gutem Erfolg seine umfassenden Fachkenntnisse durch regelmäßige Teilnahme an Weiterbildungsveranstaltungen.

Aufgrund seiner sehr guten Auffassungsgabe war er jederzeit in der Lage, auch schwierige Situationen sofort zutreffend zu erfassen und schnell sehr gute Lösungen zu finden. Herr Mustermann zeigte jederzeit hohe Eigeninitiative und identifizierte sich immer voll mit seinen Aufgaben und unserem Unternehmen, wobei er auch durch seine sehr große Einsatzfreude überzeugte. Auch in Situationen mit größtem Arbeitsaufkommen erwies er sich immer als in höchstem Maße belastbar.

Alle Aufgaben führte er jederzeit vollkommen selbstständig, äußerst sorgfältig und planvoll durchdacht aus. Er agierte immer ruhig, überlegt, zielorientiert und in höchstem Maße präzise. Dabei überzeugte er stets in besonderer Weise sowohl in qualitativer als auch in quantitativer Hinsicht. Herr Mustermann war in ganz besonders hohem Maße zuverlässig.

Für alle auftretenden Probleme fand er ausnahmslos ausgezeichnete Lösungen. Die Leistungen von Herrn Mustermann haben jederzeit und in jeder Hinsicht unsere vollste Anerkennung gefunden.

Er wurde wegen seines stets freundlichen und ausgeglichenen Wesens allseits sehr geschätzt. Er war immer hilfsbereit, zuvorkommend und stellte, falls erforderlich, auch persönliche Interessen zurück. Sein Verhalten zu Vorgesetzten, Kolleginnen und Kollegen sowie Kundinnen und Kunden war jederzeit vorbildlich.

Herr Mustermann verlässt unser Unternehmen mit dem 31.12.2021 auf eigenen Wunsch. Wir bedauern dies sehr, weil wir mit ihm einen sehr guten Mitarbeiter verlieren. Wir bedanken uns für die stets sehr guten Leistungen und wünschen ihm für die Zukunft beruflich und privat weiterhin viel Erfolg und alles Gute.

Musterstadt, 31.12.2021

Max MUSTERMANN AG

1. Unterzeichner/in	2. Unterzeichner/in
[Position]	[Position]

13.247 Vermessungsingenieur

Zeugnis

Herr Max Mustermann war vom 01.03.2017 bis zum 31.12.2021 in unserem Unternehmen als Vermessungsingenieur tätig.

[Unternehmensbeschreibung]

Als Vermessungsingenieur war Herr Mustermann verantwortlich für die Bauvermessung auf nationalen Großbaustellen. Im Rahmen seines verantwortungsvollen und vielseitigen Tätigkeitsgebietes war Herr Mustermann für folgende Aufgaben zuständig:

- 3-D-Laserscanning von Anlagen und Gebäuden,
- Auswertung und Prüfung von Vermessungsdaten,
- Auswertung von Bauwerksnetzen,
- Bestandsvermessung und Massenermittlung,
- CAD-Bearbeitung in 2-D und 3-D,
- Durchführung von Vermessungen von Anlagen,
- Erstellen von Leitungsdokumentationen,
- Erstellung von Angeboten,
- geodätische Berechnungen,
- Planung von Projekten,
- Projektabwicklung im 3-D-Laserscanning,
- Realisierung von Aufmaß- und Absteckungsarbeiten.

Herr Mustermann verfügt über ein hervorragendes und auch in Randbereichen sehr tiefgehendes Fachwissen, welches er in unser Unternehmen stets in höchst gewinnbringender Weise einbrachte. Die Arbeitsweise von Herrn Mustermann zeichnete sich durch Sorgfalt und hohes Qualitätsbewusstsein aus.

Ein strukturiertes und gewissenhaftes Bearbeiten der Aufgaben mit einem hohen Maß an Selbstständigkeit runden das Profil von Herrn Mustermann ab. Zum Nutzen unseres Unternehmens erweiterte und aktualisierte er immer mit sehr gutem Erfolg seine umfassenden Fachkenntnisse durch regelmäßige Teilnahme an Weiterbildungsveranstaltungen.

Aufgrund seiner sehr guten Auffassungsgabe war er jederzeit in der Lage, auch schwierige Situationen sofort zutreffend zu erfassen und schnell sehr gute Lösungen zu finden. Herr Mustermann zeigte jederzeit hohe Eigeninitiative und identifizierte sich immer voll mit seinen Aufgaben und unserem Unternehmen, wobei er auch durch seine sehr große Einsatzfreude überzeugte. Auch in Situationen mit größtem Arbeitsaufkommen erwies er sich immer als in höchstem Maße belastbar.

Alle Aufgaben führte er jederzeit vollkommen selbstständig, äußerst sorgfältig und planvoll durchdacht aus. Er agierte immer ruhig, überlegt, zielorientiert und in höchstem Maße präzise. Dabei überzeugte er stets in besonderer Weise sowohl in qualitativer als auch in quantitativer Hinsicht. Herr Mustermann war in ganz besonders hohem Maße zuverlässig.

Für alle auftretenden Probleme fand er ausnahmslos ausgezeichnete Lösungen. Die Leistungen von Herrn Mustermann haben jederzeit und in jeder Hinsicht unsere vollste Anerkennung gefunden.

Er wurde wegen seines stets freundlichen und ausgeglichenen Wesens allseits sehr geschätzt. Er war immer hilfsbereit, zuvorkommend und stellte, falls erforderlich, auch persönliche Interessen zurück. Sein Verhalten zu Vorgesetzten, Kolleginnen und Kollegen sowie Kundinnen und Kunden war jederzeit vorbildlich.

Herr Mustermann verlässt unser Unternehmen mit dem 31.12.2021 auf eigenen Wunsch. Wir bedauern dies sehr, weil wir mit ihm einen sehr guten Mitarbeiter verlieren. Wir bedanken uns für die stets sehr guten Leistungen und wünschen ihm für die Zukunft beruflich und privat weiterhin viel Erfolg und alles Gute.

Musterstadt, 31.12.2021

Max MUSTERMANN AG

1. Unterzeichner/in	2. Unterzeichner/in
[Position]	[Position]

13.248 Versicherungsfachmann

Zeugnis
Herr Max Mustermann war vom 01.03.2017 bis zum 31.12.2021 in unserem Unternehmen als Versicherungsfachmann tätig.

[Unternehmensbeschreibung]

Als Versicherungsfachmann war Herr Mustermann verantwortlich für die bedarfsgerechte Kundenberatung und die Auswahl der optimalen Versicherungslösung. Im Rahmen seines verantwortungsvollen und vielseitigen Tätigkeitsgebietes war Herr Mustermann für folgende Aufgaben zuständig:

- Auswahl der passenden Versicherungsprodukte,
- Beantwortung von Fragen zu Leistungen und Erstattungen,
- bedarfsgerechte Kundenberatung,
- Beratung von Geld- und Vermögensanlage,
- Beratung zur Risikovorsorge und -absicherung,
- Betreuung von Neu- und Bestandskunden,
- Durchführung von Unternehmens-, Wettbewerbs- und Marktanalysen,
- Erstellung von Angebotsunterlagen,
- Finanzierung von Baukrediten,
- Führen der Korrespondenz mit Versicherungsgesellschaften,
- Regulierung im Schadensfall,
- Unterstützung bei Antragstellung,
- Vermitteln individuell zusammengestellter Standardprodukte des Versicherungsmarktes.

Herr Mustermann verfügt über ein hervorragendes und auch in Randbereichen sehr tiefgehendes Fachwissen, welches er in unser Unternehmen stets in höchst gewinnbringender Weise einbrachte. Herrn Mustermann ist eine teamorientierte Persönlichkeit. Mit seinem Engagement sorgte er für eine hohe Zufriedenheit unserer Kunden.

Auf persönlicher Ebene punktete Herrn Mustermann mit ausgeprägtem Verhandlungsgeschick und unternehmerischem Weitblick. Zum Nutzen unseres Unternehmens erweiterte und aktualisierte er immer mit sehr gutem Erfolg seine umfassenden Fachkenntnisse durch regelmäßige Teilnahme an Weiterbildungsveranstaltungen.

Aufgrund seiner sehr guten Auffassungsgabe war er jederzeit in der Lage, auch schwierige Situationen sofort zutreffend zu erfassen und schnell sehr gute Lösungen zu finden. Herr Mustermann zeigte jederzeit hohe Eigeninitiative und identifizierte sich immer voll mit seinen Aufgaben und unserem Unternehmen, wobei er auch durch

seine sehr große Einsatzfreude überzeugte. Auch in Situationen mit größtem Arbeitsaufkommen erwies er sich immer als in höchstem Maße belastbar.

Alle Aufgaben führte er jederzeit vollkommen selbstständig, äußerst sorgfältig und planvoll durchdacht aus. Er agierte immer ruhig, überlegt, zielorientiert und in höchstem Maße präzise. Dabei überzeugte er stets in besonderer Weise sowohl in qualitativer als auch in quantitativer Hinsicht. Herr Mustermann war in ganz besonders hohem Maße zuverlässig.

Für alle auftretenden Probleme fand er ausnahmslos ausgezeichnete Lösungen. Die Leistungen von Herrn Mustermann haben jederzeit und in jeder Hinsicht unsere vollste Anerkennung gefunden.

Er wurde wegen seines stets freundlichen und ausgeglichenen Wesens allseits sehr geschätzt. Er war immer hilfsbereit, zuvorkommend und stellte, falls erforderlich, auch persönliche Interessen zurück. Sein Verhalten zu Vorgesetzten, Kolleginnen und Kollegen sowie Kundinnen und Kunden war jederzeit vorbildlich.

Herr Mustermann verlässt unser Unternehmen mit dem 31.12.2021 auf eigenen Wunsch. Wir bedauern dies sehr, weil wir mit ihm einen sehr guten Mitarbeiter verlieren. Wir bedanken uns für die stets sehr guten Leistungen und wünschen ihm für die Zukunft beruflich und privat weiterhin viel Erfolg und alles Gute.

Musterstadt, 31.12.2021

Max MUSTERMANN AG

1. Unterzeichner/in	2. Unterzeichner/in
[Position]	[Position]

13.249 Vertriebsassistent

Zeugnis

Herr Max Mustermann war vom 01.03.2017 bis zum 31.12.2021 in unserem Unternehmen als Vertriebsassistent tätig.

[Unternehmensbeschreibung]

Als Vertriebsassistent war Herr Mustermann unterstützend für die Entwicklung strategischer und verkaufsfördernder Vertriebsmaßnahmen tätig. Im Rahmen seines

verantwortungsvollen und vielseitigen Tätigkeitsgebietes war Herr Mustermann für folgende Aufgaben zuständig:

- Akquise von Neukunden,
- Assistenz bei der Erstellung von Absatz fördernden Maßnahmen,
- Ausbau bestehender Kundenbeziehungen,
- Auswertung von Kundenzufriedenheitsumfragen,
- Durchführung von Kommunikationskampagnen,
- Entlastung der Vertriebsleitung,
- Hilfeleistung bei der Konzipierung von Marketingauftritten,
- Marktanalyse und anschließende Auswertung,
- Mitarbeit bei Onlinemarketingmaßnahmen,
- Mithilfe bei der Salesplanung,
- Mitwirkung bei verschiedenen Vertriebsprojekten,
- Monitoring neuer Marktnischen,
- Pflege der Kundendaten,
- proaktive Marktbearbeitung,
- Unterstützung bei der Organisation und Realisierung von Veranstaltungen und Messen,
- Unterstützung der Produktmanager,
- Vor- und Nachbereitung von Kundenterminen,
- Vorbereiten von Verkaufsaktionen und Marketingkampagnen,
- Vorbereitung von Markt- und Wettbewerbsanalysen,
- Vorbereitung von Präsentationen von Marketingkonzepten.

Herr Mustermann verfügt über ein hervorragendes und auch in Randbereichen sehr tiefgehendes Fachwissen, welches er in unser Unternehmen stets in höchst gewinnbringender Weise einbrachte. Herr Mustermann besitzt Kreativität und sehr gute konzeptionelle Fähigkeiten.

Herr Mustermann unterstützte die Vertriebsleitung bei der Planung, Entwicklung und Umsetzung von umsatzfördernden Maßnahmen zur vollsten Zufriedenheit. Zum Nutzen unseres Unternehmens erweiterte und aktualisierte er immer mit sehr gutem Erfolg seine umfassenden Fachkenntnisse durch regelmäßige Teilnahme an Weiterbildungsveranstaltungen.

Aufgrund seiner sehr guten Auffassungsgabe war er jederzeit in der Lage, auch schwierige Situationen sofort zutreffend zu erfassen und schnell sehr gute Lösungen zu finden. Herr Mustermann zeigte jederzeit hohe Eigeninitiative und identifizierte sich immer voll mit seinen Aufgaben und unserem Unternehmen, wobei er auch durch seine sehr große Einsatzfreude überzeugte. Auch in Situationen mit größtem Arbeitsaufkommen erwies er sich immer als in höchstem Maße belastbar.

Alle Aufgaben führte er jederzeit vollkommen selbstständig, äußerst sorgfältig und planvoll durchdacht aus. Er agierte immer ruhig, überlegt, zielorientiert und in höchstem Maße präzise. Dabei überzeugte er stets in besonderer Weise sowohl in qualitativer als auch in quantitativer Hinsicht. Herr Mustermann war in ganz besonders hohem Maße zuverlässig.

Für alle auftretenden Probleme fand er ausnahmslos ausgezeichnete Lösungen. Die Leistungen von Herrn Mustermann haben jederzeit und in jeder Hinsicht unsere vollste Anerkennung gefunden.

Er wurde wegen seines stets freundlichen und ausgeglichenen Wesens allseits sehr geschätzt. Er war immer hilfsbereit, zuvorkommend und stellte, falls erforderlich, auch persönliche Interessen zurück. Sein Verhalten zu Vorgesetzten, Kolleginnen und Kollegen sowie Kundinnen und Kunden war jederzeit vorbildlich.

Herr Mustermann verlässt unser Unternehmen mit dem 31.12.2021 auf eigenen Wunsch. Wir bedauern dies sehr, weil wir mit ihm einen sehr guten Mitarbeiter verlieren. Wir bedanken uns für die stets sehr guten Leistungen und wünschen ihm für die Zukunft beruflich und privat weiterhin viel Erfolg und alles Gute.

Musterstadt, 31.12.2021

Max MUSTERMANN AG

1. Unterzeichner/in	2. Unterzeichner/in
[Position]	[Position]

13.250 Vertriebscontroller

Zeugnis

Herr Max Mustermann war vom 01.03.2017 bis zum 31.12.2021 in unserem Unternehmen als Vertriebscontroller tätig.

[Unternehmensbeschreibung]

Als Vertriebscontroller war Herr Mustermann verantwortlich für die Projektbewertung und Erhebung von Verbesserungspotenzialen. Im Rahmen seines verantwortungsvollen und vielseitigen Tätigkeitsgebietes war Herr Mustermann für folgende Aufgaben zuständig:

- abschließende Projektbewertung,
- ausführliche Produktkalkulation,

- Betreuung und Ansprechpartner des Vertriebs,
- Bewertung der Kosten aller Projektressourcen,
- Durchführung von regelmäßigen Berichten an die Geschäftsführung,
- Einleiten von Korrekturmaßnahmen,
- Ermittlung von Verbesserungspotenzialen,
- Erstellung von Kennzahlenanalysen,
- Erstellung der Budgetierung,
- Erstellung monatlicher Abweichungsanalysen,
- Erstellung von Wirtschaftlichkeitsberechnung,
- Monitoring der Rentabilität von Projekten,
- Plausibilisierung der zur Verfügung gestellten Daten,
- Sicherstellung einer belastbaren Kalkulation,
- strategisches Controlling und Prozessanalysen,
- Unterstützung des Vertriebsteams,
- wirtschaftliche Beratung der Projektleiter.

Herr Mustermann verfügt über ein hervorragendes und auch in Randbereichen sehr tiefgehendes Fachwissen, welches er in unser Unternehmen stets in höchst gewinnbringender Weise einbrachte. Die Arbeitsweise von Herrn Mustermann zeichnete sich durch Sorgfalt und hohes Qualitätsbewusstsein aus.

Ein strukturiertes und gewissenhaftes Bearbeiten der Aufgaben mit einem hohen Maß an Selbstständigkeit runden das Profil von Herrn Mustermann ab. Zum Nutzen unseres Unternehmens erweiterte und aktualisierte er immer mit sehr gutem Erfolg seine umfassenden Fachkenntnisse durch regelmäßige Teilnahme an Weiterbildungsveranstaltungen.

Aufgrund seiner sehr guten Auffassungsgabe war er jederzeit in der Lage, auch schwierige Situationen sofort zutreffend zu erfassen und schnell sehr gute Lösungen zu finden. Herr Mustermann zeigte jederzeit hohe Eigeninitiative und identifizierte sich immer voll mit seinen Aufgaben und unserem Unternehmen, wobei er auch durch seine sehr große Einsatzfreude überzeugte. Auch in Situationen mit größtem Arbeitsaufkommen erwies er sich immer als in höchstem Maße belastbar.

Alle Aufgaben führte er jederzeit vollkommen selbstständig, äußerst sorgfältig und planvoll durchdacht aus. Er agierte immer ruhig, überlegt, zielorientiert und in höchstem Maße präzise. Dabei überzeugte er stets in besonderer Weise sowohl in qualitativer als auch in quantitativer Hinsicht. Herr Mustermann war in ganz besonders hohem Maße zuverlässig.

Für alle auftretenden Probleme fand er ausnahmslos ausgezeichnete Lösungen. Die Leistungen von Herrn Mustermann haben jederzeit und in jeder Hinsicht unsere vollste Anerkennung gefunden.

Er wurde wegen seines stets freundlichen und ausgeglichenen Wesens allseits sehr geschätzt. Er war immer hilfsbereit, zuvorkommend und stellte, falls erforderlich, auch persönliche Interessen zurück. Sein Verhalten zu Vorgesetzten, Kolleginnen und Kollegen sowie Kundinnen und Kunden war jederzeit vorbildlich.

Herr Mustermann verlässt unser Unternehmen mit dem 31.12.2021 auf eigenen Wunsch. Wir bedauern dies sehr, weil wir mit ihm einen sehr guten Mitarbeiter verlieren. Wir bedanken uns für die stets sehr guten Leistungen und wünschen ihm für die Zukunft beruflich und privat weiterhin viel Erfolg und alles Gute.

Musterstadt, 31.12.2021

Max MUSTERMANN AG

1. Unterzeichner/in	2. Unterzeichner/in
[Position]	[Position]

13.251 Webdesigner

Zeugnis
Herr Max Mustermann war vom 01.03.2017 bis zum 31.12.2021 in unserem Unternehmen als Webdesigner tätig.

[Unternehmensbeschreibung]

Als Webdesigner entwarf und gestaltete Herr Mustermann umfangreiche Onlineprojekte. Im Rahmen seines verantwortungsvollen und vielseitigen Tätigkeitsgebietes war Herr Mustermann für folgende Aufgaben zuständig:

- Anfertigen von Layoutideen und Reinzeichnung,
- Aufbereitung der Daten zur Weiterverwendung im Onlinebereich,
- Bearbeiten und Retuschieren der Fotos,
- Bewertung und Optimierung unserer bestehenden Onlineangebote,
- Bildbearbeitung und -optimierung für die Darstellung im Internet,
- Entwicklung des Corporate Designs,
- Entwicklung und Optimierung von Layouts,
- Entwicklung von Layoutkonzepten,
- Erstellen von Fotos und Grafiken für Onlineauftritte,
- Erstellen von Unternehmenspräsentationen im Internet,
- Gestaltung von innovativen Onlinewerbemitteln,
- Herstellen von Infografiken und Präsentationen,
- Image- und Markenkommunikation,

- individuelle Anpassungen unserer Landingpages,
- Optimierung bestehender Designs,
- Pflege unserer Landingpages mit dem Content-Management-System WordPress,
- Recherche nach Bildmaterial für Onlineauftritte,
- Steuerung und Koordination externer Agenturen,
- Umsetzen von Grafiken für Onlinekampagnen und Internet-Anwendungen,
- Umsetzung der Kundenvorgaben in Layouts und ansprechende Designs,
- Vorstellung des Layouts beim Auftraggeber.

Herr Mustermann verfügt über ein hervorragendes und auch in Randbereichen sehr tiefgehendes Fachwissen, welches er in unser Unternehmen stets in höchst gewinnbringender Weise einbrachte. Herr Mustermann verfügt über sehr gute Kenntnisse in Adobe CC (Photoshop, InDesign, Illustrator, Acrobat) und erstellte damit qualitativ hochwertige Layouts.

Kreativität, technisches Know-how und gutes Englisch sind für Herrn Mustermann selbstverständlich. Zum Nutzen unseres Unternehmens erweiterte und aktualisierte er immer mit sehr gutem Erfolg seine umfassenden Fachkenntnisse durch regelmäßige Teilnahme an Weiterbildungsveranstaltungen.

Aufgrund seiner sehr guten Auffassungsgabe war er jederzeit in der Lage, auch schwierige Situationen sofort zutreffend zu erfassen und schnell sehr gute Lösungen zu finden. Herr Mustermann zeigte jederzeit hohe Eigeninitiative und identifizierte sich immer voll mit seinen Aufgaben und unserem Unternehmen, wobei er auch durch seine sehr große Einsatzfreude überzeugte. Auch in Situationen mit größtem Arbeitsaufkommen erwies er sich immer als in höchstem Maße belastbar.

Alle Aufgaben führte er jederzeit vollkommen selbstständig, äußerst sorgfältig und planvoll durchdacht aus. Er agierte immer ruhig, überlegt, zielorientiert und in höchstem Maße präzise. Dabei überzeugte er stets in besonderer Weise sowohl in qualitativer als auch in quantitativer Hinsicht. Herr Mustermann war in ganz besonders hohem Maße zuverlässig.

Für alle auftretenden Probleme fand er ausnahmslos ausgezeichnete Lösungen. Die Leistungen von Herrn Mustermann haben jederzeit und in jeder Hinsicht unsere vollste Anerkennung gefunden.

Er wurde wegen seines stets freundlichen und ausgeglichenen Wesens allseits sehr geschätzt. Er war immer hilfsbereit, zuvorkommend und stellte, falls erforderlich, auch persönliche Interessen zurück. Sein Verhalten zu Vorgesetzten, Kolleginnen und Kollegen sowie Kundinnen und Kunden war jederzeit vorbildlich.

Herr Mustermann verlässt unser Unternehmen mit dem 31.12.2021 auf eigenen Wunsch. Wir bedauern dies sehr, weil wir mit ihm einen sehr guten Mitarbeiter verlieren. Wir bedanken uns für die stets sehr guten Leistungen und wünschen ihm für die Zukunft beruflich und privat weiterhin viel Erfolg und alles Gute.

Musterstadt, 31.12.2021

Max MUSTERMANN AG

1. Unterzeichner/in	2. Unterzeichner/in
[Position]	[Position]

13.252 Werbetexter

Zeugnis

Herr Max Mustermann war vom 01.03.2017 bis zum 31.12.2021 in unserem Unternehmen als Werbetexter tätig.

[Unternehmensbeschreibung]

Als Werbetexter war Herr Mustermann verantwortlich für die Erstellung von werblichen Headlines, Bannern, Anzeigen, Direktmailings und Newsletter für Print und Digital. Im Rahmen seines verantwortungsvollen und vielseitigen Tätigkeitsgebietes war Herr Mustermann für folgende Aufgaben zuständig:

- Aufbau und Pflege von Kontakten und Netzwerken,
- Aufbereiten von komplexen redaktionellen Themen,
- Einhaltung des Budgets,
- Entwerfen von Mailings, Broschüren, Newsletter und Produktbeschreibungen,
- Entwicklung von medienübergreifenden Strategien und Konzepten,
- Erstellen von Bannertexten,
- Erstellen von Präsentationen und Pressemittelungen,
- Erstellung von kreativen Headlines und Teasern,
- Erstellung von Mailings sowie Onlinenewsletter,
- Erstellung von redaktionellem Material für die Medienkanäle,
- redaktionelle Bearbeitung unserer Blogs und Portale,
- redaktionelle Planung und Betreuung von Beiträgen in Fachzeitschriften,
- Schreiben von Broschüren und Flyer,
- SEO-optimierte Texterstellung für Produktbeschreibungen in Onlineshops,
- Texterstellung für Werbemaßnahmen,

- Unterstützung bei der Konzeption von Print- und Onlinewerbekampagnen,
- Verfassen von Werbe- und Sachtexten,
- Weiterentwicklung des Produktportfolios,
- Zusammenarbeit mit dem Marketingteam.

Herr Mustermann verfügt über ein hervorragendes und auch in Randbereichen sehr tiefgehendes Fachwissen, welches er in unser Unternehmen stets in höchst gewinnbringender Weise einbrachte. Eine selbstständige, systematische und zielorientierte Arbeitsweise zeichnet Herrn Mustermann aus.

Persönlich punktet Herr Mustermann mit Team- und Kommunikationsfähigkeit sowie einer kreativ-werblichen Schreibweise. Sehr gutes Englisch in Wort und Schrift ist für Herrn Herr Mustermann selbstverständlich. Zum Nutzen unseres Unternehmens erweiterte und aktualisierte er immer mit sehr gutem Erfolg seine umfassenden Fachkenntnisse durch regelmäßige Teilnahme an Weiterbildungsveranstaltungen.

Aufgrund seiner sehr guten Auffassungsgabe war er jederzeit in der Lage, auch schwierige Situationen sofort zutreffend zu erfassen und schnell sehr gute Lösungen zu finden. Herr Mustermann zeigte jederzeit hohe Eigeninitiative und identifizierte sich immer voll mit seinen Aufgaben und unserem Unternehmen, wobei er auch durch seine sehr große Einsatzfreude überzeugte. Auch in Situationen mit größtem Arbeitsaufkommen erwies er sich immer als in höchstem Maße belastbar.

Alle Aufgaben führte er jederzeit vollkommen selbstständig, äußerst sorgfältig und planvoll durchdacht aus. Er agierte immer ruhig, überlegt, zielorientiert und in höchstem Maße präzise. Dabei überzeugte er stets in besonderer Weise sowohl in qualitativer als auch in quantitativer Hinsicht. Herr Mustermann war in ganz besonders hohem Maße zuverlässig.

Für alle auftretenden Probleme fand er ausnahmslos ausgezeichnete Lösungen. Die Leistungen von Herrn Mustermann haben jederzeit und in jeder Hinsicht unsere vollste Anerkennung gefunden.

Er wurde wegen seines stets freundlichen und ausgeglichenen Wesens allseits sehr geschätzt. Er war immer hilfsbereit, zuvorkommend und stellte, falls erforderlich, auch persönliche Interessen zurück. Sein Verhalten zu Vorgesetzten, Kolleginnen und Kollegen sowie Kundinnen und Kunden war jederzeit vorbildlich.

Herr Mustermann verlässt unser Unternehmen mit dem 31.12.2021 auf eigenen Wunsch. Wir bedauern dies sehr, weil wir mit ihm einen sehr guten Mitarbeiter ver-

lieren. Wir bedanken uns für die stets sehr guten Leistungen und wünschen ihm für die Zukunft beruflich und privat weiterhin viel Erfolg und alles Gute.

Musterstadt, 31.12.2021

Max MUSTERMANN AG

1. Unterzeichner/in	2. Unterzeichner/in
[Position]	[Position]

13.253 Werkstattleiter

Zeugnis
Herr Max Mustermann war vom 01.03.2017 bis zum 31.12.2021 in unserem Unternehmen als Werkstattleiter tätig.

[Unternehmensbeschreibung]

Als Werkstattleiter war Herr Mustermann verantwortlich für die Leitung der Werkstatt. Im Rahmen seines verantwortungsvollen und vielseitigen Tätigkeitsgebietes war Herr Mustermann für folgende Aufgaben zuständig:

- Abnahme durchgeführter Reparaturen,
- Abstimmung des Personaleinsatzes und Optimierung der Kapazitätsauslastung,
- Auswertung von Statistiken, Analyse der Kennzahlen und Kostenverantwortung der Werkstatt,
- Besprechung der auszuführenden Arbeiten mit dem Kunden,
- Disposition der Werkstattaufträge,
- disziplinarische und organisatorische Werkstattleitung,
- Erstellen von Angeboten,
- Erstellen von Kostenvoranschlägen und Reparaturvereinbarungen,
- fachliche Unterweisung und Anleitung des Werkstattpersonals,
- Kontrolle und Abarbeitung der gesetzlichen Fristen,
- Koordination und Leitung der Serviceeinsätze,
- Monitoring von Sicherheits- und Qualitätsstandards,
- Optimierung interner Arbeitsabläufe,
- Schadenfeststellung und Erstellung von Kostenvoranschlägen,
- Sicherstellung der Reparaturqualität und Garantieabwicklung,
- Unterstützen der Mechaniker bei der Diagnoseerstellung,
- Verantworten der ordnungsgemäßen und termingerechten Abwicklung aller Werkstattleistungen.

Herr Mustermann verfügt über ein hervorragendes und auch in Randbereichen sehr tiefgehendes Fachwissen, welches er in unser Unternehmen stets in höchst gewinnbringender Weise einbrachte. Sehr gute Kenntnisse in der neuesten Technologie zeichnen Herrn Mustermann aus. Zusätzlich besitzt Herr Mustermann ein hohes Maß an Engagement, Flexibilität und überzeugt mit einer ausgeprägten Dienstleistungsorientierung.

Sein Leben ist durch die Leidenschaft und Begeisterung für Technik geprägt. Zum Nutzen unseres Unternehmens erweiterte und aktualisierte er immer mit sehr gutem Erfolg seine umfassenden Fachkenntnisse durch regelmäßige Teilnahme an Weiterbildungsveranstaltungen.

Aufgrund seiner sehr guten Auffassungsgabe war er jederzeit in der Lage, auch schwierige Situationen sofort zutreffend zu erfassen und schnell sehr gute Lösungen zu finden. Herr Mustermann zeigte jederzeit hohe Eigeninitiative und identifizierte sich immer voll mit seinen Aufgaben und unserem Unternehmen, wobei er auch durch seine sehr große Einsatzfreude überzeugte. Auch in Situationen mit größtem Arbeitsaufkommen erwies er sich immer als in höchstem Maße belastbar.

Alle Aufgaben führte er jederzeit vollkommen selbstständig, äußerst sorgfältig und planvoll durchdacht aus. Er agierte immer ruhig, überlegt, zielorientiert und in höchstem Maße präzise. Dabei überzeugte er stets in besonderer Weise sowohl in qualitativer als auch in quantitativer Hinsicht. Herr Mustermann war in ganz besonders hohem Maße zuverlässig.

Für alle auftretenden Probleme fand er ausnahmslos ausgezeichnete Lösungen. Er war aufgrund seiner ausgezeichneten Führungsqualitäten als Vorgesetzter in hohem Maße anerkannt und beliebt. Er verhielt sich seinen Mitarbeitern gegenüber stets offen und kollegial, verstand es aber dennoch, sich in schwierigen Situationen durchzusetzen und die Mitarbeiter zu optimalem Einsatz zu bewegen. Die Leistungen von Herrn Mustermann haben jederzeit und in jeder Hinsicht unsere vollste Anerkennung gefunden.

Er wurde wegen seines stets freundlichen und ausgeglichenen Wesens allseits sehr geschätzt. Er war immer hilfsbereit, zuvorkommend und stellte, falls erforderlich, auch persönliche Interessen zurück. Sein Verhalten zu Vorgesetzten, Kolleginnen und Kollegen sowie Kundinnen und Kunden war jederzeit vorbildlich.

Herr Mustermann verlässt unser Unternehmen mit dem 31.12.2021 auf eigenen Wunsch. Wir bedauern dies sehr, weil wir mit ihm einen sehr guten Mitarbeiter ver-

lieren. Wir bedanken uns für die stets sehr guten Leistungen und wünschen ihm für die Zukunft beruflich und privat weiterhin viel Erfolg und alles Gute.

Musterstadt, 31.12.2021

Max MUSTERMANN AG

1. Unterzeichner/in	2. Unterzeichner/in
[Position]	[Position]

13.254 Werkstudent

Zeugnis

Herr Max Mustermann war vom 01.03.2017 bis zum 31.12.2021 in unserem Unternehmen als Werkstudent tätig.

[Unternehmensbeschreibung]

Als Werkstudent war Herr Mustermann verantwortlich für die Unterstützung bei internen und externen Projekten. Im Rahmen seines vielseitigen Tätigkeitsgebietes war Herr Mustermann für folgende Aufgaben zuständig:

- aktive Mitarbeit in Innovationsprojekten,
- aktive Unterstützung bei Projekten im Bereich neue Technologie,
- Einarbeitung in die Produktionsabläufe,
- Entwicklung von Social-Media-Kanälen,
- Entwicklung, Charakterisierung und Bewertung von Komponenten,
- Erarbeiten von Maßnahmen für zukunftsfähige Lösungen,
- Erstellung von Pflichtenheften und technischen Dokumenten,
- Marktanalyse und Wettbewerbsbetrachtung,
- Mitwirkung bei der Erstellung von Präsentationen und Entscheidungsvorlagen,
- Mitwirkung bei der Erstellung von Produktanalysen,
- Projektarbeit in internationalem Umfeld,
- Trend- und Marktforschung,
- Unterstützung bei internen und externen Projekten,
- Vor- und Nachbereitung von Special Events und Messen,
- Weiterentwicklung von internen Standards und Prüfmethoden,
- Zusammenarbeit mit anderen Abteilungen und externen Dienstleistern,
- Zusammenarbeit mit internen und externen Partnern.

Herr Mustermann überzeugte uns mit seinen umfassenden, vielseitigen und sehr guten Fachkenntnissen, die er jederzeit sicher und zielgerichtet in der Praxis einsetzte.

Die Arbeitsweise von Herrn Mustermann zeichnete sich durch Sorgfalt und hohes Qualitätsbewusstsein aus.

Ein strukturiertes und gewissenhaftes Bearbeiten der Aufgaben mit einem hohen Maß an Selbstständigkeit runden das Profil von Herrn Mustermann ab. Neben den Einführungs- und Netzwerkveranstaltungen nahm er stets mit sehr großem Erfolg an den innerbetrieblich angebotenen Weiterbildungsmaßnahmen teil.

Aufgrund seiner sehr guten Auffassungsgabe war er jederzeit in der Lage, auch schwierige Situationen sofort zutreffend zu erfassen und schnell sehr gute Lösungen zu finden. Herr Mustermann zeigte jederzeit hohe Eigeninitiative und identifizierte sich immer voll mit seinen Aufgaben und unserem Unternehmen, wobei er auch durch seine sehr große Einsatzfreude überzeugte. Herr Mustermann war in besonders hohem Maße lernbereit. Auch in Situationen mit größtem Arbeitsaufkommen erwies er sich immer als in höchstem Maße belastbar.

Alle Aufgaben führte er jederzeit vollkommen selbstständig, äußerst sorgfältig und planvoll durchdacht aus. Er agierte immer ruhig, überlegt, zielorientiert und in höchstem Maße präzise. Dabei überzeugte er stets in besonderer Weise sowohl in qualitativer als auch in quantitativer Hinsicht. Herr Mustermann war in ganz besonders hohem Maße zuverlässig.

Auch für schwierigste Problemstellungen fand er bereits nach kurzer Einarbeitungszeit sehr gute Lösungen und erzielte immer ausgezeichnete Arbeitsergebnisse. Herr Mustermann hat die ihm übertragenen Aufgaben stets zu unserer vollsten Zufriedenheit erfüllt.

Er wurde wegen seines stets freundlichen und ausgeglichenen Wesens allseits sehr geschätzt. Er war immer hilfsbereit, zuvorkommend und stellte, falls erforderlich, auch persönliche Interessen zurück. Sein Verhalten zu Vorgesetzten, Kolleginnen und Kollegen sowie Kundinnen und Kunden war ausnahmslos vorbildlich.

Das Arbeitsverhältnis endet mit Ablauf des befristeten Arbeitsvertrags am 31.12.2021. Wir bedauern dies sehr, weil wir mit Herrn Mustermann einen sehr guten Mitarbeiter verlieren. Für die stets sehr guten Leistungen bedanken wir uns und wünschen ihm für die Zukunft beruflich und privat weiterhin viel Erfolg und alles Gute.

Musterstadt, 31.12.2021

Max MUSTERMANN AG

1. Unterzeichner/in	2. Unterzeichner/in
[Position]	[Position]

13.255 Werkzeugmechaniker

Zeugnis
Herr Max Mustermann war vom 01.03.2017 bis zum 31.12.2021 in unserem Unternehmen als Werkzeugmechaniker tätig.

[Unternehmensbeschreibung]

Als Werkzeugmechaniker war Herr Mustermann verantwortlich für die Reparatur, Wartung und Instandsetzung von Werkzeugen und Maschinen. Im Rahmen seines verantwortungsvollen und vielseitigen Tätigkeitsgebietes war Herr Mustermann für folgende Aufgaben zuständig:

- Anfertigung und Dokumentation von Betriebsmitteln,
- Anfertigung von Spritzgießwerkzeugen,
- Austauschen oder Reparieren defekter Bauteile,
- Bedienung und Überwachung der Maschinen,
- Bereitstellung von Bauteilen und Komponenten,
- Beseitigung von Störungen,
- Einrichten der Fertigungsmaschinen und Anlagen,
- Einrichtung und Instandsetzung von Maschinen,
- Einstellen von Fertigungsprozessen,
- Instandhaltung und Umrüstung der Maschinen,
- maschinelles Herstellen und Bearbeiten von Werkzeugeinsätzen,
- Maschinen manuell bedienen,
- Neubau von Werkzeugen,
- Optimierungen bei Einfahrprozessen neuer Maschinen,
- Prüfung der Einsatzbereitschaft der Maschinen und Anlagen,
- Reinigungs- und Wartungsarbeiten an Werkzeugen, Maschinen und Anlagen,
- Reparaturen und Umbauten von Werkzeugen und Vorrichtungen,
- selbstständiges Wechseln von Werkzeugen.

Herr Mustermann verfügt über ein hervorragendes und auch in Randbereichen sehr tiefgehendes Fachwissen, welches er in unser Unternehmen stets in höchst gewinnbringender Weise einbrachte. Die Arbeitsweise von Herrn Mustermann zeichnete sich durch Sorgfalt und hohes Qualitätsbewusstsein aus.

Ein strukturiertes und gewissenhaftes Bearbeiten der Aufgaben mit einem hohen Maß an Selbstständigkeit runden das Profil von Herrn Mustermann ab. Zum Nutzen unseres Unternehmens erweiterte und aktualisierte er immer mit sehr gutem Erfolg seine umfassenden Fachkenntnisse durch regelmäßige Teilnahme an Weiterbildungsveranstaltungen.

Aufgrund seiner sehr guten Auffassungsgabe war er jederzeit in der Lage, auch schwierige Situationen sofort zutreffend zu erfassen und schnell sehr gute Lösungen zu finden. Herr Mustermann zeigte jederzeit hohe Eigeninitiative und identifizierte sich immer voll mit seinen Aufgaben und unserem Unternehmen, wobei er auch durch seine sehr große Einsatzfreude überzeugte. Auch in Situationen mit größtem Arbeitsaufkommen erwies er sich immer als in höchstem Maße belastbar.

Alle Aufgaben führte er jederzeit vollkommen selbstständig, äußerst sorgfältig und planvoll durchdacht aus. Er agierte immer ruhig, überlegt, zielorientiert und in höchstem Maße präzise. Dabei überzeugte er stets in besonderer Weise sowohl in qualitativer als auch in quantitativer Hinsicht. Herr Mustermann war in ganz besonders hohem Maße zuverlässig.

Für alle auftretenden Probleme fand er jederzeit ausgezeichnete Lösungen. Die Leistungen von Herrn Mustermann haben jederzeit und in jeder Hinsicht unsere vollste Anerkennung gefunden.

Er wurde wegen seines stets freundlichen und ausgeglichenen Wesens allseits sehr geschätzt. Er war immer hilfsbereit, zuvorkommend und stellte, falls erforderlich, auch persönliche Interessen zurück. Sein Verhalten zu Vorgesetzten, Kolleginnen und Kollegen sowie Kundinnen und Kunden war jederzeit vorbildlich.

Herr Mustermann verlässt unser Unternehmen mit dem 31.12.2021 auf eigenen Wunsch. Wir bedauern dies sehr, weil wir mit ihm einen sehr guten Mitarbeiter verlieren. Wir bedanken uns für die stets sehr guten Leistungen und wünschen ihm für die Zukunft beruflich und privat weiterhin viel Erfolg und alles Gute.

Musterstadt, 31.12.2021

Max MUSTERMANN AG
1. Unterzeichner/in
[Position]

2. Unterzeichner/in
[Position]

13.256 Zahntechniker

Zeugnis
Herr Max Mustermann war vom 01.03.2017 bis zum 31.12.2021 in unserem Unternehmen als Zahntechniker tätig.

[Unternehmensbeschreibung]

Als Zahntechniker war Herr Mustermann verantwortlich für die Konstruktion von Zahnersatz, wie Kronen und Brücken, Stegen und Aufbissschienen. Im Rahmen seines verantwortungsvollen und vielseitigen Tätigkeitsgebietes war Herr Mustermann für folgende Aufgaben zuständig:

- Bedienung von CNC-Fräsanlagen,
- digitales Erstellen von Zahnmodellen,
- Durchführung von implantat-prothetischen Arbeiten,
- Endkontrolle von zahntechnischen Arbeiten,
- Farbauswahl und Einproben im Labor mit Patienten,
- Fertigung technischer OP-Behelfe,
- Herstellung von Knirscherschienen,
- Herstellung zahntechnischer Hilfsmittel für die Kieferbruchbehandlung,
- Konstruktion von Zahnersatz,
- Modellierung mittels CAD-Software,
- Produktion von Zahnersatz zur Weiterverarbeitung,
- Qualitätskontrolle des Zahnersatzes,
- Scannen von Abdrücken und dentalen Modellen,
- Vor- und Nachbearbeitung der Fräsprodukte.

Herr Mustermann verfügt über ein hervorragendes und auch in Randbereichen sehr tiefgehendes Fachwissen, welches er in unser Unternehmen stets in höchst gewinnbringender Weise einbrachte. Die Arbeitsweise von Herrn Mustermann zeichnete sich durch Sorgfalt und hohes Qualitätsbewusstsein aus.

Ein strukturiertes und gewissenhaftes Bearbeiten der Aufgaben mit einem hohen Maß an Selbstständigkeit runden das Profil von Herrn Mustermann ab. Zum Nutzen unseres Unternehmens erweiterte und aktualisierte er immer mit sehr gutem Erfolg seine umfassenden Fachkenntnisse durch regelmäßige Teilnahme an Weiterbildungsveranstaltungen.

Aufgrund seiner sehr guten Auffassungsgabe war er jederzeit in der Lage, auch schwierige Situationen sofort zutreffend zu erfassen und schnell sehr gute Lösungen zu finden. Herr Mustermann zeigte jederzeit hohe Eigeninitiative und identifizierte sich immer voll mit seinen Aufgaben und unserem Unternehmen, wobei er auch durch seine sehr große Einsatzfreude überzeugte. Auch in Situationen mit größtem Arbeitsaufkommen erwies er sich immer als in höchstem Maße belastbar.

Alle Aufgaben führte er jederzeit vollkommen selbstständig, äußerst sorgfältig und planvoll durchdacht aus. Er agierte immer ruhig, überlegt, zielorientiert und in höchstem Maße präzise. Dabei überzeugte er stets in besonderer Weise sowohl in qualitativer als auch in quantitativer Hinsicht. Herr Mustermann war in ganz besonders hohem Maße zuverlässig.

Für alle auftretenden Probleme fand er ausnahmslos ausgezeichnete Lösungen. Die Leistungen von Herrn Mustermann haben jederzeit und in jeder Hinsicht unsere vollste Anerkennung gefunden.

Er wurde wegen seines stets freundlichen und ausgeglichenen Wesens allseits sehr geschätzt. Er war immer hilfsbereit, zuvorkommend und stellte, falls erforderlich, auch persönliche Interessen zurück. Sein Verhalten zu Vorgesetzten, Kolleginnen und Kollegen sowie Kundinnen und Kunden war jederzeit vorbildlich.

Herr Mustermann verlässt unser Unternehmen mit dem 31.12.2021 auf eigenen Wunsch. Wir bedauern dies sehr, weil wir mit ihm einen sehr guten Mitarbeiter verlieren. Wir bedanken uns für die stets sehr guten Leistungen und wünschen ihm für die Zukunft beruflich und privat weiterhin viel Erfolg und alles Gute.

Musterstadt, 31.12.2021

Max MUSTERMANN AG

1. Unterzeichner/in	2. Unterzeichner/in
[Position]	[Position]

13.257 Zentralheizungs- und Lüftungsbauer

Zeugnis

Herr Max Mustermann war vom 01.03.2017 bis zum 31.12.2021 in unserem Unternehmen als Zentralheizungs- und Lüftungsbauer tätig.

[Unternehmensbeschreibung]

Als Zentralheizungs- und Lüftungsbauer war Herr Mustermann verantwortlich für die Installation von Heizungs-, Sanitär- und Lüftungsanlagen. Im Rahmen seines verantwortungsvollen und vielseitigen Tätigkeitsgebietes war Herr Mustermann für folgende Aufgaben zuständig:

- Arbeiten im Bereich der Gas-Hausinstallation,
- Ausführung von Anlagentausch und Badumbau,
- Begleitung von technischen Prüfungen,
- Durchführung von Wartungs- und Instandhaltungsarbeiten,
- Erkennen und Beseitigen von Störungsursachen,
- Erneuerung von Anlagen der Heiz-, Klima- und Lüftungstechnik,
- Feststellung von Gewährleistungsmängeln,
- Inbetriebnahme versorgungstechnischer Anlagen und Systeme,

- Installation von Wohnraumlüftungsanlagen,
- Instandsetzungsarbeiten an technischen Anlagen,
- Montage von Heizungsanlagen und Sanitärinstallationsarbeiten,
- Not- und Bereitschaftsdienst,
- Planung von Zentralheizungs- und Lüftungsanlagen,
- Reparatur von Heizungs- oder Elektrokomponenten,
- Überwachen und Betreiben der Gebäudetechnik,
- Wartungs- und Instandsetzungsarbeiten von Heizanlagen.

Herr Mustermann verfügt über ein hervorragendes und auch in Randbereichen sehr tiefgehendes Fachwissen, welches er in unser Unternehmen stets in höchst gewinnbringender Weise einbrachte. Die Arbeitsweise von Herrn Mustermann zeichnete sich durch Sorgfalt und hohes Qualitätsbewusstsein aus.

Ein strukturiertes und gewissenhaftes Bearbeiten der Aufgaben mit einem hohen Maß an Selbstständigkeit runden das Profil von Herrn Mustermann ab. Zum Nutzen unseres Unternehmens erweiterte und aktualisierte er immer mit sehr gutem Erfolg seine umfassenden Fachkenntnisse durch regelmäßige Teilnahme an Weiterbildungsveranstaltungen.

Aufgrund seiner sehr guten Auffassungsgabe war er jederzeit in der Lage, auch schwierige Situationen sofort zutreffend zu erfassen und schnell sehr gute Lösungen zu finden. Herr Mustermann zeigte jederzeit hohe Eigeninitiative und identifizierte sich immer voll mit seinen Aufgaben und unserem Unternehmen, wobei er auch durch seine sehr große Einsatzfreude überzeugte. Auch in Situationen mit größtem Arbeitsaufkommen erwies er sich immer als in höchstem Maße belastbar.

Alle Aufgaben führte er jederzeit vollkommen selbstständig, äußerst sorgfältig und planvoll durchdacht aus. Er agierte immer ruhig, überlegt, zielorientiert und in höchstem Maße präzise. Dabei überzeugte er stets in besonderer Weise sowohl in qualitativer als auch in quantitativer Hinsicht. Herr Mustermann war in ganz besonders hohem Maße zuverlässig.

Für alle auftretenden Probleme fand er ausnahmslos ausgezeichnete Lösungen. Die Leistungen von Herrn Mustermann haben jederzeit und in jeder Hinsicht unsere vollste Anerkennung gefunden.

Er wurde wegen seines stets freundlichen und ausgeglichenen Wesens allseits sehr geschätzt. Er war immer hilfsbereit, zuvorkommend und stellte, falls erforderlich, auch persönliche Interessen zurück. Sein Verhalten zu Vorgesetzten, Kolleginnen und Kollegen sowie Kundinnen und Kunden war jederzeit vorbildlich.

Herr Mustermann verlässt unser Unternehmen mit dem 31.12.2021 auf eigenen Wunsch. Wir bedauern dies sehr, weil wir mit ihm einen sehr guten Mitarbeiter verlieren. Wir bedanken uns für die stets sehr guten Leistungen und wünschen ihm für die Zukunft beruflich und privat weiterhin viel Erfolg und alles Gute.

Musterstadt, 31.12.2021

Max MUSTERMANN AG

1. Unterzeichner/in	2. Unterzeichner/in
[Position]	[Position]

13.258 Zerspanungsmechaniker

Zeugnis
Herr Max Mustermann war vom 01.03.2017 bis zum 31.12.2021 in unserem Unternehmen als Zerspanungsmechaniker tätig.

[Unternehmensbeschreibung]

Als Zerspanungsmechaniker war Herr Mustermann verantwortlich für die Herstellung verschiedenster Teile für Präzisionswerkzeuge mithilfe von CNC-Maschinen. Im Rahmen seines verantwortungsvollen und vielseitigen Tätigkeitsgebietes war Herr Mustermann für folgende Aufgaben zuständig:

- Bedienung und Einrichtung von CNC-Maschinen,
- CNC-Drehen und -Fräsen,
- Dokumentieren des laufenden Fertigungsprozesses,
- Dreharbeiten und Rüsten von Werkzeugmaschinen,
- Erstellung von Einzelteilen und Serien gemäß technischer Zeichnung,
- Herstellen von Prototypen und Kleinserien,
- Instandhaltung der CNC-Maschinen gemäß Wartungsplan,
- Lesen von technischen Zeichnungen,
- Messung und Kontrolle der gefertigten Teile,
- Nachbearbeitung der gefertigten Bauteile,
- Optimierung der Fertigungsprozesse,
- Produktion von Bauteilen für Präzisionswerkzeuge,
- Programmierung der CNC-Maschinen,
- Qualitätsprüfung der gefertigten Werkstücke.

Herr Mustermann verfügt über ein hervorragendes und auch in Randbereichen sehr tiefgehendes Fachwissen, welches er in unser Unternehmen stets in höchst gewinn-

bringender Weise einbrachte. Die Arbeitsweise von Herrn Mustermann zeichnete sich durch Sorgfalt und hohes Qualitätsbewusstsein aus.

Ein strukturiertes und gewissenhaftes Bearbeiten der Aufgaben mit einem hohen Maß an Selbstständigkeit runden das Profil von Herrn Mustermann ab. Zum Nutzen unseres Unternehmens erweiterte und aktualisierte er immer mit sehr gutem Erfolg seine umfassenden Fachkenntnisse durch regelmäßige Teilnahme an Weiterbildungsveranstaltungen.

Aufgrund seiner sehr guten Auffassungsgabe war er jederzeit in der Lage, auch schwierige Situationen sofort zutreffend zu erfassen und schnell sehr gute Lösungen zu finden. Herr Mustermann zeigte jederzeit hohe Eigeninitiative und identifizierte sich immer voll mit seinen Aufgaben und unserem Unternehmen, wobei er auch durch seine sehr große Einsatzfreude überzeugte. Auch in Situationen mit größtem Arbeitsaufkommen erwies er sich immer als in höchstem Maße belastbar.

Alle Aufgaben führte er jederzeit vollkommen selbstständig, äußerst sorgfältig und planvoll durchdacht aus. Er agierte immer ruhig, überlegt, zielorientiert und in höchstem Maße präzise. Dabei überzeugte er stets in besonderer Weise sowohl in qualitativer als auch in quantitativer Hinsicht. Herr Mustermann war in ganz besonders hohem Maße zuverlässig.

Für alle auftretenden Probleme fand er ausnahmslos ausgezeichnete Lösungen. Die Leistungen von Herrn Mustermann haben jederzeit und in jeder Hinsicht unsere vollste Anerkennung gefunden.

Er wurde wegen seines stets freundlichen und ausgeglichenen Wesens allseits sehr geschätzt. Er war immer hilfsbereit, zuvorkommend und stellte, falls erforderlich, auch persönliche Interessen zurück. Sein Verhalten zu Vorgesetzten, Kolleginnen und Kollegen sowie Kundinnen und Kunden war jederzeit vorbildlich.

Herr Mustermann verlässt unser Unternehmen mit dem 31.12.2021 auf eigenen Wunsch. Wir bedauern dies sehr, weil wir mit ihm einen sehr guten Mitarbeiter verlieren. Wir bedanken uns für die stets sehr guten Leistungen und wünschen ihm für die Zukunft beruflich und privat weiterhin viel Erfolg und alles Gute.

Musterstadt, 31.12.2021

Max MUSTERMANN AG

1. Unterzeichner/in	2. Unterzeichner/in
[Position]	[Position]

13.259 Zweiradmechaniker

Zeugnis
Herr Max Mustermann war vom 01.03.2017 bis zum 31.12.2021 in unserem Unternehmen als Zweiradmechaniker tätig.

[Unternehmensbeschreibung]

Als Zweiradmechaniker war Herr Mustermann verantwortlich für die Wartung, Prüfung und Instandsetzung der Fahrzeuge in unserer Werkstatt. Im Rahmen seines verantwortungsvollen und vielseitigen Tätigkeitsgebietes war Herr Mustermann für folgende Aufgaben zuständig:
- Anschließen von elektrischen und elektronischen Bauteilen,
- Auf- und Umbau von Fahrzeugen,
- Ausführen von Reparaturaufträgen,
- Auslesen von Fehlerspeichern mit anschließender Fehlerbehebung,
- Durchführen von Funktionsprüfungen,
- Einbau und Austausch von Komponenten und Fahrzeugteilen,
- Endmontage von Neurädern,
- Ersatzteilverkauf- und Rechnungsstellung,
- Erstellung von Kostenvoranschlägen,
- Instandhaltung von nicht motorisierten Zwei- oder Mehrradfahrzeugen,
- Reparatur von Heimsportgeräten,
- Reparaturen an E-Bikes,
- selbstständige Fehlersuche und Analyse,
- Service- und Pflegearbeiten,
- serviceorientierte Kundenberatung,
- Tauschen von Verschleißteilen,
- Unfallinstandsetzung von Zweirädern,
- Wartung und Reparaturen an Fahrrädern und Pedelecs.

Herr Mustermann verfügt über ein hervorragendes und auch in Randbereichen sehr tiefgehendes Fachwissen, welches er in unser Unternehmen stets in höchst gewinnbringender Weise einbrachte. Die Arbeitsweise von Herrn Mustermann zeichnete sich durch Sorgfalt und hohes Qualitätsbewusstsein aus.

Ein strukturiertes und gewissenhaftes Bearbeiten der Aufgaben an Zwei- oder Mehrradfahrzeugen mit einem hohen Maß an Selbstständigkeit runden das Profil von Herrn Mustermann ab. Zum Nutzen unseres Unternehmens erweiterte und aktualisierte er immer mit sehr gutem Erfolg seine umfassenden Fachkenntnisse durch regelmäßige Teilnahme an Weiterbildungsveranstaltungen.

Aufgrund seiner sehr guten Auffassungsgabe war er jederzeit in der Lage, auch schwierige Situationen sofort zutreffend zu erfassen und schnell sehr gute Lösungen zu finden. Herr Mustermann zeigte jederzeit hohe Eigeninitiative und identifizierte sich immer voll mit seinen Aufgaben und unserem Unternehmen, wobei er auch durch seine sehr große Einsatzfreude überzeugte. Auch in Situationen mit größtem Arbeitsaufkommen erwies er sich immer als in höchstem Maße belastbar.

Alle Aufgaben führte er jederzeit vollkommen selbstständig, äußerst sorgfältig und planvoll durchdacht aus. Er agierte immer ruhig, überlegt, zielorientiert und in höchstem Maße präzise. Dabei überzeugte er stets in besonderer Weise sowohl in qualitativer als auch in quantitativer Hinsicht. Herr Mustermann war in ganz besonders hohem Maße zuverlässig.

Für alle auftretenden Probleme fand er ausnahmslos ausgezeichnete Lösungen. Die Leistungen von Herrn Mustermann haben jederzeit und in jeder Hinsicht unsere vollste Anerkennung gefunden.

Er wurde wegen seines stets freundlichen und ausgeglichenen Wesens allseits sehr geschätzt. Er war immer hilfsbereit, zuvorkommend und stellte, falls erforderlich, auch persönliche Interessen zurück. Sein Verhalten zu Vorgesetzten, Kolleginnen und Kollegen sowie Kundinnen und Kunden war jederzeit vorbildlich.

Herr Mustermann verlässt unser Unternehmen mit dem 31.12.2021 auf eigenen Wunsch. Wir bedauern dies sehr, weil wir mit ihm einen sehr guten Mitarbeiter verlieren. Wir bedanken uns für die stets sehr guten Leistungen und wünschen ihm für die Zukunft beruflich und privat weiterhin viel Erfolg und alles Gute.

Musterstadt, 31.12.2021

Max MUSTERMANN AG

1. Unterzeichner/in	2. Unterzeichner/in
[Position]	[Position]

14 Textbausteine

Wie Sie mit den Textbausteinen das Arbeitszeugnis erstellen
Mit den folgenden Textbausteinen stellen Sie ein individuelles Arbeitszeugnis zusammen. Bei den beiden Punkten Unternehmensbeschreibung und Tätigkeitsbeschreibung greifen Sie auf Ihre eigenen Vorlagen zurück. Falls Sie Informationen über besondere Erfolge oder Kenntnisse und Fähigkeiten in das Arbeitszeugnis einfügen wollen, sollten diese selbstverständlich individuell angepasst sein (siehe Kapitel 14.2.2 und 14.2.3).

Bei allen anderen Bestandteilen des Zeugnisses – von der Einleitung über die zusammenfassende Leistungsbeurteilung bis hin zur Schlussformel – können Sie einfach direkt die vorformulierten Textbausteine verwenden. Wo es um eine Bewertung geht, liegen Ihnen Textbausteine in den Notenstufen 1 bis 4 vor. Suchen Sie sich dann in der richtigen Notenstufe die passende Formulierungsvariante aus und übernehmen Sie sie in das Zeugnis.

14.1 Obligatorische Bestandteile eines Arbeitszeugnisses

14.1.1 Einleitung

Festanstellung	
a)	[Anrede] [Titel] [Vorname] [Name] war vom [Eintrittsdatum] bis zum [Austrittsdatum] in unserem Unternehmen als [Tätigkeitsbezeichnung] tätig.
b)	[Anrede] [Titel] [Vorname] [Name] war vom [Eintrittsdatum] bis zum [Austrittsdatum] in unserem Unternehmen in verschiedenen Positionen, zuletzt als [Tätigkeitsbezeichnung] tätig.
c)	[Anrede] [Titel] [Vorname] [Name], war vom [Eintrittsdatum] bis zum [Austrittsdatum] in unserem Unternehmen in verschiedenen Positionen, zuletzt als [Tätigkeitsbezeichnung] in der Abteilung [Abteilung] tätig.

Ausbildung, Praktikum, Traineeprogramm	
a)	[Anrede] [Titel] [Vorname] [Name] absolvierte in unserem Unternehmen vom [Eintrittsdatum] bis zum [Austrittsdatum] erfolgreich eine Ausbildung als [Tätigkeitsbezeichnung].
b)	[Anrede] [Titel] [Vorname] [Name] absolvierte in unserem Unternehmen vom [Eintrittsdatum] bis zum [Austrittsdatum] erfolgreich ein Praktikum.
c)	[Anrede] [Titel] [Vorname] [Name] war vom [Eintrittsdatum] bis zum [Austrittsdatum] in unserem Unternehmen im Rahmen unseres Traineeprogramms beschäftigt.

14.1.2 Tätigkeitsbeschreibung

Bei der Tätigkeitsbeschreibung greifen Sie auf Ihre eigenen Vorlagen zurück. Die hier aufgeführten Formulierungen stellen ausschließlich Muster dar.

Abteilungsleiter

Im Rahmen dieser Tätigkeit war [Anrede] [Name] für folgende Aufgaben verantwortlich:

- Steuerung einer Produktionsabteilung,
- Verantwortung für den Abteilungsumsatz,
- Führung, Motivation und regelmäßige Weiterbildung der Mitarbeiter,
- konsequente Umsetzung der Richtlinien und Anweisungen von der Geschäftsleitung,
- sorgfältige Organisation von Waren und Beständen,
- Bewirken einer stetigen Umsatzsteigerung der Abteilung.

Vertriebsmitarbeiter, Account-Manager

Zu seinen Aufgaben gehörten insbesondere:

- der Aufbau, die Pflege und die strategische Weiterentwicklung von Kundenbeziehungen,
- die intensive Marktbeobachtung,
- das Entwickeln und Strukturieren von Verkaufsgebieten und das Initiieren von Vertriebsaktivitäten,
- die Durchführung aktiver Beratungs- und Verkaufsgespräche,
- die Analyse und Bewertung von Geschäftsprozessen und Bedürfnissen der Kunden,
- das Erstellen von Kundenentwicklungsplänen,
- die Kontrolle der Kundenbeziehungen und die Sicherstellung der Kundenzufriedenheit.

HR-Sachbearbeiter

Im Rahmen dieser Tätigkeit war [Anrede] [Name] für folgende Aufgaben verantwortlich:

- Organisation und Durchführung von Personalentwicklungs- und Weiterbildungsmaßnahmen,
- Betreuung der Mitarbeiter in lohnsteuer-, sozialversicherungs- und arbeitsrechtlichen Fragen,
- selbstständige Erledigung aller anfallenden Aufgaben im Rahmen der Personalverwaltung,
- Lohn- und Gehaltsabrechnungen in Zusammenarbeit mit einem externen Dienstleister,
- Erarbeitung von Budgets, Reportings, Statistiken, Auswertungen,
- Mitarbeit bei der Personalauswahl.

Geschäftsführer Marketing
[Anrede] [Titel] [Name] verantwortete in unserem Unternehmen den Bereich Marketing. Zu seinen Hauptaufgaben gehörten: • Platzierung unserer Produkte im Handel, • Bewerbung unseres Produktportfolios in Publikums- und Fachmedien, • Erschließung neuer Märkte im Ausland, hier insbesondere in Österreich und der Schweiz, • Gestaltung unserer Internetplattform und Ausbau unseres Shopsystems, • Leitung der Pressearbeit, • Leitung der Unternehmenskommunikation, • [Anrede] [Titel] [Name] verantwortete ein festgelegtes Budget p. a. und vertrat unsere Firma auch im Marketingclub Europa. Er trug direkte Führungsverantwortung für 10 Mitarbeiter.

14.1.3 Fachwissen

Note 1	
a)	[Anrede] [Titel] [Name] verfügt über ein hervorragendes und auch in Randbereichen sehr tiefgehendes Fachwissen, welches er in unser Unternehmen stets in höchst gewinnbringender Weise einbrachte.
b)	[Anrede] [Titel] [Name] verfügt über ein ausgezeichnetes und auch in Randbereichen sehr tiefgehendes Fachwissen, welches er stets gekonnt zum Wohle unseres Unternehmens einsetzte.
c)	[Anrede] [Titel] [Name] verfügt über eine sehr große Berufserfahrung und äußerst umfassende und vielseitige Fachkenntnisse, auch in Randbereichen, die er immer sehr sicher und gekonnt in der Praxis einsetzte.

Note 2	
a)	[Anrede] [Titel] [Name] verfügt über umfassende und vielseitige Fachkenntnisse, die er immer sicher und gekonnt in der Praxis einsetzte.
b)	[Anrede] [Titel] [Name] verfügt über ein sehr fundiertes, gutes Fachwissen, welches er unserem Unternehmen stets in gewinnbringender Weise zur Verfügung stellte.
c)	[Anrede] [Titel] [Name] verfügt über ein gutes, tiefgehendes Fachwissen auch in Randbereichen, welches er stets zum Wohle unseres Unternehmens einsetzte.

Note 3	
a)	[Anrede] [Titel] [Name] besitzt solide Fachkenntnisse, die er jederzeit sicher und zielgerichtet in der Praxis einsetzte.
b)	[Anrede] [Titel] [Name] verfügt über ein fundiertes Fachwissen, welches er stets zum Wohle unseres Unternehmens einsetzte.
c)	[Anrede] [Titel] [Name] verfügt über ein solides Fachwissen, welches er unserem Unternehmen in gewinnbringender Weise zur Verfügung stellte.

Note 4	
a)	[Anrede] [Titel] [Name] verfügt über Fachwissen, das er für unsere Kunden gewinnbringend in der Praxis einsetzte.
b)	[Anrede] [Titel] [Name] verfügt über ein in seinem Arbeitsbereich gutes Fachwissen und setzte dieses in der Praxis ein.
c)	[Anrede] [Titel] [Name] fand durch seine weitreichenden Grundkenntnisse und seine Fähigkeit, diese in der Praxis einzusetzen, im Unternehmen Anerkennung.

14.1.4 Weiterbildung

Note 1	
a)	Zum Nutzen unseres Unternehmens erweiterte und aktualisierte er immer mit sehr gutem Erfolg seine umfassenden Fachkenntnisse durch regelmäßige Teilnahme an Weiterbildungsveranstaltungen.
b)	Er besuchte regelmäßig und sehr erfolgreich Weiterbildungsveranstaltungen, um seine Stärken weiter auszubauen und seine hervorragenden Fachkenntnisse zu erweitern.
c)	Er nahm regelmäßig erfolgreich an den unterschiedlichsten fachbezogenen internen und externen Weiterbildungsseminaren teil und bereicherte dadurch immer wieder mit neuen Impulsen die Arbeit in unserem Unternehmen.

Note 2	
a)	Zum Nutzen unseres Unternehmens erweiterte und aktualisierte er immer mit gutem Erfolg seine umfassenden Fachkenntnisse durch regelmäßige Teilnahme an Weiterbildungsveranstaltungen.
b)	Er besuchte regelmäßig und erfolgreich Weiterbildungsveranstaltungen, um seine Stärken weiter auszubauen und seine guten Fachkenntnisse zu erweitern.
c)	Er nahm regelmäßig erfolgreich an unterschiedlichen fachbezogenen internen und externen Weiterbildungsseminaren teil.

Note 3	
a)	Zum Nutzen unseres Unternehmens erweiterte und aktualisierte er immer mit Erfolg seine Fachkenntnisse durch regelmäßige Teilnahme an Weiterbildungsveranstaltungen.
b)	Er besuchte regelmäßig Weiterbildungsveranstaltungen, um seine Stärken auszubauen und seine Fachkenntnisse zu erweitern.
c)	Er nahm regelmäßig an unterschiedlichen fachbezogenen internen und externen Weiterbildungsseminaren teil.

Note 4	
a)	Er erweiterte seine Fachkenntnisse durch Teilnahme an Weiterbildungsveranstaltungen.
b)	Er besuchte Weiterbildungsveranstaltungen, um seine Fachkenntnisse zu erweitern.
c)	Er nahm an fachbezogenen internen und externen Weiterbildungsseminaren teil.

14.1.5 Auffassungsgabe und Denkvermögen

Note 1	
a)	Aufgrund seiner sehr guten Auffassungsgabe war er jederzeit in der Lage, auch schwierige Situationen sofort zutreffend zu erfassen und schnell sehr gute Lösungen zu finden.
b)	Seine äußerst schnelle Auffassungsgabe ermöglichte es ihm, auch schwierigste Situationen sofort zu überblicken und dabei stets das Wesentliche zu erkennen.
c)	Besonders hervorzuheben sind sein ausgesprochen analytisches Denkvermögen und seine sehr rasche Auffassungsgabe.

Note 2	
a)	Aufgrund seiner genauen Analysefähigkeit und seiner schnellen Auffassungsgabe war er jederzeit in der Lage, auch schwierige Situationen sofort zutreffend zu erfassen und schnell gute Lösungen zu finden.
b)	Seine schnelle Auffassungsgabe ermöglichte es ihm, auch schwierige Situationen sofort zu überblicken und dabei stets das Wesentliche zu erkennen.
c)	Besonders hervorzuheben sind sein gutes analytisches Denkvermögen und seine rasche Auffassungsgabe.

Note 3	
a)	Durch sein logisches und analytisches Denkvermögen fand er auch für schwierige Probleme eigenständige, abgewogene und zutreffende Lösungen.
b)	Er überzeugte durch sein konzeptionelles und logisches Denken.
c)	Seine schnelle Auffassungsgabe ermöglichte es ihm, auch schwierigere Situationen zu überblicken und dabei das Wesentliche zu erkennen.

Note 4	
a)	Durch sein analytisches Denkvermögen fand er meist eigenständige, abgewogene und zutreffende Lösungen.
b)	Seine Auffassungsgabe ermöglichte es ihm häufig, auch schwierige Situationen zutreffend zu erfassen.
c)	Auf Basis seiner Auffassungsgabe überblickte er auch schwierigere Situationen, analysierte teilweise komplexe Zusammenhänge und arbeitete sich meist eigenständig in neue Themenfelder ein.

14.1.6 Leistungsbereitschaft

Note 1	
a)	[Anrede] [Titel] [Name] zeigte jederzeit hohe Eigeninitiative und identifizierte sich immer voll mit seinen Aufgaben und unserem Unternehmen/unserer Einrichtung, wobei er auch durch seine sehr große Einsatzfreude überzeugte.
b)	[Anrede] [Titel] [Name] war ein äußerst engagierter Mitarbeiter, der besonders durch seine außergewöhnliche Leistungsbereitschaft und außerordentliche Einsatzbereitschaft überzeugen konnte.
c)	Auch bei psychisch und physisch sehr fordernden und anspruchsvollen Arbeiten überzeugte [Anrede] [Titel] [Name] jederzeit durch seine außergewöhnliche Leistungs- und außerordentliche Einsatzbereitschaft.

Note 2	
a)	[Anrede] [Titel] [Name] zeigte jederzeit große Eigeninitiative und identifizierte sich immer voll mit seinen Aufgaben und unserem Unternehmen/unserer Einrichtung, wobei er auch durch seine große Einsatzfreude überzeugte.
b)	[Anrede] [Titel] [Name] bewies immer große Einsatzfreude und eine große Loyalität dem Unternehmen/der Einrichtung gegenüber und war jederzeit bereit, auch zusätzliche Verantwortung zu übernehmen.
c)	Auch bei psychisch und physisch sehr fordernden und anspruchsvollen Arbeiten überzeugte [Anrede] [Titel] [Name] jederzeit durch seine große Leistungs- und Einsatzbereitschaft.

Note 3	
a)	[Anrede] [Titel] [Name] zeigte Eigeninitiative und identifizierte sich immer voll mit seinen Aufgaben und unserem Unternehmen/unserer Einrichtung, wobei er auch durch seine Einsatzfreude überzeugte.
b)	[Anrede] [Titel] [Name] engagierte sich für unser Unternehmen, häufig auch über die übliche Arbeitszeit hinaus, und zeigte dabei persönlichen Einsatz.
c)	Auch bei psychisch und physisch fordernden und anspruchsvollen Arbeiten überzeugte [Anrede] [Titel] [Name] durch seine große Leistungs- und Einsatzbereitschaft.

Note 4	
a)	[Anrede] [Titel] [Name] zeigte Engagement und persönlichen Einsatz während seiner Beschäftigungszeit in unserem Unternehmen/unserer Einrichtung.
b)	[Anrede] [Titel] [Name] ergriff selbst die Initiative und zeigte Einsatzbereitschaft für unser Unternehmen und unsere Kunden.
c)	Auch bei psychisch und physisch fordernden und anspruchsvollen Arbeiten war [Anrede] [Titel] [Name] leistungs- und einsatzbereit.

14.1.7 Belastbarkeit

Note 1	
a)	Auf seine absolut zuverlässige, sehr umsichtige und äußerst gewissenhafte Arbeitsweise war auch in schwierigsten Situationen jederzeit Verlass.
b)	Auch in Situationen mit größtem Arbeitsaufkommen erwies er sich immer als in höchstem Maße belastbar.
c)	Auch bei schweren psychischen und körperlichen Belastungen behielt er jederzeit die Übersicht, handelte immer überlegt und bewältigte alle Aufgaben stets in hervorragender Weise.

Note 2	
a)	Auf seine sehr zuverlässige, umsichtige und gewissenhafte Arbeitsweise war auch in schwierigen Situationen jederzeit Verlass.
b)	Auch in Situationen mit großem Arbeitsaufkommen erwies er sich immer als in hohem Maße belastbar.
c)	Auch bei schweren psychischen und körperlichen Belastungen behielt er jederzeit die Übersicht und bewältigte alle Aufgaben stets in guter Weise.

Note 3	
a)	Auf seine zuverlässige, umsichtige und gewissenhafte Arbeitsweise war auch in schwierigen Situationen Verlass.
b)	Auch in Situationen mit hoher Arbeitsbelastung erwies er sich als belastbar.
c)	Auch bei schweren psychischen und körperlichen Belastungen bewältigte er alle Aufgaben in zufriedenstellender Weise.

Note 4	
a)	Er erwies sich auch bei größerem Arbeitsanfall als belastbar.
b)	Dem üblichen Arbeitsanfall war er gewachsen.
c)	Er bewältigte seine Aufgaben auch bei schweren psychischen und körperlichen Belastungen.

14.1.8 Arbeitsweise

Note 1	
a)	Alle Aufgaben führte er jederzeit vollkommen selbstständig, äußerst sorgfältig und planvoll durchdacht aus. Er agierte immer ruhig, überlegt und zielorientiert und in höchstem Maße präzise. Dabei überzeugte er stets in besonderer Weise sowohl in qualitativer als auch in quantitativer Hinsicht.
b)	Die Planung und Steuerung seiner Aufgaben erfüllte er nicht zuletzt wegen seines beeindruckenden Organisationstalentes stets äußerst zügig und in exzellenter Weise. Dabei arbeitete er stets selbstständig, mit äußerster Sorgfalt, allergrößter Konzentration und Flexibilität.
c)	Wegen seiner stets sehr umsichtigen und jederzeit in besonders hohem Maße verantwortungsbewussten Arbeitsweise war er von uns immer besonders geschätzt.

Note 2	
a)	Alle Aufgaben führte er vollkommen selbstständig, sehr sorgfältig und planvoll durchdacht aus. Er agierte immer ruhig, überlegt und zielorientiert und in hohem Maße präzise. Dabei überzeugte er stets in guter Weise sowohl in qualitativer als auch in quantitativer Hinsicht.
b)	Die Planung und Steuerung seiner Aufgaben erfüllte er stets mit gutem Erfolg, nicht zuletzt wegen seines guten Organisationstalentes. Dabei arbeitete er stets selbstständig, zügig und dennoch mit großer Sorgfalt, Konzentration und Flexibilität.
c)	Wegen seiner sehr umsichtigen und jederzeit in hohem Maße verantwortungsbewussten Arbeitsweise war er von uns sehr geschätzt.

Note 3	
a)	Alle Aufgaben führte er selbstständig, sorgfältig und planvoll durchdacht aus. Er agierte stets ruhig, überlegt, zielorientiert und präzise. Dabei überzeugte er sowohl in qualitativer als auch in quantitativer Hinsicht.
b)	Die Planung und Steuerung seiner Aufgaben erfüllte er erfolgreich, nicht zuletzt wegen seines Organisationstalentes. Dabei arbeitete er selbstständig, zügig und dennoch mit großer Sorgfalt, Konzentration und Flexibilität.
c)	Wegen seiner umsichtigen und verantwortungsbewussten Arbeitsweise wurde er von uns immer geschätzt.

Note 4	
a)	Seine Aufgaben führte er weitgehend selbstständig, sorgfältig und durchdacht aus. Er agierte dabei ruhig und überlegt.
b)	Er erledigte seine Aufgaben grundsätzlich ergebnisorientiert mit Sorgfalt und Genauigkeit.
c)	Wegen seiner zumeist umsichtigen und verantwortungsbewussten Arbeitsweise wurde er von uns geschätzt.

14.1.9 Zuverlässigkeit und Ehrlichkeit

Note 1	
a)	Besonders hervorzuheben waren seine absolute und uneingeschränkte Zuverlässigkeit und Ehrlichkeit.
b)	[Anrede] [Titel] [Name] war in ganz besonders hohem Maße zuverlässig.
c)	Vertrauenswürdigkeit und absolute Zuverlässigkeit zeichneten den Arbeitsstil von Herrn [Titel] [Name] jederzeit aus.

Note 2	
a)	Hervorzuheben waren seine absolute Zuverlässigkeit und Ehrlichkeit.
b)	[Anrede] [Titel] [Name] war in hohem Maße zuverlässig.
c)	Vertrauenswürdigkeit und große Zuverlässigkeit zeichneten den Arbeitsstil von Herrn [Titel] [Name] aus.

Note 3	
a)	Er war uneingeschränkt zuverlässig und ehrlich.
b)	[Anrede] [Titel] [Name] überzeugte durch seine Zuverlässigkeit.
c)	Vertrauenswürdigkeit und Zuverlässigkeit zeichneten den Arbeitsstil von Herrn [Titel] [Name] aus.

Note 4	
a)	Er erledigte die entscheidenden Arbeiten zuverlässig und war ehrlich.
b)	[Anrede] [Titel] [Name] konnte durch seine Zuverlässigkeit in entscheidenden Situationen überzeugen.
c)	Bei wichtigen Aufgaben arbeitete [Anrede] [Titel] [Name] zuverlässig und pflichtbewusst.

14.1.10 Arbeitsergebnis

Note 1	
a)	Auch für schwierigste Problemstellungen fand er sehr effektive Lösungen, die er jederzeit erfolgreich in die Praxis umsetzte und damit immer ausgezeichnete Arbeitsergebnisse erzielte.
b)	Sowohl in qualitativer als auch in quantitativer Hinsicht erzielte er immer herausragende Arbeitsergebnisse.
c)	Für alle auftretenden Probleme fand er ausnahmslos ausgezeichnete Lösungen.

Note 2	
a)	Auch für schwierige Problemstellungen fand er sehr effektive Lösungen, die er erfolgreich in die Praxis umsetzte und damit immer gute Arbeitsergebnisse erzielte.
b)	Sowohl in qualitativer als auch in quantitativer Hinsicht erzielte er immer gute Arbeitsergebnisse.
c)	Für alle auftretenden Probleme fand er ausnahmslos gute Lösungen.

Note 3	
a)	Auch für schwierige Problemstellungen fand er effektive Lösungen, die er erfolgreich in die Praxis umsetzte und damit solide Arbeitsergebnisse erzielte.
b)	Sowohl in qualitativer als auch in quantitativer Hinsicht erzielte er zufriedenstellende Arbeitsergebnisse.
c)	Für alle auftretenden Probleme fand er gute Lösungen.

Note 4	
a)	Seine Arbeitsergebnisse entsprachen oft den Anforderungen.
b)	In den meisten Situationen erzielte er zufriedenstellende Lösungen.
c)	Für auftretende Probleme fand er meist zufriedenstellende Lösungen.

14.1.11 Führungsleistung

Note 1	
a)	Er war aufgrund seiner ausgezeichneten Führungsqualitäten als Vorgesetzter in hohem Maße anerkannt und beliebt. Er verhielt sich seinen Mitarbeitern gegenüber stets offen und kollegial, verstand es aber dennoch, sich in schwierigen Situationen durchzusetzen und die Mitarbeiter zu optimalem Einsatz zu bewegen.
b)	[Anrede] [Titel] [Name] war eine besonders hervorragende Führungskraft. Durch seinen in vorbildlicher Weise gepflegten kooperativen Führungsstil erzielte er mit seinen Mitarbeiterinnen und Mitarbeitern immer optimale Ergebnisse.
c)	Seine Mitarbeiter führte er durch sein Vorbild an Tatkraft und durch einen kollegialen Führungsstil zu gleichbleibend sehr guten Leistungen. Dabei zeigte er neben einem äußerst effektiven Motivationsverhalten auch das richtige Maß an Durchsetzungsvermögen. Routineaufgaben delegierte er immer sehr effektiv; er setzte seine Mitarbeiter immer entsprechend ihren Fähigkeiten und Neigungen ein.

Note 2	
a)	Hervorzuheben ist außerdem seine gute soziale Kompetenz. Aufgrund seiner Führungsqualitäten war er als Vorgesetzter in hohem Maße anerkannt und beliebt. Er verhielt sich seinen Mitarbeitern gegenüber stets offen und kollegial, verstand es aber dennoch, sich in schwierigen Situationen durchzusetzen und die Mitarbeiter zu gutem Einsatz zu motivieren.
b)	[Anrede] [Titel] [Name] war eine hervorragende Führungskraft. Durch seinen in sehr guter Weise gepflegten kooperativen Führungsstil erzielte er mit seinen Mitarbeiterinnen und Mitarbeitern immer gute Ergebnisse.
c)	Seine Mitarbeiter führte er durch sein Vorbild an Tatkraft und durch einen kollegialen Führungsstil zu gleichbleibend guten Leistungen. Dabei zeigte er neben einem sehr effektiven Motivationsverhalten auch das richtige Maß an Durchsetzungsvermögen. Routineaufgaben delegierte er immer effektiv; er setzte seine Mitarbeiter immer entsprechend ihren Fähigkeiten und Neigungen ein.

Note 3	
a)	Seine Mitarbeiter führte er durch sein Vorbild an Tatkraft und durch einen kollegialen Führungsstil. Dabei zeigte er neben einem effektiven Motivationsverhalten auch das richtige Maß an Durchsetzungsvermögen. Routineaufgaben delegierte er effektiv; er setzte seine Mitarbeiter entsprechend ihren Fähigkeiten und Neigungen ein.
b)	Durch den von ihm gepflegten kooperativen Führungsstil erzielte [Anrede] [Titel] [Name] mit seinen Mitarbeiterinnen und Mitarbeitern immer voll zufriedenstellende Ergebnisse.
c)	Durch seine soziale Kompetenz und seinen Teamgeist konnte er vor allem im Rahmen von Projektarbeiten alle Beteiligten zu vollem Einsatz motivieren, wobei er selbst als Vorbild agierte.

Note 4	
a)	Er verstand es, seine Mitarbeiterinnen und Mitarbeiter entsprechend ihren Fähigkeiten ordnungsgemäß einzusetzen und sie sachgerecht zu motivieren.
b)	Durch den von ihm gepflegten kooperativen Führungsstil erzielte [Anrede] [Titel] [Name] mit seinen Mitarbeiterinnen und Mitarbeitern zufriedenstellende Ergebnisse.
c)	Gegenüber seinen Mitarbeitern war er immer offen und kollegial. Er verstand es, die Mitarbeiter seines Teams bei der Entscheidungsfindung einzubeziehen und konnte so ein positives Arbeitsklima in seinem Team schaffen.

14.1.12 Zusammenfassende Leistungsbeurteilung

Note 1	
a)	Die Leistungen von Herrn [Titel] [Name] haben jederzeit und in jeder Hinsicht unsere vollste Anerkennung gefunden.
b)	Wir waren mit den Leistungen von Herrn [Titel] [Name] stets und in jeder Hinsicht sehr zufrieden.
c)	[Anrede] [Titel] [Name] führte die ihm übertragenen Aufgaben stets zu unserer vollsten Zufriedenheit aus.

Note 2	
a)	Die Leistungen von Herrn [Titel] [Name] haben jederzeit und in jeder Hinsicht unsere volle Anerkennung gefunden.
b)	Wir waren mit den Leistungen von Herrn [Titel] [Name] stets sehr zufrieden.
c)	[Anrede] [Titel] [Name] führte die ihm übertragenen Aufgaben stets zu unserer vollen Zufriedenheit aus.

Note 3	
a)	Die ihm übertragenen Aufgaben erledigte [Anrede] [Titel] [Name] stets zu unserer Zufriedenheit.
b)	Wir waren mit den Leistungen von Herrn [Titel] [Name] stets zufrieden.
c)	[Anrede] [Titel] [Name] führte den ihm übertragenen Aufgaben stets zu unserer Zufriedenheit aus.

Note 4	
a)	[Anrede] [Titel] [Name] hat unseren Erwartungen entsprochen.
b)	Wir waren mit den Leistungen von Herrn [Titel] [Name] zufrieden.
c)	[Anrede] [Titel] [Name] führte die ihm übertragenen Aufgaben zufriedenstellend aus.

14.1.13 Soziales Verhalten

Note 1	
a)	Er wurde wegen seines stets freundlichen und ausgeglichenen Wesens allseits sehr geschätzt. Er war immer hilfsbereit, zuvorkommend und stellte, falls erforderlich, auch persönliche Interessen zurück. Sein Verhalten zu Vorgesetzten, Kolleginnen und Kollegen sowie Kundinnen und Kunden war jederzeit vorbildlich.
b)	Er war ein überaus loyaler Mitarbeiter, der sich sehr gut in das Team integrierte. Sein Verhalten gegenüber Vorgesetzten, Kollegen und Kunden war stets vorbildlich.
c)	Wegen seines stets sehr freundlichen, kontaktfreudigen und ausgeglichenen Wesens wurde er in hohem Maße geschätzt und erfreute sich größter Beliebtheit; er förderte durchgehend aktiv die gute Zusammenarbeit und Teamatmosphäre. Sein Verhalten gegenüber der Leitung, den Kolleginnen und Kollegen sowie Kundinnen und Kunden war stets und in jeder Hinsicht vorbildlich.

Note 2	
a)	Er wurde wegen seines freundlichen und ausgeglichenen Wesens allseits sehr geschätzt. Er war immer hilfsbereit, zuvorkommend und stellte, falls erforderlich, auch persönliche Interessen zurück. Sein Verhalten zu Vorgesetzten, Kolleginnen und Kollegen sowie Kundinnen und Kunden war jederzeit einwandfrei.
b)	Er war ein überaus loyaler Mitarbeiter, der sich gut in das Team integrierte. Sein Verhalten gegenüber Vorgesetzten, Kollegen und Kunden war stets einwandfrei.
c)	Wegen seines stets freundlichen, kontaktfreudigen und ausgeglichenen Wesens wurde er allseits geschätzt; er förderte durchgehend aktiv die gute Zusammenarbeit und Teamatmosphäre. Sein Verhalten gegenüber der Leitung, Kolleginnen und Kollegen sowie Kundinnen und Kunden war stets einwandfrei.

Note 3	
a)	Er wurde wegen seines freundlichen und ausgeglichenen Wesens allseits geschätzt. Sein Verhalten zu Vorgesetzten, Kolleginnen und Kollegen sowie Kundinnen und Kunden war einwandfrei.
b)	Er war ein loyaler Mitarbeiter, der sich gut in das Team integrierte. Sein Verhalten gegenüber Vorgesetzten, Kollegen und Kunden war einwandfrei.
c)	Wegen seines freundlichen, kontaktfreudigen und ausgeglichenen Wesens wurde er allseits geschätzt; er förderte durchgehend aktiv die gute Zusammenarbeit und Teamatmosphäre. Sein Verhalten gegenüber der Leitung, Kolleginnen und Kollegen sowie Kundinnen und Kunden war einwandfrei.

Note 4	
a)	Er wurde wegen seines freundlichen und ausgeglichenen Wesens geschätzt. Sein Verhalten zu Vorgesetzten, Kolleginnen und Kollegen sowie Kundinnen und Kunden war korrekt.
b)	Er war ein loyaler Mitarbeiter, der sich in das Team integrierte. Sein Verhalten war korrekt.
c)	Wegen seines freundlichen und ausgeglichenen Wesens wurde er geschätzt. Er förderte aktiv die Zusammenarbeit und Teamatmosphäre.

14.1.14 Schlussformel

Note 1	
a)	[Anrede] [Titel] [Name] verlässt unser Unternehmen mit dem [Austrittsdatum] auf eigenen Wunsch. Wir bedauern dies sehr, weil wir mit ihm einen sehr guten Mitarbeiter verlieren. Wir bedanken uns für die stets sehr guten Leistungen und wünschen ihm für die Zukunft beruflich und privat weiterhin viel Erfolg und alles Gute.
b)	Das Arbeitsverhältnis endet mit Befristungsende am [Austrittsdatum]. Wir bedauern dies sehr, weil wir mit Herrn [Titel] [Name] einen sehr guten Mitarbeiter verlieren. Wir bedanken uns für die stets sehr guten Leistungen und wünschen ihm für die Zukunft beruflich und privat weiterhin viel Erfolg und alles Gute.
c)	[Anrede] [Titel] [Name] verlässt unser Unternehmen mit dem [Austrittsdatum] aus betriebsbedingten Gründen. Wir bedauern dies sehr, weil wir mit ihm einen sehr guten Mitarbeiter verlieren. Wir bedanken uns für die stets sehr guten Leistungen und wünschen ihm für die Zukunft beruflich und privat weiterhin viel Erfolg und alles Gute.

Note 2	
a)	[Anrede] [Titel] [Name] verlässt unser Unternehmen mit dem [Austrittsdatum] auf eigenen Wunsch. Wir bedanken uns für die stets guten Leistungen und wünschen ihm für die Zukunft beruflich und privat weiterhin viel Erfolg und alles Gute.
b)	Das Arbeitsverhältnis endet mit Befristungsende am [Austrittsdatum]. Wir bedanken uns für die stets guten Leistungen und wünschen ihm für die Zukunft beruflich und privat weiterhin viel Erfolg und alles Gute.
c)	[Anrede] [Titel] [Name] verlässt unser Unternehmen mit dem [Austrittsdatum] aus betriebsbedingten Gründen. Wir bedanken uns für die stets guten Leistungen und wünschen ihm für die Zukunft beruflich und privat weiterhin viel Erfolg und alles Gute.

Note 3	
a)	[Anrede] [Titel] [Name] verlässt unser Unternehmen mit dem [Austrittsdatum] auf eigenen Wunsch. Wir wünschen ihm für die Zukunft beruflich und privat weiterhin Erfolg und alles Gute.
b)	Das Arbeitsverhältnis endet mit Befristungsende am [Austrittsdatum]. Wir wünschen Herrn [Titel] [Name] für die Zukunft weiterhin Erfolg und alles Gute.
c)	[Anrede] [Titel] [Name] verlässt unser Unternehmen mit dem [Austrittsdatum] aus betriebsbedingten Gründen. Wir wünschen ihm für die Zukunft weiterhin Erfolg und alles Gute.

Note 4	
a)	[Anrede] [Titel] [Name] verlässt unser Unternehmen mit dem [Austrittsdatum] auf eigenen Wunsch. Wir wünschen ihm für die berufliche Zukunft alles Gute.
b)	Das Arbeitsverhältnis endet mit Befristungsende am [Austrittsdatum]. Wir wünschen Herrn [Titel] [Name] für die Zukunft alles Gute.
c)	[Anrede] [Titel] [Name] verlässt unser Unternehmen mit dem [Austrittsdatum] aus betriebsbedingten Gründen. Wir wünschen ihm für die berufliche Zukunft alles Gute.

14.2 Optionale Bestandteile eines Arbeitszeugnisses

14.2.1 Unternehmensbeschreibung

Die Unternehmensbeschreibung ist ein optionaler Bestandteil des Arbeitszeugnisses. Wenn Sie eine Unternehmensbeschreibung einfügen wollen, ist der richtige Platz dafür zwischen Einleitung und Tätigkeitsbeschreibung.

Ziel der Unternehmensbeschreibung ist, dass der Leser des Zeugnisses einschätzen kann, in welchem betrieblichen Umfeld der Arbeitnehmer tätig war.

Beispiel 1: Spezialunternehmen für 3 – D-Marketing
Wir sind ein europaweit agierendes Unternehmen, das über 100 Großkunden im Messe- und Eventmarketing unterstützt. Von einer Agentur für Werbetechnik als ein handwerklicher Betrieb für Werbebauten gegründet, hat sich unser Unternehmen heute auf 3 – D-Marketing spezialisiert. Unser Leistungsspektrum umfasst dabei Beratung, Konzeption, Design, Projektmanagement, Messebau und Event Services, wie etwa Teilnehmermanagement, Organisation und Koordination von Transfers, Dekoration und Infotainment. Pro Jahr betreuen wir mit unseren etwa 160 Mitarbeitern bis zu 500 Projekte. Im Bereich des Messebaus arbeiten wir mit dem Octanorm-System und dem exklusiven italienischen Design-System Bendet. Daneben realisieren wir auch individuelle Standlösungen.

Beispiel 2: Technologiekonzern
Wir sind die Holdinggesellschaft eines großen, international operierenden Technologiekonzerns mit den Schwerpunktbereichen Industriegüter und Dienstleistungen und zahlreichen Tochtergesellschaften und Beteiligungen im In- und Ausland. Der Konzern erwirtschaftete im vergangenen Geschäftsjahr einen Umsatz von mehr als 5 Milliarden EUR. Neben der Herstellung von Produkten konzentrieren wir uns zunehmend auf Systemlösungen und innovative Dienstleistungen.

Beispiel 3: Rehabilitationsklinik
Die Rehabilitationsklinik Elbtal mit 110 Betten ist eine Fachklinik für Orthopädie und Unfallchirurgie und seit 2001 als »orthopädische Schmerzklinik« anerkannt. Ihre Schwerpunkte liegen in der Behandlung von orthopädisch-traumatologischen Erkrankungen, rheumatologischen Erkrankungen sowie chronischen Schmerzzuständen und Unfallfolgezuständen.

14.2.2 Besondere Erfolge

Besondere Erfolge werden in der Regel vor der zusammenfassenden Leistungsbeurteilung aufgeführt. Die folgenden Musterformulierungen sollen Ihnen als Beispiel dienen, wie dieser Hinweis formuliert werden kann.

Festanstellung
Er war verantwortlich für die Entwicklung und Markteinführung unserer neuen Produktreihe, deren Erfolg ganz maßgeblich auf seine ausgezeichnete Planungskompetenz, seine hervorragenden Marktkenntnisse und seinen außerordentlichen Einsatz zurückgeht.
Er trug mit seinen sich in kurzer Zeit angeeigneten sehr guten Marktkenntnissen und seinem während der gesamten Dauer der Aushilfstätigkeit gezeigten außerordentlichen Einsatz maßgeblich zum Erfolg der Markteinführung unserer neuen Produktreihe bei.
Besonders hervorzuheben ist die erfolgreiche Begleitung und verantwortliche Leitung der Zertifizierung unseres Betriebes nach DIN ISO 9001 von den ersten Planungen über die Leitung der Projektgruppe bis zur Zertifizierung.

Ausbildung, Praktikum, Traineeprogramm
Besonders hervorzuheben ist seine erfolgreiche Teilnahme an unserem betrieblichen Vorschlagswesen. Während seiner Ausbildungszeit wurde er für zwei eingereichte Verbesserungsvorschläge ausgezeichnet.
Als besonderer Erfolg ist seine während seiner Praktikantenzeit erfolgte Aufnahme in das Cross-Mentoring-Programm des Netzwerks industrieller Unternehmen hervorzuheben.
Als besonderer Erfolg ist seine während seiner Tätigkeit als Trainee erfolgte Aufnahme in das Cross-Mentoring-Programm des Netzwerks industrieller Unternehmen hervorzuheben.

14.2.3 Besondere Kenntnisse und Fähigkeiten

Besondere Kenntnisse und Fähigkeiten werden in der Regel – wie auch die besonderen Erfolge – vor der zusammenfassenden Leistungsbeurteilung aufgeführt. Die folgenden Beispiele sollen Ihnen die Formulierung eines solchen Hinweises erleichtern.

Festanstellung
Besonders hervorzuheben sind seine sehr guten IT-Kenntnisse, aufgrund derer er während seines Einsatzes in der EDV-Hotline für unsere Abteilungen zu einem ausgesprochen geschätzten Ansprechpartner wurde.
Besonders hervorzuheben sind seine sehr guten Markt- und Branchenkenntnisse, auf deren Grundlage er gemeinsam mit der Niederlassungsleitung und dem Key-Account-Management sehr erfolgreich unsere regionale Betreuungs- und Akquisitionsstrategie umsetzte.
Hervorzuheben ist sein breit gefächertes Wissen im Projektmanagement, insbesondere seine ausgeprägte Fähigkeit, Beratungsmethoden, -instrumente und Interventionsmethoden bei der Moderation von Workshops und Besprechungen jederzeit gewinnbringend anzuwenden.

Stichwortverzeichnis